"十四五"普通高等教育本科系列教材

建筑力学与建筑结构

（第四版）

主　编　刘丽华　王晓天

副主编　李九阳　王树范

编　写　朱　坤　沙　勇

　　　　刘　卉　常伏德

主　审　范国庆

中国电力出版社

CHINA ELECTRIC POWER PRESS

内 容 提 要

本书为"十四五"普通高等教育本科系列教材，本书第二版为普通高等教育"十一五"国家级规划教材。建筑力学主要内容包括静力学基本知识、静定结构的内力计算、杆件的强度与压杆稳定、结构的变形计算与刚度校核、超静定结构内力计算、影响线。建筑结构主要内容包括建筑结构及其设计基本原则、钢筋混凝土结构基本受力构件、钢筋混凝土梁板结构、钢结构、地基与基础、高层建筑结构、建筑抗震设计、砌体结构等。本书按照最新规范编写，每章后配有思考题与习题，以巩固和消化所学的内容。

本书可作为普通高等院校建筑学、城乡规划、工程管理、工程造价、房地产开发与管理等专业教材，也可作为高职高专院校相关专业教材，还可作为函授和自考辅导用书或供相关专业人员参考。

图书在版编目（CIP）数据

建筑力学与建筑结构 / 刘丽华，王晓天主编 . —4 版 . 北京：中国电力出版社，2021.3（2024.9重印）
"十四五"普通高等教育本科系列教材
ISBN 978 - 7 - 5198 - 5208 - 5

Ⅰ.①建⋯ Ⅱ.①刘⋯②王⋯ Ⅲ.①建筑科学－力学－高等学校－教材②建筑结构－高等学校－教材 Ⅳ.①TU3

中国版本图书馆 CIP 数据核字（2020）第 245005 号

出版发行：中国电力出版社
地　　址：北京市东城区北京站西街 19 号（邮政编码 100005）
网　　址：http://www.cepp.sgcc.com.cn
责任编辑：孙　静（010－63412542）
责任校对：黄　蓓　李　楠　郝军燕
装帧设计：郝晓燕
责任印制：吴　迪

印　　刷：廊坊市文峰档案印务有限公司
版　　次：2004 年 3 月第一版　2021 年 3 月第四版
印　　次：2024 年 9 月北京第二十八次印刷
开　　本：787 毫米×1092 毫米　16 开本
印　　张：28.25
字　　数：660 千字
定　　价：79.00 元

前　言

　　本书为"十四五"普通高等教育本科系列教材，本书第二版是普通高等教育"十一五"国家级规划教材。本书适用的专业有建筑学、城乡规划、工程管理、工程造价、房地产开发与管理、建筑经济、建筑装饰类等，也被参加职业资格考试的工程技术人员选作参考用书。新版教材保持原内容的结构体系，线条脉络清晰，内容安排紧凑，保证科学性的同时，更注重实用性。本次修订的内容主要为：

　　（1）建筑结构部分结合最新规范标准。第三版之后，我国钢结构实施 GB 50017—2017《钢结构设计标准》。本次修订对建筑结构部分做了详细修改，内容和习题均符合新标准要求，紧密结合工程实际。

　　（2）2016 年，我国正式加入国际工程教育《华盛顿协议》组织，标志着工程教育质量认证体系实现了国际实质等效，工程专业质量标准达到国际认可。结合广泛开展的专业认证需要，建筑力学部分增加了第一章第八节摩擦，第五章第三节位移法计算超静定结构，第五章第五节影响线，习题部分也进行了适当调整。

　　在书中内容的相应部分，增添了工程实例和参考知识，以提高实际应用能力和扩充知识面。为不增加篇幅，方便学生阅读，此部分内容采用在书中相应位置扫描二维码阅读。

　　（3）为方便读者自学，书中各部分习题附有详细解答，可通过扫描二维码获取。

　　本次修订工作由刘丽华教授负责。具体分工如下：刘丽华，第二章第六节、第五章第三节、第九章、第十一章；王晓天，第三章、第四章、第五章第一、二、四、五节；李九阳，第六章、第七章、第八章（部分）；王树范，第一章、第二章第一～五节；沙勇，第八章；朱坤，第十章；刘卉，第七章第一节、第十三章；常伏德，第十二章。

习题详解

　　全书由范国庆教授主审。

　　本书的每次修订过程中，都得到出版社编辑的大力支持和帮助，借此机会致以深深的谢意。

　　限于编者的水平，书中可能存在不妥和疏漏之处，敬请广大教师和读者批评指正。

编　者

2021 年 2 月

第一版前言

本教材是根据普通高等学校工程管理专业和建筑学专业的课程教学大纲和基本要求编写的。

建筑力学与建筑结构是工程造价管理专业、建筑学专业的一门重要的专业（技术）基础课，在基础课与专业课之间起着承上启下的作用。该教材结合作者多年的教学经验，集建筑力学与建筑结构于一体，并按现行新规范、新规程及国际单位制编写。在编写过程中力求做到内容取材适当，前后连接紧凑，简明易懂，理论联系实际，习题选取精练。通过学习使学生对建筑力学与建筑结构从整体上有一个基本认识。

本教材参考学时 160～180 学时。

本书由刘丽华、王晓天主编。参加本书编写工作的有：刘丽华（第一、二、六、十、十二章）、王晓天（第三、四、五、九章及第七章第一节）、李九阳（第七章及第八章部分章节）、朱坤（第十一章）、沙勇（第八章）。全书由范国庆教授主审。

在本书编写过程中，得到了很多同志的指教与支持，参考了不少相关教材，在此深表感谢！

限于编者的水平，书中难免存在一些缺点和错误，敬请广大教师和读者批评指正。

编　者

2003 年 9 月

第二版前言

本书自第一版发行后，经历了几轮教学实践，承蒙许多兄弟院校相关专业的使用。第二版是根据实践教学积累的经验，结合同行们提出的宝贵意见和建议修订而成的。

原体系总体来说适合近土木类相关专业使用，所以第二版在体系上并无变化。这次修订，主要增加了第十二章建筑抗震设计，以满足建筑物建筑抗震方面的需要，参考学时 4 学时，由常伏德教授执笔。其他章节的主要内容和编写人员不变，部分章节编排顺序有变化。另外，我们对第一版书中不当和错误之处作了增减和修改。

借此机会，向关心本书并对本书提出宝贵意见的同行们致以谢意！

编 者

2008 年 2 月

第三版前言

本书的结构体系经过多年的教学实践，受到广大教师和读者的肯定。本书第二版是普通高等教育"十一五"国家级规划教材。本书可作为建筑学、城乡规划、工程管理、工程造价、房地产开发与管理等专业教材，也可作为参加职业资格考试的工程技术人员的参考用书。

2008年至今，我国陆续修订了《混凝土结构设计规范》（GB 50010—2010）、《建筑抗震设计规范》（GB 50011—2010）、《砌体结构设计规范》（GB 50003—2011）、《建筑结构荷载规范》（GB 50009—2012）、《建筑地基基础设计规范》（GB 50007—2011）、《建筑桩基技术规范》（JGJ 94—2008）、《高层建筑混凝土结构技术规程》（JGJ 3—2010）等一系列结构、基础、高层和抗震规范。鉴于此，本次修订对建筑结构部分做了详细的修改，内容和习题均符合新规范要求，紧密结合工程实际。建筑力学部分对习题略加修改。

本书第三版修订分工如下：刘丽华，第二章第六节及第六、九、十一章；王晓天，第三、四、五章；李九阳，第七章第二～七节；王树范，第一章、第二章第一～五节；沙勇，第八章；朱坤，第十章；刘卉，第七章第一节、第十三章；常伏德，第十二章。

全书由范国庆教授主审，提出许多宝贵意见，在此表示感谢！

限于编者水平，书中不妥和疏漏之处在所难免，敬请广大教师和读者批评指正。

编　者

2015 年 1 月

目　录

第一篇　建　筑　力　学

第一篇 建 筑 力 学

建筑力学是学习与研究建筑结构的基础。本篇主要包括以下基本内容：静力学基本知识，静定结构的内力计算，基本受力杆件的应力分析、计算与强度校核，静定结构的位移计算与刚度校核，超静定结构内力计算的基本方法等。

第一章 静 力 学 基 本 知 识

首先介绍静力学基本公理、建筑结构上的荷载、常见的支座形式及其反力，接着分析平面力系的平衡条件及平衡方程、利用平衡方程计算支座反力，摩擦基本知识。其中支座反力计算是重点，是进一步学习建筑力学的基础。

第一节 静 力 学 基 本 公 理

力是物体间的相互机械作用。力作用在物体上可以改变物体的运动状态或使物体产生变形。力是矢量（F），大小、方向与作用点为力的三要素。力可用一带箭头的线段表示，线段长 AB 表示力的大小，作用线与参考方向的夹角 α 表示力的方位，箭头表示指向，如图 1-1 所示。可用 A 或 B 点表示力的作用点。力的单位常用的为 N(牛)、kN(千牛)。

在静力学中，那些由实践反复证实了的真理称为公理。静力学公理是研究静力学的理论基础。静力学前三个公理均只适用于刚体，即在外力作用下形状不改变的物体。

公理一（二力平衡公理） 刚体在二力作用下平衡，其平衡的充要条件是：该二力等值、反向、共线。即 $F_1 = -F_2$，如图 1-2 所示。

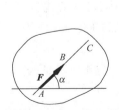

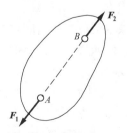

图 1-1 力的矢量表示　　　　　　　图 1-2 二力平衡

公理二（加减平衡力系公理） 在作用于刚体的任意力系上，如再加上或减去任意一个平衡力系，将不改变原力系的作用效应。

根据这个公理可得出力的可传性：力作用于刚体上，只要不改变力的大小和方向，则力的作用点在其作用线上移动时，并不改变其作用效果。如图1-3所示。

公理三（力的平行四边形法则）　作用于刚体上相交于一点的两个力，可以合成一个合力，合力的大小和方向为以二力为邻边的平行四边形的对角线，二力的交点即为合力的作用点。如图1-4（a）所示。

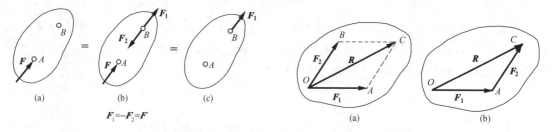

图1-3　力的可传性　　　　　　　图1-4　力的平行四边形、三角形法则

这个定理表明合力是分力的矢量和。可表示为

$$R = F_1 + F_2$$

合力亦可采用三角形法则，如图1-4（b）所示，即先作出 F_1，F_2 与之首尾相接，连接 F_1 的起点 O 与 F_2 的终点 C 所构成的有向线段 OC 即为合力 R。

公理四（作用力与反作用力定律）　两物体间的相互作用力，总是大小相等、方向相反、沿同一直线，分别作用在两个物体上。

第二节　荷　载　及　其　分　类

凡使物体产生运动或使物体有运动趋势的力称为主动力。建筑结构或构件上直接作用的主动力通称为荷载。建筑力学部分，荷载作为已知量给出，工程实际中荷载的形式是多种多样的，需要根据实际情况搜集、简化。现对荷载的形式及其分类作介绍。

一、荷载的分类

1. 按作用在结构上的时间长短分类

（1）永久荷载（恒荷载）。在结构使用期间，其值不随时间变化，或变化与平均值相比可以忽略不计的荷载。例如结构材料自身重力和其上饰面材料的重力，任何永久性非结构部件的重力（这些重力又称为自重）、土压力等。

（2）可变荷载（活荷载）。在结构使用期间，其值随时间变化且其变化值与平均值相比不可忽略的荷载。例如楼、屋面上的人群、可移动设备的重力，作用于建筑物上的风荷载、雪荷载与积灰荷载等。

（3）偶然荷载。在结构使用期间不一定出现，但一旦出现其值很大且持续时间较短的荷载。例如爆炸力、撞击力等。

2. 按作用在结构上的荷载性质分类

（1）静力荷载。这种荷载是从零增至最后数值后，其大小、位置和方向不再随时间而变化的荷载。这种荷载的主要特点是不使建筑物产生明显的振动或加速度，如结构的自重和一般的活荷载等。

（2）动力荷载。这是指荷载的大小、位置和方向随时间而迅速变化的荷载。这类荷载的显著特点是使结构产生振动或明显的加速度，如动力机械产生的荷载、地震作用、高层建筑的风振作用等。

3. 按作用在结构上荷载分布状况分类

（1）体荷载。指分布在结构整个体积内连续作用的荷载。常以其作用于重心的合力表示。如图 1-5（a）所示柱的体积荷载 W，作用于柱重心 C 处，若材料容重为 γ（kN/m³），柱截面面积为 A，柱高为 H，则柱的体荷载为

$$W = AH\gamma(\text{kN})$$

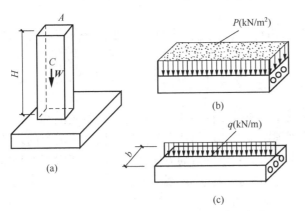
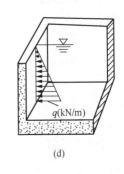

图 1-5　荷载的分布形式

（2）分布荷载。指满布在结构某一表面上的荷载。

1）均布面荷载，若分布荷载为均匀、连续，且其大小处处相同，称为均布面荷载，如图 1-5（b）所示。均布面荷载的常用单位为 N/m² 或 kN/m²。

2）均布线荷载，若均布面荷载换算到计算构件的纵向轴线上，即均布面荷载乘以其负荷宽度 b，则可得沿纵向的均布线荷载，如图 1-5(c)。均布线荷载的常用单位：N/m 或 kN/m。

3）三角形分布荷载，沿构件长度或高度按斜直线变化的荷载。如水的侧向压力或土的侧向压力等。图 1-5(d) 为池壁侧向水压力三角形分布线荷载，q_0 为分布荷载集度。

（3）集中荷载。作用于结构上的荷载，当分布面积远小于结构尺寸时，则可以认为此荷载是作用在结构某一点上的集中荷载。常用单位多用 N 或 kN 等。

二、结构上的间接作用

结构上的作用是指能使结构产生效应的各种原因的总称。直接作用在结构上的各种作用统称荷载，它能使结构产生内力、应力、变形等效应。而结构由于温度的变化、材料的收缩、支座沉陷、地面运动等非荷载因素的作用，也能使结构产生相应的效应。为了区别于荷载的直接作用，把上述非荷载类的其他因素，统称为间接作用。

三、荷载的标准值与设计值

结构构件的活荷载在结构使用期间是变化的，即便是恒荷载，如所用材料类型相同，设计尺寸相同的不同杆件的自重，由于制造误差、材料内部组成的细微差别等因素的影响，也是不同的。设计、计算时，一般以荷载的标准值、组合值、频遇值或准永久值作为其代表值。

永久荷载应采用标准值作为代表值。结构自重的标准值可按结构构件的设计尺寸与材料单位体积的自重计算确定。常用材料和构件单位体积的自重可按现行《建筑结构荷载规范》

（GB 50009—2012）查得。可变荷载应根据设计要求采用标准值、组合值、频遇值或准永久值作为代表值。可变荷载的标准值根据荷载种类（活荷载、风荷载、雪荷载等）按现行《建筑结构荷载规范》查得。可变荷载的组合值、频遇值、准永久值分别为可变荷载标准值乘以组合值系数、频遇值系数、准永久值系数。具体取值及应用条件见本书第六章。

第三节 约束与约束反力

一、约束与约束反力的概念

在空间能自由运动的物体称为自由体。如在空中飞行的飞机、导弹等，它们向任何方向的运动均不受限制。如果物体的运动受到一定的限制，使其在某些方向的运动成为不可能，则这种物体称为非自由体。如绳索悬挂着的灯具、搁置在墙上的梁、沿铁轨运行的火车等。

对非自由体的运动所施加的限制物体或装置称为约束。如绳索是灯具的约束，墙是梁的约束，铁轨是火车的约束。它们分别限制了各相应物体在约束所能限制方向上的运动。约束施于非自由体的限制作用力称为约束反力。约束反力的方向总是与约束所限制的物体的运动趋势的方向相反。据此可以确定约束反力的方向或作用线位置。

一般主动力是已知的，约束反力是未知的。

工程实例-悬索结构

二、工程中常见约束的类型

1. 柔索约束

吊装工程中使用的钢丝绳、链条和机器传动皮带等可以看作柔索约束。柔索约束只能限制沿柔体自身中心线伸长方向的运动，其约束反力沿柔索方向，背向被约束物体。柔索约束只能承受拉力而不能承受压力。如图 1 - 6（b）、（d）所示。

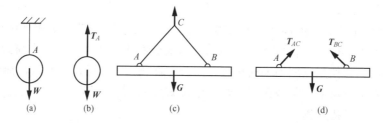

图 1 - 6 柔索约束及其反力

2. 光滑接触面约束

吊车梁的轨道对轮子的约束（图 1 - 7），如不计接触点的摩擦，可视为光滑接触面约

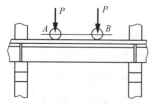

图 1 - 7 吊车梁

束。图 1 - 7 所示支撑于牛腿上的吊车梁，受到柱的约束，当不记梁柱接触面摩擦时，也可视为光滑接触面约束。这种约束只能限制物体沿着接触面在接触点的公法线方向且指向被约束物体的运动，不能限制物体沿着接触面切线方向或离开接触面的运动，因此，光滑接触面约束的反力方向沿接触面的公法线，且指向被约束物体。如图1 - 8（b）、（d）所示。

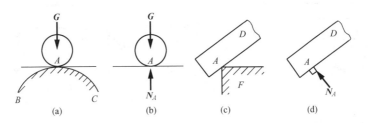

图 1-8 光滑接触面约束及其反力

3. 光滑圆柱铰链约束

两个物体分别打上直径相同的圆孔并用销钉连接起来，不记销钉与孔壁之间的摩擦，这类约束称为光滑圆柱铰链约束，简称铰链约束，如图 1-9（a）所示。它可用如图 1-9（b）所示的力学计算简图表示。这类约束的特点是只限制物体在垂直销钉轴线平面内的相对运动，但不限制物体绕销钉轴线的相对转动和沿其轴线的相对滑动。因此，铰链的约束反力作用在与销钉轴线垂直的平面内（又称平面铰链约束），该反力的作用线过销钉中心与切点的连线，如图1-9（c）所示。切点位置是随相对运动趋势改变，故约束反力的方向待定。工程中常用通过铰链中心的互相垂直的两个分力 X_A 与 Y_A 表示，如图 1-9（d）所示。

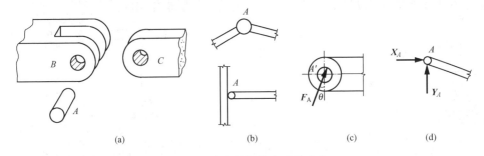

图 1-9 光滑铰链约束及其反力

图 1-10（a）为某结构示意图，C 处可简化为铰链连接，图 1-10（b）为铰链的构造，图 1-10（c）、（d）为其计算简图。

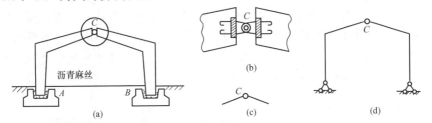

图 1-10 结构的铰链连接

4. 固定铰链支座

如果铰链连接的一部分被固定，则形成固定铰链支座。固定铰链支座限制构件平动，而不限制构件绕 A 点的转动，如图 1-11（a）所示。该支座的计算简图如图 1-11（b）、（c）所示，约束反力如图 1-11（d）、（e）所示。

如图 1-10（a）所示结构若下部插入基础较浅，以沥青麻丝填充，则在工程实际中简化

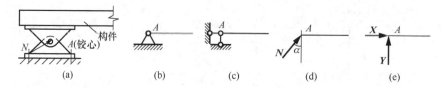

图 1-11　固定铰链约束及其反力

A、B 处约束为固定铰链支座，如图 1-10（d）所示。

　　5. 可动铰链支座

　　在固定铰链支座的底座与固定物体间安装几个辊轴，使构件在支座处有水平移动的可能，这种支座称为可动铰链支座，如图 1-12（a）所示。可动铰链支座只能限制构件上与之相连处沿垂直于支撑面方向的运动，而不能限制构件绕之转动和沿支撑面的平动。其计算简图如图 1-12（b）、（c）所示，约束反力如图 1-12（d）所示。

　　6. 单链杆支座

　　构件与支座间用如图 1-13（a）所示的两端为销钉的一根直杆（称为链杆）相连，称为单链杆支座，其计算简图如图 1-13（b）所示。单链杆支座只限制构件上与之相连处沿连杆方向的运动，而不限制杆件绕之转动和沿垂直链杆方向的运动。约束反力如图 1-13（c）所示。对比单链杆支座与可动铰链支座，可以看出两者实质是相同的。

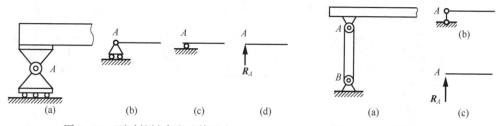

图 1-12　可动铰链支座及其反力　　　　　　图 1-13　单链杆支座及其反力

　　7. 固定端支座

　　当支座与构件的连接非常牢固，既可限制构件的水平移动、竖向移动，又可限制构件绕支撑端的转动，这种支座称为固定端支座。如图 1-14（a）所示的悬挑梁，由于该梁只有一端与墙相连，墙体必须控制梁的平动与转动，故可视墙为梁的固定端支座。其计算简图如图 1-14（b）所示，约束反力如图 1-14（c）所示，一般情况下，固定端支座平面内存在三个未知量：两个反力与一个力偶。图 1-14（d）中预制柱与基础间如采用现浇混凝土，使柱与混凝土连为一体，此时基础可视为固定端支座，计算简图如图 1-14（e）所示。

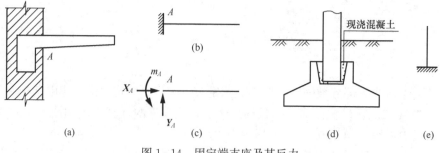

图 1-14　固定端支座及其反力

第四节　受力分析和受力图　结构的计算简图

一、受力分析和受力图

在研究结构及其构件的强度、刚度和稳定问题时，必须明确所研究对象受哪些力的作用，哪些是已知的，哪些是未知的，并确定每个力的作用点及方向，这一过程即为对物体进行受力分析。为明确起见，受力分析一般分为以下两步。

（1）取脱离体　去掉约束，把所研究的对象单独画出，形成脱离体。

（2）画出受力图　在脱离体上先画出荷载（主动力），再根据去掉约束的类型画出约束反力，即形成受力图。

【例 1-1】　画出如图 1-15（a）所示简支梁的受力图。

解　（1）去掉梁 AB 的约束画于图 1-15（b）中（取脱离体）。

（2）将荷载画于原位置。

（3）在去掉约束的 A、B 处，画出

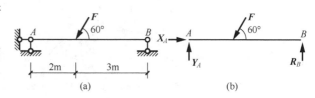

图 1-15　［例 1-1］图

约束反力。A 处为固定铰支座，其反力可用过 A 的互相垂直的分力 X_A、Y_A 表示。B 处为单连杆支座（或可动铰支座），其反力沿连杆方向。

经过上述步骤，便得到了梁 AB 的受力图。

【例 1-2】　简易起重设备如图 1-16（a）所示。A 处为固定铰支座，BC 为钢拉索。横梁重 W，吊重 Q 为已知，试画横梁 AB 与拉索 BC 及整体设备的受力图。

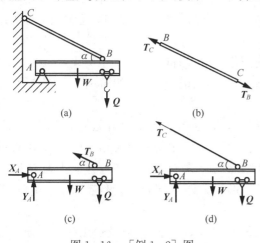

图 1-16　［例 1-2］图

解　（1）以钢拉索 BC 为研究对象，解除两端约束，因为其为柔性约束，只能承受沿钢拉索方向的拉力。受力图如图 1-16（b）所示。

（2）以横梁 AB 为研究对象，解除 A、B 两处的约束代之以约束反力。A 处为固定铰支座，其反力可用过 A 的互相垂直的分力 X_A、Y_A 表示，B 处约束反力与钢拉索 BC 在 B 处约束反力为作用力与反作用力，荷载画于原位置。横梁受力图如图 1-16（c）所示。

（3）整体受力图，如图 1-16（d）所示。

【例 1-3】　画出图 1-17（a）所示三铰拱与左、右两构件的受力图。拱圈自重忽略不计。

解　（1）取整体为研究对象。将荷载 F 画于原位置 A、B 两处均为固定铰支座，分别用两个互相垂直的分量 X_A、Y_A，X_B、Y_B 表示。受力图如图 1-17（b）所示。

（2）取三铰拱左半跨 AC 为研究对象。C 处为铰链连接，根据其约束特点，约束反力可表示为相互垂直的两个分量 X_C、Y_C。类似地，可画出 BC 部分受力图。如图 1-17（c）所示。

　　值得注意的是，在铰 C 处 AC 与 BC 为作用力和反作用力，先设出 X_C、Y_C 后，X'_C、Y'_C 应与其大小相等，方向相反。另外，对于 AC 部分，由于只在 A、C 两点由铰链提供外力，根据二力平衡公理，则此二力必大小相等，方向相反，如图 1-17（d）所示。这种在二力作用下平衡的构件称为二力杆。

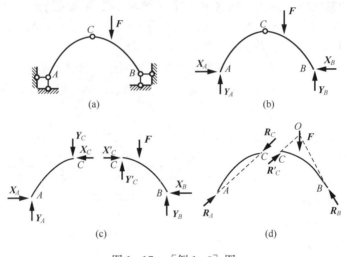

图 1-17　　［例 1-3］图

二、结构计算简图

1. 结构计算简图的选取

　　实际结构的制造形式与连接方式多种多样，受力分析完全按照实际情况进行一般是不可能的，也是不必要的。因此在进行结构力学计算以前必须将实际结构进行简化，略去不重要的细节，表现出其基本的受力特征，用一个简单明了的图形代替实际结构，这种图形称为结构的计算简图。

　　结构计算简图的选取一般分为两部分：结构简化和荷载简化。

　　（1）结构简化。结构的简化主要考虑三部分，构件的简化、结点的简化、支座的简化。现以图 1-18（a）所示木屋架为例说明其过程。

　　一栋房屋由多榀相互平行且等距的木屋架组成，各榀屋架的受力情况基本相同，因此只取一榀研究即可。以屋架各杆件的轴线代替各杆件，绘于图 1-18（b）中；根据木杆件交汇处各杆间存在相互转动的可能性，将所有结点简化为铰接点；考虑屋架与墙体间实际支撑方式，并使计算简化，将支座简化为简支形式，即一端是固定铰支座，一端是单链连杆支座。

　　（2）荷载简化。荷载一般是作用在结构上的体荷载（如自重），以及作用在某一面积上的面荷载（如活荷载）。在计算简图中，把它们简化到作用在构件轴线所在平面上的线荷载、集中荷载和力偶。

　　图 1-18（a）所示木屋架，承受由檩条传来的相邻两屋架间的屋面荷载，包括恒载和活载，恒载为屋面自重（檩条、屋面板、抹灰等），活载为风荷载、雪荷载等，以上荷载均转化为集中荷载。由于檩条并不一定位于屋架的结点处，见图 1-18（a），这会使计算复杂，为此可将檩条传来的荷载分解到结点上，形成如图 1-18（b）所示的结点荷载。

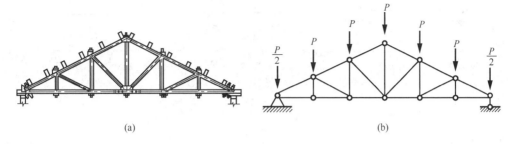

图 1-18 木屋架及其计算简图

图 1-18（b）所示图形称为平面桁架，所谓桁架一定要求所有结点均为铰接，荷载为结点荷载。

图 1-19 为一七层钢筋混凝土框架结构的计算简图。其中横竖线分别代表各层梁柱结构。梁柱交接处应视为相互不能发生转动的刚性结点，支座均视为固定端。梁上承受由楼板（屋面板）或次梁传来的竖向荷载，框架边柱上作用的是水平风荷载或地震作用。

这种以刚结点为主的计算简图称为刚架。

图 1-20 为一单层单跨工业厂房的计算简图，竖线代表厂房中的变截面柱，横线代表屋架，屋架与柱的连接简化为铰结点。竖向荷载除屋面传来的以外（简化为集中荷载），还有吊车压力，水平作用有风荷载或地震作用以及吊车的刹车力。

这种计算简图称为排架。

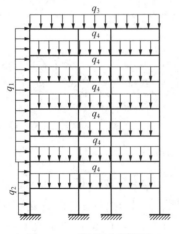

图 1-19 刚架计算简图

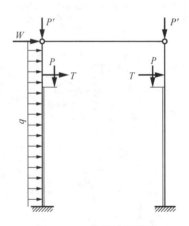

图 1-20 排架计算简图

2. 计算简图的分类

建筑结构与施工中常遇到的计算简图，按其构件间的连接方式和几何特性的不同，一般分类如下。

（1）梁式结构。图 1-21 为一般常见梁的计算简图。图 1-21（a）称为简支梁（支承最为简单）；图 1-21（b）称为外伸梁；图 1-21（c）称为悬臂梁；图 1-21（d）称为多跨静定梁；图 1-21（e）称为连续梁。除最后一种梁为超静定梁外，前面均为静定梁。

（2）拱式结构。图 1-22 为常见的三种拱式结构。图 1-22（a）称为三铰拱（由三个铰连接）；图 1-22（b）称为两铰拱；图 1-22（c）称为无铰拱，除三铰拱为静定结构外，后

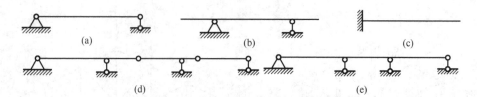

图 1-21　梁式结构

两种均为超静定拱。

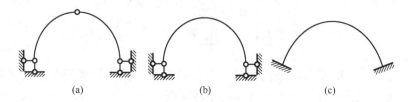

图 1-22　拱式结构

（3）桁架。图 1-23 给出了工业与民用房屋中最常采用的桁架类型。图 1-23（a）为平行弦桁架；图 1-23（b）为三角形桁架；图 1-23（c）为折弦形桁架；图 1-23（d）为联合桁架；图 1-23（e）为抛物线形桁架；图 1-23（f）为三铰拱式桁架。此处所给桁架均为静定桁架。

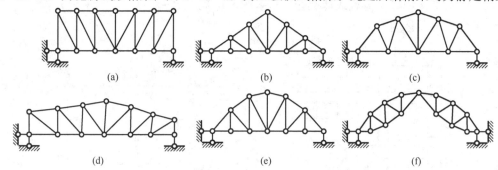

图 1-23　桁架结构

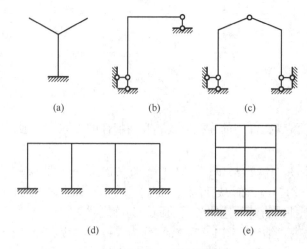

图 1-24　刚架结构

（4）刚架。图 1-24（a）称悬臂式刚架；图 1-24（b）为简支刚架；图 1-24（c）为三铰刚架；图 1-24（d）为单层多跨刚架；图 1-24（e）为多层多跨刚架。前三种刚架为静定刚架，后两种为超静定刚架。

（5）排架。图 1-25 为单层工业厂房中最常采用的排架形式，图 1-25（a）为等高多跨排架；图 1-25（b）为不等高多跨排架。两者均为超静定结构。

（6）组合结构。组合结构是一种梁与桁架、柱与桁架或刚架与桁架组合在一起的结构，如图1-26所示。图1-26（a）为静定结构，图1-26（b）为超静定结构。

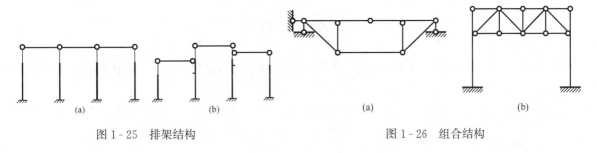

图1-25　排架结构　　　　　　　　　图1-26　组合结构

第五节　力 矩 与 力 偶

一、力对点之矩与合力矩定理

由经验可知，作用于物体上的力会使物体产生转动。这种使物体对于某一点（或某一轴）产生转动的效应，称为力矩。本节主要介绍力对点之矩。

1. 力对点之矩

力 F 作用于刚体上的 A 点，使刚体绕 O 点转动，如图1-27（a）所示，O 点到力的作用线的垂直距离 h 称为力臂。平面内力对某点的力矩是标量。用力 F 的大小 F 与力臂 h 的乘积表示力矩的大小，用"+"、"−"表示转动方向，我们以此种形式表示力 F 对 O 点的转动效应，记作：$m_O(F)$，则有

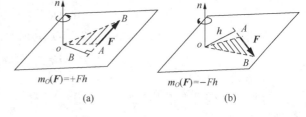

图1-27　平面力对点之矩

$$m_O(F) = \pm Fh = \pm 2\triangle OAB \quad (1-1)$$

由式（1-1）可以看出，力矩大小的度量亦可用三角形 OAB 的面积的两倍表示。显然，力矩的大小不仅与力有关，而且与矩心 O 到力作用线的距离有关。通常规定使刚体逆时针转动为正，顺时针转动为负，如图1-27所示。

力矩的常用单位是 N·m 或 kN·m。需要注意力矩的下列特性：

（1）力矩的力沿其作用线移动时，力矩大小不变。

（2）力的大小为零或力的作用线通过矩心（即力臂 h 为零）时力矩为零。

（3）如已知力矩 $m_O(F)$ 和力 F 的大小，可确定矩心到力的作用线的垂直距离

$$h = |m_O(F)| / F$$

（4）同一力对不同点的力矩不同。因此必须指明矩心，力对点之矩才有意义。物体上任意一点都可以取为矩心，甚至还可以选取研究对象以外的点作为矩心。

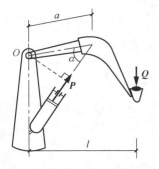

图1-28　［例1-4］图

【例1-4】　液压驱动的挖土机挖斗（图1-28），试分别求活塞推力 P 及土重力 Q 对铰 O 的力矩。

解　活塞推力 P 对铰 O 的力矩为

$$m_O(\boldsymbol{P}) = Pa\sin\alpha$$

土重 Q 对铰 O 的力矩为

$$m_O(\boldsymbol{Q}) = -Ql$$

2. 合力矩定理

平面内诸分力的合力对平面内某一点的力矩，等于诸力对同一点力矩的代数和，称为合力矩定理。现对汇交力系合力矩定理证明如下。

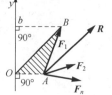

图 1-29　合力矩定理

如图 1-29 所示，平面诸力 $\boldsymbol{F}_1$，$\boldsymbol{F}_2$，$\cdots$，$\boldsymbol{F}_n$ 及其合力 $\boldsymbol{R}$ 均作用于平面内 A 点。任取一轴 y 垂直于 OA，其中任意力 $\boldsymbol{F}_1$ 对矩心 O 点的力矩为

$$m_O(\boldsymbol{F}_1) = 2\Delta OAB = OA \cdot Ob$$

或

$$m_O(\boldsymbol{F}_1) = OA \cdot F_{1y} \qquad\qquad (1-2)$$

式中：F_{1y} 为力 $\boldsymbol{F}_1$ 在 y 轴上的投影。

当力 $\boldsymbol{F}_n$ 位于 OA 线以下时，上式关系仍然成立，此时力矩为负值。

注意到合力与分力之关系 $\boldsymbol{R} = \sum \boldsymbol{F}_i$，合力在轴上的投影等于诸分力在同一轴上投影的代数和，即 $R_y = \sum F_{iy}$，等式两边同乘以 OA，则

$$OA \cdot R_y = \sum(OA \cdot F_{iy})$$

由式（1-2）表示的关系，可知左边

$$OAR_y = m_O(\boldsymbol{R})$$

等式右边 $\sum(OA \cdot F_{iy}) = m_O(\boldsymbol{F}_1) + m_O(\boldsymbol{F}_2) + \cdots + m_O(\boldsymbol{F}_n) = \sum m_O(\boldsymbol{F}_n)$

因此

$$m_O(\boldsymbol{R}) = \sum m_O(\boldsymbol{F}_i) \qquad\qquad (1-3)$$

3. 力矩的平衡

杠杆的平衡是力矩平衡的典型应用。当杠杆保持平衡时，如图1-30所示，杠杆的平衡条件为

$$F_1 a = F_2 b$$

上式亦可改写为

$$F_1 a + (-F_2 b) = 0$$

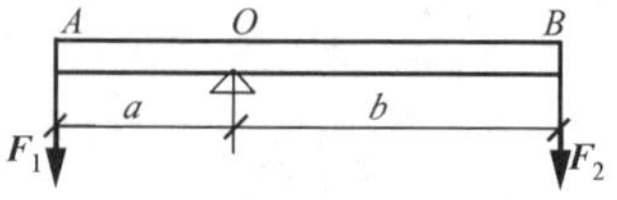

图 1-30　杠杆平衡

推广到物体受多个力矩作用时，其平衡条件为

$$\sum m_O(\boldsymbol{F}_i) = 0 \qquad\qquad (1-4)$$

即力矩的平衡条件是作用在物体同一平面内的各力对支点的力矩代数和为零。

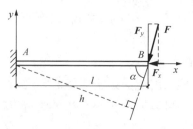

图 1-31　〔例 1-5〕图

【例 1-5】　如图 1-31 所示，悬臂梁 AB 在自由端 B 点作用集中力 $\boldsymbol{F}$，力的作用线在 y_{Ax} 平面内与 x 轴成 $\alpha = 60°$ 角，$F = 3\text{kN}$，$l = 2\text{m}$。试求力 $\boldsymbol{F}$ 对 A 点的力矩。

解　力 $\boldsymbol{F}$ 对 A 点的力矩为

$$m_A(\boldsymbol{F}) = -Fh = -Fl\sin\alpha$$

代入数据

$$m_A(\boldsymbol{F}) = -3 \times 2 \times \sin 60° = -5.196(\text{kN·m})$$

力矩计算中，当力臂计算不方便时，可将力分解为分力，利用合力矩定理计算

$$m_A(\boldsymbol{F}) = m_A(\boldsymbol{F}_x) + m_A(\boldsymbol{F}_y) = -F\sin\alpha \cdot l = -5.196\text{kN·m}$$

【例 1 - 6】 钢筋混凝土雨篷如图 1 - 32 所示。雨篷梁和雨篷板的长度为 4m，悬挑长 1m，雨篷梁上砌体高 3m，墙厚 240mm，已知钢筋混凝土单位体积重 $\gamma_1 = 25\text{kN/m}^3$，砖砌体单位体积重 $\gamma_2 = 19\text{kN/m}^3$。试验算雨篷的稳定性。验算时需要考虑施工或检修可变荷载 $P = 1\text{kN}$。

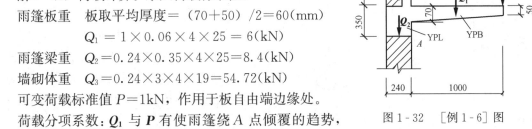

解 （1）荷载计算。永久荷载标准值：

雨篷板重　板取平均厚度 $= (70 + 50) / 2 = 60(\text{mm})$

$\qquad\qquad Q_1 = 1 \times 0.06 \times 4 \times 25 = 6(\text{kN})$

雨篷梁重　$Q_2 = 0.24 \times 0.35 \times 4 \times 25 = 8.4(\text{kN})$

墙砌体重　$Q_3 = 0.24 \times 3 \times 4 \times 19 = 54.72(\text{kN})$

可变荷载标准值 $P = 1\text{kN}$，作用于板自由端边缘处。

图 1 - 32　[例 1 - 6] 图

荷载分项系数：Q_1 与 P 有使雨篷绕 A 点倾覆的趋势，它们对 A 点的力矩称倾覆力矩；永久荷载 Q_1 的分项系数为 1.3，可变荷载 P 的分项系数为 1.5；Q_2、Q_3 是起稳定作用的力，它们对 A 点的力矩称为稳定力矩。永久荷载 Q_2、Q_3 属于有利荷载，它们的分项系数取 0.9。

（2）倾覆力矩与稳定力矩

$$M_q = 1.3 Q_1 \times 0.5 + 1.5 P \times 1 = 1.3 \times 6 \times 0.5 + 1.5 \times 1 \times 1 = 5.4(\text{kN·m})$$

$$M_w = 0.9(Q_2 + Q_3) \times 0.24/2 = 0.9 \times (8.4 + 54.72) \times 0.12 = 6.8(\text{kN·m})$$

（3）验算稳定性

由以上计算可知 $M_w > M_q$，雨篷的稳定性是安全的。

二、力偶的概念与平面力偶系

1. 力偶的概念

由两个大小相等、方向相反、平行但不共线的力所组成的特殊力系，称为力偶，记为 $(\boldsymbol{F}, \boldsymbol{F}')$，如图 1 - 33 （a）所示。力偶的两个力所在平面称为力偶作用的平面，该二力间的垂直距离称为力偶臂，用 d 表示。力偶对物体作用的效应是使物体产生转动。力偶对物体的转动效应可用力偶的两个力对某点 O 的力矩和度量。在图 1 - 33 （b）中取 O 点为矩心，设 O 点与力 $\boldsymbol{F}'$ 的距离为 x，则其力矩和为

$$m_O(\boldsymbol{F}, \boldsymbol{F}') = F(x + d) - F'x = Fd$$

由上式可见力偶对某点的力矩和与矩心位置无关，其值总等于力与力偶臂的乘积。这一乘积称为力偶矩，用符号 m 表示。即

$$m = \pm Fd \qquad (1 - 5)$$

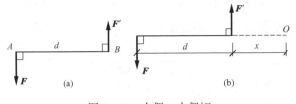

图 1 - 33　力偶、力偶矩

式中：正负号为力偶矩的转向，通常规定逆时针转动时为正；反之为负。平面力偶矩是标量。力偶矩的单位和力矩的单位相同。

力偶是一个特殊的力系，它没有合力。当然力偶也不能用一个力与之相平衡。在后面将会看到任何力系都可简化成一个力和一个力偶。从这个意义上讲，可以说力与力偶是静力学的两个独立的基本要素。汽车司机转动驾驶盘，钳工套丝纹都是利用力偶来转动物体的。

2. 力偶的性质

力偶无合力，没有平动效应，只有转动效应，而转动效应又只决定于力偶矩。因此在刚体上同一平面内的两个力偶，如果它们的力偶矩相等，则两力偶等效。

基于上述性质，可得如下两个推论。

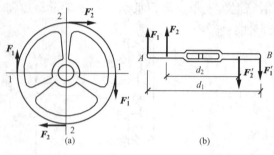

图 1 - 34　力偶的性质示意图

（1）力偶可在其作用平面内任意搬移而不改变其对物体的效应。例如用双手操作方向盘，只要作用力是力偶，不论在位置 1 - 1 或位置 2 - 2 效果都是一样的，如图 1 - 34（a）所示。

（2）只要保持力偶矩不变，可将力偶的力和力偶臂做相应的改变，而不会改变其对物体的效应。例如攻丝时，不论是力偶（F_1，F_1'），还是力偶（F_2，F_2'），如图 1 - 34（b）所示，只要 $F_1d_1 = F_2d_2$，转动效果均相同。

由以上两点推论可知，对于刚体在研究有关力偶的问题时，只需考虑力偶矩而不必论究其力的大小，力臂的长短，以及力偶在平面内的位置。在力学与工程结构中，用 $\curvearrowright m$ 和 $\curvearrowleft m$ 表示力偶，m 表示力偶矩的大小，弧线与箭头表示力偶的转向。如图 1 - 35 所示。

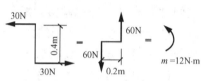

图 1 - 35　力偶的表示方式

3. 平面力偶系的合成与平衡条件

在同一平面内的多个力偶称为平面力偶系。设力偶（F_1，F_1'）、（F_2，F_2'）与（F_3，F_3'）作用于刚体的同一平面内，如图 1 - 36（a）所示，它们的力偶矩分别为 m_1、m_2、m_3，根据力偶的性质，在保持力偶矩不变的条件下，可将这些力偶变换成力偶臂均为 d 的等效力偶（P_1，P_1'）、（P_2，P_2'）和（P_3，P_3'），且令

$$P_1 = \frac{m_1}{d} \quad P_2 = \frac{m_2}{d} \quad P_3 = \frac{m_3}{d}$$

将力偶（P_1，P_1'）、（P_2，P_2'）和（P_3，P_3'）转移，使 P_1、P_2 和 P_3 及 P_1'、P_2' 和 P_3' 的作用线重合，于是 P_1、P_2、P_3 可合成一合力 $R = P_1 + P_2 - P_3$。同理可得 $R' = P_1' + P_2' - P_3'$，如图 1 - 36（b）所示。显然 R 和 R' 具有大小相等、方向相反，平行但不共线的性质，故此二力组成新力偶（R，R'），如图 1 - 36（c）所示即为合力偶，其力偶矩为

$$m = Rd = (P_1 + P_2 - P_3)d = m_1 + m_2 + m_3$$

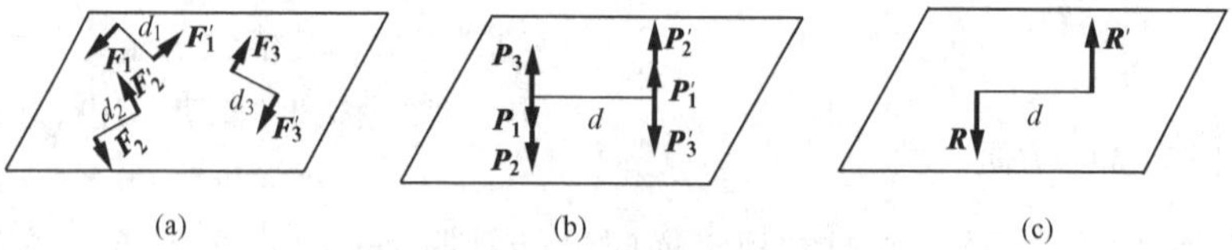

图 1 - 36　力偶的合成

将这个结论推广到 n 个力偶的情形，则有

$$m = \sum m_i (i = 1, 2, 3, \cdots, n) \tag{1 - 6}$$

上式表明：平面力偶系可合成一合力偶，其合力偶矩等于各分力偶矩的代数和。

若在刚体某平面上作用的合力偶矩等于零，则此物体必不能转动，反之亦然。所以平面力偶系平衡的充分和必要条件是：力偶系中各力偶的力矩代数和为零，即

$$\sum m_i = 0$$

【例1-7】 如图1-37（a）所示简支梁，A端作用集中力偶$m_A = 100\text{kN} \cdot \text{m}$，$l = 4\text{m}$，试求支座反力$\boldsymbol{R}_A$、$\boldsymbol{R}_B$。

解 由支座性质可知$\boldsymbol{R}_B$方向铅直，$\boldsymbol{R}_A$方位不定。但梁上仅作用力偶荷载，而力偶只能与力偶平衡，所以$\boldsymbol{R}_A$和$\boldsymbol{R}_B$必组成反力偶，即$\boldsymbol{R}_A = -\boldsymbol{R}_B$，设$\boldsymbol{R}_A$和$\boldsymbol{R}_B$的方向如图1-37（b）所示，于是由$\sum m_i = 0, m_A - R_B l = 0$

解得
$$R_B = R_A = \frac{m_A}{l} = \frac{100}{4} = 25(\text{kN})$$

求出的反力为正值，说明所设反力方向与实际方向一致。

【例1-8】 如图1-38所示，多轴钻床在水平工件上钻孔，每个钻头的切削刀刃对工件的作用力形成力偶。已知切削力偶矩$m_1 = m_2 = 10\text{kN} \cdot \text{m}$，$m_3 = 20\text{kN} \cdot \text{m}$。工件在$A$、$B$两处用螺栓固定，求两螺栓所受的水平力大小。

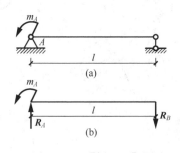

图1-37 ［例1-7］图

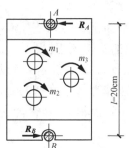

图1-38 ［例1-8］图

解 工件受m_1、m_2、m_3平面力偶作用。由于平面力偶系合力偶矩只能以反力偶矩相平衡，所以A、B螺栓的水平力必相等，即$R_A = -R_B$。根据平面力偶系的平衡条件

$$\sum m_i = 0, R_A l - m_1 - m_2 - m_3 = 0$$

反力大小为
$$R_A = R_B = \frac{m_1 + m_2 + m_3}{l} = 200\text{kN}$$

反力方向如图1-38所示。

第六节 平面力系的合成与平衡方程

多个力称为力系。力系中各力的作用线在同一平面内，称为平面力系，不在同一平面内的称为空间力系。若同一平面内的各力均汇交于一点，称为平面汇交力系；力线在同一平面内且相互平行的称为平面平行力系；既不平行也不完全交于一点的，称为平面一般力系。

一、力在直角坐标轴上的投影

在xoy坐标系内，若力$\boldsymbol{F}$作用于物体A点，与x轴夹角为α，与y轴夹角为β，如图1-39所示。从力$\boldsymbol{F}$两端A、B分别向x轴与y轴作垂线，得垂足ab及$a'b'$。线段ab的长度，并冠以正、负号，称为力$\boldsymbol{F}$在x轴上的投影，记作X；线段$a'b'$为力$\boldsymbol{F}$在y轴上的投影，记作Y。投影的正负规定如下：从a到b的指向与x轴相一致时，投影X为正值，相反时为负值。由图1-39可知两投影的大小为

$$X = F\cos\alpha$$

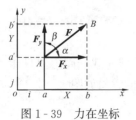

图 1-39　力在坐标
轴上的投影

$$Y = F\sin\alpha = F\cos\beta \tag{1-7}$$

若已知力 F 在坐标轴上的投影 X 和 Y，则力 F 的大小与其投影的关系为

$$F = \sqrt{X^2 + Y^2}$$

$$\cos\alpha = \frac{X}{F}, \quad \cos\beta = \frac{Y}{F}$$

将力 F 沿 x、y 轴方向分解，其分力为 F_x 与 F_y，它们的值与投影 X、Y 的绝对值相等。注意力是矢量，i 与 j 是单位方向矢量，力 F 又可表示为如下形式

$$F = F_x + F_y = Xi + Yj$$

二、平面汇交力系的合成与平衡方程

1. 平面汇交力系的合成

若刚体上有平面汇交力系 F_1，F_2，…，F_n 作用，诸力与 x 轴的夹角分别为 α_1，α_2，…，α_n，如图 1-40（a）所示。现计算这 n 个力的合力。

（1）按解析法计算。先分别求出各分力在 x、y 轴上的投影，而后得合力在坐标轴上的投影，即

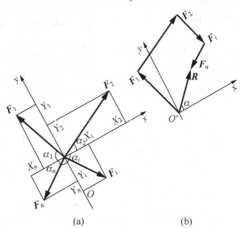

$$R_x = X_1 + X_2 + \cdots + X_n = \sum X_i$$

$$R_y = Y_1 + Y_2 + \cdots + Y_n = \sum Y_i$$

图 1-40　平面汇交力系的合成

根据力与投影的关系，假设合力 R 与 x 轴间的夹角为 α，则合力 R 的大小与方向为

$$R = \sqrt{R_x + R_y}$$

$$= \sqrt{(\sum X_i)^2 + (\sum Y_i)^2} \tag{1-8}$$

$$\cos\alpha = \frac{R_x}{R} \tag{1-9}$$

（2）按几何法。其合力 R 可重复使用力的平行四边形法则求得；或使用力的三角形法则，最后由力多边形始末端求得，如图 1-40（b）所示

$$R = F_1 + F_2 + \cdots + F_n = \sum F_i \quad (i = 1,2,\cdots,n)$$

2. 平面汇交力系的平衡条件——平衡方程

若平面汇交力系为平衡力系，则其合力必为零，即

$$R = 0 \tag{1-10}$$

此式为平面汇交力系的平衡条件。反映在几何法中即力多边形闭合。若按解析法，则有

$$R = \sqrt{R_x^2 + R_y^2} = \sqrt{(\sum X_i)^2 + (\sum Y_i)^2} = 0$$

欲使上式成立，则必须同时满足 $R_x = 0$，$R_y = 0$。

这就是平面汇交力系的平衡方程，它表明平面汇交力系平衡的必要与充分解析条件是：力系中各个力在直角坐标系中每一轴上投影的代数和都等于零。

三、平面一般力系合成与其平衡方程

1. 平面一般力系的简化

（1）力的平移定理。当作用于刚体上 A 点的力 F，若想平移到 O 点，如图 1-41（a）所

示，则根据加减平衡力系公理，在 O 点加平衡
力系 $\boldsymbol{F}'$ 与 $\boldsymbol{F}''$，且令其大小与 $\boldsymbol{F}$ 相等，此时对物
体的作用效应不变，如图 1-41（b）所示。而
力 $\boldsymbol{F}$ 与 $\boldsymbol{F}''$ 大小相等方向相反，且不共线，所以
形成力偶，其力偶矩等于力 $\boldsymbol{F}$ 对平移点 O 的力
矩，如图 1-41（c）所示，即

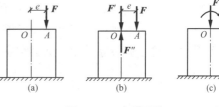

图 1-41　力线平移

$$m = m_O(\boldsymbol{F}) = -Fe$$

这个事实表明：作用于刚体上的力，可以平行移动到该刚体上的任一点，除平移来的力
之外，尚需附加一个力偶，附加力偶矩的大小等于力对平移点的力矩。此即力的平移
定理。

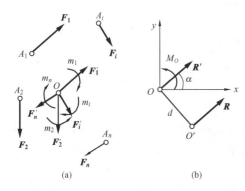

图 1-42　平面一般力系的简化

（2）平面一般力系的简化。设刚体受平面一
般力系 $\boldsymbol{F}_1$，$\boldsymbol{F}_2$，$\cdots$，$\boldsymbol{F}_n$ 作用，如图 1-42（a）所
示。根据力的平移定理，将力系中各力分别平移
到平面内任意点 O（O 点称为简化中心），这样可
得到一个过简化中心的平面汇交力系（$\boldsymbol{F}_1'$，
$\boldsymbol{F}_2'$，$\cdots$，$\boldsymbol{F}_n'$）与平面力偶系。各分力偶矩分别为
m_1，m_2，$\cdots$，m_n，如图 1-42（a）所示。此平面汇
交力系可合成一个合力 $\boldsymbol{R}'$，称为平面一般力系的
主矢量；平面力偶系可合成为一合力偶，合力偶
矩称为平面一般力系的主矩 M_O，如图 1-42（b）
所示。主矢量 $\boldsymbol{R}'$ 的大小与方向分别为

$$R' = \sqrt{R_x'^2 + R_y'^2} = \sqrt{(\sum X_i')^2 + (\sum Y_i')^2}$$

$$\cos\alpha = \frac{\sum X_i'}{R'}, \ \sin\alpha = \frac{\sum Y_i'}{R'}$$

主矩 M_O 的力偶矩等于各分力偶矩的代数和且等于各分力对简化中心 O 的力矩和，即

$$M_O = m_1 + m_2 + \cdots + m_n$$
$$= m_O(\boldsymbol{F}_1) + m_O(\boldsymbol{F}_2) + \cdots + m_O(\boldsymbol{F}_n) = \sum m_O(\boldsymbol{F}_i)$$

不难看出，当选取不同位置的点作简化中心 O 时，主矢量 $\boldsymbol{R}'$ 的大小与方向并不发生变
化，但主矩将随 O 点的位置不同而发生变化。

详细分析简化结果，存在三种可能：① $\boldsymbol{R}' \neq 0$，$M_O = 0$，该主矢量 $\boldsymbol{R}'$ 即为原力系的合
力，因为 $\boldsymbol{R}'$ 与原力系等效；② $M_O \neq 0$，$\boldsymbol{R}' = 0$，力系简化为一力偶（原力系的作用效果改变
转动状态），此时主矩与简化中心无关；③ $\boldsymbol{R}' \neq 0$，$M_O \neq 0$，根据力线平移定理，可将图 1-
42（b）中 $\boldsymbol{R}'$ 与 M_O 进一步简化，合成为一过 O' 的力 $\boldsymbol{R}$，$\boldsymbol{R}$ 即为原力系的合力，因为 $\boldsymbol{R}$ 与原
力系等效，O' 与 O 的距离 $d = |M_O|/R'$。

由③中进一步简化的过程可得到平面一般力系的合力矩定理：合力对任一点的力矩等于
各分力对该点力矩的代数和。因为

$$m_O(\boldsymbol{R}) = Rd = R'd = M_O$$

$$M_O = \sum_{i=1}^{n} m_O(\boldsymbol{F}_i)$$

则
$$m_O(\mathbf{R}) = \sum_{i=1}^{n} m_O(\mathbf{F}_i)$$

2. 平面一般力系的平衡条件——平衡方程

若平面一般力系保持平衡，则必须主矢量与主矩同时为零。即满足条件

$$\left.\begin{array}{l} \mathbf{R}' = 0 \\ M_O = 0 \end{array}\right\} \tag{1-11}$$

亦即
$$\left.\begin{array}{l} \sum X_i = 0 \\ \sum Y_i = 0 \\ \sum m_O(\mathbf{F}_i) = 0 \end{array}\right\} \tag{1-12}$$

式（1-12）称为平面力系的平衡方程。

式（1-12）为平面力系平衡方程的基本形式。此外还有以下两种形式。

（1）二力矩式

$$\left.\begin{array}{l} \sum m_A(\mathbf{F}_i) = 0 \\ \sum m_B(\mathbf{F}_i) = 0 \\ \sum X_i = 0 \end{array}\right\} \tag{1-13}$$

二力矩式平衡方程的限制条件是 x 不垂直于 AB 连线。

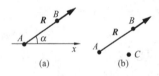

图 1-43　二矩式、三矩式说明

其说明如下：满足 $\sum m_A(\mathbf{F}) = 0$，说明力系不可能化为力偶。可能平衡，也可能化为一合力 $\mathbf{R}$，且 $\mathbf{R}$ 通过 A 点。若同时能满足第二式 $\sum m_B(\mathbf{F}) = 0$，则可能力通过 A、B 两点，如图 1-43（a）所示。若同时还能满足第三式 $\sum x = 0$，由于 x 不垂直于 $\mathbf{R}(AB)$，$\mathbf{R}$ 一定为零。则力系必平衡。

（2）三力矩式

$$\left.\begin{array}{l} \sum m_A(\mathbf{F}_i) = 0 \\ \sum m_B(\mathbf{F}_i) = 0 \\ \sum m_C(\mathbf{F}_i) = 0 \end{array}\right\} \tag{1-14}$$

三矩式限制条件是平面内 A、B、C 三矩心不在同一直线上。可仿照二力矩式证明方法，由图 1-43（b）证明三力矩式是平面一般力系的平衡方程，此处略去。

3. 平面平行力系的平衡方程

平面平行力系为平面一般力系的特殊情形。若取坐标轴 y 与力系平行，如图 1-44 所示，则 $\sum X_i \equiv 0$，此时只有

$$\left.\begin{array}{l} \sum Y_i = 0 \\ \sum m_A(\mathbf{F}_i) = 0 \end{array}\right\} \tag{1-15}$$

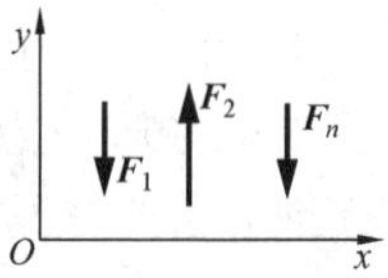

图 1-44　平面平行力系

A 为平面内任意一点。

平面平行力系平衡方程还有二力矩式

$$\left.\begin{array}{l} \sum m_A(\mathbf{F}_i) = 0 \\ \sum m_B(\mathbf{F}_i) = 0 \end{array}\right\} \tag{1-16}$$

其中 A、B 连线不与各力平行。

第七节 平面力系平衡方程的初步应用

平面力系的平衡方程在建筑力学中主要用于计算结构的反力与内力。在计算过程中应首先进行受力分析，画出研究对象的受力图；分清物体所受力系的状况；选择适当坐标系，建立相应的静力平衡方程；然后解方程求出拟求反力或内力。

下面所举例题是其初步应用。

【例1-9】 履带式起重机如图1-45（a）所示，起重量 $Q=100kN$，吊臂 AB 自重及滑轮半径和摩擦忽略不计。若在图示位置平衡，试求吊臂 AB 及缆绳 AC 所受的力。

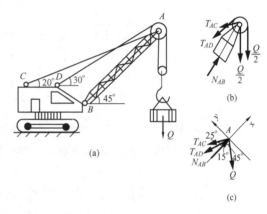

图1-45 ［例1-9］图

解 （1）确定研究对象，画出受力图。根据题所求量，取 A 为研究对象，如图1-45（b）所示。略去滑轮半径受力图，如图1-45（c）所示。

（2）建立坐标系，如图1-45（c）所示，列平衡方程。A 点为汇交力系，有两个独立的平衡方程

$$\sum y=0, T_{AC}\sin25° - Q\sin45° + T_{AD}\sin15° = 0$$
$$\sum x=0, N_{AB} - Q\cos45° - T_{AD}\cos15° - T_{AC}\cos25° = 0$$

由以上两方程，又有 $T_{AD}=\dfrac{Q}{2}$，$Q=100kN$，解得

$$T_{AC} = \frac{Q}{\sin25°}\left(\sin45° - \frac{1}{2}\sin15°\right)$$
$$= \frac{100}{0.423}\left(0.707 - \frac{1}{2}\times0.259\right) = 136.7(kN)$$

$$N_{AB} = Q\cos45° + \frac{Q}{2}\cos15° + T_{AC}\cos25°$$
$$= 100\times0.707 + 50\times0.966 + 136.7\times0.906 = 242.8(kN)$$

【例1-10】 如图1-46（a）所示悬臂梁，均布荷载为 q，梁的跨度为 l，试计算 A 端约束反力。

解 （1）确定研究对象，画出受力图。如图1-46（b）所示。

（2）建立坐标系，列平衡方程。该体系为平面一般力系，有三个独立方程。分别为

$$\sum X_i=0,\ X_A = 0$$
$$\sum Y_i=0,\ Y_A - ql = 0$$
$$\sum m_A=0,\ m_A - ql\,\frac{l}{2} = 0$$

解得 $\qquad\qquad X_A=0,\ Y_A=ql,\ m_A=ql^2/2$

【例 1 - 11】 如图 1 - 47（a）所示外伸梁，已知荷载 $q = 2.5$kN，$P = 3$kN，$l = 6$m，$a = 1.2$m，求支座反力。

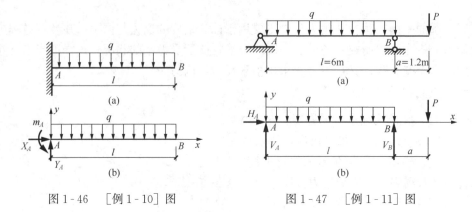

图 1-46 ［例 1-10］图   图 1-47 ［例 1-11］图

解 （1）确定研究对象，画受力图。如图 1 - 47（b）所示。

（2）列平衡方程，求解。该体系为平面一般力系，有三个独立方程。分别为

$$\sum X_i = 0, \quad H_A = 0$$

$$\sum m_A = 0, \quad V_B l - ql^2/2 - P(l+a) = 0$$

$$\sum m_B = 0, \quad -V_A l - Pa + ql^2/2 = 0$$

解得
$$V_A = \frac{1}{l}\left(\frac{ql^2}{2} - Pa\right) = \frac{1}{6} \times \left(\frac{2.5 \times 6^2}{2} - 3 \times 1.2\right) = 6.9(\text{kN})$$

$$V_B = \frac{1}{l}\left[\frac{ql^2}{2} + P(l+a)\right] = \frac{1}{6} \times \left(\frac{2.5 \times 6^2}{2} + 3 \times 7.2\right) = 11.1(\text{kN})$$

【例 1 - 12】 计算图 1 - 48（a）所示三铰拱的支座反力与中间拱铰 C 处的约束反力。尺寸、荷载如图 1 - 48 所示。

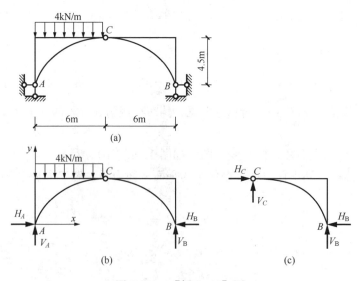

图 1-48 ［例 1-12］图

解 （1）受力分析与受力图。从整体分析，A、B 处均为固定铰支座，除产生竖向反力 V_A、V_B 外，还产生水平反力 H_A、H_B，受力图见图 1-48（b）。水平反力又称推力，所以拱式结构又称推力结构。A、B 处共四个未知力，不能从整体平衡列出的三个独立方程中全部求出，这就需要考虑 AC 与 CB 间的相对平衡 [CB 受力如图 1-47（c）所示]，增列补充方程，方可全部确定。

（2）列平衡方程，求解。从整体平衡，采用二矩式

$$\sum m_A = 0, \quad V_B \times 12 - 4 \times 6 \times 3 = 0$$
$$\sum m_B = 0, \quad -V_A \times 12 + 4 \times 6 \times 9 = 0$$
$$\sum X = 0, \quad H_A - H_B = 0$$

为计算简便，从 CB 平衡列补充方程

$$\sum m_C^{\text{左}} = 0, \quad -H_B \times 4.5 + V_B \times 6 = 0$$

从以上方程中解得

$$V_A = 18\text{kN}$$
$$V_B = 6\text{kN}$$
$$H_A = H_B = 8\text{kN}$$

C 处的约束反力从 CB 平衡方程即可求出

$$\sum X_i = 0, \quad H_C - H_B = 0, \quad H_C = H_B = 8(\text{kN})(\rightarrow)$$
$$\sum Y_i = 0, \quad V_C + V_B = 0, \quad V_C = -V_B = -6\text{kN}(\downarrow)$$

负号表示实际受力方向与所设方向相反。

【例 1-13】 计算图 1-49（a）组合结构的支座反力。荷载、结构尺寸如图 1-49 所示。

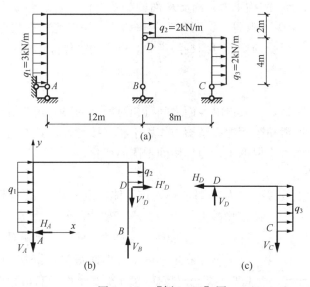

图 1-49　[例 1-13] 图

解 （1）受力分析与受力图。该结构分左右两部分。右边跨 DC 依靠 AB 支持才能成立，称为附属跨，左边跨 AB 则称为主跨。附属跨 DC 上荷载作用的影响必然传到 AB 主跨部分。计算时应遵循"先附，后主"的原则。主、附跨的受力图，如图 1-49（b）、（c）

所示。

（2）附属跨 DC 的平衡方程及求解。其受力为平面一般力系，有三个独立的平衡方程

$$\sum m_D = 0, \quad q_3 \times 4 \times 2 - V_C \times 8 = 0$$

$$\sum X_i = 0, \quad -H_D + q_3 \times 4 = 0$$

$$\sum Y_i = 0, \quad V_D - V_C = 0$$

解得

$$\begin{cases} V_C = 2\text{kN} \\ H_D = 8\text{kN} \\ V_D = V_C = 2\text{kN} \end{cases}$$

（3）主跨 AB 的平衡方程及求解。其 D 点受力与附属跨 DC 的 H_D、V_D 大小相等、方向相反，汇同主跨上其他荷载与支座反力构成平面一般力系，有三个独立的平衡方程

$$\sum X_i = 0, \quad -H_A + q_1 \times 6 + q_2 \times 2 + H'_D = 0$$

$$\sum m_A = 0, \quad V_B \times 12 - H'_D \times 4 - V'_D \times 12 - q_2 \times 2 \times 5 - q_1 \times 6 \times 3 = 0$$

$$\sum m_B = 0, \quad V_A \times 12 - q_1 \times 6 \times 3 - H'_D \times 4 - q_2 \times 2 \times 5 = 0$$

解得　　　$H_A = 30\text{kN}(\leftarrow), V_A = 8.83\text{kN}(\downarrow), V_B = 10.83\text{kN}(\uparrow)$

工程实例-
自锁的应用

第八节　摩　　擦

　　　　　　在以前的研究中，我们将物体相互间的接触面看成是理想光滑的，因此支承面的约束力是沿支承面的法线方向，这就是说当物体沿支承面运动时不会受到阻碍。然而事实并非如此，绝对光滑的接触面是不存在的，当物体沿支承面运动时，会受到切面方向的约束力，以阻碍物体间的相对运动，这种阻力称为摩擦力，这种现象称为摩擦。

一、滑动摩擦

两个表面粗糙的物体，当其接触表面之间有相对滑动趋势或相对滑动时，彼此作用有阻碍相对滑动的阻力，即滑动摩擦力。摩擦力作用于相互接触处，其方向与物体滑动的趋势或滑动的方向相反，它的大小根据主动力作用的不同而变化。

1. 静滑动摩擦力

在粗糙的水平面上放置一重为 W 的物体，该物体在重力 W 和法向反力 F_N 的作用下处于静止状态 ［图 1-50（a）］。在该物体上作用一大小可变化的水平力 F_P，当力 F_P 由零值逐渐增加但不很大时，物体仅有相对滑动趋势，但仍保持静止。可见支承面对物体除法向约束力 F_N 外，还有一个阻碍物体沿水平面向右滑动的切向约束力，此力即静滑动摩擦力，简称静摩擦力，以 F_s 表示，它的方向与两物体间相对滑动趋势的方向相反 ［图 1-50（b）］，大小可根据平衡方程求得，即

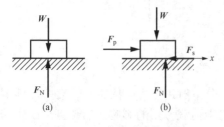

图 1-50　静滑动摩擦力

$$\sum F_x = 0, \quad F_s = F_P$$

由上式可知，当 $F_P=0$ 时，$F_s=0$，即物体没有滑动趋势时也就没有摩擦力；当 F_P 增大时，静摩擦力 F_s 也相应地增大，到某一极限数值为止，这时物体处于将要滑动而尚未滑动的临界平衡状态；如力 F_P 再略微增大，物体即开始沿支承面滑动。由此可见，静摩擦力的大小随主动力 F_P 的变化而变化，由平衡条件决定，但有一个最大值，称为最大静摩擦力，用 F_{max} 表示，因此静摩擦力 F_s 大小的变化范围为

$$0 \leqslant F_s \leqslant F_{max} \tag{1-17}$$

实验证明：最大静摩擦力的大小与两个相互接触物体间的正压力（即法向约束力）成正比，即

$$F_{max} = f_s F_N \tag{1-18}$$

式（1-18）称为静摩擦定律（或库仑静摩擦定律）。式中无量纲比例系数 f_s 称为静摩擦因数，f_s 的大小由实验测定，该系数主要取决于相互接触物体表面的材料性质和表面状况。

2. 动滑动摩擦力

当力 F_P 略大于 F_{max} 时，物体沿支承面滑动，这时的摩擦力称为动滑动摩擦力，简称动摩擦力，以 F_d 表示。实验证明：动摩擦力的大小与两个相互接触物体间的正压力（或法向约束力）成正比，即

$$F_d = f F_N \tag{1-19}$$

式中无量纲比例系数 f 称为动摩擦因数，该系数主要取决于相互接触物体表面的材料性质和表面状况。一般情况下，动摩擦因数略小于静摩擦因数。

二、摩擦角和自锁现象

1. 摩擦角

摩擦角是研究滑动摩擦问题的另一个重要物理量。现在仍以图1-50（b）所示实验为例来说明其概念。当两物体有相对运动趋势时，支承面对物体的约束力包括法向力 F_N 和摩擦力 F_s，这两个力的合力 F_R 称为全约束力。全约束力 F_R 与接触面的公法线夹角为 φ，如图1-51（a）所示。显然 φ 角随静摩擦力的变化而变化，当静摩擦力达到最大值 F_{max} 时，夹角 φ 也达最大值 φ_m，如图1-51（b）所示。φ_m 称为摩擦角，由图1-51（b）可知

$$\tan\varphi_m = \frac{F_{max}}{F_N} = \frac{f_s F_N}{F_N} = f_s \tag{1-20}$$

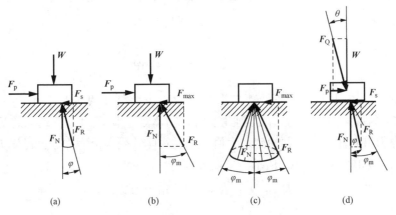

(a)　　　(b)　　　(c)　　　(d)

图 1-51　摩擦角（锥）

式（1-20）表明，摩擦角的正切等于静摩擦因数，可见 φ_m 与 f_s 一样，也是表示材料摩擦性质的物理量。

若过接触点在不同的方向作出临界平衡状态下的全约束力的作用线，则这些作用线将形成一个锥面，称为摩擦锥，如图 1-51（c）所示。若沿接触面的各个方向的摩擦因数均相同，则摩擦锥是一个顶角为 $2\varphi_m$ 的圆锥。

2. 自锁现象

物体平衡时，静摩擦力可在零与最大静摩擦力 F_{max} 之间变化，所以全约束力 F_R 与法线的夹角 φ 也在零与摩擦角 φ_m 之间变化，如图 1-51（d）所示。说明当物体平衡时全约束力的作用线不可能越出摩擦角或摩擦锥。

若将作用于物体上的主动力 W 与 F_P 合成为力 F_Q，其与接触面公法线间的夹角为 θ，如图 1-51（d）所示。当物体平衡时，有 $F_Q = F_R$，$\theta = \varphi$。所以，当物体平衡时，$\theta \leqslant \varphi_m$。

由此可知，如果作用于物体上的主动力合力 F_Q 的作用线位于摩擦角（锥）之内，则不论主动力的合力 F_Q 的值多大，物体必保持静止，这种现象称为自锁现象。如果全部主动力的合力 F_Q 的作用线位于摩擦锥之外，则不论该力 F_Q 的值多小，物体都会滑动。这是因为，此时支承面的全约束力 F_R 和主动力的合力 F_Q 不能满足二力平衡条件。应用这个道理，可以避免发生自锁。

三、考虑摩擦时物体的平衡问题

考虑摩擦的平衡问题的解法与没有摩擦的平衡问题一样，但在受力分析时应考虑摩擦力，摩擦力的方向与物体滑动的趋势方向相反；除满足力系的平衡条件外，各处的摩擦力还必须满足摩擦力的物理条件，即不等式 $F_s \leqslant f_s \cdot F_N$，平衡问题的解答往往是以不等式表示的一个范围，称为平衡范围。

【例 1-14】 将重为 W 的物块放置在倾角为 θ 的斜面上，如图 1-52（a）所示，已知静摩擦系数为 f_s，若加一水平力 F_1 使物块平衡，求力 F_1 的取值范围。

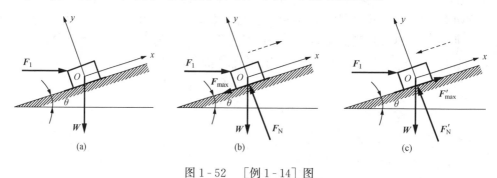

图 1-52　[例 1-14] 图

解 若 F_1 太小，物块将向下滑动，若 F_1 太大，又将使物块向上滑动。

先求力 F_1 的最大值。当力 F_1 达到此值时，物体处于将要向上滑动的临界状态。在此情形下，摩擦力沿斜面向下，并达到最大值 F_{max}。物体共受 4 个力作用：已知力 W，未知力 F_1，F_N，F_{max}，如图 1-52（b）所示。平衡方程为

$$\sum F_x = 0, \quad F_1 \cos\theta - W\sin\theta - F_{max} = 0$$

$$\sum F_y = 0, \quad F_N - F_1\sin\theta - W\cos\theta = 0$$

补充方程为

$$F_{max} = f_s \cdot F_N$$

三式联立，可解得水平推力 F_1 的最大值为

$$F_{1max} = W \frac{\sin\theta + f_s\cos\theta}{\cos\theta - f_s\sin\theta}$$

再求 F_1 的最小值。当力 F_1 达到此值时，物体处于将要向下滑动的临界状态。在此情形下，摩擦力沿斜面向上，并达到另一最大值，用 F'_{max} 表示此力，物体的受力情况如图1-52（c）所示。平衡方程为

$$\sum F_x = 0, F_1\cos\theta - W\sin\theta + F'_{max} = 0$$

$$\sum F_y = 0, F_N - F_1\sin\theta - W\cos\theta = 0$$

补充方程为

$$F'_{max} = f_s \cdot F_N$$

三式联立，可解得水平推力 F_1 的最小值为

$$F_{1min} = W \frac{\sin\theta - f_s\cos\theta}{\cos\theta + f_s\sin\theta}$$

综合上述两个结果可知：为使物块静止，力 F_1 必须满足如下条件

$$W \frac{\sin\theta - f_s\cos\theta}{\cos\theta + f_s\sin\theta} \leqslant F_1 \leqslant W \frac{\sin\theta + f_s\cos\theta}{\cos\theta - f_s\sin\theta}$$

本题也可以利用摩擦角的概念，使用全约束力来进行求解。

【例1-15】 梯子 AB 长为 $2a$，重为 W，其一端置于水平面上，另一端靠在铅垂墙上，如图1-53（a）所示。设梯子与墙壁和梯子与地板间的静摩擦因数均为 f_s，问梯子与水平线所成的倾角 α 多大时，梯子能处于平衡？

解 梯子 AB 靠摩擦力作用才能保持平衡。

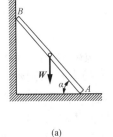
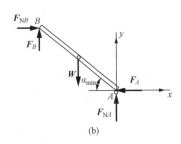

(a)　　　　　　(b)

图1-53　[例1-15]图

求出梯子平衡时倾角 α 的最小值 α_{min}。这时梯子处于临界平衡状态，有向下滑动的趋势，且 A、B 两处的摩擦力都达到最大值，梯子受力如图1-53（b）所示。根据平衡条件可列出

$$\sum F_x = 0, F_{NB} - F_A = 0 \tag{a}$$

$$\sum F_y = 0, F_{NA} + F_B - W = 0 \tag{b}$$

$$\sum M_A(F) = 0, W \cdot a\cos\alpha_{min} - F_B \cdot 2a\cos\alpha_{min} - F_{NB} \cdot 2a\sin\alpha_{min} = 0 \tag{c}$$

考虑平衡的临界情况（即梯子将动而尚未动时），摩擦力都达最大值，可以列出两个补充方程为

$$F_A = f_s F_{NA} \tag{d}$$

$$F_B = f_s F_{NB} \tag{e}$$

将式（d）、式（e）代入式（a）、式（b）可得

$$F_{NB} = f_s \cdot F_{NA}$$

$$F_{NA} = W - f_s \cdot F_{NB}$$

由以上两式解出

$$F_{NA} = \frac{W}{1+f_s^2}, F_{NB} = \frac{f_s W}{1+f_s^2}$$

将所得 F_{NA} 之值代入式（b）求出 F_B，将 F_{NB} 和 F_B 之值代入式（c），并消去 W 及 α 得

$$\cos\alpha_{min} - f_s^2 \cos\alpha_{min} - 2f_s \sin\alpha_{min} = 0$$

再将 $f_s = \tan\varphi_m$ 代入上式，解出

$$\tan\varphi_m = \frac{1 - \tan^2\varphi_m}{2\tan\varphi_m} = \cot 2\varphi_m = \tan\left(\frac{\pi}{2} - 2\varphi_m\right)$$

可见

$$\alpha_{min} = \frac{\pi}{2} - 2\varphi_m$$

根据题意，倾角 α 不可能大于 $\frac{\pi}{2}$，因此保证梯子平衡的倾角 α 应满足的条件是

$$\frac{\pi}{2} \geqslant \alpha \geqslant \frac{\pi}{2} - 2\varphi_m$$

不管梯子有多重，只要倾角 α 在此范围内，梯子就能处于平衡，因此上述条件即梯子的自锁条件。

四、滚动摩阻的概念

摩擦不仅在物体滑动时存在，当物体滚动时也存在。从实践经验可知，滚动比滑动省力。所以在工程中，为了提高效率，减轻劳动强度，常利用滚动代替滑动。例如，搬运重物，在下面垫上滚杆，就容易推动了。

下面通过一个简单的例子来说明滚动摩阻的概念。

在水平面上放置一重为 W、半径为 R 的圆轮，圆轮在重力 W 和支承面法向约束力 F_N 的作用下处于静止状态，如图 1-54（a）所示。如在圆轮的中心点 O 加一水平力 F，则在支承面与圆轮的接触处产生静滑动摩擦力 F_s，如图 1-54（b）所示。若力 F 不大时，圆轮既不滑动，也不滚动，仍能保持静止状态，由平衡条件可得 $F = F_s$，静摩擦力 F_s 阻止了圆轮的滑动，但与力 F 构成一使圆轮转动的力偶（F，F_s），其力偶矩大小为 FR。而实际上圆轮是静止的，可见支承面对圆轮除有法向约束力 F_N 和静摩擦力 F_s 外，还应存在一个阻碍圆轮转动的力偶，该力偶称为滚动摩阻力偶（简称滚阻力偶），其转向与圆轮的转动趋势相反，其矩以 M_f 表示，由平衡条件可得，$M_f = F \cdot R$。

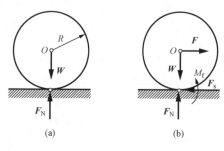

图 1-54 滚动摩阻

当一物体沿另一物体表面滚动或有滚动趋势时，相互接触处由于变形而产生对滚动的阻碍作用，称为滚动摩阻。在滚子保持平衡状态时，滚动摩阻力偶矩 M_f 随着力偶（F，F_s）的力偶矩增大而增大，当滚子处于临界平衡状态时，M_f 达到最大值 M_{max}。如果转动力偶矩再略微增大，圆轮即开始沿支承面滚动。因此滚动摩阻力偶矩 M_f 的大小介于零与最大值之间，即

$$0 \leqslant M_f \leqslant M_{max} \tag{1-21}$$

实验表明：最大滚动摩阻力偶矩 M_{max} 与两个相互接触物体间的正压力（或法向约束力）成正比，即

$$M_{max} = \delta F_N \tag{1-22}$$

这就是库仑的滚动摩阻定律。式中量纲为长度的比例系数 δ 称为滚动摩阻系数，其单位一般用 mm。该系数取决于相互接触物体表面的材料性质和表面状况（硬度、光洁度以及温度、湿度等），并与正压力、接触面的曲率半径以及相对滚动速度等有关，可由实验测定。

 习　题

1-1　如图 1-55 所示，作出各梁的受力图。

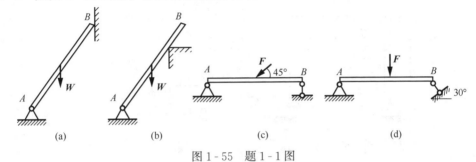

(a)　　　　(b)　　　　(c)　　　　(d)

图 1-55　题 1-1 图

1-2　如图 1-56 所示，作梁 AB 段、BC 段及全梁的受力图。

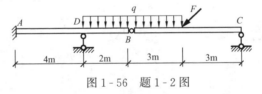

图 1-56　题 1-2 图

1-3　如图 1-57 所示，作三铰刚架 AB 部分、BC 部分的受力图。

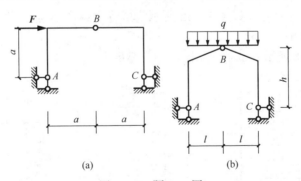

(a)　　　　　　　(b)

图 1-57　题 1-3 图

1-4　试计算图 1-58 所示力 F 对 O 的力矩。

1-5　如图 1-59 所示，计算刚架上力 F 对 A、B 点的力矩。

1-6　如图 1-60 所示，平面内三个平行力：$F_1 = 30N$，$F_2 = 60N$，$F_3 = 30N$，试计算其合力大小、方向和作用点。

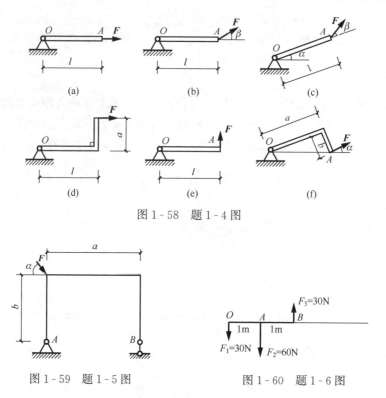

图 1-58　题 1-4 图

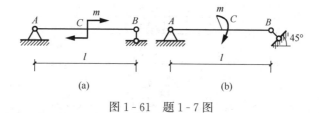

图 1-59　题 1-5 图　　　　　　　　　　　图 1-60　题 1-6 图

1-7　如图 1-61 所示，已知梁上作用力偶，力偶矩 m，试求梁支座反力。

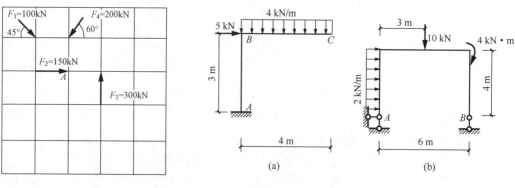

图 1-61　题 1-7 图

1-8　已知平面一般力系如图 1-62 所示，试将力系向 A 点简化，并求出最后合成结果。图中每一方格为 $1m \times 1m$。

1-9　如图 1-63 所示，试求图示刚架的支座反力。

图 1-62　题 1-8 图　　　　　　　　　　　图 1-63　题 1-9 图

1-10　如图 1-64 所示，试求图中梁的支座反力。

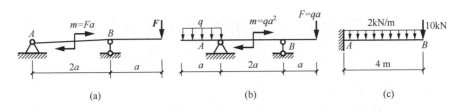

(a)　　　　　　　　　(b)　　　　　　　　　(c)

图 1-64　题 1-10 图

1-11　如图 1-65 所示，试求图示三铰拱的 A、B 支座反力。

1-12　如图 1-66 所示，试求图示组合梁的 A、B 支座反力。

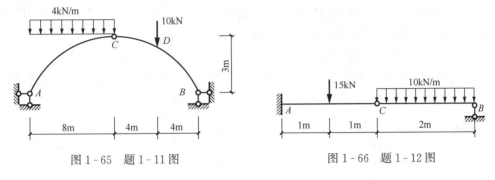

图 1-65　题 1-11 图　　　　　　　　　图 1-66　题 1-12 图

1-13　试求图 1-67 所示组合结构的支座反力与 E 处的内约束力。

1-14　如图 1-68 所示，长度为 l 不计重量的梯子 AB，一端靠在墙壁上，另一端搁在地板上。假设梯子与墙壁间完全光滑，梯子与地面间有摩擦，静摩擦因数为 f_s。今有一重为 G 的人沿梯子向上爬，若要保证人爬到顶端而梯子不致滑动，求梯子与墙壁间允许的夹角 α。

1-15　均质杆 AB 和 BC 在 B 端铰接，A 端铰接在墙上，C 端靠在墙上，如图 1-69 所示。墙与 C 端接触的摩擦因数 $f = 0.5$，两杆长度相等并重力相同，是确定平衡时的最大角 θ。铰链中的摩擦忽略不计。

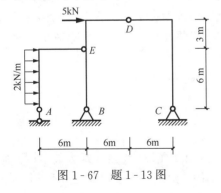　　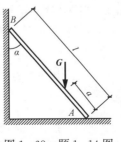　　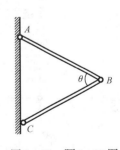

图 1-67　题 1-13 图　　　图 1-68　题 1-14 图　　　图 1-69　题 1-15 图

第二章　静定结构的内力计算

本章首先介绍平面体系几何组成分析的基本方法，据此可以区分静定结构与超静定结构。接着分别介绍常见静定结构：桁架、梁、刚架、三铰拱的内力及其计算方法。

第一节　平面体系的几何组成分析

一、几何不变体系、几何可变体系、几何瞬变体系的概念

建筑结构的作用是承受与传递荷载。若不考虑构件材料的形变，即把构件简化为刚体，在荷载作用下几何形状和位置保持不变的体系称为几何不变体系，如图2-1（a）所示。在荷载作用下几何形状或位置改变的体系称为可变体系，如图2-1（b）、（c）所示，图2-1（b）可以改变形状，图2-1（c）可以改变位置。

工程实例一
被风吹倒了的建筑

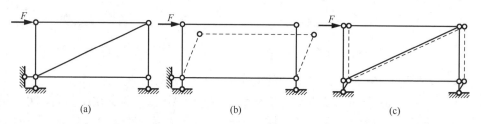

（a）　　　　　　　　　（b）　　　　　　　　　（c）

图2-1　几何不变体系、几何可变体系

如图2-2（a）所示体系，连接两杆件与支座的三个铰在一条直线上，结点A只能发生微量位移δ。这种在原来位置上可以运动，而发生微小位移后即不能继续运动的体系称为几何瞬变体系。

瞬变体系虽然只发生微小位移，却产生很大的内力。如图2-2（b）所示，在力P作用下，体系变形，发生侧移停留在平衡位置上。侧移与杆件长度相比是个微小量。取图2-2（c）所示隔离体，平衡方程 $\sum Y = 0$ 表示为

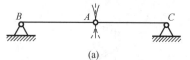

（a）

（b）

$$2N\sin\alpha - P = 0$$

由此得

$$N = \frac{P}{2\sin\alpha}$$

由于 α 是个微小量，所以内力 N 是非常大的，因而瞬变体系不能用作建筑结构。建筑结构必须是几何不变体系。

二、平面体系自由度的概念

自由度是体系运动时可以独立改变的几何参数的个数，亦即确定体系位置所需的独立坐标的个数。

（c）

图2-2　几何瞬变体系及受力分析

如图 2-3 （a）所示，一个自由的点 A，它在平面中的位置至少需要两个独立坐标（x，y）确定，也就是说一个点在平面坐标系中有两个自由度。一个刚性平面（简称刚片）在平面坐标系中的位置需要三个独立坐标（x，y，φ）才能确定，所以一个刚片在平面坐标系中有三个自由度。

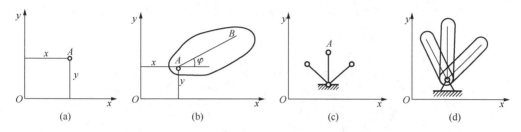

图 2-3 点、刚片自由度及约束的作用

如果点、刚片与地面用链杆或铰相连接，则点或刚片将由于受到链杆或铰的约束作用而减少原来所具有的自由度。如图 2-3 （c）所示，点若用链杆与地面连接，则将减少一个自由度。如图 2-3 （d）所示刚片，若用一个单铰与地面连接，则将减少两个自由度。可见一个单铰的作用相当于两个链杆。

三、无多余约束的几何不变体系的几何组成规则

一个几何不变体系，如果去掉任何一个约束就变成几何可变体系，则称之为无多余约束的几何不变体系。

无多余约束的几何不变体系的基本组成规则有以下三种。

（1）三刚片连接规则。三刚片Ⅰ、Ⅱ、Ⅲ，用 A、B、C 三个不在同一直线上的三铰两两相连，形成无多余约束的几何不变体系。如图 2-4 （a）所示。

由于一个单铰约束的作用相当于两个链杆，因此，三刚片间用六个不相交、不平行的链杆连接，亦可组成无多余约束的几何不变体系，如图 2-4 （b）所示。

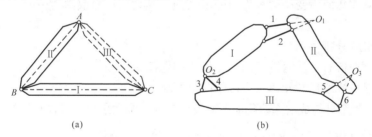

图 2-4 三刚片连接规则

若连接三刚片的三铰在一条直线上，则为瞬变体系，如图 2-2 （a）所示，AB 杆件、BC 杆件、支座分别视为刚片。

（2）两刚片连接规则。两刚片以一铰及不通过该铰的一个链杆相连，形成无多余约束的几何不变体系，如图 2-5 （a）所示。

若杆通过铰，则为瞬变体系，如图 2-2 （a）

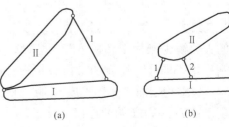

图 2-5 两刚片连接规则

所示，把 *AB* 杆件及支座视为刚片，*AC* 视为链杆。

若上述规则中的单铰用两链杆代替，规则（2）亦可表述为：两刚片以不相互平行，也不相交于一点的三个链杆相连，亦形成无多余约束的几何不变体系，如图 2-5 (b) 所示。

若三链杆交于一虚铰，或三链杆相互平行但不等长，则为瞬变体系，如图 2-6 (a)、(b) 所示；若三链杆相互平行且等长，或三链杆交于一实铰，则为可变体系，如图 2-6 (c)、(d) 所示。

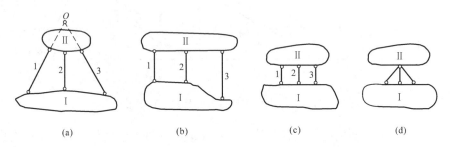

(a)   (b)   (c)   (d)

图 2-6   三链杆连接的几何瞬变体系、几何可变体系

（3）一个点与一刚片相连接规则。一个点与一刚片相联，只需两条不在同一直线上的链杆连接，可组成无多余约束的几何不变体系，如图 2-7 所示。

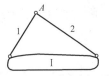

图 2-7   一个点与一刚片相连接规则

以两链杆连接的一个点称为二元体（或二杆结点）。其特点是：结点只有两条链杆连接（杆另外也只有一处用铰与其他部分相连），两杆不在一条直线上。任何体系上增加（或减少）二元体，其机动性质不变。就是说原来几何不变时，加、减二元体后依然为几何不变体系，原来为几何可变或瞬变体系，加、减二元体后依然为几何可变或瞬变体系。

无多余约束的几何不变结构称为静定结构，其约束反力和内力都可由静力平衡条件求得。有多余约束的几何不变结构称为超静定结构，其约束反力或内力由静力平衡条件不能全部求得。

四、几何组成分析举例

作几何组成分析时，注意以下两点可以将问题简化。

（1）逐步减去或增加二元体，可以使问题简化。

（2）将由若干个杆组成的大块几何不变部分视为一个大刚片，这样刚片的数目就减少了。

【例 2-1】 试作如图 2-8 (a) 所示体系的几何组成分析。

解 先依次去掉二元体 *B*—*A*—*C*，*F*—*C*—*D* 等，使问题简化，再分析所余部分的几何组成，如图 2-8 (b) 所示。支座连接的大地视为刚片 Ⅰ，将 *HEG* 和 *IFG* 视为刚片 Ⅱ 和 Ⅲ（刚片 Ⅱ 和 Ⅲ 可分别视为由基本三铰结构增加二元体组成）。此三刚片分别用铰 *H*、*G*、*I* 两两连接，且三铰不在一条直线上，依据规则（1），该体系是无

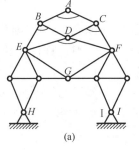

(a)

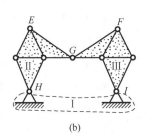

(b)

图 2-8   ［例 2-1］图

多余约束的几何不变体系。

【例 2 - 2】　试作如图 2 - 9（a）所示体系的几何组成分析。

解　杆 AB 与基础用三条既不全平行也不全相交于一点链杆连接，由规则（2）可知该部分为无多余约束的几何不变体系，把此部分视为刚片Ⅰ。再将 CD 杆视为刚片Ⅱ，Ⅰ与Ⅱ间用链杆 1、2、3 连接，如图 2 - 9（b）所示。因此，该体系是无多余约束的几何不变体系。

【例 2 - 3】　试作如图 2 - 10 所示体系的几何组成分析。

解　杆 AB 与基础通过三条既不全交于一点也不全平行的链杆连接，组成一几何不变部分，再增加 $A-C-E$ 和 $B-D-F$ 两个二元体。另外，又连接了一条链杆 CD，故此体系为有一个多余约束的几何不变体系。

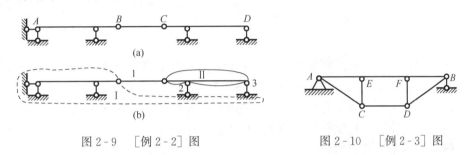

图 2 - 9　［例 2 - 2］图　　　　　图 2 - 10　［例 2 - 3］图

【例 2 - 4】　试作如图 2 - 11 所示体系的几何组成分析。

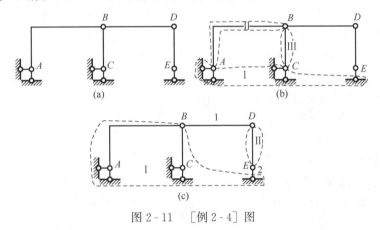

图 2 - 11　［例 2 - 4］图

解　地面、AB、BC 分别视为刚片Ⅰ、Ⅱ、Ⅲ，三个刚片间分别用铰 A、B、C 连接，组成几何不变部分。将该部分另视为刚片Ⅰ，DE 杆视为刚片Ⅱ，两刚片间只用链杆 1（BD 链杆）、2（E 处支座链杆）连接，为几何可变体系。故整个体系为几何可变体系。

第二节　内力　平面静定桁架的内力计算

一、内力　截面法求内力

结构在受到外部作用时，其中构件产生形变，构件内部各质点间由此而产生的附加相互作用力称为内力。内力计算是分析构件强度、刚度、稳定性的基础。静定结构计算内力的基本方法是截面法。所谓截面法求内力，就是用一假想的截面沿拟求内力的地方把构件（结

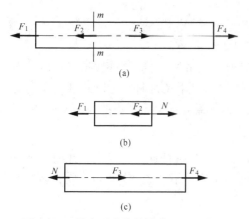

图 2-12　轴向受力构件横截面上的内力

构）切开，将所求内力从整体中暴露出来；取其任一部分为隔离体，内力转化为该部分的外力，根据受力情况建立平衡方程；求解得到所求内力。

以图 2-12（a）所示轴向受力构件（所有外力合力的作用线都与构件轴线重合）为例，计算横截面上的内力。先以 $m-m$ 截面假想把构件截断，分为图 2-12（b）、（c）所示左右两部分，取一部分（左或右）为研究对象，去掉部分对留下部分的作用内力 N 代替，每一部分均处于平衡状态，列平衡方程便可求出截面上的内力。如取左边部分：

由　　　　　　　　$\sum X_i = 0, N - F_1 - F_2 = 0$

得　　　　　　　　$N = F_1 + F_2 = \sum F_i$

由上式可知，该内力的作用线也与轴线重合，即垂直于横截面并通过其形心，这种内力称为轴力，其数值等于截面一侧所有外力沿轴线方向的投影代数和。常用单位为 N 或 kN。若结果为正值，表示所设方向与实际相符，将使杆纵向伸长，称为轴向拉力；若为负值，表示所设方向与实际相反，将使杆纵向缩短，称为轴向压力。

二、静定平面桁架的内力计算

杆件为直杆，结点可简化为铰结，荷载简化为结点荷载的结构称为桁架结构。桁架结构在土木工程中应用很广泛，可用于屋盖、桥梁、支撑、起重机、输电塔等的承重系统。其优点是构件受力比较均匀，结构自重轻，制造方便。桁架各杆件轴线处于同一平面内的为平面桁架，如图 2-13 所示；不在同一平面内的为空间桁架，如图 2-14（a）、（b）所示。无多余约束的为静定桁架，有多余约束的为超静定桁架。

工程实例-
埃菲尔建造的桥梁

（一）常见静定平面桁架的组成与形状

常用桁架一般按下列两种方式组成。

（1）由基础或由一个基本铰接三角形开始，依次增加二元体，组成一个桁架，如图 2-15（a）所示。这样的桁架称为简单桁架。

（2）几个简单桁架按照桁架几何不变体系的简单组成规则联成一个桁架，如图

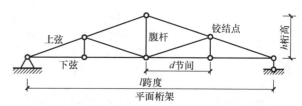

图 2-13　平面桁架及各部分名称

2-15（b）所示，这样的桁架称为联合桁架。不按这两种方式组成的桁架称为复杂桁架。

常见桁架的几何形状如图 1-24 所示。①平行弦桁架常用作托架、吊车梁、公路铁路用桥梁的承重结构；②三角形桁架多见于中小跨度的屋盖结构承重体系；③折线桁架常用于无檩屋盖系统。④梯形桁架常用于工业房屋的屋盖系统；⑤抛物线形桁架常用于较大跨度的屋架或桥梁主桁架。

此外，还有许多其他改进型的桁架。图 2-16（a）、（b）所示为其中两例。

（二）静定平面桁架的内力计算

上述所举桁架均为理想桁架，桁架中每一构件均为二力杆，即为轴向受力杆件。在实际

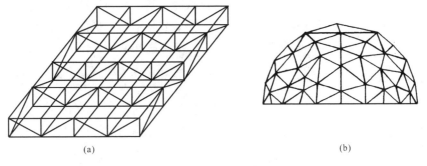

图 2-14　空间桁架

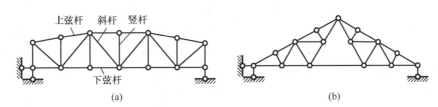

图 2-15　桁架组成

（a）简单桁架；（b）联合桁架

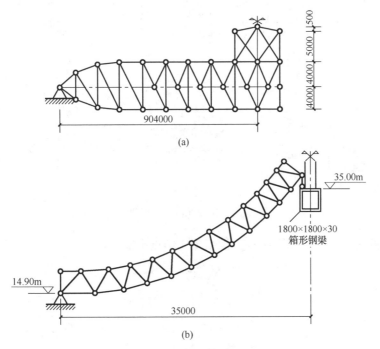

图 2-16　改进型的桁架

（a）球形点梭形桁架（北京速滑馆）；（b）球节点弧形平面桁架（北京英东游泳馆）

工程中，桁架并不完全是这样。如图 2-17 所示，钢桁架铆接或焊接的结点均有一定的刚性约束作用，都不是理想铰；杆件也不可能绝对平直；制造误差也可能使杆的轴线不完全交于铰心；荷载也不能全作用于结点上（如杆自重）。所有这些因素都将使桁架除主要内力—轴力之外，还产生某些附加内力（如次弯矩）。但这些附加内力通常很小，可不必考虑。只在

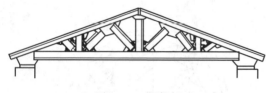

图 2-17　钢桁架

特殊情况下，才须计算次内力。

本节介绍静定平面桁架内力计算的基本方法：结点法和截面法。

1. 结点法

取桁架结点为脱离体，考虑结点上的外力和杆件内力的平衡，用平面汇交力系的平衡条件计算杆件内力，这种方法称为结点法。结点法适应于计算全部杆件内力。一般从两个未知杆的结点开始，依次进行。

【例 2-5】　试用结点法计算图 2-18（a）所示桁架各杆内力。

解　（1）求解支座反力。根据对称性可知：$R_A = R_B = 2F(\uparrow)$

（2）计算各杆内力。本结构几何形状、荷载、约束反力均对称，则内力亦对称，即对称位置上杆的内力相等，只需计算对称轴一侧杆件内力。从两个未知杆的结点 1（或 1′）开始，未知杆的内力先假设为受拉方向，若所求为负值，表示与所设方向相反，即为受压。

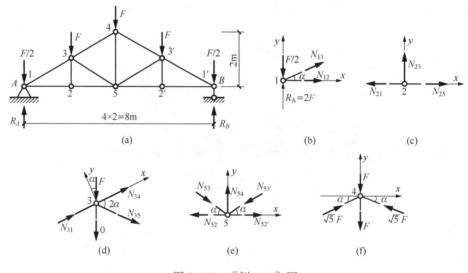

图 2-18　［例 2-5］图

结点 1：根据图 2-18（b）所示坐标系建立结点平衡方程

$$\sum Y_i = 0, \quad N_{13}\sin\alpha + 2F - \frac{F}{2} = 0$$

$$\sum X_i = 0, \quad N_{13}\cos\alpha + N_{12} = 0$$

式中
$$\sin\alpha = \frac{1}{\sqrt{5}}, \quad \cos\alpha = \frac{2}{\sqrt{5}}$$

解得
$$N_{12} = 3F(拉)$$

$$N_{13} = -\frac{3}{2}\sqrt{5}F(压)$$

结点 2：如图 2-18（c）所示

$$N_{21} = N_{12} = 3F(拉)$$

由
$$\sum X_i = 0, \quad N_{25} - N_{21} = 0$$

$$\sum Y_i = 0, \quad N_{23} = 0$$

解得
$$N_{25} = N_{21} = 3F(拉)$$
$$N_{23} = 0$$

结点 3：如图 2-18（d）所示，建立坐标系取 x 轴与上弦杆重合

$$N_{31} = N_{13} = \frac{3}{2}\sqrt{5}F$$

其受力按实际受压指向结点。

$$N_{32} = 0$$

由
$$\sum X_i = 0, \quad N_{34} + N_{31} - F\sin\alpha + N_{35}\cos 2\alpha = 0$$
$$\sum Y_i = 0, \quad -N_{35}\sin 2\alpha - F\cos\alpha = 0$$

解得
$$N_{35} = -\frac{\sqrt{5}}{2}F(压)$$

$$N_{34} = -\sqrt{5}F(压)$$

结点 5：如图 2-18（e）所示，按实际方向画出已知杆件内力，利用对称性，可知

$$N_{53'} = N_{53} = \frac{\sqrt{5}}{2}F$$

由
$$\sum Y_i = 0 \qquad N_{54} - 2N_{53}\sin\alpha = 0$$
解得
$$N_{54} = 2N_{53}\sin\alpha = F(拉)$$

（3）校核。取结点 4 为隔离体，把所有有关各杆内力按实际方向画出，如图 2-18（f）所示

$$\sum X_i = \sqrt{5}F\cos\alpha - \sqrt{5}F\cos\alpha = 0$$

$$\sum Y_i = 2\sqrt{5}\sin\alpha - 2F = 2\sqrt{5}F \times \frac{1}{\sqrt{5}} - 2F = 0$$

结点满足平衡条件，可知计算无误。

图 2-18（a）桁架内力示于图 2-19 中。

对于常见的标准桁架，可从静力计算手册中查得内力系数，即结点单位荷载（$F=1$）作用下各杆内力值，内力系数乘以结点荷载 F 值，即得到各杆内力。

桁架杆件中，内力为零的杆称为零杆。如

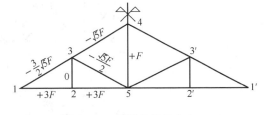

图 2-19　桁架各杆件内力

［例 2-5］中 23 杆和 2'3' 杆就是零杆。若能事先识别出桁架中的零杆，将可减少计算的工作量，提高计算速度。出现零杆的情况可归结如下。

（1）两杆相交，不共线，结点上无荷载作用，两杆内力为零，如图 2-20（a）所示；

（2）三杆相交的结点，结点上无荷载，如果其中两杆在同一直线上，则单独的第三杆内力为零，如图 2-20（b）所示；

（3）两杆交于一点，结点上有荷载 F 作用，且 F 与其中某杆在同一直线上，则另一杆为零杆，如图 2-20（c）所示。

2. 截面法

静定平面桁架内力计算的另一种基本方法是截面法。截面法是用一截面在拟求杆件处把

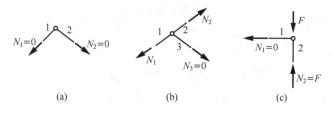

图 2-20 零杆情况

桁架截为两部分，取某一部分为隔离体，建立平衡方程求出未知的杆件内力。作用于隔离体上的力系为平面一般力系，因此，每次截取未知杆数，一般情况下应不多于三根。

截面法适用于计算某几根杆件内力或作校核用，也可与结点法联合应用。

【例 2-6】 试用截面法计算图 2-21（a）所示桁架指定杆件 1、2、3、4 的内力。

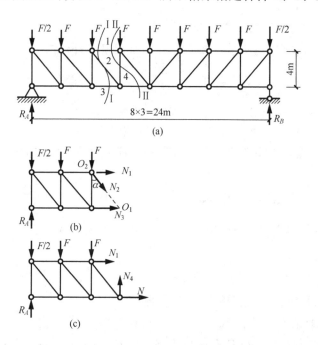

图 2-21 ［例 2-6］图截面法计算内力

解 （1）求支座反力。由结构荷载的对称性可知 $R_A = R_B = 4F$

（2）计算指定杆件内力。

1）用截面 Ⅰ-Ⅰ 假想切断 1、2、3 三杆，取左半部分为研究对象，假设各杆均受拉，如图 2-21（b）所示。此为平面一般力系，可采用二矩式方程计算。

N_1：以未知力 N_2 与 N_3 之交点 O_1 为矩心，列力矩方程

$$\sum m_{O_1} = 0$$

$$-N_1 \times 4 + F \times 3 + F \times 6 - \left(R_A - \frac{F}{2}\right) \times 9 = 0$$

解得 $\qquad N_1 = -5.62F（压）$

N_3：以未知力 N_1 与 N_2 之交点 O_2 为矩心，列力矩方程

$$\sum m_{O_2} = 0$$

$$N_3 \times 4 + F \times 3 - \left(R_A - \frac{F}{2}\right) \times 6 = 0$$

解得 $\qquad N_3 = 4.5F(拉)$

N_2：在垂直于 N_1、N_3 的竖直方向列投影方程

$$\sum Y_i = 0$$

$$R_A - \frac{F}{2} - F - F - N_2 \cos\alpha = 0$$

解得 $\qquad N_2 = (4F - 2.5F)\dfrac{1}{\cos\alpha} = \dfrac{1.5F}{4/5} = 1.875F(拉)$

2）用 Ⅱ－Ⅱ 截面截取脱离体如图2-21（c）所示。

$$\sum Y_i = 0$$

$$N_4 + R_A - F - F - F/2 = 0$$

解得 $\qquad N_4 = -1.5F(压)$

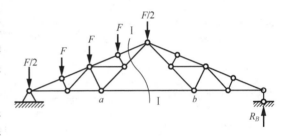

对于联合桁架，单独使用结点法计算内力，有时会遇到困难。此时可先使用截面法计算联合处杆件的内力，而后再对组成联合桁架的简单桁架进行分析计算。如图2-22所示联合桁架，当求出反力之后，可先以Ⅰ－Ⅰ截面将桁架截开，按截面法求出联系杆件 ab 的内力，则其左、右两部分可作为简单桁架加以计算。

图2-22　联合桁架内力计算

第三节　梁的内力计算与内力图

梁是建筑结构中最常用的一种结构形式，在竖向荷载作用下以弯曲变形为主。

一、静定梁的形式

静定梁可分为单跨静定梁与多跨静定梁。单跨静定梁有下列三种：简支梁，见图2-23（a）；外伸梁，见图2-23（b）；悬臂梁，见图2-23（c）。

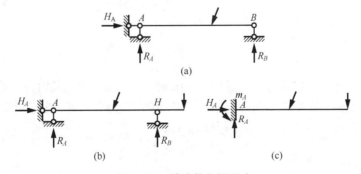

图2-23　单跨静定梁形式

（a）简支梁；（b）外伸梁；（c）悬臂梁

工程实例 - 多跨桥梁

多跨静定梁的形式多种多样，图 2 - 24 为其中两种基本组成形式。图 2 - 24（a）是在外伸梁 AE 上依次加上 EF、FD 两根梁，AE 梁直接与基础组成一几何不变部分，其几何不变性质不受 EF、FD 影响，故称 AE 梁为该多跨静定梁的基本部分。EF 梁要依靠 AE 梁才能保持其几何不变性，故称 EF 梁为附属部分。同理，FD 梁亦称为附属部分。它们之间的关系可以用图 2 - 24（b）的层次图表示。图 2 - 24（c）所示梁，AE、FD 部分在竖向荷载作用下均能独立存在，故称为基本部分，EF 梁称为附属部分，其层次图如图 2 - 24（d）所示。多跨静定梁的内力计算应先从附属部分开始，然后再计算基本部分。

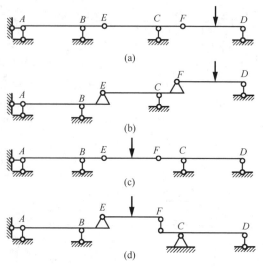

图 2 - 24　多跨静定梁及其层次图

二、梁的内力

截面法依然是研究梁的内力的基本方法。现以图 2 - 25（a）简支梁为例分析梁横截面上的内力。

拟求图中 $m-m$ 横截面上的内力，用一假想的垂直于梁轴线的平面把梁从该处截为两部分，取其左部分（或者右部分）为脱离体，如图 2 - 25（b）所示。左部分截开截面上暴露出的内力即是右部分对其作用力，内力与外力 R_A 共同作用保持该梁段平衡。由竖向平衡条件，截面上必存在与 R_A 大小相等，方向相反的竖向力 V，根据平衡方程

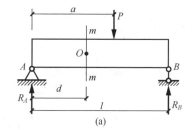

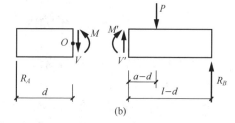

图 2 - 25　梁横截面上内力

$$\sum Y_i = 0$$
$$R_A - V = 0$$

得到
$$V = R_A$$

V 称为该截面上的剪力，它是与横截面相平行的力。V 与 R_A 构成顺时针力偶，由转动平衡条件可知，截面上必有逆时针力偶与之平衡，设力偶矩为 M，对截开截面形心 O 取矩，

$$\sum M_O = 0$$
$$M - R_A d = 0$$

得到
$$M = R_A d$$

M 称为该截面上的弯矩。

由此例可知，梁在外力作用下，横截面上产生两种形式的内力——剪力和弯矩。剪力常

用单位为 N 或 kN，弯矩常用单位为 N·m 或 kN·m。

$m—m$ 截面上的内力也可通过右段梁平衡来计算，其大小与上述计算结果完全相同，但方向与左段梁相反。为使从左右两段梁上所得内力完全一致，我们从其作用效果变形现象上加以规定剪力和弯矩的正负，如图 2-26 所示。

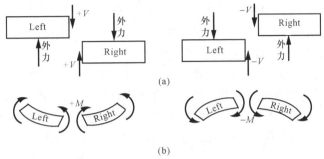

图 2-26　剪力、弯矩的正负号规定

（1）剪力 V。以对所留下部分体内任意一点有顺时针转动趋势为正，反之为负。按此规定，如考虑左部分脱离体时，V 向下为正，向上为负；如考虑右部分脱离体时，V 向上为正，向下为负，如图 2-26（a）所示。

（2）弯矩 M。以梁段弯曲向下凸，即梁段中下部纤维受拉为正，反之为负，如图 2-26（b）所示。

【例 2-7】　一外伸梁如图 2-27 所示，试求截面 1-1、2-2 上的剪力和弯矩。

解　（1）计算支座反力。

由 $\sum m_B = 0, 3 \times 8 + 20 \times 3 - R_A \times 6 = 0$

得到　$R_A = 14\text{kN}$

由 $\sum m_A = 0, 3 \times 2 + R_B \times 6 - 20 \times 3 = 0$

得到　$R_B = 9\text{kN}$

（2）求截面 1-1 上的弯矩和剪力。在截面 1-1 处将梁截开，取左部分为脱离体，弯矩和剪力的方向均设为正方向，如图 2-27（b）所示。

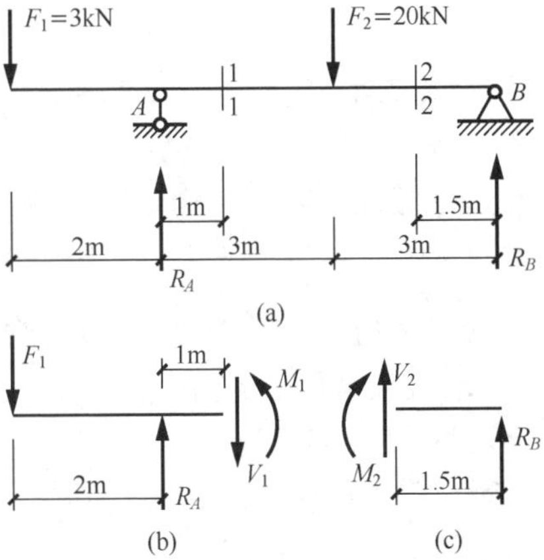

由　　$\sum Y_i = 0, R_A - F_1 - V_1 = 0$

得到　　$V_1 = R_A - F_1 = 11\text{kN}$

由　　　　　$\sum m_C = 0(C \text{ 是截面 } 1\text{-}1 \text{ 的形心})$

$$F_1 \times 3 + M_1 - R_A \times 1 = 0$$

得到　　　　　$M_1 = R_A \times 1 - F_1 \times 3 = 5\text{kN·m}$

图 2-27　[例 2-7] 图

求得 V_1、M_1 均为正值，表示实际内力方向与假设的方向相同，即都是正方向。

（3）求截面 2-2 上的弯矩和剪力。在截面 2-2 处将梁截开，取右部分为脱离体，弯矩和剪力的方向仍按正方向设出，如图 2-27（c）所示。

由　　　　　　$\sum Y_i = 0, V_2 + R_B = 0$

得到　　　　　　$V_2 = -R_B = -9\text{kN}$

负值表示 V_2 的实际方向与假设的方向相反，应向下，它使脱离体有逆时针转趋势，为负剪力。

由 $$\sum m_C = 0,(C \text{ 为截面 } 2\text{-}2 \text{ 的形心})$$
$$R_B \times 1.5 - M_2 = 0$$

得到 $$M_2 = R_B \times 1.5 = 13.5 \text{kN}$$

从以上例题可以看到，梁的任一截面上的内力是考虑脱离体平衡，根据平衡方程求得的，从方程求解结果，我们可以得到以下结论：

（1）梁的任一横截面上的剪力等于该截面一侧（左侧或右侧）所有外力在截面方向投影的代数和。当外力使该梁段绕截面形心有顺时针转趋势时，取正号；反之取负号。

（2）梁的任一横截面上的弯矩等于该截面一侧（左侧或右侧）所有外力对截面形心力矩的代数和。当外力矩（包括外力偶）使梁段纤维下侧受拉、上侧受压时，取正号；反之取负号。

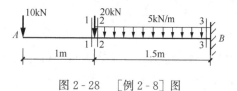

图 2-28　［例 2-8］图

利用上述结论计算某指定截面上的内力，不必要画出脱离体的受力图和列平衡方程，可根据外力逐项直接写出。

【例 2-8】 一悬臂梁如图 2-28 所示，试计算 1-1、2-2、3-3 横截面上的内力。

解 悬臂梁一侧无支座，计算内力时可取该侧，因此不必先计算支座反力。利用上述（1）、（2）结论，直接计算所求截面内力。

1-1 截面 　$V_1 = -10 \text{kN}$

　　　　　$M_1 = -10 \times 1 = -10 \text{ (kN·m)}$

2-2 截面 　$V_2 = -10 - 20 = -30 \text{ (kN)}$

　　　　　$M_2 = -10 \times 1 = -10 \text{ (kN·m)}$

3-3 截面 　$V_3 = -10 - 20 - 5 \times 1.5 = -37.5 \text{ (kN)}$

　　　　　$M_3 = -10 \times 2.5 - 20 \times 1.5 - 5 \times 1.5 \times 1.5/2 = -60.625 \text{ (kN·m)}$

【例 2-9】 计算图 2-29 外伸梁 1-1、2-2、3-3 横截面上的内力。支座反力已知：$R_A = 4 \text{kN}$，$R_B = 18 \text{kN}$。

解 1-1 截面 　$V_1 = R_A = 4 \text{kN}$

　　　　　　$M_1 = 0$

2-2 截面 　$V_2 = 4 - 2 \times 3 = -2 \text{ (kN)}$

　　　　　$M_2 = 4 \times 3 - 2 \times 3 \times 3/2 = 3 \text{ (kN·m)}$

3-3 截面 　$V_3 = 10 \text{kN}$（取右侧梁段）

　　　　　$M_3 = -10 \times 1.2 = -12 \text{ (kN·m)}$

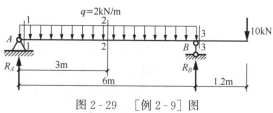

图 2-29　［例 2-9］图

三、梁的内力图——剪力图和弯矩图

在一般情况下，梁的不同截面内力是不同的，即弯矩和剪力是随截面位置而变化的。为了形象地看到内力的变化规律，通常将剪力、弯矩沿梁长的变化情况用图形来表示，这种表示剪力和弯矩的图形分别称为剪力图和弯矩图。从剪力图和弯矩图中很容易找到剪力、弯矩的最大值及其所在截面的位置，这对梁的强度计算是非常必要的，因为最大内力截面可能是

危险截面。弯矩图也是刚度计算的重要依据。

内力图的绘制方法有多种，以下介绍两种根据荷载作用情况绘制弯矩图、剪力图的基本方法。

1. 根据内力随截面位置变化规律方程，描点绘图

下面举例说明其具体做法。

【例 2 - 10】 试作出图 2 - 30（a）悬臂梁在集中荷载作用下的弯矩图和剪力图。

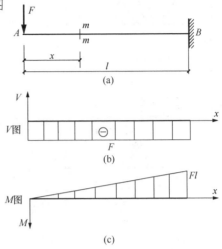

解　（1）列弯矩、剪力随截面位置变化规律方程。建立如图 2 - 30（b）、（c）所示坐标系，x 轴与梁的轴线（在内力图中又称为基线）重合，坐标原点在梁的左端点，纵坐标分别表示剪力 V、弯矩 M（弯矩以下侧受拉为正，所以纵坐标向下为正）。取坐标为 x 的任一横截面 $m-m$，其上弯矩和剪力的表达式为

$$V(x) = -F$$
$$M(x) = -Fx$$

图 2 - 30　［例 2 - 10］图

这两个函数表达式分别称为剪力方程和弯矩方程，在此适应于全梁。

（2）描点作剪力图、弯矩图。由剪力方程可知，梁各截面的剪力相同，剪力图是与基线平行的直线，见图 2 - 30（b）。作剪力图时一般将正值画在基线的上方，负值画在基线的下方，并标明正负。

由弯矩方程可知，弯矩是截面位置的一次函数，弯矩图是一斜直线，只须确定两个点即可画出此直线：$x = 0, M_A = 0; x = l, M_B = -Fl$，见图 2 - 30（c），这两点所在截面称为控制截面，根据控制截面上内力可画出内力图的大致形状。一般弯矩图画在受拉侧，即正值画在基线的下侧，负值画在基线的上侧，不必标出正负。

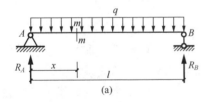

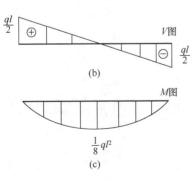

图 2 - 31　［例 2 - 11］图

【例 2 - 11】 试作出图 2 - 31（a）简支梁在均布荷载作用下的剪力图和弯矩图。

解　无特殊说明，坐标选取如上题。

（1）计算支座反力

$$R_A = \frac{1}{2}ql, R_B = \frac{1}{2}ql$$

（2）建立剪力方程、弯矩方程。任取一截面 $m-m$，则

$$V(x) = R_A - qx = \frac{1}{2}ql - qx$$

$$M(x) = R_A x - qx \cdot \frac{1}{2}x = \frac{1}{2}qlx - \frac{1}{2}qx^2$$

（3）描点作剪力图、弯矩图。由剪力方程可知，剪力图是一斜直线，确定两点即可画出此直线

$$x = 0(A 支座右侧截面), V(x) = ql/2$$

$$x = l(B \text{ 支座左侧截面}), V(x) = -ql/2$$

剪力图见图 2-31（b）。

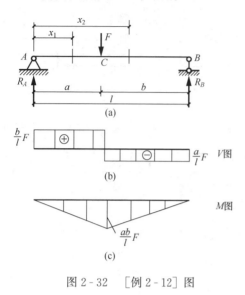

由弯矩方程可知，弯矩图是一抛物线，至少需要确定三点方可画出其大致形状

$$x = 0, M_0 = 0$$
$$x = l/2, M_{l/2} = 1/8ql^2$$
$$x = l, M_l = 0$$

弯矩图见图 2-31（c）。

【例 2-12】 试作图 2-32（a）简支梁在集中荷载作用下的剪力图和弯矩图。

解　（1）计算支座反力

$$R_A = Fb/l, R_B = Fa/l$$

（2）列剪力方程、弯矩方程。此题内力在全梁范围内不能用一个统一的方程来表达，必须以力 F 的作用点 C 为界分段列方程，因此内力图也需要分段画出。

图 2-32　［例 2-12］图

AC 段　$V(x_1) = R_A = Fb/l$　　$(0 < x_1 < a)$

　　　　$M(x_1) = R_A x_1 = Fb/l \cdot x_1$　$(0 \leqslant x_1 \leqslant a)$

CB 段　$V(x_2) = -R_B = -Fa/l$　　$(a < x < l)$

　　　　$M(x_2) = R_B(l - x_2) = Fa/l(l - x_2)$　$(a \leqslant x_2 \leqslant l)$

（3）分段描点作剪力图、弯矩图。剪力图为平行于基线的两段直线，如图 2-32（b）所示。由图中可见，剪力图在集中力作用处有突变，突变值等于集中力的大小，因此不能笼统地说集中力作用处截面的剪力，必须指明是集中力的左侧截面还是右侧截面。

弯矩图为两段斜直线，如图 2-32（c）所示，在集中力作用处形成向下凸的尖角。

2. 根据弯矩、剪力、荷载集度之间的关系作内力图

内力是由荷载引起的，弯矩、剪力及荷载集度（单位长度上的分布荷载）又都是 x 的函数，它们三者之间一定存在着某种关系。在［例 2-11］中，我们看到，剪力的一阶导数是荷载集度，弯矩的一阶导数是剪力。下面从一般意义上推导三者之间的关系。

如图 2-33（a）所示，梁上作用有任意分布荷载 $q(x)$，$q(x)$ 以向上为正，取梁中的微段 $\mathrm{d}x$ 来研究，其脱离体如图 2-33（b）所示。由于 $\mathrm{d}x$ 是微小量，可不考虑 $q(x)$ 沿 $\mathrm{d}x$ 的变化而看成是均布的。

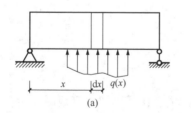

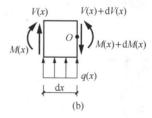

图 2-33　M、V、q 之间的关系

由微段的平衡条件 $\sum y = 0$，得

$$V(x) + q(x)\mathrm{d}x - [V(x) + \mathrm{d}V(x)] = 0$$

整理得

$$\frac{\mathrm{d}V(x)}{\mathrm{d}x} = q(x) \tag{2-1}$$

即剪力对 x 的一阶导数等于梁上相应位置分布荷载的集度。

由微段平衡条件 $\sum M_O = 0$（矩心 O 取在右侧截面形心）得

$$[M(x) + \mathrm{d}M(x)] - M(x) - V(x)\mathrm{d}x - q(x)\mathrm{d}x \cdot \mathrm{d}x/2 = 0$$

略去二次微小量整理得

$$\frac{\mathrm{d}M(x)}{\mathrm{d}x} = V(x) \tag{2-2}$$

即弯矩对 x 的一阶导数等于相应截面上的剪力。

从式（2-1）、式（2-2）又可得到

$$\frac{\mathrm{d}^2 M(x)}{\mathrm{d}x^2} = q(x) \tag{2-3}$$

式（2-1）~式（2-3）就是弯矩、剪力、荷载集度之间普遍存在的关系式。据此，可判断弯矩图、剪力图的大致形状，下面分析常见的两种情况：

（1）$q(x) = 0$，即梁段上无荷载。由 $\frac{\mathrm{d}V(x)}{\mathrm{d}x} = q(x) = 0$ 可知，$V(x) =$ 常数，即剪力图为与基线平行的直线；由 $\frac{\mathrm{d}M(x)}{\mathrm{d}x} = V(x) =$ 常数可知，$M(x)$ 为 x 的一次函数，即弯矩图为一斜直线。

（2）$q(x) =$ 常数，即梁段上作用均布荷载。由 $\frac{\mathrm{d}V(x)}{\mathrm{d}x} = q(x) =$ 常数可知，$V(x)$ 为 x 的一次函数，即剪力图是一斜直线；$M(x)$ 则为 x 的二次函数，即弯矩图是一抛物线，凸向荷载作用方向。

熟悉以上两种情况，再注意集中力作用处剪力有突变，集中力偶作用处弯矩有突变，能使作剪力图、弯矩图既准确又快捷，通常又把这种利用微分关系作图称为简捷法。

【例 2-13】　试用简捷法作图 2-34（a）所示外伸梁的剪力图与弯矩图。

解　（1）计算支座反力。分别对 D、B 两点取矩，解得

$$R_B = 7.64\mathrm{kN}(\uparrow)$$
$$R_D = 4.76\mathrm{kN}(\uparrow)$$

（2）按荷载作用情况分段，判断内力图的大致形状，计算控制截面的内力。

AB 段：作用均布荷载，$q =$ 常数，剪力图为斜直线，计算 A 截面剪力、B 左侧截面剪力便可画出（称此两截面剪力为控制截面内力）；弯矩图为抛物线，计算 A、B 及梁段中点 E 三个控制截面弯矩便可画出其图形。

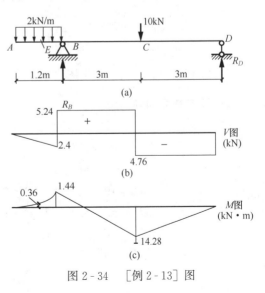

图 2-34　[例 2-13] 图

BC 段：$q=0$，剪力为与基线平行的直线，计算某一截面剪力即可画出，如 B 右侧截面剪力；弯矩图为斜直线，计算 B、C 截面弯矩便可画出。同理画出 CD 段内力图。

计算各控制截面内力

$$V_A = 0$$
$$V_{B,l} = -2 \times 1.2 = -2.4(kN)$$
$$V_{B,r} = -2 \times 1.2 + 7.64 = 5.24(kN)$$
$$V_{C,l} = 5.24kN$$
$$V_{C,r} = 5.24 - 10 = -4.76(kN)$$
$$V_{D,l} = -4.76kN$$
$$M_A = 0$$
$$M_E = -2 \times 0.6 \times 0.6/2 = -0.36(kN \cdot m)$$
$$M_B = -2 \times 1.2 \times 0.6 = -1.44(kN \cdot m)$$
$$M_C -4.76 \times 3 - 14.28(kN \cdot m)$$
$$M_D = 0$$

（3）分段画剪力图、弯矩图，如图 2 - 34（b）、（c）所示。

【例 2 - 14】　试用简捷法作图 2 - 35（a）简支梁的剪力图和弯矩图。

解　（1）计算支座反力。分别对 C、A 两点取矩得到

$$R_A = 6kN$$
$$R_C = 18kN$$

（2）按荷载作用情况分段，判断内力图的大致形状，计算控制截面内力。

AB 段：$q = 0$，剪力图为与基线平行的直线，弯矩图为斜直线；

BC 段：$q =$ 常数，剪力图为斜直线，弯矩图为抛物线。注意集中力偶作用处，左右两侧截面弯矩值有突变。

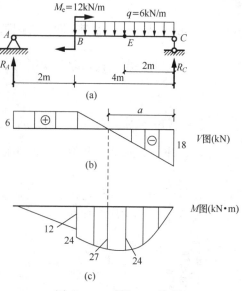

图 2 - 35　［例 2 - 14］图

计算控制截面内力

$$V_{A,r} = R_A = 6kN$$
$$V_B = 6kN$$
$$V_{C,l} = -18kN$$
$$M_A = 0$$
$$M_{B,l} = R_A \times 2 = 12kN \cdot m$$
$$M_{B,r} = R_A \times 2 + M_E = 24kN \cdot m$$
$$M_C = 0$$
$$M_E = R_C \times 2 - 6 \times 2 \times 1 = 24(kN \cdot m)(E 为 BC 段中点)$$

（3）作剪力图、弯矩图，见图 2-35（b）、（c）。从剪力图中可以看到，在 $a=3$m（利用线性比例关系求出）处，剪力等于零。根据弯矩、剪力之间的微分关系，剪力等于零处弯矩有极值，极值的具体值为

$$M_{\max} = R_C \cdot a - \frac{1}{2}qa^2$$

$$= 18 \times 3 - \frac{1}{2} \times 6 \times 3^2$$

$$= 27(\text{kN} \cdot \text{m})$$

工程实例-信号
支架上的力学

比较以上极值与 E 截面弯矩值，二者相差很小，为简便起见，作弯矩图时常用梁段中点值代替极值。

第四节 静定平面刚架的内力计算与内力图

由梁和柱组成，结点全部或部分用刚结点连接的平面静定结构称为静定平面刚架，如图 2-36（a）、（b）、（c）所示。刚结点的特征是：当刚架受力变形时，汇交于连接处的各杆端之间的夹角始终保持不变，能承受和传递弯矩。图 2-36（d）为钢筋混凝土结构的刚结点连接。

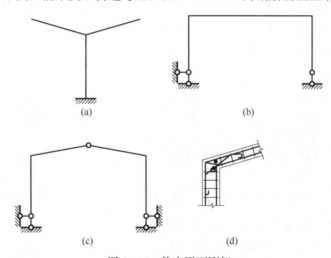

图 2-36 静定平面刚架

刚架的内力计算方法与梁基本相同，刚架杆中有轴力（以受拉为正，受压为负），这是它们与梁的主要区别。刚架的弯矩图仍画在受拉侧，可不必标注正负；剪力图和轴力图，横梁通常把正值画在上方，负值画在下方，竖柱的内力纵标则可画在竖柱的任意侧，剪力图和轴力图必须标出正、负记号。刚架内力一般均用双脚标表示，第一脚标表示位置，第二脚标表示杆件的远端。

【例 2-15】 试作图 2-37（a）所示悬臂刚架的内力图。

解 悬臂刚架可不必计算支座反力，截面法计算控制截面内力时，取自由端部分。

（1）作弯矩图。各杆控制截面弯矩值计算如下

$$M_{CB} = 0$$

$$M_{EB} = -2 \times 1 \times 0.5 = -1(\text{kN} \cdot \text{m})$$

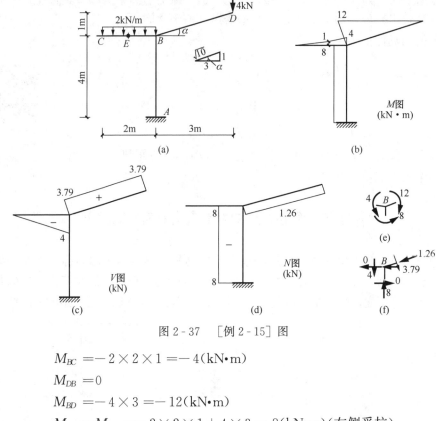

图 2-37 [例 2-15] 图

$$M_{BC} = -2 \times 2 \times 1 = -4 (\text{kN} \cdot \text{m})$$

$$M_{DB} = 0$$

$$M_{BD} = -4 \times 3 = -12 (\text{kN} \cdot \text{m})$$

$$M_{BA} = M_{AB} = -2 \times 2 \times 1 + 4 \times 3 = 8 (\text{kN} \cdot \text{m}) (左侧受拉)$$

弯矩图见图 2-37 (b)。

（2）作剪力图。各杆控制截面剪力计算如下

$$V_{CB} = 0$$

$$V_{BC} = -2 \times 2 = -4 (\text{kN})$$

$$V_{DB左} = V_{BD} = 4\cos\alpha = 4 \times 3 / \sqrt{10} = 3.79 (\text{kN})$$

$$V_{BA} = V_{AB} = 0$$

剪力图见图 2-37 (c)。

（3）作轴力图。根据截取部分平衡条件，可得到：轴力等于截面一侧所有外力沿轴线方向投影的代数和，拉力取正值，压力取负值。各杆轴力计算如下

$$N_{CB} = N_{BC} = 0$$

$$N_{DB左} = N_{BD} = -4\sin\alpha = -4 \times 1 / \sqrt{10} = -1.26 (\text{kN})$$

$$N_{BA} = N_{AB} = -2 \times 2 - 4 = -8 (\text{kN})$$

轴力图见图 2-37 (d)。

（4）校核。取结点 B 为脱离体，根据弯矩图、剪力图、轴力图所示把各截面弯矩标示于图 2-37 (e) 中，把剪力、轴力标示于图 2-37 (f) 中。

由图 2-37 (e) 有　$\sum m_B = 4 + 8 - 12 = 0$

由图 2-37 (f) 有　$\sum x = 3.79\sin\alpha - 1.26\cos\alpha = 3.79 \times \dfrac{1}{\sqrt{10}} - 1.26 \times \dfrac{3}{\sqrt{10}} \approx 0$

$$\sum y = 8 - 4 - 3.79\cos\alpha - 1.26\sin\alpha \approx 0$$

可以看出，此结点受力满足平衡方程，说明计算正确。

【例 2 - 16】　试作图 2 - 38（a）所示简支刚架的内力图。

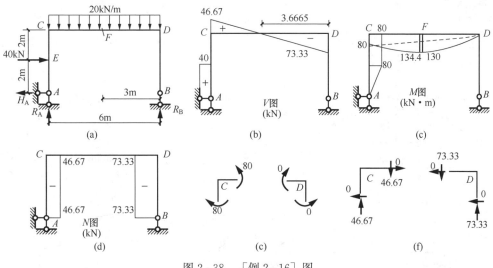

图 2 - 38　［例 2 - 16］图

解　（1）计算支座反力，得到

$$H_A = 40\text{kN}(\leftarrow)　R_A = 46.67\text{kN}(\uparrow)　R_B = 73.33\text{kN}(\uparrow)$$

（2）作剪力图。各杆控制截面剪力计算如下

$$V_{AE} = 40\text{kN}　V_{EC,r} = V_{CE} = 0$$

$$V_{CD} = R_A = 46.67\text{kN}　V_{DC} = -R_B = -73.33\text{kN}$$

刚架剪力图见图 2 - 38（b）。

（3）作弯矩图。各杆控制截面弯矩计算如下

$$M_{AE} = 0$$

$$M_{EA} = 40 \times 2 = 80(\text{kN·m})$$

$$M_{CE} = 40 \times 4 - 40 \times 2 = 80(\text{kN·m})$$

$$M_{CD} = 40 \times 4 - 40 \times 2 = 80(\text{kN·m})$$

$$M_{DC} = 0$$

$$M_{FD} = 73.3 \times 3 - 20 \times 3 \times 1.5 = 129.9(\text{kN·m})$$

$$M_{\max} = 73.33 \times 3.665 - 20 \times \frac{3.665^2}{2} = 134.4(\text{kN·m})$$

刚架弯矩图见图 2 - 38（c）。

（4）作轴力图。各杆控制截面轴力计算如下

$$N_{AC} = N_{CA} = -46.67\text{kN}$$

$$N_{BD} = N_{DB} = -73.33\text{kN}$$

$$N_{CD} = N_{DC} = 0$$

刚架轴力图见图 2 - 38（d）。

（5）校核。取结点 C、D 为脱离体，根据内力图按实际方向画出各截面弯矩、剪力和轴

力，如图 2 - 38 (e)、(f) 所示。很显然，各结点满足平衡条件，计算正确。

工程实例 - 拱
结构建筑

第五节 三 铰 拱 的 内 力

土木工程中，拱结构是应用比较广泛的结构形式之一，特别是大跨结构。三铰拱如图2 - 39 (a)、(b)、(c) 所示，由其在拱顶、拱脚处有三个铰而得名。

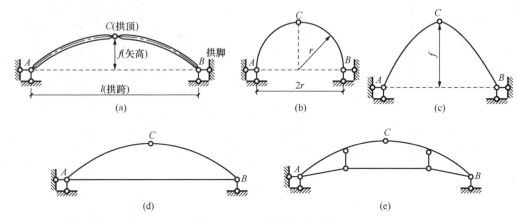

图 2 - 39　三铰拱与系杆拱
(a) 抛物线拱；(b) 圆拱；(c) 尖拱；(d) 系杆拱；(e) 系杆拱

拱结构与梁的区别是拱在竖向荷载作用下产生水平反力，水平反力又称为推力，故拱又称为推力结构。用于屋盖承重系统时，为减小对墙体的水平推力，拱圈下常设置拉杆，拉杆中的拉力代替了支座中的推力，支座只产生竖向反力，这种拱称为系杆拱，如图 2 - 39 (d)、(e) 所示。由于水平推力的存在，拱中各截面的弯矩比相应的梁的弯矩要小，并且会使整个拱体主要是承受压力。因此，拱的轴力常规定以受压为正，受拉为负。这点与梁和刚架的规定不同。

一、三铰拱的反力计算

在三铰拱反力和内力计算时，为便于比较，对应着给出相同荷载、相同跨度的简支梁的支座反力和内力。如图 2 - 40 (a) 所示三铰拱，对应于图 2 - 40 (b) 所示简支梁。

从三铰拱整体平衡有

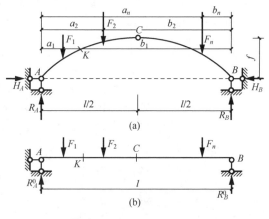

$$\sum m_B = 0,\ R_A = R_A^0 = \frac{\sum F_i b_i}{l}$$

$$\sum m_A = 0,\ R_B = R_B^0 = \frac{\sum F_i a_i}{l}$$

$$\sum X_i = 0,\ H_A - H_B = 0, H_A = H_B = H$$

再考虑 AC （或 BC ）部分平衡，取 $\sum m_C^{左} = 0$，有

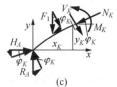

图 2 - 40　三铰拱反力与内力

$$H_A \cdot f + F_1\left(\frac{l}{2} - a_1\right) + F_2\left(\frac{l}{2} - a_2\right) - R_A \cdot \frac{l}{2} = 0$$

$$H_A = H_B = H = \frac{1}{f}\left[R_A \cdot \frac{l}{2} - F_1\left(\frac{l}{2} - a_1\right) - F_2\left(\frac{l}{2} - a_2\right)\right] = \frac{M_C^0}{f}$$

式中：M_C^0 为相应简支梁跨中截面 C 的弯矩。

二、三铰拱的内力计算

计算内力时应注意到拱轴为曲线这一特点，横截面应与拱轴正交，即与拱轴的切线相垂直，如图 2-40 (c) 所示为任一截面 K。

（1）弯矩（M_K）。按截面法内力计算准则，K 截面的弯矩等于截面一侧所有外力对截面形心的力矩的代数和，即

$$M_K = R_A x_K - F_1(x_K - a_1) - H_A y_K = M_K^0 - H y_K \qquad (2-4)$$

式中：M_K^0 为相应简支梁 K 截面的弯矩。由上式可知，三铰拱截面中的弯矩比相应简支梁截面中的弯矩要小，这也是拱常用于较大跨度结构的原因。

（2）剪力（V_K）。任意截面 K 的剪力等于截面一侧所有外力在截面方向（杆轴线在该处切线的垂直方向）投影的代数和，即

$$V_K = R_A\cos\varphi_K - F_1\cos\varphi_K - H_A\sin\varphi_K = (R_A - F_1)\cos\varphi_K - H_A\sin\varphi_K$$
$$= V_K^0\cos\varphi_K - H\sin\varphi_K \qquad (2-5)$$

式中：V_K^0 为相应简支梁 K 截面的剪力。

（3）轴力（N_K）。任意截面 K 的轴力等于截面一侧所有外力沿轴线在该处切线方向投影的代数和，即

$$N_K = R_A\sin\varphi_K - F_1\sin\varphi_K + H_A\cos\varphi_K$$
$$= (R_A - F_1)\sin\varphi_K + H_A\cos\varphi_K$$
$$= V_K^0\sin\varphi_K + H\cos\varphi_K \qquad (2-6)$$

【例 2-17】 计算图 2-41 (a) 所示三铰拱 D、E 截面的内力。设拱轴曲线方程为 $y = \dfrac{4f}{l^2}x(l-x)$。

解 （1）计算支座反力

$$R_A = R_A^0 = \frac{8 \times 12 + 2 \times 8 \times 4}{16}$$
$$= 10(\text{kN})$$

$$R_B = R_B^0 = \frac{8 \times 4 + 2 \times 8 \times 12}{16}$$
$$= 14(\text{kN})$$

$$H_A = H_B = H = \frac{M_C^0}{f}$$
$$= \frac{10 \times 8 - 8 \times 4}{4} = 12(\text{kN})$$

（2）计算截面内力

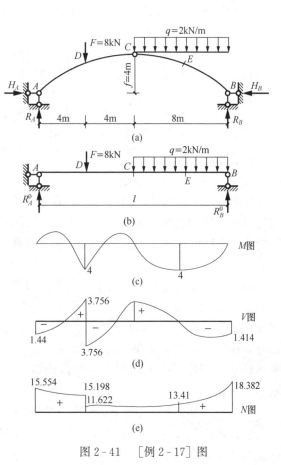

图 2-41　［例 2-17］图

D 截面：D 截面倾角为

$$\tan\varphi_D = \frac{\mathrm{d}y}{\mathrm{d}x}\Big|_{x=4} = \frac{4f}{l^2}(l-2x)\Big|_{x=4} = \frac{1}{2}$$

$$\varphi_D = 26.56°$$

$$\cos\varphi_D = 0.894, \sin\varphi_D = 0.447$$

$$y_D = \frac{4\times4}{16^2}\times4\times(16-4) = 3(\mathrm{m})$$

根据式（2-4）～式（2-6），注意到集中力作用处剪力、轴力有突变，得到

$$M_D = M_D^0 - Hy_D = 10\times4 - 12\times3 = 4(\mathrm{kN \cdot m})$$

$$V_{D,l} = V_{D,l}^0\cos\varphi_D - H\sin\varphi_D = 10\times0.894 - 12\times0.447 = 3.576(\mathrm{kN})$$

$$V_{D,r} = (10-8)\times0.894 - 12\times0.447 = -3.576(\mathrm{kN})$$

$$N_{D,l} = V_{D,l}^0\sin\varphi_D + H\cos\varphi_D = 10\times0.447 + 12\times0.894 = 15.198(\mathrm{kN})$$

$$N_{D,r} = (10-8)\times0.447 + 12\times0.894 = 11.622(\mathrm{kN})$$

E 截面：E 截面倾角 $\varphi_E = -26.56°$，则

$$\cos\varphi_E = 0.894, \sin\varphi_E = -0.447$$

$$y_E = 3\mathrm{m}$$

则 $M_E = M_E^0 - H \cdot y_E = (14\times4 - 2\times4\times2) - 12\times3 = 4(\mathrm{kN \cdot m})$

$$V_E = V_E^0\cos\varphi_E - H \cdot \sin\varphi_E = (-14+2\times4)\times0.894 - 12\times(-0.447) = 0$$

$$N_E = V_E^0\sin\varphi_E + H\cos\varphi_E = (-14+2\times4)\times(-0.447) + 12\times0.894 = 13.41(\mathrm{kN})$$

若计算三铰拱多个横截面（如拱轴水平投影的等分点对应的横截面）上的内力值，即可画出弯矩图、剪力图、轴力图的大致形状，如图 2-41（c）～（e）所示。

第六节　截面的几何性质

一、重心及形心

1. 重心的概念、坐标公式

任何物体都可认为是由许多微小部分组成的，各微小部分均受到重力的作用，每一部分重力合力的作用点即是物体的重心。如果物体形状不变，重心在物体内的相对位置也不变，与物体在空间的位置无关。也就是说，不论物体如何搁置，其重力作用线总是通过该物体的重心。

确定物体的重心在工程上是一个重要的问题。重心的位置对物体的平衡状态都有很重要的影响。例如车、船的重心要限制在一定的范围内，以保证其运行中的稳定与安全；起重机上设置配重，是为了调整整个机具的重心的位置，以保证它在工作时不会倾倒。另外，在设计、制造安装某些零件与构件时，确定它的重心也是非常重要的。特别是对高速转动的部件，要求其重心尽可能准确地安装在转动轴线上，否则在转动时将会产生剧烈的振动。

图 2-42 所示物体，每个微小部分所受的重力分别是 $W_1, W_2, \cdots, W_n$。这些力组成空间平行力系。其合力大小为 $W = \sum W_i$。确定其重心位置，实际上就是确定该同向平行力系合力 W 之作用点 C 的位置。利用合力矩定理，对 y 轴取矩，则有

$$W \cdot x_C = \sum W_i \cdot x_i$$

于是
$$x_C = \frac{\sum W_i \cdot x_i}{W}$$

对 x 轴取矩，则有
$$-W \cdot y_C = -\sum W_i \cdot y_i$$

于是
$$y_C = \frac{\sum W_i \cdot y_i}{W}$$

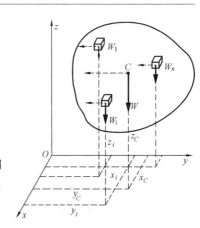

图 2-42 重心坐标计算

物体转动时，其重心位置不变。因此将物体绕 x 轴旋转 $90°$ 后，即使 W_i 等和 y 轴平行，再对 x 轴取矩，可得
$$W \cdot z_C = \sum W_i \cdot z_i$$

于是
$$z_C = \frac{\sum W_i \cdot z_i}{W}$$

综上所述，物体重心在空间坐标系中的坐标为

$$\left. \begin{aligned} x_C &= \frac{\sum W_i \cdot x_i}{W} \\ y_C &= \frac{\sum W_i \cdot y_i}{W} \\ z_C &= \frac{\sum W_i \cdot z_i}{W} \end{aligned} \right\} \tag{2-7}$$

若物体是均质的，单位体积重为 γ，体积为 V，则 $W = V \cdot \gamma$，微体重 $W_i = V_i \cdot \gamma$，于是式 (2-7) 变为

$$\left. \begin{aligned} x_C &= \frac{\sum V_i \cdot x_i}{V} \\ y_C &= \frac{\sum V_i \cdot y_i}{V} \\ z_C &= \frac{\sum V_i \cdot z_i}{V} \end{aligned} \right\} \tag{2-8}$$

若物体为均质薄板，如图 2-43 所示，则重心必在板厚度 h 的中面上。坐标原点设在此中面上时，$z_C = 0$。消去体积中板后 h 的因子，则重心公式化作形心公式，形心坐标为

$$\left. \begin{aligned} x_C &= \frac{\sum A_i \cdot x_i}{A} \\ y_C &= \frac{\sum A_i \cdot y_i}{A} \end{aligned} \right\} \tag{2-9}$$

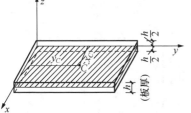

图 2-43 均质薄板形心

式 (2-8)、式 (2-9) 表明均质物体的重心只与物体的形状有关，几何形体的中心称为形心。对均质物体重心与形心重合。

2. 平面图形的形心

确定建筑结构常见截面图形的形心，对研究力学及结构等有关问题是非常必要的。

(1) 简单图形的形心。简单几何图形的形心见表 2-1。

表 2-1 简单图形的形心位置

项次	矩 形	方 形	三 角 形	圆 形	半圆形
图形	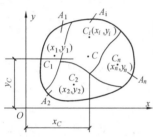				
x_C	$b/2$	$a/2$	$b/3$	0	0
y_C	$h/2$	$a/2$	$h/3$	0	$\dfrac{4r}{3\pi}$

从表 2-1 中容易看出，形心具有如下特点：图形若具有对称轴、对称中心，则形心一定在其对称轴、对称中心上。

（2）组合图形的形心。组合截面是由几个简单图形组成。在计算组合截面形心时，可把它先分割成几个面积容易计算、形心已知的简单图形，然后应用式（2-9）计算形心坐标。

图 2-44 组合图形的形心

假设组合图形分割成面积为 A_1，A_2，…，A_n 有限个简单图形，各个简单图形的形心坐标分别为 (x_1,y_1)，(x_2,y_2)，…，(x_n,y_n)，如图 2-44 所示，则组合图形的形心坐标为

$$\left.\begin{aligned} x_C &= \frac{A_1x_1 + A_2x_2 + \cdots + A_nx_n}{A_1 + A_2 + \cdots + A_n} \\ y_C &= \frac{A_1y_1 + A_2y_2 + \cdots + A_ny_n}{A_1 + A_2 + \cdots + A_n} \end{aligned}\right\} \qquad (2-10)$$

若图形不能划分为有限个形心已知的规则几何图形，则取坐标为 x、y 的任意微面积 $\mathrm{d}A$，如图 2-45 所示，有

$$\left.\begin{aligned} x_C &= \frac{\int_A x\,\mathrm{d}A}{A} \\ y_C &= \frac{\int_A y\,\mathrm{d}A}{A} \end{aligned}\right\} \qquad (2-11)$$

【例 2-18】 如图 2-46 所示为 Z 形截面，试求此图形的形心。

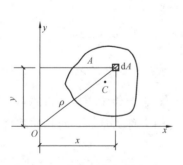

图 2-45 不规则几何图形形心

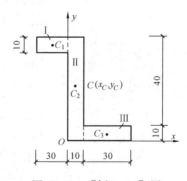

图 2-46 ［例 2-18］图

解 将图形分为 Ⅰ、Ⅱ、Ⅲ 三个形心已知的简单图形。A_1、A_2、A_3 分别表示这些图形的面积；C_1、C_2、C_3 分别表示这些图形的形心。取图示坐标轴，各自形心的坐标分别用

$(x_1、y_1)、(x_2、y_2)、(x_3、y_3)$ 表示。

$$A_1 = 30 \times 10 = 300(\text{mm}^2), x_1 = -15\text{mm}, y_1 = 45\text{mm}$$

$$A_2 = 50 \times 10 = 500(\text{mm}^2), x_2 = 5\text{mm}, y_2 = 25\text{mm}$$

$$A_3 = 30 \times 10 = 300(\text{mm}^2), x_3 = 25\text{mm}, y_3 = 5\text{mm}$$

代入形心坐标公式，得

$$x_C = \frac{A_1 x_1 + A_2 x_2 + A_3 x_3}{A_1 + A_2 + A_3}$$

$$= \frac{300 \times (-15) + 500 \times 5 + 300 \times 25}{300 + 500 + 300} = 5(\text{mm})$$

$$y_C = \frac{A_1 y_1 + A_2 y_2 + A_3 y_3}{A_1 + A_2 + A_3}$$

$$= \frac{300 \times 45 + 500 \times 25 + 300 \times 5}{300 + 500 + 300} = 25(\text{mm})$$

【例 2 - 19】　试计算图 2 - 47 组合截面的形心。已知：$r_1 = 20\text{mm}$，$r_2 = 40\text{mm}$，$R = 150\text{mm}$。

解　把组合截面分为Ⅰ、Ⅱ、Ⅲ三部分，建立如图 2 - 47 所示坐标系。各部分面积与其形心坐标分别为

$$A_1 = \frac{\pi R^2}{2} = \frac{\pi \times 150^2}{2} = 35325 \ (\text{mm}^2)$$

$$A_2 = \frac{\pi r_2^2}{2} = \frac{\pi \times 40^2}{2} = 2512 \ (\text{mm}^2)$$

$$A_3 = \pi r_1^2 = \pi \times 20^2 = 1256 \ (\text{mm}^2)$$

$$x_1 = 0, \quad y_1 = \frac{4R}{3\pi} = \frac{4 \times 150}{3\pi} = 63.7 \ (\text{mm})$$

$$x_2 = 0, \quad y_2 = -\frac{4R}{3\pi} = -\frac{4 \times 40}{3\pi} = -17.0 \ (\text{mm})$$

$$x_3 = 0, \quad y_3 = 0$$

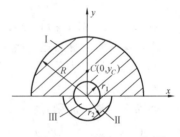

图 2 - 47　[例 2 - 19] 图

y 轴为对称轴，形心必在此轴上，即有 $x_C = 0$。y_C 可采用负面积法计算，即把缺空部分面积作为负值代入

$$y_C = \frac{A_1 y_1 + A_2 y_2 + (-A_3) y_3}{A_1 + A_2 + (-A_3)}$$

$$= \frac{35325 \times 63.7 + 2512 \times (-17.0)}{35325 + 2512 - 1256}$$

$$= 60.3(\text{mm})$$

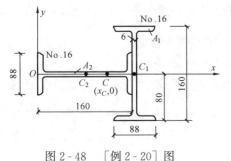

图 2 - 48　[例 2 - 20] 图

【例 2 - 20】　图 2 - 48 为两个 No. 16 工字钢焊接而成的组合截面。试确定其形心位置。

解　建立如图所示坐标系。

由附录工字形型钢表查得 No. 16 工字钢截面尺寸 $A_1 = 26.1\text{cm}^2$，$b = 88\text{mm}$，$h = 160\text{mm}$

根据所设坐标，A_1、A_2 面积的形心坐标分别为

$$x_1 = 163\text{mm}, \quad y_1 = 0$$

$$x_2 = 80\text{mm}, \quad y_2 = 0$$

组合截面的形心在 x 轴上，$y_C = 0$

$$x_C = \frac{A_1 x_1 + A_2 x_2}{A_1 + A_2}$$

$$= \frac{26.1 \times 10^2 \times (163 + 80)}{2 \times 26.1 \times 10^2}$$

$$= 121.5 (\text{mm})$$

二、静力矩与惯性矩

在力学与结构计算中，除截面形心以外，还常遇到一些新的几何量，如静力矩、惯性矩与惯性积等。

1. 静力矩

在截面图形上，任取微面积 $\mathrm{d}A$，微面积的形心坐标设为 (x, y)，如图 2-45 所示，则 $y\mathrm{d}A$、$x\mathrm{d}A$ 分别称为微面积对 x、y 轴的静力矩，把对全面积的积分定义为该截面对 x、y 轴的静力矩。即

$$\left. \begin{aligned} S_x &= \int_A y\mathrm{d}A = A \cdot y_C \\ S_y &= \int_A x\mathrm{d}A = A \cdot x_C \end{aligned} \right\} \tag{2-12}$$

式中：S_x 为面积对 x 轴的静力矩；S_y 为面积对 y 轴的静力矩。

由定义可知：静力矩与所选坐标轴有关。静力矩可正、可负也可为零。若坐标轴通过形心，则其静力矩必为零。静力矩常用的单位是 mm^3、cm^3 或 m^3。

2. 惯性矩与极惯性矩

截面上任意微面积 $\mathrm{d}A$（如图 2-45 所示）与其形心坐标平方的乘积（$y^2\mathrm{d}A$ 或 $x^2\mathrm{d}A$）称为微面积对 x，y 轴的惯性矩，而把下列积分定义为截面对 x，y 轴的惯性矩

$$\left. \begin{aligned} I_x &= \int_A y^2\mathrm{d}A \\ I_y &= \int_A x^2\mathrm{d}A \end{aligned} \right\} \tag{2-13}$$

式中：I_x 为截面对 x 轴的惯性矩；I_y 为截面对 y 轴的惯性矩。

由图 2-45 可知，$\rho^2 = x^2 + y^2$，若等式两边同乘以 $\mathrm{d}A$ 后再积分，则为

$$\int_A \rho^2\mathrm{d}A = \int_A x^2\mathrm{d}A + \int_A y^2\mathrm{d}A$$

即

$$I_\rho = I_y + I_x \tag{2-14}$$

式中：$I_\rho = \int_A \rho^2\mathrm{d}A$ 为面积对极点（坐标原点）O 的极惯性矩。式（2-14）关系说明截面对任意互相垂直的两轴惯性矩之和，等于截面对该二轴交点的极惯性矩。

轴惯性矩与极惯性矩的常用单位是 mm^4、cm^4、m^4。

根据式（2-13）可知，某截面对过同一点不同方向的轴的惯性矩不同，取得极值惯性矩的轴称为主轴。若主轴过截面形心，则称为形心主轴。可以证明截面的对称轴都是形心主轴。

【例 2-21】 试计算图 2-49（a）矩形截面对 x 轴、y 轴的惯性矩。

解 在截面上取与 x 轴平行的阴影线部分为微面积，则 $dA=bdy$，由式（2-13），矩形截面对 x 轴的惯性矩

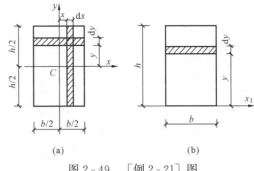

图 2-49 ［例 2-21］图

$$I_x = \int_A y^2 dA = \int_{-h/2}^{+h/2} y^2(bdy) = \frac{bh^3}{12}$$

同理，取边长与 y 轴平行的微面积，$dA = hdx$，则

$$I_y = \int_A x^2 dA = \int_{-b/2}^{+b/2} x^2(hdx) = \frac{hb^3}{12}$$

利用上述方法亦可计算该矩形截面对图 2-49（b）所示 x_1 轴的惯性矩

$$I_{x_1} = \int_A y^2 dA = \int_0^h y(bdy) = \frac{bh^3}{3}$$

可见，同一截面对不同的轴，其惯性矩是不同的。

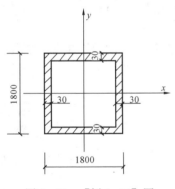

图 2-50 ［例 2-22］图

【例 2-22】 试计算图 2-50 钢制箱形梁截面对 x 轴的惯性矩。

解 将箱形截面视为全部实心截面与去掉空心截面的组合，这两部分形心轴与箱形截面形心轴重合。图形对 x 轴的惯性矩 I_x 等于实心部分对 x 轴惯性矩 I_{x1} 与空心部分对 x 轴惯性矩 I_{x2} 之差。即

$$I_x = I_{x1} - I_{x2}$$

$$= \frac{1800^4}{12} - \frac{1740^4}{12} = 1109.4 \times 10^8 (\text{mm}^4)$$

3. 惯性矩的平行移轴公式

在计算组合图形的惯性矩时，当分部图形的形心轴与组合图形的形心轴不重合时，需要应用平行移轴公式。

图 2-51 为任意截面，对截面形心轴 x_0、y_0 的惯性矩为 I_{x0}、I_{y0}。若任意轴 x 与 y 分别与形心轴 x_0、y_0 相平行，相距分别为 a 与 b。截面对 x、y 轴的惯性矩分别为 I_x、I_y。现推证 I_x 与 I_{x0}、I_y 与 I_{y0} 之间的关系如下：

从图中可知 dA 的形心坐标对 x_0 轴与 x 轴的关系为

$$y = y_0 + a$$

将 y 代入式（2-13）中，于是

$$I_x = \int_A y^2 dA = \int_A (y_0 + a)^2 dA$$

$$= \int_A y_0^2 dA + 2a \int_A y_0 dA + a^2 \int_A dA$$

式中积分

$$I_{x0} = \int_A y_0^2 dA$$

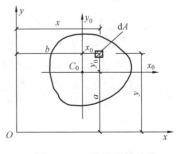

图 2-51 平行移轴公式

$$S_{x0} = \int_A y_0 \mathrm{d}A = 0 \qquad (x_0 \text{ 轴为形心轴})$$

由此可得

$$I_x = I_{x0} + a^2 \cdot A \tag{2-15}$$

同理

$$I_y = I_{y0} + b^2 \cdot A$$

式（2-15）表明：截面对任意轴的惯性矩，等于截面对与该轴平行的形心轴的惯性矩与面积和两轴间距离平方乘积之和。式（2-15）称为平行移轴公式。从平行移轴公式也可看出，在所有互相平行的轴中，截面对自身形心轴的惯性矩最小。

【例 2-23】 计算图 2-52 所示 T 形截面对其形心轴 x 的惯性矩 I_x。

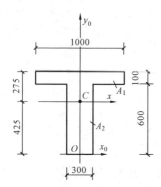

解 （1）计算形心位置。取 x_0、y_0 轴，将截面图形分为 A_1、A_2 两部分，因 T 形截面对称于 y_0 轴，则 $x_C = 0$，只需计算 y_C。

$$y_C = \frac{A_1 y_1 + A_2 y_2}{A_1 + A_2}$$

$$= \frac{1000 \times 100 \times 650 + 300 \times 600 \times 300}{1000 \times 100 + 300 \times 600}$$

$$= 425(\mathrm{mm})$$

（2）计算惯性矩 I_x。组合截面对 x 轴的惯性矩等于翼缘和腹板两部分分别对 x 轴的惯性矩之和。即

$$I_x = I_{x1} + I_{x2}$$

图 2-52 ［例 2-23］图

I_{x1}、I_{x2} 可分别应用平行移轴公式计算

$$I_{x1} = \frac{1000 \times 100^3}{12} + (275 - 50)^2 \times 1000 \times 100$$

$$= 5145.83 \times 10^6 (\mathrm{mm}^4)$$

$$I_{x2} = \frac{300 \times 600^3}{12} + (425 - 300)^2 \times 300 \times 600 = 8212.5 \times 10^6 (\mathrm{mm}^4)$$

于是

$$I_x = 13358.33 \times 10^6 \mathrm{mm}^4$$

【例 2-24】 试计算图 2-53 组合截面对形心主轴的惯性矩。

解 查等边角钢型钢表得

$A = 19.26 \mathrm{cm}^2$，$I_x = I_y = 179.5 \mathrm{cm}^4$，$z_0 = 2.84 \mathrm{cm}$

由于组合截面形心主轴 x_C 与单个角钢 x 轴重合，则

$$I_{xC} = 2I_x = 2 \times 179.5 = 359 \mathrm{cm}^4$$

$$I_{yC} = 2(I_y + Aa^2)$$

$$= 2 \times [179.5 + 19.26 \times (2.84 + 0.5)^2]$$

$$= 788.7(\mathrm{cm}^4)$$

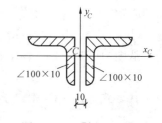

图 2-53 ［例 2-24］图

2-1 试分析图 2-54 所示体系的几何组成。

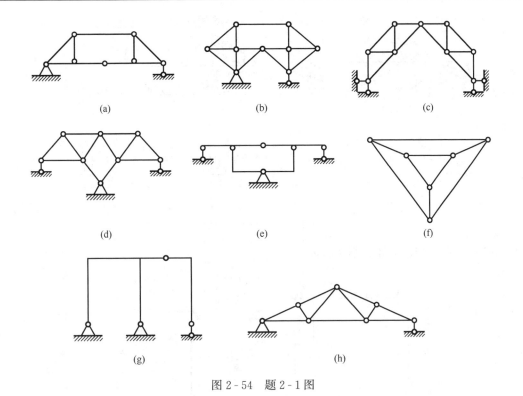

图 2-54　题 2-1 图

2-2　试求图 2-55 所示梁各指定截面的内力。

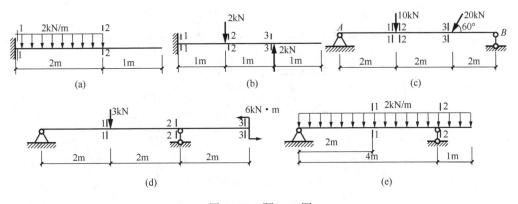

图 2-55　题 2-2 图

2-3　列出图 2-56 所示梁的剪力方程与弯矩方程，作剪力图和弯矩图。

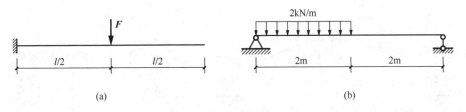

图 2-56　题 2-3 图

2-4　利用微分关系简捷法作图 2-57 中所示各梁的剪力图与弯矩图。

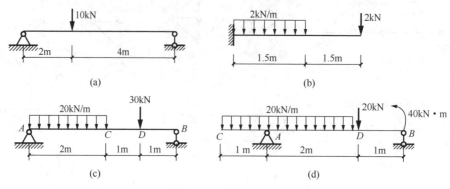

图 2-57　题 2-4 图

2-5　作图 2-58 各静定刚架的内力图。

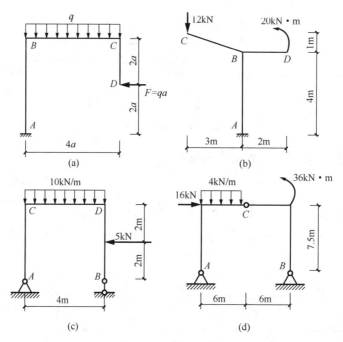

图 2-58　题 2-5 图

2-6　计算图 2-59 三铰拱 K 截面内力。已知拱轴方程 $y=\dfrac{4f}{l^2}x\,(l-x)$。

2-7　计算图 2-60 所示圆弧拱 K 截面内力。

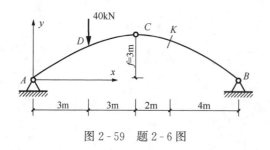

图 2-59　题 2-6 图

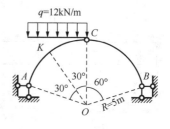

图 2-60　题 2-7 图

2-8 用结点法计算图2-61所示桁架各杆内力。

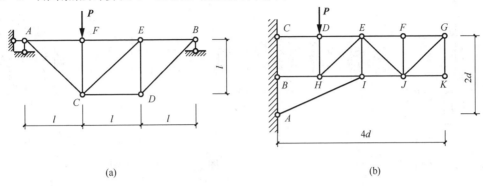

(a)   (b)

图2-61 题2-8图

2-9 用截面法计算图2-62所示桁架各指定杆内力。

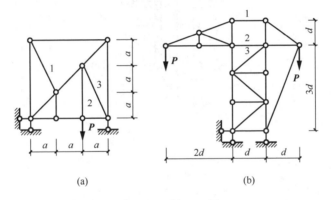

(a)   (b)

图2-62 题2-9图

2-10 计算图2-63所示各平面图形的形心坐标。图中长度单位为mm。

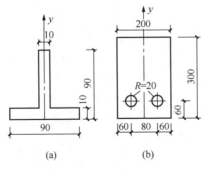

(a)   (b)

图2-63 题2-10图

2-11 求图2-64所示组合型钢截面的形心位置。图中单位为mm。

2-12 求图2-65所示各分图中截面对形心轴的惯性矩。

2-13 图2-66所示为双槽钢组合截面,截面尺寸如图所示,计算形心主轴惯性矩I_x、I_y。

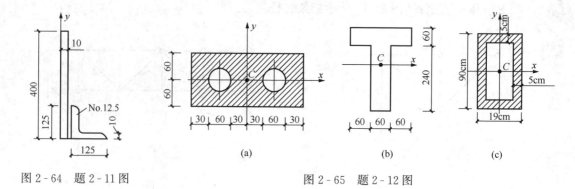

图 2 - 64　题 2 - 11 图　　　　　　　　　　　　　　　图 2 - 65　题 2 - 12 图

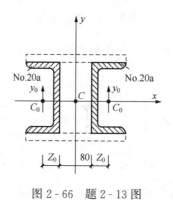

图 2 - 66　题 2 - 13 图

第三章　杆件的强度与压杆稳定

本章主要介绍了五大方面的内容：①轴向拉（压）杆的应力计算及其强度条件；②梁的弯曲应力计算及其强度条件；③应力状态与强度理论的建立；④组合变形的应力计算及其强度条件；⑤压杆稳定的概念、临界力的计算及其压杆稳定的条件。

第一节　应力与应变的概念

一、应力

我们已经知道内力是由外力（或外界因素）引起的，且随外力的增加而增加。对一定尺寸的构件来说，从强度角度看，内力愈大愈危险，当内力达到一定数值时，构件就要破坏。但内力的大小还不能确切地反映一个构件的危险程度，特别是对于不同尺寸的构件，其危险程度更难以通过内力的数值来进行比较。例如图 3-1 所示的两个材料相同而截面面积不同的受拉杆，在相同的拉力 P 的作用下，二杆横截面上的内力相同，但两杆的危险程度却不同，显然细杆比粗杆危险，易于拉断。因此，研究构件的强度问题只知道截面上的内力是不够的。为了解决强度问题，不仅需要知道构件可能沿哪个截面破坏，而且还需要知道截面上哪个点处最危险。这样，就需进一步研究内力在截面上各点处的分布情况，因而引入了应力的概念。

图 3-2（a）所示受力体代表一受力构件，现研究 $m-m$ 截面上 B 点的应力。可在截面 B 点处取一微小面积 ΔA，小面积上的内力的合力为 ΔP，则合力 ΔP 与微小面积 ΔA 的比值称为平均应力，以 p_m 表示，有

$$p_m = \frac{\Delta P}{\Delta A}$$

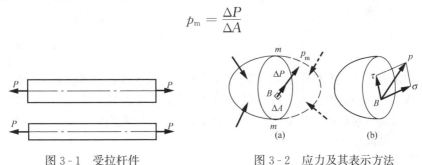

图 3-1　受拉杆件　　　　　　　图 3-2　应力及其表示方法

由于 ΔP 是矢量，而 ΔA 是数量，故平均应力 p_m 仍为矢量，且与 ΔP 同向。一般地，截面上的分布内力是不均匀的，因此平均应力 p_m 与所取面积 ΔA 的大小有关，它还不能真实地反映分布内力在 B 点处的密集程度，为消除面积 ΔA 大小的影响，可令 ΔA 无限地缩小，将极限值

$$p = \lim_{\Delta A \to 0} \frac{\Delta P}{\Delta A} = \frac{\mathrm{d}p}{\mathrm{d}A} \tag{3-1}$$

称为完全应力，以 p 表示，见图 3-2（b）。因此，截面上一点处的应力即是分布内力在该点

处的密集程度。它表示该点处受力的强弱程度。

一般说来 p 与截面既不平行又不垂直，但可以将它分解为垂直截面方向的应力 σ 与平行截面的应力 τ。这里的 σ 由于与截面垂直，与截面的法线一致，所以 σ 称为正应力或法向应力，而 τ 与截面平行，并与截面切线一致，故 τ 称为剪应力或切向应力。

在国际单位制中，应力的单位用 Pa（帕）表示，$1\text{Pa}=1\text{N/m}^2$。工程中常用的单位为 kPa（千帕）、MPa（兆帕）、GPa（吉帕），其关系为 $1\text{kPa}=10^3\text{Pa}$，$1\text{MPa}=10^6\text{Pa}$，$1\text{GPa}=10^9\text{Pa}$。

二、应变

构件受力以后，构件内任意两点的距离和任意两条线段的夹角都会改变。

如果我们围绕构件内某一点 K 取出一相邻面互相垂直的微小六面体（通常沿杆件的横截面、纵截面截取），称为单元体，它的一个边 AB，变形前平行坐标轴 x，且长度为 Δx，如图 3-3（a）所示；变形后长度变为 $\Delta x+\Delta u$，Δu 为 AB 的变形量，见图 3-3（b），则比值

$$\varepsilon = \frac{\Delta u}{\Delta x}$$

称为 AB 线段的平均线应变，而极限

$$\varepsilon_x = \lim_{\Delta x \to 0} \frac{\Delta u}{\Delta x} = \frac{\mathrm{d}u}{\mathrm{d}x} \tag{3-2}$$

定义为 K 点沿 x 方向的线应变。

变形前 AB、AC 两线段夹角为直角，变形后夹角发生改变，见图 3-4，其直角改变量称为角应变或剪应变，用 γ 表示。

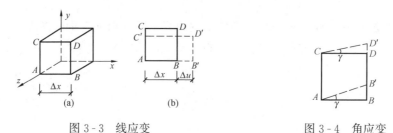

图 3-3 线应变   图 3-4 角应变

线应变和角应变都没有量纲。角应变用弧度表示。线应变 ε 和角应变 γ 是度量构件变形程度的两个基本量，不同方向的线应变是不同的，不同平面的角应变也是不同的，它们都是坐标的函数。因此，在描述构件的线应变和角应变时，应明确应变发生在哪一个点，哪一个方向或者哪一个平面里。

第二节 轴向拉伸（压缩）杆的应力与应变

一、轴向拉（压）的概念

外力沿杆件轴线方向作用的直杆称为轴向受力杆，例如，桁杆、吊索、轴向受压柱和柱间支撑等，如图 3-5 所示。杆件在轴向力作用下，将产生轴向变形。轴向拉力使杆件伸长，轴向压力则使杆件缩短。

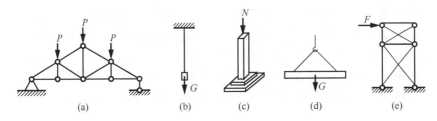

图 3 - 5　轴向受力杆

二、轴力与轴力图

若某直杆沿轴线方向有多个外力作用时，杆件将发生轴向变形，抵抗轴向变形的内力称为轴力，用符号 N 表示。各杆段上的轴力可用截面法确定，即任意截面的轴力等于该截面一侧所有外力的代数和，外力与截面外法线方向相反为正，反之为负。描述各段轴力沿杆长方向变化的图形称为轴力图。轴力图的绘制类似于梁的内力图，用平行于杆轴线的坐标表示杆件横截面的位置，用垂直于杆件轴线的坐标表示横截面上轴力的大小。正轴力画在横坐标轴的上侧，负轴力画在横坐标轴的下侧。根据杆件的变形，对轴力的符号做如下规定：产生拉伸变形时的 N 为正，产生压缩变形时的 N 为负。

【例 3 - 1】　如图 3 - 6（a）所示一等直杆，在图示受力情况下，试作其轴力图。

解　杆件在集中外力的作用下被分为三段，首先用截面法确定各段杆的内力。

求 AC 段内力时，在 AC 段内任一位置取截面Ⅰ—Ⅰ，取左段杆计算

$$N_{\text{I}} = 1.5\text{kN（拉力）}$$

同理，在 CD 段内任一位置取截面Ⅱ—Ⅱ，仍取左段杆计算

$$N_{\text{II}} = 1.5 - 2 = -0.5\text{kN（压力）}$$

在 DB 段内任一位置取截面Ⅲ—Ⅲ，取右段杆计算

$$N_{\text{III}} = 2\text{kN（拉力）}$$

求出各段杆的内力后，按照轴力图的作图规则，并仿照梁的内力图作图方法，作出直杆的轴力图，如图 3 - 6（b）所示。

三、轴向拉（压）杆横截面上的应力

应用截面法，可以求得轴向拉压杆任一横截面上的轴力，要求出各点处分布内力的集度——应力，则必须知道该截面上的内力分布规律。现取一橡胶制成的等直杆，在其表面均匀地画上一些与轴线平行的纵线及与轴线垂直的横线，如图 3 - 7（a）所示。在两端施加一

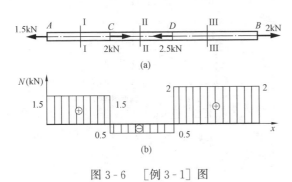

图 3 - 6　［例 3 - 1］图

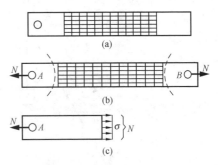

图 3 - 7　轴向拉压杆的变形情况与
横截面上的应力分布

对轴向拉力 N 之后，我们发现，所有纵线的伸长都相等，而横线保持为直线，并仍与纵线垂直，如图 3-7（b）所示。根据现象，如果把杆设想为无数纵向纤维组成，根据各纤维的伸长都相同，可知它们所受的力也相等，如图 3-7（c）所示。于是，我们可以假设：直杆在轴向拉（压）时横截面仍保持为平面。根据这个"平面假设"可知，轴向拉（压）时，杆件横截面上作用着均匀分布的正应力 σ。由式（3-1）及正应力的概念，可得

$$N = \int \sigma \mathrm{d}A = \sigma A$$

所以横截面上的正应力为

$$\sigma = \frac{N}{A} \qquad\qquad (3-3)$$

σ 的符号以拉应力为正，压应力为负。当杆件的轴力沿杆轴线变化时，最大正应力为

$$\sigma_{\max} = \frac{N_{\max}}{A}$$

最大正应力所在截面称为危险截面。杆件若发生破坏首先应从危险截面开始。由轴力被横截面面积除而得到的正应力称为工作应力，只有当工作应力不超过某一特定数值时构件才是安全的。

【例 3-2】　图示 3-8 为一钢木支架，BC 杆由截面边长 $a=10\mathrm{cm}$ 的木方制成，AB 杆为 $d=25\mathrm{mm}$ 的圆钢，承受 $G=50\mathrm{kN}$ 的荷载，试计算两杆中的应力。

解　利用节点法求得两杆的内力为

$N_{AB}=28.87\mathrm{kN}$（拉力）　　$N_{BC}=-57.74\mathrm{kN}$（压力）

利用式（3-3），得两杆的正应力为

$$\sigma_{AB} = \frac{N_{AB}}{A_{AB}} = \frac{28.87 \times 10^3}{\frac{1}{4} \times \pi \times 25^2} = 58.8(\mathrm{N/mm})^2 = 58.8(\mathrm{MPa})（拉）$$

$$\sigma_{BC} = \frac{N_{BC}}{A_{AB}} = \frac{-57.74 \times 10^3}{100^2} = -5.77(\mathrm{N/mm^2}) = -5.77(\mathrm{MPa})（压）$$

【例 3-3】　一阶梯形砖柱，其受力情况、杆件长度与截面尺寸等均如图 3-9 所示（不计砖柱自重），试求柱的最大工作应力。

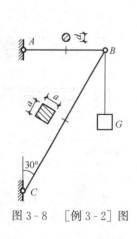

图 3-8　［例 3-2］图

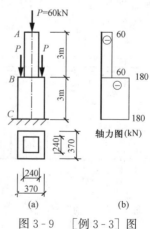

图 3-9　［例 3-3］图

解　（1）作杆件轴力图如图 3 - 9（b）所示。根据图示，可知 BC 段轴力最大，为 180kN，其截面积为 $370 \times 370\text{mm}^2$，而 AB 段轴力虽然不是最大，但其截面的截面积亦比 BC 段截面小，故危险截面不能仅依据最大轴力来确定，需分别计算各段的应力后，方能确定。

（2）计算两段杆件应力。

AB 段截面

$$\sigma_{AB} = \frac{-60 \times 10^3}{240 \times 240} = -1.04(\text{MPa})（压）$$

BC 段截面

$$\sigma_{BC} = \frac{-180 \times 10^3}{370 \times 370} = -1.31(\text{MPa})（压）$$

由此确定 BC 段截面为危险截面，最大应力值为 1.31MPa。

工程实例-应力
集中现象

【例 3 - 4】　计算图 3 - 10 所示带小孔拉杆中横截面上的危险应力。

解　拉杆的危险截面位于被小孔削弱最多的 nn 截面，该截面拉应力为

$$\sigma_m = \frac{N}{(b-d)t} = \sigma_0$$

此处所得到的应力是基于平面假设而得出的平均应力，然而由于小孔的出现，在孔附近的横截面上变形并不满足平面假设。经实验和弹性力学推证都得出，在 nn 截面上正应力并非均匀分布，而是如图 3 - 10 所示，越靠近小孔边应力越大，最

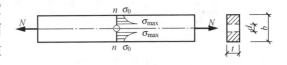

图 3 - 10　[例 3 - 4] 图

大应力 σ_{max} 是平均应力 σ_0 的 2～3 倍（与孔的尺寸有关）。这种靠近小孔边应力急剧增加的现象称为应力集中。这种应力集中现象对于由脆性材料制成的构件要特别加以注意，因为随荷载的增加在应力最集中的地方往往容易最先开裂。

四、轴向拉（压）杆斜截面上的应力

轴向拉（压）杆随着载荷的增加，内力和横截面上的正应力都将随之增加，当正应力增大到一定程度时，有些杆件沿横截面发生破坏，如铸铁、混凝土等试件受拉时将产生这种现象。但是当铸铁受压破坏时，并非沿横截面破坏而是沿斜截面破坏，这种现象显然和斜截面上应力有关，现在研究斜截面上存在的应力。

如图 3 - 11（a）所示为一轴向受拉杆件，杆的横截面面积为 A，受轴力 N 作用，假想用截面沿斜面 m - m 将杆截开，斜截面外法线与杆轴成 α 角（称 m - m 斜面为 α 截面），保留左部，截面上应有连续均匀分布并沿水平方向的应力 p 存在，见图 3 - 11（b），由平衡条件得

$$p \frac{A}{\cos\alpha} = N$$

$$p = \frac{N}{A}\cos\alpha = \sigma_0 \cos\alpha$$

图 3 - 11　轴向拉压
杆斜截面上的应力

式中：p 为斜截面上的完全应力；σ_0 为横截面上的正应力。

由于 p 的方向与斜截面成一角度，既不是正应力也不是剪应力，工程上常将它沿截面的法向 n 和切向 t 分解，得斜截面上的正应力 σ_α 和剪应力 τ_α，如图 3-11（c）所示

$$\sigma_\alpha = p\cos\alpha = \sigma_0\cos^2\alpha \tag{3-4}$$

$$\tau_\alpha = p\sin\alpha = \sigma_0\cos\alpha\sin\alpha = \frac{1}{2}\sigma_0\sin2\alpha \tag{3-5}$$

这就是拉（压）杆斜截面上应力的计算公式，从公式中可知，在通过拉（压）杆内任一点的各截面上，一般都存在正应力 σ_α 和剪应力 τ_α，它们是 α 角的函数，其值随 α 角的变化而变化。由式（3-4）可知，当 $\alpha=0$（即横截面）时，σ_α 取最大值，有 $\sigma_{max}=\sigma_0$；当 $\alpha=90°$（即纵向截面）时，σ_α 取最小值，有 $\sigma_{min}=0$。由式（3-5）可得知，当 $\alpha=0$ 和 $\alpha=90°$ 时，$\tau_\alpha=0$。即横截面上与纵截面上均无剪应力，当 $\alpha=45°$ 时，τ_α 取最大值，有 $\tau_{45°}=\tau_{max}=\dfrac{\sigma_0}{2}$，此时 $\sigma_{45°}=\dfrac{\sigma_0}{2}$。有些构件的破坏（如铸铁受压）正是由于斜截面上的剪应力引起。

在利用式（3-4）、式（3-5）计算斜截面上的应力时，必须注意式中各量的正负号规定。正应力 σ_α 仍以拉应力为正，压应力为负；剪应力 τ_α 以其对研究对象内任一点的矩为顺时针转动方向时为正，反之为负；角度 α 从横截面的法线到斜截面的法线，以逆时针转为正，反之为负，如图 3-12 所示。

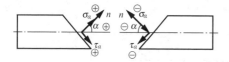

图 3-12 σ_α、τ_α 及 α 角的正负号规定

五、轴向拉（压）杆的变形

受轴向力作用的杆件，在纵向变形的同时，也产生横向变形。如图 3-13 所示为一等截面直杆在轴向拉伸时的变形情况。杆原长为 L，变形后为 L_1，其绝对伸长量为

$$\Delta L = L_1 - L$$

杆件的相对伸长量，通称纵向线应变为

$$\varepsilon = \frac{\Delta L}{L} \tag{3-6}$$

图 3-13 轴向拉杆的变形

杆件的横向宽度由 b 缩短到 b_1，其绝对缩短量为

$$\Delta b = b_1 - b$$

杆件的横向线应变为

$$\varepsilon' = \frac{\Delta b}{b}$$

横向应变 ε' 的正负号恒与纵向应变 ε 相反。

实验发现：当杆的变形为弹性变形时，横向线应变 ε' 与纵向线应变 ε 的绝对值之比是一个常数。此比值为泊松比或横向变形系数，用 μ 表示

$$\mu = \left| \frac{\varepsilon'}{\varepsilon} \right| \tag{3-7}$$

μ 是一个无量纲的量，其数值随材料而异，是通过试验测定的。钢材的 μ 值大约在 $0.2\sim0.3$ 范围内，其他材料的 μ 值见表 3-1。

表 3-1 　　　　　　　　　　　　　　　**弹性模量 E 及泊松比 μ**

材料名称	牌　　号	E (GPa)	μ	材料名称	牌　　号	E (GPa)	μ
低碳钢	Q235	$200\sim210$	$0.24\sim0.28$	铝合金	LY12	71	0.33
中碳钢		205		混凝土		$15.2\sim36$	$0.16\sim0.18$
低合金钢	Q345	200	$0.25\sim0.30$	木材（顺纹）		$9\sim12$	
灰口铸铁		$60\sim162$	$0.23\sim0.27$				

通过一系列实验测定，杆件中的正应力不超过弹性限度时，杆件的绝对伸长（缩短）量 ΔL 与轴向拉（压）力 N、长度 L 成正比，与横截面面积 A 成反比

$$\Delta L \propto \frac{NL}{A}$$

引进比例常数 E，则有

$$\Delta L = \frac{NL}{EA} \tag{3-8}$$

此式亦可改写为

$$\frac{N}{A} = E\frac{\Delta L}{L}$$

利用式（3-3）、式（3-6），上式可化为

$$\sigma = E\varepsilon \tag{3-9}$$

式（3-8）与式（3-9）两式等价，均称为拉、压虎克定律。式（3-8）是以轴力和绝对变形表示，而式（3-9）是以应力应变的形式表示。比例常数 E 称为材料的弹性模量，与材料性质有关，其值见表 3-1。弹性模量 E 与应力 σ 具有相同的单位。一般材料的 E 值较大，宜用 GPa 表示。式（3-8）中的 EA 与 ΔL 成反比，EA 越大，变形越小。因此，EA 表示了材料抵抗拉伸（压缩）变形的能力，通常称为抗拉（压）刚度。

【例 3-5】 图 3-14 所示一钢制阶梯杆，各段横截面面积分别为 $A_{AB} = A_{CD} = 300\text{mm}^2$，$A_{BC} = 200\text{mm}^2$，钢的弹性模量 $E = 200\text{GPa}$。试求杆的总变形。

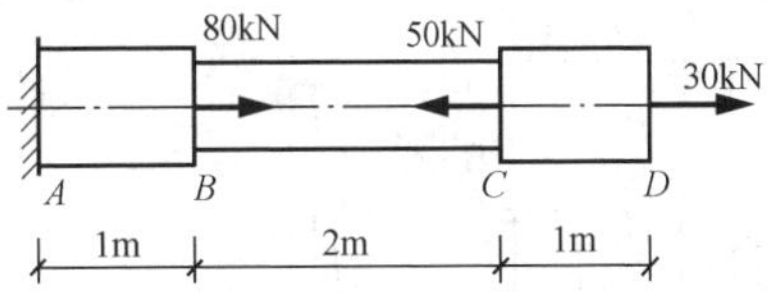

解 杆 AB、BC 和 CD 各段轴力不同，应分别求出各段变形，然后求其总和。

（1）求轴力

$N_{AB} = 60\text{kN}$（拉）

$N_{BC} = -20\text{kN}$（压）

$N_{CD} = 30\text{kN}$（拉）

图 3-14　［例 3-5］图

（2）求变形

$$\Delta l_{AB} = \frac{60 \times 10^3 \times 1 \times 10^3}{200 \times 10^3 \times 300} = 1(\text{mm})$$

$$\Delta l_{BC} = \frac{-20 \times 10^3 \times 2 \times 10^3}{200 \times 10^3 \times 200} = -1(\text{mm})$$

$$\Delta l_{CD} = \frac{30 \times 10^3 \times 1 \times 10^3}{200 \times 10^3 \times 300} = 0.5(\text{mm})$$

$$\Delta l = \Delta l_{AB} + \Delta l_{BC} + \Delta l_{CD} = 1 - 1 + 0.5 = 0.5(\text{mm})$$

第三节　材料在拉伸和压缩时的力学性能

材料在拉伸压缩时所呈现的有关强度和变形方面的特性，称为材料的力学性能。例如在前面提及的弹性模量 E、泊松比 μ 就属于材料的强度与变形方面的力学性能，在后面讲述的拉（压）杆的强度计算中，还将涉及另外一些力学性能。材料的力学性能通过拉（压）试验来测定，本节主要介绍工程中常用材料在拉伸和压缩时的力学性能。

为了使试验所得的材料的力学性能可以相互比较，试件尺寸须按国家标准进行制作。其形状如图 3 - 15 和图 3 - 16 所示。试件中部等截面的长度称为平行长度，在其间截取工作长度 L，以保证应力均匀分布。对于圆形截面标准拉伸试件，规定工作长度 L 与截面直径 d 的关系是 $L=10d$ 和 $L=5d$；对于矩形截面标准试件，规定工作长度 L 与截面面积 A 的关系是 $L=11.3\sqrt{A}$ 和 $L=5.65\sqrt{A}$，前者为长试件，后者为短试件。圆形截面标准压缩试件，规定长度 L 与截面直径 d 的关系是 $L/d=1\sim3$，这样才能避免试件在试验过程中不被压弯。试验条件为常温、静荷载、单向受力，试验设备为液压式万能试验机。

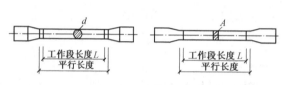

图 3 - 15　标准拉伸试件　　　　　　　　　　　图 3 - 16　标准压缩试件

一、低碳钢在拉伸时的力学性能

将低碳钢的标准试件夹在试验机上，开动试验机后，试件两端受到轴向拉力 P 作用，随着拉力 P 的增加，伸长量 ΔL 也不断变化。如以 ΔL 为横坐标，以 P 为纵坐标，可画出拉伸图。若以 $\varepsilon=\Delta L/L$ 为横坐标，以 $\sigma=P/A$ 为纵坐标，则可得到表示材料机械力学性质的应力—应变图（σ-ε 图），如图 3 - 17 所示。

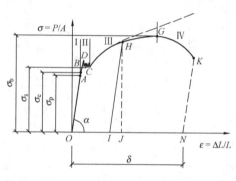

图 3 - 17　低碳钢的应力—应变图

一般万能试验机可自动绘制 P - ΔL 图，而微机控制的万能试验机可直接绘制出 σ-ε 图。由于 P - ΔL 图包含试件尺寸的影响，而 σ-ε 图则与尺寸无关，可直接反映材料的全部力学性能。图形中那些特殊点的应力值即反映了材料在拉伸时不同阶段的力学性能。

（1）比例极限 σ_p。应力与应变成正比变化的极限应力称为比例极限。在 σ-ε 图中为 A 点的纵坐标，用 σ_p 表示。Q235 钢的比例极限 $\sigma_p=200\text{MPa}$。直线 OA 与横轴夹角 α 的正切即为弹性模量 E，即

$$\tan\alpha=\frac{\sigma}{\varepsilon}=E$$

由此式可见，弹性模量 E 值越大，OA 直线越陡。

（2）弹性极限 σ_e。卸载后不发生塑性变形的极限应力称为弹性极限，在 σ - ε 图中为 B 点的纵坐标，用 σ_e 表示。对低碳钢而言，A、B 两点几乎重合，因此这种材料的比例极限与弹性极限可近似为一个值，即 $\sigma_p = \sigma_e$，当应力不超过此值时，该材料满足线弹性关系。应力由零到 σ_p 的阶段，称为第Ⅰ阶段或线弹性阶段。

（3）屈服极限 σ_s。当应力超过弹性极限后，很快进入第Ⅱ阶段。当进入第Ⅱ阶段后，荷载几乎不增加（测力盘指针后退或波动），而变形持续增加，在 σ - ε 图中，第Ⅱ阶段为 $B \sim C$ 段，通称屈服阶段。该阶段曲线第二次下降到最低点时的应力值即为材料的屈服极限，用 σ_s 表示。Q235 钢的屈服极限 $\sigma_s = 235\text{MPa}$。在屈服阶段中，材料的晶格发生位移，结晶重新排列，发生较大的塑性变形。

（4）强度极限 σ_b。材料经过屈服阶段后，若使其继续发生变形应继续增加荷载。在 σ - ε 图中，当达到曲线的最高点 G 点后，荷载开始下降，但变形仍继续增长。称 G 点的纵坐标为材料的强度极限，用 σ_b 表示。Q235 钢的强度极限 σ_b 约为 390MPa 左右。将 $C \sim G$ 曲线称为第Ⅲ阶段或强化阶段。$G \sim K$ 段曲线称为第Ⅳ阶段或颈缩阶段，第Ⅳ阶段中，试件在局部出现收缩（颈缩），直至断裂。

在强化阶段的某点 H 若卸载，则应力应变曲线将如图 3 - 17 所示沿与 OA 平行的直线 HI 返回，此时 IJ 属于可恢复的弹性应变，而 OI 则属于不能恢复的塑性应变。如果卸载后立刻继续加载，则应力应变曲线将沿 IH 上升到 H 点，进一步加载，基本上保持原强化曲线。这一现象表明，低碳钢若先拉到强化阶段后全部卸载，则重新受力过程中弹性极限增加（比较 IH 与 OB），塑性应变大大减少（比较 ON 与 IN），这种强度有所提高而塑性有所降低的现象称为材料的冷作硬化。

在工程中常利用冷作硬化来提高钢筋和钢缆绳等构件在线弹性范围内所能承受的最大荷载，达到节约钢材的目的。

综上所述，σ - ε 图上的 A、B、C、G 诸特性点所对应的应力值，反映不同阶段材料的变形和强度特性。其中，屈服极限表示材料出现显著的塑性变形，而强度极限表示材料将失去承载能力。因此，σ_s、σ_b 是衡量材料强度的两个重要指标。

材料的塑性变形程度直接影响材料在工程实际中的安全使用。一般用延伸率和断面收缩率来衡量材料的塑性变形程度。

延伸率
$$\delta = \frac{L_1 - L}{L} \times 100\% \tag{3 - 10}$$

式中：L 为工作段的原长；L_1 为材料断裂后工作段的总长。

断面收缩率
$$\varphi = \frac{A - A_1}{A} \times 100\% \tag{3 - 11}$$

式中：A 为工作段原横截面面积；A_1 为材料断口处的横截面面积。

对于 Q235 钢，$\delta = 20\% \sim 30\%$，$\varphi = 60\%$ 左右。通常把 $\delta > 5\%$ 的材料称为塑性材料，$\delta < 5\%$ 的材料称为脆性材料。

二、其他材料在拉伸时的力学性能

图 3 - 18 中给出 Q345 钢、铝合金、黄铜等几种材料的 σ - ε 曲线，它们的共同特点是都有线弹性阶段、强化阶段，延伸率较大，属于塑性材料。有些金属材料没有明显的屈服阶段，对这些塑性材料，通常规定：卸载后试件残留的塑性应变达 0.2% 时对应的应力值作为

材料的名义屈服极限，见图3-19，用$\sigma_{0.2}$表示。

图3-20中为灰口铸铁与玻璃钢的σ-ε曲线。由图可见，这两种材料的延伸率都很小，灰口铸铁的延伸率只有0.4%左右，是典型的脆性材料。图中没有屈服阶段，断裂时的应力就是强度极限，是脆性材料衡量强度的唯一指标。

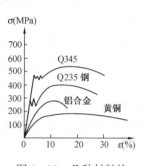

图3-18　几种材料的
应力—应变曲线

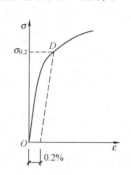

图3-19　没有明显屈服
阶段材料的名义屈服极限

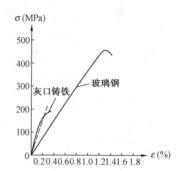

图3-20　灰口铸铁与玻璃钢的
应力—应变曲线

从实验中可知，对于玻璃这样的材料，几乎到断裂前其应力—应变关系均呈线性关系，而灰口铸铁则是非线性的，只能近似视为直线。

土建工程中常用到的建筑材料如砖、石、混凝土、玻璃等，均属于脆性材料。

三、材料压缩时的力学性质

图3-21中的实线为低碳钢压缩试验的σ-ε曲线，虚线为低碳钢拉伸试验的σ-ε曲线。比较两者，可以看出，低碳钢压缩时的比例极限、屈服极限、弹性模量均与拉伸相同。过了屈服极限之后，试件越压越扁，压力增加，其受压面积增加，试件只压扁而不破坏，因此，不能测出强度极限。

图3-22是铸铁压缩时的σ-ε曲线，整个图形与拉伸的相似，但压缩时的延伸率比拉伸时大，压缩时的强度极限为拉伸时的4～5倍。其他脆性材料也具有类似的性质，所以脆性材料适用于受压构件。

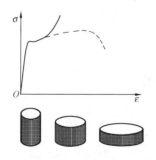

图3-21　低碳钢压缩时的应力—应变曲线

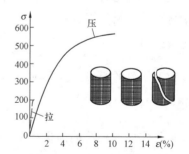

图3-22　铸铁的应力—应变曲线

铸铁压缩破坏时，破坏面与轴线大致成45°～55°，即在最大剪应力所在面上破坏。说明铸铁抗剪强度低于抗压强度。

综上所述可知：塑性材料的塑性指标较高，抗拉断和承受冲击能力较好，其强度指标主要是屈服极限，并且拉、压具有相同值。脆性材料的塑性指标很低，抗拉能力远远低于抗压能力，其强度指标只有强度极限。此外脆性材料对应力集中现象非常敏感，很容易在应力集中处首先破坏，而塑性材料由于屈服现象的存在，可以使应力集中趋向均匀，因此对应力集中现象并不敏感。

第四节　材料强度的确定及轴向受力构件的强度条件

一、材料强度平均值、标准值和设计值

就某一根具体试件而言，例如 Q235 钢试件，通过拉伸试验可以得到某一确定的屈服极限。这一数据是否能代表所有 Q235 钢材料呢？这显然是不适合的，因为同是 Q235 钢，

由于生产的质量不同，试件加工的过程不同，试验设备的不同等，不同试件试验出的结果肯定会有差异的。为了确定 Q235 钢的屈服极限，必须进行大量试验。图 3-23 给出了 Q235 钢 2037 根试件屈服极限（或称屈服强度）试验结果的分布图，图中横坐标为屈服极限值，以 MPa 为单位，纵坐标为频数（根数）或频率，阶梯形直线代表实测数据的直方图，它反映了屈服极限值在某范围内的根数或频率。例如值为 270～280MPa

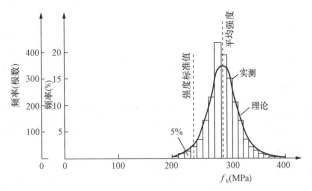

图 3-23　Q235 钢屈服极限试验结果分布图

的根数最多，在 400 根以上。图中曲线代表与实测数据相接近的频率分布曲线，该曲线属于正态分布曲线，这条曲线自身有一个纵向对称轴，该轴横坐标约为 280MPa。若以此曲线为准，则 2037 根试件屈服强度的平均值应为 280MPa。能否以该平均值作为 Q235 钢的屈服极限指标呢？显然是不行的，因为若以它为指标，图中对称轴两侧曲线下的面积各占 50%，这将可能有 50% 的材料达不到这一指标，如此确定过于偏高。一般为了有 95% 的保证率，取图形左下角的面积为整个曲线下面积的 5% 为标准，得到一横坐标值，此值称为材料的标准值，常用 f_k 表示。本图中屈服极限的标准值为 235MPa，Q235 钢中的 235 即表示强度标准值。标准值中虽有 95% 的保证率，但有 5% 的试件达不到此值的可能性，同时由于试件与实际尺寸的差别，应力计算公式的不精确性以及结构施工质量的差异等对强度还会发生影响，所以真正计算时所取的强度设计值（一般用 f_d 表示），还要用一个大于 1 的材料分项系数 γ_s 去除 f_k，即材料强度的设计值为

$$f_d = \frac{f_k}{\gamma_s} \qquad (3-12)$$

γ_s 的确定也要通过概率方法进行，并与结构的可靠指标有关，此处从略。以 Q235 钢为准，γ_s 经计算取 1.087，因此 Q235 钢的强度设计值为

$$f_d = \frac{235}{1.087} \approx 215MPa$$

一些常用材料的强度设计值见表 3-2。

表 3 - 2 常见材料的强度设计值

材料名称	抗拉（MPa）	抗压（MPa）	材料名称	抗拉（MPa）	抗压（MPa）
Q235	215	215	C30 混凝土	1.43	14.3
Q345（16 锰钢）	310	310	木材（顺纹）	7～9	10～12
C20 混凝土	1.1	9.6			

二、轴向受力构件的强度条件

轴向受力构件在设计荷载的作用下，所产生的最大轴力设计值 N_{dmax} 除以横截面面积 A 得到构件工作的最大应力设计值 σ_{dmax}。其值若小于或等于材料的强度设计值 f_d，则构件将是安全的。具体表达式如下

$$\sigma_{dmax} = \frac{N_{dmax}}{A} \leqslant f_d \qquad (3-13)$$

这是轴向受力构件的强度表达式，它表明，只要构件横截面上由最大荷载设计值引起的应力小于或等于材料强度的设计值，构件就是安全的。由式（3-13）可解决如下三个方面的问题。

（1）强度校核。当轴力设计值 N_{dmax} 已算出，构件横截面面积 A 已给定，则应力设计值 σ_{dmax} 便可算出，此时若材料已确定，则材料强度的设计值 f_d 就可查出，对比 σ_{dmax} 与 f_d 便可校核构件强度是否满足。

（2）截面设计。当构件所受轴力设计值 N_{dmax} 已算出，材料强度的设计值 f_d 已知，可确定构件横截面尺寸 A 为

$$A \geqslant \frac{N_{dmax}}{f_d} \qquad (3-14)$$

取等于号便可算出 A_0 的值，只要 A 不小于 A_0 构件强度即可满足。

（3）确定承载能力。当构件横截面面积 A 已给定，材料强度的设计值 f_d 已知，可计算出构件能承担的轴力值为

$$N_{dmax} \leqslant f_d A \qquad (3-15)$$

由内力与荷载的对应关系，可计算出结构能承担的荷载值。

【例 3 - 6】 已知一钢木构架如图 3 - 24 所示，AB 为木杆，BC 为钢制圆杆，受荷载 $P = 60kN$，AB 杆横截面面积 $A_1 = 10000mm^2$，BC 杆横截面面积 $A_2 = 600mm^2$，木材的强度设计值为 $f_{d1} = 12MPa$，钢材的强度设计值为 $f_{d2} = 215MPa$，校核各杆的强度。

解 （1）计算各杆的轴力。取结点 B 为研究对象

$$\sum y = 0 \qquad N_2 \sin 30° - 60 = 0$$
$$N_2 = 120kN（拉力）$$
$$\sum x = 0 \qquad N_1 - 120\cos 30° = 0$$
$$N_1 = 103.9kN（压力）$$

（2）强度校核。

$$\sigma_1 = \frac{103.9 \times 10^3}{10000} = 10.39（MPa） < f_{d1} = 12MPa$$

$$\sigma_2 = \frac{120 \times 10^3}{600} = 200（MPa） < f_{d2} = 215MPa$$

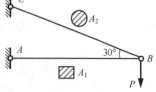

图 3 - 24 ［例 3 - 6］图

各杆强度足够。

【**例3-7**】 某三铰屋架的主要尺寸如图3-25（a）所示，它所承受的竖向均布荷载沿水平方向的集度为 $q = 5 \text{kN/m}$（设计值），试设计屋架中的钢拉杆，拉杆为 Q235 圆钢。

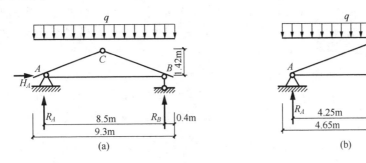

图 3-25 ［例3-7］图

解 （1）计算支座反力

$$R_A = R_B = \frac{5 \times 9.3}{2} = 23.25 (\text{kN})$$

（2）计算 AB 杆的轴力。该结构属于带拉杆的三铰拱体系，AB 杆所受轴力可由图3-25（b）所示脱离体求得。由 $\sum m_C = 0$ 的平衡条件

$$N = \frac{23.25 \times 4.25 - 5 \times 4.65 \times \dfrac{4.65}{2}}{1.42} = 31.5 (\text{kN})$$

（3）确定拉杆截面面积。由式（3-14）可得 AB 杆截面面积

$$A \geqslant \frac{N}{f_d} = \frac{31.5 \times 10^3}{215} = 146 (\text{mm}^2)$$

拉杆截面直径

$$d \geqslant \sqrt{\frac{4A}{\pi}} = \sqrt{\frac{4 \times 146}{3.14}} = 13.6 (\text{mm})$$

实际选用 $d = 14 \text{mm}$。

第五节 梁的弯曲应力、梁的正应力、剪应力强度条件

一、弯曲正应力

杆件受横向力作用时将产生弯曲变形，如图3-26所示。弯曲变形是基本变形中的一种。建筑工程中常用的梁、简支楼板等构件，都是受弯构件，在自重和外载作用下均发生弯曲变形。

受弯构件的截面一般为矩形、T 形或工字形，它们至少有一根纵向对称轴。梁的轴线与横截面的纵向对称轴构成的平面称为梁的纵向对称面。梁上的外力（载荷和支座反力）作用在纵向对称面内，梁将发生平面弯曲，见图3-26。

如图3-27（a）所示简支梁，在纵向对称平面内，受到对称的两力 P 的作用，其剪力图与弯矩图如图3-27（b）、（c）所示，CD 段剪力为零，弯矩为定值，我

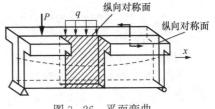

图 3-26 平面弯曲

们把只有弯矩而无剪力作用的梁段称为纯弯曲段。既有弯矩又有剪力的梁段称作非纯弯曲段或称横力弯曲段。为了使研究问题简单,下面以矩形截面梁为例,先研究纯弯曲时横截面上的正应力。为了研究纯弯曲时横截面上正应力 σ 的分布规律和计算公式,可首先研究横截面上线应变 ε 的分布规律,然后,根据虎克定律 $\sigma = E\varepsilon$ 找出正应力在横截面上的分布规律,进而通过平衡条件推证出 σ 计算公式。

(1) 几何方面。为了观察纯弯曲梁的变形情况,先在矩形截面梁表面上画一些纵线与横线,构成矩形,如图 3-27 (d) 所示。然后,在梁的两端各施加一个力偶矩为 M 的外力偶,使梁发生纯弯曲,如图 3-27 (e) 所示。这时将观察到如下的一些现象:

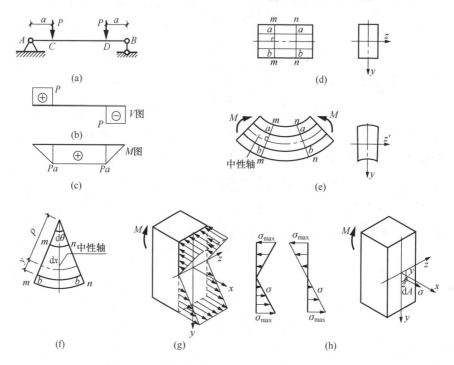

图 3-27　纯弯曲时的变形及横截面上的正应力

1) 纵向线 aa 和 bb 变成了相互平行的圆弧线,且 aa 缩短,bb 伸长;

2) 横向线 mm 和 nn 仍为直线,只是相对旋转了一个角度,且处处与弯曲后的纵向线垂直;

3) 矩形截面上部变宽、下部变窄。

根据上面观察到的现象,推测梁的内部变形,可作如下的假设和推断:

1) 平面假设。在纯弯曲时,梁的横截面在梁弯曲后仍为平面,且仍垂直于弯曲后的梁轴线。

2) 单向受力假设。将梁看成由无数根纵向纤维组成,各条纤维只受到轴向拉伸或压缩,不存在相互挤压。

上部的纵向线缩短、截面变宽,表示上部各根纤维受压缩;下部的纵线伸长、截面变窄,表示下部各根纤维受拉伸。从上部各层纤维缩短到下部各层纤维伸长的连续变化中,必有一层纤维既不缩短也不伸长,这层纤维称为中性层。中性层与横截面的交线称为中性轴

（用 z 轴表示）。中性轴将横面分为受压和受拉区。

　　根据平面假设可知，纵向纤维的伸长或缩短是由于横截面绕中性轴转动的结果。现在来研究横截面上距中性轴为 y 处的纵向线应变。为此，从纯弯段中取出 dx 微段，令 $d\theta$ 代表微段梁两端面间的相对转角，ρ 代表中性层的曲率半径，见图 3-27（f）。距中性轴为 y 处纵向纤维变形前的长度为 $dx = \rho d\theta$，变形后的长度为 $\overset{\frown}{bb} = (\rho + y)\,d\theta$，从而得该处的线应变为

$$\varepsilon = \frac{\overset{\frown}{bb} - dx}{dx} = \frac{(\rho + y)d\theta - \rho d\theta}{\rho d\theta} = \frac{y}{\rho} \tag{3-16}$$

　　由式中可见，截面上各点的线应变与离开中性轴的垂直距离 y 成正比，亦即应变沿截面高度呈线性变化。

　　（2）物理方面。由于假设纵向纤维只受单向拉伸或压缩，所以在正应力不超过比例极限时，由虎克定律可得

$$\sigma = E\varepsilon = E\frac{y}{\rho} \tag{3-17}$$

　　对于确定的截面，E 与 ρ 均为常量，因此，式（3-17）表示横截面上任一点的正应力与该点到中性轴的距离成正比。即弯曲正应力沿截面高度按线性规律分布，如图 3-27（g）所示。

　　由于式（3-17）中的曲率半径 ρ 为未知，中性轴的位置亦未确定，所以 y 无从量起。还需根据静力平衡条件来确定中性轴的位置和曲率半径。

　　（3）静力平衡方面。由图 3-27（h）可知，纯弯曲梁的横截面上轴力等于零，因此，横截面上各点沿轴线方向的正应力之和应为零

$$N = \int_A \sigma dA = \int_A \frac{E}{\rho}y \cdot dA = \frac{E}{\rho}\int_A y dA = \frac{E}{\rho}S_z = 0$$

式中 $\frac{E}{\rho} \neq 0$，只能是 $S_z = 0$，亦即截面对中性轴的静力矩为零，由截面几何性质可知，中性轴应过截面的形心。对于一般常见截面（有一根或一根以上对称轴的截面），中性轴即是形心主轴。

　　由图 3-27（h）还可知，截面上各点处的应力对截面中性轴之力矩应与脱离体截面上的弯矩 M 相平衡，即

$$M = \int_A \sigma \cdot y \cdot dA = \int_A \frac{Ey}{\rho}y \cdot dA = \frac{E}{\rho}\int_A y^2 \cdot dA = \frac{1}{\rho}EI_z$$

其中 I_z 为截面对中性轴的惯性矩，所以，曲率可由下式表达

$$\frac{1}{\rho} = \frac{M}{EI_z} \tag{3-18}$$

式（3-18）表示了受弯杆件的曲率与弯矩之间的关系。显然，当弯矩 M 为常数时（纯弯曲），受弯杆件的变形曲线为一段圆弧线。式中 EI_z 值越大，杆的弯曲变形则越小，通常称 EI_z 为杆件的抗弯刚度。将式（3-18）代入式（3-17）中，即得等直梁在纯弯曲时横截面上任一点处正应力的计算公式为

$$\sigma = \frac{E}{\rho}y = \frac{My}{I_z} \tag{3-19}$$

使用式（3-19）计算应力时，通常 M、y 均用绝对值代入，求得 σ 的大小，再根据弯曲变形

判断正应力的正负。拉应力为正,压应力为负。

当梁段上的弯矩不是常数时(非纯弯曲),若杆件的长度与杆件的截面高度之比$\dfrac{l}{h}>5$,其截面上存在的剪应力对正应力的影响很小,可略而不计。此时仍可近似用式(3-19)计算横截面上的正应力。

梁的最大拉、压应力发生在最大弯矩所在截面(危险截面)的上、下边缘处,即

$$\sigma_{\max}=\frac{M_{\max}y_{\max}}{I_z}=\frac{M_{\max}}{\dfrac{I_z}{y_{\max}}}=\frac{M_{\max}}{W_z} \tag{3-20}$$

式中的$W_z=\dfrac{I_z}{y_{\max}}$称为抗弯截面系数,它只与截面的形状及尺寸有关,是衡量截面抗弯能力的一个几何量。

矩形截面　　　　　　　　　　$W_z=\dfrac{\dfrac{bh^3}{12}}{\dfrac{h}{2}}=\dfrac{bh^2}{6}$

圆形截面　　　　　　　　　　$W_z=\dfrac{\dfrac{\pi d^4}{64}}{\dfrac{d}{2}}=\dfrac{\pi d^3}{32}$

圆环形截面　　　　　　$W_z=\dfrac{\dfrac{\pi}{64}(D^4-d^4)}{\dfrac{D}{2}}=\dfrac{\pi D^3}{32}(1-\alpha^4)$

其中,$\alpha=d/D$。

各种型钢截面的抗弯截面系数可在型钢表中查到。

【例3-8】　如图3-28所示为一矩形截面简支梁,全梁上受均布载荷作用。试计算跨中截面上a、b、c、d、e各点处的正应力,并求梁的最大正应力。

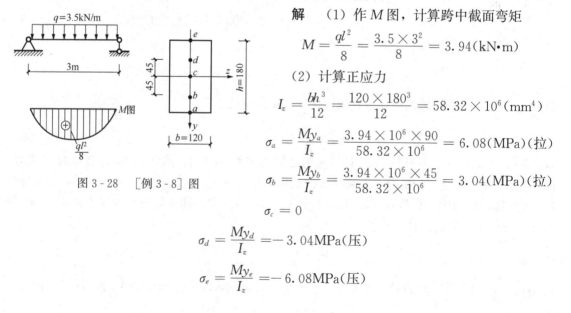

图3-28　[例3-8]图

解　(1)作M图,计算跨中截面弯矩

$$M=\frac{ql^2}{8}=\frac{3.5\times 3^2}{8}=3.94(\text{kN·m})$$

(2)计算正应力

$$I_z=\frac{bh^3}{12}=\frac{120\times 180^3}{12}=58.32\times 10^6(\text{mm}^4)$$

$$\sigma_a=\frac{My_a}{I_z}=\frac{3.94\times 10^6\times 90}{58.32\times 10^6}=6.08(\text{MPa})(拉)$$

$$\sigma_b=\frac{My_b}{I_z}=\frac{3.94\times 10^6\times 45}{58.32\times 10^6}=3.04(\text{MPa})(拉)$$

$$\sigma_c=0$$

$$\sigma_d=\frac{My_d}{I_z}=-3.04\text{MPa}(压)$$

$$\sigma_e=\frac{My_e}{I_z}=-6.08\text{MPa}(压)$$

$$\sigma_{\max} = 6.08\text{MPa}$$

二、弯曲剪应力

梁在横力弯曲时，横截面上不仅有弯矩而且还有剪力。因此，梁横截面上还存在与剪力有关的剪应力 τ。下面按梁截面的形状，分别做简要介绍。

1. 矩形截面梁

如图 3-29 所示宽为 b，高为 h 的矩形截面，截面上的剪力 V 沿对称轴 y 分布。若 $h>b$，则可对剪应力 τ 的分布作以下两个假设：

（1）横截面上各点处的剪应力 τ 的方向都平行于剪力 V；

（2）横截面上距中性轴等距离的各点处的剪应力大小相等。

根据以上假设，可以导出横截面上剪应力的计算公式为

$$\tau = \frac{VS_z^*}{I_z b} \qquad (3-21)$$

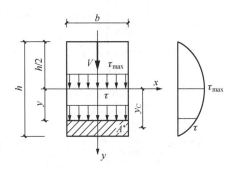

图 3-29　矩形截面梁的弯曲剪应力

式中：V 为横截面上的剪力；S_z^* 为横截面上所求剪应力处的水平线以下（或以上）部分的面积 A^* 对中性轴的静矩；I_z 为横截面对中性轴的惯性矩；b 为横截面的宽度。

在使用式（3-21）计算应力时，V、S_z^* 均用绝对值代入，求得 τ 的大小，至于 τ 的指向则与剪力 V 的指向相同。

下面研究横截面上剪应力沿截面高度的变化规律。为此，计算横截面上距中性轴 y 处的剪应力，见图 3-29。该处横线以下的面积 A^* 对中性轴 z 的静矩为

$$S_z^* = A^* y_C = \left(\frac{h}{2} - y\right)b\left(\frac{h}{2} + y\right)\frac{1}{2} = \frac{1}{2}\left[\left(\frac{h}{2}\right)^2 - y^2\right]b$$

$$= \frac{bh^2}{8}\left[1 - \left(\frac{2y}{h}\right)^2\right]$$

将 S_z^* 代入式（3-21）得

$$\tau = \frac{V\dfrac{bh^2}{8}\left[1 - \left(\dfrac{2y}{h}\right)^2\right]}{\dfrac{bh^3}{12}b} = \frac{3}{2} \times \frac{V}{bh}\left[1 - \left(\frac{2y}{h}\right)^2\right]$$

上式表明剪应力沿截面高度按二次抛物线规律分布，见图 3-30，在截面上下边缘处（$y=h/2$），剪应力为零，在中性轴上（$y=0$），剪应力最大，其值为

$$\tau_{\max} = \frac{3}{2} \times \frac{V}{bh} = \frac{3}{2} \times \frac{V}{A} = 1.5\tau_{平均} \qquad (3-22)$$

2. 工字形截面梁

工字形截面如图 3-31 所示，上下两横条称为翼缘，中间的竖条称为腹板。因为腹板是矩形，故腹板上各点处的剪应力仍可按 $\tau = \dfrac{VS_z^*}{I_z b}$ 来计算。

翼缘上的剪应力，情况比较复杂，不过其数值很小，一般不加考虑。因此，工字形截面的腹板上几乎承受了截面上的全部剪力。

最大剪应力发生在中性轴上

$$\tau_{\max} = \frac{VS_{z\max}^*}{I_z b} \tag{3-23}$$

$S_{z\max}^*$ 为横截面中性轴以上或以下部分面积对中性轴的静矩，b 为腹板宽度。

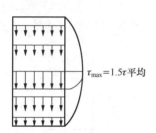

图 3 - 30　剪应力沿截面高度的分布规律

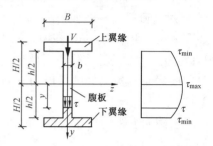

图 3 - 31　工字形截面梁的弯曲剪应力

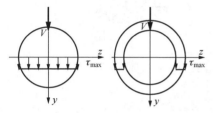

图 3 - 32　圆形截面和圆环形
截面梁的弯曲剪应力

3. 圆形截面梁和圆环形截面梁

对于圆形截面梁和圆环形截面梁，见图 3 - 32，梁横截面上的最大剪应力发生在中性轴上各点处，并沿中性轴均匀分布，其值为

圆形　　　　$$\tau_{\max} = \frac{4}{3} \times \frac{V}{A} \tag{3-24}$$

圆环形　　　$$\tau_{\max} = 2\frac{V}{A} \tag{3-25}$$

式中：V 为横截面上的剪力；A 为横截面面积。

对全梁来讲，最大剪应力 $\tau_{\max}$ 一定发生在剪力最大的横截面的中性轴上。对于不同形状的截面，$\tau_{\max}$ 的统一表达式为

$$\tau_{\max} = \frac{V_{\max} S_{z\max}^*}{I_z b} \tag{3-26}$$

【例 3 - 9】　如图 3 - 33 所示一矩形截面简支梁，全梁上受均布载荷作用，试计算支座附近截面上 b、c 两点处的剪应力。$q = 3.5\text{kN/m}$，$l = 3\text{m}$。

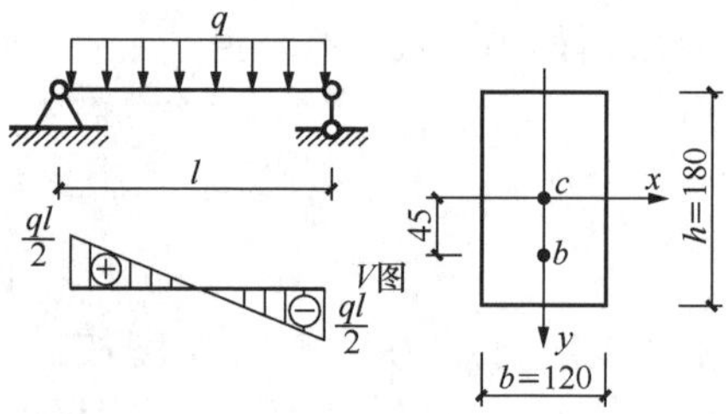

解　（1）作剪力图，得支座附近截面上的剪力值为

$$V = \frac{3.5 \times 3}{2} = 5.25(\text{kN})$$

（2）计算指定截面上的剪应力。

$$I_z = \frac{120 \times 180^3}{12} = 58.32 \times 10^6 (\text{mm}^4)$$

图 3 - 33　［例 3 - 9］图

$$S_z^* = 120 \times 45 \times 67.5 = 364.5 \times 10^3 (\text{mm}^3)$$

$$\tau_b = \frac{V_{\max} S_z^*}{I_z b} = \frac{5.25 \times 10^3 \times 364.5 \times 10^3}{58.32 \times 10^6 \times 120} = 0.273(\text{MPa})$$

$$\tau_c = \frac{3}{2} \frac{V_{\max}}{A} = \frac{3 \times 5.25 \times 10^3}{2 \times 120 \times 180} = 0.365(\text{MPa})$$

三、梁正应力、剪应力强度条件

1. 梁的正应力强度条件

等直梁弯曲时的最大正应力发生在最大弯矩所在截面的边缘各点处，在这些点处，剪应力等于零，是单向拉伸或压缩，梁的正应力强度条件为

工程实例-阳台坍塌事故

$$\sigma_{\max} = \frac{M_{\max}}{W_z} \leqslant f \qquad (3-27)$$

式中：f 为材料的抗弯强度设计值。

2. 梁的剪应力强度条件

等直梁弯曲时的最大剪应力发生在最大剪力所在截面的中性轴上各点处，在这些点处，正应力等于零，属于纯剪切受力状态，梁的剪应力强度条件为

$$\tau_{\max} = \frac{V_{\max} S_{z\max}^*}{I_z b} \leqslant f_v \qquad (3-28)$$

式中：f_v 为材料的抗剪强度设计值。

3. 梁的强度计算

为了保证梁能安全工作，梁必须同时满足正应力和剪应力强度条件。由于正应力一般是梁内主要的应力，故通常只需按正应力强度条件进行计算。但在下列几种情况下，还需检查梁是否满足剪应力强度条件，即

1）梁的跨度较短，或在支座附近作用有较大的载荷，因而使梁的最大弯矩较小，而最大剪力却很大时；

2）对铆接或焊接的组合截面（例如工字形）钢梁，当其腹板宽度与高度之比小于型钢的相应比值时；

3）对木梁。由于梁的最大剪应力 $\tau_{\max}$ 发生在中性轴上各点处，根据剪应力互等定理（对于一个单元体，在相互垂直的两个面上，沿垂直于两面交线作用的剪应力必定成对出现，且大小相等，方向或者都指向该两面的交线，或者都背离该两面的交线），梁的中性层上也同时受到 $\tau_{\max}$ 的作用，而木材在顺纹方向的抗剪能力较差，所以木梁有可能因中性层上的剪应力过大而沿中性层发生剪切破坏。

根据梁的强度条件，可以解决校核强度、设计截面和确定许可荷载等三类强度计算问题。下面举例加以说明。

【例 3-10】　试计算图 3-34 简支矩形截面木梁平放与竖放时的最大正应力，并加以比较。

解　（1）简支梁在满跨均布力作用下，最大弯矩发生在跨中截面，其值

$$M_{\max} = \frac{1}{8} q l^2 = \frac{1}{8} \times 2 \times 4^2 = 4 \text{kN·m}$$

（2）竖放时截面如图 3-34（b）所示，此时

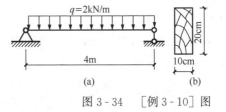

图 3-34　[例 3-10] 图

$$W_z = \frac{10 \times 20^2}{6} = 666.7 \, (\text{cm}^3)$$

$$\sigma_{\max} = \frac{4 \times 10^6}{666.7 \times 10^3} = 6 (\text{MPa}) \begin{cases} \text{上侧压} \\ \text{下侧拉} \end{cases}$$

（3）平竖放时截面如图 3-34（c）所示，此时

$$W_z = \frac{20 \times 10^2}{6} = 333.3 (\text{cm}^3)$$

$$\sigma_{\max} = \frac{4 \times 10^6}{333.3 \times 10^3} = 12 (\text{MPa}) \begin{cases} 上侧压 \\ 下侧拉 \end{cases}$$

上述两种情况比较可知，竖放时的最大应力是平放的 1/2。若该木梁的材料抗弯强度设计值 $f=10\text{MPa}$，则平放时将不满足强度条件。所以，从构件的强度考虑，矩形截面的受弯构件，竖放比平放有利的多。由式（3-27）可知，当选用的材料确定，提高 W_z 可减少截面上的最大应力值，进而提高了构件的抗弯能力。矩形截面竖放时的 W_z 值高于平放的 W_z。提高 W_z 的有效措施可从图 3-35 所示的各种截面形式梁在竖放和平放时 W_z 的变化中得出：当材料分布距中性轴越远时，其 W_z 就越大。反之，材料大部分集中在中性轴附近，其 W_z 就偏小，杆件的抗弯能力就降低。

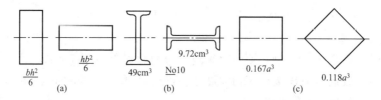

图 3-35　各种截面形式梁在竖放和平放时的抗弯截面系数

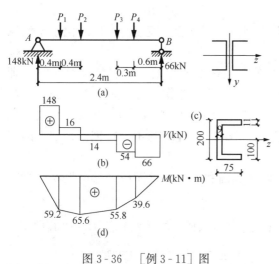

图 3-36　[例 3-11] 图

【例 3-11】 如图 3-36 所示简支梁由两个 20b 号槽钢组成，已知梁上受四个集中载荷作用：$P_1 = 132\text{kN}$，$P_2 = 30\text{kN}$，$P_3 = 40\text{kN}$，$P_4 = 12\text{kN}$。钢的抗弯强度的设计值 $f = 215\text{MPa}$，抗剪强度的设计值 $f_v = 125\text{MPa}$，试校核梁的强度。

解　（1）计算支座反力

$$R_A = 148\text{kN}, R_B = 66\text{kN}$$

（2）作剪力图和弯矩力图。梁的剪力图和弯矩图分别如图 3-36（b）、（d）所示。由图可知，最大剪力和最大弯矩分别为

$$V_{\max} = 148\text{kN}$$
$$M_{\max} = 65.6\text{kN·m}$$

（3）校核正应力强度。查型钢表，20b 号槽钢的抗弯截面系数 $W_z=191.4 \times 10^3 \text{mm}^3$。由式（3-20），梁的最大正应力

$$\sigma_{\max} = \frac{M_{\max}}{W_z} = \frac{65.6 \times 10^6}{2 \times 191.4 \times 10^3} = 171.4 (\text{MPa}) < f = 215\text{MPa}$$

正应力强度足够。

（4）校核剪应力强度。由于梁的跨长较短且荷载靠近支座，故应校核梁的剪应力强度。根据 20b 号槽钢简化后的尺寸，见图 3-36（c），求得截面上中性轴一侧的面积对中性轴的静矩为

$$S_{z\max}^* = 75 \times 11 \times \left(100 - \frac{11}{2}\right) + (100 - 11) \times 9 \times \frac{100 - 11}{2}$$

$$= 77962.5 + 35\,644.5$$

$$= 113607(\text{mm}^3)$$

由型钢表查得 20b 号槽钢截面对中性轴的惯性矩 $I_z = 1914 \times 10^4\,\text{mm}^4$，腹板宽度 $d = 9\text{mm}$。根据式（3-26），梁的最大剪应力为

$$\tau_{\max} = \frac{V_{\max} S_{z\max}^*}{I_z d} = \frac{\dfrac{148}{2} \times 10^3 \times 113607}{1914 \times 10^4 \times 9} = 49(\text{MPa}) < f_v = 125\text{MPa}$$

可见梁也满足剪应力强度要求。因此，梁是安全的。

【例 3-12】 矩形截面木梁如图 3-37（a）所示。已知截面的宽高比为 $b:h = 2:3$，木材的抗弯强度设计值 $f = 10\text{MPa}$，抗剪强度设计值 $f_v = 2\text{MPa}$。试选择截面尺寸。

解 （1）计算反力

$$R_A = 4\text{kN}, R_B = 2\text{kN}$$

（2）作剪力图和弯矩力图。梁的剪力图和弯矩图分别如图 3-37（b）、（c）所示。由图可知，最大剪力和最大弯矩分别为

$$V_{\max} = 2.5\text{kN}$$

$$M_{\max} = 1.33\text{kN·m}$$

（3）按正应力强度条件选择截面尺寸。由式（3-27）可得

$$W_z = \frac{M_{\max}}{f} = \frac{1.33 \times 10^6}{10} = 1.33 \times 10^5(\text{mm}^3)$$

矩形截面的抗弯截面系数 $W_z = \frac{1}{6}bh^2$。由已知条件，$b:h = 2:3$，故有

$$\frac{1}{6} \times \frac{2h}{3}h^2 = 1.33 \times 10^5$$

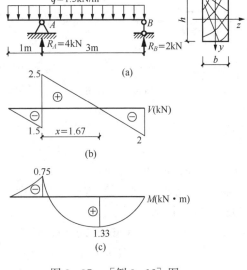

图 3-37　［例 3-12］图

由此解得 $h = 106\text{mm}$，$b = 71\text{mm}$。选用截面 110mm×75mm。

（4）校核剪应力强度。梁的最大剪应力为

$$\tau_{\max} = \frac{3V_{\max}}{2A} = \frac{3 \times 2.5 \times 10^3}{2 \times 110 \times 75} = 0.45(\text{MPa}) < f_v = 2\text{MPa}$$

可见满足剪应力强度条件。故截面尺寸 $h = 110\text{mm}$，$b = 75\text{mm}$。

第六节　应力状态与强度理论

一、应力状态的概念

在直杆轴向拉伸时，通过斜截面应力分析了解到应力随截面方位而改变。一般说来，过受力构件的任意一点，作不同方向的截面，那么各个截面上在该点处的应力一般是不同的。构件受力后，通过其内任意一点的各个截面上在该点处的应力情况，通常称为该点处的应力

状态。我们要判断一个受力构件的强度，就必须了解构件内各点处的应力状态，也就是了解各个点处不同截面上的应力情况，据此作出构件的强度校核。这就是研究应力状态的目的。

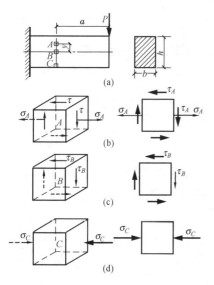

为了研究受力构件内某一点处的应力状态，可以围绕该点取出一个单元体。由于单元体很微小，可以代表应力所在的一个点。然后根据横截面上应力的公式算出该点的正应力与剪应力并标记在单元体上，纵向截面上的应力可由剪应力互等定理求得，只要单元体各个面上的应力为已知，则过该点任意斜截面上的应力均可算出，该单元体上的已知应力即为该点的应力状态。例如研究图3-38（a）所示悬臂梁上 A、B、C 三点处的应力状态，可以截取图3-38（b）、（c）、（d）所示的单元体。这三点单元体上的应力都可根据已学过的知识计算出来。即 A 点的应力 $\sigma_A = My/I_z$，$\tau_A = VS_z^*/(bI_z)$；B 点的应力 $\tau_B = 3V/(2A)$；C 点的应力 $\sigma_c = M/W_z$。A、B、C 点的单元体，前、后面上都没有应力，因此可简化为平面图形，如图3-38（b）、（c）、（d）所示。

图3-38　悬臂梁某截面上 A、B、C 三点处的应力状态

应力状态的形式有多种多样，但总可以归结为平面应力状态和空间应力状态两类。如果单元体上的全部应力都位于同一平面内，则称为平面应力状态，如图3-38（b）、（c）、（d）所示的应力状态。如果单元体上的全部应力不都位于同一平面内，则称为空间应力状态。至于单元体上只有一个方向有应力的情况，称为单向应力状态，如图3-38（d）所示。有时把单向应力状态称为简单应力状态，其余的应力状态称为复杂应力状态。

二、平面应力状态下的主应力计算

如图3-39（a）所示单元体上给出了平面应力状态的一般情况，根据剪应力互等定理有 $\tau_x = \tau_y$，现在求外法线与 x 轴成 α 角（逆时针为正）斜截面上的正应力 σ_α 与剪应力 τ_α。图3-39（b）为斜面隔离体的受力图，斜面上的完全应力分解为正应力 σ_α 与剪应力 τ_α，斜面面积为 dA，垂直面面积为 $dA\cos\alpha$，水平面面积为 $dA\sin\alpha$。取 n 方向的平衡条件，列出 $\sum n = 0$，有

$$\sigma_\alpha dA - \sigma_x dA\cos^2\alpha + \tau_x dA\cos\alpha\sin\alpha - \sigma_y dA\sin^2\alpha + \tau_y dA\sin\alpha\cos\alpha = 0 \qquad (3-29)$$

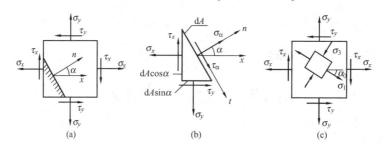

图3-39　平面应力状态下斜截面上的应力及其主应力

取 t 方向的平衡条件，列出 $\sum t = 0$，有

$$\tau_\alpha \mathrm{d}A - \sigma_x \mathrm{d}A\cos\alpha\sin\alpha - \tau_x \mathrm{d}A\cos^2\alpha + \sigma_y \mathrm{d}A\sin\alpha\cos\alpha + \tau_y \mathrm{d}A\sin^2\alpha = 0 \quad (3\text{-}30)$$

由式（3-29）、式（3-30）解出 σ_α 与 τ_α，并利用倍角三角函数公式简化，得到

$$\sigma_\alpha = \frac{\sigma_x + \sigma_y}{2} + \frac{\sigma_x - \sigma_y}{2}\cos 2\alpha - \tau_x \sin 2\alpha \quad (3\text{-}31)$$

$$\tau_\alpha = \frac{\sigma_x - \sigma_y}{2}\sin 2\alpha + \tau_x \cos 2\alpha \quad (3\text{-}32)$$

式（3-31）、式（3-32）为计算斜截面上应力的基本公式。它随截面位置 α 角的改变而变化。只要已知 σ_x、σ_y 和 τ_x，就能完全确定任意斜截面上的正应力与剪应力。

如 $\sigma_y = 0$、$\tau_x = 0$，则可导出轴向拉（压）状态下斜截面应力表达式

$$\sigma_\alpha = \sigma_x \cos^2\alpha$$

$$\tau_\alpha = \frac{1}{2}\sigma_x \sin 2\alpha$$

如 $\sigma_y = 0$，则可导出弯曲状态下斜截面应力表达式

$$\left. \begin{aligned} \sigma_\alpha &= \frac{\sigma_x}{2} + \frac{\sigma_x}{2}\cos 2\alpha - \tau_x \sin 2\alpha \\ \tau_\alpha &= \frac{\sigma_x}{2}\sin 2\alpha + \tau_x \cos 2\alpha \end{aligned} \right\} \quad (3\text{-}33)$$

研究单元体任意斜截面上的应力表达式，其主要目的是导出单元体在各个截面上所有应力中的最大值和最小值。将 σ_α 对变量 α 进行求导并令其一阶导数等于零，即

$$\frac{\mathrm{d}\sigma_\alpha}{\mathrm{d}\alpha} = -2\frac{\sigma_x - \sigma_y}{2}\sin 2\alpha - 2\tau_x \cos 2\alpha = 0$$

整理得

$$\frac{\sigma_x - \sigma_y}{2}\sin 2\alpha + \tau_x \cos 2\alpha = 0 \quad (3\text{-}34)$$

等式左边为式（3-32）斜截面上的剪应力表达式，亦即产生正应力极值的斜面上剪应力为零。或者说，在剪应力为零的斜面上有正应力极值。剪应力为零的平面称为主平面，主平面上的正应力称为主应力。由式（3-34）可推导出主应力所在平面的位置 α_0

$$\tan 2\alpha_0 = \frac{-2\tau_x}{\sigma_x - \sigma_y} \quad (3\text{-}35)$$

再根据三角函数公式，可由式（3-35）得出 $\sin 2\alpha_0$ 和 $\cos 2\alpha_0$ 的表达式，将其代入式（3-31）中可得主应力表达式

$$\sigma_1 = \frac{\sigma_x + \sigma_y}{2} + \sqrt{\left(\frac{\sigma_x - \sigma_y}{2}\right)^2 + \tau_x^2} \quad (3\text{-}36)$$

$$\sigma_2(\sigma_3) = \frac{\sigma_x + \sigma_y}{2} - \sqrt{\left(\frac{\sigma_x - \sigma_y}{2}\right)^2 + \tau_x^2} \quad (3\text{-}37)$$

式中：σ_1 与 σ_2（σ_3）为考虑单元体在空间应力状态下，主应力的大小按代数值 $\sigma_1 > \sigma_2 > \sigma_3$ 的顺序排列确定的。

在空间应力状态下，最大剪应力的计算公式为

$$\tau_{\max} = \frac{\sigma_1 - \sigma_3}{2} \quad (3\text{-}38)$$

式（3-35）中的负号可标记在分数线的上方，亦可标记在分数线的下方。进一步推证可知，当负号标记在分数线上方时，求出的 α_0 角为最大主应力所在平面的法线与 x 轴之间的夹角，

亦即最大主应力 σ_1 与 σ_x 之间的夹角。

求出 σ_1、σ_3、α_0 后，即可描述出单元体的主应力状态，如图 3-39（c）所示。

三、梁的主应力

平面应力状态下主应力研究的一个重要应用就是用来确定梁中某些危险点的主应力，正是这些主应力促使梁在该处发生破坏。但梁中的应力状态并不是最复杂的平面应力状态，它的 y 方向的应力由于假设纤维间无挤压而始终为零，即 $\sigma_y=0$，将 $\sigma_y=0$ 代入式（3-36）和式（3-37）得梁中主应力的计算式

$$\sigma_{\substack{1\\3}} = \frac{\sigma_x}{2} \pm \sqrt{\left(\frac{\sigma_x}{2}\right)^2 + \tau_x^2} \tag{3-39}$$

主应力所在平面的位置 α_0

$$\tan 2\alpha_0 = \frac{-2\tau_x}{\sigma_x} \tag{3-40}$$

由式（3-39）计算得到的 σ_1 一定为正值，称为主拉应力；σ_3 一定为负值，称为主压应力。这是梁中横截面上任意一点应力状态的特点。主拉应力 σ_1 与主压应力 σ_3 分别作用于单元体相邻的两个垂直截面上。

由单元体的主应力状态理论，可解释钢筋混凝土梁斜截面的破坏原因。因为混凝土的抗拉强度远远低于其抗压强度，当靠近梁端部的一些点处（剪力和相应剪应力较大）沿斜方向的主拉应力超过某极限值时，将产生与主拉应力垂直方向裂纹，如图 3-40（a）所示。

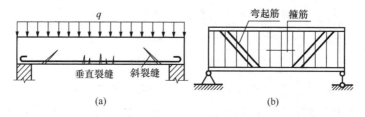

图 3-40 钢筋混凝土梁的裂缝形式及其配筋

钢筋混凝土结构设计中，为防止出现上述斜裂缝，主要依靠在梁端增设箍筋和弯起钢筋来保证钢筋混凝土梁的斜截面强度，如图 3-40（b）所示。

【例 3-13】 工字钢梁（No20a）受力如图 3-41（a）所示，试计算 C 点以左截面上 b 点的主应力数值和主平面位置。

解 （1）作剪力图和弯矩图。剪力图和弯矩图如图 3-41（b）、（c）所示，从剪力图和弯矩图中得

$$V_c = 100\text{kN} \qquad M_c = 32\text{kN·m}$$

（2）求 b 点的正应力 σ_b 和剪应力 τ_b。查表得 No20a 工字钢 $I_z=2370\text{cm}^4$，根据式（3-19）、式（3-21）有

$$\sigma_b = \frac{My}{I_z} = \frac{32 \times 10^6 \times 88.6}{2370 \times 10^4} = 119.6\,(\text{MPa})$$

$$\tau_b = \frac{VS_z^*}{I_z b} = \frac{100 \times 10^3 \times 100 \times 11.4 \times 94.3}{2370 \times 10^4 \times 7} = 64.8\,(\text{MPa})$$

（3）求 b 点的主应力及主平面的位置。b 点的应力状态如图 3-41（d）所示，按主应力

计算公式（3-39）有

$$\sigma_{\substack{1\\3}}=\frac{\sigma_x}{2}\pm\sqrt{\left(\frac{\sigma_x}{2}\right)^2+\tau_x^2}=\frac{119.6}{2}\pm\sqrt{\left(\frac{119.6}{2}\right)^2+64.8^2}=59.8\pm88.2=\begin{matrix}+148(\mathrm{MPa})\\-28.4(\mathrm{MPa})\end{matrix}$$

主平面的方位 α_0 可由式（3-40）求得

$$\tan2\alpha_0=\frac{-2\tau_x}{\sigma_x}=\frac{-2\times64.8}{119.6}=-1.08$$

此时 $2\alpha_0$ 角应为第Ⅳ象限角，即

$$2\alpha_0=-47.2°$$

$$\alpha_0=-23.6°$$

α_0 为 σ_1 与 σ_x 之间的夹角，绘制主应力单
元体如图3-41（e）所示。

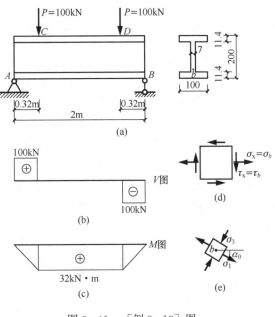

图3-41　［例3-13］图

四、强度理论

轴向拉伸（压缩）强度条件、弯曲
正应力强度条件及弯曲剪应力强度条件
的建立，都是依据构件危险点处只有正
应力或剪应力一种应力的情况下建立的，
即危险点处于单向应力状态或纯剪切应
力状态。强度条件中的材料强度设计值
也是直接根据单向应力状态及纯剪切应
力状态下的试验数据，经过统计分析而得到的。

在工程实际中，大多数受力构件的危险点处于复杂应力状态，那么如何建立复杂应力状
态下的强度条件呢？为了建立复杂应力状态下的强度条件，就必须研究复杂应力状态下材料
的破坏原因。研究材料破坏机理的假说即强度理论。目前有多种强度理论，比较有代表性的
强度理论为如下四个：

1. 最大拉应力理论（第一强度理论）

这一理论认为：使材料发生断裂破坏的主要因素是最大主拉应力 σ_1，只要 σ_1 达到单向
拉伸时材料的强度极限 σ_b，材料就发生断裂破坏。其断裂条件为

$$\sigma_1=\sigma_b$$

相应的强度条件为

$$\sigma_1\leqslant f_t \tag{3-41}$$

式中：f_t 为单向拉伸时材料强度的设计值。

这一理论比较正确地解释了脆性材料在拉伸时以及塑性材料在三向拉伸时的断裂破坏
现象。

2. 最大拉应变理论（第二强度理论）

这一理论认为：使材料发生断裂破坏的主要因素是最大拉应变 ε_1，只要材料的 ε_1 达到
材料单向受拉破坏时的线应变 ε_b，材料就发生断裂破坏。其断裂条件为

$$\varepsilon_1=\varepsilon_b=\frac{\sigma_b}{E}$$

三向应力状态下，主应力与主应变的关系（称为广义虎克定律，读者可自行推证）为

$$\varepsilon_1 = \frac{1}{E}\left[\sigma_1 - \mu(\sigma_2 + \sigma_3)\right]$$

$$\varepsilon_2 = \frac{1}{E}\left[\sigma_2 - \mu(\sigma_3 + \sigma_1)\right] \tag{3-42}$$

$$\varepsilon_3 = \frac{1}{E}\left[\sigma_3 - \mu(\sigma_1 + \sigma_2)\right]$$

代入 ε_1，断裂条件改写为

$$\sigma_1 - \mu(\sigma_2 + \sigma_3) = \sigma_b$$

相应的强度条件为

$$\sigma_1 - \mu(\sigma_2 + \sigma_3) \leqslant f_t \tag{3-43}$$

这一理论由于其弱点较多已很少被使用。

3. 最大剪应力理论（第三强度理论）

这一理论认为：使材料发生塑性屈服破坏的主要因素是最大剪应力 τ_{max}，只要 τ_{max} 达到材料单向受力时的屈服极限 σ_s 所对应的极限剪应力 τ_s，材料就发生屈服（剪断）破坏。其破坏条件为

$$\tau_{max} = \tau_s = \frac{\sigma_s}{2}$$

代入式（3-38）有

$$\sigma_1 - \sigma_3 = \sigma_s$$

相应的强度条件为

$$\sigma_1 - \sigma_3 \leqslant f_t \tag{3-44}$$

这一理论能很满意地解释塑性材料出现塑性变形的现象，如低碳钢拉伸时，在与轴线成 $45°$ 的斜截面上产生最大剪应力，并沿这些平面的方向出现滑移线。但这一理论没有考虑第二主应力 σ_2 的影响。在机械设计中，多用第三强度理论。

4. 形变比能理论（第四强度理论）

这一理论认为：使材料发生塑性屈服破坏的主要因素是形状改变比能，只要材料的形状改变比能达到单向受力时的极限形状改变比能，材料就发生屈服破坏。关于形状改变比能的建立，读者可参阅有关的材料力学书籍。

相应的强度条件为

$$\sqrt{\frac{1}{2}\left[(\sigma_1 - \sigma_2)^2 + (\sigma_2 - \sigma_3)^2 + (\sigma_3 - \sigma_1)^2\right]} \leqslant f_t \tag{3-45}$$

这一理论从能量的观点出发，同时考虑了应力和应变的影响，由于含有三个主应力的差值，因此与剪应力有关，所以它是比较全面的。它能解释材料在三向均匀受压时，压力可达很大而不被破坏的现象。钢结构设计中多用第四强度理论。

以上四个强度理论的强度条件，每个公式的左边是主应力的综合值，通常称为相当应力，用 σ_{xd} 表示。四个强度理论的相当应力依次为

$$\left.\begin{array}{l}
\sigma_{xd1} = \sigma_1 \\[4pt]
\sigma_{xd2} = \sigma_1 - \mu(\sigma_2 + \sigma_3) \\[4pt]
\sigma_{xd3} = \sigma_1 - \sigma_3 \\[4pt]
\sigma_{xd4} = \sqrt{\frac{1}{2}\left[(\sigma_1 - \sigma_2)^2 + (\sigma_2 - \sigma_3)^2 + (\sigma_3 - \sigma_1)^2\right]}
\end{array}\right\} \tag{3-46}$$

强度条件可写成统一形式

$$\sigma_{xd} \leqslant f_t \tag{3-47}$$

对于梁，由于梁中主应力表达式已由式（3-39）给出，将其代入式（3-46）、式（3-47），则第三强度理论和第四强度理论相应的强度条件表达式可简化为

$$\sigma_{xd3} = \sqrt{\sigma^2 + 4\tau^2} \leqslant f_t \tag{3-48}$$

$$\sigma_{xd4} = \sqrt{\sigma^2 + 3\tau^2} \leqslant f_t \tag{3-49}$$

【例 3-14】 用第三和第四强度理论校核［例 3-13］所示梁 b 点的主应力强度。已知材料强度的设计值 $f_t = 215\text{MPa}$。

解 在［例 3-13］中由 $\sigma_b = 119.6\text{MPa}$、$\tau_b = 64.8\text{MPa}$，已计算出 b 点的主应力

$$\sigma_1 = 148\text{MPa}$$
$$\sigma_2 = 0$$
$$\sigma_3 = -28.4\text{MPa}$$

采用第三强度理论

$$\sigma_{xd3} = \sigma_1 - \sigma_3 = 148 - (-28.4) = 176.4(\text{MPa}) < f_t = 215\text{MPa}$$

或由　　　$\sigma_{xd3} = \sqrt{\sigma^2 + 4\tau^2} = \sqrt{119.6^2 + 4 \times 64.8^2} = 176.4 \text{ (MPa)} < f_t = 215\text{MPa}$

采用第四强度理论

$$\sigma_{xd4} = \sqrt{\frac{1}{2}\left[(\sigma_1 - \sigma_2)^2 + (\sigma_2 - \sigma_3)^2 + (\sigma_3 - \sigma_1)^2\right]}$$

$$= \sqrt{\frac{1}{2}\left[148^2 + 28.4^2 + (-176.4)^2\right]}$$

$$= 164(\text{MPa}) < f_t = 215\text{MPa}$$

或用　　　$\sigma_{xd4} = \sqrt{\sigma^2 + 3\tau^2} = \sqrt{119.6^2 + 3 \times 64.8^2} = 164(\text{MPa}) < f_t = 215\text{MPa}$

一般情况下按第三强度理论进行强度计算偏于安全，而按第四强度理论计算则比较经济。实际工程中究竟采用哪种强度理论可由相应专业设计规范确定。

第七节　组　合　变　形

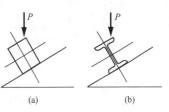

工程实例-组合变形

前面我们讨论了杆件在拉（压）、弯曲等基本变形时的强度计算问题。但实际上大多数杆件在外力作用下，往往包含有两种或两种以上的基本变形，这种情况称为组合变形。如常见的两个平面的弯曲变形组合；压缩（拉伸）与弯曲变形的组合等。对这些有多种变形组合的构件，都可以按叠加原理，组合基本变形的应力，进行强度计算。

一、双向弯曲（斜弯曲）

当荷载作用在梁的轴线与梁的截面某形心主轴组成的平面之内时，梁将发生平面弯曲。但是有时梁的荷载可能作用在该平面以外，此时，梁将发生斜弯曲。斜弯曲是绕截面上 y 轴与 z 轴的双向弯曲。例如屋架上的檩条，如图 3-42 所示，其受力特点属于典型的双向弯曲。

图 3-42　屋架上檩条受力图

现以矩形截面悬臂梁为例来说明斜弯曲的强度计算。

1. 外力的分解

设集中力 P 作用在悬臂梁自由端，其作用线通过截面形心并与竖向对称轴 y 成 φ 角，如图 3-43（a）所示。

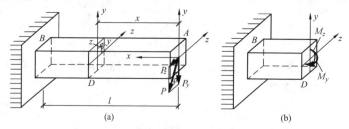

图 3-43　外力的分解及内力的分析

选取坐标系如图 3-43（a）所示，将力 P 沿截面的两个对称轴 y 和 z 分解为两个分力

$$P_z = P\sin\varphi$$
$$P_y = P\cos\varphi$$

这两个分量分别引起铅直面和水平面的平面弯曲。这样就将斜弯曲分解为两个相互垂直平面内的平面弯曲。

2. 内力分析

梁发生横力弯曲时，横截面上存在着剪力和弯矩两种内力。由于剪力的影响较小，在此忽略剪力影响只计弯矩。分力 P_y 和 P_z 引起在距自由端为 x 处横截面 D 上的弯矩分别为

$$M_z = P_yx = P\cos\varphi x = M\cos\varphi$$
$$M_y = P_zx = P\sin\varphi x = M\sin\varphi$$

式中，$M=Px$ 表示由力 P 引起的 D 截面上的总弯矩，见图 3-43（b）。

3. 应力分析

现在来求横截面 D 上任一点 K（y，z）处的应力。K 点的最终应力应为由 M_z 和 M_y 两个弯矩分别产生的正应力之代数和，即

$$\sigma_K = \sigma_{M_z} + \sigma_{M_y} = \frac{M_zy}{I_z} + \frac{M_yz}{I_y} \tag{3-50}$$

式中：I_z 和 I_y 分别为横截面对形心主轴 z 和 y 的惯性矩。

应力 σ_{M_z} 和 σ_{M_y} 的正负号可通过平面弯曲变形情况直接判断。拉应力取正号，压应力取负号。

4. 强度计算

D 截面上应力最大的点应是距中性轴最远的点。由于双向弯曲，截面的中性轴为过形心的一条斜线，见图 3-44，则最大应力应在图 3-44 所示的 A、B 两点上。将两点坐标值 y_{max} 和 z_{max} 代入式（3-50），有

$$\left.\begin{array}{l}\sigma_{max} = \sigma_B = \dfrac{M_zy_{max}}{I_z} + \dfrac{M_yz_{max}}{I_y} = \dfrac{M_z}{W_z} + \dfrac{M_y}{W_y}\\[3mm]\sigma_{min} = \sigma_A = -\dfrac{W_zy_{max}}{I_z} - \dfrac{M_yz_{max}}{I_y} = -\dfrac{M_z}{W_z} - \dfrac{M_y}{W_y}\end{array}\right\} \tag{3-51}$$

从式（3-51）可见，斜弯曲梁任意横截面 D 上的最大应力等于两个平面弯曲的最大正

应力之和。如图 3-45 所示，截面图形的左边和上方分别画出了 M_z 和 M_y 引起的沿截面高度和宽度的正应力分布图。将 B、A 两点的正应力坐标值叠加，就得到斜弯曲时绕中性轴的正应力分布图。

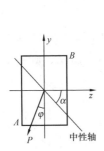

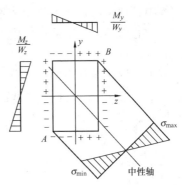

图 3-44　悬臂梁斜弯曲中性轴位置图　　　图 3-45　矩形截面斜弯曲正应力组合图

设梁的危险截面（固定端附近的截面）上的最大弯矩为 M_{max}，两个危险点的坐标用 y_{max} 和 z_{max} 表示。将此弯矩和坐标的最大值代入式（3-50）中，可得整个梁的最大正应力 σ_{max}，若梁的材料抗拉和抗压能力相同，则可建立斜弯曲梁的强度条件如下

$$\sigma_{max} = \frac{M_{ymax} z_{max}}{I_y} + \frac{M_{zmax} y_{max}}{I_z}$$

$$= \frac{M_{ymax}}{W_y} + \frac{M_{zmax}}{W_z} \leqslant f \tag{3-52}$$

应当注意，如果材料的抗拉、抗压强度不相同，要分别对拉、压强度进行计算。

根据上述强度条件，也可以解决三类工程问题，即校核强度、设计截面、确定荷载的设计值。设计截面尺寸时，先假设 W_z/W_y 比值，然后通过式（3-52）求得 W_z，确定截面后，再由式（3-52）验算其强度是否满足。

【例 3-15】　试验算图 3-46 所示简支梁檩条的强度。已知 $f=12$MPa。

解　（1）荷载分解。荷载 q 与 y 轴间的夹角 $\varphi=30°$，将均布荷载 q 沿 y、z 轴分解，得

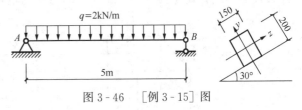

图 3-46　［例 3-15］图

$$q_y = q\cos\varphi = 2 \times \cos30° = 1.732(\text{kN/m})$$

$$q_z = q\sin\varphi = 2 \times \sin30° = 1(\text{kN/m})$$

（2）内力计算。檩条在荷载 q_y 和 q_z 作用下，最大弯矩发生在跨中截面，其值分别为

$$M_{zmax} = \frac{q_y l^2}{8} = \frac{1.732 \times 5^2}{8} = 5.4(\text{kN·m})$$

$$M_{ymax} = \frac{q_z l^2}{8} = \frac{1 \times 5^2}{8} = 3.125(\text{kN·m})$$

（3）强度校核。根据强度条件式（3-52）校核

$$\sigma_{max} = \frac{M_{ymax}}{W_y} + \frac{M_{zmax}}{W_z} = \frac{3.125 \times 10^6}{\frac{1}{6} \times 200 \times 150^2} + \frac{5.4 \times 10^6}{\frac{1}{6} \times 150 \times 200^2}$$

$$=4.17+5.4=9.57(\text{MPa}) < f = 12\text{MPa}$$

所以檩条强度足够。

二、偏心压缩（压弯组合）

在建筑结构中，常常遇到压力作用线不通过杆件截面形心的情形，如图 3-47 所示，这种受力情况称为偏心压缩。如工业厂房中的牛腿柱，见图 3-48（a）、受偏心压力作用的独立基础，见图 3-48（b）。

偏心压缩有单向偏压与双向偏压之分。若偏心力在截面上引起绕一个轴的弯矩时，称为单向偏压，如图 3-47 所示；偏心力在截面上引起绕两个轴的弯矩时，则称为双向偏压，如图 3-49（a）所示。

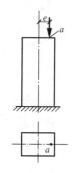

图 3-47 偏心受压构件

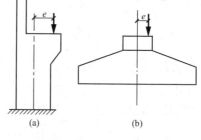

图 3-48 偏心受压的牛腿柱和独立基础

现在对图 3-49（a）所示的偏心受压短柱进行分析。

1. 外力简化

图 3-49（a）所示矩形截面等直柱受到偏心力 P 作用，过形心 o 建立直角坐标系 zoy，偏心力在两个方向的偏心距分别为 e_z、e_y，将偏心力平移到轴线 y 上，则须加一个力偶 M_y，如图 3-49（b）所示，再将 P 平移到 z 轴上，必须再加一个力偶 M_z，见图 3-49（c），这样，偏心压缩柱简化为轴向压缩与双向弯曲的组合变形。

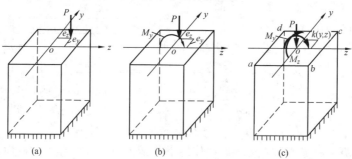

图 3-49 外力的简化过程示意图

2. 内力分析

在只有轴向外力和力偶作用的情况下，柱在横向没有剪力，因此所有横截面上的内力均等于端面的外力，即任意一横截面上的内力为

$$N=P \quad M_y=Pe_z \quad M_z=Pe_y$$

3. 应力分析

因任一横截面上的内力都相同，所以应力分析可在任意横截面上进行。任意截面 $abcd$ 上任意点 k（y、z）的应力为轴向应力与两个弯曲应力之叠加。即

$$\sigma_K = \sigma_N + \sigma_{M_y} + \sigma_{M_z} = -\frac{N}{A} - \frac{M_y z}{I_y} - \frac{M_z y}{I_z} \qquad (3-53)$$

σ_{M_y} 与 σ_{M_z} 的正负号根据计算点在受拉区还是受压区来确定。

4. 强度计算

由图 3-49（c）可知，最大正应力 σ_{max} 发生在 a 点，最小正应力（最大压应力）σ_{min} 发生在 c 点，其值为

$$\genfrac{}{}{0pt}{}{\sigma_{max}}{\sigma_{min}} = -\frac{N}{A} \pm \frac{M_y}{W_y} \pm \frac{M_z}{W_z} \qquad (3-54)$$

危险点 a、c 都处于单向应力状态，所以强度条件为

$$\genfrac{}{}{0pt}{}{\sigma_{max}}{\sigma_{min}} = \left| -\frac{N}{A} \pm \frac{M_y}{W_y} \pm \frac{M_z}{W_z} \right| \leqslant f \qquad (3-55)$$

【例 3-16】　验算图 3-50 所示砖柱的强度。已知 $e=60\text{mm}$，$P=60\text{kN}$，柱自重 $G=6\text{kN}$，$f=1.53\text{MPa}$。

解　（1）内力计算。砖柱底截面Ⅰ—Ⅰ为危险截面，将各力向该截面中心点处简化，得轴力 N 和弯矩 M

$$N = P + G = 60 + 6 = 66 \text{ (kN)}$$

$$M_z = P \cdot e = 60 \times 0.06 = 3.6 \text{ (kN·m)}$$

（2）应力计算。由式（3-54）算出底截面Ⅰ—Ⅰ的应力为

$$\genfrac{}{}{0pt}{}{\sigma_{max}}{\sigma_{min}} = -\frac{N}{A} \pm \frac{M_z}{W_z} = -\frac{66 \times 10^3}{490 \times 370} \pm \frac{3.6 \times 10^6}{\dfrac{370 \times 490^2}{6}} = \genfrac{}{}{0pt}{}{-0.121}{-0.607} \text{ (MPa)}$$

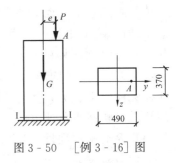

图 3-50　［例 3-16］图

（3）强度校核

$$|\sigma_{min}| = 0.607\text{MPa} < f = 1.53\text{MPa}$$

满足强度条件。

第八节　压杆稳定

一、压杆稳定的概念

工程实例-魁北克大桥的坍塌

1907 年北美的魁北克圣劳伦斯河上一座长 548m 的钢桥，在施工中突然倒塌，人们在寻找事故的起因时，发现是因桁架中一根受压弦杆的破坏，引起整个大桥的坍塌。但是人们发现压杆在荷载的作用下，横截面的轴向承载力不超过轴力的设计值，即 $N \leqslant N_{dmax}$，从强度上讲，压杆满足要求。那么是什么原因使压杆发生破坏的呢？经研究后得知：它是由于压杆在荷载的作用下，突然弯曲丧失了保持直线形状的稳定平衡而造成的。这类破坏称丧失稳定。

所谓压杆的稳定，是指受压杆件其平衡状态的稳定性。

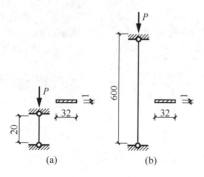

图 3 - 51　钢板尺受压实验

我们可以做一个简单的实验。取两根钢板尺，一根长度为 20mm，如图 3 - 51（a）所示，另一根长度为 600mm，如图 3 - 51（b）所示，横截面尺寸为 $32 \times 1 \text{mm}^2$，$f = 215 \text{MPa}$，按强度考虑两根钢板尺能承受的压力为

$$P = fA = 215 \times 32 \times 1 = 6880 \text{（N）}$$

但是，我们给两杆缓慢施加压力时会发现，长杆在加到约 16N 时，发生了弯曲；当力再增加时，弯曲迅速增大，杆随即折断，而短杆可受力到接近 6880N，且在破坏前一直保持直线形状。

可见：长杆的破坏不是由于强度不足而引起的，而是因为压杆在荷载作用下，突然弯曲丧失了保持直线状态的稳定性，杆件招致丧失稳定破坏的压力比发生强度不足破坏的压力要小得多，因此，对细长压杆必须进行稳定性计算。

二、临界力

1. 两端铰支细长压杆的临界力

如图 3 - 52（a）所示为一等截面的轴向受压杆，此杆在压力 P 的作用下保持直线状态。现对该压杆施加一横向干扰力 F，使杆处于弯曲状态。当轴向压力 P 小于某一特定数值 P_{cr} 时，横向干扰力撤去后，压杆能恢复原有的直线平衡状态，此时称压杆的直线状态的平衡是稳定的（称为稳定平衡状态）；当轴向压力 P 增至 P_{cr} 时，见图 3 - 52（b），即使撤去横向干扰力，压杆也不能恢复原有的直线平衡位置，而呈微弯状态下的平衡，此时称压杆原有的直线状态的平衡为临界平衡；当轴向压力 $P > P_{cr}$ 时，见图 3 - 52（c），横

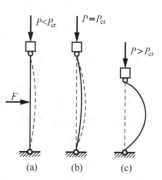

图 3 - 52　稳定平衡、临界平衡和不稳定平衡

向干扰力撤去后，压杆不仅不能恢复原有的直线平衡状态，而且继续弯曲，发生显著的弯曲变形（甚至折断），此时称压杆原有的直线状态的平衡是不稳定的，称为不稳定平衡状态。因此，P_{cr} 是表示受压杆件极限承载力的重要指标，通称为临界力。

最早研究临界力计算的是俄国学者欧拉（Euler），于 1744 年推得两端铰支压杆（见图3 - 53）的临界力表达式为

$$P_{cr} = \frac{\pi^2 EI}{l^2} \tag{3 - 56}$$

图 3 - 53
两端铰
支细长
压杆的
临界力

式中：EI 为压杆的抗弯刚度；E 为材料的弹性模量；I 为压杆截面的惯性矩，如支座双向支承方式相同时，取 I_{min}；l 为压杆的计算长度。

前面提及的钢板尺，可视为两端铰支，最小惯性矩为

$$I_{min} = \frac{32 \times 1^3}{12} = 2.67 \text{（mm}^4\text{）}$$

钢板尺长 $l = 600 \text{mm}$，将有关数据代入式（3 - 56）中，可得钢板尺的临界力

$$P_{cr} = \frac{3.14^2 \times 210 \times 10^3 \times 2.67}{600^2} = 15.4 \text{（N）}$$

与试验结果基本相符。

2. 其他支承情况下细长压杆的临界力

实际工程中，受压杆件的杆端支承形式除两端铰支外，还有其他几种支承形式。杆端支承形式不同，其临界力公式也不同。各种支承情况下压杆的临界力公式，可以把各种支承形式的弹性曲线与两端铰支形式（基本形式）下的弹性曲线相对比来获得。

（1）一端固定另一端自由压杆的临界力。图 3 - 54（a）给出一长为 $2l$ 的两端铰接压杆，其临界力 P_{cr} 由式（3 - 56）可得

$$P_{cr} = \frac{\pi^2 EI}{(2l)^2}$$

现在取图 3 - 54（b）所示上端自由、下端固定的压杆，长为 l，其失稳状态如图所示。将其曲线上、下镜像后与图 3 - 54（a）对照，可发现它们均为正弦曲线半波长，其 P_{cr1} 与 P_{cr2} 相同。即一端固定另一端自由的压杆，其临界力为

$$P_{cr} = \frac{\pi^2 EI}{4l^2} \qquad (3 - 57)$$

由式（3 - 57）可见，一端固定另一端自由的压杆，其临界力仅为同等长度、同等截面的两端铰接压杆的 1/4。在工程中对此类压杆应特别引起注意。

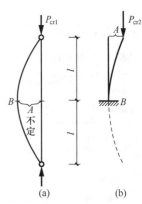

图 3 - 54　一端固定另一端
自由压杆的临界力

（2）两端固定压杆的临界力。图 3 - 55（a）给出一长度为 l 的两端固定压杆在临界力作用下的变形图，由对称原理可定出中点 C 截面处无转角，反弯点 D、E 在距杆端 $l/4$ 处。D、E 两处的弯矩为零。将两反弯点间的曲线取出，如图 3 - 55（b）所示，即为正弦曲线半波长，其临界力由式（3 - 56）可得

$$P_{cr} = \frac{\pi^2 EI}{(l/2)^2} = \frac{4\pi^2 EI}{l^2} \qquad (3 - 58)$$

即两端固定压杆的临界力，其值是同等条件下两端铰接压杆临界力的 4 倍，是各种杆端约束中最好的一种。

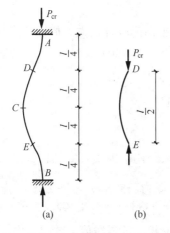

图 3 - 55　两端固定压杆的临界力

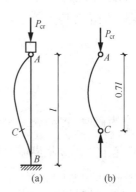

图 3 - 56　一端铰接一端固定压杆的临界力

（3）一端铰接一端固定压杆的临界力。图 3 - 56（a）所示为一端铰接一端固定压杆失稳的状态图，其反弯点 C 的位置大约在距顶点 $0.7l$ 处，亦即正弦曲线的半波长为 $0.7l$，其临界力为

$$P_{cr} = \frac{\pi^2 EI}{(0.7l)^2} \approx \frac{2\pi^2 EI}{l^2} \qquad (3 - 59)$$

一般情况下，对于各种不同杆端支承的压杆，其临界力公式可用如下形式描述

$$P_{cr} = \frac{\pi^2 EI}{(\mu l)^2} \qquad (3 - 60)$$

式中：μl 称为相当长度或计算长度，即各种支承情况下弹性曲线上相当于铰接的两点之间的距离；μ 称为杆的计算长度系数，它反映了杆件两端的支承对临界力的影响。表 3 - 3 给出四种常见的杆端支承压杆的临界力及其计算长度。

表 3 - 3   压杆临界力及其计算长度

杆端支承情况				
临界力 P_{cr}	$\dfrac{\pi^2 EI}{l^2}$	$\dfrac{\pi^2 EI}{(2l)^2}$	$\dfrac{\pi^2 EI}{(0.5l)^2}$	$\dfrac{\pi^2 EI}{(0.7l)^2}$
计算长度 μl	l	$2l$	$0.5l$	$0.7l$
计算长度系数 μ	1	2	0.5	0.7

三、临界应力

压杆在临界力作用下处于从稳定平衡过渡到不稳定平衡的临界状态，假定这时压杆暂时保持直线状态，则临界应力等于临界力除以杆横截面面积，即

$$\sigma_{cr} = \frac{P_{cr}}{A} = \frac{\pi^2 EI}{A(\mu l)^2} = \frac{\pi^2 E}{\dfrac{(\mu l)^2}{\dfrac{I}{A}}} = \frac{\pi^2 E}{\left(\dfrac{\mu l}{i}\right)^2} = \frac{\pi^2 E}{\lambda^2} \qquad (3 - 61)$$

式中：$i = \sqrt{\dfrac{I}{A}}$ 为截面回转半径；$\lambda = \dfrac{\mu l}{i}$ 为压杆的柔度或长细比。由式（3 - 61）可见，λ 值越大，说明杆件越细长，其临界应力越小，压杆的抗失稳能力就越低。另一方面，若 λ 较小，则临界应力很大。实际上，理想压杆的欧拉公式是建立在材料的变形为线弹性的基础上，因此 σ_{cr} 不能超过 σ_p（材料的比例极限）。当 $\sigma_{cr} = \sigma_p$ 时，可得相应的界线值 λ_p，以 Q235 钢为例，$\sigma_p = 200 MPa$，$E = 2.06 \times 10^5 MPa$，由式（3 - 61）得

$$\lambda_{p}=\sqrt{\frac{\pi^{2}E}{\sigma_{p}}}=\sqrt{\frac{\pi^{2}\times 2.06\times 10^{5}}{200}}\approx 100$$

即当压杆的 λ 值小于 λ_p 时，其临界力不能使用欧拉公式计算。

　　实际的轴向受压杆件都有一定的初曲率、初偏心和制造加工杆件过程中产生的残余应力等因素对临界力的影响。因此，实际压杆的临界力作用条件界限值为

$$\lambda_{c}=\sqrt{\frac{\pi^{2}E}{0.57\sigma_{s}}}$$

　　以 Q235 钢为例，其 $\lambda_c=123$。当压杆的 λ 值小于 λ_c 时，一般有以实验为基础给出的经验公式。例如，短柱的抛物线公式为

$$\sigma_{cr}=\sigma_{s}\left[1-\alpha\left(\frac{\lambda}{\lambda_{c}}\right)^{2}\right]$$

Q235 钢的经验公式取 $\alpha=0.43$、$\lambda_c=123$ 代入

$$\sigma_{cr}=235-0.00668\lambda^{2}(\lambda<123) \tag{3-62}$$

图 3-57 给出了 Q235 钢的 λ 与 σ_{cr} 的关系图，此图称为临界应力总图。由临界应力总图可见，只有 $\lambda=0$ 时，压杆的 σ_{cr} 才为 σ_s。因此，只要是压杆，亦即 $\lambda>0$，都要考虑稳定问题。

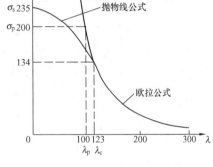

图 3-57　Q235 钢的临界应力总图

四、压杆稳定的实用计算——φ 系数法

　　轴向受压杆件能否失稳的条件应当是压杆的实际工作应力 σ（荷载设计值所产生的正应力）小于或等于临界应力 σ_{cr} 除以材料抗力的分项系数 γ_s，即

$$\sigma=\frac{N}{A}\leqslant\frac{\sigma_{cr}}{\gamma_{s}}$$

　　由于工程技术人员已经非常熟悉强度验算公式，这里可以从形式上将上式转化为以材料设计值所表达的稳定条件，令

$$\varphi=\frac{\sigma_{cr}}{\sigma_{s}}$$

则

$$\frac{\sigma_{cr}}{\gamma_{s}}=\frac{\sigma_{cr}}{\sigma_{s}}\frac{\sigma_{s}}{\gamma_{s}}=\varphi f$$

式中 f 为材料抗压强度设计值，最后得压杆稳定验算公式

$$\sigma=\frac{N}{A}\leqslant\varphi f \text{ 或 } \frac{N}{A\varphi}\leqslant f \tag{3-63}$$

　　式（3-63）中系数 φ 小于 1，相当于在考虑稳定问题时，其承载能力比仅考虑强度问题时折减 φ 值，所以，用该形式进行稳定校核的方法又称为折减系数法。φ 值是 σ_{cr} 与 σ_s 的比值，因 σ_{cr} 与材料性质有关，还与 λ 有关，对各种情况下的压杆，其 φ 值不是一个常数，为便于计算，国家规范已对各种不同材料给出相应的 $\lambda-\varphi$ 表。表 3-4 给出了 Q235 钢、Q345 钢和木材的 φ 系数，可根据具体压杆的 λ 数值，查表得出相应材料压杆的 φ 系数。

表 3 - 4   折 减 系 数 φ 值

长细比 λ	Q235 钢	Q345 钢	木材	长细比 λ	Q235 钢	Q345 钢	木材
0	1.000	1.000	1.000	130	0.387	0.283	0.178
10	0.992	0.989	0.971	140	0.345	0.249	0.153
20	0.970	0.956	0.932	150	0.308	0.221	0.133
30	0.936	0.913	0.883	160	0.276	0.197	0.117
40	0.899	0.863	0.822	170	0.249	0.176	0.104
50	0.856	0.804	0.751	180	0.225	0.159	0.093
60	0.807	0.734	0.668	190	0.204	0.144	0.083
70	0.751	0.656	0.575	200	0.186	0.131	0.075
80	0.688	0.575	0.470	210	0.170	0.119	
90	0.621	0.499	0.370	220	0.156	0.109	
100	0.555	0.431	0.300	230	0.144	0.101	
110	0.493	0.373	0.248	240	0.133	0.093	
120	0.437	0.324	0.208	250	0.123	0.086	

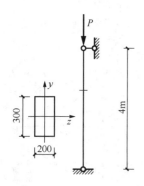

图 3 - 58　[例 3 - 17] 图

【例 3 - 17】 矩形截面木柱，如图 3 - 58 所示，其长 $l=4$m，横截面积为 200×300mm^2，两端铰支。若木材的抗压强度设计值 $f=10$MPa，求该柱承受轴向压力 $P=500$kN 时是否安全。

解 因木柱在各个方向的支承情况相同，故回转半径 i 应取 $i_{\min}$。

$$i_{\min}=i_y=\sqrt{\frac{I_y}{A}}=\sqrt{\frac{\frac{hb^3}{12}}{bh}}=\frac{b}{\sqrt{12}}=\frac{200}{\sqrt{12}}=57.7\ \text{(mm)}$$

$$\lambda_{\max}=\lambda_y=\frac{\mu l}{i_y}=\frac{1\times4}{57.7\times10^{-3}}=69.3$$

查表 3 - 4 中木材的 φ 值，按内插法得到

$$\varphi=0.668-\frac{69.3-60}{70-60}\times(0.668-0.575)=0.582$$

将 φ 值及其他有关数据代入压杆稳定验算式（3 - 63）得

$$\frac{P}{\varphi A}=\frac{500\times10^3}{0.582\times200\times300}$$
$$=14.3\ \text{(MPa)}>f$$
$$=10\text{MPa}$$

因此，此杆不安全。

【例 3 - 18】 试确定图 3 - 59 所示圆截面木柱在考虑稳定时的承载力 [P]。已知截面直径 $d=6$cm，木材的抗压强度设计值 $f=10$MPa，立柱两端均按铰接考虑。

解 由式（3 - 63）可得的 [P] 表达式为

$$[P]=\varphi f A$$

其中 φ 值须在确定 λ 值后，由表 3 - 4 中查出

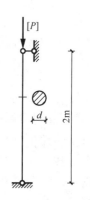

图 3 - 59　[例 3 - 18] 图

$$i=\sqrt{\frac{I}{A}}=\sqrt{\frac{\dfrac{\pi d^4}{64}}{\dfrac{\pi d^2}{4}}}=\frac{d}{4}=\frac{6}{4}=1.5(\text{cm})$$

$$\lambda=\frac{\mu l}{i}=\frac{1\times 2}{1.5\times 10^{-2}}=133.3$$

查表 3-4 中木材的 φ 值，按内插法得到

$$\varphi=0.178-\frac{133.3-130}{140-130}\times(0.178-0.153)=0.1698$$

将 φ 值及其他有关数据代入 $[P]$ 式中，得

$$[P]=0.1698\times 10\times 10^3\times\frac{\pi\times 0.06^2}{4}=4.8(\text{kN})$$

 习　题

3-1　如图 3-60 所示，阶梯状直杆 1—1、2—2、3—3 截面处的面积分别为 $A_1=200\text{mm}^2$、$A_2=300\text{mm}^2$、$A_3=400\text{mm}^2$。试作轴力图，并求各截面上的应力。

3-2　已知木杆的横截面为边长 $a=200\text{mm}$ 的正方形，在 BC 段开一长为 l，宽为 $a/2$ 的槽，杆受力如图 3-61 所示，求 $\sigma_{\max}$。

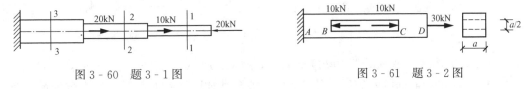

图 3-60　题 3-1 图　　　　　　　　　图 3-61　题 3-2 图

3-3　如图 3-62 所示轴向受压杆，已知：$P=10\text{kN}$，$A=100\text{mm}^2$，求 $\alpha=60°$ 斜截面上的正应力和剪应力。

3-4　如图 3-63 所示一钢制阶梯杆，各段横截面面积分别为 $A_1=A_3=300\text{mm}^2$，$A_2=200\text{mm}^2$，钢的弹性模量 $E=200\text{GPa}$。试求杆的总变形。

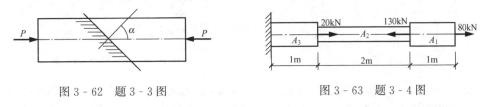

图 3-62　题 3-3 图　　　　　　　　　图 3-63　题 3-4 图

3-5　计算图 3-64 所示结构 A 点的竖向位移。已知 CD 杆的横截面面积为 6cm^2；弹性模量为 210GPa。

3-6　如图 3-65 所示，刚性梁 ACB，圆杆 CD 悬挂在 C 点，B 端作用集中荷载 $P=40\text{kN}$，已知 CD 杆的直径 $d=20\text{mm}$，材料强度设计值 $f=215\text{MPa}$，试校核 CD 杆的强度。

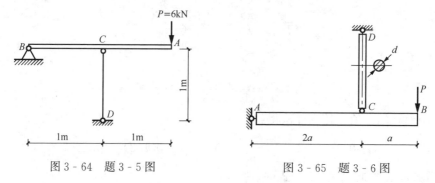

　　　　　图 3 - 64　题 3 - 5 图　　　　　　　　　　图 3 - 65　题 3 - 6 图

　　3 - 7　如图 3 - 66 所示为一钢桁架，所有各杆都是由两等边角钢所组成。已知角钢的材料为 Q235，$f = 215\text{MPa}$，荷载为设计值，试为 AC 杆和 CD 杆选择所需角钢的型号。

　　3 - 8　已知一钢木构架，如图 3 - 67 所示，BC 为钢制圆杆，强度设计值 $f_G = 215\text{MPa}$；AB 为木制方杆，强度设计值 $f_M = 10\text{MPa}$。荷载 $P = 10\text{kN}$。试设计两杆的截面尺寸。

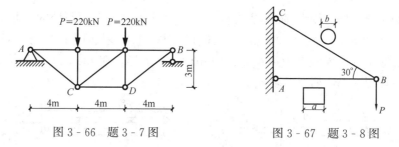

　　　　　图 3 - 66　题 3 - 7 图　　　　　　　　　　图 3 - 67　题 3 - 8 图

　　3 - 9　计算图 3 - 68 所示悬臂梁危险截面处的 A、B、C 三点的正应力和剪应力值。

　　3 - 10　一 T 形截面的外伸梁，其受力情况及尺寸如图 3 - 69 所示。试求梁的最大拉应力和最大压应力。

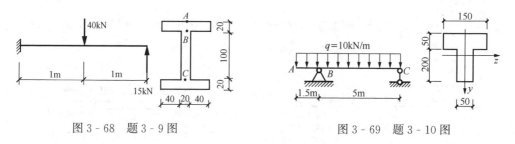

　　　　　图 3 - 68　题 3 - 9 图　　　　　　　　　　图 3 - 69　题 3 - 10 图

　　3 - 11　如图 3 - 70 所示矩形截面木梁，已知 $q = 1.3\text{kN/m}$，$b = 6\text{cm}$，$h = 12\text{cm}$。木梁的抗弯强度的设计值 $f = 10\text{MPa}$，抗剪强度设计值 $f_v = 2\text{MPa}$，试校核正应力强度和剪应力强度。

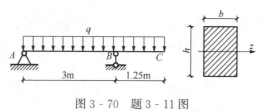

　　　　　图 3 - 70　题 3 - 11 图

3-12　一简支木梁受力如图 3-71 所示，试设计此梁横截面尺寸。已知木梁的抗弯强度的设计值 $f=10\text{MPa}$，抗剪强度设计值 $f_v=2\text{MPa}$，横截面高与宽之比为 $h/b=3/1$。

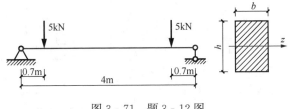

图 3-71　题 3-12 图

3-13　已知单元体各面上的应力如图 3-72（a）、（b）、（c）所示（应力单位为 MPa），试求：

（1）指定截面上的应力；

（2）主平面的位置及主应力的大小，并在单元体上表示；

（3）最大剪应力。

3-14　绘出图 3-73 所示悬臂梁 A 点的应力状态，并求出该点主应力的大小，绘在单元体上。

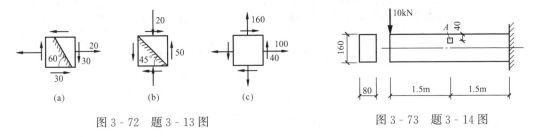

图 3-72　题 3-13 图　　　　　　　　图 3-73　题 3-14 图

3-15　简支钢板梁受荷如图 3-74 所示，试对该梁作正应力、剪应力强度校核和按第四强度理论对危险截面处的 a 点作强度校核。已知：$f=215\text{MPa}$，$f_v=125\text{MPa}$。

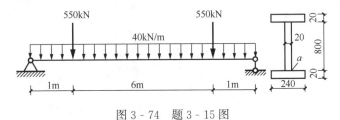

图 3-74　题 3-15 图

3-16　试验算图 3-75 所示简支梁的强度。已知 $f=215\text{MPa}$。

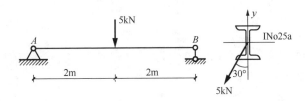

图 3-75　题 3-16 图

3-17　验算图 3-76 所示悬臂梁的强度。已知 $f=12\text{MPa}$。

3-18　计算图 3-77 所示基础底面应力，并绘出应力分布图（假定反力是按直线规律分布的）。

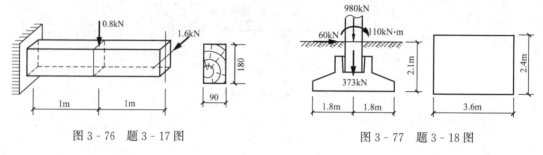

　　　　图 3-76　题 3-17 图　　　　　　　　　　　图 3-77　题 3-18 图

3-19　验算图 3-78 所示结构木压杆 BC 的稳定性。已知 $f=12\text{MPa}$，$d=12\text{cm}$。压杆两端平面内与平面外均按铰接考虑。

3-20　校核图 3-79 所示木柱的安全性。已知 $f=12\text{MPa}$。

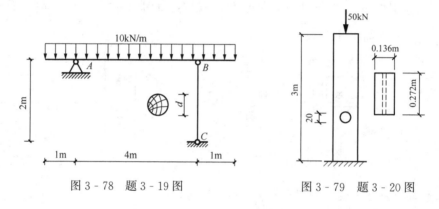

　　图 3-78　题 3-19 图　　　　　　图 3-79　题 3-20 图

第四章 结构的变形计算与刚度校核

本章主要介绍用二次积分法、虚功原理及图乘法计算静定结构的位移及静定结构的刚度校核。本章内容起着承上启下的作用，它即是静定部分的结尾，又是超静定部分的先导。

第一节 结构的变形与位移

一、结构的变形与位移

结构在荷载作用下其形状将会发生改变，结构的形状改变称为变形。结构由于变形，其结点与截面位置将随之发生移动和转动，这种移动和转动称为结构的位移。

图 4-1 所示 AB 梁，在荷载 P 作用下，梁轴线由直线变为曲线。弯曲后的梁轴线称为梁的挠曲线或弹性曲线。梁截面形心的移动 $\overline{CC'}$ 为截面的线位移，线位移的竖向分量 $\overline{CC''}$ 即 $y(x)$ 称为梁的挠度，位移分量 $\overline{C'C''}$ 为水平位移；截面的转角 $\theta(x)$，称为转角或角位移。

图 4-2（a）为铰接三角形，荷载作用下发生形状改变的同时，结点产生位移。如图 4-2（b）所示，$\overline{CC'}$ 为结点 C 的线位移，$\overline{CC''}$ 为竖向位移分量；$\overline{C'C''}$ 为水平位移分量，θ 为杆 AC 的角位移。结构结点或截面的线位移与角位移，均可用广义位移"Δ"表示。

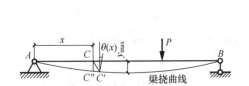

图 4-1 荷载作用下梁的位移

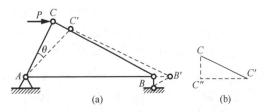

(a)　(b)

图 4-2 荷载作用下铰接三角形的位移

二、产生变形与位移的原因

除了荷载能使结构产生变形和位移外，其他因素，如温度改变、支座移动、材料收缩和制造误差等，也是使结构产生变形和位移的原因。例如，图 4-3 所示刚架，外侧温度改变为 t_1℃，内侧温度改变为 t_2℃，当 $t_2 > t_1$ 时刚架将发生虚线所示变形与位移；图 4-4 所示刚架，当支座 A 发生沉陷与滑移时，结构也产生相应的位移。但静定结构的特点是温度改变与支座移动时，虽产生位移但并不产生内力。

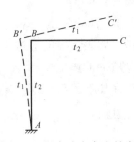

图 4-3 温度改变产生的变形

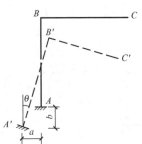

图 4-4 支座移动产生的位移

三、位移的类型

上述线位移和角位移都是截面变形后位置相对该截面原位置的位移，称为绝对位移。此

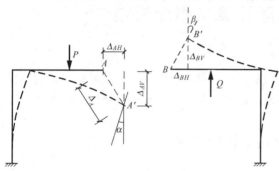

外，还有两个截面间的相对位移。如图4-5所示刚架，在荷载 P、Q 作用下，发生虚线所示变形，截面 A、B 将产生相对位移。

A、B 两点的相对竖向位移为

$$(\Delta_{AB})_V = \Delta_{AV} + \Delta_{BV}$$

A、B 两点的相对水平位移为

$$(\Delta_{AB})_H = \Delta_{AH} - \Delta_{BH}$$

图4-5　两截面相对位移

A、B 两截面的相对转角为

$$(\Delta_{AB})_\theta = \alpha - \beta$$

四、结构位移计算的目的

工程实例-鸟巢站起来了

（1）验算结构的刚度。即结构在保证有足够强度的同时，还需要保证有足够的刚度，以防止结构因过大的变形而不能使用。

（2）为超静定结构的计算打下基础。超静定结构只凭静力方程是不能全部确定其反力和内力的，尚需要补充建立必需的位移条件，方可确定其全部解答。

（3）为施工服务。在结构的制作、架设、养护等过程中，往往需要预先知道结构的变形情况，以便采

取一定的施工措施。如图4-6所示钢筋混凝土屋架，在安装就位后，由于荷载和自重的作用，将发生如图4-6中虚线所示的变形。为了保证结构在使用过程中下弦各结点在同一直线上，在构件制作时，可采取预先起拱的办法，使起拱值等于 C 点的竖向位移 Δ_{CV}，以满足设计要求。

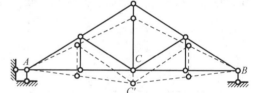

图4-6　钢筋混凝土屋架

第二节　二次积分法求梁的位移

一、挠曲线的近似微分方程

图4-7所示 AB 线表示梁的轴线，建立直角坐标系 xAy，x 轴与梁的轴线 AB 重合，向右为正，y 轴与梁的轴线垂直，向下为正（为了与变形方向一致）。xAy 平面为梁的纵向对称平面，载荷 $q(x)$ 与支座反力都作用在这个平面内，使其发生平面弯曲。

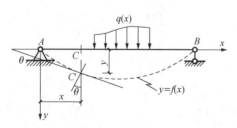

图4-7　梁的挠曲线

从图4-7中可以看出，各截面挠度 y 是截面位置 x 的函数，即 $y = f(x)$，它表示挠度沿跨长的变化规律；梁截面的转角 θ 也是 x 的函数，即 $\theta = f_1(x)$。截面的挠度与转角之间存在如下关系

$$\tan\theta(x) = \frac{\mathrm{d}y}{\mathrm{d}x} = y'(x)$$

因为梁的变形为小变形，所以 θ 是一个非常小的角

度，所以近似地可看作

$$\theta(x) \approx \tan\theta(x) = y'(x)$$

由此可知，若能知道梁的挠曲线方程 $y = f(x)$，则不难求出梁上任意截面的挠度与转角。但是我们知道梁的挠曲线与所受载荷有关，与梁长有关，与梁的截面大小和形状有关，与材料有关，此外，还与支座形式有关，因此，很难直接获得 $y = f(x)$ 方程自身，通常是先确定它的微分方程，然后通过求解微分方程便可得到原函数 $y = f(x)$。在第三章研究弯曲变形的应力分析中，曾得到梁在纯弯曲时挠曲线的曲率表达式

$$K = \frac{1}{\rho(x)} = \frac{M(x)}{EI} \tag{4-1}$$

另外，由高等数学可知，平面曲线的曲率公式为

$$K = \pm \frac{y''}{(1 + y'^2)^{3/2}} \tag{4-2}$$

小变形条件下，$(y')^2$ 与 1 相比十分微小，可忽略不计，所以式（4 - 2）可近似的写成

$$K = \pm y'' \tag{4-3}$$

于是由式（4 - 1）与式（4 - 3）得

$$y'' = \pm \frac{M(x)}{EI}$$

按图 4 - 8 坐标系及弯矩的正负号规定，二阶导数 y'' 恒与弯矩 $M(x)$ 的符号相反，因此得仅考虑弯矩项的挠曲线近似微分方程，即

$$EIy'' = -M(x) \tag{4-4}$$

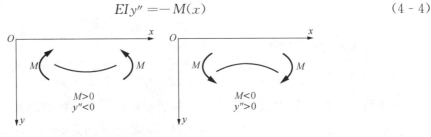

图 4 - 8 曲率正负号的规定

二、二次积分法求位移

为了求挠度 y 和 θ 转角，可直接对挠曲线的近似微分方程进行积分，积分一次

$$EIy' = -\int M(x)\,\mathrm{d}x + C$$

再积分一次

$$EIy = -\iint M(x)\,\mathrm{d}x\mathrm{d}x + Cx + D$$

式中：C、D 为积分常数。

积分常数可由边界条件和连续条件确定。当积分常数确定后，于是转角方程为

$$y' = \frac{1}{EI}\left[\int -M(x)\,\mathrm{d}x + C\right] \tag{4-5}$$

挠曲线方程为

$$y = \frac{1}{EI}\left[\iint -M(x)\,\mathrm{d}x\mathrm{d}x + Cx + D\right] \tag{4-6}$$

【例 4 - 1】 求图 4 - 9 所示悬臂梁 A 点的挠度与转角。设刚度 EI 为常数。

解 （1）建立坐标系，列弯矩方程

$$M(x) = -Px \quad (0 \leqslant x < l)$$

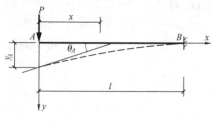

图 4 - 9 ［例 4 - 1］图

（2）列挠曲线近似微分方程

$$EIy'' = Px$$

（3）积分微分方程

$$EI\theta = \int Px\,\mathrm{d}x + C = P\frac{x^2}{2} + C \qquad (4-7)$$

$$EIy = \int P\frac{x^2}{2}\,\mathrm{d}x + Cx + D = \frac{Px^3}{6} + Cx + D$$

$$(4-8)$$

（4）确定积分常数

边界条件 $x = l$，$y = 0$，$\theta = 0$

代入式（4 - 7）、式（4 - 8）中，得

$$C = -\frac{Pl^2}{2} \quad D = \frac{Pl^3}{3}$$

（5）列转角方程和挠曲线方程

$$\theta = \frac{Px^2}{2EI} - \frac{Pl^2}{2EI}$$

$$y = \frac{Px^3}{6EI} - \frac{Pl^2 x}{2EI} + \frac{Pl^3}{3EI}$$

（6）求 A 端的挠度和转角

当 $x = 0$ 时 $\qquad \theta_A = -\dfrac{Pl^2}{2EI} \qquad y_A = \dfrac{Pl^3}{3EI}$

θ_A 为负值，说明 A 端面绕中性轴逆时针转动；y_A 为正值说明挠度向下。

【例 4 - 2】 求图 4 - 10 所示简支梁在均布载荷作用下的最大挠度和最大转角。设刚度 EI 为常数。

解 （1）求反力

$$R_A = R_B = ql/2$$

（2）建立坐标系，列弯矩方程

$$M(x) = \frac{1}{2}qlx - \frac{1}{2}qx^2 \quad (0 \leqslant x \leqslant l)$$

（3）列挠曲线近似微分方程

$$EIy'' = -\left(\frac{1}{2}qlx - \frac{1}{2}qx^2\right) = \frac{1}{2}qx^2 - \frac{1}{2}qlx$$

（4）积分微分方程

$$EI\theta = \frac{1}{6}qx^3 - \frac{1}{4}qlx^2 + C$$

$$EIy = \frac{1}{24}qx^4 - \frac{1}{12}qlx^3 + Cx + D$$

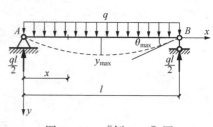

图 4 - 10 ［例 4 - 2］图

（5）确定积分常数

当 $x=0$ 时，$y_A=0$，得 $D=0$

当 $x=l$ 时，$y_B=0$，得 $C=ql^3/24$

（6）列转角方程和挠曲线方程

$$EI\theta=\frac{1}{6}qx^3-\frac{1}{4}qlx^2+\frac{1}{24}ql^3$$

$$EIy=\frac{1}{24}qlx^4-\frac{1}{12}qlx^3+\frac{1}{24}ql^3x$$

（7）求最大挠度和最大转角

当 $x=\dfrac{l}{2}$ 时　　　　　　　　　　　$y_{\max}=\dfrac{5ql^4}{384EI}$

当 $x=0$ 及 $x=l$ 时　　　　　　　　　$\theta_A=\dfrac{ql^3}{24EI}=-\theta_B$

三、叠加法求梁的位移

叠加法的依据是叠加原理。叠加原理的适用条件是所求量值必须与荷载呈线性关系。从上节计算可知挠度与转角和荷载呈线性关系。因此，工程上经常用叠加法计算某截面的线位移与角位移。在结构上几个荷载共同作用下所产生的位移等于各个荷载单独作用所产生的位移之代数和。

【例 4 - 3】　如图 4 - 11 所示简支梁受均布荷载与跨中集中力共同作用。试用叠加法求跨中截面 C 的挠度 y_C 与支座 A、B 处的转角 θ_A 与 θ_B。设 $EI=$ 常数。

解　梁上只受均布荷载 q 作用，查表 4 - 1 可得均布荷载 q 作用下引起的跨中挠度与支座处转角

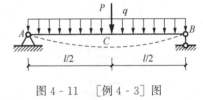

图 4 - 11　［例 4 - 3］图

$$y_{C_q}=\frac{5ql^4}{384EI},\ \theta_{Aq}=\frac{ql^3}{24EI},\ \theta_{Bq}=-\frac{ql^3}{24EI}$$

梁上只受集中力 P 作用，查表 4 - 1 可得集中力 P 作用下引起的跨中挠度与支座处转角

$$y_{CP}=\frac{Pl^3}{48EI},\ \theta_{AP}=\frac{Pl^2}{16EI},\ \theta_{BP}=-\frac{Pl^2}{16EI}$$

梁受均布荷载 q 和集中力 P 共同作用时，跨中挠度为

$$y_C=y_{C_q}+y_{CP}=\frac{5ql^4}{384EI}+\frac{Pl^3}{48EI}$$

支座转角为

$$\theta_A=\theta_{Aq}+\theta_{AP}=\frac{ql^3}{24EI}+\frac{Pl^2}{16EI}=-\theta_B\ （逆时针转）$$

第三节　虚功原理　单位荷载法计算位移

一、实功与虚功

如图 4 - 12（a）所示为简支梁，当作用荷载由 0 逐渐增至 P_1 时，梁轴线也由直线渐变为曲线 y_1，截面 C 产生竖向线位移 Δ_1。力 P_1 在自己引起的位移 Δ_1 上做功，这种功称为实功。图 4 - 12（b）所示实功的大小为 P_1 与 Δ_1 所围的面积的一半。即

$$W_s = \frac{1}{2} P_1 \Delta_1 \qquad\qquad (4-9)$$

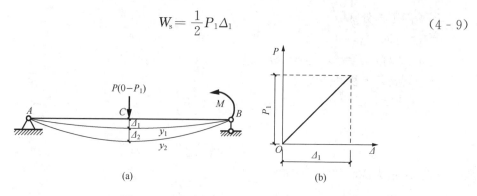

图 4 - 12　实功与虚功示意图

当 P_1 达到定值不再增加时，如有另外的荷载（譬如 B 端新作用一力偶 M）或其他别的什么因素作用（如温度改变、支座移动），使梁产生新的变形 y_2 和挠度 Δ_2 时，此时力 P_1 在别的荷载或者其他外在因素引起的位移 Δ_2 上所作的功，称为虚功。虚功属于一种常力功，其大小为

$$W_w = P_1 \Delta_2$$

由于虚功中作功的两个因素力与位移彼此无关，可以虚设其中的任意一个因素，即有时可虚设某一位移或虚拟某一力系，因此在解决某些问题时，应用虚功比实功更为方便和有效。

表 4 - 1　　　　　　　　　　　　简单荷载作用下梁的转角和挠度

支承和荷载情况	梁端转角	最大挠度	挠曲线方程式
	$\theta_B = \dfrac{Fl^2}{2EI_z}$	$y_{max} = \dfrac{Fl^3}{3EI_z}$	$y = \dfrac{Fx^2}{6EI_z}(3l - x)$
	$\theta_B = \dfrac{Fa^2}{2EI_z}$	$y_{max} = \dfrac{Fa^2}{6EI_z}(3l - a)$	$y = \dfrac{Fx^2}{6EI_z}(3a - x),\ 0 \leqslant x \leqslant a$ $y = \dfrac{Fa^2}{6EI_z}(3x - a),\ a \leqslant x \leqslant l$
	$\theta_B = \dfrac{ql^3}{6EI_z}$	$y_{max} = \dfrac{ql^4}{8EI_z}$	$y = \dfrac{qx^2}{24EI_z}(x^2 + 6l^2 - 4lx)$
	$\theta_B = \dfrac{M_e l}{EI_z}$	$y_{max} = \dfrac{M_e l^2}{2EI_z}$	$y = \dfrac{M_e x^2}{2EI_z}$
	$\theta_A = -\theta_B = \dfrac{Fl^2}{16EI_z}$	$y_{max} = \dfrac{Fl^3}{48EI_z}$	$y = \dfrac{Fx}{48EI_z}(3l^2 - 4x^2),\ 0 \leqslant x \leqslant \dfrac{l}{2}$

续表

支承和荷载情况	梁端转角	最大挠度	挠曲线方程式
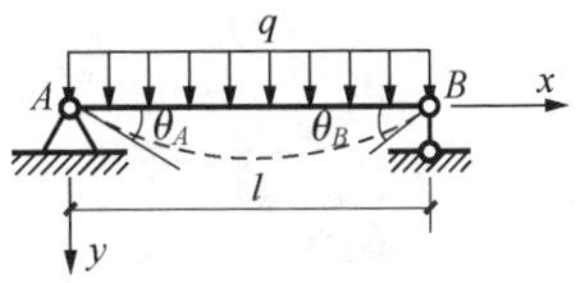	$\theta_A = -\theta_B = \dfrac{ql^3}{24EI_z}$	$y_{max} = \dfrac{5ql^4}{384EI_z}$	$y = \dfrac{qx}{24EI_z}\,(l^2 - 2lx^2 + x^3)$
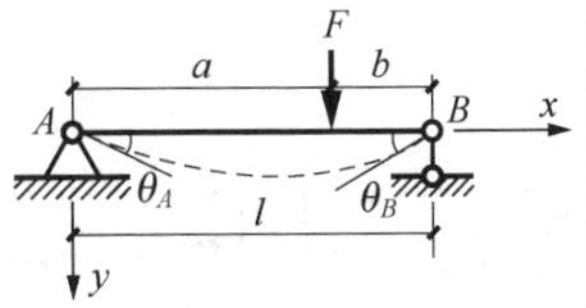	$\theta_A = \dfrac{Fab\,(l+b)}{6lEI_z}$ $\theta_B = \dfrac{-Fab\,(l+a)}{6lEI_z}$	$y_{max} = \dfrac{Fb}{9\sqrt{3}lEI}\,(l^2-b^2)^{3/2}$ 在 $x = \dfrac{\sqrt{l^2-b^2}}{3}$ 处	$y = \dfrac{Fbx}{6lEI_z}\,(l^2-b^2-x^2)\,x,\ 0\leqslant x\leqslant a$ $y = \dfrac{F}{EI_z}\left[\dfrac{b}{6l}\,(l^2-b^2-x^2)\,x + \dfrac{1}{6}\,(x-a)^3\right],\ a\leqslant x\leqslant l$
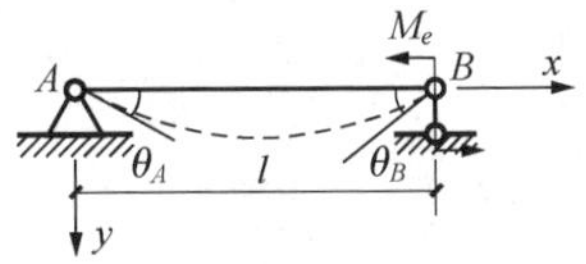	$\theta_A = \dfrac{M_e l}{6EI_z}$ $\theta_B = -\dfrac{M_e l}{3EI_z}$	$y_{max} = \dfrac{M_e l^2}{9\sqrt{3}EI_z}$ 在 $x = \dfrac{l}{\sqrt{3}}$ 处	$y = \dfrac{M_e x}{6lEI_z}\,(l^2-x^2)$

二、变形体的虚功原理

图 4 - 13 所示简支梁 AB 在第一组荷载 P_1 作用下，在 P_1 作用点沿 P_1 方向产生的位移记为 Δ_{11}。位移 Δ 的第一个下标表示位移的地点和方向，第二下标表示引起位移的原因。当第一组荷载 P_1 作用于结构，并达到稳定平衡以后，再加上第二组荷载 P_2，这时结构将继续变形，而引起 P_1 作用点沿 P_1 方向产生新的位移 Δ_{12}，同时 P_2 作用点沿 P_2 方向产生位移 Δ_{22}。P_1 在 Δ_{12} 位移上做的虚功，以 W_{12} 表示，则

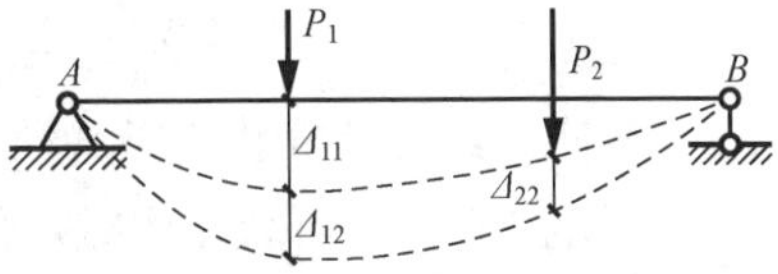

图 4 - 13 力和相应的位移

$$W_{12} = P_1\Delta_{12}$$

式中：W_{12} 为 P_1 力在由于 P_2 所引起的在 P_1 作用点的位移上做的功，这种外力在其他因素（如其他力系、温度变化、支座位移或制造误差等）引起的位移上所做的虚功，称为外力虚功。

在 P_2 加载过程中，简支梁 AB 由于第一组荷载 P_1 作用产生的内力亦将在第二组荷载 P_2 作用产生的内力所引起的相应变形上做虚功，称为内力虚功，用 W_{12}' 表示。

变形体虚功原理表明：结构的第一组外力在第二组外力所引起的位移上所做的外力虚功等于第一组内力在第二组内力所引起的变形上所作的内力虚功。即

$$W_{12}(\text{外力虚功}) = W_{12}'(\text{内力虚功}) \tag{4-10}$$

在上述情况中，两组力 P_1 和 P_2 是彼此独立无关的。

三、单位荷载法计算位移和位移计算的一般公式

如图 4 - 14（a）所示结构，荷载、支座移动等各种因素作用下引起的位移如图中细实线所示。若欲求横梁上 K 点沿 $n-n$ 方向的位移 Δ_K，此时位移状态是真实的；依据虚功原理，现在缺少作虚功的力系。为此，虚设力状态如图 4 - 14（b）所示，不相关的虚反力图中未画出。

由图 4 - 14（a）、（b）可得外力虚功为

$$W_w = 1 \times \Delta_K + \sum \overline{R}C$$

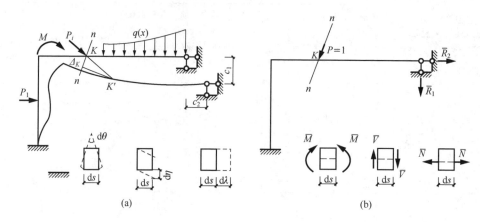

(a)   (b)

图 4 - 14 刚架的位移状态和力状态

（a）位移状态；（b）虚拟力状态

内力在变形位移上所作虚功为

$$W_n = \sum \int \overline{M} d\theta + \sum \int \overline{V} d\eta + \sum \int \overline{N} d\lambda$$

式中：$\overline{M}$、$\overline{V}$、$\overline{N}$为单位力作用下微段的截面内力；$d\theta$、$d\eta$、$d\lambda$ 为微段的变形位移。虚单位荷载引起的内力与变形位移彼此无关，其乘积$\overline{M}d\theta$、$\overline{V}d\eta$、$\overline{N}d\lambda$ 为微段的内力变形虚功，积分表示沿杆长的和，$\sum$表示全结构杆件的总和。于是结构位移的一般公式为

$$1 \times \Delta_K + \sum \int \overline{R} \cdot C = \sum \int \overline{M} d\theta + \sum \int \overline{V} d\eta + \sum \int \overline{N} d\lambda \tag{4 - 11}$$

1. 静定结构荷载作用下的位移计算

当结构上仅有荷载作用时，位移计算公式为

$$1 \times \Delta_K = \sum \int \overline{M} d\theta_P + \sum \int \overline{V} d\eta_P + \sum \int \overline{N} d\lambda_P \tag{4 - 12}$$

式中荷载引起的变形位移，见图 4 - 15，应为

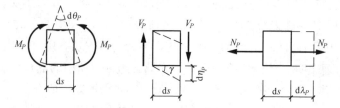

图 4 - 15 荷载引起的变形位移

$$d\theta_P = \frac{M_P}{EI} ds$$

$$d\eta_P = \gamma ds = \frac{\tau}{G} ds = k \frac{V_P}{GA} ds$$

$$d\lambda_P = \frac{N_P}{EI} ds$$

代入式（4 - 12）后，为

$$\Delta_{KP} = \sum \int \frac{\overline{M}M_P}{EI}\mathrm{d}s + \sum \int \frac{k\,\overline{V}V_P}{GA}\mathrm{d}s + \sum \int \frac{\overline{N}N_P}{EA}\mathrm{d}s \qquad (4 - 13)$$

荷载引起的位移包括三项：弯曲变形引起的位移、剪切变形引起的位移、轴向变形引起的位移。式中$\overline{M}$、$\overline{V}$、$\overline{N}$代表虚设状态中由广义单位虚荷载所产生的虚内力；M_P、V_P、N_P则代表原结构由于实际荷载作用所产生的内力。三项积分再求和，具体计算很麻烦，由于结构型式不同，考虑的主要变形也不同，式（4 - 13）可简化为：

（1）梁和刚架。在梁和刚架中，弯曲变形是主要的。轴向变形和剪切变形的影响一般都很小，可以略去不计

$$\Delta_{KP} = \sum \int \frac{\overline{M}M_P}{EI}\mathrm{d}s \qquad (4 - 14)$$

（2）桁架。在桁架中，杆件只有轴向变形，而且每一杆件的轴力和截面都沿杆长 l 不变，故其位移计算公式简化为

$$\Delta_{KP} = \sum \int \frac{\overline{N}N_P}{EA}\mathrm{d}s = \sum \frac{\overline{N}N_P}{EA}\int \mathrm{d}s = \sum \frac{\overline{N}N_P}{EA}l \qquad (4 - 15)$$

（3）拱及组合结构。通常取 1、3 项

$$\Delta_{KP} = \sum \int \frac{\overline{M}M_P}{EI}\mathrm{d}s + \sum \int \frac{\overline{N}N_P}{EA}\mathrm{d}s \qquad (4 - 16)$$

实体拱，通常只取第 1 项，即仅考虑弯矩对位移的影响。

2. 静定结构支座移动时的位移计算

静定结构支座移动时产生位移，但不引起内力。于是式（4 - 11）右边各项为零。因此公式化为

$$\Delta_{KC} = -\sum \overline{R} \cdot C \qquad (4 - 17)$$

这种利用虚功原理求结构位移的方法称为单位荷载法。应用这个方法每次只能求得一个位移。在计算时，虚设单位荷载的指向可以任意假定，若按上述公式计算出来的结果是正的，就表示实际位移的方向与虚设单位荷载的方向相同，否则相反。这时因为公式中的左边一项 Δ 实际上为虚设单位荷载所作的虚功，若计算结果为负，则表示虚设单位荷载的虚功为负，即位移的方向与虚设单位荷载的方向相反。

单位荷载法不仅可用来计算结构的线位移，而且可用来计算其他性质的位移，只要虚拟状态中的单位荷载为与所求位移相应的广义力即可。现举出几种典型的虚拟状态如下：

（1）当求结构的某两点 A、B 沿其连线方向的相对线位移时，可在该两点沿其连线加上两个方向相反的单位荷载，如图 4 - 16（a）、（b）所示。

（2）当求梁或刚架某一截面 K 的角位移时，可在该截面处加上一个单位力偶，如图 4 - 16（c）所示；但求桁架中某一杆件 i 的角位移时，则应加一个单位力偶，见图 4 - 16（d），构成单位力偶的每一个集中力为 $1/l_i$，各作用于该杆的两端并须与该杆垂直，这里的 l_i 为杆件 i 的长度。

（3）当求梁或刚架上两个截面的相对角位移时，可在这两个截面上加两个方向相反的单位力偶，例如图 4 - 16（e）所示为求铰 C 处左右两侧截面的相对角位移的虚设状态；当求桁架中两根杆件相对角位移时，则应加两个方向相反的单位力偶，例如图 4 - 16（f）为求 i、j 两杆的相对转角的虚设状态。

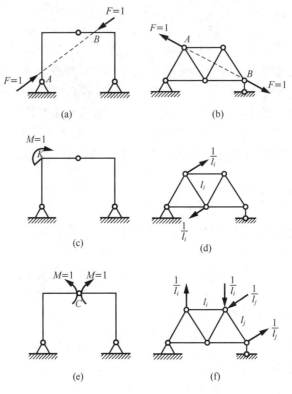

图 4 - 16　几种典型的虚拟状态

【例 4 - 4】　试求图 4 - 17（a）等截面简支梁中点 C 的竖向位移 Δ_{CV}。已知 EI＝常数。

解　（1）建立虚设状态。即在 C 点加一竖向单位荷载，如图 4 - 17（b）所示。

（2）列出实际荷载和单位荷载作用下梁的弯矩方程。设以 A 为坐标原点，则当 $0 \leqslant x \leqslant \dfrac{l}{2}$ 时，有

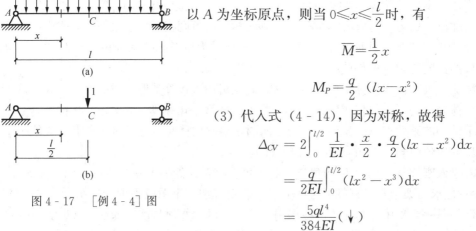

$$\overline{M} = \frac{1}{2}x$$

$$M_P = \frac{q}{2}(lx - x^2)$$

（3）代入式（4 - 14），因为对称，故得

$$\Delta_{CV} = 2\int_0^{l/2} \frac{1}{EI} \cdot \frac{x}{2} \cdot \frac{q}{2}(lx - x^2)\,\mathrm{d}x$$

$$= \frac{q}{2EI}\int_0^{l/2}(lx^2 - x^3)\,\mathrm{d}x$$

$$= \frac{5ql^4}{384EI}(\downarrow)$$

图 4 - 17　［例 4 - 4］图

计算结果为正，说明 C 点竖向位移的方向与虚设单位荷载的方向相同，即为向下。

【例 4 - 5】　试求图 4 - 18（a）所示结构 C 端的水平位移 Δ_{CH} 和角位移 θ_C。已知 EI 为一常数。

解　1. 求 C 端的水平位移 Δ_{CH}

（1）建立虚设状态。在 C 点加上一水平单位荷载，其方向取为向左，如图 4-18（c）所示。

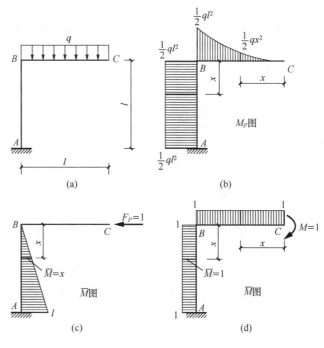

图 4-18　［例 4-5］图

（2）列两种状态下的弯矩方程。

横梁 BC 上　$\overline{M}=0$，$M_P=-\dfrac{1}{2}qx^2$

竖柱 AB 上　$\overline{M}=x$，$M_P=-\dfrac{1}{2}ql^2$

（3）代入式（4-14），得 C 端水平位移为

$$\Delta_{CH}=\sum\int\frac{\overline{M}M_P}{EI}\mathrm{d}x=\frac{1}{EI}\int_0^l x\cdot\left(-\frac{1}{2}ql^2\right)\mathrm{d}x=-\frac{ql^4}{4EI}(\rightarrow)$$

计算结果为负，表示实际位移与所设虚拟单位荷载的方向相反，即为向右。

2. 求 C 端的角位移 θ_C

（1）建立虚设状态。在 C 点加上一单位力偶，其方向取为顺时针方向，如图 4-18（d）所示。

（2）列两种状态下的弯矩方程。

横梁 BC 上　$\overline{M}=-1$，$M_P=-\dfrac{1}{2}qx^2$

竖柱 AB 上　$\overline{M}=-1$，$M_P=-\dfrac{1}{2}ql^2$

（3）代入式（4-14），得 C 端的角位移为

$$\theta_C=\frac{1}{EI}\int_0^l(-1)\left(-\frac{1}{2}qx^2\right)\mathrm{d}x+\frac{1}{EI}\int_0^l(-1)\left(-\frac{1}{2}ql^2\right)\mathrm{d}x=\frac{2ql^3}{3EI}(\downarrow)$$

计算结果为正，表示 C 端转动的方向与虚拟力偶的方向相同，即为顺时针方向转动。

【例 4 - 6】 图 4 - 19（a）为静定平面刚架。当支座 A 发生移动和转动时，求 C 点竖向位移 Δ_{CV} 及角位移 θ_C。

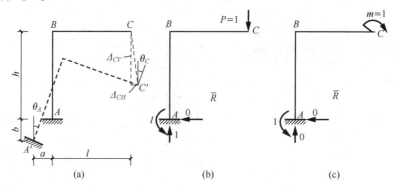

图 4 - 19 ［例 4 - 6］图

解　（1）求 Δ_{CV}。虚设单位力和单位力 $P=1$ 引起的支座反力如图 4 - 19（b）所示。由式（4 - 17）得

$$\Delta_{CV}=-\sum \overline{R}\cdot C=-（0\times a-1\times b-l\theta_A）=b+l\theta_A$$

（2）求 θ_C。求 C 截面转角时，在 C 点加单位力偶 $m=1$，并计算 m 所引起的单位反力，见图 4 - 19（c）。按式（4 - 17）计算

$$\theta_C=-\sum \overline{R}\cdot C=-（-1\times\theta_A）=\theta_A$$

四、图乘法计算梁和刚架的位移

在求梁和刚架的位移时，经常遇到如下的积分公式

$$\Delta_{KP}=\sum\int\frac{\overline{M}M_P}{EI}\mathrm{d}s$$

在结构的杆件数目较多，荷载较复杂的情况下，上述积分的计算工作是比较麻烦的，但是在一定条件下，上述积分可以得到简化。其条件是：

（1）$\overline{M}$ 和 M_P 两弯矩图中至少有一个是直线图形；

（2）杆轴为直线；

（3）杆件抗弯刚度 EI 为常数。

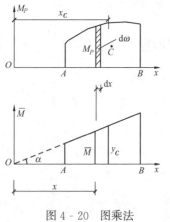

图 4 - 20 图乘法

实际工程结构中，梁和刚架的杆件多为直杆，而且是等截面的。对于等截面直杆，后两个条件自然满足，至于第三个条件，虽然 M_P 图在受到分布荷载作用时将成为曲线形状，但其 $\overline{M}$ 图却总是由直线所组成的，这时只要分段考虑就可得到满足。于是，对于等截面直杆（包括截面分段变化的杆件）所构成的梁和刚架，在位移计算中，均可采用图乘法代替积分运算。

现以图 4 - 20 所示同一杆段上的两个弯矩图来说明图乘法与积分运算之间的关系。假设 M_P 图为任意形状图形，而 $\overline{M}$ 图为斜直线，将此斜直线延长与 x 轴相交得 O 点，以此点为坐标原点，建立直角坐标系如图所示。由 $\overline{M}$ 图可知

$$\overline{M}=x\tan\alpha$$

则

$$\int \frac{\overline{M}M_P}{EI}\mathrm{d}s = \frac{1}{EI}\int_A^B x\tan\alpha M_P\mathrm{d}x = \frac{\tan\alpha}{EI}\int_A^B xM_P\mathrm{d}x = \frac{\tan\alpha}{EI}\int_A^B x\mathrm{d}\omega = \frac{\tan\alpha}{EI}\omega x_C = \frac{\omega y_C}{EI}$$

式中：$x\mathrm{d}\omega$ 为荷载弯矩图的微面积 $d\omega$ 对 M_P 轴的静矩，则 $\int_A^B x\mathrm{d}\omega$ 为荷载弯矩图的全面积 ω 对 M_P 轴的静矩，积分的上下标 AB 表示沿杆长积分；x_C 为荷载弯矩图形心的水平坐标；y_C 为与荷载弯矩图形心 C 对应的单位弯矩图的纵坐标。

将上述推证结果代入式（4 - 14），得到图乘法求位移的基本公式

$$\Delta_{KP} = \sum \frac{\omega y_C}{EI} \tag{4 - 18}$$

上式表明，积分式 Δ_{KP} 之值就等于一个弯矩图的面积 ω，乘以其形心处所对应的另一直线弯矩图上的纵标 y_C 再除以 EI，如果有多根杆件尚须求和。这就是图形相乘法简称图乘法。

应用图乘法时应注意以下几点：

（1）必须符合上述图乘的三个条件；

（2）纵坐标 y_C 应从直线图形上取得；

（3）ω 与 y_C 相乘时，如二者在基线的同侧为正，反之为负。

在进行图乘时常用的几种图形的面积及形心位置，见图 4 - 21，以备查用。各抛物线图形的公式在应用时，必须注意在顶点处的切线应与基线平行（标准抛物线）。

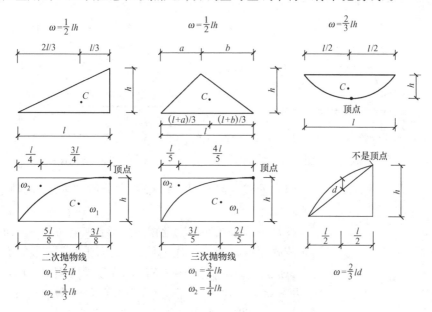

图 4 - 21　图形的面积和形心

当图乘时，在图形比较复杂情况下，往往不易直接确定某一图形的面积 ω 或形心位置时，这时采用叠加的方法较简便。即将图形分成为几个易于确定面积或形心位置的部分，分别用图乘法计算，其代数和即为两图形相乘值，常碰到的有下列几种情况：

（1）若两弯矩图中某段都为梯形，如图 4 - 22 所示。图乘时可不必求梯形的形心，而将梯形分解为两个三角形（或一个矩形一个三角形），分别相乘后取其代数和，则有

$$\omega y_C = \omega_1 y_1 + \omega_2 y_2$$

其中
$$\omega_1 = \frac{1}{2}al, \quad \omega_2 = \frac{1}{2}bl$$
$$y_1 = \frac{2}{3}c + \frac{1}{3}d, \quad y_2 = \frac{1}{3}c + \frac{2}{3}d$$

（2）若弯矩图为折线，则应将折线分成几段直线，分图别图乘后取其代数和，如图 4 - 23 所示。

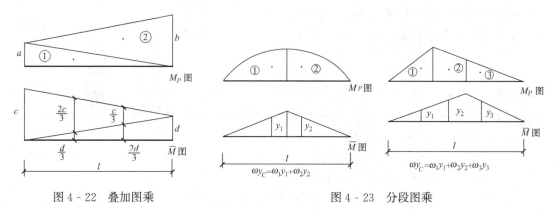

图 4 - 22 叠加图乘   图 4 - 23 分段图乘

（3）若两弯矩图中有一个其一部分为零，如图 4 - 24 所示，则可分为两段，分别图乘后取其代数和。

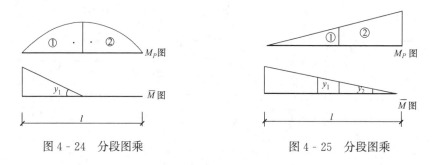

图 4 - 24 分段图乘   图 4 - 25 分段图乘

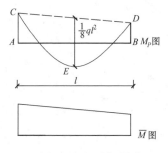

图 4 - 26 叠加图乘

（4）等截面阶梯杆，应按刚度分段图乘后取其代数和，见图 4 - 25。

（5）一般形式的二次抛物线图形相乘，如图 4 - 26 所示。因均布荷载而引起的为二次抛物线弯矩图，此图形的面积可分解为由 $ABCD$ 梯形与抛物线 CED 的面积叠加而得。因此，可以将 M_P 图分解为上述两个图形（梯形和抛物线图形）分别与 $\overline{M}$（梯形）相乘，然后，取其代数和，即得其所求结果。

【例 4 - 7】 用图乘法求图 4 - 27（a）所示梁中点挠度与 A 截面转角。EI 为常数。

解 （1）建立虚设状态。即分别在梁的中点加单位力 $P=1$、在 A 截面上加单位力偶 $m=1$，如图 4 - 27（b）、（c）所示。

（2）分别作荷载弯矩图 M_P 和单位力的弯矩图 $\overline{M}$。如图 4 - 27（a）、（b）、（c）所示。

（3）进行图形相乘，则得

$$y_{中}=\frac{2}{EI}\Big[\Big(\frac{2}{3}\times\frac{l}{2}\times\frac{1}{8}ql^2\Big)\Big(\frac{5}{8}\times\frac{l}{4}\Big)\Big]=\frac{5ql^4}{384EI}\quad(\downarrow)$$

$$\theta_A=\frac{1}{EI}\Big(\frac{2}{3}\times\frac{1}{8}ql^2\times l\times\frac{1}{2}\Big)=\frac{ql^3}{24EI}$$

图形相乘所得结果与［例 4 - 2］用积分计算的结果完全一样。

【例 4 - 8】 试求图 4 - 28 所示的梁在已知荷载作用下，A 截面的角位移 θ_A 及 C 点的竖向线位移 Δ_{CV}。EI 为常数。

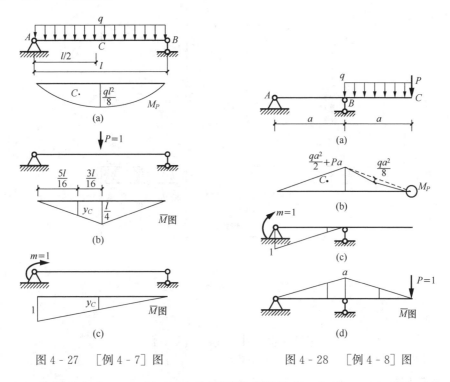

图 4 - 27　［例 4 - 7］图　　　　　　图 4 - 28　［例 4 - 8］图

解　(1) 分别建立在 $m=1$ 及 $P=1$ 作用下的虚设状态。如图 4 - 28 (c)、(d) 所示。

(2) 分别作荷载作用和单位力作用下的弯矩图。如图 4 - 28 (b)、(c)、(d) 所示。

(3) 图形相乘。将 (b) 图与 (c) 图相乘，则得

$$\theta_A=-\frac{1}{EI}\Big[\frac{1}{2}\times a\times\Big(\frac{1}{2}qa^2+Pa\Big)\times\frac{1}{3}\times 1\Big]$$

$$=-\frac{a}{6EI}\Big(Pa+\frac{1}{2}qa^2\Big)$$

结果为负值，表示 θ_A 的方向与假设 $m=1$ 的方向相反。

计算 Δ_{CV} 时，将图 4 - 28 (b) 与图 4 - 28 (d) 相乘，这里必须注意的是 M_P 图 BC 段的弯矩图是非标准抛物线，所示图乘时不能直接代入公式，应将此部分的面积分解为两部分分别图乘，然后叠加，则得

$$\Delta_{CV}=\frac{1}{EI}\Big[\frac{1}{2}\times a\times\Big(\frac{1}{2}qa^2+Pa\Big)\times\frac{2a}{3}\times 2-\frac{2}{3}\times a\times\frac{1}{8}qa^2\times\frac{a}{2}\Big]$$

$$=\frac{1}{EI}\Big(\frac{2}{3}Pa^3+\frac{7}{24}qa^4\Big)\quad(\downarrow)$$

【例 4 - 9】　用图乘法求图 4 - 29 所示刚架 D 点的水平位移 Δ_{DH}，已知横梁 BC 刚度为 $2EI$，柱 AB 与 CD 刚度为 EI。

解　(1) 建立虚设状态。即在 D 点沿水平方向加单位力 $P=1$，如图 4 - 29 (b) 所示。

(2) 分别作荷载作用和单位力作用下的弯矩图。如图 4 - 29 (c)、(d) 所示。

(3) 图形相乘。将图 4 - 29 (c) 与图 4 - 29 (d) 相乘，则得

$$\Delta_{DH}=\frac{1}{EI}\left(\frac{1}{2}\times144\times6\times4+\frac{2}{3}\times36\times6\times3\right)+\frac{1}{2EI}\times\frac{1}{2}\times144\times8\times6=\frac{3888}{EI}$$

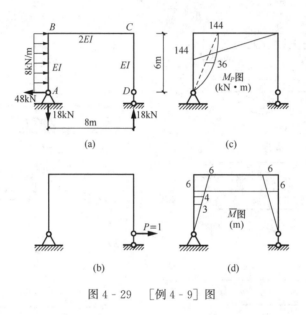

图 4 - 29　〔例 4 - 9〕图

第四节　刚　度　校　核

一、刚度条件

为了保证结构的正常工作，在满足强度条件的同时，还要满足刚度条件，即要求结构的最大位移值控制在国家现行结构设计规范允许的范围内。一般结构的刚度条件为

$$\Delta_{\max}\leqslant[\Delta] \tag{4-19}$$

或

$$\frac{\Delta_{\max}}{l}\leqslant\left[\frac{\Delta}{l}\right] \tag{4-20}$$

式中：$\Delta_{\max}$ 为结构的最大线位移；$[\Delta]$ 为结构设计规范规定的最大许用线位移；$\dfrac{\Delta_{\max}}{l}$ 为结构的最大相对线位移；$\left[\dfrac{\Delta}{l}\right]$ 为结构设计规范规定的最大许用相对线位移。

不同结构规范给定的许用值不同，例如《钢结构设计标准》（GB 50017—2017）中规定：

屋盖檩条　　　　　$[\Delta]=\dfrac{l}{150}\sim\dfrac{l}{240}$ （l—跨度）

楼盖中梁　　　　　　　　$[\Delta]=\dfrac{l}{400}$

一般梁　　　　　　　　　$[\Delta]=\dfrac{l}{250}$

吊车梁　　　　　　　　　$[\Delta]=\dfrac{l}{500}\sim\dfrac{l}{1000}$

《混凝土结构设计规范》（GB 50010—2010），对受弯构件许用挠度的规定为：

吊车梁　　$[\Delta]=\dfrac{l_0}{500}\sim\dfrac{l_0}{600}$

屋盖、楼盖及楼梯构件

当 l_0（计算跨度）$<7\text{m}$ 时　　$[\Delta]=\dfrac{l_0}{200}\sim\dfrac{l_0}{250}$

当 $7\text{m}\leqslant l_0\leqslant 9\text{m}$ 时　　$[\Delta]=\dfrac{l_0}{250}\sim\dfrac{l_0}{300}$

当 $l_0>9\text{m}$ 时　　$[\Delta]=\dfrac{l_0}{300}\sim\dfrac{l_0}{400}$

此外，上述规范中均规定：计算悬臂构件的许用挠度时，其计算跨度 l_0 按实际悬臂长度的两倍取用。

二、刚度校核

一般荷载作用下，若构件截面高度不小于某规定值$\left(\text{简支板 } h\geqslant\dfrac{l}{35}\text{，悬臂板 } h\geqslant\dfrac{l}{12}\text{；独}\right.$

立简支梁 $h\geqslant\dfrac{l}{12}$，悬臂梁 $\left.h\geqslant\dfrac{l}{6}\right)$ 时，在满足强度条件情况下，同时也能满足刚度条件，这种情况将不必再作刚度验算。但对刚度要求高的梁或按强度条件选择的截面过于单薄，则需要进一步作刚度校核。

【例 4-10】　一跨长 $l=4\text{m}$ 的简支梁，受集度 $q=$
10kN/m 的均布荷载和 $P=20\text{kN}$ 的集中荷载的作用，如图 4-30（a）所示。梁由两个槽钢组成。设钢材的弯曲强度设计值 $f=215\text{MPa}$，弹性模量 $E=210\text{GPa}$；梁的许用挠度 $[\Delta]=\dfrac{l}{400}$，试选择槽钢的型号。

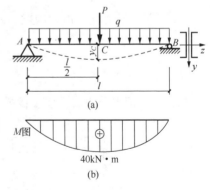

解　（1）按正应力强度条件选择截面。梁的弯矩图如图 4-30（b）所示，最大弯矩为

$$M_{max}=40\text{kN}\cdot\text{m}$$

由强度条件，该梁所需的抗弯截面系数为

$$W_z=\frac{M_{max}}{f}=\frac{40\times 10^6}{215}=186\times 10^3\ (\text{mm}^3)$$

$$\frac{W_z}{2}=93\times 10^3\text{mm}^3$$

图 4-30　[例 4-10] 图

查型钢表，选用 16a 号槽钢，其

$$W_z=108.3\times 10^3\text{mm}^3,\quad I_z=866.2\times 10^4\text{mm}^4。$$

（2）校核梁的刚度。梁的最大挠度 Δ_{max} 发生在梁跨中点 C 处。用叠加法求得其值为

$$\Delta_{max} = y_C = \frac{Pl^3}{48E\,(2I_z)} + \frac{5ql^4}{384E\,(2I_z)}$$

$$= \frac{20 \times 10^3 \times 4^3 \times 10^9}{48 \times 210 \times 10^3 \times 2 \times 866.2 \times 10^4} + \frac{5 \times 10 \times 4^4 \times 10^{12}}{384 \times 210 \times 10^3 \times 2 \times 866.2 \times 10^4}$$

$$= 7.33 + 9.16 = 16.49 \ (mm)$$

梁的许用挠度为

$$[\Delta] = \frac{4 \times 10^3}{400} = 10 \ (mm)$$

可见

$$\Delta_{max} > [\Delta]$$

选用 16a 号槽钢不满足刚度条件。

（3）按刚度条件重新选择截面。由刚度条件

$$\Delta_{max} = \frac{Pl^3}{48EI_z} + \frac{5ql^4}{384EI_z} \leqslant [\Delta]$$

可得

$$I_z \geqslant \frac{Pl^3}{48E\,[\Delta]} + \frac{5ql^4}{384E\,[\Delta]} = \frac{20 \times 10^3 \times 4^3 \times 10^9}{48 \times 210 \times 10^3 \times 10} + \frac{5 \times 10 \times 4^4 \times 10^{12}}{384 \times 210 \times 10^3 \times 10}$$

$$= 1270 \times 10^4 + 1587 \times 10^4 = 2857 \times 10^4 \ (mm^4)$$

$$I_{z单} = \frac{I_z}{2} = 1429 \times 10^4 \, mm^4$$

查型钢表，选用 18b 号槽钢，其 $I_z = 1370 \times 10^4 \, mm^4$。通过计算得知，梁的最大挠度为

$$\Delta_{max} = y_C = 10.42 mm$$

超出许用挠度的百分数为

$$\frac{\Delta_{max} - [\Delta]}{[\Delta]} = \frac{10.42 - 10}{10} = 4.2\%$$

未超过 5%，这是允许的。因此，最后选用 18b 号槽钢。

习 题

4-1 用积分法求下列悬臂梁自由端截面的转角和挠度，见图 4-31。

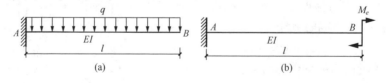

图 4-31 题 4-1 图

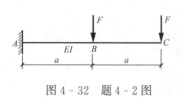

图 4-32 题 4-2 图

4-2 试用叠加法求图 4-32 梁自由端截面的挠度和转角。EI 为常数。

4-3 试求图 4-33 桁架结点 B 的竖向位移，已知桁架各杆的 $EA = 21 \times 10^4 kN$。

4 - 4　试用图乘法求图 4 - 34 结构中 B 处的转角和 C 处的竖向位移。EI＝常数。

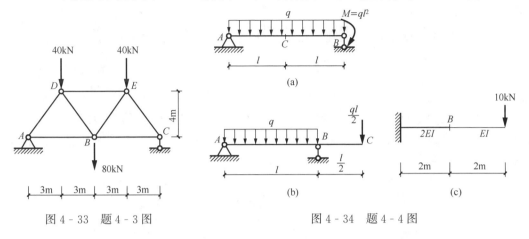

图 4 - 33　题 4 - 3 图　　　　　图 4 - 34　题 4 - 4 图

4 - 5　用图乘法计算图 4 - 35 结构指定截面的位移。

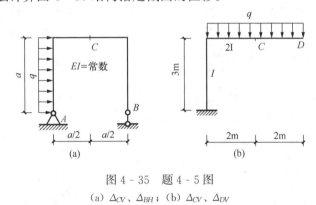

图 4 - 35　题 4 - 5 图

(a) Δ_{CV}、Δ_{BH}；(b) Δ_{CV}、Δ_{DV}

4 - 6　一工字形钢的简支梁，梁上荷载如图 4 - 36 所示，已知 $l＝6\text{m}$，$F＝10\text{kN}$，$q＝4\text{kN/m}$，$[\Delta]＝\dfrac{l}{400}$，工字钢的型号为 20b，钢材的弹性模量 $E＝2×10^5\text{MPa}$，试校核梁的刚度。

4 - 7　如图 4 - 37 所示一悬臂的工字梁，长度 $l＝4\text{m}$，在自由端受集中力 $P＝10\text{kN}$ 的作用。已知钢的抗弯强度设计值 $f＝215\text{MPa}$，弹性模量 $E＝210\text{GPa}$；梁的许用挠度 $[\Delta]＝\dfrac{l}{400}$。试选择工字钢的型号。

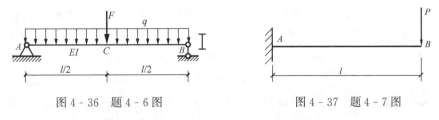

图 4 - 36　题 4 - 6 图　　　　　图 4 - 37　题 4 - 7 图

4 - 8　有一等直径松木桁条，跨长 $l＝4\text{m}$，两端搁置在桁架上可视为简支梁，全跨上作用有集度为 $q＝1.82\text{kN/m}$ 的均布荷载。已知松木的抗弯强度设计值 $f＝10\text{MPa}$，弹性模量 $E＝10\text{GPa}$；桁条的许用挠度 $[\Delta]＝\dfrac{l}{200}$。试求此桁条横截面所需直径。

第五章　超静定结构内力计算、影响线

本章讨论了用力法、位移法及力矩分配法求解超静定结构，影响线。力法部分重点介绍结构超静定次数的确定，力法的基本概念和基本原理；位移法部分主要介绍基本原理、基本结构、基本体系和算例；力矩分配法部分重点介绍了分配和传递的过程，影响线的绘制及应用。

第一节　超静定结构与超静定次数判定

一、超静定结构的组成

工程实例－一个
倒塌的建筑

超静定结构从几何组成上分析是几何不变，但存在多余约束的体系；从受力方面分析它的反力与内力，仅凭静力平衡方程是不能完全确定的，这是超静定结构的主要特征。

超静定结构的多余约束可能存在于结构内部，也可能存在于结构外部，而且也不是固定不变的，视选择而不同。如图 5-1 (a) 所示超静定梁是外部存在多余约束，既可视 B 支座为多余约束，见图 5-1 (b)，也可把 C 支座视为多余约束，见图 5-1 (c)。

如图 5-2 (a) 所示为内部存在多余约束的超静定桁架。既可视 CD 杆为多余约束，见图 5-2 (b)，也可把 CF 视作多余约束，见图 5-2 (c)。

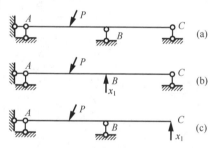

图 5-1　超静定梁及其
多余未知力表示方法

与多余约束相对应的力是多余约束力。多余约束力通常是未知的，故又称多余未知力。在力法中把多余未知力一律用 x_i 符号表示。

二、超静定次数的确定

超静定结构中的多余约束或多余未知力的个数即结构的超静定次数。超静定次数可以这样确定：从超静定结构中去掉多余约束，使原结构变为静定结构，所去掉的多余约束个数，即为结构的超静定次数

超静定次数（n）＝ 多余约束的个数

解除多余约束，使超静定结构变为静定结构是确定超静定次数的直接方法。除去多余约束的方式，通常有以下几种：

（1）去链杆的方法。去掉一个链杆、二个链杆、一个固定端支座，相当于去掉一个、二个、三个约束。如图 5-3 (b) 所示。

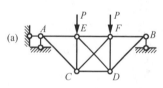

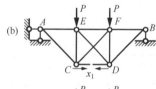

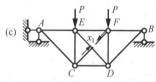

图 5-2　超静定桁架及
其多余未知力表示方法

（2）加铰（单铰）的方法。将刚结点改为铰结点，或在连续杆上插入一个单铰，相当于去掉一个约束。如图 5 - 3（c）、图 5 - 4（c）所示。

（3）去铰的方法。去掉一个连接两刚片的铰，相当于去掉两个约束。如图 5 - 4（b）所示。

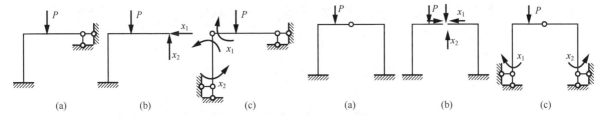

图 5 - 3　原超静定结构与相应的静定结构　　　　图 5 - 4　原超静定结构与相应的静定结构

（4）切断的方法。切断一根链杆，相当于去掉一个约束，如图 5 - 5（b）所示；切断一根连续杆，相当于去掉三个约束，如图 5 - 6（b）、（c）所示。

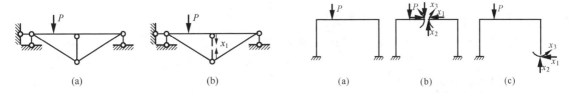

图 5 - 5　原超静定结构与相应的静定结构　　　　图 5 - 6　原超静定结构与相应的静定结构

应用上述去掉多余约束的方法，可以确定任何结构的超静定次数。

举例说明超静定次数的判定方法：

如图 5 - 7（a）所示桁架，如去掉与地面相联的三个支座链杆后，则两个刚片是用四根链杆铰接而成，见图 5 - 7（b）。所以，这个桁架内部存在一个多余约束。从这四根链杆中去掉哪一根都可以。为了保持结构的对称性，如果去掉一个水平杆，则得到图 5 - 7（c）所示的静定结构，所以原桁架的超静定次数为 $n=1$。

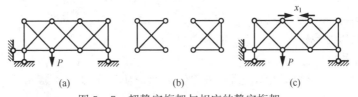

图 5 - 7　超静定桁架与相应的静定桁架

图 5 - 8（a）为有封闭框的刚架。为使其变为静定结构，在连续杆上作四个切口，得图 5 - 8（b）所示三个独立柱形式的静定结构，每个切口相当于去掉三个内部约束，所去掉的约束总数为 12，故图 5 - 8（a）的超静定刚架其超静定次数 $n=12$。

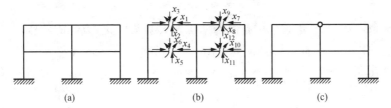

图 5 - 8　带闭合框的超静定结构及相应的静定结构

若在图 5 - 8 (a) 柱顶端与横梁交结处有一铰结点，见图 5 - 8 (c)，它的超静定次数如何确定呢？

在连续杆上插入一个单铰相当于去掉一个约束，现在柱顶处为一复铰（与三杆相联），该复铰相当于两个单铰。与图 5 - 8 (a) 刚结点相比，插入这样一个复铰相当于去掉两个约束，因此图 5 - 8 (c) 所示刚架的超静定次数 $n=10$。

第二节 力法计算超静定结构

前已提及，超静定结构的最主要特征是存在多余约束与多余未知力。若多余未知力能设法首先求出，则其余的反力和内力计算即与静定结构的计算相同。可是超静定结构的多余未知力是不能用静力平衡方程求出的，它必须考虑多余约束处的变形条件，才能求得确定解答。这种以多余未知力作为基本未知量，根据已知变形条件，求解多余未知力的方法，称为力法。

一、力法的基本原理与力法方程

下面通过一个例题来阐述力法的基本原理。

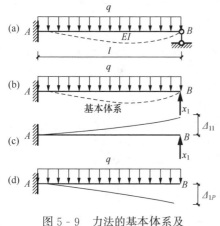

图 5 - 9 力法的基本体系及基本体系的线性叠加

如图 5 - 9 (a) 所示为一单跨超静定梁。超静定次数 $n=1$。

1. 基本未知量

如取 B 支座为多余约束，则基本未知量为 B 支座的支座反力，用 x_1 表示。

2. 基本体系

去掉多余约束支座 B，得到一个静定结构（悬臂梁），该静定结构称为力法的基本结构。在基本结构上，若以多余未知力 x_1 代替所去约束的作用，并将原有荷载作用上去，则得到如图 5 - 9 (b) 所示的同时受荷载 q 和多余未知力 x_1 作用的体系，该体系称为力法的基本体系。

3. 力法方程的建立

当基本体系的 B 点位移符合原结构该点约束变形协调条件时，基本体系与原结构等效。B 点的已知位移条件是

$$\Delta_1 = 0$$

即基本结构在荷载 q 与多余未知力 x_1 的共同作用下，B 点在 x_1 方向的总位移为零。根据叠加原理应有

$$\Delta_1 = \Delta_{11} + \Delta_{1P} = 0$$

式中：Δ_{11} 为多余未知力 x_1 单独作用在基本结构上 B 点处沿 x_1 方向的位移，见图 5 - 9 (c)；Δ_{1P} 为荷载 q 单独作用在基本结构上 B 点处沿 x_1 方向的位移，见图 5 - 9 (d)。

因 x_1 暂未求出，令 δ_{11} 表示 $x_1=1$ 作用于基本结构上 B 点沿 x_1 方向的位移，于是 $\Delta_{11} = \delta_{11} x_1$ 代入上式有

$$\delta_{11} x_1 + \Delta_{1P} = 0 \qquad (5-1)$$

该方程称为变形协调方程，又称力法方程。从式（5-1）可知，方程中只有 x_1 为未知量，其系数 δ_{11} 与自由项 Δ_{1P} 均可按第四章所述方法求出。

4. 计算系数与自由项

首先分别绘出 $x_1=1$ 与荷载 q 单独作用于基本结构时的弯矩图 $\overline{M_1}$ [图 5-10（b）] 和 M_P [图 5-10（a）]，然后由图乘法计算位移。求 δ_{11} 时为 $\overline{M_1}$ 图与 $\overline{M_1}$ 图相乘，称为"自乘"，求 Δ_{1P} 时为 $\overline{M_1}$ 图与 M_P 图相乘，称为"互乘"。

$$\delta_{11}=\frac{1}{EI}\left(\frac{1}{2}\times l\times l\times\frac{2}{3}l\right)=\frac{l^3}{3EI}$$

$$\Delta_{1P}=\frac{1}{EI}\left(-\frac{1}{3}\times\frac{ql^2}{2}\times l\times\frac{3l}{4}\right)=-\frac{ql^4}{8EI}$$

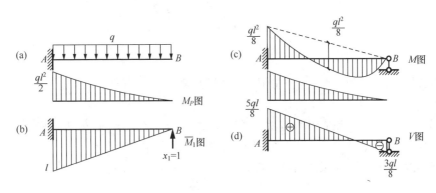

图 5-10　基本结构的 M_P 和 $\overline{M_1}$ 图、超静定结构的 M 和 V 图

5. 解方程求多余未知力

$$x_1=-\frac{\Delta_{1P}}{\delta_{11}}=\frac{\dfrac{ql^4}{8EI}}{\dfrac{l^3}{3EI}}=\frac{3ql}{8}$$

所得结果为正值，表明 x_1 的实际方向与原假定方向相同。

6. 绘制内力图

求出多余未知力后，问题已转化为基本体系的静力计算。其余的支座反力可用静力平衡方程逐一求出。内力图可用第二章所述方法作出，亦可根据叠加原理求得。弯矩叠加公式为

$$M=\overline{M_1}x_1+M_P \qquad (5-2)$$

即将 $\overline{M_1}$ 图的竖标乘以 x_1 倍，再与 M_P 图的对应竖标相加，就可绘出 M 图。图 5-9（a）所示单跨超静定梁的弯矩图、剪力图如图 5-10（c）、（d）所示。

图 5-9（a）所示单跨超静定梁，亦可采用图 5-11（a）所示基本体系进行计算。把 A 支座转动约束

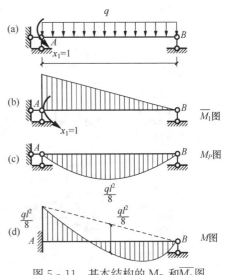

图 5-11　基本结构的 M_P 和 $\overline{M_1}$ 图、超静定结构的 M 和 V 图

视为多余约束，取 A 点支座反力偶为基本未知量，其力法方程仍为

$$\delta_{11}x_1+\Delta_{1P}=0$$

方程物理意义是基本结构在 x_1 和 q 共同作用下，沿 x_1 方向总位移即 A 点的转角总和为零。其系数与自由项计算，参见图 5 - 11 （b）、（c）可得

$$\delta_{11}=\frac{1}{EI}\left(\frac{1}{2}\times1\times l\times\frac{2}{3}\times1\right)=\frac{l}{3EI}$$

$$\Delta_{1P}=\frac{1}{EI}\left(-\frac{2}{3}\times\frac{ql^2}{8}\times l\times\frac{1}{2}\right)=-\frac{ql^3}{24EI}$$

代入力法方程，解得

$$x_1=-\frac{\Delta_{1P}}{\delta_{11}}=\frac{\dfrac{ql^3}{24EI}}{\dfrac{l}{3EI}}=\frac{ql^2}{8}$$

所得 M 图，见图 5 - 11 （d）与图 5 - 10 （c）完全相同。

【例 5 - 1】 力法计算图 5 - 12 （a）所示两跨连续梁，作 M 图。

解　（1）确定超静定次数 $n=1$。

（2）选取基本结构，建立基本体系。图示两跨连续梁在支座 B 处去掉转动内约束，以支座 B 处的弯矩为多余未知力 x_1，基本体系如图 5 - 12 （b）所示。

（3）建立力法方程。B 截面转角总和为零

$$\delta_{11}x_1+\Delta_{1P}=0$$

（4）求系数与自由项。画出基本未知量 $x_1=1$ 和荷载单独作用于基本结构时的弯矩图，如图 5 - 12 （c）、（d）所示，由图乘法计算位移

$$\delta_{11}=\frac{1}{EI}\left(\frac{1}{2}\times1\times l\times\frac{2}{3}\times1\right)\times2=\frac{2l}{3EI}$$

$$\Delta_{1P}=\frac{1}{EI}\left(-\frac{2}{3}\times\frac{ql^2}{8}\times l\times\frac{1}{2}\right)\times2=-\frac{ql^3}{12EI}$$

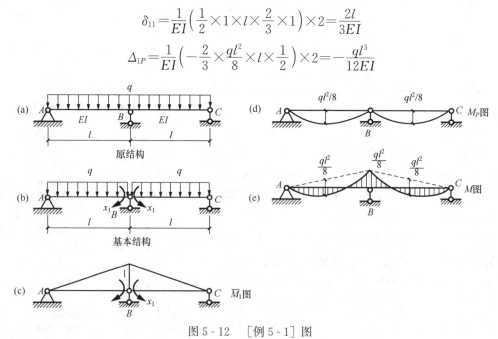

图 5 - 12　［例 5 - 1］图

（5）解方程求多余未知力

$$x_1 = -\frac{\Delta_{1P}}{\delta_{11}} = \frac{\dfrac{ql^3}{12EI}}{\dfrac{2l}{3EI}} = \frac{ql^2}{8}$$

（6）作 M 图。根据叠加原理，使用公式 $M = \overline{M}_1 x_1 + M_P$ 作梁的 M 图，如图 5-12（e）所示。

二、支座移动时单跨超静定梁的内力计算

静定结构在支座移动时，只产生位移但不产生内力；而超静定结构则不然，不但发生位移与变形，同时产生反力与内力。

超静定结构由于支座移动所产生的反力与内力，仍可使用力法求解，但需注意两点：

1）建立力法方程时右边项，可能为零，也可能等于某已知位移；

2）自由项使用公式 $\Delta_{KC} = -\sum \overline{R} \cdot C$ 计算。

【例 5-2】　力法计算图 5-13（a）所示超静定梁在支座 A 转动 φ_A 与支座 B 移动 Δ 时所引起的内力。

解　（1）确定超静定次数 $n=1$。

（2）选取基本结构，建立基本体系。去掉 A 支座转动内约束，以 x_1 表示支座反力矩，基本体系如图 5-13（b）所示。

（3）建立力法方程

$$\delta_{11} x_1 + \Delta_{1C} = \varphi_A$$

方程含义表示支座 A 处总转角等于已知值 φ_A。式中：Δ_{1C} 为基本结构支座移动时，沿 x_1 方向产生的位移。方程右端取正值是由于所设 x_1 方向与 φ_A 转向一致，否则取负号。

（4）求系数与自由项。画 $\overline{M}_1$ 图，并求出基本结构在 $x_1=1$ 作用下的支座反力 $\overline{R}_i$，如图 5-13（c）所示。

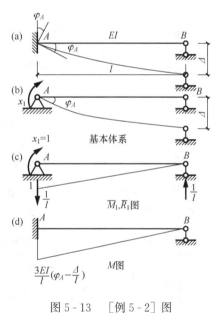

图 5-13　［例 5-2］图

系数由图乘法计算

$$\delta_{11} = \frac{1}{EI}\left(\frac{1}{2} \times 1 \times l \times \frac{2}{3} \times 1 \right) = \frac{l}{3EI}$$

自由项 Δ_{1C} 按支座移动的位移公式计算

$$\Delta_{1C} = -\sum \overline{R} \cdot C = -\left(-\frac{1}{l} \times \Delta \right) = \frac{\Delta}{l}$$

（5）解方程求多余未知力

$$x_1 = \frac{\varphi_A - \Delta_{1C}}{\delta_{11}} = \frac{\varphi_A - \dfrac{\Delta}{l}}{\dfrac{l}{3EI}} = \frac{3EI}{l}\left(\varphi_A - \frac{\Delta}{l} \right)$$

（6）作 M 图。基本结构是静定梁，在支座移动时不产生内力，因此弯矩叠加公式为

$$M = \overline{M}_1 x_1$$

梁的 M 图，如图 5-13（d）所示。

（7）讨论。下面讨论两种特殊情形：

1）当 $\Delta=0$，且 $\varphi_A=1$ 时，如图 5 - 14（a）所示

$$x_1=\frac{3EI}{l}=3i$$

式中：$i=\dfrac{EI}{l}$ 为单位长度的刚度，通称线刚度。

弯矩图如图 5 - 14（b）所示。$x_1=M_{AB}=3i$ 为一端固定一端铰支单跨梁 A 端转动单位角时，杆端 A 产生的反力矩，通称为转动刚度。

2）当 $\varphi_A=0$，$\Delta=1$ 时，如图 5 - 15（a）所示

$$x_1=-\frac{3EI}{l}\left(\frac{1}{l}\right)=-\frac{3i}{l}$$

弯矩图如图 5 - 15（b）所示。B 端反力

$$R_B=\frac{M_{AB}}{l}=\frac{3i}{l^2}$$

亦为单跨梁 B 端相对于杆端 A 发生单位移动时的杆端剪力。

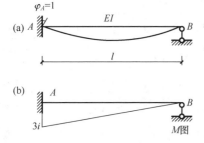

图 5 - 14　支座单位转角引起的弯矩

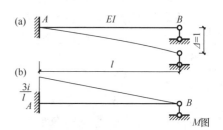

图 5 - 15　支座单位位移引起的弯矩

其余单跨超静定梁在荷载作用下，或支座移动时的内力，均可用力法求出。杆端弯矩与杆端剪力值列于表 5 - 1 中。

表 5 - 1　　　　　　　　　单跨超静定梁的杆端弯矩与杆端剪力

项次	梁 的 简 图	弯　矩		剪　力	
		M_{AB}	M_{BA}	V_{AB}	V_{BA}
1		$-\dfrac{Pab\ (l+b)}{2l^2}$	0	$\dfrac{Pb\ (3l^2-b^2)}{2l^3}$	$-\dfrac{Pa^2\ (2l+b)}{2l^3}$
		当 $a=b=l/2$ 时 $-\dfrac{3Pl}{16}$	0	$\dfrac{11P}{16}$	$-\dfrac{5P}{16}$
2		$-\dfrac{ql^2}{8}$	0	$\dfrac{5ql}{8}$	$-\dfrac{3ql}{8}$
3		$\dfrac{3EI}{l}=3i$	0	$-\dfrac{3EI}{l^2}=-\dfrac{3i}{l}$	$-\dfrac{3EI}{l^2}=-\dfrac{3i}{l}$

续表

项次	梁 的 简 图	弯　矩		剪　力	
		M_{AB}	M_{BA}	V_{AB}	V_{BA}
4		$-\dfrac{3EI}{l^2}=-\dfrac{3i}{l}$	0	$\dfrac{3EI}{l^3}=\dfrac{3i}{l^2}$	$\dfrac{3EI}{l^3}=\dfrac{3i}{l^2}$
5		$-\dfrac{Pab^2}{l^2}$	$\dfrac{Pa^2b}{l^2}$	$\dfrac{Pb^2(l+2a)}{l^3}$	$-\dfrac{Pa^2(l+2b)}{l^3}$
		$a=b=l/2$ $-Pl/8$	$Pl/8$	$P/2$	$-P/2$
6		$-\dfrac{ql^2}{12}$	$\dfrac{ql^2}{12}$	$\dfrac{ql}{2}$	$-\dfrac{ql}{2}$
7		$\dfrac{4EI}{l}=4i$	$\dfrac{2EI}{l}=2i$	$-\dfrac{6EI}{l^2}=-\dfrac{6i}{l}$	$-\dfrac{6EI}{l^2}=-\dfrac{6i}{l}$
8		$-\dfrac{6EI}{l^2}=-\dfrac{6i}{l}$	$-\dfrac{6EI}{l^2}=-\dfrac{6i}{l}$	$\dfrac{12EI}{l^3}=\dfrac{12i}{l^2}$	$\dfrac{12EI}{l^3}=\dfrac{12i}{l^2}$
9		$\dfrac{EI}{l}=i$	$-\dfrac{EI}{l}=-i$		

第 三 节　位移法计算超静定结构

力法解超静定结构需要建立和求解力法方程。当超静定次数较高时，解多元线性方程组十分麻烦。位移法是研究在用力法求解出的单跨超静定梁的基础上，建立单个杆件（单跨超静定梁）与多个杆件组成的结构之间的关系。

一、位移法概述

结构在一定的外因作用下，其内力与位移之间具有确定的关系。先确定结点位移，再据此推求内力，便是位移法的基本思想。位移法是以某些结点位移作为基本未知量的。

以图 5 - 16（a）所示刚架为例。结构在荷载作用下将发生虚线所示的变形，在刚结点 B 处两杆的杆端发生相同的转角 Z_1，若略去轴向变形，则可认为两杆长度不变，因而结点 B 没有线位移。这样，对于 BC 杆，可以把它看作为一端固定、一端铰支的单跨梁，内力和变形是两种作用的叠加，即均布荷载 q 的作用与固定端 B 发生转角 Z_1，如图 5 - 16（b）所示。而这两种情况下的内力通过力法都可以计算，见表 5 - 1。同理 BA 杆看作为两端固定的单跨梁，内力和变形由转角 Z_1 产生，如图 5 - 16（c）所示。关键在于需首先确定转角 Z_1，可见此方法计算结构时，应以结点 B 的角位移 Z_1 为基本未知量，如果设法求出 Z_1，则各杆的内力随之均可确定。这就是位移法的基本思路。

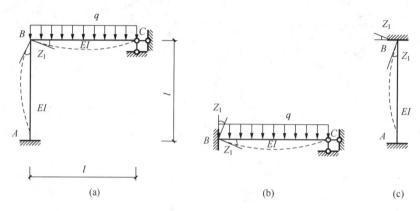

图 5 - 16　位移法的基本思路

（a）原结构；（b）BC 杆等效作用；（c）AB 杆等效作用

　　用位移法计算超静定刚架时，每根杆件均可看作是单跨超静定梁。在计算过程中，要用到单跨梁在杆端发生转动或移动，以及荷载等外因作用下的杆端弯矩和剪力，为了以后应用方便，根据力法的计算结果，给出等截面直杆单跨超静定梁的杆端弯矩和剪力的值，常见的列于表 5 - 1，其中 $i = \dfrac{EI}{l}$，称为杆 AB 的线刚度。由杆端力的数值可见杆件刚度越大，杆端位移时产生的杆端力就越大。杆端弯矩和杆端剪力是作用在杆上的弯矩和剪力，为了应用方便，杆端弯矩和剪力的正负号规定如下：杆端弯矩是以对杆端顺时针方向为正（对结点或支座则以逆时针方向为正），反之为负；杆端剪力正负号的规定与通常规定相同，即以使杆端微段顺时针转动为正，反之为负。

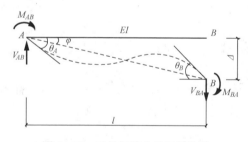

图 5 - 17　正的杆端力及杆端位移

　　对于杆端位移正负号规定如下：杆端转角以顺时针为正，反之为负；杆端线位移以使整个杆件顺时针转动为正，反之为负。图 5 - 17 所示的杆端力及杆端位移均为正值。

　　将单跨梁由荷载引起的杆端弯矩和杆端剪力称为载常数或固端弯矩和固端剪力，为了与实际杆端弯矩和剪力相区别，以符号 M_{ij}^F 和 V_{ij}^F 表示。由杆端发生单位转角或单位线位移时引起的杆端弯矩和杆端剪力称为形常数，应熟练掌握并应用。

二、位移法的基本未知量和基本结构

1. 位移法的基本未知量

　　在单跨梁形常数和载常数基础上，如果结构上每根杆件两端的角位移和线位移都已求得，则全部杆件的内力均可通过叠加确定。因此，在位移法中，基本未知量应是各结点的角位移和线位移。在计算时，应首先确定独立的结点角位移和线位移的个数。

　　角位移的确定。由于在同一刚结点处，各杆端的转角都是相等的，因此每一个刚结点具有一个独立的角位移未知量。在固定支座处，其转角等于零或是已知的支座位移值。至于铰结点或铰支座处各杆端的转角，它们不是独立的，确定杆件内力时可以不需要其数值，故可不作为基本未知量。这样，确定结构独立的结点角位移数时，只要看刚结点的数目即可。例如图 5-18 所示刚架，其独立的结点角位移数目为 2，即 Z_1、Z_2。

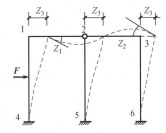

图 5-18 位移法的基本未知量

线位移的确定。在一般情况下每个结点均可能有水平和竖向两个独立线位移。但确定独立的结点线位移数目时，通常对于受弯杆件略去其轴向变形，并设弯曲变形也是微小的，于是可以认为受弯直杆两端之间的距离在变形后仍保持不变，这样每一受弯直杆就相当于一个约束，从而减少了独立的结点线位移数目。例如在图 5-18 所示刚架中，4、5、6 三个固定端都是不动点，三根柱子的长度又保持不变，因而结点 1、2、3 均无竖向位移。

又由于两根横梁保持长度不变，故三个结点均有相同的水平位移。因此，位移法计算时，只有一个独立的结点线位移，即 Z_3。

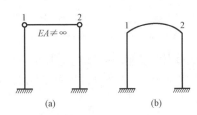

图 5-19 一般情况下的线位移确定
(a) 不忽略轴向变形；(b) 曲杆

需要注意的是，对于需要考虑轴向变形的链杆或对于受弯的曲杆，则其两端距离不能看作不变。因此，图 5-19 (a)、(b) 所示结构，其独立的结点线位移数目应是 2 而不是 1。

在确定基本未知量时，由于既保证了刚结点各杆杆端转角彼此相等，又保证了各杆杆端距离保持不变。因此，在将分解的杆件再综合为结构的过程中，能够保证各杆杆端位移彼此协调，因此能够满足变形连续条件。

2. 位移法的基本结构和基本体系

图 5-20 (a) 所示刚架，只有一个刚结点 D，所以只有一个结点角位移 Z_1，没有结点线位移。在结点 D 处加一个控制结点 D 转动的约束，将其称作附加刚臂，用加斜线的三角符号表示（注意，这种约束不约束结点线位移），这样得到的无结点位移的结构，称为原结构的基本结构，如图 5-20 (c) 所示。把基本结构在荷载和基本未知位移共同作用下的体系，称为原结构的基本体系，如图 5-20 (b) 所示。由此可知，位移法的基本体系是通过增加约束将基本未知量完全锁住后，在荷载和基本未知量位移的共同作用下的超静定杆的综合体。

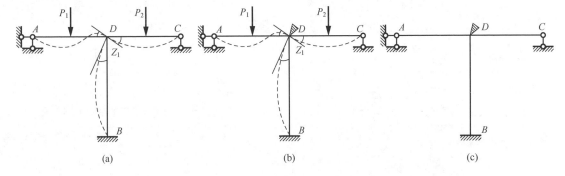

图 5-20 位移法的基本结构和基本体系
(a) 原结构；(b) 基本体系；(c) 基本结构

同理，图 5-21（a）所示结构，有两个基本未知量，结点 C 的角位移 Z_1，结点 C 和 D 的线位移 Z_2。在结点 C 加一控制其转动的约束，即附加刚臂，在结点 D 附加一水平链杆，控制结点 C 和 D 的线位移。其基本体系和基本结构分别如图 5-21（b）、（c）所示。

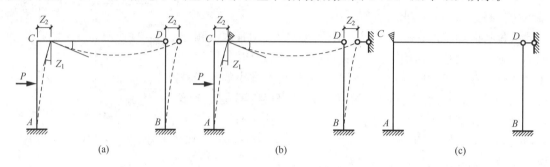

图 5-21 位移法的基本结构和基本体系
（a）原结构；（b）基本体系；（c）基本结构

由以上讨论可知，在原结构基本未知量处，增加相应的约束，再产生与原结构相同的结点位移，就得到原结构的基本体系。对于结点角位移，增加控制转动的附加刚臂；对于结点线位移，则增加控制结点线位移的附加链杆，这两种约束的作用是相互独立的。因此，基本体系与原结构的区别在于增加了人为约束，把原结构变为一个被约束的单杆综合体，分解成荷载和基本未知位移分别作用下的叠加。

三、位移法方程及算例

根据位移法的基本体系，在荷载与结点位移的共同作用下，与原结构等价的条件，列出的平衡方程称为位移法方程。

现以图 5-22（a）所示刚架说明位移法方程是如何建立的。该刚架只有一个刚结点 C，基本未知量即是 C 点的角位移 Z_1。在结点 C 施加控制转动的约束附加刚臂，得到的基本体系如图 5-22（b）所示。

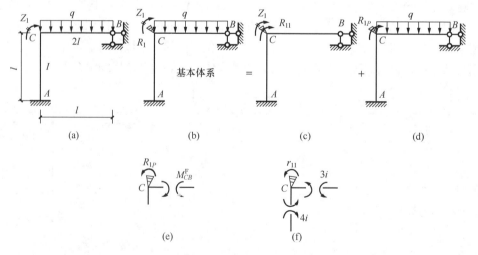

图 5-22 位移法方程建立示意图
（a）原结构；（b）基本体系；（c）基本结构在 Z_1 作用时；（d）基本结构在荷载作用时；
（e）荷载作用时结点平衡；（f）Z_1 作用时结点平衡

基本体系转化为原结构的条件就是附加刚臂的约束力矩 R_1 [图 5 - 22（b）] 应等于零，即

$$R_1 = 0 \tag{a}$$

因为在原结构中结点 C 处没有约束，所以基本结构在荷载和 Z_1 共同作用下，在结点 C 处应与原结构完全相同，只有这样，图 5 - 22（b）所示内力和变形才能与原结构的内力和变形完全相同，这就是基本体系转化为原结构的条件。依此列出的方程是一个平衡方程，即为位移法方程。方便起见，此处用符号 ⤻ 表示转角位移，以后依此沿用。

（1）分析基本结构在荷载作用下的计算 [图 5 - 22（d）]。此时结点 C 处于锁住状态，由单跨梁载常数求 CB 杆的固端弯矩 M^F_{CB}，$M^F_{CB} = -\dfrac{ql^2}{8}$。由结点平衡 [图 5 - 22（e）] 可计算出在附加刚臂中存在的约束力矩 R_{1P}，$R_{1P} = -\dfrac{ql^2}{8}$。

（2）分析基本结构在基本未知量 Z_1 作用下的计算过程 [图 5 - 22（c）]。此时基本结构中结点 C 发生角位移 Z_1，由单跨梁形常数分别求 CB 杆、AC 杆的杆端弯矩为 $M'_{CB} = 3iZ_1$，$M'_{CA} = 4iZ_1$，由结点平衡 [图 5 - 22（f）] 可计算在附加刚臂中存在的约束力矩 R_{11}，$R_{11} = 3iZ_1 + 4iZ_1 = 7iZ_1$。

将以上两种情形叠加，使基本体系恢复到原结构的状态，即使基本体系在荷载和 Z_1 作用下附加刚臂的约束力矩 R_1 消失。这时图 5 - 22（b）中，虽然结点 C 在形式上还有附加转动约束，但实际上已不起作用，即结点 C 已处于放松状态。

根据以上分析，利用叠加原理，式（a）可写为

$$R_1 = R_{1P} + R_{11} = 0 \tag{b}$$

进一步将 R_{11} 表示为与 Z_1 有关的量，式（b）可写为

$$r_{11}Z_1 + R_{1P} = 0 \tag{5-3}$$

式中：r_{11} 为基本结构在单位位移 $Z_1 = 1$ 单独作用时在附加刚臂中的约束力矩；R_{1P} 为基本结构在荷载单独作用下在附加刚臂中的约束力矩。

式（5-3）就是求解基本未知量 Z_1 的位移法方程，此方程是平衡方程。将 r_{11}、R_{1P} 的数值代入式（5-3），便可计算出 $Z_1 = -\dfrac{R_{1P}}{r_{11}} = -\dfrac{-\dfrac{ql^2}{8}}{7i} = \dfrac{ql^2}{56i}$，将 Z_1 代回图 5 - 22（c），所得的结果再叠加上图 5 - 22（d）的结果，即得到图 5 - 22（a）所示结构的解。

从以上分析过程，可得位移法要点如下：

（1）确定位移法的基本未知量，取出基本体系 [图 5 - 22（b）]；

（2）建立位移法的基本方程。位移法的基本方程是平衡方程：先将结点位移锁住，求各超静定杆在荷载作用下的结果；再求各超静定杆在结点位移作用下的结果。最后叠加以上两步结果，使外加约束中的约束力等于零，即得位移法的基本方程。

（3）求解位移法方程，得到基本未知量。

（4）按叠加法求出各杆端弯矩，绘制最后弯矩图。

这就是位移法的基本思路和解题过程。

现通过例题说明用位移法计算连续梁和无侧移刚架的过程。

【例 5 - 3】 用位移法计算图 5 - 23（a）所示连续梁的内力。$EI =$ 常数。

解　（1）确定位移法的基本未知量，$n=1$，为结点 B 的转角位移；形成基本体系，如图 5 - 23（b）所示。

（2）建立位移法的基本方程为

$$r_{11}Z_1 + R_{1P} = 0$$

（3）计算主系数 r_{11}、自由项 R_{1P}。

r_{11} 是基本结构在 B 点转角 $Z_1 = 1$ 单独作用时在附加刚臂中的约束力矩。设 $i = \dfrac{EI}{l}$，利用形常数计算各杆端弯矩，并做 $\overline{M}$ 图，如图 5 - 23（c）所示。

$$\overline{M}_{BC} = 3i, \overline{M}_{BA} = 4i, \overline{M}_{AB} = 2i$$

由结点 B 的力矩平衡〔图 5 - 23（d）〕可得

$$\sum M_B = 0, r_{11} = 7i$$

R_{1P} 为基本结构在荷载单独作用下在附加刚臂中的约束力矩。利用载常数计算各杆固端弯矩，并做 M_P 图，如图 5 - 23（e）所示。

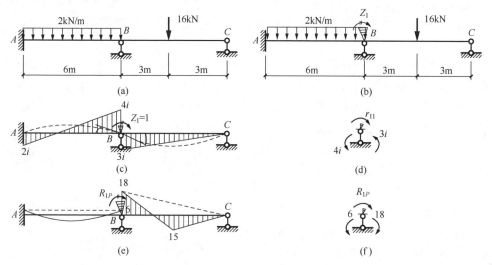

图 5 - 23　〔例 5 - 3〕图（一）

（a）原结构；（b）基本体系；（c）$Z_1 = 1$ 作用时的 $\overline{M}$ 图；（d）结点平衡计算 r_{11}；

（e）荷载作用时 M_P 图；（f）由结点平衡计算 R_{1P}

$$M_{BA}^{\mathrm{F}} = -M_{AB}^{\mathrm{F}} = \frac{ql^2}{12} = \frac{2 \times 6^2}{12} = 6 (\mathrm{kN \cdot m})$$

$$M_{BC}^{\mathrm{F}} = -\frac{3Pl}{16} = \frac{3 \times 16 \times 6}{16} = -18 (\mathrm{kN \cdot m})$$

由结点 B 的力矩平衡〔图 5 - 23（f）〕可得

$$\sum M_B = 0, R_{1P} = -18 + 6 = -12 (\mathrm{kN \cdot m})$$

（4）求解位移法方程，得到基本未知量 Z_1 为

$$Z_1 = -\frac{R_{1P}}{r_{11}} = \frac{12}{7i} = 1.714 \frac{1}{i}$$

（5）利用叠加原理作 M 图

$$M = \overline{M}Z_1 + M_P$$

$$M_{AB} = 2iZ_1 + M_{AB}^F = 2i\left(1.714\,\frac{1}{i}\right) - 6 = -2.57(\text{kN·m})$$

$$M_{BA} = 4iZ_1 + M_{BA}^F = 4i\left(1.714\,\frac{1}{i}\right) + 6 = 12.86(\text{kN·m})$$

$$M_{BC} = 3iZ_1 + M_{BC}^F = 3i\left(1.714\,\frac{1}{i}\right) - 18 = -12.86(\text{kN·m})$$

杆端弯矩纵坐标仍画在受拉侧，根据杆端弯矩，利用区段叠加法，即可画出 M 图，如图 5-24（a）所示。

（6）作 V 图。利用已画出的 M 图，根据杆段转动平衡，计算杆端剪力。

由杆 AB 的隔离体 ［图 5-24（b）］得

$$\sum M_B = 0,\ V_{AB} = \frac{-12.86 + 2\times6\times3 + 2.57}{6} = 4.29(\text{kN})$$

$$\sum M_A = 0,\ V_{BA} = \frac{-12.86 - 2\times6\times3 + 2.57}{6} = -7.72(\text{kN})$$

由杆 BC 的隔离体 ［图 5-24（c）］得

$$\sum M_B = 0,\ V_{CB} = \frac{-16\times3 + 12.86}{6} = -5.86(\text{kN})$$

$$\sum M_C = 0,\ V_{BC} = \frac{16\times3 + 12.86}{6} = 10.14(\text{kN})$$

V 图如图 5-24（d）所示。

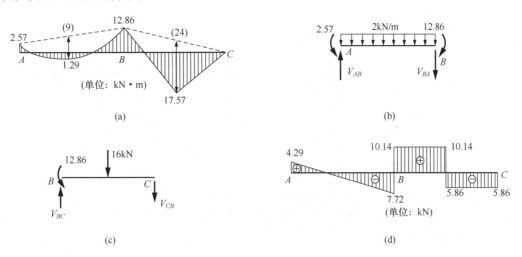

图 5-24 ［例 5-3］图（二）

（a）弯矩图；（b）杆 AB 的隔离体；（c）杆 BC 的隔离体；（d）剪力图

（7）校核。结点 B 满足力矩平衡为

$$\sum M_B = 12.86 - 12.86 = 0$$

连续梁整体满足竖向合外力为零得

$$\sum Y = 4.29 + 17.86 + 5.86 - 2\times6 - 16 \approx 0$$

【例 5-4】 试用位移法计算图 5-25（a）所示刚架，绘其弯矩图。各杆相对线刚度 i 值

如图 5-25（a）所示。

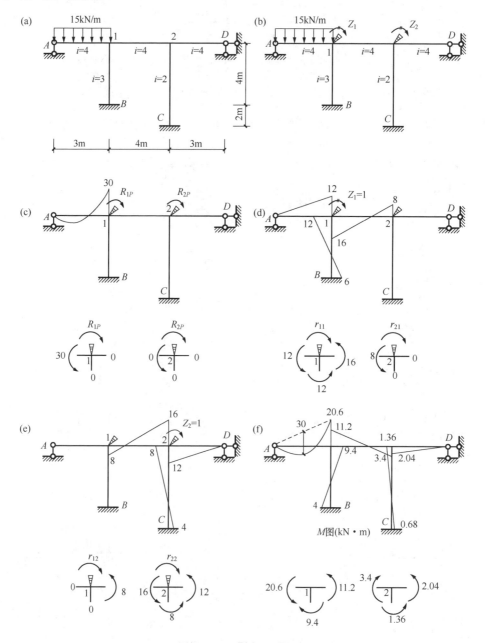

图 5-25　［例 5-4］图

（a）原结构；（b）基本体系；（c）M_P 图及结点平衡；（d）$\overline{M}_1$ 图及结点平衡；

（e）$\overline{M}_2$ 图及结点平衡；（f）M 图及校核

解　（1）确定位移法基本未知量，分别为 1、2 结点的角位移 Z_1、Z_2，$n=2$。形成基本体系，如图 5-25（b）所示。

（2）建立位移法方程，见式（5-4）。两个基本未知量，方程为两个附加刚臂的约束力矩 R_1，R_2 应等于零。其中，R_{1P}、R_{2P} 为基本结构在荷载单独作用时在附加约束 1 和 2 中产生的约束力矩，r_{11}、r_{21} 为基本结构在结点位移 $Z_1=1$ 单独作用（$Z_2=0$）时，在附加约束 1 和 2 中产生的约束力矩，r_{12}、r_{22} 为基本结构在结点位移 $Z_2=1$ 单独作用（$Z_1=0$）时，在附加约束 1 和 2 中产生的约束力矩。

$$\left.\begin{array}{r} r_{11}Z_1 + r_{12}Z_2 + R_{1P} = 0 \\ r_{21}Z_1 + r_{22}Z_2 + R_{2P} = 0 \end{array}\right\} \tag{5-4}$$

（3）计算系数与自由项计算。

1）作基本结构荷载作用时 M_P 图 [图 5-25（c）]、$Z_1=1$ 作用时（此时 $Z_2=0$）$\overline{M}_1$ [图 5-25（d）] 以及 $Z_2=1$ 作用时（此时 $Z_1=0$）$\overline{M}_2$ [图 5-25（e）]。

2）根据 M_P 图及结点转动平衡 [图 5-25（c）] 得

$$R_{1P} = 30\text{kN·m}$$
$$R_{2P} = 0$$

3）根据 $\overline{M}_1$、$\overline{M}_2$ 图及结点转动平衡 [图 5-25（d）、（e）] 得

$$r_{11} = 16+12+12 = 40$$
$$r_{21} = 8$$
$$r_{12} = 8(\text{或应用反力互等定理} \ r_{12} = r_{21})$$
$$r_{22} = 16+12+8 = 36$$

（4）解方程，求位移得

$$40Z_1 + 8Z_2 + 30 = 0$$
$$8Z_1 + 36Z_2 + 0 = 0$$
$$\begin{cases} Z_1 = -0.78 \\ Z_2 = 0.17 \end{cases}$$

（5）作弯矩图，$M = \overline{M}_1 Z_1 + \overline{M}_2 Z_1 + M_P$，如图 5-25（f）所示。

（6）校核。结点 1、2 [图 5-25（f）] 满足力矩平衡

$$\sum M_1 = 20.6 - 11.2 - 9.4 = 0$$
$$\sum M_2 = 1.36 + 2.04 - 3.4 = 0$$

第四节 力矩分配法计算超静定结构

工程上手算采用实用的计算方法——力矩分配法。该方法的特点不需要建立和求解方程，直接以杆端弯矩为计算目的，从不平衡到平衡，经过多次循环运算叠加逼近真值。因此，力矩分配法是一种渐近的方法。特别适用于连续梁和无结点线位移刚架的计算。

工程实例 - 不适宜用力法计算的超静定结构

一、力矩分配法中的几个概念

1. 固端弯矩 M_{ij}^F

由荷载（或其他外因）引起的杆端弯矩。

工程实例——一位被全世界土木工程领域称誉的中国人

正负号的规定：对杆端来说，顺时针的弯矩为正，反之力负；对结点来说，逆时针的弯矩为正，反之为负，见图 5-26。

图 5‑26 固端弯矩的
正负号规定

2. 线刚度 i

杆件横截面的抗弯刚度 EI 被杆件长度 l 去除，其结果就是杆件的线刚度，即

$$i = \frac{EI}{l}$$

3. 转动刚度 S_{ij}

图 5‑27 所示单跨超静定梁 ij，使 i 端转动单位转角 $\varphi_i = 1$ 时，在 i 端所需施加的力矩称为 ij 杆 i 端的转动刚度，并用 S_{ij} 表示，其中第一个下标代表施力端或称近端，第二个下标代表远端。各种单跨超静定梁的转动刚度查表 5‑1。

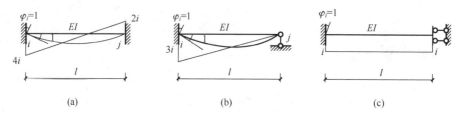

图 5‑27 单跨超静定梁的转动刚度

图 5‑27（a）中，远端 j 为固定端时，近端 i 的转动刚度为

$$S_{ij} = 4i$$

图 5‑27（b）中，远端 j 为铰支端时，近端 i 的转动刚度为

$$S_{ij} = 3i$$

图 5‑27（c）中，远端 j 为定向支承时，近端 i 的转动刚度为

$$S_{ij} = i$$

由此可见，等截面直杆杆端的转动刚度与该杆的线刚度和远端支承情况有关。杆的 i 值越大，杆端的转动刚度就越大。这时欲使杆端转动一单位角度所需施加的力矩就越大。所以，杆端的转动刚度即表示杆端抵抗转动的能力。

4. 分配系数 μ_{ij}

如图 5‑28（a）所示由等截面杆件组成的刚架，只有一个刚结点 1，它只能转动不能移动。当有个力矩 M 加于结点 1 时，刚架发生如图中虚线所示的变形，各杆的 1 端均发生转角 φ_1，试求杆端弯矩 M_{12}、M_{13}、M_{14}、M_{15}。

由转动刚度的定义可知

$$\left.\begin{array}{l} M_{12} = S_{12}\varphi_1 = 4i_{12}\varphi_1 \\ M_{13} = S_{13}\varphi_1 = i_{13}\varphi_1 \\ M_{14} = S_{14}\varphi_1 = 3i_{14}\varphi_1 \\ M_{15} = S_{15}\varphi_1 = 3i_{15}\varphi_1 \end{array}\right\} \qquad (5\text{-}5)$$

根据图 5‑28（b），利用结点 1 的力矩平衡条件得

$$M = M_{12} + M_{13} + M_{14} + M_{15} = (S_{12} + S_{13} + S_{14} + S_{15})\,\varphi_1$$

所以

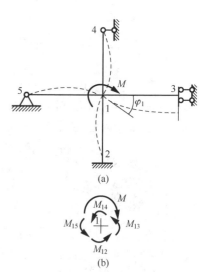

图 5‑28 结点力偶的分配

$$\varphi_1 = \frac{M}{S_{12}+S_{13}+S_{14}+S_{15}} = \frac{M}{\sum S_1}$$

其中 $\sum S_1$ 为汇交于结点 1 各杆件在 1 端的转动刚度之和。

将求得的 φ_1 代入式（5-5），得

$$\left. \begin{aligned} M_{12} &= \frac{S_{12}}{\sum S_1} M \\[2mm] M_{13} &= \frac{S_{13}}{\sum S_1} M \\[2mm] M_{14} &= \frac{S_{14}}{\sum S_1} M \\[2mm] M_{15} &= \frac{S_{15}}{\sum S_1} M \end{aligned} \right\} \tag{5-6}$$

式（5-6）表明，各杆近端产生的弯矩与该杆杆端的转动刚度成正比，转动刚度越大，则所产生的弯矩越大。

设

$$\mu_{1j} = \frac{S_{1j}}{\sum S_1} \tag{5-7}$$

式中的下标 j 为汇交于结点 1 的各杆之远端，在本例中即为 2、3、4、5。于是，式（5-6）可写成

$$M_{1j} = \mu_{1j} M \tag{5-8}$$

μ_{1j} 称为各杆件在近端的分配系数。汇交于同一结点的各杆杆端的分配系数之和应等于 1，即

$$\sum \mu_{1j} = \mu_{12}+\mu_{13}+\mu_{14}+\mu_{15} = 1$$

由上述可见，加于结点 1 的外力矩 M，按各杆杆端的分配系数分配给各杆的近端。因而杆端弯矩 M_{1j} 称为分配弯矩，以后分配弯矩用 M_{ij}^{μ} 表示。

5. 传递系数 C_{ij}

图 5-28（a）中，当外力矩 M 加于结点 1 时，该结点发生转角 φ_1，于是各杆的近端和远端都产生杆端弯矩。由表 5-1 可得这些杆端弯矩分别为

$$M_{12} = 4i_{12}\varphi_1, \quad M_{21} = 2i_{12}\varphi_1$$
$$M_{13} = i_{13}\varphi_1, \quad M_{31} = -i_{13}\varphi_1$$
$$M_{14} = 3i_{14}\varphi_1, \quad M_{41} = 0$$
$$M_{15} = 3i_{15}\varphi_1, \quad M_{51} = 0$$

将远端弯矩与近端弯矩的比值称为由近端向远端的传递系数，并用 C_{1j} 表示。即

$$C_{1j} = \frac{M_{j1}}{M_{1j}} \tag{5-9}$$

$$M_{j1} = C_{1j}M_{1j} \tag{5-10}$$

式（5-10）表明，远端弯矩 M_{j1}（又称为传递弯矩）它等于传递系数与分配弯矩的乘积，传递弯矩用 M_{ji}^{C} 表示。

传递系数随远端的支承情况而异。对等截面直杆来说，各种支承情况下的传递系数为

远端固定 $\qquad\qquad C_{ij} = \dfrac{1}{2}$

远端铰支 $\qquad\qquad C_{ij} = 0$

远端定向支承　　　　　　　　　$C_{ij}=-1$

二、力矩分配法的基本原理

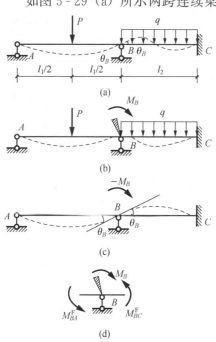

图 5‑29　单结点力矩分配的基本原理

如图 5‑29（a）所示两跨连续梁，只有一个刚性结点 B，在 AB 跨中作用有集中荷载 P，BC 跨作用有均布荷载 q，刚结点 B 处有转角 θ_B，变形曲线如图中虚线所示。

首先固定结点，在结点 B 处加入刚臂，约束结点 B 的转动。连续梁被附加刚臂分隔为两个单跨的超静定梁 AB 和 BC，在荷载作用下其变形曲线如图 5‑29（b）中虚线所示。各单跨超静定梁的固端弯矩可由表 5‑1 查得。一般情况下，汇交于刚结点 B 处的 BA 杆和 BC 杆的固端弯矩彼此不相等，因此，在附加刚臂中将产生附加约束力矩 M_B，见图 5‑29（b），也称为结点不平衡力矩，其数值可由图 5‑29（d）求得

$$M_B=M_{BA}^{F}+M_{BC}^{F}=\sum M_{Bj}^{F}$$

上式表明结点不平衡力矩等于相交于该结点的各杆固端弯矩代数和，以顺时针转向为正，反之为负。

其次，放松结点。为了使图 5‑29（b）所示有附加刚臂的连续梁能和原图 5‑29（a）所示连续梁等效，必须放松附加刚臂，使结点 B 产生转角 θ_B。为此，在结点 B 加上一个与结点不平衡力矩 M_B 大小相等，转向相反的力矩（$-M_B$），即反号的结点不平衡力矩如图 5‑29（c）所示，（$-M_B$）将使结点 B 产生所需的 θ_B 转角。

由以上分析可见，图 5‑29（a）所示连续梁的受力和变形情况，应等于图 5‑29（b）和图 5‑29（c）所示情况的叠加。也就是说，要计算连续梁相交于 B 结点各杆的近端弯矩，应分别计算图 5‑29（b）所示情况的杆端弯矩即固端弯矩和图 5‑29（c）所示情况的杆端弯矩即分配弯矩，然后将它们叠加，其中分配弯矩等于分配系数乘以反号的结点不平衡力矩（$-M_B$）。同样，连续梁相交于 B 结点各杆的远端弯矩，应是图 5‑29（b）所示情况的固端弯矩和图 5‑29（c）所示情况的传递弯矩相加。

下面举例说明力矩分配法的计算步骤。

【例 5‑5】 试用力矩分配法计算图 5‑30（a）所示两跨连续梁，绘出梁的弯矩图和剪力图。

解　（1）计算分配系数 μ_{ij}

$$\mu_{BA}=\frac{S_{BA}}{\sum S_B}=\frac{4i_{AB}}{4i_{AB}+3i_{BC}}=\frac{4\times\dfrac{1.5EI}{8}}{4\times\dfrac{1.5EI}{8}+3\times\dfrac{EI}{6}}=0.6$$

$$\mu_{BC}=\frac{S_{BC}}{\sum S_B}=\frac{3i_{BC}}{4i_{AB}+3i_{BC}}=\frac{3\times\dfrac{EI}{6}}{4\times\dfrac{1.5EI}{8}+3\times\dfrac{EI}{6}}=0.4$$

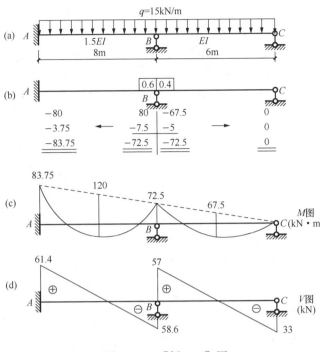

图 5 - 30　［例 5 - 5］图

（2）计算各杆固端弯矩 M_{ij}^{F} 和结点不平衡力矩 M_i

$$M_{AB}^{\mathrm{F}}=-\frac{1}{12}ql^2=-\frac{1}{12}\times15\times8^2=-80(\mathrm{kN\cdot m})$$

$$M_{BA}^{\mathrm{F}}=\frac{1}{12}ql^2=\frac{1}{12}\times15\times8^2=80(\mathrm{kN\cdot m})$$

$$M_{BC}^{\mathrm{F}}=-\frac{1}{8}ql^2=-\frac{1}{8}\times15\times6^2=-67.5(\mathrm{kN\cdot m})$$

$$M_{CB}^{\mathrm{F}}=0$$

结点 B 不平衡力矩

$$M_B=M_{BA}^{\mathrm{F}}+M_{BC}^{\mathrm{F}}=80-67.5=12.5(\mathrm{kN\cdot m})$$

（3）计算分配弯矩 M_{ij}^{u} 与传递弯矩 M_{ji}^{C}

$$M_{BA}^{\mathrm{u}}=\mu_{BA}\ (-M_B)=0.6\times(-12.5)=-7.5(\mathrm{kN\cdot m})$$

$$M_{BC}^{\mathrm{u}}=\mu_{BC}\ (-M_B)=0.4\times(-12.5)=-5(\mathrm{kN\cdot m})$$

杆 BA 远端固定，传递系数 $C_{BA}=1/2$，杆 BC 远端为铰支，传递系数 $C_{BC}=0$

$$M_{AB}^{\mathrm{C}}=C_{BA}M_{BA}^{\mathrm{u}}=\frac{1}{2}\times(-7.5)=-3.75(\mathrm{kN\cdot m})$$

$$M_{CB}^{\mathrm{C}}=0$$

（4）计算各杆端总弯矩 M_{ij}。将各杆端固端弯矩与分配弯矩或传递弯矩求和

$$M_{AB}=M_{AB}^{\mathrm{F}}+M_{AB}^{\mathrm{C}}=-80-3.75=-83.75(\mathrm{kN\cdot m})$$

$$M_{BA}=M_{BA}^{\mathrm{F}}+M_{BA}^{\mathrm{u}}=80-7.5=72.5(\mathrm{kN\cdot m})$$

$$M_{BC}=M_{BC}^{\mathrm{F}}+M_{BC}^{\mathrm{u}}=-67.5-5=-72.5(\mathrm{kN\cdot m})$$

$$M_{CB}=M_{CB}^{\mathrm{F}}+M_{CB}^{\mathrm{C}}=0$$

（5）绘制 M 图、V 图。根据每一杆端总弯矩绘制 M 图，见图 5 - 30（c），根据弯矩图与荷载可作剪力图，见图 5 - 30（d）。

注意图中结点 B 分配弯矩下画一横线表示该结点不平衡力矩分配完毕，结点已经达到新的平衡。箭头表示将近端分配弯矩传至远端的方向。

上述全部过程完全可在图 5 - 30（b）、（c）、（d）中进行，因此力矩分配法是一种很简捷的方法。

【例 5 - 6】 用力矩分配法作图 5 - 31（a）所示刚架的弯矩图。

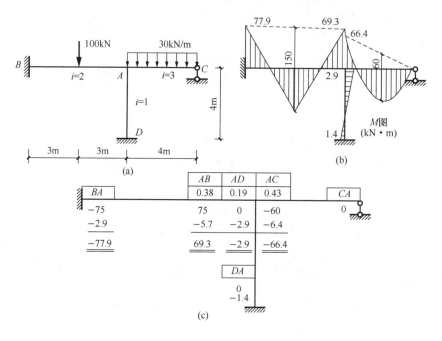

图 5 - 31 ［例 5 - 6］图

解 （1）计算分配系数

$$\mu_{AB}=\frac{S_{AB}}{\sum S_A}=\frac{4i_{AB}}{4i_{AB}+3i_{AC}+4i_{AD}}=\frac{4\times2}{4\times2+3\times3+4\times1}=0.38$$

$$\mu_{AC}=\frac{S_{AC}}{\sum S_A}=\frac{3i_{AC}}{4i_{AB}+3i_{AC}+4i_{AD}}=\frac{3\times3}{4\times2+3\times3+4\times1}=0.43$$

$$\mu_{AB}=\frac{S_{AB}}{\sum S_A}=\frac{4i_{AD}}{4i_{AB}+3i_{AC}+4i_{AD}}=\frac{4\times1}{4\times2+3\times3+4\times1}=0.19$$

·（2）计算固端弯矩与结点不平衡力矩

$$M_{AB}^{F}=\frac{1}{8}Pl=\frac{100\times6}{8}=75(\text{kN}\cdot\text{m})$$

$$M_{BA}^{F}=-75(\text{kN}\cdot\text{m})$$

$$M_{AC}^{F}=-\frac{1}{8}ql^2=-\frac{30\times4^2}{8}=-60(\text{kN}\cdot\text{m})$$

$$M_{CA}^{F}=0$$

$$M_A=\sum M_{Aj}^{F}=75-60=15(\text{kN}\cdot\text{m})$$

将分配系数与固端弯矩分别填入图 5 - 31 （c）中。

（3）计算分配弯矩、传递弯矩，见图 5 - 31 （c）

$$M_{AB}^{\mu}=0.38\times（-15）=-5.7（\text{kN}\cdot\text{m}）$$

$$M_{AC}^{\mu}=0.43\times（-15）=-6.4（\text{kN}\cdot\text{m}）$$

$$M_{AD}^{\mu}=0.19\times（-15）=-2.9（\text{kN}\cdot\text{m}）$$

$$M_{BA}^{C}=\frac{1}{2}M_{AB}^{\mu}=-\frac{5.7}{2}=-2.9（\text{kN}\cdot\text{m}）$$

$$M_{DA}^{C}=\frac{1}{2}M_{AD}^{\mu}=-\frac{2.9}{2}=-1.4（\text{kN}\cdot\text{m}）$$

（4）计算各杆端总弯矩。将各杆端固端弯矩与分配弯矩或传递弯矩求和，见图 5 - 31 （c）。

（5）绘制 M 图，见图 5 - 31 （b）。

三、多结点力矩分配

【例 5 - 7】　用力矩分配法作图 5 - 32 （a）所示连续梁的弯矩图、剪力图，并求出各支座的反力。

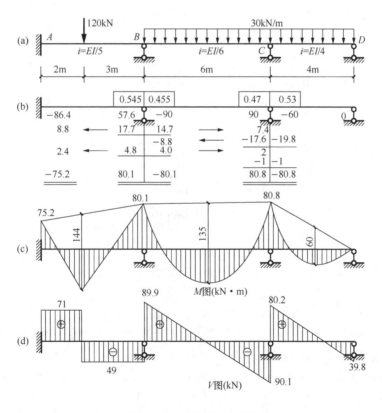

图 5 - 32 　［例 5 - 7］图

解　本题有两个刚结点，需加两个刚臂，用力矩分配法计算时就需要在 B、C 两处进行分配，当 B 点刚臂松动时（B 点进行力矩分配）C 点刚臂必须起到阻止转动的作用，而 C 点松动时（C 点进行力矩分配）B 点又重新固定不动，只有这样力矩分配法的原则才能一直进行下去。正是由于遵循这一原则，传递弯矩将始终存在，从理论上讲这将是一个无限循环的过程，但从实用角度出发，各结点进行两轮分配后其结果基本上就可以满足工程需要，当最后一轮分配完毕后就不要再进行传递。

（1）计算分配系数。由于梁的 EI 相同，但各梁跨度不同，因此各梁线刚度不同，计算时可略去 EI

$$\mu_{BA} = \frac{4 \times \frac{1}{5}}{4 \times \frac{1}{5} + 4 \times \frac{1}{6}} = 0.545$$

$$\mu_{BC} = \frac{4 \times \frac{1}{6}}{4 \times \frac{1}{5} + 4 \times \frac{1}{6}} = 0.455$$

$$\mu_{CB} = \frac{4 \times \frac{1}{6}}{4 \times \frac{1}{6} + 3 \times \frac{1}{4}} = 0.47$$

$$\mu_{CD} = \frac{3 \times \frac{1}{4}}{4 \times \frac{1}{6} + 3 \times \frac{1}{4}} = 0.53$$

（2）计算固端弯矩和结点不平衡力矩

$$M_{AB}^{F} = -\frac{Pab^2}{l^2} = -\frac{120 \times 2 \times 3^2}{5^2} = -86.4(\text{kN} \cdot \text{m})$$

$$M_{BA}^{F} = \frac{Pa^2b}{l^2} = \frac{120 \times 2^2 \times 3}{5^2} = 57.6(\text{kN} \cdot \text{m})$$

$$M_{BC}^{F} = -\frac{ql^2}{12} = -\frac{30 \times 6^2}{12} = -90(\text{kN} \cdot \text{m})$$

$$M_{CB}^{F} = 90\text{kN} \cdot \text{m}$$

$$M_{CD}^{F} = -\frac{ql^2}{8} = -\frac{30 \times 4^2}{8} = -60(\text{kN} \cdot \text{m})$$

$$M_{DC}^{F} = 0$$

$$M_B = 57.6 - 90 = -32.4(\text{kN} \cdot \text{m})$$

$$M_C = 90 - 60 = 30(\text{kN} \cdot \text{m})$$

（3）分配与传递。B、C 点分配时由哪一点开始都可以，但为使收敛加快，一般由结点不平衡力矩绝对值较大者开始。本例中可自 B 点开始，然后 C 点再分配，过程见图 5-32（b）。当 B 结点第一轮分配后，传给 C 点 7.4kN·m 的一个弯矩，此时 C 点的结点不平衡力矩应为 $30 + 7.4 = 37.4$kN·m，然后再分配，当传给 B 点 -8.8kN·m 的力矩后，此值即为 B 点新的不平衡力矩，需将它重翻分配，到这时 B 点已分配两轮，传给 C 点 2kN·m 后，C 点作最后一次分配，至此分配传递工作即认为结束，不要再继续传给 B 点。从分配数据值的大小看到，此时已在 1kN·m 以下，误差在 $1\% \sim 2\%$。从工程实用角度看是可行的。

（4）作 M 图与 V 图。最后将每一杆端弯矩总和即可得到杆端最终弯矩，弯矩图示于图 5-32（c）。根据弯矩图与荷载可作剪力图，见图 5-32（d）。根据支座结点竖向平衡，可求得各支座反力。

本题竖向支座反力自左向右分别为 71kN、138.9kN、170.3kN 和 39.8kN，总和为 420kN 与竖向荷载平衡。

第五节　影　响　线

一、移动荷载及影响线的概念

前面几章主要讨论了在固定荷载作用下各种结构的静力计算问题。这类荷载的大小、方向和作用点的位置在结构上是固定不变的，因此结构的支座反力和各截面上内力与位移也是不变的。实际工程结构除受到固定荷载作用外，还要受到移动荷载作用，这类荷载的大小、方向不变，但作用位置可在结构上移动。如工业厂房中吊车梁上行驶的吊车轮压（图 5-33），桥梁上行驶的汽车、火车的轮压都是移动荷载。显然，当作用于结构上的移动荷载改变其作用位置时，支座反力和截面内力以及位移（统称量值）都将随着改变。如吊车轮压在吊车梁 AB 上自 A 向 B 移动时［图 5-33（b）、（c）］，吊车梁 AB 的支座反力 R_A 将逐渐减小，而支座反力 R_B 将逐渐增大。相应梁各截面的弯矩和剪力也随荷载位置的移动而变化。因此，当结构上有移动荷载作用时，在结构分析和设计中，必须解决以下问题：

（1）确定某量值的变化范围和变化规律。

（2）计算某量值的最大值，以作为设计的依据。这就需要首先确定最不利荷载位置——使结构某量值达到最大值的荷载位置。

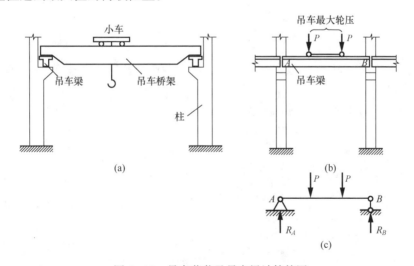

图 5-33　吊车荷载及吊车梁计算简图

影响线是解决以上问题最方便的工具和手段。为此本节先引出影响线的概念。

工程实际中的移动荷载通常是由若干个大小、间距不变的竖向荷载所组成，其类型是多种多样的，不可能逐一加以研究。为此，可先研究一种最简单的荷载，即一个竖向单位集中荷载 $P=1$ 沿结构移动时，对指定量值所产生的影响，然后根据叠加原理，进一步研究各种移动荷载对该量值的影响。

图 5-34（a）所示简支梁，当荷载 $P=1$ 分别移动到 A、1、2、3、B 各等分点时，反力

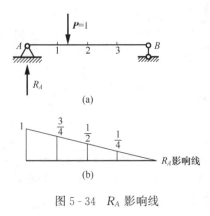

图 5-34 R_A 影响线

R_A 的数值分别为 1、$\frac{3}{4}$、$\frac{1}{2}$、$\frac{1}{4}$、0。如果以横坐标表示荷载 $P=1$ 的位置，以纵坐标表示反力 R_A 的数值，并将所得各数值在水平的基线上用竖标绘出，再将各竖标顶点连接起来，这样所得的图形 [图 5-34 (b)] 就表示了 $P=1$ 在梁上移动时反力 R_A 的变化规律。这一图形就称为反力 R_A 的影响线。

由此，可引出影响线的定义如下：当一个指向不变的单位集中荷载（通常是竖直向下的）沿结构移动时，表示某一指定量值变化规律的图形，称为该量值的影响线。

二、用静力法作单跨静定梁的影响线

静力法是以单位移动荷载 $P=1$ 的作用位置 x 为变量，利用平衡条件求出所研究量值与 x 之间的关系，表示这种关系的方程称为影响线方程。根据影响线方程即可作出影响线。

1. 简支梁的影响线

(1) 反力影响线。简支梁支座反力 R_A 的影响线前面已讨论过了 [图 5-34 (b)]，现在讨论图 5-35 (a) 所示简支梁支座反力 R_B 的影响线。为此，取梁的左端 A 点为坐标原点，令单位荷载 $P=1$ 至原点 A 的距离为 x，并假定反力的方向以向上为正，由静力平衡条件 $\sum M_A = 0$，得

$$R_B l - Px = 0$$

$$R_B = \frac{Px}{l} = \frac{x}{l} \quad (0 \leqslant x \leqslant l)$$

这就是 R_B 的影响线方程。由于它是 x 的一次函数，由此可知 R_B 影响线也是一条直线。只需定出两点：

当 $x = 0$，$P = 1$ 在 A 点时，$R_B = 0$

当 $x = l$，$P = 1$ 移至 B 点时，$R_B = 1$

于是，可绘出 R_B 影响线，如图 5-35 (c) 所示。在绘制影响线时，通常规定正值的竖标画在基线上方，负值的竖标画在基线下方，并要求注明正负号。由于 $P = 1$ 是不带任何单位的，即为无量纲量，所以反力影响线的纵标也是无量纲量。利用影响线研究实际荷载的影响时，再乘以实际荷载相应的单位。

绘制反力影响线的规律：简支梁某支座反力影响线为一条斜直线，在该支座处向上取纵标 1，在另一支座处取零。

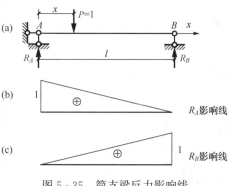

图 5-35 简支梁反力影响线

(2) 弯矩影响线。绘制弯矩影响线时，需先明确截面位置。绘制截面 C 的弯矩 M_C 的影响线，可设坐标原点于 A [图 5-36 (a)]，由于荷载 $P = 1$ 在截面 C 以左和以右移动时，截面 C 的弯矩具有不同的表达式，所以 M_C 影响线方程有两种情况：

1）当荷载 $P=1$ 在截面 C 以左移动时，为了计算简便，取截面 C 以右部分为隔离体，并以使梁下面纤维受拉的弯矩为正，则有

$$M_C = R_B b = \frac{x}{l} b \quad (0 \leqslant x \leqslant a)$$

上式表明 M_C 影响线与 R_B 的影响线成正比，是 R_B 的 b 倍，与 R_B 同符号，在截面 C 以左是一段直线，则有

当 $x=0$ 时，$M_C=0$

当 $x=a$ 时，$M_C=\dfrac{ab}{l}$

由此可画出 M_C 影响线的左直线［图 5 - 36 （b）］，左直线仅在截面 C 左侧适用。

2）当荷载 $P=1$ 在截面 C 以右移动时，取截面 C 以左部分为隔离体，得

$$M_C = R_A a = \frac{(l-x)}{l} a \quad (a \leqslant x \leqslant l)$$

可见 M_C 影响线与 R_A 的影响线成正比，是 R_A 的 a 倍，与 R_A 同符号，在截面 C 以右是一段直线，即

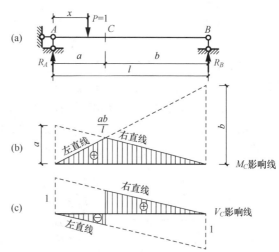

图 5 - 36 简支梁弯矩与剪力影响线

当 $x=a$ 时，$M_C=\dfrac{ab}{l}$

当 $x=l$ 时，$M_C=0$

据此可画出 M_C 影响线的右直线［图 5 - 36 （b）］，右直线仅在截面 C 右侧适用。

绘制简支梁任意截面弯矩影响线规律：先在左支座 A 处取纵标 a 与右支座 B 处的零点用直线相连得右直线，然后在右支座 B 处取纵标 b 与左支座 A 处的零点相连得左直线，或从截面 C 引下竖线与右直线相交，再与左支座 A 处的零点相连得左直线。M_C 影响线是由左、右直线与基线组成的一个三角形［图 5 - 36 （b）］。

由于荷载 $P=1$ 是无量纲量，故弯矩影响线的单位应为长度单位。

（3）剪力影响线。与弯矩影响线类似，若绘制截面 C 的剪力影响线，仍按两种情况分别考虑。

1）当荷载 $P=1$ 在截面 C 以左移动时，取截面 C 以右部分为隔离体，并以绕隔离体顺时针方向转的剪力为正，则有

$$V_C = -R_B = -\frac{x}{l} \quad (0 \leqslant x < a)$$

上式表明剪力影响线 V_C 与 R_B 影响线数值相同，但符号相反，也是一段直线，可由两点确定：

当 $x=0$ 时，$V_C=0$

当 $x=a$ 时，$V_C=-\dfrac{a}{l}$

据此可画出 V_C 影响线的左直线［图 5 - 36 （c）］。

2）当荷载 $P=1$ 在截面 C 以右移动时，取截面 C 以左部分为隔离体，得

$$V_C = R_A = \frac{l-x}{l} \quad (a < x \leqslant l)$$

上式表明剪力影响线 V_C 与 R_A 完全相同，仍为一段直线，即

$$当 x = a 时, V_C = \frac{l-a}{l} = \frac{b}{l}$$

$$当 x = l 时, V_C = 0$$

从而画得右直线。左、右直线与基线共同组成剪力 V_C 影响线，如图 5-36（c）所示。剪力影响线与反力影响线一样，纵标也是无量纲量。

绘制简支梁任意截面剪力影响线的规律：先在左支座 A 处取纵标 1，以直线与右支座 B 处的零点相连得右直线，再于右支座 B 处取纵标（-1）与左支座 A 处的零点相连得左直线，然后由截面 C 引下竖线与左、右直线相交。基线上面纵标取正号，下面取负号。

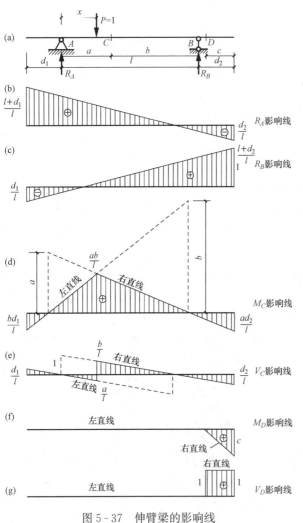

图 5-37　伸臂梁的影响线

2. 伸臂梁的影响线

（1）反力影响线。图 5-37（a）所示为两端伸臂梁，坐标原点设在 A 支座处，x 以向右为正，向左为负。利用整体平衡条件，可分别求得支座反力 R_A、R_B 的影响线方程，即

$$\left.\begin{array}{l} R_A = \dfrac{l-x}{l} \\[2mm] R_B = \dfrac{x}{l} \end{array}\right\} \quad (-d_1 \leqslant x \leqslant l + d_2)$$

注意：当荷载 $P=1$ 位于 A 点以左时 x 为负值，故以上两方程在梁的全长范围内都是适用的。由于上面两式与简支梁的反力影响线方程完全相同，因此只需将简支梁的反力影响线向两个伸臂部分延长，即得伸臂梁的反力 R_A 和 R_B 的影响线，如图 5-37（b）、（c）所示。

（2）跨内部分截面内力影响线。设求两支座间的任一指定截面 C 的弯矩和剪力影响线。

当荷载 $P=1$ 在截面 C 以左移动时，取截面 C 以右部分为隔离体，得影响线方程为

$$\left.\begin{array}{l} M_C = R_B b \\[2mm] V_C = -R_B \end{array}\right\} \quad (0 \leqslant x < a)$$

当荷载 $P=1$ 在截面 C 以右移动时，取截面 C 以左部分为隔离体，得影响线方程为

$$M_C = R_A a \atop V_C = -R_A \Big\} \quad (a < x \leqslant l)$$

由此可知，M_C 与 V_C 的影响线方程也与简支梁的完全相同。因而与作反力影响线一样，只需将相应简支梁上截面 C 的弯矩和剪力影响线向两伸臂部分延长，即可得到伸臂梁 M_C 和 V_C 的影响线，如图 5-37 (d)、(e) 所示。

（3）伸臂部分截面内力影响线。求伸臂部分上任一指定截面 D 的弯矩和剪力影响线 [图 5-37 (a)]。

当荷载 $P = 1$ 在截面 D 以左移动时，取截面 D 以右部分为隔离体，得

$$M_D = 0 \atop V_D = 0 \Big\}$$

当荷载 $P = 1$ 在截面 D 以右移动且距 B 点为 x 时，取截面 D 以右部分为隔离体，得

$$M_D = -x \atop V_D = +1 \Big\} \quad (0 < x \leqslant c)$$

由此，可做出 M_D 和 V_D 影响线，如图 5-37 (f)、(g) 所示。

三、影响线的应用

前面讨论了影响线的绘制方法。绘制影响线的目的是解决两方面的问题：①当实际的移动荷载在结构上的位置为已知时，如何利用某量值的影响线求出该量值的数值；②如何利用某量值的影响线确定实际移动荷载对该量值的最不利荷载位置。下面分别加以讨论。

1. 利用影响线计算影响量

（1）集中荷载作用。图 5-38 (a) 所示简支梁，受到一组平行集中荷载 P_1、P_2、P_3 作用，现要利用图 5-38 (b) 所示 V_C 影响线，求 P_1、P_2、P_3 作用下 V_C 的数值。

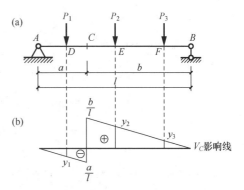

在 V_C 影响线中，相应于各荷载作用点的竖标为 y_1、y_2、y_3，它们分别是 $P = 1$ 在相应位置产生的 V_C。因此，由 P_1 产生的 V_C 等于 $P_1 y_1$，P_2 产生的 V_C 等于 $P_2 y_2$，P_3 产生的 V_C 等于 $P_3 y_3$，根据叠加原理可知，在这组荷载作用下的 V_C 数值为

图 5-38　集中荷载作用下的影响量计算

$$V_C = P_1 y_1 + P_2 y_2 + P_3 y_3$$

一般说来，设有一组集中荷载 P_1，P_2，$\cdots$，P_n 作用于结构上，而结构某量值 Z 的影响线在各荷载作用点的竖标为 y_1，y_2，$\cdots$，y_n，则有

$$Z = P_1 y_1 + P_2 y_2 + \cdots + P_n y_n = \sum_{i=1}^{n} P_i y_i \qquad (5-11)$$

应用式（5-11）时，P_i 向下为正，y_i 的正负号由影响线确定。

（2）均布荷载作用。图 5-39 (a) 所示简支梁，其上有长度一定的均布移动荷载作用，现在要利用图 5-39 (b) 所示 V_C 影响线，求在给定均布荷载 q 作用下 V_C 的数值。

以集中荷载的计算为依据，就不难求出均布荷载作用下的影响量。可将均布荷载分成无

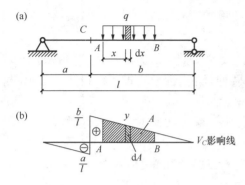

图 5 - 39 均布荷载作用下的影响量计算

限多个微段，每个微段上的荷载 $q\mathrm{d}x$ 可看作一个集中荷载 [图 5 - 39 (b)]，它引起的 V_C 的量值为 $q\mathrm{d}x\cdot y$，则在 AB 区段内的均布荷载产生的 V_C 值为

$$Z = \int_A^B qy\mathrm{d}x = q\int_A^B y\mathrm{d}x = qA \quad (5-12)$$

式中：A 为影响线在均布荷载作用范围内的面积。

在均布荷载作用下，量值 Z 的数值等于荷载集度 q 与该量值影响线在荷载作用范围内的面积 A 的乘积。应用此公式时，q 向下为正，要注意面积 A 的正负号。

【例 5 - 8】 图 5 - 40 (a) 所示伸臂梁，作用荷载与尺寸如图示，利用影响线求 M_C、V_C 的值。

解 (1) 做出 M_C、V_C 影响线，并计算出各控制点的纵坐标值，如图 5 - 40 (b)、(c) 所示。

(2) 计算 M_C、V_C 值。

$$M_C = \sum P_i y_i + qA$$

$$= 20 \times (-1) + 5\left(\frac{1}{2} \times 1 \times 4 - \frac{1}{2} \times 1 \times 2\right)$$

$$= -15(\mathrm{kN \cdot m})$$

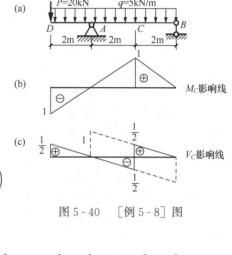

图 5 - 40 ［例 5 - 8］图

$$V_C = \sum P_i y_i + qA$$

$$= 20 \times \frac{1}{2} + 5\left(\frac{1}{2} \times \frac{1}{2} \times 2 - \frac{1}{2} \times \frac{1}{2} \times 2 + \frac{1}{2} \times \frac{1}{2} \times 2\right)$$

$$= 12.5(\mathrm{kN})$$

2. 利用影响线求最不利荷载的位置

在移动荷载作用下，结构上的各种量值均将随着荷载位置的不同而变化，而设计时必须求出各种量值的最大值（包括最大正值 Z_{max} 和最大负值，最大负值也称最小值 Z_{min}），以作为设计的依据。为此，必须先确定使某一量值发生最大（或最小）值的荷载位置，即最不利荷载位置。只要所求量值的最不利荷载位置一经确定，则其最大值即不难求得。影响线的最重要作用就是用它来判定最不利荷载位置。

(1) 可动均布荷载的最不利布置。由于可动均布荷载（如人群等）可以任意断续地布置，故最不利荷载位置是很容易确定的。由式 (5 - 12) 即 $Z = qA$ 可知，当荷载布满对应于影响线正号面积的部分时，则量值 Z 将产生最大值 Z_{max}；反之，当荷载布满对应于影响线负号面积的部分时，则量值 Z 将产生最小值 Z_{min}。例如，图 5 - 41 (a) 所示外伸梁，C 截面的弯矩影响线如图 5 - 41 (b) 所示，欲求截面 C 的最大弯矩 M_{Cmax} 或最大负弯矩 M_{Cmin}，则它们相应的最不利荷载位置分别如图 5 - 41 (c)、(d) 所示。

(2) 移动集中荷载的最不利位置。对于移动集中荷载，根据式 (5 - 11) 即 $Z = \sum P_i y_i$

可知，当 $Z=\sum P_i y_i$ 为最大值时，则相应的荷载位置即为量值 Z 的最不利荷载位置。由此推断，最不利荷载位置必然发生在荷载密集于影响线竖标大处，并且可进一步论证必有一个集中荷载位于影响线顶点。为了分析方便，通常将这一位于影响线顶点的集中荷载称为临界荷载。

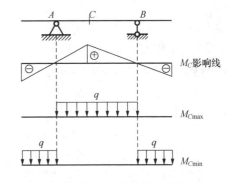

图 5 - 41　可动均布荷载的最不利布置

【例 5 - 9】　求图 5 - 42（a）所示简支梁在所给移动荷载作用下 C 截面的最大弯矩。

解　（1）作 M_C 的影响线，如图 5 - 42（b）所示。

（2）分析临界力的可能性。三个力中，大小为 4kN 的力肯定不是临界荷载，因为它位于 C 点时，前两力均已移出梁外。因此只有两种可能性，即大小为 6kN 或 8kN 的力。

（3）计算最大弯矩 M_{Cmax}。

当 $P_{cr}=6$kN 时 ［图 5 - 42（c）］，有

$$M_C = 6 \times \frac{4}{3} + 8 \times \frac{11}{15} = 13.87 (\text{kN·m})$$

当 $P_{cr}=8$kN 时 ［图 5 - 42（d）］，有

$$M_C = 6 \times \frac{2}{15} + 8 \times \frac{4}{3} + 4 \times \frac{8}{15} = 13.6 (\text{kN·m})$$

通过对比计算发现，大小为 6kN 的力确系临界力，而 C 载面最大弯矩 $M_{Cmax}=13.87$kN·m。

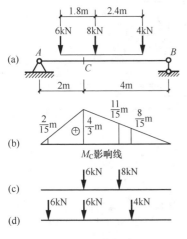

图 5 - 42　［例 5 - 9］图

【例 5 - 10】　求图 5 - 43（a）所示简支梁在所给移动荷载作用下 C 截面的最大正剪力。

解　（1）作 V_C 的影响线，如图 5 - 43（b）所示。

（2）分析临界力的可能性。为了得到最大正剪力，四个集中力必有一个位于竖标为 0.6 的值上，当 P_4 作用于其上时，前三个力已移到梁外，此种情况不会是最不利的；P_1 作用于其上时，P_2、P_3 已移近靠 B 支座处，此时影响线正值已很小，故此种情况也不是最不利的，而只有当 P_2 作用在其上时才是最不利荷载位置 ［图 5 - 43（c）］，此时有

$$V_{Cmax} = 280(0.6 + 0.48 + 0.08) = 324.8 (\text{kN})$$

P_2 作用在 0.6 上时，读者可自行验证。

四、简支梁的内力包络图

在设计吊车梁等承受移动荷载的结构时，必须求出各截面上内力的最大值（最大正值和最大负值）。用上面介绍的确定最不利荷载位置进而求某量值最大值的方法，可以求出简支梁任一截面的最大内力值。如果把梁上各截面内力的最大

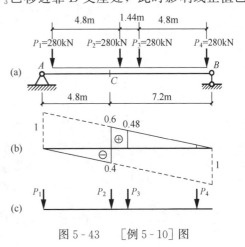

图 5 - 43　［例 5 - 10］图

值按同一比例标在图上，连成曲线，这一曲线即称为内力包络图。各截面最大弯矩值的连线图称为弯矩包络图，各截面最大剪力值的连线图称为剪力包络图。内力包络图表明了在给定移动荷载作用下，梁上各截面可能产生的内力值的极限范围，它是设计吊车梁和桥梁等结构的重要资料。现以吊车梁的内力包络图为例，说明简支梁内力包络图的作法。

图 5-44（b）所示一简支梁，跨度为 12m，承受图 5-44（a）所示两台吊车荷载作用，现要绘制其弯矩图包络图。一般将梁分成若干等分（通常为十等分），按上述方法求出各等分点的最大弯矩、最大正剪力与最大负剪力，以截面位置作为横坐标，求得的值作为纵坐标，用光滑曲线连接各点即可得到该梁的弯矩包络图与剪力包络图，如图 5-44（c）、（d）所示。其中距梁左端为 4.8m 处截面上的最大正剪力 324.8kN 的来源，即 [例 5-10] 所求结果。注意简支梁弯矩包络图只有一种符号，即正号，但剪力包络图有正负之分。

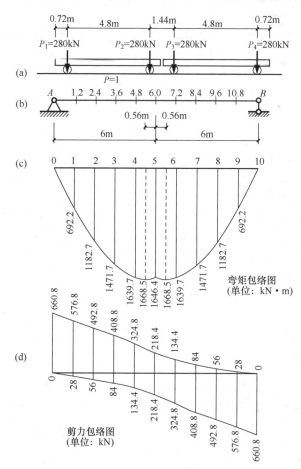

图 5-44　简支梁在吊车荷载作用时的内力包络图

　习　题

5-1　试确定图 5-45 各结构的超静定次数。

5-2　用力法计算图 5-46 超静定梁，并作 M 图。

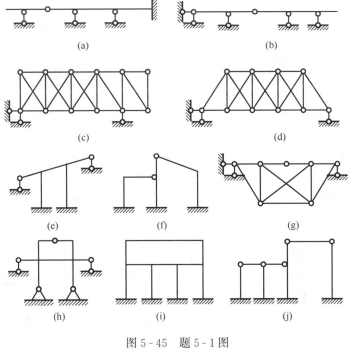

图 5-45 题 5-1 图

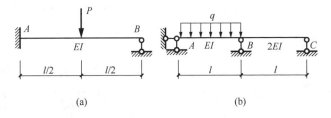

图 5-46 题 5-2 图

5-3 用力法计算图 5-47 各结构，并作 M 图。

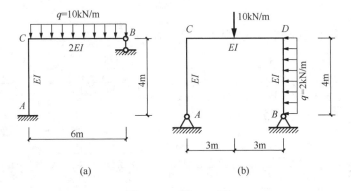

图 5-47 题 5-3 图

5-4 求作图 5-48 各结构在已知支座位移下的 M 图。

5-5 试确定图 5-45 所示 (h)、(i)、(j) 各图用位移法计算时的基本未知量，并画出

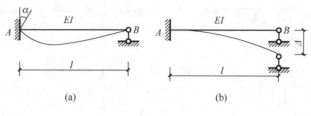

图 5-48　题 5-4 图

基本结构。

5-6　用位移法计算图 5-49 所示刚架，作 M 图。

5-7　画出用位移法计算图 5-50 所示刚架的基本体系，列位移法方程，并求出相应系数项。

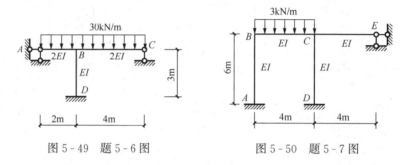

图 5-49　题 5-6 图　　　　　　　图 5-50　题 5-7 图

5-8　用力矩分配法作图 5-51 连续梁的弯矩图。

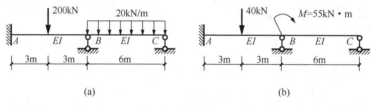

图 5-51　题 5-8 图

5-9　用力矩分配法作图 5-52 刚架的弯矩图。

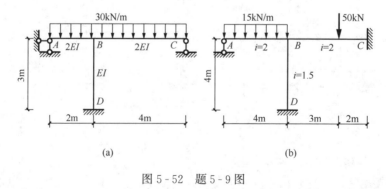

图 5-52　题 5-9 图

5-10　用力矩分配法求图 5-53 连续梁的杆端弯矩，作弯矩图。

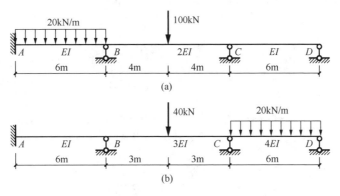

图 5-53 题 5-10 图

5-11 试用静力法作图 5-54 所示结构中指定量值的影响线。

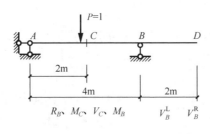

图 5-54 题 5-11 图

5-12 试利用影响线求下列结构在图 5-55 所示固定荷载作用下指定量值的大小。

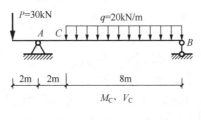

图 5-55 题 5-12 图

5-13 试求图 5-56 所示简支梁在垂直吊车荷载作用下 C 截面的最大弯矩和最大、最小剪力。已知 $P_1 = P_2 = P_3 = P_4 = 82$kN。

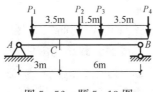

图 5-56 题 5-13 图

第二篇　建　筑　结　构

本篇主要包括以下基本内容：建筑结构设计基本原则，钢筋混凝土结构基本构件计算，钢筋混凝土梁板结构，钢结构，砌体结构，地基与基础，高层建筑结构及建筑结构抗震的基本知识等。

第六章　建筑结构及其设计基本原则

本章介绍建筑结构的基本类型及其应用范围，建筑结构的功能要求及极限状态，荷载作用效应及其代表值，以概率理论为基础的极限状态设计法等。

第一节　建筑结构分类及其应用范围

建筑结构是由构件（梁、板、柱、基础、桁架、网架等）组成的能承受各种作用，起骨架作用的体系。

建筑结构可按所使用的材料和主要受力构件的承重形式来分类。

一、按使用材料划分

1. 钢筋混凝土结构

钢筋混凝土结构由混凝土和钢筋两种材料组成，是土木工程中应用最广泛的一种结构形式。可用于民用建筑和工业建筑，如多层与高层住宅，旅馆，办公楼，大跨的大会堂，剧院，展览馆和单层、多层工业厂房，也可用于特种结构，如烟囱、水塔、水池等。

钢筋混凝土结构具有以下主要优点：

1）可以根据需要，浇筑成各种形状和尺寸的结构。给选择合理的结构形式提供了有利条件。

2）强度价格比相对较大。用钢筋混凝土制成的构件比用同样费用制成的木、砌体、钢结构受力构件强度要大。

3）耐火性能好。混凝土耐火性能较好，钢筋在混凝土保护层的保护下，在火灾发生的一定时间内，不至于很快达到软化温度而导致结构破坏。

4）耐久性好，维修费用小。钢筋被混凝土包裹，不易生锈，混凝土的强度还能随龄期的增长有所增加。因此，钢筋混凝土结构使用寿命最长。

5）整体浇筑的钢筋混凝土结构整体性能好，对抵抗地震、风载和爆炸冲击作用有良好性能。

6）混凝土中用料最多的砂、石等原料可以就地取材，便于运输，为降低工程造价提供了有利条件。

钢筋混凝土结构也存在着一些缺点，如自重大，抗裂性能差，现浇施工时耗费模板多，工期长等。随着对钢筋混凝土结构的深入研究和工程实践经验的积累，这些缺点正逐步得到克服，如采用预应力混凝土可提高其抗裂性，应用到大跨结构和防渗结构；采用高强混凝土，可以改善防渗性能；采用轻质高强混凝土，可以减轻结构自重，并改善隔热性能；采用预制钢筋混凝土构件可以克服模板耗费多和工期长等缺点。

2. 钢结构

钢结构是由钢板和各种型钢，如角钢、工字钢、槽钢、T型钢、钢管以及薄壁型钢等制成的结构。常用于重工业或有动力荷载的厂房，如冶金、重型机械厂房；大跨房屋，如体育馆、飞机库、车站；高层建筑；轻型钢结构，如低层和多层预制装配式房屋体系，需要移动拆卸的房屋等。

房屋钢结构具有以下特点：

1）材料强度高。同样截面的钢材比其他材料能承受较大的荷载，跨越的跨度也大，从而可减轻构件自重。

2）材质均匀。材料内部组织接近匀质和各向同性，结构计算与实际符合较好。

3）材料塑性和韧性好。结构不易因超载而突然断裂，对动荷结构适应性强。

4）便于工业化生产，机械化加工。

5）耐热不耐火。

6）耐腐蚀性差，维修费用高。

3. 砌体结构

砌体结构是指用普通黏土砖、承重黏土空心砖、硅酸盐砖、中小型混凝土砌块、中小型粉煤灰砌块或料石和毛石等块材，通过砂浆铺缝砌筑而成的结构。砌体结构可用于单层与多层建筑，特种结构，如烟囱、水塔、小型水池和挡土墙等。

砌体结构具有可就地取材，造价低廉，保温隔热性能好，耐火性好，砌筑方便等优点。也存在自重大，强度低，抗震性能差等缺点。

4. 木结构

木结构是指全部或大部分用木材制成的结构。木结构由于受木材自然生长条件的限制，很少使用。具有就地取材，制作简单，便于施工等优点。也具有易燃，易腐蚀和结构变形大等缺点。

二、按承重结构类型划分

1. 混合结构

混合结构是由砌体结构构件和其他材料制成的构件所组成的结构。如竖向承重结构用砖墙、砖柱，水平承重结构用钢筋混凝土梁、板的结构就属于混合结构。它多用于七层及七层以下的住宅、旅馆、办公楼、教学楼及单层工业厂房中。

混合结构具有可就地取材，施工方便，造价便宜等特点。

2. 框架结构

框架结构是由梁、板和柱组成的结构。框架结构建筑布置灵活，可任意分割房间，容易满足生产工艺和使用上的要求。因此，在单层和多高层工业与民用建筑中广泛使用，如办公楼、旅馆、工业厂房和实验室等。由于高层框架侧向位移将随高度的增加而急剧增大，因此框架结构的高度受到限制，如钢筋混凝土结构多用于10层以下建筑。

3. 剪力墙结构

剪力墙结构是利用墙体承受竖向和水平荷载，并起着房屋维护与分割作用的结构。剪力墙在抗震结构中也称抗震墙，在水平荷载作用下侧向变形很小，适用于建造较高的高层建筑。剪力墙的间距不能太大，平面布置不灵活，因此，多用于 12～30 层的住宅、旅馆中。

4. 框架—剪力墙结构

框架—剪力墙结构是在框架结构纵、横方向的适当位置，在柱与柱之间设置几道剪力墙所组成的结构。该种结构形式充分发挥了框架、剪力墙结构的各自特点，在高层建筑中得到了广泛的应用。

5. 筒体结构

由剪力墙构成的空间薄壁筒体，称为实腹筒；由密柱、深梁框架围成的体系，称为框筒；如果筒体的四壁由竖杆和斜杆形成的桁架组成，称为桁架筒；如果体系是由上述筒体单元组成，称为筒中筒或成束筒，一般由实腹的内筒和空腹的外筒构成。筒体结构具有很大的侧向刚度，多用于高层和超高层建筑中，如饭店、银行、通信大楼等。

6. 大跨结构

大跨结构是指在体育馆、大型火车站、航空港等公共建筑中所采用的结构。竖向承重结构多采用柱，屋盖采用钢网架、薄壳或悬索结构等。

第二节　建筑结构设计基本原则

一、结构的功能及极限状态

1. 结构的功能

建筑结构设计的基本要求是：以最经济的手段使结构在正常施工和使用的条件下，在预定的使用期内满足下列预定功能的要求。

（1）安全性。安全性是指建筑结构能承受正常施工和使用时可能施加于它的各种作用，如荷载、温度变化、支座沉陷等引起的内力。且在强烈地震、爆炸、撞击等偶然事件发生时和发生后，结构仍然能保持必要的整体稳定性，即结构不致因局部破坏而发生连续倒塌。

（2）适用性。适用性是指建筑结构在正常使用时具有良好的工作性能。如应具有足够的刚度，以避免变形过大而影响正常使用。

（3）耐久性。耐久性是指建筑结构在正常维护条件下具有足够的耐久性能。如在设计规定的使用期间内，钢筋不致因保护层过薄或裂缝过宽而发生锈蚀等。

安全性、适用性、耐久性统称为结构的可靠性。结构能够满足功能要求，称为结构可靠或有效；反之，则称为不可靠或失效。

2. 结构的极限状态

整个结构或结构的一部分超过某一特定状态就不能满足设计规定的某一功能要求，此特定状态称为该功能的极限状态。极限状态可分为以下两类：

（1）承载能力极限状态。结构或结构构件达到最大承载力，出现疲劳破坏或不适于继续承载的过大变形。当结构或构件出现下列情况之一时，即认为超过了承载能力极限状态。

1）结构或构件之间的连接因材料超过其强度而破坏（包括疲劳破坏）；

2）结构丧失承载能力转变为几何可变体系；

3）结构或构件丧失稳定；

4）结构或构件发生滑移或倾覆，从而丧失位置平衡。

承载能力极限状态主要考虑结构的安全性，结构一旦超过这种极限状态，即丧失了完成安全性功能的能力，从而造成人身伤亡和重大经济损失。因此，设计中应把出现这种情况的概率控制得非常小。

（2）正常使用极限状态。结构或结构构件达到正常使用或耐久性能的某项规定限值。当结构或构件出现下列状态之一时，即认为超过了正常使用极限状态。

1）影响正常使用或外观的变形；

2）影响正常使用或耐久性能的局部损坏，包括裂缝宽度达到了规定限值；

3）影响正常使用的振动；

4）影响正常使用的其他特定状态。

正常使用极限状态主要考虑结构的适用性和耐久性。当结构或构件超过这种极限状态时一般不会造成人身伤亡和重大经济损失。因此，结构设计中，可以把出现这种情况的概率控制得略宽一些。

建筑结构设计时，为保证结构的安全可靠，对一切结构和构件均应进行承载能力极限状态的计算，而正常使用极限状态的验算应根据具体使用要求进行。

二、荷载代表值与荷载效应组合

1. 荷载代表值

荷载都存在着变异性，例如：同样形状、材料的两块预制板，如称其重量，一般总会有差异；办公楼楼板上每平方米承受的活荷载更是会千差万别，有时可能为零（没有人员和设备），有时又可能相当大（如召开临时性的多人员会议）；风载与雪载也都是变化的。因此说荷载是随机变量。

结构设计时，为了适应不同极限状态下的设计要求，《建筑结构荷载规范》（GB 50009—2012）（以下简称《荷载规范》）给出了荷载各种代表值。对永久荷载应采用标准值作为代表值；对可变荷载应根据设计要求采用标准值、组合值、频遇值或准永久值作为代表值。

（1）荷载标准值。荷载标准值指结构在使用期间，正常情况下可能出现的最大荷载统计分布的特征值（如均值、众值、中值或某个分位值）。荷载标准值是结构设计时采用的荷载基本代表值，荷载的其他代表值是以其为基础乘以适当的系数后得到的。各类荷载的标准值可见《荷载规范》。

1）永久荷载的标准值。永久荷载变异性不大，一般以平均值作为荷载的标准值，即可按结构设计规定的尺寸和材料的平均密度确定。对自重变异大的材料，在设计时应根据荷载对结构有利或不利，分别取其自重的下限值或上限值。

2）可变荷载的标准值。由第一章介绍可知，可变荷载的标准值根据数理统计方法确定，通常要求具有 95% 的保证率。表 6-1、表 6-2 给出了有关楼面、屋面均布活荷载的标准值等。

表 6-1　　民用建筑楼面均布活荷载标准值及其组合值、频遇值和准永久值系数

项次	类　别	标准值 (kN/m²)	组合值系数 ψ_c	频遇值系数 ψ_f	准永久值系数 ψ_q
1	(1) 住宅、宿舍、旅馆、办公楼、医院、病房、托儿所、幼儿园	2.0	0.7	0.5	0.4
	(2) 试验室、阅览室、会议室、医院门诊室	2.0	0.7	0.6	0.5
2	教室、食堂、餐厅、一般资料档案室	2.5	0.7	0.6	0.5
3	(1) 礼堂、剧场、影院、有固定座位的看台	3.0	0.7	0.5	0.3
	(2) 公共洗衣房	3.0	0.7	0.6	0.5
4	(1) 商店、展览厅、车站、港口、机场大厅及其旅客等候室	3.5	0.7	0.6	0.5
	(2) 无固定座位的看台	3.5	0.7	0.5	0.3
5	(1) 健身房、演出舞台	4.0	0.7	0.5	0.3
	(2) 舞厅、运动场	4.0	0.7	0.6	0.3
6	(1) 书库、档案库、贮藏室	5.0	0.9	0.9	0.8
	(2) 密集柜书库	12.0			
7	通风机房、电梯机房	7.0	0.9	0.9	0.8
8	汽车通道及停车库： (1) 单向板楼盖（板跨不小于 2m） 客车 消防车 (2) 双向板楼盖和无梁楼盖（柱网尺寸不小于 6m×6m） 客车 消防车	 4.0 35.0 2.5 20.0	 0.7 0.7 0.7 0.7	 0.7 0.5 0.7 0.5	 0.6 0.0 0.6 0.0
9	厨房：(1) 一般的	2.0	0.7	0.6	0.5
	(2) 餐厅的	4.0	0.7	0.7	0.7
10	浴室、厕所、盥洗室：	2.5	0.7	0.6	0.5
11	走廊、门厅、楼梯： (1) 宿舍、旅馆、医院病房托儿所、幼儿园、住宅	2.0	0.7	0.5	0.4
	(2) 办公楼、教室、餐厅，医院门诊部	2.5	0.7	0.6	0.5
	(3) 消防疏散楼梯，其他民用建筑	3.5	0.7	0.5	0.3
12	阳台： (1) 一般情况	2.5	0.7	0.6	0.5
	(2) 当人群有可能密集时	3.5			

注　1. 本表所给各项活荷载适用于一般使用条件，当使用荷载较大或情况特殊时，应按实际情况采用。

2. 第 6 项书库活荷载当书架高度大于 2m 时，书库活荷载尚应按每米书架高度不小于 2.5kN/m² 确定。

3. 第 8 项中的客车活荷载只适用于停放载人少于 9 人的客车；消防车活荷载是适用于满载总重为 300kN 的大型车辆；当不符合本表的要求时，应将车轮的局部荷载按结构效应的等效原则，换算为等效均布荷载。

4. 第 11 项楼梯活荷载，对预制楼梯踏步平板，尚应按 1.5kN 集中荷载验算。

5. 本表各项荷载不包括隔墙自重和二次装修荷载。对固定隔墙的自重应按恒荷载考虑，当隔墙位置可灵活自由布置时，非固定隔墙的自重应取每延米长墙重（kN/m）的 1/3 作为楼面活荷载的附加值（kN/m²）计入，附加值不小于 1.0kN/m²。

表 6-2 　　　　　　　　　　　屋 面 均 布 活 荷 载

项　次	类　　别	标准值 （kN/m²）	组合值系数 ψ_c	频遇值系数 ψ_f	准永久值系数 ψ_q
1	不上人的屋面	0.5	0.7	0.5	0
2	上人的屋面	2.0	0.7	0.5	0.4
3	屋顶花园	3.0	0.7	0.6	0.5

注　1. 不上人的屋面，当施工或维修荷载较大时，应按实际情况采用；对不同结构应按有关设计规范的规定采用，
　　　但不得低于 0.3kN/m²。
　　2. 上人的屋面，当兼作其他用途时，应按相应楼面活荷载采用。
　　3. 对于因屋面排水不畅、堵塞等引起的积水荷载，应采取构造措施加以防止；必要时，应按积水的可能深度确
　　　定屋面荷载。
　　4. 屋顶花园活荷载不包括花圃土石等材料自重。

（2）可变荷载准永久值。在设计基准期（或称预期使用年限）内，其达到和超过的总时间为设计基准期一半的荷载值称为可变荷载准永久值。可变荷载准永久值可写成

$$Q_q = \psi_q Q_k$$

式中：Q_q 为可变荷载准永久值；Q_k 为可变荷载标准值；ψ_q 为准永久值系数，按表 6-1、表 6-2 采用。

（3）可变荷载频遇值。在设计基准期内，其超越的总时间为规定的较小比率或超越频率为规定频率的荷载值称为可变荷载频遇值。其大小等于可变荷载标准值乘以频遇值系数 ψ_f，按表 6-1、表 6-2 采用。

（4）可变荷载组合值。当考虑两种或两种以上可变荷载在结构上同时作用时，由于所有荷载同时达到其单独出现的最大值的可能性极小，因此，除主导荷载仍以其标准值为代表值外，其他伴随荷载应取其标准值乘以小于 1 的荷载组合系数 ψ_c（按规定采用），即取组合值。

2. 荷载效应及荷载效应组合

荷载（直接作用）和间接作用都将使结构或结构构件产生内力、变形和裂缝，我们称之为作用效应。由于结构设计中以荷载作用为多，故常称作荷载效应。荷载效应 S 与荷载 Q 之间一般可认为呈线性或近似线性关系，即

$$S = CQ$$

式中：C 为荷载效应系数。

如简支梁均布荷载作用下，跨中截面弯矩和支座边缘截面剪力分别为

$$M = 1/8 q l^2 \quad V = 1/2 q l$$

式中：M、V 为荷载效应；q 为荷载；$1/8 l^2$、$1/2 l$ 为荷载效应系数。

因为荷载为随机变量，荷载效应也是随机变量。

建筑结构设计应根据使用过程中在结构上可能出现的荷载，按承载能力极限状态和正常使用极限状态分别进行荷载组合，亦可称之为荷载效应组合，并应取各自的最不利的效应组合进行设计。

（1）承载能力极限状态的荷载效应组合。

对于承载能力极限状态设计，对持久状况和短暂状况，均应采用作用的基本组合。基本

组合的效应设计值按下式中最不利值确定，即

$$S_d = \sum_{i=1}^{m} \gamma_{Gi} S_{Gik} + \gamma_{Q1} \gamma_{L1} S_{Q1k} + \sum_{j=1}^{n} \gamma_{Qi} \gamma_{Li} \psi_{ci} S_{Qik} \qquad (6-1)$$

式中：S_d 为荷载组合的效应设计值。γ_{Gi} 为第 i 个永久作用的分项系数，取值如下：当其作用效应对承载力不利时，取 1.3；当其作用效应对承载力有利时，取值 $\leqslant 1.0$。γ_{Q1}、γ_{Qi} 为第 1 个、第 i 个可变作用的分项系数，当其为活荷载时取 1.5。γ_{Li} 为第 i 个可变荷载考虑设计使用年限的调整系数，其中 γ_{L1} 为主导可变荷载 Q_1 考虑使用年限的调整系数。S_{Gjk} 为按第 j 个永久荷载标准值 G_{jk} 计算的荷载效应值。S_{Qik} 为按可变荷载标准值 Q_{ik} 计算的荷载效应值，其中 S_{Q1k} 为诸可变荷载效应中起控制作用者。ψ_{ci} 为可变荷载 Q_i 的组合系数，应按规定取值。n 为参与组合的可变荷载数。

(2) 正常使用极限状态的荷载效应组合。

对于正常使用极限状态，应根据不同的设计要求，采用荷载的标准组合、频遇组合或准永久组合。荷载效应组合的设计值 S 应按下列各式采用。

1）标准组合

$$S = S_{Gk} + S_{Q1k} + \sum_{i=2}^{n} \psi_{ci} S_{Qik} \qquad (6-2)$$

2）频遇组合

$$S = S_{Gk} + \psi_{f1} S_{Q1k} + \sum_{i=2}^{n} \psi_{qi} S_{Qik} \qquad (6-3)$$

式中：ψ_{f1} 为可变荷载 Q_1 的频遇值系数，应按规定采用；ψ_{qi} 为可变荷载 Q_i 的准永久值系数，应按规定采用。

3）准永久组合

$$S = S_{Gk} + \sum_{i=1}^{n} \psi_{qi} S_{Qik} \qquad (6-4)$$

3. 结构构件的抗力

结构构件的抗力是指结构构件承受作用效应的能力。对于作用的各种效应，结构构件具有相应的抗力，如承载力、刚度、抗裂度等，一般用 R 表示。

影响结构构件抗力的主要因素有：材料性能（强度、变形性能）、构件截面几何特性（高度、宽度、面积、惯性矩、抵抗矩等）和计算模式的精确性。

三、以概率论为基础的极限状态设计法

1. 结构的失效概率与可靠指标

结构的可靠度受结构荷载效应和结构构件抗力的影响，若取 $Z=R-S$，则可由 Z 的大小判断结构是否可靠。我们称 $Z=R-S$ 为结构的功能函数。

显然，当 $Z=R-S>0$，即 $R>S$ 时，结构处于可靠状态；当 $Z=R-S<0$，即 $R<S$ 时，结构处于失效状态；当 $Z=R-S=0$，即 $R=S$ 时，结构处于极限状态。

$Z=R-S=0$ 称为极限状态方程。当结构按极限状态设计时，应符合下列条件

$$Z = R - S \geqslant 0 \qquad (6-5)$$

由于荷载效应 S 和结构构件抗力 R 都是随机变量，所以功能函数 $Z=R-S$ 也是随机变量。因此，结构可靠度大小只能用概率来衡量，度量结构可靠度的概率称为结构可靠度。

结构的可靠度即为结构处于可靠状态（$Z=R-S \geqslant 0$）的概率，因此，也称它为结构的

可靠概率，并以 P_s 表示；反之，结构处于失效状态（$Z=R-S<0$）的概率称为结构的失效概率，并以 P_f 表示，二者之间的关系为 $P_s+P_f=1$，即 $P_f=1-P_s$。

所以，结构的可靠性也可用失效概率来度量。只要结构的失效概率足够小，我们就可认为结构是可靠的。失效概率的大小可以通过可靠度指标 β 来度量，P_f 越小，β 越大。《建筑结构可靠度设计统一标准》（GB 50068—2001）规定了一般工业与民用建筑作为设计依据的可靠指标，称为目标可靠指标，用 $[\beta]$ 表示。在结构设计时，如能满足

$$\beta \geqslant [\beta] \tag{6-6}$$

则结构处于可靠状态。

2. 极限状态设计实用表达式

直接根据给定的 β 进行设计计算十分麻烦，考虑到工程技术人员的习惯以及应用简便，在结构设计时，可采用如下实用设计表达式：

承载能力极限状态设计表达式。一般情况下，按荷载效应基本组合设计，其表达式为

$$\gamma_0 S \leqslant R(f, \alpha_k, \cdots) \tag{6-7}$$

式中：γ_0 为结构重要性系数，按表 6-3 确定；S 为结构荷载效应基本组合值，根据具体情况按式（6-1）、式（6-2）确定；R 为结构构件抗力设计值；f 为构件材料强度设计值；α_k 为构件截面几何特征参数的标准值。

表 6-3　　　　　　　　建筑结构的安全等级、结构重要性系数 γ_0

安全等级	破坏后果	建筑物类型	γ_0
一级	很严重，对人的生命、经济、社会或环境影响很大	大型的公共建筑等重要的结构	1.1
二级	严重，对人的生命、经济、社会或环境影响较大	普通的住宅和办公楼等一般的结构	1.0
三级	不严重，对人的生命、经济、社会或环境影响较小	小型或临时性储存建筑等次要的结构	0.9

注　建筑结构抗震设计中的甲类建筑和乙类建筑，其安全等级宜规定为一级；丙类建筑，其安全等级宜规定为二级；丁类建筑，其安全等级宜规定为三级。

3. 正常使用极限状态验算表达式

正常使用极限状态验算包括构件的变形、裂缝等，结构构件应分别按荷载效应的标准组合、准永久组合或标准组合并考虑长期作用影响，其极限状态设计表达式为

$$S \leqslant C \tag{6-8}$$

式中：S 为正常使用极限状态的荷载效应组合值，根据具体情况按式（6-3）～式（6-5）确定；C 为结构构件达到正常使用要求所规定的变形、裂缝宽度和应力等的限值，按规定取值。

第七章　钢筋混凝土结构基本受力构件

　　本章主要介绍了普通钢筋混凝土构件材料的基本特性，钢筋混凝土梁的正截面、斜截面的设计与强度复核方法，受压构件的正截面、斜截面的计算与构造要求，简要介绍了正常使用极限状态的变形、裂缝宽度计算以及预应力混凝土构件的一些基本知识。

第一节　钢筋混凝土材料的力学性能

　　钢筋混凝土结构构件的计算、构造和设计问题，都和材料的性能密切相关。了解钢筋与混凝土的力学性能，是掌握钢筋混凝土结构构件的受力性能、计算理论和设计方法的基础。

一、钢筋的种类及其力学性能

（一）钢筋的化学成分及其种类

1. 钢筋的化学成分

　　钢筋的主要化学成分是铁，但铁的强度低，需要加入其他化学成分来改善其性能。加入铁中的化学成分有：

　　（1）碳（C）。在铁中加入适量的碳可以提高强度。但是在一定范围内提高含碳量，虽能提高钢筋的强度，但同时钢筋的塑性、韧性、冷弯性能、可焊性及抗锈能力降低。按碳的含量不同，可分为低碳钢（含碳量≤0.25%），中碳钢（含碳量为0.25%～0.60%）和高碳钢（含碳量>0.60%）。低碳钢、中碳钢和高碳钢统称为碳素钢。建筑工程中主要使用低碳钢和中碳钢。

　　（2）锰（Mn）、硅（Si）。在钢中加入少量的锰、硅元素可提高钢的强度，并能保持一定的塑性。

　　（3）钛（Ti）、钒（V）。在钢中加入少量的钛、钒元素可显著提高钢的强度，并可提高塑性和韧性，改善焊接性能。

　　（4）磷（P）、硫（S）。它们是有害元素，含量多了会使钢的塑性降低，易于脆断，并影响焊接质量。所以，合格的钢筋产品应限制这两种元素的含量。一般磷的含量不超过0.035%～0.045%，硫的含量不得超过0.045%～0.05%。

　　含有锰、硅，钛和钒的合金元素的钢，称为合金钢。按合金元素总含量分为低合金钢（合金元素总含量<5%）、中合金钢（合金元素总含量为5%～10%）和高合金钢（合金元素总含量>10%）。

　　目前我国低合金钢按其加入元素的种类有以下几种体系：锰系（20MnSi、25MnSi）；硅钒系（40Si2MnV、45SiMnV）；硅钛系（45Si2MnTi）；硅钒系（40Si2Mn、48Si2Mn）；硅铬系（45Si2Cr）。

2. 钢筋的分类

　　建筑工程中所用钢筋种类，按其加工工艺分为：

　　（1）热轧钢筋：是由低碳钢、低合金钢在高温状况下轧制而成。根据其力学指标的高低，分为HPB300、HRB335、HRB400、HRBF400、HRB500、HRBF500。

用于钢筋混凝土结构中的钢筋和用于预应力混凝土结构中的非预应力普通钢筋主要是热轧钢筋。

（2）热处理钢筋：是由特定强度的热轧钢筋通过加热、淬火和回火等调质工艺处理的钢筋。热处理后，钢筋强度能得到较大幅度提高，而塑性降低并不多，如 RRB400 钢筋。

预应力混凝土结构中预应力筋宜采用预应力钢丝、钢绞线和预应力螺纹钢。

（3）预应力钢丝：预应力钢丝常用的有中强度预应力钢丝、消除应力钢丝。按加工状态分为冷拉钢丝和消除应力钢丝两种；按外形分为光圆、螺旋肋、刻痕三种。

冷拉钢丝是盘条通过拔丝等减径工艺经冷加工而形成的产品，以盘卷形式供货；消除应力钢丝是按下述一次性连续处理方法之一生产的钢丝：①钢丝在塑性变形下（轴应变）进行的短时热处理，得到的低应力松弛钢丝；②钢丝通过矫直工序后在适当的温度下进行的短时热处理，得到的普通松弛钢丝。

螺旋肋钢丝是钢丝表面沿着长度方向上具有连续、规则的螺旋肋条。

刻痕钢丝是钢丝表面沿着长度方向上具有规则间隔的压痕。

（4）预应力钢绞线：预应力混凝土中所用的钢绞线是冷拔钢丝制造而成的。方法是在绞线机上以一根直钢丝为中心，其余钢丝围绕其进行螺旋状绞合，再经低温回火处理即可。钢绞线规格有 2 股、3 股、7 股、19 股等，常用的有 3 股、7 股钢绞线。3 股钢绞线是由 3 根直径相同的钢丝捻制而成；7 股钢绞线是由 6 根直径相同的钢丝围绕 1 根中心钢丝绞捻而成。

（5）预应力螺纹钢：预应力螺纹钢筋是一种热轧成带有不连续的外螺纹的直条钢筋，该钢筋在任意截面处均可用带有匹配形状的内螺纹的连接器或锚具进行连接或锚固。

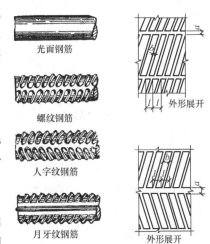

光面钢筋

螺纹钢筋

人字纹钢筋

月牙纹钢筋

外形展开

外形展开

图 7-1　钢筋的外形

钢筋按其外形不同，分为光面钢筋和变形钢筋两类，如图 7-1 所示。变形钢筋常见的外形有纵肋、横肋、月牙肋、螺纹等。光面钢筋的直径一般为 6～14mm，与混凝土的黏结强度较低；变形钢筋直径一般较大，因其外表有花纹可以提高钢筋与混凝土之间的黏结强度。

（二）钢筋的力学性能

钢筋混凝土所用的钢筋，分为有屈服点钢筋（如热轧钢筋、冷拉钢筋）和无屈服点钢筋（如热处理钢筋、钢丝和钢绞线）。

有屈服点钢筋的拉伸 σ-ε 曲线可简化为如图 7-2（a）所示。在力学部分我们已经学过 oa 段为比例阶段，对应于 a 点的应力值称为比例极限。bc 段为屈服阶段或流幅，这一阶段钢筋几乎按理想塑性状态工作，对应于 b 点的应力称为屈服极限。cd 段为强化阶段，这时钢筋具有弹性和塑性两重性质，对应于 d 点的应力称为强度极限。de 段为颈缩阶段，与 e 点对应的应变称为延伸率。

没有屈服点的钢筋，它的抗拉极限强度高，但延伸率小，如图 7-2（b）所示。虽然这种钢筋没有屈服点，但我们可以根据屈服点的特征，为它在塑性变形明显增长处找到一个假想的屈服点，把它作为这种没有屈服点钢筋的可资利用的应力上限。通常取残余应变为 0.2% 的应力 $\sigma_{0.2}$ 作为假想屈服点。由试验得知，$\sigma_{0.2}$ 大致相当于钢筋抗拉极限强度 σ_b 的 0.85，即

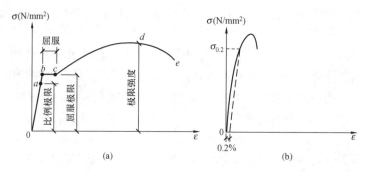

图 7 - 2 钢材的应力—应变图

(a) 软钢的应力应变图；(b) 硬钢的应力应变图

$$\sigma_{0.2} = 0.85\sigma_{b} \qquad (7 - 1)$$

钢筋屈服阶段的大小，随钢筋的品种而异，屈服阶大的钢筋延伸率大，塑性好，配有这种钢筋的钢筋混凝土构件，破坏前有明显预兆；无屈服点的钢筋或屈服阶小的钢筋，延伸率小、塑性差，配有这种钢筋的构件，破坏前无明显预兆，破坏突然，属于脆性破坏。

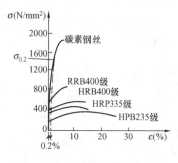

图 7 - 3 不同强度等级的钢筋和碳素钢的应力应变曲线

钢筋混凝土结构在计算时所采用的钢筋强度标准值，对于有明显流幅的钢筋，通常取它的屈服强度作为依据，这是因为构件中钢筋的应力到达屈服强度后，钢筋将要发生很大的塑性变形，这时钢筋混凝土构件会出现很大的变形和裂缝，以致不能正常使用。对于没有明显流幅的钢筋，其强度标准值则按它的极限抗拉强度 σ_{b} 确定，但在构件承载力设计时，取用 $\sigma_{0.2}$（$0.85\sigma_{b}$）作为设计上取用的条件屈服点。

图 7 - 3 所示为不同强度等级的钢筋和碳素钢的应力应变曲线，由图中可见，钢筋随着强度的提高，其塑性性能降低。

（三）钢筋的弹性模量

钢筋的弹性模量 E，反映材料抵抗弹性变形的能力，取某比例极限内应力与应变的比值。

普通钢筋的强度标准值应按表 7 - 1 采用。

表 7 - 1　　　　　　　　　　普通钢筋强度标准值　　　　　　　　　　N/mm²

牌　号	符　号	公称直径 d（mm）	屈服强度标准值 f_{yk}	极限强度标准值 f_{stk}
HPB300	Φ	6～14	300	420
HRB335	Φ ΦF	6～14	335	455
HRB400 HRBF400 RRB400	Φ ΦF ΦR	6～50	400	540
HRB500 HRBF500	Φ ΦF	6～50	500	630

预应力钢筋的强度标准值应按表 7-2 采用。

表 7-2　　　　　预应力钢筋强度标准值　　　　　N/mm²

种类		符号	公称直径 d（mm）	屈服强度标准值 f_{pyk}	极限强度标准值 f_{ptk}
中强度预应力钢丝	光面	ϕ^{PM}	5、7、9	620	800
	螺旋肋	ϕ^{HM}		780	970
				980	1270
预应力螺纹钢筋	螺纹	ϕ^{T}	18、25、32、40、50	785	980
				930	1080
				1080	1230
消除应力钢丝	光面	ϕ^{P}	5	—	1570
				—	1860
	螺旋肋	ϕ^{H}	7	—	1570
			9	—	1470
				—	1570
钢绞线	1×3（三股）	ϕ^{S}	8.6、10.8、12.9	—	1570
				—	1860
				—	1960
	1×7（七股）		9.5、12.7、15.2、17.8	—	1720
				—	1860
				—	1960
			21.6	—	1860

各类钢筋的弹性模量按表 7-3 采用。

表 7-3　　　　　钢筋弹性模量（×10⁵ N/mm²）

牌号或种类	弹性模量 E_s
HPB300 钢筋	2.10
HRB335、HRB400、HRB500 钢筋 BRBF400、HRBF500 钢筋 RRB400 钢筋 预应力螺纹钢筋	2.00
消除应力钢丝、中强度预应力钢丝	2.05
钢绞线	1.95

注　必要时可采用实测的弹性模量。

二、混凝土的力学性能

（一）混凝土的强度

混凝土是由水泥、砂、石和水按一定比例配合而成。混凝土强度的大小不仅与组成材料的质量和配合比有着直接的关系，而且与混凝土的硬化条件、龄期、受力情况以及测定其强度时所采用的试件形状、尺寸和试验方法等也有着密切关系。在实际工程中，常用的混凝土强度有：立方体抗压强度、轴心抗压强度、轴心抗拉强度等。

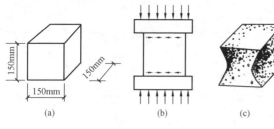

图 7 - 4　标准立方体混凝土强度试验

(a) 混凝土的标准立方体试块；(b)、(c) 不加润滑剂混凝土立方体受力及破坏情形

1. 立方体抗压强度

混凝土的立方体抗压强度是混凝土强度的主要指标，我国《混凝土结构设计规范》（GB 50010—2010）规定，用边长为 150mm 的标准立方体试块，见图 7 - 4 (a)，在温度（20 ± 3）℃和相对湿度不低于 90% 的环境里养护 28d，用标准的试验方法测得的抗压强度称为混凝土的立方体抗压强度，用符号 f_{cu} 表示。取具有 95% 保证率的立方体抗压强度为立方体抗压强度标准值，用 $f_{cu,k}$ 表示，以此作为混凝土强度等级确定的依据。

混凝土的强度等级有 C15、C20、C25、C30、C35、C40、C45、C50、C55、C60、C65、C70、C75、C80，共 14 个。C 表示混凝土，15～80 各数值表示立方体抗压强度的标准值。单位为 N/mm^2。

素混凝土结构的混凝土强度等级不应低于 C15；钢筋混凝土结构的混凝土强度等级不应低于 C20；采用强度等级 400MPa 及以上的钢筋时，混凝土强度等级不应低于 C25。

预应力混凝土结构的混凝土强度等级不宜低于 C40，且不应低于 C30。

试块放在压力机上下垫板间加压时，试块纵向受压缩短，而横向将扩展。由于压力机垫板与试块上下表面之间存在摩擦力，它好像"箍"一样，将试块上下端箍住，见图 7 - 4 (b)，阻碍了试块上下端的变形，而试块中间部分"箍"的影响较小，混凝土比较容易发生横向变形。随着荷载的增加，试块中间部分的混凝土首先鼓出而剥落，形成对顶的两个角锥体，其破坏形态如图 7 - 4 (c) 所示。试块尺寸不同，试验时试块上下表面摩擦力产生"箍"的作用也不相同。根据大量实验结果的统计规律，对于边长为非标准立方体试块，其抗压强度应乘以下列换算系数，以换算成标准立方体强度。

200mm×200mm×200mm 的立方体试块——1.05

100mm×100mm×100mm 的立方体试块——0.95

2. 轴心抗压强度

在实际结构中，受压的构件往往不是立方体而是棱柱体，所以在试验时应采用棱柱体试件才能更好地反映混凝土受压构件的实际抗压强度。用棱柱体试件测得的抗压强度称为棱柱体抗压强度或称轴心抗压强度。试验时，通常采用高宽比 h/b 为 2～3 的棱柱体（若取 h/b 太大，则在破坏前可能产生较大的附加偏心而降低抗压极限；若 h/b 太小，又难以消除试件受压时两端的摩擦阻力对强度的影响），经标准方法制作、养护，龄期 28d，用标准方法测定的强度为轴心抗压强度，用 f_c 表示。

根据国内近年来的试验结果，并考虑到实际结构构件与试件尺寸、制作、养护、受荷情况等因素的差异，《混凝土结构设计规范》中取轴心抗压强度与立方体抗压强度之比值 α_{c1}，对 C50 及以下取 $\alpha_{c1}=0.76$，对 C80 取 $\alpha_{c1}=0.82$，中间按线性规律变化。

3. 轴心抗拉强度

在计算钢筋混凝土和预应力混凝土构件的抗裂度和裂缝宽度时，要应用轴心抗拉强度。

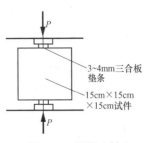

图 7-5 混凝土轴心
受拉试验

目前，轴心抗拉强度的试验方法很多，国内外常以圆柱体和立方体试件做劈裂试验以确定混凝土的抗拉强度，如图 7-5 所示。在试件上通过弧形垫条和垫层施加一线荷载（压力），这样在中间垂直截面上，除加力点附近很小的范围以外，产生了均匀的水平向的拉应力，当拉应力达到混凝土的抗拉强度时，试件沿中间垂直截面被劈裂拉断，根据弹性理论，劈裂抗拉强度 f_t 按下式计算：

立方体试件 $$f_t = \frac{2P}{\pi d^2} \ (\text{MPa})$$

圆柱体试件 $$f_t = \frac{2P}{\pi l d} \ (\text{MPa})$$

式中：P 为劈裂破坏时的力；d 为立方体试件的边长，或圆柱体试件的直径；l 为圆柱体试件的长度。

试验表明，劈裂抗拉强度略大于直接受拉强度，劈裂抗拉试件大小对试验结果有一定影响，标准试件尺寸为 150mm×150mm×150mm。若采用 100mm×100mm×100mm 非标准试件时，所得结果应乘以尺寸换算系数 0.85。

混凝土轴心抗压、轴心抗拉强度标准值 f_{ck}、f_{tk} 按表 7-4 采用。

表 7-4　　　　　　　　　混 凝 土 强 度 标 准 值　　　　　　　　　N/mm²

强度种类	混凝土强度等级													
	C15	C20	C25	C30	C35	C40	C45	C50	C55	C60	C65	C70	C75	C80
f_{ck}	10.0	13.4	16.7	20.1	23.4	26.8	29.6	32.4	35.5	38.5	41.5	44.5	47.4	50.2
f_{tk}	1.27	1.54	1.78	2.01	2.20	2.39	2.51	2.64	2.74	2.85	2.93	2.99	3.05	3.11

混凝土轴心抗压、轴心抗拉强度设计值 f_c、f_t 按表 7-5 采用。

表 7-5　　　　　　　　　混 凝 土 强 度 设 计 值　　　　　　　　　N/mm²

强度种类	混凝土强度等级													
	C15	C20	C25	C30	C35	C40	C45	C50	C55	C60	C65	C70	C75	C80
f_c	7.2	9.6	11.9	14.3	16.7	19.1	21.1	23.1	25.3	27.5	29.7	31.8	33.8	35.9
f_t	0.91	1.10	1.27	1.43	1.57	1.71	1.80	1.89	1.96	2.04	2.09	2.14	2.18	2.22

（二）混凝土的弹性模量

在计算超静定结构的内力以及计算构件的挠度、抗裂度时，都需要知道混凝土的弹性模量。

由于混凝土不是弹性材料，而是弹塑性材料，应力与应变之间关系不成正比，因此，混凝土的弹性模量有它自己的表示方法。

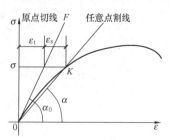

图 7-6　混凝土各种弹（塑）性模量的表示方法

1. 混凝土的原点切线弹性模量，简称混凝土的弹性模量 E_c

在混凝土棱柱体受压时的应力应变曲线原点作一切线，见图 7-6，则该切线的斜率即为原点切线弹性模量，或称混凝土的弹性模量，以 E_c 表示。由图可知

$$E_c = \tan\alpha_0 = \frac{\sigma}{\varepsilon_t} \qquad (7-2)$$

根据实测结果，《混凝土结构设计规范》给出的混凝土弹性模量与混凝土强度等级之间的关系为

$$E_c = \frac{10^5}{2.2 + 34.7/f_{cu,k}} (\text{N/mm}^2) \qquad (7-3)$$

式中：$f_{cu,k}$ 以混凝土强度等级值（按 N/mm^2 计）代入，可求得与立方体抗压强度标准值相对应的弹性模量。

按式（7-3）求出的混凝土受压或受拉的弹性模量见表 7-6。

表 7-6　　　　　　　混凝土弹性模量（×10^{4}N/mm^2）

混凝土强度等级	C15	C20	C25	C30	C35	C40	C45	C50	C55	C60	C65	C70	C75	C80
E_c	2.20	2.55	2.80	3.00	3.15	3.25	3.35	3.45	3.55	3.60	3.65	3.70	3.75	3.80

注　1. 当有可靠试验依据时，可根据实测数据确定。

　　2. 当混凝土中掺有大量矿物掺和料时，可按规定龄期根据实测数据确实。

2. 混凝土的割线弹性模量，又称混凝土的变形模量或弹塑性模量

当混凝土所受的压应力较大时，弹性模量已不能正确反映混凝土实际应力应变关系。为此用混凝土的变形模量表示应力与应变的关系。弹塑性阶段任意一点与原点连线的斜率，即为该点的变形模量，如图 7-6 所示，也称之为割线模量，用 E'_c 表示，即

$$E'_c = \tan\alpha = \frac{\sigma}{\varepsilon_c} = \frac{\sigma}{\varepsilon_t + \varepsilon_s} \qquad (7-4)$$

式中：ε_t 为弹性应变；ε_s 为塑性应变。

式（7-4）所表示的变形模量 E'_c 不是常数，它随应力的大小而改变，由式（7-4）可得

$$E'_c = \frac{\sigma}{\varepsilon_c} = \frac{\varepsilon_t}{\varepsilon_c} \frac{\sigma}{\varepsilon_t} = \nu E_c \qquad (7-5)$$

式中：ν 为混凝土受压弹性特征系数。ν 与应力 σ 的大小有关，当 $\sigma = 0.5f_c$ 时，$\nu = 0.8 \sim 0.9$；当 $\sigma = 0.9f_c$ 时，$\nu = 0.4 \sim 0.8$。

（三）混凝土的收缩与徐变

1. 混凝土的收缩

混凝土在空气中硬化、体积减小的现象称为混凝土的收缩。它是物理、化学作用的结果，与力的作用无关。

图 7-7 为混凝土自由收缩的实验结果。由图可见，混凝土的收缩变形随着

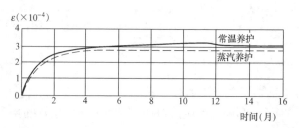

图 7-7　混凝土的收缩

时间而增长，初期收缩发展较快，一个月约完成全部收缩量的 50%，三个月后增长减慢，一般两年后就趋于稳定，最终值约为 3×10^{-4}。由图还可以看出，蒸汽养护下的收缩值要小于常温养护下的收缩。

一般认为，产生收缩的主要原因是由于混凝土硬化过程中化学反应产生的凝结收缩和混凝土内的自由水蒸发的收缩。

混凝土的收缩对钢筋混凝土和预应力混凝土结构构件产生十分有害的影响。例如，钢筋混凝土构件收缩严重时，将使构件在加载前就产生裂缝，以致影响结构的正常使用，在预应力混凝土构件中，收缩将引起钢筋预应力值的损失等。因此，应当设法减小混凝土的收缩，避免对结构产生有害的影响。

试验表明，影响混凝土收缩的因素有：

（1）水泥品种：所用水泥等级越高，混凝土收缩越大。

（2）水泥用量：水泥用量越多，收缩越大；水灰比越大，收缩也越大。

（3）骨料性质：骨料弹性模量越大，收缩越小。

（4）养护条件：混凝土在结硬过程中，构件周围环境湿度越大，收缩越小。

（5）混凝土的浇筑情况：混凝土振捣越密实，收缩越小。

（6）使用环境：构件所处环境湿度大，收缩小；环境干燥，收缩大。

（7）构件的体积与表面积比值：比值大时，收缩小。

2. 混凝土的徐变

混凝土受压后除产生瞬时压应变外，在维持其应力不变的情况下，其应变也会随时间而增长。混凝土的这种在不变荷载的长期作用下其应变随时间而增长的现象，称为混凝土的徐变。徐变特征主要与时间有关。

图 7-8 表示当棱柱体应力 $\sigma=0.5f_c$ 时的徐变与时间关系曲线。由图可见，当加荷应力 σ 达到 $0.5f_c$ 时，其加荷瞬间产生的应变为瞬时应变 ε_e。当荷载保持不变时，随着荷载作用时间的增加，应变将随之继续增长这就是徐变应变。徐变开始时增长较快，以后逐渐减慢，经过较长时间趋于稳定。

产生徐变的原因研究得尚不够充分。一般认为，产生的原因有两个：一个是混凝土受荷后产生的水泥胶体黏性流动要持续比较长的时间，所以，混凝土棱柱体在不变荷载作用下，这种黏性流动还要继续发展；另一个是混凝土内部微裂缝在荷载长期作用下将继续发展和增加，从而引起徐变的增加。

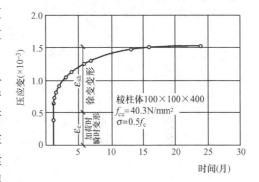

图 7-8　混凝土的典型徐变曲线

混凝土的徐变对结构构件产生十分有害的影响。如增大钢筋混凝土结构的变形，在预应力混凝土构件中将引起预应力损失等。

影响混凝土徐变的因素有很多，混凝土养护条件越好，周围环境越潮湿，受荷时龄期越长，徐变越小；水泥用量越多，水灰比越高，混凝土不密实，骨料级配差，骨料刚度越小，徐变越大。

三、钢筋与混凝土的黏结和锚固

1. 钢筋与混凝土的黏结

钢筋和混凝土是受力性能不同的两种材料，然而它们能够结合在一起共同工作。其主要原因是：由于混凝土硬化后钢筋和混凝土之间产生了良好的黏结力，使两者牢固地黏结在一起，在荷载作用下，相互之间不致发生相对滑动，而能整体工作；其次，两者的温度线膨胀系数非常接近，钢筋为 1.2×10^{-5}，混凝土为 $(1.0 \sim 1.48) \times 10^{-5}$，当温度发生变化时，不致因胀缩不同而破坏它们的整体性。

试验表明：钢筋与混凝土之间的黏结力由四部分组成：

(1) 胶结力：由于混凝土颗粒的化学吸附作用，在钢筋与混凝土接触表面上产生一胶结力。此力一般很小，在整个黏结锚固力中不起明显作用。

(2) 摩擦力：由于混凝土硬化时体积收缩，将钢筋紧紧握裹而产生一种能抵制相互滑移的摩擦力。此力的大小与接触面的粗糙度及侧压力有关，并随滑移的发展和混凝土碎粒磨细而逐渐衰减。

(3) 咬合力：由于钢筋表面凹凸不平与混凝土之间产生的机械咬合作用力。机械咬合力占黏结力的一半以上。变形钢筋具有横肋会产生咬合力。这种机械咬合作用往往很大，是变形钢筋黏结能力的主要来源。

(4) 机械锚固力：是指钢筋端部加弯钩、弯折及附加锚固措施（如在锚固区焊横筋、焊角钢、焊钢板等）所提供的黏结锚固作用。机械锚固可提供很大的黏结能力，但布置不当会产生较大的滑移、裂缝和局部混凝土破碎现象。

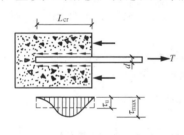

图 7 - 9　钢筋拔出试验中
黏结应力分布图

黏结力的大小可通过拔出试验测定，如图 7 - 9 所示，将钢筋一端埋入混凝土内，在另一端施加拉力将钢筋拔出。由拔出试验可知：①黏结应力为曲线分布，其最大值产生在距端头某一位置处，并且随拔出力的大小而变化；②钢筋埋入越长，拔出力越大，但埋入过长，则其尾部的黏结应力很小，甚至为零。所以，在钢筋混凝土结构中，钢筋要有足够的锚固长度，但不宜太长；③光面钢筋的黏结强度比变形钢筋小，所以光面钢筋的末端需作弯钩。

2. 钢筋与混凝土的锚固

(1) 纵向受拉钢筋的锚固长度。当计算中充分利用钢筋的抗拉强度时，受拉钢筋的基本锚固长度应按下列公式计算：

普通钢筋

$$l_{ab} = \alpha \frac{f_y}{f_t} d \tag{7 - 6}$$

预应力钢筋

$$l_{ab} = \alpha \frac{f_{py}}{f_t} d \tag{7 - 7}$$

式中：l_{ab} 为受拉钢筋的基本锚固长度；f_y、f_{py} 为普通钢筋、预应力钢筋的抗拉强度设计值；f_t 为混凝土轴心抗拉强度设计值，当混凝土强度等级高于 C60 时，按 C60 取值；d 为钢筋的公称直径；α 为钢筋的外形系数，按表 7 - 7 取用。

表 7 - 7		钢 筋 的 外 形 系 数			
钢筋类型	光圆钢筋	带肋钢筋	螺旋肋钢丝	三股钢绞线	七股钢绞线
α	0.16	0.14	0.13	0.16	0.17

注　光圆钢筋末端应做180°弯钩，弯后平直段长度不应小于3d，但作受压钢筋时可不做弯钩。

一般情况下，受拉钢筋的锚固长度可取基本锚固长度。当符合下列条件时，计算的基本锚固长度应乘以锚固长度修正系数 ξ_a，即 $l_a = \xi_a l_{ab}$，ξ_a 按下述规定取用。

1）当带肋钢筋的公称直径大于 25mm 时取 1.10；

2）环氧树脂涂层带肋钢筋取 1.25；

3）施工过程中易受扰动的钢筋取 1.10；

4）当纵向受力钢筋的实际配筋面积大于其设计计算面积时，修正系数取设计计算面积与实际配筋面积的比值，但对有抗震设防要求及直接承受动力荷载的结构构件，不应考虑此项修正；

5）锚固钢筋的保护层厚度为 3d 时修正系数可取 0.8，保护层厚度为 5d 时修正系数可取 0.7，中间按内插取值，此处 d 为锚固钢筋的直径。

当上述修正多于一项时，可按连乘计算。

经上述修正后的锚固长度分别不应小于按式（7-6）、式（7-7）计算锚固长度的 0.6 和 1.0 倍，且不应小于 200mm。

（2）纵向受压钢筋的锚固长度。当计算中充分利用钢筋的抗压强度时，受压钢筋的锚固长度应不小于相应受拉锚固长度的 0.7 倍。

当纵向受拉普通钢筋末端采用弯钩或机械锚固措施时，包括弯钩或锚固端头在内的锚固长度（投影长度）可取为锚固长度的 0.6 倍。常见的机械锚固的形式及构造如图 7-10 所示。

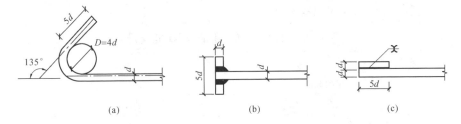

图 7 - 10　钢筋机械锚固的形式及构造要求
（a）末端带 135°弯钩；（b）末端与钢板穿孔塞焊；（c）末端与短钢筋一侧贴焊

第二节　受弯构件正截面承载力

梁、板结构是钢筋混凝土结构中典型的受弯构件。在荷载作用下，梁、板结构构件可能在其正截面（垂直于梁轴线截面）发生破坏，如图 7-11（a）所示，也可能在其斜截面发生破坏如图 7-11（b）所示。为防止这些破坏，构件需满足正截面与斜截面的计算与构造要求。本节主要研究正截面的计算与构造。雨篷、挡土墙等结构构件正截面的计算与梁、板结构的计算方法类似。

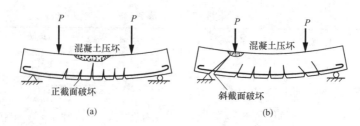

图 7-11　受弯构件破坏情况

一、梁、板一般构造要求

（一）梁的截面与配筋

1. 梁的截面

梁的截面形状常见的有矩形、T 形、十字形、花篮形、L 形等，如图 7-12 （a） 所示。

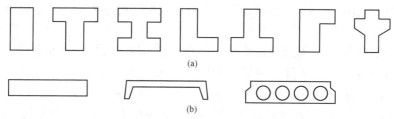

图 7-12　梁、板截面形式
（a）梁截面形式；（b）板截面形式

梁的截面尺寸应满足刚度、强度、经济尺寸等要求。可不进行刚度验算的梁、板的最小截面高度见表 7-8。梁宽 b 与梁高 h 有关：矩形截面梁，可取 $b=(1/2\sim1/2.5)h$；T 形截面梁，可取肋宽 $b=(1/2.5\sim1/4)h$。同时，为施工方便，尚应符合模数：一般的，梁高以 50mm 为模数，梁高超过 800mm 时，以 100mm 为模数；常用的梁宽有 150，180，200，220，250…，之后以 50mm 为模数递增。

表 7-8　　　　　　　　　　可不作挠度验算的梁、板的最小截面高度

构 件 类 型		简 支	两 端 连 续	悬 臂
平板	单向板	$l/35$	$l/40$	$l/12$
	双向板	$l/45$	$l/50$	
肋形板（包括空心板）		$l/20$	$l/25$	$l/10$
整体肋形梁	次梁	$l/20$	$l/25$	$l/8$
	主梁	$l/12$	$l/15$	$l/6$
独立梁		$l/12$	$l/15$	$l/6$

注　1. l 为计算跨度（双向板时为短向计算跨度）。
　　2. 如梁的跨度大于 9m 时，表中的各项数值应乘以系数 1.2。

2. 梁中钢筋

梁中的钢筋通常有纵向受力钢筋、箍筋、架立筋、弯起筋四种，见图 7-13 （a）。

（1）纵向受力钢筋分为纵向受拉钢筋和纵向受压钢筋两类，主要承受梁中的拉力与压力。一般采用 HPB300 级、HRB335 级、HRB400 级、RRB400 级，数量通常由计算确定，

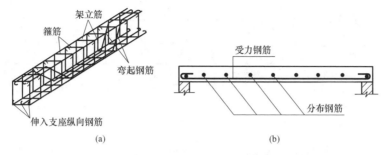

图 7 - 13　梁、板钢筋布置示意图

(a) 梁中钢筋；(b) 板中钢筋

直径一般为 12～25mm。在同一根梁中纵向受力钢筋直径不宜多于 3 种，直径差别不宜超过 6mm。

（2）箍筋。箍筋的主要作用是承担梁中的剪力和固定纵筋的位置，和纵向钢筋一起形成钢筋骨架。（箍筋的构造要求见第四节）

（3）弯起钢筋。弯起钢筋一般是由纵向受力钢筋弯起而成的，有时也可单独设置。它的作用除了可以承受跨中的弯矩外，还可以承担支座的剪力，在连续梁的中间支座处，弯起钢筋还可以承担支座的负弯矩。（其构造要求见第四节）

（4）架立筋。设在梁的受压区（不承担压力），起到固定箍筋位置的作用，还可以抵抗由于温度变化、混凝土收缩引起的应力，当梁中受压区设有受压钢筋时，则不再设架立筋。架立筋的直径见表 7 - 9。

表 7 - 9　　架 立 钢 筋 直 径

梁跨度（m）	架立钢筋直径（mm）
$l \leqslant 4$	$\geqslant 8$
$4 < l \leqslant 6$	$\geqslant 10$
$l > 6$	$\geqslant 12$

（二）板的截面与配筋

1. 板的截面

板的截面形式常见的有矩形、槽形、F 形、空心板等，见图 7 - 12（b）。

板的截面高度一般以 10mm 为模数。现浇板多为矩形，现浇钢筋混凝土板板厚不应小于表 7 - 10 的规定。

表 7 - 10　　　　　　　　　现浇钢筋混凝土板的最小厚度　　　　　　　　　mm

板 的 类 别		最 小 厚 度
单向板	屋面板	60
	民用建筑楼板	60
	工业建筑楼板	70
	行车道下的楼板	80
双向板		80
密肋板	面板	50
	肋高	250

续表

板 的 类 别		最 小 厚 度
悬臂板	板的悬臂长度小于或等于500mm	60
	板的悬臂长度为1200mm	100
无梁楼板		150

2. 板中钢筋

板中钢筋通常分为受力筋与分布筋两类，见图7-13（b）。

受力筋的作用是承受板中弯矩引起的正应力，直径一般为8～12mm，直径一般不多于2种，直径差别应大于2mm。板厚小于150mm时，板中钢筋间距应在70～200mm，板厚大于150mm时，板中钢筋间距不宜大于$1.5h$，且不宜大于250mm。

垂直于板中受力钢筋的即为分布钢筋。双向板中两个方向均为受力筋时，受力筋兼作分布筋。分布筋的作用是固定受力筋的位置，将荷载均匀地传递给受力筋，还可抵抗混凝土收缩、温度变化等引起的附加应力。故分布筋应放置在受力筋的内侧，以使受力钢筋有效高度尽可能大。分布钢筋的直径不宜小于6mm，间距不宜大于250mm。

（三）梁、板、柱混凝土保护层及有效高度

1. 混凝土保护层

为了防止钢筋锈蚀和保证钢筋与混凝土之间的黏结力，钢筋应具有足够的保护层。混凝土的保护层厚度是指从最外层钢筋的外边缘至混凝土表面的距离。纵向受力的普通钢筋的混凝土保护层厚度不应小于钢筋的公称直径，且应符合表7-11的规定。

表7-11　　　　　　　　　　　　混凝土保护层最小厚度 c　　　　　　　　　　　　mm

环境类别	板、墙、壳	梁、柱、杆
一	15	20
二a	20	25
二b	25	35
三a	30	40
三b	40	50

注　1. 设计使用年限为100年的混凝土结构，最外层钢筋的保护层厚度不应小于表中数值的1.4倍。

2. 混凝土强度等级不大于C25时，表中保护层厚度应增加5mm。

3. 钢筋混凝土基础宜设置混凝土垫层，基础中钢筋的混凝土保护层厚度应从垫层顶面算起，且不应小于40mm。

4. 当有充分依据并采取下列措施时，可适当减小混凝土保护层厚度：①构件表面有可靠的防护层；②采用工厂化生产的预制构件；③在混凝土中掺加阻锈剂或采用阴极保护处理等防锈措施；④当对地下室墙体采取可靠的建筑防水做法或防护措施时，与土层接触一侧钢筋的保护层厚度可适当减小，但不应小于25mm。

5. 当梁、柱、墙中纵向受力钢筋的保护层厚度大于50mm时，宜对保护层采取有效的构造措施。当在保护层内配置防裂，防剥落的钢筋网片时，网片钢筋的保护层厚度不应小于25mm。

为使混凝土浇筑密实，以保证结构的耐久性（防止钢筋锈蚀）及钢筋与混凝土之间良好的黏结性能，钢筋的间距符合下述要求。

　　梁中钢筋净距：上部钢筋应大于 30mm 且大于或等于 1.5d，下部钢筋应大于或等于 25mm 且大于或等于 d（d 为受力钢筋最大直径）；板中钢筋间距：大于或等于 70mm。

　　如果梁中受力钢筋较多，一排放不下，可放二至三排。但必须上下对齐，不得错缝排列，见图 7-14。

　　2. 截面的有效高度

　　在受弯构件承载力计算时，由于混凝土抗拉强度较低，受拉区早已开裂退出工作，截面的抵抗弯矩主要由受拉钢筋承担的拉力与受压区混凝土承担的压力形成，因此计算截面弯矩时，截面高度只能采用有效高度。截面的有效高度是指受拉钢筋的合力作用点至混凝土受压边缘的距离，用 h_0 表示。如图 7-14 所示。室内正常环境下梁、板的有效高度 h_0 与梁高 h 之间的关系如下

$$h_0 = h - a_s \tag{7-8}$$

式中：a_s 为受拉钢筋合力点至截面受拉边缘的垂直距离。

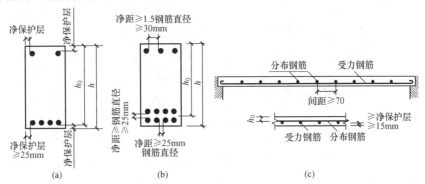

图 7-14　梁、板钢筋间距及有效高度

（a）梁纵筋设一排；（b）梁纵筋设两排；（c）板

　　当混凝土强度等级大于 C25，梁中钢筋直径平均取为 20mm，板中钢筋直径平均取为 10mm 时，梁、板的有效高度计算如下：（单位为 mm）

　　梁：纵向钢筋为一排时　　$h_0 = h - a_s = h - c - d_{\text{箍}} - \dfrac{d_{\text{纵}}}{2}$，可取为 $h_0 = h - 40$

　　　　纵向钢筋为二排时　　　　　　　$h_0 = h - a_s = h - (55 \sim 65)$

　　板：最外侧受力筋　　　　　　　　　$h_0 = h - a_s = h - 20$

　　当计算板中内侧受力筋的有效高度时，$h_0 = h - a_s = h - 30$。

　　当混凝土小于或等于 C25 时，其有效高度相应减少 5mm。

　　二、受弯构件正截面强度的试验研究

　　为建立受弯构件的正截面承载力计算公式，必须了解钢筋混凝土受弯构件的截面应力分布及破坏过程。纵向受拉钢筋面积与混凝土有效面积的比值，称为纵向受拉钢筋配筋率，记作

$$\rho = \frac{A_s}{b h_0} \tag{7-9}$$

式中：A_s 为纵向受拉钢筋截面面积；b 为梁的截面宽度；h_0 为梁的截面有效高度。

　　如图 7-15 所示为一钢筋混凝土简支梁。为了消除剪力的影响，在梁上加一对称的集中

力（忽略梁自重的影响），在两个集中力之间的纯弯段范围内进行研究。试验表明，配筋率的大小影响着受弯构件的破坏形式。

（一）适筋梁

对于配筋适量的梁，其破坏过程分为三个阶段。

第Ⅰ阶段（开裂前阶段）：在加荷初期，截面弯矩较小，弯矩产生的拉应力较小，量测得梁截面上纤维的应变也很小，构件基本处于弹性工作状态。由于混凝土未出现裂缝，钢筋与混凝土共同工作，沿截面高度方向上混凝土应力应变均为线性分布，此为第Ⅰ阶段，见图7-16的Ⅰ。

随着荷载的增加，弯矩增加，受拉区混凝土应力增加、应变也随之加大，由于混凝土的抗拉强度很低，受拉区混凝土表现出弹塑性性质，当截面中混凝土的应力达到混凝土的抗拉强度时，受拉边缘处混凝土的应变达到极限拉应变 $\varepsilon_{tmax} = 0.0001 \sim 0.00015$，截面即将出现裂缝。此为第Ⅰ阶段结束，用 I_e 表示，见图7-16的 I_e。

I_e 的应力图形是作为构件抗裂度计算的依据。

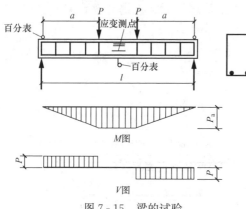

图7-15　梁的试验

第Ⅱ阶段（带裂缝工作阶段）：当荷载的增加使得弯矩产生的拉应力超过了混凝土抗拉强度，则在受拉区的某一薄弱截面处首先出现了裂缝，在此截面混凝土即退出工作，拉力主要由钢筋承担。随着荷载的增加，裂缝不断向上开展，裂缝数目也在不断增加，钢筋拉力的增加，使中和轴不断上移，受压区高度减小，混凝土的压应力增加，逐渐表现出塑性性质，压应力图形略呈曲线分布，此为第Ⅱ阶段，见图7-16Ⅱ。

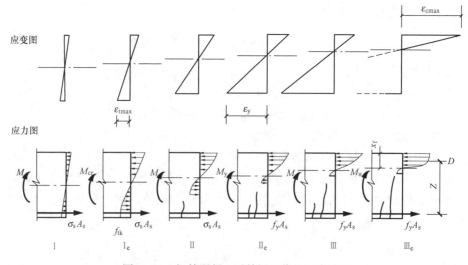

图7-16　钢筋混凝土适筋梁工作的三个阶段

当荷载的增加使受拉区钢筋的应力达到钢筋的屈服强度时，中和轴的上升，使受压区混凝土的应力、应变增长的速度越来越快，混凝土表现出明显的塑性性质，压应力图形呈现为明显的曲线，此为第Ⅱ阶段结束，用Ⅱₑ表示，见图7-16Ⅱₑ。

Ⅱₑ的应力图形是作为构件正常使用极限状态计算的依据，正常使用阶段的梁，一般都处于第Ⅱ阶段。

第Ⅲ阶段（破坏阶段）：随着荷载的增加，钢筋屈服之后，应力维持不变，应变急剧增加，裂缝迅速向上扩展，混凝土受压区高度更加减小，压应力图形渐趋饱满，见图7-16Ⅲ，此为第Ⅲ阶段。

当荷载增加使得混凝土的压应变达到混凝土的极限压应变 ε_{cu} 时，受压混凝土压碎，构件破坏。此为第Ⅲ阶段结束，用Ⅲₑ表示，见图7-16Ⅲₑ。

在第Ⅲ阶段，荷载增加较小，而应变却增加很多，表现梁有较好延性。

Ⅲₑ阶段的应力图形将作为我们后边正截面受弯构件承载能力计算的依据。

（二）超筋梁

如果受拉区钢筋配置过多，受压区混凝土达到极限压应变而被压碎破坏时，虽然受拉区的钢筋尚未达到屈服强度，但梁不能再承担弯矩，构件破坏。因此，破坏时梁的裂缝很小，挠度很小，破坏较突然，无明显征兆，属脆性破坏。这类梁称为超筋梁，在工程中设计中应避免。

工程实例-受弯构件正截面破坏形态

（三）少筋梁

受拉钢筋配置过少的梁称为少筋梁。由于受拉钢筋配置较少，受拉区的钢筋一达到屈服强度，很快就进入强化阶段，甚至被拉断，此时，即使受压区混凝土尚未破坏，构件也不能再承担弯矩。因此，梁的破坏较突然，属脆性破坏，在工程设计中应避免。

三、单筋矩形截面受弯构件正截面承载力计算的基本原理

仅在受拉区配置纵向受力钢筋的矩形截面受弯构件，称为单筋矩形截面受弯构件。它是受弯构件计算的基础。

（一）基本假设

钢筋混凝土受弯构件的强度计算，是以适筋梁Ⅲₑ阶段的应力应变图形作为计算依据的。为了建立基本公式，采取了下列基本假定：

1）截面应变保持平面；

2）不考虑混凝土的抗拉强度发挥作用；

3）混凝土受压的应力应变关系曲线满足下列规定：

当 $\varepsilon_c \leqslant \varepsilon_0$ 时

$$\sigma_c = f_c \left[1 - \left(1 - \frac{\varepsilon_c}{\varepsilon_0} \right)^n \right] \tag{7-10}$$

当 $\varepsilon_0 < \varepsilon_c \leqslant \varepsilon_{cu}$ 时

$$\sigma_c = f_c \tag{7-11}$$

其中

$$n = 2 - \frac{1}{60}(f_{cu,k} - 50) \tag{7-12}$$

$$\varepsilon_0 = 0.002 + 0.5(f_{cu,k} - 50) \times 10^{-5} \tag{7-13}$$

$$\varepsilon_{cu} = 0.0033 - (f_{cu,k} - 50) \times 10^{-5} \tag{7-14}$$

式中：σ_c 为混凝土压应变为 ε_c 时混凝土的压应力；f_c 为混凝土轴心抗压强度设计值；ε_0 为混凝土压应力达到 f_c 时的混凝土压应变，当计算的 ε_0 值小于 0.002 时，取为 0.002；ε_{cu} 为正截面的混凝土的极限压应变，当处于非均匀受压时按式（7-14）取用，且小于或等于 0.0033，当处于均匀受压时，取为 ε_0；n 为系数，当计算的 n 值大于 2 时，取为 2；$f_{cu,k}$ 为混凝土立方体抗压强度标准值。

4）纵向钢筋的应力取等于钢筋应变与其弹性模量的乘积，但其绝对值不应大于其相应的强度设计值，即

$$\sigma_s = E_s \varepsilon_s \leqslant f_y$$

（二）基本公式

根据上述假定，将适筋梁 III_a 阶段的应力图形简化为图 7-17（c）所示。为进一步简化计算，将图 7-17（c）的压应力图形简化成等效矩形，见图 7-17（d）。简化应满足的条件是：两应力图形的合力大小不变；合力的作用点不变。由此，可得等效矩形应力图形的受压区高度 x 约为实际受压高度 x_0 的 β_1 倍。当混凝土强度等级不超过 C50 时，β_1 取为 0.8，当混凝土强度等级为 C80 时，β_1 取为 0.74，其间按线性插值法确定。矩形应力图形的应力值取为混凝土轴心抗压强度设计值 f_c 乘以系数 α_1。当混凝土强度等级不超过 C50 时，α_1 取为 1.0，当混凝土强度等级为 C80 时，α_1 取为 0.94，其间按线性插值法确定。

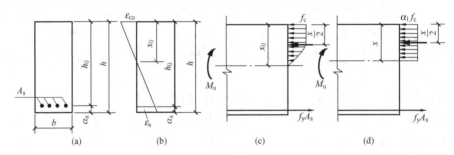

图 7-17　单筋矩形截面计算简图

根据图 7-17（d）的应力图形，可得单筋矩形截面受弯构件的基本公式如下

$$A_s f_y = \alpha_1 f_c b x \tag{7-15}$$

$$M \leqslant M_u = \alpha_1 f_c b x \left(h_0 - \frac{x}{2}\right) \tag{7-16}$$

或

$$M \leqslant M_u = A_s f_y \left(h_0 - \frac{x}{2}\right) \tag{7-17}$$

式中：f_c 为混凝土轴心抗压强度设计值；f_y 为钢筋抗拉强度设计值；A_s 为受拉钢筋截面面积；b 为截面宽度；x 为混凝土受压区高度；h_0 为截面有效高度；M 为截面设计弯矩；M_u 为截面破坏时的极限弯矩；α_1 为系数，意义同前。

（三）适用条件

式（7-15）、式（7-16）或式（7-17）是在适筋梁的条件下建立的，为防止发生超筋与少筋破坏，应满足下列条件：

1. 适筋与超筋的界限

适筋破坏与超筋破坏的界限是受拉钢筋屈服时，受压混凝土是否达到极限压应变 ε_{cu}，由式（7-15）可以看出，钢筋面积 A_s 越大，应变越小受压区高度 x 越大，这一状态的应变图形如图 7-18 所示。

由图 7-18 的几何关系，可推导出界限破坏时，计算受压区高度 x 与截面有效高度 h_0 之比，即相对受压区高度 ξ_b 为：

对于有屈服点的钢筋

$$\xi_b = \frac{\beta_1}{1 + \dfrac{f_y}{E_s \varepsilon_{cu}}} \qquad (7-18)$$

对于无屈服点的钢筋

$$\xi_b = \frac{\beta_1}{1 + \dfrac{0.002}{\varepsilon_{cu}} + \dfrac{f_y}{E_s \varepsilon_{cu}}} \qquad (7-19)$$

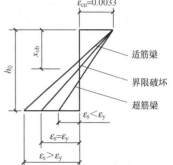

图 7-18　受压区高度与
梁破坏形态的关系

式中：E_s 为钢筋弹性模量；ε_{cu} 为非均匀受压时混凝土的极限压应变；β_1 为系数，意义同前。

对于普通热轧钢筋，当混凝土强度不超过 C50 时，其相对界限受压高度可查表 7-12。

表 7-12　　　　混凝土强度等级≤C50 时热轧钢筋的相对界限受压高度 ξ_b

钢筋级别	符号	钢筋抗拉强度设计值	E_s	ξ_b
HPB300	Φ	270	2.1×10^5	0.576
HRB335	Φ	300	2.0×10^5	0.550
HRB400、RRB400	Φ、ΦR	360	2.0×10^5	0.518

由图 7-18 可以看出，随着配筋率的增大，受压区高度 x 也增大，也可通过式（7-15）推出。因此，为防止超筋破坏可限定受压区高度 x，即不发生超筋破坏的条件是

$$x \leqslant x_b = \xi_b h_0 \qquad (7-20)$$

或

$$\rho = \frac{A_s}{b h_0} \leqslant \rho_{max} \qquad (7-21)$$

式中：ρ 为纵向钢筋的配筋率；ρ_{max} 为纵向钢筋的最大配筋率，$\rho_{max} = \dfrac{\alpha_1 f_c \xi_b}{f_y}$，亦可查附表 7-13 得到；$x_b$ 为界限受压区高度；ξ_b 为相对界限受压区高度。

2. 适筋与少筋的界限

为防止发生少筋破坏，就应限定截面的最小配筋率，即满足

$$A_s \geqslant \rho_{min} b h \qquad (7-22)$$

式中：ρ_{min} 为纵向钢筋的最小配筋率。

ρ_{min} 的确定原则为：当钢筋混凝土梁的极限承载力与同条件下素混凝土梁开裂弯矩相等时，该配筋率作为最小配筋率的确定依据，考虑到温度、收缩应力及以往设计经验，最小配筋率的取值见附表 7-12。

（四）基本公式的应用

受弯构件正截面的计算一般分为两大类问题，一是截面设计，二是强度复核。

1. 截面设计

截面设计一般是已知构件的材料、截面尺寸、截面所承担的弯矩，计算所需的纵向钢筋面积，并选出所需钢筋的直径及根数。截面设计的方法分为基本公式法与表格公式法。

（1）基本公式法。即利用基本公式，计算所需受拉钢筋面积、选择钢筋的方法，其计算步骤如下：

1）假定 h_0，并将已知条件代入式（7-16），解一元二次方程，求得混凝土受压区高度 x；

2）将 x 代入式（7-15），解出所需受拉钢筋面积 A_s；

3）验算式（7-20）或式（7-21）、式（7-22）的适用条件；

4）查附表 7-10 选出钢筋，并布置截面。

如果计算的 $x > x_b$，表明截面尺寸不够，此时应增大截面尺寸或采用双筋矩形截面；如果计算的 $\rho < \rho_{min}$，表明截面尺寸过大，此时应减小截面尺寸或按最小配筋率计算，即 $A_s = \rho_{min} bh$。

（2）表格公式法。在上述方法中，需要解一元二次方程，计算较麻烦，为了方便计算，可将基本公式编制成表格。计算表格的编制方法如下：

由式（7-16）得

$$M \leqslant M_u = \alpha_1 f_c bx \left(h_0 - \frac{x}{2} \right) = \alpha_1 f_c bh_0^2 \frac{x}{h_0} \left(1 - \frac{1}{2} \frac{x}{h_0} \right) = \alpha_1 f_c bh_0^2 \xi (1 - 0.5\xi)$$

令 $\alpha_s = \xi(1 - 0.5\xi)$，则

$$M = \alpha_1 \alpha_s f_c bh_0^2 \qquad\qquad (7-23)$$

由式（7-17）得

$$M \leqslant M_u = A_s f_y \left(h_0 - \frac{x}{2} \right) = A_s f_y h_0 \left(1 - \frac{1}{2} \frac{x}{h_0} \right) = A_s f_y h_0 (1 - 0.5\xi)$$

令 $\gamma_s = 1 - 0.5\xi$，则

$$M = A_s f_y \gamma_s h_0 \qquad\qquad (7-24)$$

式中：α_s 为截面抵抗矩系数；γ_s 为力臂与有效高度之比，亦可称为内力臂系数。

其他字母意义同前。

由此可见，在工程实际意义上，α_s、γ_s、ξ 之间具有一一对应的关系，将此关系制成附表 7-9。从表中可以看出，已知三者中任意一个，均可查得其他两个。

表格公式法的计算步骤如下：

1）假定 h_0，将已知条件代入式（7-23），求出系数 α_s，$\alpha_s = \dfrac{\gamma_0 M}{\alpha_1 f_c bh_0^2}$；

2）由 α_s 查附表 7-9 得 γ_s 或 ξ，验算 ξ 是否小于等于 ξ_b；

3）若 $\xi \leqslant \xi_b$，代入式（7-24），则可得 $A_s = \dfrac{M}{f_y \gamma_s h_0}$ 或 $A_s = \dfrac{\alpha_1 f_c bh_0 \xi}{f_y}$；

4）验算 A_s 是否大于等于 $\rho_{min} bh$；

5）查附表 7-10 或附表 7-11 选出钢筋，并布置截面。

若 $\xi \geqslant \xi_b$ 或 $\rho \leqslant \rho_{\min}$，处理方法同基本公式法。

【例 7 - 1】 如图 7 - 19（a）所示钢筋混凝土简支梁，构件安全等级二级，承受板传来的恒荷载标准值为 $g_k = 4.85 \text{kN/m}$，活荷载标准值 $p_k = 7.8 \text{kN/m}$，若采用 C20 混凝土、HRB335 级钢筋，梁截面尺寸 $b \times h = 250\text{mm} \times 500\text{mm}$，试用基本公式法计算该梁所需的纵向钢筋面积。

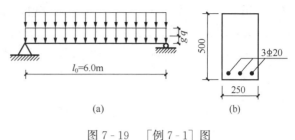

图 7 - 19　［例 7 - 1］图

解　（1）确定已知量。查得 $f_c = 9.6 \text{N/mm}^2$，$f_y = 300 \text{N/mm}^2$，构件重要性系数 $\gamma_0 = 1.0$，恒荷载分项系数 $\gamma_G = 1.3$，活荷载分项系数 $\gamma_Q = 1.5$，使用年限调整系数 $\gamma_L = 1.0$，$\alpha_1 = 1.0$。

梁承受的弯矩设计值 M

$$g_k = 4.85 + 0.25 \times 0.5 \times 25 = 7.98 (\text{kN/m})$$

$$
\begin{aligned}
M &= \gamma_G S_{GK} + \gamma_{Q1} \gamma_{L1} S_{Q1K} \\
&= 1.3 \times S_{GK} + 1.5 \times 1.0 \times S_{Q1K} \\
&= 1.3 \times \frac{1}{8} \times g_k \times l^2 + 1.5 \times 1.0 \times \frac{1}{8} \times p_k \times l^2 \\
&= \frac{1}{8} \times (1.3 \times g_k + 1.5 \times 1.0 \times p_k) \times l^2 \\
&= \frac{1}{8} \times (1.3 \times 7.98 + 1.5 \times 1.0 \times 7.8) \times 6^2 \\
&= 99.3 (\text{kN·m})
\end{aligned}
$$

（2）求钢筋面积。假定 $h_0 = h - a_s = 500 - 45 = 455\text{mm}$，由式（7 - 15）和式（7 - 16）得

$$
\begin{cases}
1.0 \times 9.6 \times 250x = 300 \times A_s \\
1.0 \times 99.3 \times 10^6 = 1.0 \times 9.6 \times 250x \times \left(455 - \dfrac{x}{2}\right)
\end{cases}
$$

联立求解得　$x = 102.5\text{mm}$

$$A_s = 820\text{mm}^2$$

（3）验算适用条件

$$x = 102.5\text{mm} < \xi_b h_0 = 0.550 \times 455 = 250 (\text{mm})$$

$$\rho_{\min} = \max\left(0.2\%, 0.45 \times \frac{f_t}{f_y} = 0.165\%\right) = 0.2\%$$

$$A_s = 820\text{mm}^2 > \rho_{\min} bh = 0.2\% \times 250 \times 500 = 250 (\text{mm}^2)$$

故截面满足适筋条件。选用 3Φ20，实际钢筋面积为 941mm²，截面如图 7 - 19（b）所示。

钢筋一排放所需的最小宽度为

$$b_{\min} = 2 \times 30 + 2 \times 25 + 3 \times 20 = 168 (\text{mm}) < 250\text{mm}$$

钢筋一排可以放下，与截面有效高度的假设相符。

【例 7 - 2】 已知条件同 ［例 7 - 1］，试采用表格公式法计算之。

解 （1）确定已知量。查得 $f_c = 9.6\text{N/mm}^2$，$f_y = 300\text{N/mm}^2$，构件重要性系数 $\gamma_0 = 1.0$，恒荷载分项系数 $\gamma_G = 1.3$，活荷载分项系数 $\gamma_Q = 1.5$，$\alpha_1 = 1.0$。

梁承受的弯矩设计值 M

$$g_k = 4.85 + 0.25 \times 0.5 \times 25 = 7.98(\text{kN/m})$$

$$M = \gamma_G S_{GK} + \gamma_{Q1} \gamma_{L1} S_{Q1K}$$

$$= 1.3 \times S_{GK} + 1.5 \times 1.0 \times S_{Q1K}$$

$$= 1.3 \times \frac{1}{8} \times g_k \times l^2 + 1.5 \times 1.0 \times \frac{1}{8} \times p_k \times l^2$$

$$= \frac{1}{8} \times (1.3 \times g_k + 1.5 \times 1.0 \times p_k) \times l^2$$

$$= \frac{1}{8} \times (1.3 \times 7.98 + 1.5 \times 1.0 \times 7.8) \times 6^2$$

$$= 99.3(\text{kN·m})$$

（2）求钢筋面积。假定 $h_0 = h - a_s = 500 - 45 = 455\text{mm}$，由式（7-23）得

$$\alpha_s = \frac{\gamma_0 M}{\alpha_1 f_c b h_0^2} = \frac{1.0 \times 99.3 \times 10^6}{1.0 \times 9.6 \times 250 \times 455^2} = 0.200$$

查附表7-9得 $\xi = 0.225$

则

$$A_s = \frac{\alpha_1 f_c b h_0 \xi}{f_y} = \frac{1.0 \times 9.6 \times 250 \times 455 \times 0.225}{300} = 819(\text{mm}^2)$$

（3）验算适用条件

$$\xi = 0.225 < \xi_b = 0.550$$

$$\rho_{min} = \max\left(0.2\%, 0.45 \times \frac{f_t}{f_y} = 0.165\%\right) = 0.2\%$$

$$A_s = 819\text{mm}^2 > \rho_{min} bh = 0.2\% \times 250 \times 500 = 250(\text{mm}^2)$$

故截面满足适筋条件。截面最小宽度验算及选筋同 ［例7-1］。

【例7-3】 如图7-20所示钢筋混凝土现浇楼道板，板厚80mm，上有20mm厚水泥砂浆面层。构件安全等级二级，板面活荷载标准值为 2.5kN/m^2，采用C20混凝土，钢筋HPB300级，试计算该楼道板所需的受拉钢筋面积。（水泥砂浆容重标准值为 20kN/m^3）

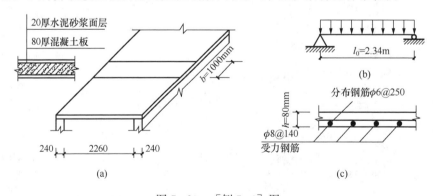

图7-20 ［例7-3］图

解 （1）计算简图的确定。沿垂直于板跨方向取1m宽作为计算单元，板的计算简图如

图7 - 20 （b）所示。简支板的计算跨度 l_0 取值见表 8 - 3，即

$$l_0 = l_n + h = 2.26 + 0.08 = 2.34 (\text{m})$$

板的荷载计算

板自重 $\qquad\qquad 1.0 \times 0.08 \times 25 = 2.0$ （kN/m）

板面抹灰 $\qquad\qquad 1.0 \times 0.02 \times 20 = 0.4$ （kN/m）

恒荷载标准值 g_k $\qquad\qquad 2.4 \text{kN/m}$

活荷载标准值 p_k $\qquad 2.5 \times 1.0 = 2.5$ （kN/m）

（2）确定已知量。查得 $\alpha_1 = 1.0$，$f_c = 9.6 \text{N/mm}^2$，$f_y = 270 \text{N/mm}^2$，$\gamma_0 = 1.0$

板的有效高度

$$h_0 = h - 25 = 80 - 25 = 55 (\text{mm})$$

跨中截面弯矩

$$M = \frac{1}{8} q l_0^2 = \frac{1}{8} \times (1.3 \times 2.4 + 1.5 \times 1.0 \times 2.5) \times 2.34^2 = 4.70 (\text{kN·m})$$

（3）求截面配筋面积 A_s。由式（7 - 23）得

$$\alpha_s = \frac{\gamma_0 M}{\alpha_1 f_c b h_0^2} = \frac{1.0 \times 4.70 \times 10^6}{1.0 \times 9.6 \times 1000 \times 55^2} = 0.161$$

查附表 7 - 9 得 $\xi = 0.177$

$$A_s = \frac{\alpha_1 f_c b h_0 \xi}{f_y} = \frac{1.0 \times 9.6 \times 1000 \times 55 \times 0.177}{270} = 346 (\text{mm}^2)$$

（4）验算适用条件

$$\xi = 0.164 < \xi_b = 0.576$$

$$\rho_{min} = \max\left(0.2\%, 0.45 \times \frac{f_t}{f_y} = 0.16\%\right) = 0.2\%$$

$$A_s = 346 \text{mm}^2 > \rho_{min} b h = 0.2\% \times 1000 \times 80 = 160 (\text{mm}^2)$$

满足适筋梁条件。

（5）选筋

查附表 7 - 11，选 $\Phi 8@140$，实际钢筋面积 $A_s = 359 \text{mm}^2$，实际配筋如图 7 - 20 （c）所示。

2. 强度复核

强度复核一般是已知构件的材料、截面的尺寸、所配的钢筋，计算该截面所能承担的最大弯矩，当截面弯矩已知时，可进行比较，判断截面配筋是否满足要求。强度复核的方法也可分为基本公式法与表格公式法。但采用基本公式法较简单，因此多采用基本公式法。

基本公式法进行强度复核的一般步骤如下：

（1）根据截面配筋计算截面有效高度 h_0，验算 $A_s \geqslant \rho_{min} b h$ 是否满足，若不满足，则按素混凝土梁计算；

（2）将已知条件代入式（7 - 15）计算截面实际受压高度 x，$x = \dfrac{A_s f_y}{\alpha_1 f_c b}$；

（3）若 $x \leqslant x_b$，则截面所能承担的弯矩为 $M_u = \alpha_1 f_c b x \left(h_0 - \dfrac{x}{2}\right)$；若 $x \geqslant x_b$，表明截面

超筋，只能取 $x=x_b$，则截面所能承担的弯矩为 $M_u-\alpha_1 f_c b x_b\left(h_0-\dfrac{x_b}{2}\right)$；

（4）若截面所承担的实际弯矩已知，则可进行比较，复核截面是否满足。

【例 7 - 4】 已知某矩形截面梁，截面尺寸 $b\times h=200\times 450\text{mm}$，构件安全等级二级，采用 C25 混凝土，钢筋 HRB335 级，试求：

（1）受拉区配置 $4\,\Phi\,20$（$A_s=1256\text{mm}^2$，钢筋一排放置）的纵向钢筋时，能否承担 100kN·m 的弯矩？

（2）受拉区配置 $6\,\Phi\,20$（$A_s=1884\text{mm}^2$，钢筋两排放置）的纵向钢筋时，截面能承受的设计弯矩为多少？

解 查得有关数据为：$\alpha_1=1.0$ $f_c=11.9\text{N/mm}^2$ $f_y=300\text{N/mm}^2$ $\xi_b=0.550$ $\gamma_0=1.0$

（1）受拉区配有 $4\,\Phi\,20$（$A_s=1256\text{mm}^2$）的纵向钢筋时

$$h_0=h-a_s=450-45=405(\text{mm})$$

$$\rho_{\min}=\max\left(0.2\%,0.45\times\frac{f_t}{f_y}=0.19\%\right)=0.2\%$$

$$A_s=1256\text{mm}^2>\rho_{\min}bh=0.2\%\times 200\times 450=180(\text{mm}^2)$$

所以，截面不少筋。

$$x=\frac{A_s f_y}{\alpha_1 f_c b}=\frac{1256\times 300}{1.0\times 11.9\times 200}=158\text{mm}<x_b=\xi_b h_0=0.550\times 405=223(\text{mm})$$

所以，截面不超筋。

则 $M_u=\alpha_1 f_c b x\left(h_0-\dfrac{x}{2}\right)=1.0\times 11.9\times 200\times 158\times\left(405-\dfrac{158}{2}\right)=123(\text{kN·m})$

（2）受拉区配置 $6\,\Phi\,20$（$A_s=1884\text{mm}^2$）的纵向钢筋时

$$h_0=h-a_s=450-60=390(\text{mm})$$

$$A_s=1884\text{mm}^2>\rho_{\min}bh=0.2\%\times 200\times 450=180(\text{mm}^2)$$

所以，截面不少筋。

$$x=\frac{A_s f_y}{\alpha_1 f_c b}=\frac{1884\times 300}{1.0\times 11.9\times 200}=237\text{mm}>x_b=\xi_b h_0=0.550\times 390=215(\text{mm})$$

所以，截面超筋，应取 $x=x_b=215\text{mm}$。

则 $M_u=\alpha_1 f_c b x_b\left(h_0-\dfrac{x_b}{2}\right)=1.0\times 11.9\times 200\times 215\times\left(390-\dfrac{215}{2}\right)=144(\text{kN·m})$

由此可见，当钢筋超过适筋梁上限时，增加钢筋用量，并不能提高承载力。

四、双筋矩形截面受弯构件正截面承载力计算

当梁所承受的弯矩较大时，设计成单筋矩形截面将会超筋，而增大截面尺寸和提高混凝土强度等级受到限制时，一般采用在受压区配置受压钢筋以协助混凝土抵抗压力，则形成双筋矩形截面梁。有时，构件在不同荷载组合的弯矩作用下，在梁的上下部均可能出现受拉，此时，应在梁的上下均配置受拉钢筋，也可形成双筋矩形截面梁。

（一）应力图形及基本计算公式

由图 7 - 21 可以看出，当受压钢筋配置适量，截面受压区高度 $x\geqslant 2a_s'$ 时，受压钢筋合力点处的混凝土应变约可达到 0.002，则普通热轧钢筋均可屈服；当受拉钢筋配置适量时，

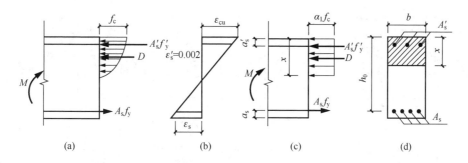

图 7 - 21 双筋矩形截面梁应力—应变图

则截面受压区高度 $x \leqslant x_b$，此时受拉钢筋不超筋，受拉钢筋屈服。因此，双筋矩形截面的基本公式如下

$$A_s f_y = A_s' f_y' + \alpha_1 f_c bx \qquad (7-25)$$

$$M \leqslant M_u = \alpha_1 f_c bx \left(h_0 - \frac{x}{2} \right) + A_s' f_y' (h_0 - a_s') \qquad (7-26)$$

公式的适用条件如下

$$x \geqslant 2a_s' \qquad (7-27)$$

$$x \leqslant x_b \ \text{或} (\xi \leqslant \xi_b) \qquad (7-28)$$

当 $x \leqslant 2a_s'$ 时，取 $x = 2a_s'$，将受拉钢筋对受压钢筋合力作用点处取矩，则得

$$M = A_s f_y (h_0 - a_s') \qquad (7-29)$$

式中：A_s、A_s' 为受拉区、受压区所配置钢筋的面积；f_y、f_y' 为受拉区、受压区所配置钢筋的强度设计值；a_s' 为受压区钢筋合力作用点至截面受压边缘的距离。

为了方便分析与计算，可将上述应力图形与基本公式进行分解。应力图形的分解如图 7 - 22 所示。

由图 7 - 22 （b） 可得

$$A_{s1} f_y = A_s' f_y' \qquad (7-30)$$

$$M_1 = A_{s1} f_y (h_0 - a_s') = A_s' f_y' (h_0 - a_s') \qquad (7-31)$$

由图 7 - 22 （c） 可得

$$A_{s2} f_y = \alpha_1 f_c bx \qquad (7-32)$$

$$M_2 = \alpha_1 f_c bx \left(h_0 - \frac{x}{2} \right) \qquad (7-33)$$

因为 $M = M_1 + M_2$，$A_s = A_{s1} + A_{s2}$，将式 （7 - 30） 与式 （7 - 32） 相加，式 （7 - 31） 与式 （7 - 33） 相加，即为式 （7 - 25）、式 （7 - 26）。

（二）基本公式应用

双筋矩形截面的计算也分为截面设计与强度复核两类问题，在此只讲述截面设计。双筋矩形截面的截面设计一般会遇到两种情况，一种是截面受压区配筋已知，另一种是截面受压区配筋未知。

1. 受压区钢筋未知时

已知截面所承担的弯矩、材料强度等级、截面尺寸，求所需的受拉钢筋与受压钢筋面积。

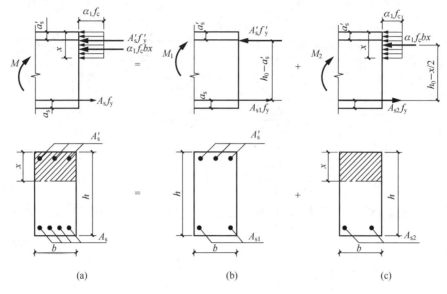

图 7-22　双筋矩形截面梁应力图形

双筋矩形截面是在单筋矩形截面不满足的条件下产生的，因此首先验算是否应按双筋矩形截面设计，即：

当 $M > M_u = \alpha_1 \alpha_{s\,max} f_c b h_0^2$ 时，按双筋矩形截面设计，反之，按单筋矩形截面设计。式中：$\alpha_{s\,max}$ 为 $x = x_b$ 时的截面抵抗矩系数，见附表 7-9 注释。

若需按双筋矩形截面设计，计算方法如下：

在受压区配筋未知的情况下，应充分发挥混凝土的抗压性能，使总用钢量最小，最经济。为此，取 $x = x_b$（或 $\xi = \xi_b$），则基本公式仅有两个未知数，很容易得出

$$A'_s = \frac{M - \alpha_1 f_c b x_b \left(h_0 - \frac{x_b}{2}\right)}{f'_y (h_0 - a'_s)} = \frac{M - \alpha_1 \alpha_{smax} f_c b h_0^2}{f'_y (h_0 - a'_s)} \tag{7-34}$$

则

$$A_s = \frac{\alpha_1 f_c b x_b + A'_s f'_y}{f_y} \tag{7-35}$$

【例 7-5】　已知某梁的截面为 $b \times h = 200\text{mm} \times 450\text{mm}$，承担的弯矩设计值 $M = 180\text{kN} \cdot \text{m}$，混凝土 C20，钢筋 HRB335 级，构件安全等级二级，设计此截面。

解　（1）确定已知量。查得 $f_c = 9.6\text{N/mm}^2$，$f_y = f'_y = 300\text{N/mm}^2$，$\alpha_1 = 1.0$，$\alpha_{s\,max} = 0.400$，$a'_s = 40\text{mm}$

假设钢筋按两排放置，则 $h_0 = h - 60 = 450 - 60 = 390$（mm）

（2）验算是否按双筋矩形截面计算

$$M_u = \alpha_{smax} \alpha_1 f_c b h_0^2 = 0.400 \times 1.0 \times 9.6 \times 200 \times 390^2$$

$$= 116.8 \times 10^6 (\text{N} \cdot \text{m}) = 116.8 (\text{kN} \cdot \text{m}) < 180\text{kN} \cdot \text{m}$$

所以，应按双筋矩形截面计算。

（3）计算受压钢筋面积

$$A'_s = \frac{M - \alpha_{smax}\alpha_1 f_c bh_0^2}{f'_y(h_0 - a'_s)} = \frac{180 \times 10^6 - 116.8 \times 10^6}{300 \times (390 - 40)} = 602(\mathrm{mm}^2)$$

（4）计算受拉钢筋面积

$$A_s = \frac{\alpha_1 f_c bh_0 \xi_b + A'_s f'_y}{f_y}$$

$$= \frac{1.0 \times 9.6 \times 200 \times 390 \times 0.550 + 602 \times 300}{300} = 1975(\mathrm{mm}^2)$$

（5）验算配筋率

$$\rho_{min} = \max\left(0.2\%, 0.45 \times \frac{f_t}{f_y} = 0.19\%\right) = 0.2\%$$

$$A_s = 1975\mathrm{mm}^2 > \rho_{min}bh = 0.2\% \times 200 \times 450 = 180(\mathrm{mm}^2)$$

（6）选筋。受压区，选用 2Φ20，实际钢筋面积为 608mm²；受拉区，选用 3Φ25+2Φ18，实际钢筋面积为 1981mm²，截面如图 7-23 所示。

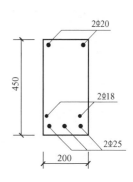

图 7-23　［例 7-5］图

2. 受压区钢筋已知时

已知截面所承担的弯矩、材料强度等级、截面尺寸及受压区所配置的受压钢筋，求所需的受拉钢筋面积。

在这种情况下，方程中只有两个未知数，将已知量代入式（7-25）、式（7-26）可以求出所需的受拉钢筋面积，但同单筋矩形截面基本公式法一样，需要解一元二次方程，较麻烦，下面我们采用分解法来求。

计算方法如下：

（1）根据已有的受压钢筋的面积及强度，计算与之对应的受拉钢筋的面积 A_{s1}，及其所能抵抗的弯矩 M_1

$$A_{s1} = \frac{A'_s f'_y}{f_y}$$

$$M_1 = A'_s f'_y(h_0 - a'_s)$$

（2）计算受压混凝土所应承担的弯矩

$$M_2 = M - M_1$$

（3）按单筋矩形截面的计算公式计算与受压混凝土所对应的受拉钢筋面积 A_{s2}

1）计算 α_{s2}

$$\alpha_{s2} = \frac{M_2}{\alpha_1 f_c bh_0^2}$$

2）由 α_{s2} 查表计算 ξ_2 或 γ_{s2}，并计算混凝土受压高度 x；

3）若 $2a'_s \leqslant x \leqslant x_b$，则

$$A_{s2} = \frac{\alpha_1 f_c bx}{f_y}$$

$$A_s = A_{s1} + A_{s2}$$

4）若 $x \leqslant 2a'_s$，表明已知的受压钢筋较多，其应力不能达到屈服强度 f'_y，此时，取 $x = 2a'_s$，利用式（7-29）得

$$A_s = \frac{M}{f_y(h_0 - a_s')}$$

5）$x \geq x_b$，表明超筋，是因为受压钢筋放置较少，此时应按情况1重新计算所需的受压钢筋面积和受拉钢筋。

【例7-6】 已知某钢筋混凝土梁的截面为 $b \times h = 200\text{mm} \times 500\text{mm}$，承担的弯矩设计值 $M = 210\text{kN} \cdot \text{m}$，混凝土 C25，钢筋 HRB335 级，构件安全等级二级，已知在受压区配有 $2\Phi18$（$A_s' = 509\text{mm}^2$）的钢筋，设计此截面。

解 （1）确定已知量。查得 $f_c = 11.9\text{N/mm}^2$，$f_y = f_y' = 300\text{N/mm}^2$，$\alpha_1 = 1.0$，$a_s' = 45\text{mm}$。假设钢筋按两排放置，则

$$h_0 = h - 60 = 500 - 60 = 440(\text{mm})$$

（2）计算与受压钢筋对应的受拉钢筋的面积 A_{s1} 及其所能抵抗的弯矩 M_1

$$A_{s1} = \frac{A_s' f_y'}{f_y} = \frac{509 \times 300}{300} = 509(\text{mm}^2)$$

$$M_1 = A_s' f_y'(h_0 - a_s') = 509 \times 300 \times (440 - 45)$$
$$= 60.3 \times 10^6(\text{N} \cdot \text{m}) = 60.3(\text{kN} \cdot \text{m})$$

（3）计算受压混凝土所应承担的弯矩

$$M_2 = M - M_1 = 210 - 60.3 = 149.7(\text{kN} \cdot \text{m})$$

（4）按单筋矩形截面的计算公式计算与受压混凝土所对应的受拉钢筋面积

1）计算 α_{s2}

$$\alpha_{s2} = \frac{M_2}{\alpha_1 f_c b h_0^2} = \frac{149.7 \times 10^6}{1.0 \times 11.9 \times 200 \times 440^2} = 0.325$$

2）由 α_{s2} 查附表7-9，得

$$\xi_2 = 0.408 < \xi_b = 0.550$$

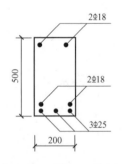

图7-24 ［例7-6］图

3）计算混凝土受压高度 x

$$x = \xi h_0 = 0.408 \times 440 = 179.5(\text{mm}) > 2a_s'$$
$$= 2 \times 45 = 90(\text{mm})$$

4）计算受拉钢筋面积 A_{s2}

$$A_{s2} = \frac{\alpha_1 f_c b x}{f_y} = \frac{1.0 \times 11.9 \times 200 \times 179.5}{300} = 1424(\text{mm}^2)$$

（5）计算受拉钢筋总面积

$$A_s = A_{s1} + A_{s2} = 509 + 1424 = 1933(\text{mm}^2)$$

（6）选筋

选用 $3\Phi25 + 2\Phi18$，实际钢筋面积为 1981mm^2，截面如图7-24所示。

五、单筋T形截面受弯构件正截面承载力计算

我们知道在单筋矩形截面承载力计算的基本假定中，不考虑受拉混凝土发挥作用，因此，如果将受拉区的混凝土减少一部分（只留下放置钢筋的部分，则形成了如图7-25所示的T形截面，这样既不影响构件的承载力又节省了混凝土，减轻了结构的自重），除了独立的T形截面梁外，槽形板、圆孔空心板、现浇钢筋混凝土肋梁结构中梁的跨中截面均可按T形截面计算，见图7-26。

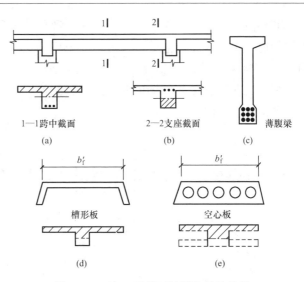

1—1跨中截面　　　2—2支座截面　　　薄腹梁
(a)　　　　　　(b)　　　　　(c)

槽形板　　　　　　空心板
(d)　　　　　　　(e)

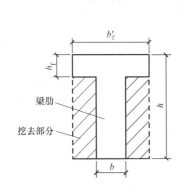

图 7-25　T 形截面

图 7-26　按 T 形截面计算的结构构件

（一）T 形截面的分类及翼缘宽度的确定

T 形截面的伸出部分称为翼缘，中间部分称为腹板（或梁肋）。试验与理论分析表明，T 形截面压应力沿翼缘方向的分布是不均匀的，见图 7-27 （a）、（b），离开梁肋越远压应力越小（翼缘一般作为受压区，较合理）。为了计算方便，假定只在一定范围内的翼缘参与工作，并且在此范围内翼缘的压应力是均匀分布的，在此范围外的翼缘不参与工作，见图 7-27 （c）、（d）。在此范围内的翼缘宽度称为翼缘的计算宽度 b_f'。翼缘的计算宽度取值与翼缘厚度 h_f'、梁的计算跨度 l_0、受力情况等有关。《混凝土结构设计规范》对翼缘的计算宽度 b_f' 取值规定见表 7-13 中各项的较小值。

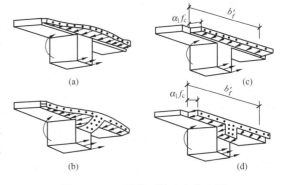

图 7-27　T 形截面的应力分布图

表 7-13　　　　　　T 形、I 形及倒 L 形截面受弯构件翼缘计算宽度 b_f'

序号	情　况		T 形、I 形截面		倒 L 形截面
			肋形梁（板）	独立梁	肋形梁（板）
1	按计算跨度 l_0 考虑		$l_0/3$	$l_0/3$	$l_0/6$
2	按梁（肋）净距 s_n 考虑		$b+s_n$	—	$b+s_n/2$
3	按翼缘高度 h_f' 考虑	$h_f'/h_0 \geqslant 0.1$	—	$b+12h_f'$	—
		$0.1 > h_f'/h_0 \geqslant 0.05$	$b+12h_f'$	$b+6h_f'$	$b+5h_f'$
		$h_f'/h_0 < 0.05$	$b+12h_f'$	b	$b+5h_f'$

注　1. 表中 b 为梁的腹板厚度；

2. 肋形梁在梁跨内设有间距小于纵肋间距的横肋时，可不考虑表中情况 3 的规定；

3. 加腋的 T 形、I 形和倒 L 形截面，当受压区加腋的高度 h_h 不小于 h_f' 且加腋的长度 b_h 不大于 $3h_h$ 时，其翼缘计算宽度可按表中情况 3 的规定分别增加 $2b_h$（T 形、I 形截面）和 b_h（倒 L 形截面）；

4. 独立梁受压区的翼缘板在荷载作用下经验算沿纵肋方向可能产生裂缝时，其计算宽度应取腹板宽度 b。

　　T形截面根据受力的大小不同，其中和轴可能通过翼缘（混凝土受压区高度 $x \leqslant h_f'$），也可能通过腹板（混凝土受压区高度 $x > h_f'$）。通常将前一种情况称为第一类 T 形截面，见图 7 - 28（a），将后一种情况称为第二类 T 形截面，见图 7 - 28（b）。

　　为了建立两类 T 形截面的判别式，我们首先建立正好通过翼缘与腹板的分界线（$x = h_f'$）时的平衡式。见图 7 - 29。

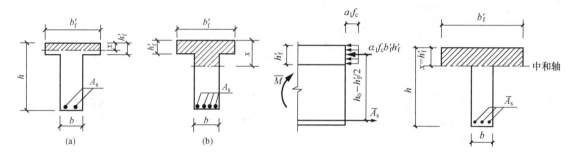

图 7 - 28　两类 T 形截面　　　　　图 7 - 29　受压区高度 $x = h_f'$ 时截面计算应力图形

　　由图 7 - 29 可得

$$\overline{A_s} f_y = \alpha_1 f_c b_f' h_f'$$

即

$$\overline{A_s} = \frac{\alpha_1 f_c b_f' h_f'}{f_y} \tag{7 - 36}$$

$$\overline{M} = \overline{A_s} f_y \left(h_0 - \frac{h_f'}{2} \right) = \alpha_1 f_c b_f' h_f' \left(h_0 - \frac{h_f'}{2} \right) \tag{7 - 37}$$

显然，当

$$A_s \leqslant \overline{A_s} = \frac{\alpha_1 f_c b_f' h_f'}{f_y} \tag{7 - 38}$$

或

$$M \leqslant \overline{M} = \alpha_1 f_c b_f' h_f' \left(h_0 - \frac{h_f'}{2} \right) \tag{7 - 39}$$

时，应判定为第一类 T 形截面；

　　反之，当

$$A_s > \overline{A_s} = \frac{\alpha_1 f_c b_f' h_f'}{f_y} \tag{7 - 40}$$

或

$$M > \overline{M} = \alpha_1 f_c b_f' h_f' \left(h_0 - \frac{h_f'}{2} \right) \tag{7 - 41}$$

时，应判定为第二类 T 形截面。

　　一般地，式（7 - 39）与式（7 - 41）用于截面设计时的判定；式（7 - 38）与式（7 - 40）用于强度复核时的判定。

　　（二）基本计算公式及适用条件

　　1. 第一类 T 形截面

　　由于第一类 T 形截面中和轴通过翼缘，即 $x \leqslant h_f'$，则受压区为一面积为 $b_f' \times x$ 的矩形，故第一类 T 形截面可视为一面积为 $b'_f \times h$ 的矩形截面，计算时将单筋矩形截面公式中的 b 换成 b'_f 即可（其应力图形可参见单筋矩形截面的图 7 - 17）。具体计算公式如下

$$A_s f_y = \alpha_1 f_c b'_f x = \alpha_1 f_c b'_f h_0 \xi \tag{7 - 42}$$

$$M = \alpha_1 f_c b'_f x\left(h_0 - \frac{x}{2}\right) \tag{7 - 43}$$

适用条件：

（1）$x \leqslant x_b$，由于受压区高度 $x \leqslant h'_f$，则 $x \leqslant x_b$ 一般均满足，可不验算；

（2）$A_s \geqslant \rho_{min} bh$，此处应取腹板宽度 b，而不是翼缘宽度 b'_f，因为最小配筋率是根据钢筋混凝土梁的极限弯矩 M_u 等于同条件下素混凝土梁的开裂弯矩 M_{cr} 这一条件确定的，而素混凝土梁的开裂弯矩主要取决于受拉区混凝土所承担的弯矩，则 T 形截面与同肋宽的矩形截面其开裂弯矩相差不大，因此，T 形截面的 ρ_{min} 与腹板宽度 b 有关。

2. 第二类 T 形截面

由于第二类 T 形截面的中和轴通过截面的腹板，即 $x > h'_f$，则受压区为 T 形，其截面及应力图形见图 7 - 30（a）所示。为了方便计算与分析，与双筋矩形截面类似，将第二类 T 形截面的承载力、截面配筋与应力图形分解为两部分。一部分由受压翼缘（不包括翼缘与腹板相交部分）与其对应的受拉钢筋所组成，见图 7 - 30（b）所示，另一部分由受压腹板（包括翼缘与腹板相交部分）与其对应的受拉钢筋所组成，见图 7 - 30（c）所示。

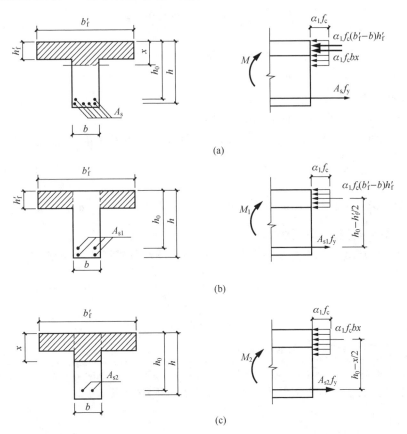

图 7 - 30　第二类 T 形截面应力图形分解

对图 7 - 30 （b） 可得

$$A_{s1} f_y = \alpha_1 f_c (b'_f - b) h'_f \tag{7-44}$$

$$M_1 = \alpha_1 f_c (b'_f - b) h'_f \left(h_0 - \frac{h'_f}{2} \right) \tag{7-45}$$

对图 7 - 30 （c） 可得

$$A_{s2} f_y = \alpha_1 f_c b x \tag{7-46}$$

$$M_2 = \alpha_1 f_c b x \left(h_0 - \frac{x}{2} \right) \tag{7-47}$$

式 （7 - 44） 与式 （7 - 46） 相加得

$$A_s f_y = A_{s1} f_y + A_{s2} f_y = \alpha_1 f_c (b'_f - b) h'_f + \alpha_1 f_c b x$$

即

$$A_s f_y = \alpha_1 f_c \left[(b'_f - b) h'_f + b x \right] \tag{7-48}$$

式 （7 - 45） 与式 （7 - 47） 相加得

$$M = M_1 + M_2 = \alpha_1 f_c (b'_f - b) h'_f \left(h_0 - \frac{h'_f}{2} \right) + \alpha_1 f_c b x \left(h_0 - \frac{x}{2} \right)$$

即

$$M = \alpha_1 f_c \left[(b'_f - b) h'_f \left(h_0 - \frac{h'_f}{2} \right) + b x \left(h_0 - \frac{x}{2} \right) \right] \tag{7-49}$$

式 （7 - 48）、式 （7 - 49） 为第二类 T 形截面的基本公式。

适用条件：

（1） $\rho \geqslant \rho_{min}$ 由于为第二类 T 形截面，配筋较多，一般均可满足，不必验算；

（2） $x \leqslant x_b$ 或 $\xi \leqslant \xi_b$，以保证不超筋。

（三） 截面设计

截面设计一般是已知或可以确定出 T 形截面的各部分尺寸、材料的强度等级、结构的重要性等级、截面所承受的最大弯矩，计算该截面所需的钢筋用量。其方法如下：

首先判定 T 形类别。若 $M \leqslant \overline{M} = \alpha_1 f_c b'_f h'_f \left(h_0 - \frac{h'_f}{2} \right)$ 时，为第一类 T 形截面，此时按 $b'_f \times h$ 的单筋矩形截面计算，详细步骤不再叙述；反之，若 $M > \overline{M} = \alpha_1 f_c b'_f h'_f \left(h_0 - \frac{h'_f}{2} \right)$ 时为第二类 T 形截面，其计算步骤如下：

（1） 计算与受压翼缘相对应的受拉钢筋面积 A_{s1} 及其所能抵抗的弯矩 M_1

$$A_{s1} = \frac{\alpha_1 f_c (b'_f - b) h'_f}{f_y}$$

$$M_1 = \alpha_1 f_c (b'_f - b) h'_f \left(h_0 - \frac{h'_f}{2} \right)$$

（2） 计算受压腹板所应承担的弯矩 M_2

$$M_2 = M - M_1$$

（3） 按单筋矩形截面计算受压腹板所对应的受拉钢筋面积 A_{s2}

1） 计算 α_{s2}

$$\alpha_{s2} = \frac{M_2}{\alpha_1 f_c b h_0^2}$$

2）由 α_{s2} 查表计算 ξ_2 或 γ_{s2}，并计算混凝土受压高度 x；

3）若 $x \geqslant x_b$，表明超筋，此时应加大梁截面尺寸或提高混凝土强度等级；

若 $x \leqslant x_b$，则

$$A_{s2} = \frac{\alpha_1 f_c b x}{f_y}$$

4）所需钢筋面积

$$A_s = A_{s1} + A_{s2}$$

（4）选筋、布置截面。

【例 7 - 7】 已知某肋梁楼盖的次梁，跨度为 6m，梁肋间距 2.4m，截面如图 7 - 31 所示。已知：跨中最大正弯矩设计值 $M = $ 128kN·m，混凝土 C20，钢筋 HRB335 级，构件安全等级二级。计算该次梁跨中截面所需钢筋面积。

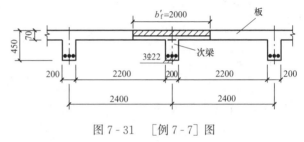

图 7 - 31　［例 7 - 7］图

解　查表得有关数据为：$\alpha_1 = 1.0$ $f_c = 9.6 \text{N/mm}^2$　$f_y = 300 \text{N/mm}^2$　$\xi_b = 0.550$　$\gamma_0 = 1.0$。

（1）确定受压翼缘宽度 b'_f　查表 7 - 13 得：

按梁跨度考虑

$$b'_f = \frac{l}{3} = \frac{6000}{3} = 2000 (\text{mm})$$

按梁肋净距

$$b'_f = b + s_n = 200 + 2200 = 2400 (\text{mm})$$

按翼缘厚度考虑

$$h_0 = h - a_s = 450 - 45 = 405 (\text{mm})$$

$$\frac{h'_f}{h_0} = \frac{70}{405} = 0.173 > 0.1$$

不考虑此项。

则取前两项的最小值　　　　　　　　$b'_f = 2000 \text{mm}$

（2）判断 T 形类别

$$\alpha_1 f_c b'_f h'_f \left(h_0 - \frac{h'_f}{2} \right) = 1.0 \times 9.6 \times 2000 \times 70 \times \left(405 - \frac{70}{2} \right) = 497 (\text{kN·m}) > 128 \text{kN·m}$$

所以，该截面属于第一类 T 形截面。

（3）计算钢筋面积 A_s，由式（7 - 42）得

$$\alpha_s = \frac{\gamma_0 M}{\alpha_1 f_c b'_f h_0^2} = \frac{1.0 \times 128 \times 10^6}{1.0 \times 9.6 \times 2000 \times 405^2} = 0.041$$

查附表 7 - 9 得　$\xi = 0.042$

则

$$A_s = \frac{\alpha_1 f_c b'_f \xi h_0}{f_y} = \frac{1.0 \times 9.6 \times 2000 \times 0.042 \times 405}{300} = 1088 (\text{mm}^2)$$

（4）验算适用条件

$$\rho_{\min} = \min\left\{0.2\%,\ 0.45\frac{f_t}{f_y}\right\} = 0.2\%$$

$A_s = 1088\text{mm}^2 > \rho_{\min}bh = 0.2\% \times 200 \times 450 = 180\ (\text{mm}^2)$，满足不少筋条件。

选筋：选 $3\Phi22$，实际钢筋面积为 1140mm^2。截面配筋如图 7-31 所示。

【例 7-8】 已知某 T 形截面如图 7-32 所示。构件安全等级二级，混凝土 C20，钢筋 HRB335 级，承担的弯矩设计值 $M = 210\text{kN·m}$，计算该截面所需纵向受拉钢筋面积。

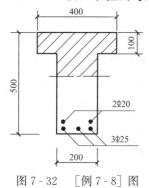

图 7-32　［例 7-8］图

解　查得有关数据为：$\alpha_1 = 1.0$，$f_c = 9.6\text{N/mm}^2$，$f_y = 300\text{N/mm}^2$，$\xi_b = 0.550$，$\gamma_0 = 1.0$。

（1）判断 T 形类别

假定 $h_0 = h - a_s = 500 - 65 = 435(\text{mm})$

$$\alpha_1 f_c b_f' h_f'\left(h_0 - \frac{h_f'}{2}\right) = 1.0 \times 9.6 \times 400 \times 100 \times \left(435 - \frac{100}{2}\right)$$
$$= 148(\text{kN·m}) < 210\text{kN·m}$$

所以，该截面属于第二类 T 形。

（2）计算配筋面积 A_s。由式（7-49）得

$$\alpha_s = \frac{M - \alpha_1 f_c(b_f' - b)h_f'\left(h_0 - \dfrac{h_f'}{2}\right)}{\alpha_1 f_c b h_0^2}$$

$$= \frac{210 \times 10^6 - 1.0 \times 9.6 \times (400 - 200) \times 100 \times \left(435 - \dfrac{100}{2}\right)}{1.0 \times 9.6 \times 200 \times 435^2}$$

$$= 0.375$$

查附表 7-9 得　　　　　　　　$\xi = 0.500 < \xi_b = 0.550$

由式（7-48）得

$$A_s = \frac{\alpha_1 f_c(b_f' - b)h_f' + \alpha_1 f_c b\xi h_0}{f_y}$$

$$= \frac{1.0 \times 9.6 \times (400 - 200) \times 100 + 1.0 \times 9.6 \times 200 \times 0.500 \times 435}{300}$$

$$= 2032\ (\text{mm}^2)$$

由于属于第二类 T 形，可不验算是否少筋。

（3）选筋。选 $3\Phi25 + 2\Phi20$，实际钢筋面积为 2101mm^2，钢筋分两排放置，与 h_0 的假设相符。

（四）强度校核

强度校核时已知截面的各部分尺寸、材料强度等级、截面所配钢筋，计算该截面所能承担的最大弯矩。

首先判定 T 形的类别。若 $A_s \leqslant \overline{A_s} = \dfrac{\alpha_1 f_c b_f' h_f'}{f_y}$，则为第一类 T 形截面，按 $b_f' \times h$ 的矩形截面计算即可；反之，若 $A_s > \overline{A_s} = \dfrac{\alpha_1 f_c b_f' h_f'}{f_y}$，为第二类 T 形截面，此时，分别计算出受压翼缘所对应的钢筋面积、能承担的弯矩，再计算出受压腹板所对应的钢筋面积、能承担的

弯矩，将两部分弯矩相加，即得截面能承担的最大弯矩。

【例 7 - 9】　已知梁的截面如图 7 - 33 所示，构件安全等级二级。混凝土 C20，纵向钢筋 HRB335 级，计算该梁所能承担的最大弯矩 M_u。

解　查表得有关数据为：$\alpha_1 = 1.0$，$f_c = 9.6 \text{N/mm}^2$，$f_y = 300 \text{N/mm}^2$，$\xi_b = 0.550$，$\gamma_0 = 1.0$。

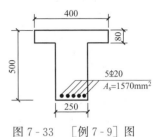

图 7 - 33　［例 7 - 9］图

（1）判断 T 形类别

$$\frac{\alpha_1 f_c b_f' h_f'}{f_y} = \frac{1.0 \times 9.6 \times 400 \times 80}{300} = 1024(\text{mm}^2) < A_s$$

$$= 1570 \text{mm}^2$$

$$h_0 = h - a_s = 500 - 45 = 455(\text{mm})$$

所以，截面属于第二类 T 形截面。

（2）计算截面所能承担的弯矩。由式（7 - 48）得

$$x = \frac{A_s f_y - \alpha_1 f_c (b_f' - b) h_f'}{\alpha_1 f_c b}$$

$$= \frac{1570 \times 300 - 1.0 \times 9.6 \times (400 - 250) \times 80}{1.0 \times 9.6 \times 250}$$

$$= 148(\text{mm})$$

则 $x < x_b = \xi_b h_0 = 0.550 \times 455 = 250(\text{mm})$

所以截面不超筋。

截面所能承担的最大弯矩为

$$M_u = \alpha_1 f_c (b_f' - b) h_f' \left(h_0 - \frac{h_f'}{2}\right) + \alpha_1 f_c bx \left(h_0 - \frac{x}{2}\right)$$

$$= 1.0 \times 9.6 \times (400 - 250) \times 80 \times \left(455 - \frac{80}{2}\right) + 1.0 \times 9.6 \times 250 \times 148 \times \left(455 - \frac{148}{2}\right)$$

$$= 183(\text{kN·m})$$

第三节　受弯构件斜截面承载力计算

在一般情况下的受弯构件除承受弯矩作用外，还承受剪力作用。弯矩和剪力共同作用的区段，称为剪弯段。在剪弯段内，弯矩作用产生正应力 σ，剪力作用产生剪应力 τ，正应力与剪应力共同作用下，将产生主拉应力 σ_1 和主压应力 σ_3，图 7 - 34 表示对称荷载作用下简支梁的主拉应力与主压应力迹线及截面不同位置处单元体的应力图。

当荷载较小时，主拉应力很小，随着荷载的增加，主拉应力增加，当主拉应力超过混凝土的抗拉强度时，构件就会沿着垂直主拉应力方向出现斜裂缝，进而发生斜截面破坏。为防止此类破坏，应在梁中配置腹筋—箍筋与弯起钢筋的统称（梁截面很小时可以不配），以满足斜截面的强度计算与构造要求。本节主要讨论有腹筋梁的计算与构造问题。

一、受弯构件斜截面强度的试验研究

（一）影响斜截面承载能力的主要因素

通过试验表明，影响斜截面破坏形态的主要因素很多，主要因素有以下几个方面：

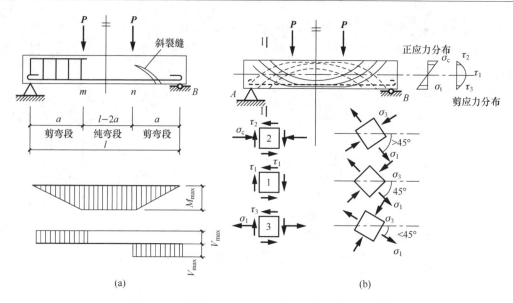

图 7-34　钢筋混凝土受弯构件主应力迹线示意图

1. 剪跨比

剪跨比 λ 是一无量纲的参数，狭义的剪跨比是指集中荷载至支座截面的距离 a 与截面有效高度 h_0 的比值，即

$$\lambda = \frac{a}{h_0} \tag{7-50}$$

式中：a 为集中荷载至支座的距离；h_0 为截面有效高度。

集中荷载作用下的受弯构件，剪跨比是影响斜截面破坏形态的主要因素。剪跨比实际上反映着集中荷载作用截面上弯矩和剪力相对大小对主拉应力的大小与方向的影响。试验表明，在一定范围内，随着剪跨比的增加，斜截面的承载力随之降低，当剪跨比超过 3 后，对承载力的影响不再明显。

2. 配箍率和箍筋强度

箍筋配置的多少用配箍率 ρ_{sv} 来表示，见图 7-35。

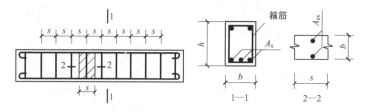

图 7-35　梁内箍筋

则

$$\rho_{sv} = \frac{A_{sv}}{bs} = \frac{nA_{sv1}}{bs} \tag{7-51}$$

式中：A_{sv} 为配置在同一截面内箍筋各肢的全部截面面积；n 为在同一截面中箍筋的肢数；A_{sv1} 为单肢箍筋的截面面积；b 为梁的截面宽度；s 为沿梁长度方向箍筋的间距。

显然，在适量配筋的情况下，随着配箍率和箍筋强度的增加，其斜截面承载力将增加。

3. 混凝土的强度

试验表明，混凝土的强度越高，其斜截面承载力越高。

4. 纵筋配筋率

增大纵向钢筋截面面积可延缓斜裂缝的开展，增加受压区混凝土面积，并使骨料咬合力及纵筋的销栓力有所提高，因而间接提高了梁的抗剪能力。但纵筋配筋率对抗剪强度的影响在计算中不考虑。

5. 结构类型

试验表明，在同一剪跨比的情况下，连续梁的抗剪强度低于简支梁的抗剪强度。

此外，梁的截面形状与梁的高度等也影响着受弯构件的斜截面承载力。

工程实例 - 受弯构件斜截面破坏形态

（二）斜截面的破坏形态

斜截面的破坏形态分为斜压破坏、斜拉破坏、剪压破坏三类，见图 7 - 36。

1. 斜压破坏

当剪跨比较小（$\lambda < 1.0$）或截面尺寸很小而配有较多的腹筋时，一般的斜截面破坏是在荷载作用点至支座之间形成一斜向受压"短柱"，在箍筋应力未达到屈服强度之前，混凝土被压碎而破坏，故称为斜压破坏。破坏时腹筋未屈服，材料强度不能充分发挥，设计中应避免，见图 7 - 36（a）。

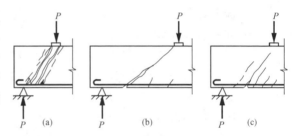

图 7 - 36　斜截面破坏形式
（a）斜压破坏；（b）斜拉破坏；（c）剪压破坏

2. 斜拉破坏

承受集中荷载为主的梁，当剪跨比较大（$\lambda > 3.0$）或截面尺寸合适而腹筋配置较少时，随着荷载的增加，在梁的下部出现了一条临界裂缝，由于腹筋配置较少，腹筋很快达到屈服，该裂缝迅速延伸到集中力的作用截面，由于主拉应力超过混凝土抗拉强度，将梁劈成两半而破坏，称为斜拉破坏。破坏无明显征兆，设计中也应避免，见图 7 - 36（b）。

3. 剪压破坏

当剪跨比适中（$1.0 \leqslant \lambda \leqslant 3.0$）且截面尺寸合适而腹筋配置适量时，在梁的下部出现了斜裂缝后由于箍筋的存在，限制着斜裂缝的发展，随着荷载的进一步增加，梁中出现一条又宽又长的主要裂缝，在与该斜裂缝相交的腹筋逐渐达到屈服，对裂缝的限制作用逐渐消失，裂缝不断加宽，向上延伸，在斜裂缝的末端，混凝土在压应力与剪应力共同作用下达到极限强度，发生破坏，称为剪压破坏，见图 7 - 36（c）。

由于斜截面的各类破坏产生的变形均有限，故斜截面的各类破坏均属脆性破坏。

二、斜截面抗剪强度计算公式

（一）基本公式的建立

如前所述，斜截面强度的计算是以剪压破坏作为计算依据的。当发生剪压破坏时，与斜

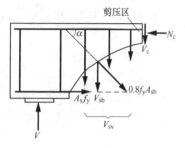

图 7-37　斜截面抗剪计算模式

裂缝相交的腹筋应力达到屈服强度，该斜截面上剪压区的混凝土达到极限强度。这时，梁被斜裂缝分成左右两部分，取出左半部分为脱离体，如图 7-37 所示，建立平衡方程。

只配箍筋时：

斜截面抗剪公式

$$V \leqslant V_c + V_{sv} \qquad (7-52)$$

斜截面抗弯公式

$$M \leqslant M_s + M_{sv} \qquad (7-53)$$

同时配有箍筋和弯起钢筋时：

斜截面抗剪公式

$$V \leqslant V_c + V_{sv} + V_{sb} \qquad (7-54)$$

斜截面抗弯公式

$$M \leqslant M_s + M_{sv} + M_{sb} \qquad (7-55)$$

式中：V 为斜截面上剪力设计值；V_c 为混凝土所抵抗的剪力设计值；V_{sv} 为箍筋所抵抗的剪力设计值；V_{sb} 为弯起钢筋所抵抗的剪力设计值；M 为斜截面上弯矩设计值；M_s 为斜截面上纵向钢筋所抵抗的弯矩设计值；M_{sv} 为斜截面上箍筋所抵抗的弯矩设计值；M_{sb} 为斜截面上弯起钢筋所抵抗的弯矩设计值。

式中的 V_c 与 V_{sv} 之和，即 $V_{cs} = V_c + V_{sv}$，称为箍筋与混凝土能承担的剪力。

一般地，斜截面抗弯可通过构造措施来保证，式（7-53）与式（7-55）可不计算，只需对式（7-52）与式（7-54）进行斜截面的抗剪强度计算。

（二）仅配置箍筋时斜截面受剪承载力

（1）矩形、T 形及工字形截面一般受弯构件。仅配置箍筋时，矩形、T 形及工字形截面一般受弯构件斜截面受剪承载力计算公式为

$$V_{cs} = 0.7 f_t b h_0 + f_{yv} \frac{A_{sv}}{s} h_0 \qquad (7-56)$$

式中：V_{cs} 为箍筋与混凝土所抵抗的剪力设计值；f_t 为混凝土抗拉强度设计值；f_{yv} 为箍筋抗拉强度设计值；b、h_0 为梁截面的宽度与有效高度；s 为沿构件长度方向箍筋的间距。

承受均布荷载的简支梁，其实测的相对抗剪强度 $V_{cs}/f_t b h_0$（如图 7-38 中点所示）与式（7-56）算得的相对抗剪强度的对比关系见图 7-38。从图中可以看出，按式（7-56）计算是安全的。

（2）集中荷载作用（包括作用有多种荷载，且集中荷载对支座截面或节点边缘截面所产生的剪力值占总剪力值的 75% 以上的情况）下的独立梁，其截面受剪承载力计算公式为

$$V_{cs} = \frac{1.75}{\lambda + 1} f_t b h_0 + f_{yv} \frac{A_{sv}}{s} h_0 \qquad (7-57)$$

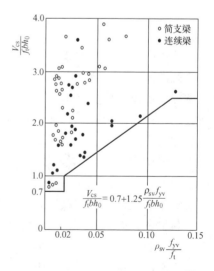

图 7-38　有箍筋的均布荷载梁 $\dfrac{V_{cs}}{f_t b h_0}$ 和 $\rho_{sv} \dfrac{f_{yv}}{f_t}$ 的关系

式中：λ 为计算截面的剪跨比，当 $\lambda < 1.5$ 时，取 $\lambda = 1.5$；当 $\lambda > 3$ 时，取 $\lambda = 3$。

承受集中荷载的矩形截面简支梁，实测的相对抗剪强度 $V_{cs}/f_t bh_0$（图 7-39 中点所示），与按式（7-57）计算的当 $\lambda = 1.5$ 与 $\lambda = 3$ 时的抗剪强度曲线均示于图 7-39 中，从图中可以看出，按式（7-57）的计算是安全的。

（三）同时配置有箍筋与弯起钢筋时斜截面的抗剪承载力

（1）弯起钢筋抵抗的剪力 V_{sb}

$$V_{sb} = 0.8 f_y A_{sb} \sin\alpha_s \qquad (7-58)$$

式中：f_y 为弯起钢筋的抗拉强度设计值；A_{sb} 为同一弯起平面内弯起钢筋的截面面积；α_s 为斜截面上弯起钢筋的切线与构件纵向轴线的夹角，一般的，$\alpha_s = 45°$；当梁高大于 800mm 时，$\alpha_s = 60°$；0.8 为系数，考虑到靠近剪压区的弯起钢筋在斜截面破坏时，其应力达不到屈服强度 f_y 的不均匀系数。

（2）矩形、T 形及工字形截面一般受弯构件斜截面受剪承载力计算公式

$$V \leqslant 0.7 f_t bh_0 + f_{yv}\frac{A_{sv}}{s}h_0 + 0.8 f_y A_{sb} \sin\alpha_s$$
$$(7-59)$$

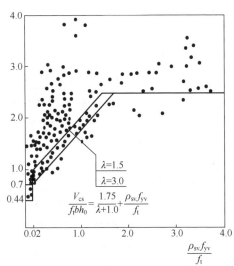

图 7-39 集中荷载作用下梁的 $\dfrac{V_{cs}}{f_t bh_0}$ 和 $\rho_{sv}\dfrac{f_{yv}}{f_t}$ 关系

（3）集中荷载作用（包括作用有多种荷载，且集中荷载对支座截面或节点边缘截面所产生的剪力值占总剪力值的 75% 以上的情况）下的独立梁，其截面受剪承载力计算公式为

$$V \leqslant \frac{1.75}{\lambda + 1} f_t bh_0 + f_{yv}\frac{A_{sv}}{s}h_0 + 0.8 f_y A_{sb} \sin\alpha_s \qquad (7-60)$$

公式中各项意义同前。

三、斜截面抗剪强度计算公式的适用条件

梁斜截面的承载力计算公式是根据剪压破坏得到的，为防止发生斜拉破坏与斜压破坏，矩形、T 形、I 形截面的受弯构件，应满足下列条件：

（1）上限值——最小截面尺寸。当梁的截面尺寸过小而剪力较大时，梁可能发生斜压破坏，此时，箍筋配置再多也不起作用，因此为防止发生斜压破坏，截面尺寸应满足：

当 $h_w/b \leqslant 4$ 时

$$V \leqslant 0.25\beta_c f_c bh_0 \qquad (7-61)$$

当 $h_w/b \geqslant 6$ 时

$$V \leqslant 0.2\beta_c f_c bh_0 \qquad (7-62)$$

当 $4 < h_w/b < 6$ 时，按线性内插法确定。

式中：V 为构件斜面上的最大剪力设计值；β_c 为混凝土强度影响系数。当混凝土强度等级不超过 C50 时，取 $\beta_c = 1.0$；当混凝土强度等级为 C80 时，取 $\beta_c = 0.8$；其间按线性内插法确定；b 为矩形截面的宽度，T 形截面或工字形截面的腹板宽度；h_w 为截面的腹板高度；对矩形截面，取有效高度；对 T 形截面，取有效高度减去翼缘高度；对 I 形截面，取腹板净高。

（2）下限值——最小配箍率。当箍筋配置较少时，斜裂缝一出现，箍筋很快就会达到屈服，造成斜裂缝的迅速开展，发生斜拉破坏，为防止发生斜拉破坏，应限定箍筋的最小用量。即

$$\rho_{sv} \geqslant \rho_{sv,min} = 0.24\frac{f_t}{f_{yv}} \qquad (7\text{-}63)$$

同时，应满足箍筋的最小直径、最大间距、肢数等的要求，详见第七章第四节。式中 f_t、f_{yv} 意义同前。

四、斜截面抗剪强度的计算步骤

（一）确定斜截面抗剪强度的计算位置

在计算斜截面强度时，首先确定计算区段的最大剪力位置，一般有以下位置：①支座边缘截面；②受拉区弯起钢筋弯起点处截面；③受拉区箍筋数量与间距改变处截面；④腹板宽度改变处截面。

（二）截面尺寸复核

梁的截面尺寸一般是由正截面强度和刚度条件确定的，在斜截面计算时应按式（7-61）或式（7-62）进行截面复核，以防止发生斜压破坏。当式（7-61）、式（7-62）不满足时，应加大截面尺寸或提高混凝土强度。

（三）验算是否按计算配置腹筋

若梁的截面尺寸、混凝土强度足够，设计剪力又满足下式时，可不按计算配置腹筋，仅按构造要求配置腹筋；否则，按计算配置腹筋。

矩形、T形、I形截面一般受弯构件

$$V \leqslant 0.7f_t bh_0 \qquad (7\text{-}64)$$

集中荷载下的独立梁

$$V \leqslant \frac{1.75}{\lambda+1}f_t bh_0 \qquad (7\text{-}65)$$

（四）计算箍筋的数量

当斜截面仅配置箍筋时，箍筋数量按式（7-56）或式（7-57）确定。

对于矩形、T形及工字形截面一般受弯构件，可得

$$\frac{A_{sv}}{s} \geqslant \frac{V-0.7f_t bh_0}{f_{yv}h_0} \qquad (7\text{-}66)$$

对于以集中荷载为主的独立梁

$$\frac{A_{sv}}{s} \geqslant \frac{V-\dfrac{1.75}{\lambda+1}f_t bh_0}{f_{yv}h_0} \qquad (7\text{-}67)$$

求出 $\dfrac{A_{sv}}{s}$ 后，再选定箍筋的肢数 n、箍筋的直径 d（即 A_{sv1}），计算出 $A_{sv} = nA_{sv1}$，则可计算出箍筋间距 s，并满足构造要求（详见第七章第四节）。

（五）计算弯起钢筋的数量

当同时配置箍筋与弯起钢筋时，首先在满足构造要求的条件下，选定箍筋的肢数 n、箍筋的直径 d、箍筋间距 s，按式（7-56）或式（7-57）计算出箍筋与混凝土所抵抗的剪力，再按式（7-59）、式（7-60）计算弯起钢筋的面积，即

$$A_{sb} \geqslant \frac{V - V_{cs}}{0.8 f_y \sin \alpha_s} \qquad (7-68)$$

在计算弯起钢筋面积时，其设计剪力按下列规定取用：

（1）当计算第一排（从支座处算起）弯起钢筋时，取支座边缘处剪力值；

（2）当计算以后每一排弯起钢筋时，依次取用前一排弯起钢筋下弯点处的剪力值。

弯起钢筋除满足计算外，尚应满足第七章第四节的构造要求。

【例7-10】 矩形截面简支梁截面尺寸为200mm×550mm，见图7-40，承受均布荷载设计值 $q = 42$ kN/m（包括自重），混凝土为C20，经正截面承载力计算，配置4Φ22纵向钢筋，构件安全等级二级，纵筋HRB335级，箍筋HPB300级。计算所需箍筋数量。

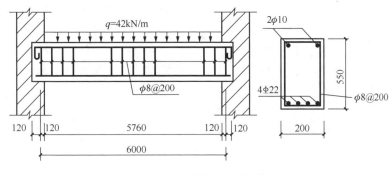

图7-40　［例7-10］图

解 （1）计算剪力设计值。支座边缘处剪力

$$V = \frac{1}{2} q l_n = \frac{1}{2} \times 42 \times 5.76 = 120.96 \text{(kN)}$$

（2）复核截面尺寸

$f_c = 9.6 \text{kN/m}^2$

$f_t = 1.1 \text{kN/m}^2$

$h_0 = h - a_s = 550 - 45 = 505$ （mm）

$h_w/b = h_0/b = 505/200 = 2.53 < 4$

按式（7-61）得

$$0.25 \beta_c f_c b h_0 = 0.25 \times 1.0 \times 9.6 \times 200 \times 505 = 242400 \text{(N)} = 242.4 \text{(kN)} > 120.96 \text{kN}$$

所以，截面尺寸满足要求。

（3）验算是否按计算配置箍筋。由式（7-64）得

$$0.7 f_t b h_0 = 0.7 \times 1.1 \times 200 \times 505 = 77770 \text{(N)} = 77.77 \text{(kN)} < V = 120.96 \text{kN}$$

所以，需按计算配置箍筋。

（4）计算箍筋数量。由式（7-66）得

$$\frac{n A_{sv1}}{s} = \frac{V - 0.7 f_t b h_0}{f_{yv} h_0} = \frac{120960 - 77770}{270 \times 505} = 0.318$$

选用双肢 $\phi 8$ 箍筋（$A_{sv1} = 50.3 \text{mm}^2$），于是，箍筋间距为

$$s = \frac{n A_{sv1}}{0.318} = \frac{2 \times 50.3}{0.318} = 316 \text{(mm)} > s_{max} = 250 \text{mm}$$

所以，取箍筋间距为 $s=250$mm，沿梁全长均匀布置。

（5）验算配箍率

$$\rho_{sv} = \frac{nA_{sv1}}{bs} = \frac{2 \times 50.3}{200 \times 250} = 0.2\% > \rho_{sv,min} = 0.24\frac{f_t}{f_{yv}} = 0.24 \times \frac{1.1}{270} = 0.098\%$$

满足要求。箍筋配置如图 7-40 所示。

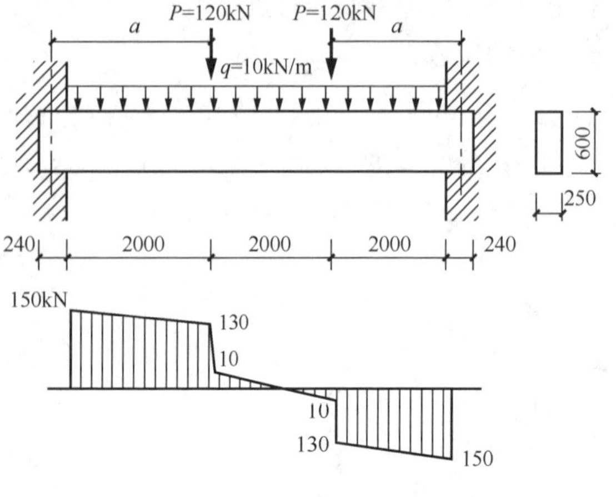

【例 7-11】 矩形截面简支梁，承受荷载如图 7-41 所示（均布荷载设计值 $q=10$kN/m，集中荷载设计值 $P=120$kN），梁的截面尺寸为 $b \times h = 250$mm $\times 600$mm，纵筋（HRB335 级）按两排考虑，混凝土 C25，箍筋 HPB300 级，构件安全等级二级。计算所需箍筋数量。

图 7-41 ［例 7-11］图

解 （1）计算剪力设计值。均布荷载在支座边缘产生的剪力

$$V_q = \frac{1}{2}ql_n = \frac{1}{2} \times 10 \times 6 = 30(kN)$$

集中荷载在支座边缘产生的剪力

$$V_P = P = 120kN$$

支座边缘处的总剪力

$$V = V_q + V_P = 30 + 120 = 150(kN)$$

集中荷载在支座边缘产生的剪力占总剪力的百分比

$120/150 = 80\% > 75\%$

因此，按集中荷载作用下的公式进行计算。

（2）复核截面尺寸

$$h_0 = h - 60 = 600 - 60 = 540(mm)$$

$$h_w/b = h_0/b = 540/250 = 2.14 < 4$$

$0.25\beta_c f_c bh_0 = 0.25 \times 1.0 \times 11.9 \times 250 \times 540 = 401625N = 402kN > 150kN$

所以，截面尺寸满足要求。

（3）验算是否按计算配置箍筋。剪跨比

$$\lambda = a/h_0 = 2000/540 = 3.7 > 3$$

取 $\lambda = 3$，由式（7-65）得

$$\frac{1.75}{\lambda+1}f_t bh_0 = \frac{1.75}{3+1} \times 1.27 \times 250 \times 540 = 75009(N) = 75(kN) < 150kN$$

所以，应按计算配置箍筋。

（4）计算所需箍筋数量

$$\frac{nA_{sv1}}{s} = \frac{V - \frac{1.75}{\lambda+1}f_t bh_0}{f_{yv}h_0} = \frac{150000 - 75000}{270 \times 540} = 0.514$$

选用双肢 $\phi 8$ 箍筋（$A_{sv1} = 50.3$mm^2），于是，箍筋间距为

$$s = \frac{nA_{sv1}}{0.514} = \frac{2 \times 50.3}{0.514} = 195.7(\text{mm}) < s_{max} = 250\text{mm}$$

所以，取箍筋间距为 $s = 190\text{mm}$，沿梁全长均匀布置。

（5）验算配箍率

$$\rho_{sv} = \frac{nA_{sv1}}{bs} = \frac{2 \times 50.3}{200 \times 190} = 0.26\% > \rho_{sv,min} = 0.24\frac{f_t}{f_{yv}} = 0.24 \times \frac{1.27}{210} = 0.145\%$$

满足要求。

第四节　受弯构件的其他构造要求

一、纵向钢筋的弯起与切断

我们知道，梁内的纵向钢筋面积是由梁内最大弯矩确定的。一般地，简支梁在靠近支座处弯矩会逐渐减小，因此可把梁下部的纵向钢筋弯起以抵抗剪力；同时连续梁中间支座所需要的钢筋在伸出支座一定长度后进入受压区也可以切断。那么，纵向钢筋在什么位置可以弯起或切断呢？

（一）纵向钢筋的弯起

纵向钢筋的弯起数量除可根据斜截面抗剪或弯起后抵抗支座负弯矩的大小确定外，弯起的位置和数量还应符合下列要求：①正截面抗弯承载力；②斜截面抗弯承载力；③斜截面抗剪承载力及构造要求。

1. 正截面抗弯承载力

弯起钢筋一般是由梁正截面所需的纵向钢筋弯起得到的，因此，必须首先满足正截面抗弯承载力。受弯构件正截面承载力是否满足可通过弯矩抵抗图来反映。所谓弯矩抵抗图，是指按实际配置的钢筋所绘制的梁各正截面所能抵抗弯矩大小的图形。弯矩抵抗图是构件抗力图，只与构件的材料、截面尺寸、纵向钢筋的数量与强度及其布置有关，与构件上所承担的荷载无关。因为 $M = A_s f_y \gamma_s h_0$，为简化计算，近似取 γ_s 为常数，h_0 的变化忽略不计，则各截面的上钢筋所能抵抗的弯矩就与钢筋的面积呈正比。

如图 7-42 所示，一承受均布荷载的简支梁及其弯矩图，根据跨中最大弯矩配置了 3Φ20 的纵向钢筋，如果 3 根钢筋均全部伸入支座而无弯起与切断，其抵抗弯矩图为矩形。显然，梁各截面的抗弯强度均满足，但由于弯矩在靠近支座处逐步减小，则在此处的钢筋对于正截面抗弯是一种浪费，那么，如何弯起呢？

我们将梁的配筋施工图与弯矩图按同一比例上下对齐画出，然后在最大弯矩截面将梁中每根钢筋所能抵抗弯矩按其面积的比例作基线的平行线来划分弯矩图（因为构造要求至少需要 2 根钢筋伸入支座，因此把这 2 根钢筋编为①号筋，并放在靠近基线处；剩余的 1 根钢筋将是弯起钢筋，编为②号筋，放在抵抗弯矩图的下部），与弯矩图有交点 a、b、b'、c、c'。在图 7-43 中看

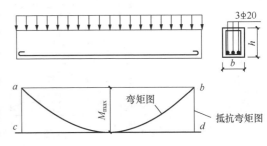

图 7-42　梁的弯矩图与抵抗弯矩图

到，在 a 点处，②号筋必须充分利用，a 点处截面称为②号筋的充分利用截面；在 b、b' 点处，

②号筋可退出工作，①号筋必须充分利用，故 b、b' 点截面称为②号筋的理论切断截面，同时又是①号筋的充分利用截面。显然，基线的端点 c、c' 点是①号筋的理论切断截面。

②号弯起钢筋所抵抗的弯矩图是这样表示的：由于钢筋弯起后钢筋对受压区混凝土的合力作用点之力臂逐渐减小，该钢筋所能抵抗的弯矩也是逐渐减小的，其抵抗弯矩图是斜直线。弯起钢筋与梁中和轴相交后，弯起钢筋已进入受压区，可认为不再抵抗弯矩。因此，施工图中弯起钢筋与梁中和轴的交点必须在其理论切断截面之外。如图 7-43 中所示，将②号弯起钢筋的下弯点 B 点对应到抵抗弯矩图中②号筋充分利用截面所在的平行线上，得点 d，弯起钢筋与梁中和轴的交点 A 点对应到抵抗弯矩图中②号筋理论切断截面所在的平行线上，得点 e，e 点在 b 点之外，满足要求。连接 d、e，de 即形成 2 号筋的抵抗弯矩图，右侧与之对称。

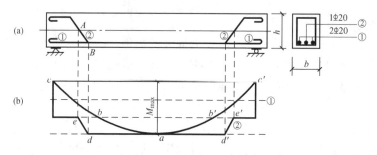

图 7-43　有弯起筋的抵抗弯矩图

因为①号筋没有弯起与切断，所以，其抵抗弯矩图是矩形，该梁的抵抗弯矩图如图 7-43 中粗线所示。

如果上述抵抗弯矩图能够完全包住弯矩图，则正截面抗弯承载力满足要求；反之，当抵抗弯矩图切入了弯矩图，则表明该截面所能抵抗的弯矩小于该截面的实际弯矩，不安全。同理，若抵抗弯矩图远离弯矩图，则表明安全富余程度大，不经济。

2. 斜截面抗弯承载力要求

受弯构件纵向钢筋的弯起位置还应满足斜截面抗弯承载力要求。如图 7-44 所示对称荷

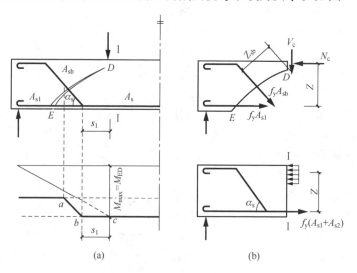

图 7-44　弯起钢筋实际弯起点的确定

载作用下的简支梁，在斜裂缝出现后，该斜截面上的最大弯矩应是Ⅰ-Ⅰ所在正截面的弯矩 M_{max}，若忽略与斜裂缝相交截面上箍筋所起的抗弯作用，显然，要满足斜截面的抗弯承载力，就应满足

$$f_y A_{s1} Z + f_y A_{sb} Z_{sb} \geqslant f_y A_{s1} Z + f_y A_{sb} Z = M_{max}$$

即满足

$$Z_{sb} \geqslant Z$$

要使上式成立，根据几何关系，可以推导出

$$s_1 \geqslant 0.5 h_0 \tag{7-69}$$

式中：s_1 为纵向钢筋的下弯点至其充分利用截面之距；h_0 为截面有效高度。

因此，式（7-69）为满足斜截面抗弯的条件。

3. 斜截面受剪承载力

如果利用弯起钢筋抵抗剪力，除满足计算要求外，还应使前后两排弯起钢筋的上下弯点间距满足表7-14中 $V > 0.7 f_t b h_0$ 时箍筋的最大间距；同时，靠近支座的第一排弯起钢筋的上弯点距支座边缘满足：小于等于 S_{max} 且大于等于50mm，一般可取50mm，如图7-45所示。

表7-14　　　　　　　　　梁中箍筋的最大间距　　　　　　　　　　　　　mm

梁高 h	$V > 0.7 f_t b h_0$	$V \leqslant 0.7 f_t b h_0$	梁高 h	$V > 0.7 f_t b h_0$	$V \leqslant 0.7 f_t b h_0$
$150 < h \leqslant 300$	150	200	$500 < h \leqslant 800$	250	350
$300 < h \leqslant 500$	200	300	$h > 800$	300	400

（二）纵向钢筋的切断

在图7-46中 B 点为②号筋的理论切断截面。理论上讲，可在 B 点将②号筋切断，但在 B 截面处有一斜裂缝 CH 通过，则该斜截面上的最大弯矩为 M_H，该值大于 B 截面处的弯矩，此时与斜裂缝相交的箍筋较少，它与剩余的纵向钢筋所形成的斜截面承载力一般不足以抵抗弯矩 M_H，因此，通常是将该钢筋从理论切断点伸出一段长度之后再进行切断，这样，当出现斜裂缝 CH 时，②号筋仍能起到一定的抗弯作用，当出现斜裂缝 IH 时，②号筋虽不能起到一定的抗弯作用，但此时却已有足够的箍筋通过该斜裂缝，其拉力形成的弯矩可以补偿②号筋的抗弯作用。

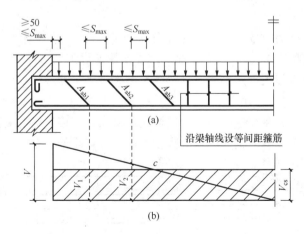

图7-45　弯起钢筋承担剪力的位置要求

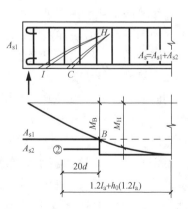

图7-46　纵筋的截断位置

一般地，纵向受拉钢筋不宜在受拉区截断，在外伸梁或连续梁的中间支座处钢筋数目较

多确需切断时，应分批切断。当切断钢筋时，《混凝土结构设计规范》规定，应符合下列要求，如图 7-46 所示。

（1）当 $V \leqslant 0.7f_tbh_0$ 时，应延伸至按正截面受弯承载力计算不需要该钢筋的截面以外不小于 $20d$ 处截断，且从该钢筋强度充分利用截面伸出的长度不应小于 $1.2l_a$。

（2）当 $V > 0.7f_tbh_0$ 时，应延伸至按正截面受弯承载力计算不需要该钢筋的截面以外不小于 h_0 且不小于 $20d$ 处截断，且从该钢筋强度充分利用截面伸出的长度不应小于 $1.2l_a+h_0$。

（3）上述规定确定的截断点仍位于负弯矩受拉区内时，则应延伸至按正截面受弯承载力计算不需要该钢筋的截面以外不小于 $1.3h_0$ 且不小于 $20d$ 处截断，且从该钢筋强度充分利用截面伸出的长度不应小于 $1.2l_a+1.7h_0$，l_a 为受拉钢筋最小锚固长度。

二、纵向钢筋的锚固

尽管简支梁的端支座弯矩为零，但在支座处产生斜裂缝时，与斜裂缝相交的纵向拉力会突然增加，如果纵向钢筋没有足够的锚固长度，将会被拉出，发生锚固破坏。

1. 简支端支座

钢筋混凝土简支梁和连续梁的简支端的下部纵向钢筋，其伸入梁支座范围内的锚固长度 l_{as}，见图 7-47（a），应符合下列规定：

（1）当 $V \leqslant 0.7f_tbh_0$ 时，$l_{as} \geqslant 5d$；

（2）当 $V > 0.7f_tbh_0$ 时，带肋钢筋　$l_{as} \geqslant 12d$；光面钢筋　$l_{as} \geqslant 15d$。

式中：d 为纵向钢筋的直径。

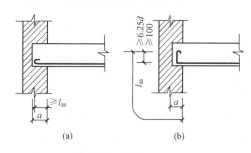

图 7-47　纵向受拉钢筋伸入支座的锚固长度

若纵向受拉钢筋伸入支座的锚固长度 l_{as} 在梁底直线段长度不够时，可以向上弯起，使其满足 l_{as}。光面钢筋锚固长度的末端（包括跨中钢筋及弯起钢筋）均应设置弯钩。如为人工弯钩时，向上弯起的长度不应小于 $6.25d$，亦不应小于 100 mm，见图 7-47（b）。不符合上述要求时，应采取在钢筋上加焊锚固钢板或将钢筋端部焊接在梁端预埋件上等有效锚固措施。

2. 中间支座

连续梁跨中承受正弯矩的下部纵向受力钢筋，在计算中不作为支座截面的受压钢筋时，其伸入中间支座的数量和锚固长度，可按 $V > 0.7f_tbh_0$ 时简支端支座情况处理。

连续板的下部纵向受力钢筋，一般应伸入支座中线，且锚固长度不应小于 $5d$。

三、钢筋的接头

钢筋的连接可分为两类：绑扎搭接、机械连接或焊接。机械连接接头和焊接接头的类型和焊接质量应符合国家现行有关标准规定。受力钢筋的接头宜设置在受力较小处。在同一根钢筋上宜少设置接头。同一构件中相邻纵向受力钢筋的绑扎接头宜错开布置，首尾相接式的布置会在接头处引起应力集中和局部裂缝。钢筋绑扎搭接接头连接区段的长度为 1.3 倍的搭接长度，如图 7-48 所示同一连接区段内的搭接接头钢筋为两根，

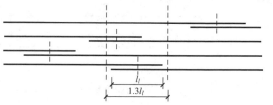

图 7-48　同一连接区段内纵向受拉钢筋绑扎搭接接头

当钢筋直径相同时，钢筋搭接接头面积百分率为 50％。绑扎搭接受拉钢筋的搭接长度 l_l 按下式计算

$$l_l = \xi \cdot l_a \geqslant 300\text{mm}$$

式中：l_a 为受拉钢筋的最小锚固长度；ξ 为纵向受拉钢筋搭接长度修正系数，按表 7 - 15 采用。

表 7 - 15　　　　　　　　　　　　受拉钢筋搭接长度修正系数

同一连接区段内钢筋搭接面积百分率（％）	≤25	50	100
搭接长度修正系数	1.2	1.4	1.6

在纵向钢筋搭接长度范围内应配置箍筋，其直径应不小于搭接钢筋较大直径的 0.25 倍。当钢筋受拉时，箍筋间距不应大于搭接钢筋较小直径的 5 倍，且不应大于 100mm；当钢筋受压时，箍筋间距不应大于搭接钢筋较小直径的 10 倍，且不应大于 200mm。当受压钢筋直径 $d>25$mm 时，尚应在搭接接头两端面外 100mm 内设置两个箍筋。

四、箍筋和弯起钢筋

1. 箍筋

梁高在 150～300mm 时，可在梁端各四分之一范围内设置箍筋；但当在构件中部二分之一跨度范围内有集中荷载时，则应沿梁全长设置箍筋；梁高 $h<150$mm 时，可不配置箍筋；其余情况均应沿梁全长设置箍筋。

梁中箍筋的最大间距宜符合表 7 - 14 的规定，当 $V>0.7f_tbh_0$ 时，应满足最小配筋率。

当 T 形截面梁顶端另有横向受拉筋时，可作成开口式。当梁中配有按计算所需要的受压钢筋时，箍筋应作成封闭式，见图 7 - 49。此时，箍筋的间距不应大于 15d（d 为最小受压钢筋的直径），同时不应大于 400mm；当一层内的纵向受压钢筋多于 5 根且直径大于 18mm 时，箍筋的间距不应大于 10d，同时，满足表 7 - 14 箍筋最大间距的要求。

梁内箍筋一般采用双肢箍（$n=2$）；当梁的宽度大于 400mm 且一层内的纵向受压钢筋多于 3 根时，或当梁的宽度不大于 400mm 但一层内的纵向受压钢筋多于 4 根时，应设置复合箍筋（如 4 肢箍）；当梁的宽度很小时，也可采用单肢箍。见图 7 - 50。

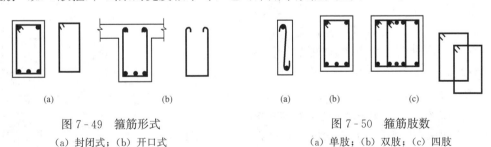

图 7 - 49　箍筋形式　　　　　　　　图 7 - 50　箍筋肢数
（a）封闭式；（b）开口式　　　　（a）单肢；（b）双肢；（c）四肢

箍筋的直径，对于梁高 $h>800$mm 的梁，其箍筋直径不宜小于 8mm；对于 $h\leqslant800$mm 的梁，其箍筋直径不宜小于 6mm。梁中配有计算需要的受压钢筋时，箍筋的直径尚不应小于纵向受压钢筋最大直径的 0.25 倍。

2. 弯起钢筋与鸭筋

在采用绑扎骨架的钢筋混凝土梁中，承受剪力的腹筋，宜优先采用箍筋。当设置弯起钢筋时，弯起角度宜取 45°或 60°，弯起钢筋的弯折终点外应留有锚固长度，其长度在受拉区不应小于 20d，在受压区不应小于 10d（d 为弯起钢筋的直径），如图 7 - 51 所示。梁底层钢筋中的角部钢筋不应弯起，顶层钢筋中的角部钢筋不应弯下。

当支座处剪力较大而又不能利用纵向受力钢筋弯起承担剪力时，可设置仅用于受剪的鸭筋，如图 7 - 52（a）所示。其端部的锚固长度按弯起钢筋的要求确定。在任何情况下，不得采用浮筋，如图 7 - 52（b）所示。

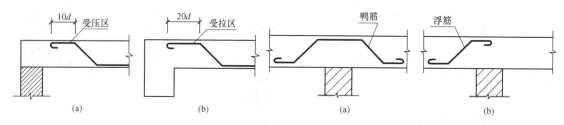

图 7 - 51　弯起钢筋的端部构造　　　　　图 7 - 52　鸭筋与浮筋

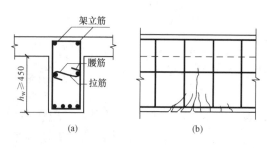

图 7 - 53　腰筋布置及构件中部裂缝

五、腰筋与拉结筋

当梁的腹板高 $h_w \geqslant 450$mm 时，应在梁的两侧沿梁高每隔 200mm 处设置一根直径不小于 10mm 的腰筋，两根腰筋之间用 $\phi 6 \sim \phi 8$ 的拉筋联系，拉筋间距约为箍筋的 2 倍，见图 7 - 53（a）。设置腰筋是控制在高度较大的构件中部，拉区弯曲斜裂缝将汇集成宽度较大的根状裂缝以及由于混凝土收缩和温度变化发生的竖向裂缝，见图 7 - 53（b）。

第五节　受压构件承载力计算

在工业与民用建筑中，除了受弯构件外，还有一类应用广泛的受力构件，即受压构件。如单层及多层房屋的柱子、钢筋混凝土屋架的受压腹杆等。

受压构件又分为轴心受压构件与偏心受压构件两类。当纵向压力 N 的作用线与构件形心轴线重合时为轴心受压，见图 7 - 54（a）；当纵向压力 N 的作用线与构件形心轴线不重合时为偏心受压。如果纵向力只在构件截面的一个方向偏心，则称为单向偏压，如图 7 - 54（b）所示；当在两个方向均有偏心时，则为双向偏压，如图 7 - 54（c）所示。在实际工程中，理想的轴心受压构件是不存在的，

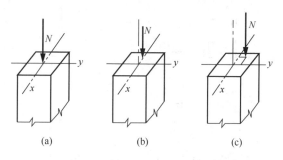

图 7 - 54　受压构件的类型

但是在设计中，对于以恒荷载为主的多层房屋的中柱以及屋架的腹杆，可近似简化为轴心受压构件。在这里，主要讲述轴心受压与单向偏心受压构件的承载力计算。

一、轴心受压构件

（一）轴心受压短柱的试验研究

图 7-55 所示为配有对称纵向受力钢筋和普通箍筋的钢筋混凝土短柱，在柱的端部作用有轴向压力 N，整个截面的应力是均匀分布的。由试验知道，当纵向力较小时，构件的压缩变形主要为弹性变形，纵向力产生的压应力由钢筋与混凝土共同承担。

工程实例－轴心受压构件

工程实例－受压构件的破坏形态

随着荷载的增加，构件的变形迅速增大，由于混凝土弹性模量较小，混凝土的应力增加较小，而钢筋的应力增大较快，当混凝土达到极限应变 $\varepsilon=0.002$ 时，此时，钢筋的应力为 $\sigma_s = E_s \times \varepsilon_s = E_s \times \varepsilon_c = 2 \times 10^5 \times 0.002 = 400\text{N/mm}^2$。对于热轧钢筋，其屈服强度小于等于 400N/mm^2，当混凝土被压碎时，钢筋均可达到屈服。因此，在受压构件中不宜放置高强钢筋，以免强度不能充分发挥，造成浪费。当混凝土达到极限应变时，构件出现裂缝，混凝土剥落，箍筋间的纵向钢筋向外凸出，混凝土被压碎破坏。轴心受压短柱破坏试验的荷载——应力曲线见图 7-56。

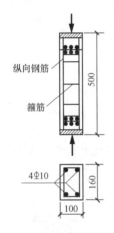

图 7-55 轴心受压短柱试件

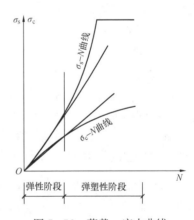

图 7-56 荷载—应力曲线

（二）正截面承载力计算

根据上述短柱的试验分析，在进行截面强度计算时，若为热轧钢筋，混凝土的应力取它的轴心抗压强度 f_c 时，钢筋应力可取其抗压强度 f'_y。考虑到实际工程中多为细长受压构件，需要考虑纵向弯曲对构件截面承载能力的影响。根据力的平衡条件，得到轴心受压构件承载力的计算公式

$$N = 0.9\varphi(Af_c + A'_s f'_y) \tag{7-70}$$

式中：N 为轴向压力设计值；A 为构件的截面面积，当纵向钢筋的配筋率大于 3% 时，用混凝土净面积；f_c 为混凝土轴心抗压强度设计值；A'_s 为全部纵向钢筋的面积；f'_y 为钢筋抗压强度设计值，对轴心受压构件，当采用 HRB500、HRBF500 钢筋时，钢筋的抗压强度设计值 f'_y 应取为 400N/mm^2；φ 为钢筋混凝土轴心受压构件的稳定系数，查表 7-16 得到。

表 7 - 16 钢筋混凝土轴心受压构件的稳定系数

l_0/b	≤8	10	12	14	16	18	20	22	24	26	28	30	32	34	36	38	40	42	44	46	48	50
l_0/d	≤7	8.5	10.5	12	14	15.5	17	19	21	22.5	24	26	28	29.5	31	33	34.5	36.5	38	40	41.5	43
l_0/i	≤28	35	42	48	55	62	69	76	83	90	97	104	111	118	125	132	139	146	153	160	167	174
φ	1.0	0.98	0.95	0.92	0.87	0.81	0.75	0.70	0.65	0.60	0.56	0.52	0.48	0.44	0.40	0.36	0.32	0.29	0.26	0.23	0.21	0.19

注 l_0 为构件的计算长度；b 为矩形截面的短边尺寸；d 为圆形截面的直径；i 为截面的最小回转半径。

在用式（7-70）计算现浇钢筋混凝土受压构件时，对于矩形截面柱，当 $l_0/b≤8$ 时，纵向弯曲对构件承载力的影响可以忽略不计，取 $\varphi=1.0$。

构件的计算长度 l_0 与构件两端的支承情况有关，取 $l_0=\psi l$，l 为构件的实际长度，ψ 为受压构件计算长度系数。

梁柱为刚接的钢筋混凝土框架柱的计算系数 ψ，按下列规定取用：

1）一般有侧移的多层房屋的钢筋混凝土各层柱，取为：当为现浇楼盖时，底层柱 $\psi=1.0$，其余各层柱 $\psi=1.25$；当为装配式楼盖时，底层柱 $\psi=1.25$，其余各层柱 $\psi=1.5$。

2）可按无侧移考虑的框架结构，如具有非轻质隔墙的多层房屋，当为三跨或三跨以上，或为两跨且房屋的总宽度不小于房屋的总高度的 1/3 时，其各层柱的计算长度系数为：现浇楼盖时，$\psi=0.7$；装配式楼盖时，$\psi=1.0$。

对框架结构 l 的取值：底层，取基础顶面至一层楼盖顶面之间的距离；其他层，取上下两层楼盖顶面之间的距离。

（三）计算步骤

轴心受压构件的计算问题分为截面设计与强度复核两方面。

截面设计时，可先选择材料强度等级、截面尺寸，然后按计算公式计算所需钢筋面积，在满足构造要求的前提下，选出合理的钢筋。

截面复核时，已知材料的强度等级、截面尺寸、配筋情况和构件的计算长度，利用公式计算出构件所能承担的最大轴力 N，与构件实际承担的轴力进行比较。

【例 7-12】 已知某多层现浇钢筋混凝土框架结构底层中柱，承受轴心压力设计值 $N=1240\text{kN}$，柱截面尺寸为 $300×300\text{mm}$，计算长度 $l_0=3.29\text{m}$，混凝土 C25，纵向钢筋 HRB335，试计算该柱纵向钢筋面积。

解 （1）确定稳定系数

$$l_0/b = \frac{3290}{300} = 10.97$$

查表 7-16 得 $\varphi=0.966$

（2）计算 A'_s。由式(7-70)得

$$A'_s = \frac{\dfrac{N}{0.9\varphi} - f_c A}{f'_y} = \frac{\dfrac{1240 \times 10^3}{0.9 \times 0.966} - 11.9 \times 90000}{300} = 1184(\text{mm}^2)$$

（3）验算配筋率

$$\rho = \frac{A'_s}{bh} = \frac{1184}{300 \times 300} = 1.32\%$$

$$\rho_{\min} = 0.6\% < \rho < \rho_{\max} = 5\%$$

可选 $4\Phi20$ 纵向钢筋，实际面积为 $1256mm^2$。

（四）构造要求

1. 材料强度

混凝土强度等级对受压构件的承载力影响很大，因此，采用强度等级较高的混凝土对承载力是有利的。一般在柱子中，多采用 C20 或 C20 以上的混凝土。

在受压构件中，不宜采用高强钢筋。一般采用 HPB235、HRB335、RHB400 等。

2. 截面尺寸与形式

柱截面多采用方形或矩形，有时也采用圆形、T 形等截面形式。

柱截面尺寸多根据所承受内力的大小、构件的长度、支承情况来确定。一般要求 $b \geq l_0/30$，$h \geq l_0/25$（b、h 分别为柱截面的宽度与高度）。同时，方形或矩形截面的宽度不宜小于 250mm，且应符合模数。边长为 800mm 以下时，以 50mm 为模数；边长在 800mm 以上时，以 100mm 为模数。

3. 纵向钢筋

柱内纵向钢筋，除了增加柱的承载力外，还可以减少柱中混凝土的脆性破坏，并可抵抗混凝土的收缩、温度变化等引起的附加偏心力。《混凝土结构设计规范》规定，柱中全部纵向钢筋的最小配筋率为 0.6%，最大配筋率不宜大于 5%，经济配筋率为 0.8%～2%。纵向受力钢筋的直径不宜小于 12mm，数量不少于 4 根，并沿柱截面四周均匀、对称地布置。柱中纵向受力钢筋的净距不应小于 50mm，对于水平浇筑的预制柱，其纵向钢筋的最小净距与梁相同。在偏心受压柱中，垂直于弯矩作用平面的侧面上的纵向受力钢筋以及轴心受压柱中各边的纵向受力钢筋，其中距不宜大于 300mm。一类环境中，纵向钢筋的保护层最小厚度为 30mm。

4. 箍筋

箍筋不但可以防止纵向钢筋发生压曲破坏，增强柱的抗剪强度，而且在施工时起固定纵筋位置的作用，还对混凝土受压后的侧向膨胀起到约束作用。因此，箍筋应作成封闭状。

箍筋间距不应大于 400mm 及构件截面的短边尺寸，且不应大于 15d（d 为纵向受力钢筋的最小直径）。

箍筋直径不应小于 $d/4$，且不应小于 6mm（d 为纵向受力钢筋的最大直径）。

当柱中全部纵向受力钢筋的配筋率大于 3% 时，箍筋直径不应小于 8mm，间距不应大于纵向受力钢筋的最小直径的 10 倍，且不应大于 200mm；箍筋末端应作成 135°弯钩且弯钩末端平直段长度不应小于箍筋直径的 10 倍；箍筋也可焊成封闭环式。

当柱截面短边尺寸大于 400mm 且各边纵向钢筋多于 3 根时，或当柱截面短边尺寸不大于 400mm 但各边纵向钢筋多于 4 根时，应设置复合箍筋。如图 7-57 所示为轴心受压柱的箍筋；图 7-58 所示为偏心受压柱的箍筋和附加箍筋。柱中不允许出现有内折角的箍筋。

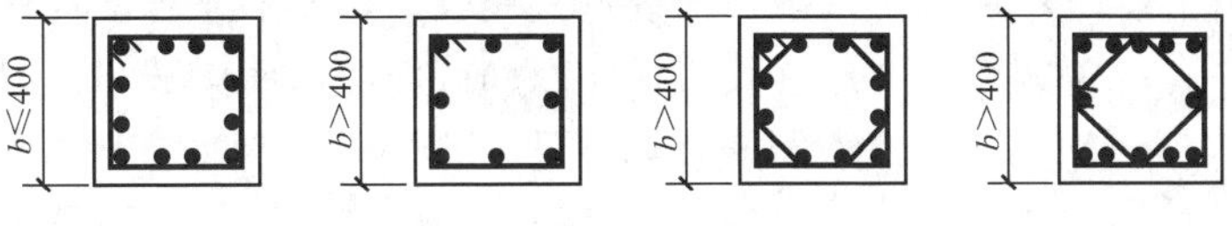

图 7-57 轴心受压柱的箍筋

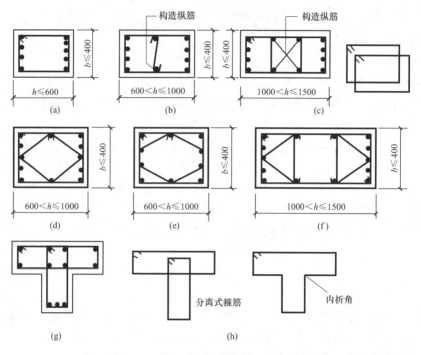

图 7 - 58　偏心受压柱的箍筋和附加箍筋

柱中纵向受力钢筋搭接长度范围内的箍筋间距应符合规范有关规定。

二、偏心受压构件

偏心受压构件在工程中应用非常广泛，如多层框架柱、单层工业厂房的排架柱等都属于偏心受压构件，在手算计算中，多简化为单向偏心受压构件。

（一）偏心受压构件正截面承载力计算

1. 试验研究

由试验研究知道，偏心受压构件的破坏特征与纵向力的偏心距及纵向配筋的多少有关，根据其破坏特征，分为大偏心受压破坏和小偏心受压破坏。

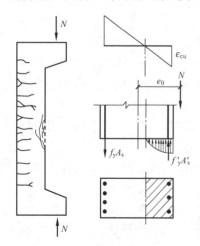

图 7 - 59　大偏心受压破坏形态

（1）大偏心受压破坏。当纵向力偏心距较大，且远离纵向力一侧的钢筋配置不多时，距纵向力较近一侧的截面受压，而远离偏心力一侧截面受拉。随着荷载的增加，受拉区混凝土首先出现横向裂缝，随着荷载的继续增加，拉区裂缝不断开展，受拉钢筋的应力不断增加，首先达到屈服，然后，裂缝发展使得受压区混凝土受压高度不断减小，受压应变不断增加，直至受压区混凝土达到极限压应变而发生压碎破坏，此时，受压区钢筋一般均可屈服。构件破坏前裂缝开展较大，变形显著，具有塑性性质。破坏过程及特征与双筋截面的适筋梁破坏相似。这种破坏称为大偏压破坏，见图 7 - 59。

（2）小偏心受压破坏。当偏心距较小，构件截面大部分受压或全部受压，或偏心距较大而远离偏心力一侧配筋较多时，截面的破坏首先是在离偏心力较近一侧的混凝土达到极限压应变而发生压碎破坏，受压区的钢筋达到屈服，而离偏心力较远一侧的钢筋或者受拉或者受压，但均未屈服。其破坏时，没有明显预兆，类似于超筋梁破坏。这种破坏称为小偏心受压破坏，见图7-60。

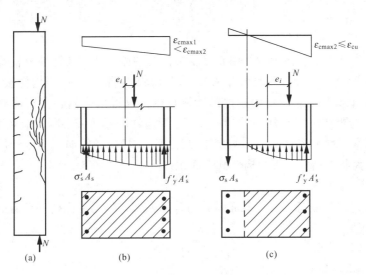

图7-60　小偏心受压破坏情况

（3）两类破坏的界限。由于大、小偏压破坏类似于适筋梁与超筋梁破坏，因此，大、小偏压破坏的界限可用适筋梁与超筋梁的判断界限。即：

若 $x \leqslant x_b$ 或（$\xi \leqslant \xi_b$），则为大偏压；

若 $x > x_b$ 或（$\xi > \xi_b$），则为小偏压。

2. 附加偏心距与 $P\text{-}\delta$ 效应

（1）附加偏心距 e_a。在偏心受压构件的正截面承载力计算中，应考虑施工偏差、混凝土的不均匀性和荷载作用的不确定性、计算误差等原因，都可使截面压力在偏心方向产生附加偏心距 e_a，其值可能使偏心距增大，承载力降低。《混凝土结构设计规范》规定，附加偏心距取 20mm 与偏心方向截面边长的 1/30 二者中的较大值。考虑附加偏心距后，在计算偏心受压构件正截面承载力时，其初始偏心距取为 e_i，$e_i = e_0 + e_a$。

（2）$P\text{-}\delta$ 效应。轴向压力在偏压构件中产生了挠曲变形，引起的曲率和弯矩增量称为轴向压力的二阶效应（$P\text{-}\delta$ 效应）。$P\text{-}\delta$ 效应对反弯点位于柱高中部的偏压构件承载力没有影响，但对反弯点不在杆件高度范围内的较细长且轴压比偏压构件必须考虑 $P\text{-}\delta$ 效应。

因此，弯矩作用平面内截面对称的偏心受压构件，当同一主轴方向杆端弯矩比 $\dfrac{M_1}{M_2}$ 不大于 0.9 且轴压比不大于 0.9 时，若构件的长细比满足式（7-71）的要求，可不考虑轴向压力在该方向挠曲杆件中产生的附加弯矩影响；否则应按式（7-72）计算考虑附加弯矩的影响

$$l_c / i \leqslant 34 - 12(M_1 / M_2) \tag{7-71}$$

除排架结构柱外，其他偏心受压构件考虑轴向压力在挠曲杆件中产生的二阶效应后控制截面的弯矩设计值，按下式计算

$$M = C_m \eta_{ns} M_2 \tag{7-72}$$

其中
$$C_m - 0.7 + 0.3 \frac{M_1}{M_2} \tag{7-73}$$

$$\eta_{ns} = 1 + \frac{1}{1300(M_2/N + e_a)/h_0} \cdot (l_c/h)^2 \cdot \xi_c \tag{7-74}$$

$$\xi_c = \frac{0.5 f_c A}{N} \leqslant 1.0 \tag{7-75}$$

式中：M_1、M_2 为已考虑侧移影响的偏心受压构件两端截面按结构弹性分析确定的对同一主轴的组合弯矩设计值，绝对值较大端为 M_2，绝对值较小端为 M_1，当构件按单曲率弯曲时，M_1/M_2 取正值，否则取负值；l_c 为构件的计算长度，可近似取偏心受压构件相应主轴方向上下支撑点之间的距离；i 为截面回转半径；C_m 为构件端截面偏心距调节系数，当小于 0.7 时取 0.7；η_{ns} 为弯矩增大系数；N 为与弯矩设计值 M_2 相应的轴向压力设计值；ξ_c 为截面曲率修正系数；h 为截面高度；A 为构件截面面积。

3. 基本计算公式

(1) 基本假定。与受弯构件正截面承载力计算相似，偏心受压构件正截面承载力计算亦可采用下列基本假定：

1) 截面应变保持平面；

2) 不考虑混凝土的抗拉作用；

3) 混凝土的极限应变为 ε_{cu}；

4) 受压区混凝土采用等效矩形应力图形，其强度取混凝土轴心抗压强度 f_c 乘以系数 α_1，计算受压高度 x 取等于中和轴高度乘以系数 β_1。

(2) 大偏心受压。大偏心受压破坏的计算应力图形见图 7-61。

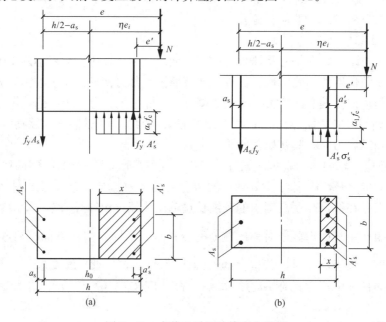

图 7-61 大偏心受压计算应力图形

(a) $2a'_s \leqslant x \leqslant x_b$ 时；(b) $x < 2a'_s$ 时

根据图 7-61 (a) 所示偏心受压构件的应力图形可得大偏心受压构件的基本计算

公式

$$N = \alpha_1 f_c bx + A_s' f_y' - A_s f_y \tag{7-76}$$

$$Ne = \alpha_1 f_c bx \left(h_0 - \frac{x}{2}\right) + A_s' f_y' (h_0 - a_s') \tag{7-77}$$

式中：e 为纵向压力作用点至受拉钢筋 A_s 合力作用点的距离，按下式计算

$$e = e_i + \left(\frac{h}{2} - a_s\right) \tag{7-78}$$

适用条件　　　　　　　　　　　$2a_s' \leqslant x \leqslant x_b$

$x \geqslant 2a_s'$ 可以保证受压钢筋屈服；$x \leqslant x_b$ 可以保证受拉钢筋屈服。

　　当 $x < 2a_s'$ 时，受压钢筋 A_s' 不屈服，应力图形见图 7-61（b）。为偏于安全，取 $x = 2a_s'$ 并对受压钢筋合力作用点处取力矩平衡得

$$Ne' = A_s f_y (h_0 - a_s') \tag{7-79}$$

式中：e' 为纵向压力作用点至受压钢筋合力作用点的距离，按下式计算

$$e' = e_i - \left(\frac{h}{2} - a_s'\right) \tag{7-80}$$

　　（3）小偏心受压。当远离偏心力一侧的钢筋不屈服（即 $x > x_b$）时，钢筋的应力不等于 f_y，其应力的大小 σ_s 与受压混凝土相对高度 ξ 有关，其相关曲线见图 7-62，混凝土小于 C50 时，$\beta_1 = 0.8$。小偏心受压的计算应力图形见图 7-63。

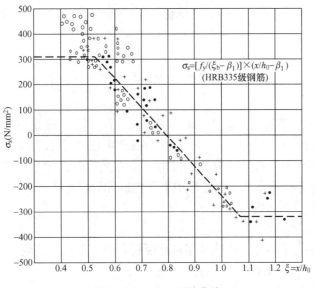

$$\sigma_s = [f_y/(\xi_b - \beta_1)] \times (x/h_0 - \beta_1)$$
（HRB335级钢筋）

图 7-62　σ_s-ξ 相关曲线

由图 7-62 可得

$$-f_y' \leqslant \sigma_s = \frac{f_y}{\xi_b - 0.8}(\xi - 0.8) \leqslant f_y \tag{7-81}$$

由图 7-63 小偏心受压构件的计算应力图形可得小偏压的计算公式

$$N = \alpha_1 f_c bx + A_s' f_y' - A_s \sigma_s \tag{7-82}$$

$$Ne = \alpha_1 f_c bx \left(h_0 - \frac{x}{2}\right) + A_s' f_y' (h_0 - a_s') \tag{7-83}$$

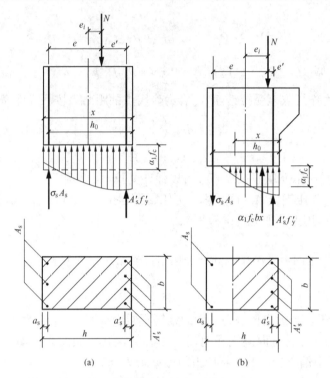

图 7-63　小偏心受压计算应力图形

（a）全截面受压；（b）截面大部分受压图

$$\sigma_s = \frac{f_y}{\xi_b - 0.8}(\xi - 0.8) \tag{7-84}$$

适用条件　　　　　　　　　　　　　　$x > x_b$

（4）垂直弯矩作用平面的承载力验算。纵向压力 N 较大且弯矩平面内的偏心距 e_i 较小，若垂直弯矩平面的长细比 l_0/b 又较大时，则有可能在垂直弯矩作用平面发生轴心受压破坏。因此，《混凝土结构设计规范》规定：偏心受压构件除应计算弯矩作用平面内的承载力外，尚应按轴心受压在垂直弯矩作用平面内进行承载力计算。计算公式同式（7-70），在式（7-70）中 A_s' 取全部钢筋面积。

4. 截面设计（对称配筋）

在实际工程中的受压构件，往往采用对称配筋，因为对称配筋施工方便、构造简单，而且在承受不同方向的弯矩作用时更具有安全性。

矩形截面对称配筋截面设计的步骤如下：

已知作用在截面上的纵向力设计值及相应的弯矩 M 或偏心距 e_0、构件的计算长度、截面尺寸、材料强度，计算所需的受拉、受压钢筋面积，且 $A_s = A_s'$。

（1）首先判断大、小偏心受压。因为 $A_s = A_s'$，由式（7-76）得

$$x = \frac{N}{\alpha_1 f_c b} \tag{7-85}$$

若 $x \leqslant x_b$，则为大偏心受压；若 $x > x_b$，则为小偏心受压。

（2）若为大偏心受压，$x \leqslant x_b$ 且 $x > 2a_s'$ 时，表明受拉钢筋、受压钢筋均能屈服，由式（7-77）得

$$A_s = A'_s = \frac{Ne - \alpha_1 f_c bx \left(h_0 - \dfrac{x}{2}\right)}{f'_y(h_0 - a'_s)} \qquad (7\text{-}86)$$

（3）若为大偏压，但 $x < 2a'_s$ 时，表明受压混凝土被压碎时，受压钢筋不能屈服，此时，近似取 $x = 2a'_s$，由式（7-79）得

$$A'_s = A_s = \frac{Ne'}{f_y(h_0 - a'_s)}$$

（4）若为小偏压，利用式（7-82）～式（7-84）联立求解，简化后得

$$\xi = \frac{N - \xi_b \alpha_1 f_c b h_0}{\dfrac{Ne - 0.43\alpha_1 f_c b h_0^2}{(\beta_1 - \xi_b)(h_0 - a'_s)} + \alpha_1 f_c b h_0} + \xi_b \qquad (7\text{-}87)$$

将 ξ 代入式（7-83）得

$$A_s = A'_s = \frac{Ne - \alpha_1 f_c b h_0^2 \xi(1 - 0.5\xi)}{f'_y(h_0 - a'_s)} \qquad (7\text{-}88)$$

（5）在计算中，若求得的 $A_s + A'_s > 5\%$，说明截面尺寸过小，宜加大截面尺寸；若计算的 A'_s 为负值，说明截面尺寸较大，此时按最小配筋率配置钢筋。

（6）垂直弯矩方向承载力验算。

【例 7-13】 已知矩形截面柱，$b = 300\text{mm}$，$h = 500\text{mm}$，$a_s = a'_s = 45\text{mm}$，轴向压力设计值 $N = 300\text{kN}$，考虑 $P\text{-}\delta$ 效应修正后的弯矩设计值 $M = 270\text{kN·m}$，混凝土强度等级为 C20，钢筋 HRB335 级，柱计算长度 $l_0 = 4.2\text{m}$，若采用对称配筋，试求所需纵向钢筋面积。

解　（1）计算初始偏心距

$$e_0 = \frac{M}{N} = \frac{270}{300} = 0.9(\text{m}) = 900(\text{mm})$$

$$h_0 = h - a_s = 500 - 45 = 455(\text{mm})$$

$$e_a = h/30 = 500/30 = 17(\text{mm})$$

或　$e_a = 20\text{mm}$
二者比较取大值，所以 $e_a = 20\text{mm}$

$$e_i = e_0 + e_a = 900 + 20 = 920(\text{mm})$$

（2）判别大、小偏心受压

$$x = \frac{N}{\alpha_1 f_c b} = \frac{300 \times 10^3}{1.0 \times 9.6 \times 300} = 104.1(\text{mm})$$

$$x_b = \xi_b h_0 = 0.550 \times 455 = 250(\text{mm})$$

$$2a'_s = 2 \times 45 = 90(\text{mm})$$

故 $2a'_s < x < x_b$，属于大偏心受压。

（3）求钢筋面积

$$e = e_i + \frac{h}{2} - a'_s = 920 + \frac{500}{2} - 45 = 1125(\text{mm})$$

由式（7-77）得

$$A_s = A'_s = \frac{Ne - \alpha_1 f_c bx\left(h_0 - \dfrac{x}{2}\right)}{f'_y(h_0 - a'_s)} = \frac{300 \times 10^3 \times 1125 - 1.0 \times 9.6 \times 300 \times 104 \times \left(455 - \dfrac{104}{2}\right)}{300 \times (455 - 45)}$$

$$= 2740 (\text{mm}^2)$$

（4）验算配筋率

$$A_s = A'_s = 2740\text{mm}^2 > \rho_{min}bh = 0.2\% \times 300 \times 500 = 300 (\text{mm}^2)$$

$$\frac{A_s + A'_s}{bh} = \frac{2 \times 2740}{300 \times 500} = 3.65\% < \rho_{max} = 5\%$$

满足要求。

每侧选用 2Φ32＋2Φ28 钢筋，实际面积为 2841mm²，截面配筋如图 7-64 所示。

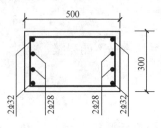

图 7-64　配筋图

【例 7-14】 已知矩形截面框架柱，$b=400\text{mm}$，$h=600\text{mm}$，$a_s=a'_s=45\text{mm}$，轴向压力设计值 $N=2900\text{kN}$，框架柱两端组合弯矩值分别为 87kN·m、43kN·m，轴压比为 0.65，混凝土强度等级为 C20，钢筋 HRB335 级，柱计算长度 $l_c=4.2\text{m}$，若采用对称配筋，试求所需纵向钢筋面积。

解　（1）计算初始偏心距。

$$M_1/M_2 = \frac{43}{87} = 0.49, \quad n = 0.65 < 0.9$$

$$I = \frac{0.4 \times 0.6^3}{12} = 7.2 \times 10^{-3} (\text{m}^4), \quad i = \sqrt{\frac{I}{A}} = \sqrt{\frac{7.2 \times 10^{-3}}{0.4 \times 0.6}} = 0.173$$

$$l_c/i = \frac{4.2}{0.173} = 24.3$$

$$34 - 12 \times (M_1/M_2) = 34 - 12 \times \frac{43}{87} = 28.1 > l_c/i = 24.3$$

所以不考虑 $P\text{-}\delta$ 效应，故 $M=M_2=87\text{kN·m}$

$$e_0 = \frac{M}{N} = \frac{87}{2900} = 0.03 (\text{m}) = 30 (\text{mm})$$

$$h_0 = h - a_s = 600 - 45 = 555 (\text{mm})$$

$$e_a = \max\left\{\frac{h}{30}, 20\right\} = \max\left\{\frac{600}{30}, 20\right\} = 20 (\text{mm})$$

$$e_i = e_0 + e_a = 30 + 20 = 50 (\text{mm})$$

（2）判别大、小偏心受压

$$x = \frac{N}{\alpha_1 f_c b} = \frac{2900 \times 10^3}{1.0 \times 9.6 \times 400} = 755 (\text{mm})$$

$$x_b = \xi_b h_0 = 0.550 \times 555 = 305 (\text{mm})$$

故 $x > x_b$，属于小偏心受压。

（3）求钢筋面积

$$e = e_i + \frac{h}{2} - a'_s = 50 + \frac{600}{2} - 45 = 305 (\text{mm})$$

由式（7-87）得

$$\xi = \frac{N - \xi_b \alpha_1 f_c b h_0}{\frac{Ne - 0.43\alpha_1 f_c b h_0^2}{(\beta_1 - \xi_b)(h_0 - a'_s)} + \alpha_1 f_c b h_0} + \xi_b$$

$$= \frac{2900 \times 10^3 - 0.550 \times 1.0 \times 9.6 \times 400 \times 555}{\dfrac{2900 \times 10^3 \times 305 - 0.43 \times 1.0 \times 9.6 \times 400 \times 555^2}{(0.8 - 0.550) \times (555 - 45)} + 1.0 \times 9.6 \times 400 \times 555} + 0.550$$

$$= 0.890$$

所以

$$x = \xi h_0 = 0.890 \times 555 = 494 (\text{mm})$$

由式（7-88）得

$$A_s = A_s' = \frac{Ne - \alpha_1 f_c bx \left(h_0 - \dfrac{x}{2} \right)}{f_y' (h_0 - a_s')}$$

$$= \frac{2900 \times 10^3 \times 305 - 1.0 \times 9.6 \times 400 \times 494 \times \left(555 - \dfrac{494}{2} \right)}{300 \times (555 - 45)} = 1962 (\text{mm}^2)$$

（4）验算配筋率

$$A_s = A_s' = 1962 \text{mm}^2 > \rho_{min} bh$$

$$= 0.2\% \times 400 \times 600 = 480 (\text{mm}^2)$$

$$\frac{A_s + A_s'}{bh} = \frac{2 \times 1962}{400 \times 600} = 1.64\% < \rho_{max} = 5\%$$

满足要求。

（5）垂直弯矩方向的验算

$$\frac{l_0}{b} = \frac{4200}{400} = 10.5$$

查表（7-16）得 $\varphi = 0.97$

$$A_s' = 2 \times 1962 = 3924 (\text{mm}^2)$$

$$0.9\varphi (Af_c + A_s' f_y') = 0.9 \times 0.97 \times (9.6 \times 400$$

$$\times 600 + 300 \times 3924)$$

$$= 3\,039\,088 (\text{N}) = 3039 (\text{kN}) > 2900 \text{kN}$$

满足要求。

每侧选用 $5\Phi25$ 钢筋，实际面积为 2454mm^2，截面配筋如图 7-65 所示。

5. 强度复核

已知截面尺寸、材料强度等级、纵向钢筋、作用在截面上的纵向力和弯矩，计算该截面所能承担的最大轴向力，并与给定的承载力比较，判断截面是否安全。

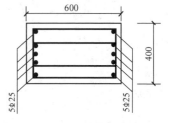

图 7-65　配筋图

计算步骤如下：

（1）判断大小偏压。应用大偏压计算应力图形，截面上的所有力对偏心力作用点取矩，得

$$A_s f_y e \pm A_s' f_y' e' = \alpha_1 f_c bh_0^2 \xi \left(\frac{e}{h} - 1 + 0.5\xi \right) \tag{7-89}$$

式中，当 N 作用在 A_s 与 A_s' 之外时，公式左边取负号，且

$$e' = e_i - \left(\frac{h}{2} - a_s' \right)$$

$$e = e_i + \left(\frac{h}{2} - a_s\right)$$

当 N 作用在 A_s 与 A_s' 之间时，公式左边取正号，且

$$e' = \frac{h}{2} - e_i - a_s'$$

$$e = e_i + \left(\frac{h}{2} - a_s\right)$$

将已知条件代入式（7-89），求得 ξ，若 $\xi \leqslant \xi_b$，则为大偏压；若 $\xi > \xi_b$，则为小偏压。

（2）计算弯矩平面内的承载力。若为大偏压，将求得的 ξ 代入式（7-76）得

$$N_b = \alpha_1 f_c b h_0 \xi + A_s' f_y' - A_s f_y$$

与已知的 N 比较，判定是否安全。

若为小偏压，则重新计算 ξ，将式（7-82）～式（7-84）联立，解得 ξ、N_b，当求得的 $N_b \leqslant \alpha_1 f_c b h$ 时，此 N_b 即为截面承载力；当 $N_b > \alpha_1 f_c b h$ 时，N_b 需重新计算，将 N_b 与已知的 N 比较，判定是否安全。

（3）弯矩作用平面外方向的截面尺寸小于弯矩作用方向平面内方向的截面尺寸时，除应进行平面内计算外，尚应对平面外按轴心受压验算。

【例 7-15】　一矩形截面柱，$b = 400$mm，$h = 600$mm，$a_s = a_s' = 40$mm，混凝土 C20，钢筋 HRB335 级，在截面两侧各配置 4 Φ 22 的钢筋（$A_s = A_s' = 1520$mm²），构件计算长度 $l_0 = 4.2$m，承受内力设计值 $N = 800$kN，$M = 400$kN·m。试验算此柱是否安全。

解

$$e_0 = \frac{M}{N} = \frac{400}{800} = 0.5(\text{m}) = 500(\text{mm})$$

$$e_a = h/30 = 600/30 = 20(\text{mm})$$

$$e_i = e_0 + e_a = 500 + 20 = 520(\text{mm})$$

$$e = e_i + \frac{h}{2} - a_s = 520 + \frac{600}{2} - 40 = 780(\text{mm})$$

$$e' = e_i - \left(\frac{h}{2} - a_s\right) = 520 - \left(\frac{600}{2} - 40\right) = 260(\text{mm})$$

因为，$e_0 = 500$mm，可判断纵向力在 A_s' 的外侧，由式（7-89）得

$$A_s f_y e - A_s' f_y' e' = \alpha_1 f_c b h_0^2 \xi \left(\frac{e}{h_0} - 1 + 0.5\xi\right)$$

$$= 1520 \times 300 \times 780 - 1520 \times 300 \times 260$$

$$= 1.0 \times 9.6 \times 400 \times 555^2 \times \xi \times \left(\frac{780}{555} - 1 + 0.5 \times \xi\right)$$

整理得

$$\xi^2 + 0.81\xi - 0.401 = 0$$

解得

$$\xi = 0.347 < \xi_b = 0.550$$

属于大偏心受压。

则

$$x = \xi h_0 = 0.347 \times 555 = 193 \ (\text{mm}) > 2a_s' = 2 \times 45 = 90 \ (\text{mm})$$

由式（7-76）得

$$[N] = \alpha_1 f_c b x + A_s' f_y' - A_s f_y$$

$$= 1.0 \times 9.6 \times 400 \times 193 + 1520 \times 300 - 1520 \times 300 = 744\,800(\text{N})$$

$$= 741(\text{kN}) > 400\text{kN}$$

故该柱承载力满足要求。

（二）偏心受压构件斜截面承载力计算

偏心受压构件除承受有弯矩 M、轴力 N 外，还受到剪力 V 的作用，则对偏心受压构件尚应进行斜截面抗剪强度验算。但由于轴向力的存在，延缓了斜裂缝的出现，使斜截面的抗剪承载力得以提高。试验表明：当 $N \leqslant 0.3 f_c b h_0$ 时，轴向力引起的受剪承载力的提高部分与轴向压力呈正比；当 $N > 0.3 f_c b h_0$ 时，受剪承载力的提高将不再随轴向力的增加而提高。《混凝土结构设计规范》对矩形截面偏压构件的受剪承载力采用下列公式计算

$$V_{cs} = \frac{1.75}{\lambda + 1.0} f_t b h_0 + f_{yv} \frac{n A_{sv1}}{s} h_0 + 0.07N \tag{7-90}$$

式中：λ 为偏心受压构件的剪跨比，对框架柱，假定反弯点在柱高中点，取 $\lambda = \dfrac{H_n}{2h_0}$，且 $1 \leqslant \lambda < 3.0$；$H_n$ 为柱的净高；N 为与剪力设计值 V 相应的轴向力设计值，当 $N > 0.3 f_c b h_0$ 时，取 $N = 0.3 f_c b h_0$。

与受弯构件相似，当配筋率过大时，箍筋强度将不能充分发挥。《混凝土结构设计规范》规定，矩形截面偏压构件，其截面应符合下述条件，否则，应加大截面尺寸

$$V \leqslant 0.25 \beta_c f_c b h_0 \tag{7-91}$$

当符合下述条件时，可不进行斜截面计算，仅按构造要求配置箍筋

$$V \leqslant \frac{1.75}{\lambda + 1.0} f_t b h_0 + 0.07N \tag{7-92}$$

第六节　钢筋混凝土构件变形和裂缝的计算

受弯的钢筋混凝土构件，除了有可能因为强度不足达到承载能力极限状态外，还有可能由于变形过大或裂缝过宽，超过规范容许值而达到正常使用极限状态。因此，对于某些构件除了应进行承载能力极限状态计算外，尚应进行正常使用极限状态的变形及裂缝宽度计算。如有精密设备的楼板、有压力的储液池、液压管道等结构构件。

一、受弯构件变形的计算

在材料力学中，研究了匀质弹性受弯构件变形的计算方法，一般公式为

$$f = s \frac{M l^2}{EI} \tag{7-93}$$

式中：f 为梁跨中最大挠度；M 为梁跨中最大弯矩；EI 为截面抗弯刚度；s 为与荷载形式有关的荷载效应系数；l 为梁的计算跨度。

对于完全匀质弹性材料，当梁的截面尺寸和材料给定时，挠度 f 与弯矩 M 呈直线关系，表明抗弯刚度 EI 是常数，如图 7-66 中虚线所示。但对于钢筋混凝土结构，材料属于弹塑性，且截面存在有裂缝，因此只有在荷载较小时，抗弯刚度 EI 才可近似为常数，随着荷载的增加，裂缝的出现，挠度 f 与弯矩 M 呈曲线关系，表明抗弯刚度在降低，是变量，如图 7-66 中实线所示。

在图 7-67 中可以看出，梁的挠度不仅与荷载有关，还由于混凝土徐变的原因，使得梁

的挠度增加，表明混凝土的抗弯刚度与荷载的持续时间有关，是变量。

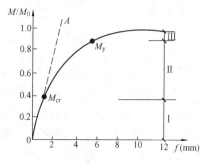

图 7 - 66　梁的 $M - f$ 关系图

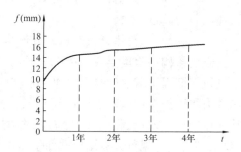

图 7 - 67　梁挠度随时间变化曲线

因此，要想计算钢筋混凝土梁的挠度，关键是要确定截面的抗弯刚度。《混凝土结构设计规范》规定：荷载效应标准组合下的截面刚度即短期刚度用 B_s 表示；按荷载效应标准组合并考虑荷载长期作用的影响的截面刚度即长期刚度用 B 表示。

（一）荷载效应标准组合下的短期刚度 B_s

由材料力学可知，匀质弹性梁，根据平截面假定，梁的弯矩 M 与曲率 $1/\rho$ 之间的关系为

$$\frac{1}{\rho} = \frac{M}{EI}$$

即

$$EI = \frac{M}{\dfrac{1}{\rho}}$$

由此可见，刚度的计算与曲率 $1/\rho$ 有关。

同理，引入平截面假定后，钢筋混凝土受弯构件的刚度 B 与弯矩 M 以及曲率 $1/r_c$ 之间的关系式为

$$B = \frac{M}{\dfrac{1}{r_c}} \tag{7 - 94}$$

图 7 - 68 所示为钢筋混凝土梁的纯弯段，在荷载短期效应组合下受拉区产生了裂缝（设平均裂缝间距为 l_c），此时，钢筋与混凝土的应力分布有如下特征：

（1）在受拉区的裂缝截面处，混凝土退出工作，混凝土应力为零，钢筋应力最大，应变最大；在两条裂缝之间，由于钢筋与混凝土共同工作，混凝土应力逐渐增大，钢筋应力逐渐减小，应变逐渐减小。为计算方便，我们采用钢筋的平均应变 $\bar{\varepsilon}_s$，它与裂缝截面处钢筋的最大应变 ε_s 的关系为

$$\bar{\varepsilon}_s = \psi \varepsilon_s \tag{7 - 95}$$

$$\psi = 1.1 - \frac{0.65 f_{tk}}{\rho_{te} \sigma_{sk}} \tag{7 - 96}$$

$$\rho_{te} = \frac{A_s}{A_{te}} \tag{7 - 97}$$

$$\sigma_{sk} = \frac{M_k}{0.87 h_0 A_s} \tag{7 - 98}$$

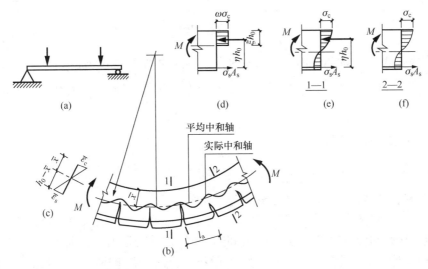

图 7-68 纯弯段裂缝出现后应力应变分布图

式中：ψ 为裂缝之间纵向受拉钢筋应变的不均匀系数。f_{tk} 为混凝土轴心抗拉强度标准值。ρ_{te} 为按有效受拉混凝土截面面积计算的纵向受拉钢筋的配筋率。A_s 为纵向受拉钢筋的面积。A_{te} 为有效受拉混凝土截面面积，可按下列规定取用：对轴心受拉构件，取构件截面面积；对受弯、偏心受压、偏心受拉构件，取 $A_{te} = 0.5bh + (b_f - b)h_f$，$b_f$、$h_f$ 为受拉翼缘的宽度、高度。σ_{sk} 为按荷载标准值组合计算的纵向受拉钢筋的应力值。M_k 为按荷载短期效应组合作用的弯矩标准值，即取全部永久荷载及可变荷载的标准值之和。

当计算的 $\psi < 0.2$ 时，取 $\psi = 0.2$；当计算的 $\psi > 1.0$ 时，取 $\psi = 1.0$。对于直接承受重复荷载的构件，取 $\psi = 1.0$。

（2）受压区边缘混凝土的应变 ε_c 沿纯弯段的分布也不均匀，在裂缝截面处，混凝土的应变大，裂缝之间混凝土应变小，但其变化幅度不大，我们也取混凝土的平均应变 $\bar{\varepsilon}_c = \varepsilon_c$，$\bar{\varepsilon}_c$ 的计算如下

$$\bar{\varepsilon}_c = \frac{M_k}{\zeta E_c bh_0^2} \tag{7-99}$$

式中：ζ 为受压区边缘混凝土平均应变综合系数，根据试验资料，得

$$\frac{\alpha_E \rho}{\zeta} = 0.2 + \frac{6\alpha_E \rho}{1 + 3.5\gamma_f'} \tag{7-100}$$

$$\gamma_f' = \frac{(b_f' - b)h_f'}{bh_0} \tag{7-101}$$

式中：α_E 为钢筋与混凝土弹性模量之比；γ_f' 为受压区翼缘面积与腹板有效面积之比；b_f'、h_f' 为受压翼缘的宽度、高度，当 $h_f' > 0.2h_0$ 时，取 $h_f' = 0.2h_0$。

（3）混凝土受压高度 x 值在各截面也是变化的。裂缝截面处 x 较小，裂缝截面间 x 增大，故中和轴呈波浪式曲线。计算时取各截面受压高度的平均值 $\bar{x}$ 和平均中和轴。

（4）平均的应变沿截面高度分布为直线，即平均应变 $\bar{\varepsilon}_s$、$\bar{\varepsilon}_c$ 和平均受压高度 $\bar{x}$ 的关系符合平截面假定。根据平均截面的应变几何关系、平均截面的应力与应变的物理关系、弯矩与应力之间的关系，可得曲率 $1/r_c$ 的表达式如下

$$\frac{1}{r_\text{c}} = \frac{\overline{\varepsilon}_\text{s} + \overline{\varepsilon}_\text{c}}{h_0} = \frac{\psi \dfrac{M}{0.87 A_\text{s} h_0 E_\text{s}} + \dfrac{M}{\zeta E_\text{c} b h_0^2}}{h_0} \qquad (7\text{-}102)$$

将上式代入式（7-94），经化简，整理得受弯构件的短期刚度 B_s

$$B_\text{s} = \frac{E_\text{s} A_\text{s} h_0^2}{1.15\psi + 0.2 + \dfrac{6\alpha_\text{E}\rho}{1 + 3.5\gamma_\text{f}'}} \qquad (7\text{-}103)$$

式中：ρ 为纵向受拉钢筋配筋率。

对钢筋混凝土受弯构件，$\rho = \dfrac{A_\text{s}}{b h_0}$；其余各项符号意义与计算同前。

（二）矩形、T形、倒T形、I形截面受弯构件的刚度 B

钢筋混凝土受弯构件在荷载长期作用下，受压区混凝土将产生徐变，以及受拉区裂缝间的混凝土应力松弛和受拉钢筋与混凝土的滑移，使得构件变形增大，曲率增加，刚度降低，《混凝土结构设计规范》中矩形、T形、倒T形和I形截面受弯构件考虑荷载长期作用影响的刚度 B 可按下列规定计算：

（1）采用荷载标准组合时

$$B = \frac{M_\text{k}}{M_\text{q}(\theta - 1) + M_\text{k}} B_\text{s} \qquad (7\text{-}104)$$

（2）采用荷载准永久组合时

$$B = \frac{B_\text{s}}{\theta} \qquad (7\text{-}105)$$

$$\theta = 2 - 0.4 \frac{\rho'}{\rho} \qquad (7\text{-}106)$$

式中：M_k 为按荷载的标准组合计算的弯矩，取计算区段内的最大弯矩值；M_q 为按荷载的准永久值组合计算的弯矩，取计算区段内的最大弯矩值；B_s 为荷载效应的准永久组合作用下受弯构件的短期刚度，按式（7-103）计算；θ 为考虑荷载长期作用对挠度增大的影响系数，对翼缘位于受拉区的倒T形截面，θ 应增加 20%；ρ、ρ' 为分别为纵向受拉、受压钢筋的配筋率。

（三）受弯构件挠度的计算

钢筋混凝土受弯构件按荷载的准永久组合，并考虑荷载长期作用的影响，用式（7-107）计算其最大挠度，即

$$f = s \frac{M_\text{q} l^2}{B} \leqslant [f] \qquad (7\text{-}107)$$

式中：$[f]$ 为受弯构件的挠度限值，按表 7-17 采用。

预应力混凝土受弯构件的最大挠度应按荷载的标准组合，并考虑荷载长期作用的影响来计算。

表 7-17　　　　　　　　　　　　　受弯构件的挠度限值

项　　次	构　件　类　型	允许挠度（以计算跨度 l_0 计算）
1	吊车梁：手动吊车 　　　　电动吊车	$l_0/500$ $l_0/600$

续表

项　次	构 件 类 型	允许挠度（以计算跨度 l_0 计算）
2	屋盖、楼盖及楼梯构件 当 $l_0 < 7m$ 时 当 $7m \leqslant l_0 \leqslant 9m$ 时 当 $l_0 > 9m$ 时	$l_0/200$（$l_0/250$） $l_0/250$（$l_0/300$） $l_0/300$（$l_0/400$）

注　1. 如果构件制作时预先起拱，而且使用上也允许，则在验算挠度时，可将计算所得的挠度减去起拱值，预应力混凝土构件尚可减去预应力所产生的反拱值。

　　2. 表中括号中的数值适用于对挠度有较高要求的构件。

　　3. 计算悬臂构件的挠度限值时，计算跨度 l_0 按实际悬臂长度乘 2 采用。

在等截面构件中，可假定各同号弯矩区段内的刚度相等，并取用该区段内最大弯矩处的刚度，即最小刚度原则。

若构件不满足式（7-106）的要求，最有效的措施是增大截面的高度，但增大截面尺寸不可能时，也可增加钢筋的面积或提高混凝土的强度等级。

【例 7-16】　某钢筋混凝土简支梁，计算跨度 $l_0 = 6m$，截面尺寸 $b \times h = 200mm \times 500mm$，混凝土强度等级 C20，纵向钢筋采用 HRB335 级。在梁上作用均布恒荷载标准值 $g_k = 8kN/m$（包括梁的自重），均布活荷载标准值 $p_k = 10kN/m$。经正截面承载力计算，在受拉区配置 $3 \Phi 20$（$A_s = 941mm^2$）的钢筋，构件安全等级二级，梁的允许挠度 $[f] = l_0/200$。试验算梁的挠度。

解　（1）计算梁内最大弯矩

标准组合　　　　　$M_k = \dfrac{1}{8}(g_k + p_k)l_0^2 = \dfrac{1}{8} \times (8 + 10) \times 6^2 = 81(kN \cdot m)$

准永久组合　　　　$M_q = \dfrac{1}{8}(g_k + \psi p_k)l_0^2 = \dfrac{1}{8} \times (8 + 0.4 \times 10) \times 6^2 = 54(kN \cdot m)$

（2）计算短期刚度

$$\alpha_E = \frac{E_s}{E_c} = \frac{200}{25.5} = 7.84$$

$$h_0 = h - a_s = 500 - 40 = 460(mm)$$

$$\rho = \frac{A_s}{bh_0} = \frac{941}{200 \times 460} = 0.0102$$

取 $\rho' = 0$

$$\alpha_E \rho = 7.84 \times 0.0102 = 0.080$$

取 $\gamma_f' = 0$

$$A_{te} = 0.5bh = 0.5 \times 200 \times 500 = 50000(mm^2)$$

$$\rho_{te} = \frac{A_s}{A_{te}} = \frac{941}{50000} = 0.019 > 0.01$$

$$\sigma_{sk} = \frac{M_k}{0.87A_s h_0} = \frac{81 \times 10^6}{0.87 \times 941 \times 460} = 215.1(N/mm^2)$$

$$\psi = 1.1 - \frac{0.65 f_{tk}}{\rho_{te} \sigma_{sk}} = 1.1 - \frac{0.65 \times 1.54}{0.019 \times 215.1} = 0.855$$

$$B_s = \frac{E_s A_s h_0^2}{1.15\psi + 0.2 + 6\alpha_E\rho} = \frac{200 \times 10^3 \times 941 \times 460^2}{1.15 \times 0.855 + 0.2 + 6 \times 0.080} = 2.39 \times 10^{13}(\text{N} \cdot \text{mm}^2)$$

（3）计算长期刚度

又 $\rho' = 0$，则 $\theta = 2.0$，采用荷载准永久组合时

$$B = \frac{B_s}{\theta} = \frac{2.39 \times 10^{13}}{2} = 1.2 \times 10^{13}(\text{N} \cdot \text{mm}^2)$$

（4）梁的挠度验算

$$f = \frac{5}{48} \times \frac{M_q l_0^2}{B} = \frac{5}{48} \times \frac{54 \times 10^6 \times 6^2 \times 10^6}{1.2 \times 10^{13}} = 17(\text{mm}) < [f] = \frac{l_0}{200} = \frac{6000}{200} = 30(\text{mm})$$

故梁的挠度满足要求。

二、受弯构件裂缝宽度的计算

工程案例-混凝土构件的裂缝

钢筋混凝土构件形成裂缝的原因是多方面的。其中一类是由荷载直接作用引起的；另一类是由于温度变化、混凝土收缩、地基不均匀沉降、钢筋锈蚀等非荷载原因引起的。对于由荷载直接作用引起的裂缝，主要通过计算加以控制；对于由于非荷载原因引起的裂缝，可通过构造措施来控制。

（一）裂缝的发生及其分布

现以受弯构件纯弯段为例，说明垂直裂缝的发生及其分布特点，如图 7-69 所示。

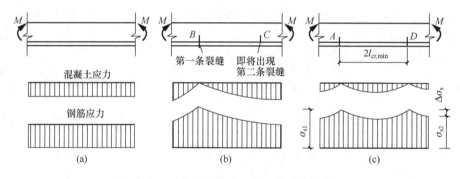

图 7-69　纯弯段裂缝产生前后应力变化情况

（1）在裂缝未出现前，见图 7-69（a）。受拉区混凝土的拉应力与钢筋的拉应力沿构件轴线方向基本上是均匀分布的，由于混凝土抗拉强度的离散性，故第一条裂缝的出现具有随机性。

（2）当某一薄弱截面混凝土的应力超过其抗拉强度时，在该截面上首先出现第一条（批）裂缝（B 点），见图 7-69（b）。裂缝出现后，该截面上混凝土退出工作，应力变为零，同时，该截面上钢筋的应力急剧增加。钢筋应力的变化使钢筋与混凝土之间产生黏结力的相对滑移，随着离裂缝截面越远，黏结力将把钢筋的应力传给混凝土，混凝土的应力增加，钢筋的应力减小，直到距裂缝截面 $l_{cr,min}$ 处（C 点），混凝土的应力 σ_c 再次增加到 f_{tk}，出现新的裂缝。显然，在距第一条裂缝两侧 $l_{cr,min}$ 范围内，不会出现新的裂缝。

（3）若梁的两个截面（A、D）上同时出现第一批裂缝 [图 7-69（c）]，且这两条裂缝之间的距离 $\leqslant 2l_{cr,min}$ 时，则在这两条裂缝之间不会产生新的裂缝。

因此，理论上讲，平均裂缝的间距应小于或等于 $2l_{cr,min}$，且大于或等于 $l_{cr,min}$。

（二）裂缝的平均间距 l_{cr}

裂缝间距的计算是个复杂的问题，很难用一个理想化的模型来进行理论计算，试验分析表明，裂缝的平均间距 l_{cr} 主要与下列因素有关：

（1）混凝土受拉面积相对大小。如果受拉面积相对较大，则混凝土收缩力就较大，于是就需要一个较长的距离来积累更多的黏结力以阻止混凝土的收缩，因此裂缝间距较大。

（2）混凝土保护层的大小。试验表明，钢筋与混凝土之间的黏结力，随混凝土质点离开钢筋距离的增加而减小，当混凝土保护层大时，受拉边缘混凝土的回缩将比较自由，这样就需要更长的距离以积累比较多的黏结力来阻止混凝土的回缩，因此，混凝土保护层厚度大的比小的裂缝间距大。

（3）钢筋与混凝土之间的黏结作用。钢筋与混凝土之间的黏结作用大，则在比较短的距离内钢筋就能阻止混凝土的回缩。钢筋与混凝土之间黏结作用的大小，与钢筋表面特征，钢筋单位横截面积上一定长度的侧表面积大小有关。变形钢筋比光圆钢筋黏结作用大，而且，根数愈多、直径愈细的钢筋黏结作用比根数少、直径大的钢筋黏结作用大。

《混凝土结构设计规范》考虑了上述因素，并根据试验分析，采用下述公式计算裂缝的平均间距

$$l_{cr} = \beta \left(1.9c + 0.08 \frac{d_{eq}}{\rho_{te}} \right) \tag{7-108}$$

$$d_{eq} = \frac{\sum n_i d_i^2}{\sum n_i \nu_i d_i} \tag{7-109}$$

式中：β 为经验系数。对轴心受拉构件，取 $\beta = 1.1$；对受弯构件，取 $\beta = 1.0$。c 为最外层纵向受拉钢筋外边缘至受拉区底边的距离（mm）。当 $c < 20mm$ 时，取 $c = 20mm$；当 $c > 65mm$ 时，取 $c = 65mm$。d_{eq} 为纵向受拉钢筋的等效直径，mm。d_i 为第 i 种受拉钢筋的公称直径，mm。n_i 为第 i 种受拉钢筋的根数。ν_i 为第 i 种纵向受拉钢筋的相对黏性特征系数，按表 7-18 采用。

表 7-18　　　　　　　　　　　　　钢筋的相对黏性特征系数

钢筋类别	非预应力钢筋		先张法预应力钢筋			后张法预应力钢筋		
	光圆钢筋	带肋钢筋	带肋钢筋	螺旋肋钢筋	钢绞线	带肋钢筋	钢绞线	光圆钢丝
ν_i	0.7	1.0	1.0	0.8	0.6	0.8	0.5	0.4

注　对环氧树脂涂层的带肋钢筋，其相对黏性特征系数应按表中系数的 0.8 倍采用。

（三）平均裂缝宽度

平均裂缝宽度 ω_{cr} 等于混凝土在裂缝截面处的回缩量，即在平均裂缝间距长度内钢筋的伸长量与和钢筋处在同一高度的受拉混凝土纤维伸长量之差，见图 7-70。即

$$\omega_{cr} = \bar{\varepsilon}_s l_{cr} - \bar{\varepsilon}_c l_{cr} = \bar{\varepsilon}_s l_{cr} \left(1 - \frac{\bar{\varepsilon}_c}{\bar{\varepsilon}_s} \right) \tag{7-110}$$

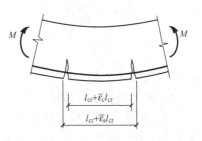

图 7-70　平均裂缝宽度

令 $\alpha_c = \left(1 - \frac{\bar{\varepsilon}_c}{\bar{\varepsilon}_s} \right)$，$\alpha_c$ 为考虑裂缝间混凝土伸长对裂缝宽度的影响系数，根据试验资料分析，

统一取 $\alpha_c = 0.85$。

再引入裂缝间纵向受拉钢筋应变不均匀系数 ψ，则 $\bar{\varepsilon}_s = \psi \dfrac{\sigma_{sk}}{E_s}$，故得平均裂缝宽度表达式

$$\omega_{cr} = 0.85\psi \frac{\sigma_{sk}}{E_s} l_{cr} \tag{7-111}$$

式中：σ_{sq} 为开裂截面钢筋应力 σ_{sk}，可按荷载准永久组合计算的纵向受拉钢筋的应力，对于受弯构件 $\sigma_{sq} = \dfrac{M_q}{0.87h_0 A_s}$；对于轴心受拉构件，$\sigma_{sq} = \dfrac{N_q}{A_s}$。$\psi$ 为裂缝间纵向受拉钢筋应变不均匀系数，计算同前。

《混凝土结构设计规范》规定：在最大裂缝宽度计算中，当 $\rho_{te} < 0.01$ 时，取 $\rho_{te} = 0.01$。

（四）最大裂缝宽度

实测结果表明，受弯构件的裂缝宽度是个随机量，并且具有很大的离散性。对于矩形、T 形、倒 T 形、I 形截面的钢筋混凝土受拉、受弯、偏心受压构件及预应力混凝土受拉、受弯构件，《混凝土结构设计规范》考虑了裂缝宽度分布不均匀性以及按荷载效应的标准组合或准永久组合并考虑长期作用影响的最大裂缝宽度 ω_{max} 的计算公式为

$$\omega_{max} = \alpha_{cr}\psi \frac{\sigma_s}{E_s}\left(1.9c + 0.08\frac{d_{eq}}{\rho_{te}}\right) \tag{7-112}$$

式中：α_{cr} 为构件受力特征系数，按表 7-19 采用；其他各项意义同前。

表 7-19　构件受力特征系数

类　型	α_{cr}	
	钢筋混凝土构件	预应力混凝土构件
受弯、偏心受压	1.9	1.5
偏心受拉	2.4	—
轴心受拉	2.7	2.2

（五）裂缝宽度验算

按式（7-111）计算的裂缝最大宽度应满足下式要求

$$\omega_{max} \leqslant [\omega_{max}] \tag{7-113}$$

式中：$[\omega_{max}]$ 为裂缝宽度限值，按环境类别按附表 7-15 采用。

如果式（7-113）不满足，宜选用直径较小的变形钢筋或减小保护层厚度（但应满足构造与施工要求），或提高混凝土等级。

【例 7-17】 当最大裂缝宽度允许值为 $[\omega_{max}] = 0.3\text{mm}$ 时，对 [例 7-16] 进行裂缝宽度验算。保护层厚度为 $c = 30\text{mm}$。

解 由 [例 7-16] 得：$\rho_{te} = 0.019$，$\sigma_{sk} = 215.1\text{N/mm}^2$，$\psi = 0.855$，$\alpha_{cr} = 2.1$

则　　$\omega_{max} = \alpha_{cr}\psi \dfrac{\sigma_s}{E_s}\left(1.9c + 0.08\dfrac{d}{\rho_{te}}\right)$

$$= 1.9 \times 0.855 \times \frac{215.1}{200 \times 10^3} \times \left(1.9 \times 30 + 0.08 \times \frac{20}{0.019}\right) = 0.247\text{mm} < 0.3\text{mm}$$

故最大裂缝宽度满足要求。

（六）裂缝宽度近似验算法

为了简化钢筋混凝土构件裂缝宽度的验算，《混凝土结构设计规范》根据受弯构件最大裂缝宽度小于或等于容许裂缝宽度，即满足下列条件

$$\omega_{max} = \alpha_{cr}\psi \frac{\sigma_s}{E_s}\left(1.9c + 0.08\frac{d_{eq}}{\rho_{te}}\right) \leqslant [\omega_{max}]$$

可求出不需作裂缝宽度验算的钢筋直径 d_{max}，见表 7-20。

在表 7-20 中，只要根据钢筋拉应力 σ_s 和容许裂缝宽度 $[\omega_{max}]$ 可查出允许的 d_{max}，如所配置的钢筋直径 $d \leqslant d_{max}$，则裂缝宽度一般均可满足，不必计算。

应当指出，表 7-20 中的 d_{max} 是根据配筋率 $\rho_{te} \leqslant 0.02$，保护层 $c=25mm$，配有变形钢筋的条件编制的。若不符合这些条件，则应按下述规定进行调整：

1）当 $\rho_{te} \geqslant 0.02$ 时，应将表 7-20 查得的 d_{max} 值乘以系数（$0.5+25\rho_{te}$）取用；

表 7-20　　　　　　　　　　　　不需作裂缝宽度验算的最大钢筋直径

$[\omega_{max}]=0.2mm$		$[\omega_{max}]=0.3mm$		$[\omega_{max}]=0.2mm$		$[\omega_{max}]=0.3mm$	
σ_s (N/mm²)	d_{max}	σ_s (N/mm²)	d_{max}	σ_s (N/mm²)	d_{max}	σ_s (N/mm²)	d_{max}
145	32	190	32	210	16	250	20
160	28	200	30	220	14	260	18
170	25	210	28	230	12	270	16
180	22	225	25	245	10	280	14
200	18	240	22				

2）对配置光圆钢筋的受弯构件，应将计算的钢筋应力 σ_{sk} 值乘以系数 1.4；

3）对混凝土净保护层厚度 $c \leqslant 25mm$ 的轴心受拉构件，当配置变形钢筋时，应将计算的钢筋应力 σ_{sk} 值乘以系数 1.3，当配置光圆钢筋时，应将计算的钢筋应力 σ_{sk} 值乘以系数 1.8。

第七节　预应力混凝土构件

一、预应力混凝土的基本原理

（一）基本概念

我们知道，在普通钢筋混凝土构件中，混凝土抗拉强度很低，当混凝土的变形达到极限应变，构件出现裂缝时，钢筋的应力只有 20～30N/mm²，大概只发挥了其强度的十分之一左右，而当裂缝宽度达到最大容许宽度 $[\omega_{max}]=0.2～0.3mm$，钢筋的应力只有 150～250N/mm²，仍未能充分发挥其强度，若提高混凝土强度，一是不经济，同时提高混凝土强度等级也是有限的。

为了充分发挥钢筋的作用，避免混凝土过早开裂，我们可以在混凝土的受拉区预先施加一压应力，当构件承受拉应力时，必须先抵消此压应力才能开始受拉，然后才能出现裂缝，这样，就可延缓裂缝的出现或减小裂缝宽度。这种在构件受力前预先施加压应力的构件称之为预应力混凝土构件。

工程实例-预
应力混凝土
结构应用

现以一根预应力钢筋混凝土简支梁为例来分析预应力混凝土的原理。

简支梁在均布荷载作用下，截面上的应力分布如图 7-71（b）示。上部受压，下部受拉，下部的拉应力为 σ_l。若在加载前预先在梁上施加一偏心压力，则在梁的受拉区产生了压应力 σ_c，且使 $\sigma_c > \sigma_l$，如图 7-71（a）所示，这样，在均

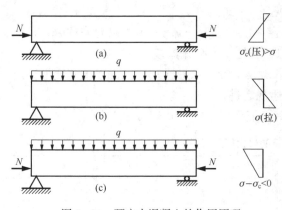

图 7-71　预应力混凝土的作用原理
(a) 预应力作用下；(b) 荷载作用下；
(c) 预应力与荷载共同作用下

布荷载和预压应力共同作用下，截面下边缘的应力如图7-71 (c) 所示。显然，由于 $\sigma - \sigma_c < 0$，截面下边缘为压应力，未产生拉应力，梁不会出现裂缝。因此，起到了提高构件抗裂度的目的，同时还可以提高构件的刚度。

(二) 预应力混凝土结构的优、缺点

与钢筋混凝土构件相比，预应力混凝土结构具有下列优点：

1) 提高了构件的抗裂度，或延缓裂缝的出现，或减小裂缝的宽度；

2) 提高了构件的刚度和耐久性能；

3) 减小了截面，节省了混凝土，减轻了结构自重，适用于大跨度结构。

预应力混凝土结构的缺点是：预应力混凝结构施工麻烦，工艺复杂，需要锚具，精度较高，施工周期较长，造价高，且不能提高构件的承载力。

二、预应力混凝土材料

(一) 混凝土

预应力混凝土构件的混凝土必须是高强度，这样在预压时才可以获得尽可能高的预压应力而不至于会发生压碎，从而提高构件的抗裂度；预应力混凝土构件必须使用早强混凝土，这样可以加快施工进度。《混凝土结构设计规范》规定，预应力混凝土结构的混凝土强度等级不应低于C30；当采用钢绞线、钢丝、热处理钢筋作预应力钢筋时，混凝土强度等级不宜低于C40。

(二) 钢筋

预应力混凝土结构的钢筋应满足下列要求：① 高强度，这样才可以使混凝土获得较高的预压应力；② 良好的塑性，以保证在较高的应力下不会发生拉断破坏；③ 良好的可焊性能，以保证进行必要的加工；④ 与混凝土具有良好的黏结力。

目前，国内常用的预应力钢筋有钢筋、钢丝、钢绞线三类。

1. 冷拉热轧钢筋

预应力混凝土结构中采用的钢筋，一般是将热轧钢筋经过冷拉后提高了抗拉强度的热轧低合金钢筋。应该注意，含碳量和合金元素对低合金钢的焊接性能具有一定的影响。

2. 热处理钢筋

热处理钢筋具有强度高、松弛小等特点。它以盘圆形式供应，可省掉对焊和整直等工序，施工方便。

3. 钢绞线

一般由一股 3 根和一股 7 根不同直径的高强度钢丝绞制在一起而成，施工方便且不降低强度。

4. 消除应力钢丝

消除应力钢丝有光面、螺旋肋、刻痕几种，钢丝直径可直接选取，施工方便。

目前，在中小型构件中，常采用冷拔低碳钢丝作预应力钢筋。

三、预加应力的方法和锚具

（一）张拉控制应力 σ_{con}

张拉控制应力 σ_{con} 是指张拉预应力钢筋时，所应达到的应力，用 σ_{con} 表示。显然，张拉控制应力定得越高，混凝土就可以获得较高预压应力，预应力效果就愈好，但张拉控制应力 σ_{con} 定得越高，构件所获得的预压应力就越大，在使用阶段，构件出现裂缝时所施加的外力与构件破坏的承载力就越接近，构件的延性较差；同时，为了减少预应力损失，往往要进行超张拉，由于钢筋屈服点具有离散性，张拉控制应力 σ_{con} 定得太高，有些钢筋就会达到屈服强度，发生较大塑性变形，不能对混凝土产生预期的压应力，甚至会发生脆断。因此，《混凝土结构设计规范》规定预应力钢筋的张拉控制应力不应超过表 7-21 的规定，且不应小于 $0.4f_{ptk}$（f_{ptk} 为预应力钢绞线、钢丝和热处理钢筋的强度标准值，见附表 7-6）。

当符合下列条件之一时，表 7-21 中的张拉控制应力限值可提高 $0.05f_{ptk}$：

1）要求提高构件在施工阶段的抗裂性能而在使用阶段受压区设置的预应力钢筋；

表 7-21　　张拉控制应力限值

钢筋种类	张拉方法	
	先张法	后张法
消除应力钢丝、钢绞线	$0.75f_{ptk}$	$0.75f_{ptk}$
热处理钢筋	$0.70f_{ptk}$	$0.65f_{ptk}$

2）要求部分抵消由于应力松弛、摩擦、钢筋分批张拉以及预应力钢筋与台座之间的温差等因素产生的预应力损失。

（二）预加应力的方法

预加应力的方法分为先张法与后张法。先张法就是先张拉钢筋后浇筑混凝土，后张法就是先浇筑混凝土后张拉钢筋。先张法与后张法的施工顺序与特点如下：

1. 先张法

首先，在台座一端通过锚具锚固预应力钢筋，然后在另一端进行张拉，当张拉到张拉控制应力时，在张拉端用锚具锚固在台座上，然后，浇筑混凝土构件（在规定位置放置非预应力钢筋），养护至混凝土强度达到设计强度的 75% 以上时，即可切断钢筋，钢筋回弹，依靠钢筋与混凝土之间的黏结力挤压混凝土构件，产生预压应力。

先张法的特点：先张法是通过钢筋与混凝土之间的黏结力来传递预压应力的，制作需要台座（台座要求具有一定的强度、刚度、稳定性），锚具在施工结束后可以重复使用，适用于中、小型构件，批量生产。

2. 后张法

后张法是先浇筑混凝土构件（在规定位置放置非预应力钢筋），在构件中预留孔道和灌浆孔，当混凝土强度达到设计规定强度时，在孔道内穿筋，通过锚具锚固在构件一端，在另一端进行张拉，在张拉的同时，钢筋对混凝土施加预压应力，当张拉到控制应力时，将张拉端通过锚具锚固在构件上，最后，再通过压力灌浆将水泥浆灌入构件，使预应力钢筋与混凝土形成整体。

后张法的特点：后张法是通过锚具来传递预压应力的，锚具永远附着在构件上，不能拆除，制作不需要台座，可在现场制作，适用于大型构件，成本较高。

目前，可以采用后张无黏结预应力混凝土技术，以避免后张法的上述缺点。

（三）锚具

夹具和锚具是预应力混凝土构件的重要工具，一般来说，构件制作完毕后能取下来重复使用的称为夹具，留在构件上不再取下的称为锚具，有时，为简便起见，将夹具和锚具统称为锚具。预应力混凝土构件对锚具的要求是：①具有足够的强度和刚度；②预应力损失小；③构造简单，便于加工制作和施工；④节省材料，降低成本。

锚具的形式很多，按所锚固的钢筋类型可分为锚固粗钢筋的锚具、锚固平行钢筋（丝）束的锚具和锚固钢绞线束的锚具；按锚固和传递预拉力的原理可分为依靠承压力的锚具、依靠摩擦力的锚具、依靠黏结力的锚具；按锚具的材料可分钢锚具和混凝土锚具；按锚具使用的部位不同可分为张拉端锚具和固定端锚具。

目前，国内锚具常用锚具的有螺丝端杆锚具、JM - 12 锚具、锥形锚具、墩头锚具、后张自锚锚具、QM 锚具、XM 锚具等。

四、预应力损失及其组合

（一）预应力损失

由于张拉工艺、材料特性等原因，预应力钢筋的张拉控制应力 σ_{con} 从张拉到构件使用的过程中，将不断降低，这种降低值称为预应力损失，记作 σ_l。产生预应力损失的原因很多，下面分别讨论引起预应力损失的原因、预应力损失的计算以及减小方法。

1. 锚具变形和钢筋内缩引起的预应力损失 σ_{l1}

预应力直线钢筋当张拉到控制应力 σ_{con} 后便被锚固在台座上，由于锚具、垫板、构件之间的缝隙被挤紧以及钢筋的内缩滑移，使得张紧的钢筋松弛，引起预应力损失。其值可按下式计算

$$\sigma_{l1} = \frac{a}{l} E_s \qquad (7 - 114)$$

式中：a 为张拉端锚具变形和钢筋内缩值（mm），按表 7 - 22 采用；l 为张拉端至锚固端之间的距离（mm）；E_s 为预应力钢筋的弹性模量（N/mm²）。

块体拼成的结构，其预应力损失尚应计及块体间填缝的预压变形。当采用混凝土或砂浆为填缝材料时，每条填缝的预压变形考虑为 1mm。

减少此项预应力损失的措施有：

（1）选择锚具变形小或使预应力钢筋内缩小的锚、夹具；尽量减少垫板数，因为每增加一块垫板，a 值就增加 1mm；

（2）增加台座长度，因为 σ_{l1} 与台座长度 l 成反比。

2. 预应力钢筋与孔壁之间摩擦引起的预应力损失 σ_{l2}

后张法张拉预应力钢筋时，由于孔道施工偏差、孔壁粗糙、钢筋不直、钢筋表面粗糙等原因，使钢筋在张拉时与孔壁接触而产生摩擦阻力，这种摩阻力随张拉端距离的增加而增大，这种应力差额称为摩擦引起的预应力损失，见图 7 - 72。其值宜按下式计算

$$\sigma_{l2} = \sigma_{con}\left(1 - \frac{1}{e^{kx + \mu\theta}}\right) \qquad (7 - 115)$$

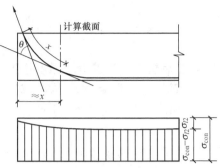

图 7-72　计算摩擦预应力损失示意图

表 7-22	锚具变形和钢筋内缩值	mm
锚 具 类 别		a
支承式锚具 （钢丝束墩头锚具等）	螺帽缝隙	1
	每块后加垫板的缝隙	1
锥塞式锚具（钢丝束的钢质锥形锚具等）		5
夹片式锚具	有顶压时	5
	无顶压时	6～8

注　1. 表中的锚具变形和钢筋内缩值也可根据实测数据确定。

　　　2. 其他类型的锚具变形和钢筋内缩值也可根据实测数据确定。

当 $kx + \mu\theta \leqslant 0.2$ 时，σ_{l2} 可按下列近似公式计算

$$\sigma_{l2} = (kx + \mu\theta)\sigma_{con} \tag{7-116}$$

式中：x 为张拉端至计算截面的孔道长度（m），可近似取该段孔道在纵轴上的投影长度；θ 为张拉端至计算截面曲线孔道部分切线的夹角（rad）；k 为考虑孔道每米长度局部偏差的摩擦系数，按表 7-23 采用；μ 为预应力钢筋与孔道壁之间的摩擦系数，按表 7-23 采用。

减少 σ_{l2} 的措施有：

（1）对较长的构件进行两端张拉，可使孔道计算长度减少一半；

（2）采用"超张拉"工艺，这种超张拉的工艺程序为：$0 \rightarrow 1.1\sigma_{con} \rightarrow 0.85\sigma_{con} \rightarrow \sigma_{con}$，见图 7-73。由于在张拉到 $1.1\sigma_{con}$ 时，钢筋中的预拉力沿 EHD 分布，当应力退至 $0.85\sigma_{con}$ 时，由于钢筋与孔道之间产生反向摩擦，预应力将沿 $FGHD$ 分布，当再拉至 σ_{con} 时，钢筋应力将沿 $CGHD$ 分布，这种应力分布比一次张拉的应力分布均匀，预应力损失小。

表 7-23	摩 擦 系 数	
孔道成型方式	k	μ
预埋金属波纹管	0.0015	0.25
预埋钢管	0.0010	0.30
橡胶管或钢管抽芯成型	0.0014	0.55

注　1. 表中系数也可根据实测数据确定。

　　　2. 当采用钢丝束的钢质锥形锚具及类似形式锚具时，尚应考虑锚环口处的附加摩擦损失，其值可根据实测数据确定。

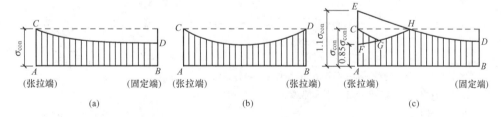

图 7-73　一端张拉、两端张拉及超张拉对减少摩擦损失的影响

3. 混凝土加热养护时，预应力钢筋与台座之间温差引起的预应力损失 σ_{l3}

对先张法预应力构件，为了缩短施工周期，常采用蒸汽养护来加速硬化，升温时，新浇筑的混凝土尚未结硬，钢筋受热，将会伸长，而台座不动，预应力钢筋中的应力将会降低，造成预应力损失。当降温时，混凝土已结硬，并与钢筋结成整体，二者将一起回缩，故钢筋应力不能恢复到张拉控制应力，即其损失不能恢复。

设混凝土加热养护时预应力钢筋与台座之间的温差为 Δt（℃），钢筋的线膨胀系数为

$\alpha=1\times10^{-5}/℃$，则 σ_{l3} 可按下式计算：

$$\sigma_{l3}=\varepsilon_s E_s=E_s\cdot\alpha\cdot\Delta t=2\times10^5\times1\times10^{-5}\times\Delta t=2\Delta t\ (\text{N/mm}^2)\quad(7\text{-}117)$$

减少此项预应力损失的措施有：

（1）采用两次升温养护法，即第一次一般升温至 20℃，然后恒温，当混凝土强度达到 $7\sim10\text{N/mm}^2$（不低于混凝土设计强度的 75%）时，预应力钢筋已经与混凝土黏结在一起，第二次升温至规定养护温度时，预应力钢筋将与混凝土构件一起伸长，因此不会产生预应力损失。故采用该方法造成的预应力损失只有 40N/mm^2。

（2）采用钢模张拉，钢筋锚固在钢模上，二者共同升温，无温差，可不考虑该项损失。

4. 钢筋应力松弛引起的预应力损失 σ_{l4}

所谓钢筋应力松弛是指钢筋在高应力状态下，钢筋长度不变，钢筋应力随时间增长而降低的现象。预应力钢筋大部分时间处于高应力状态，则由此而产生的应力损失为 σ_{l4}。《混凝土结构设计规范》规定钢筋应力松弛引起的预应力损失 σ_{l4} 可查表 7-24 采用。

钢筋应力松弛引起的应力损失特点是先快后慢，刚开始几分钟大约完成 50%，24 小时约完成 80%，以后发展缓慢。减少该项应力损失的措施是采用超张拉，其张拉程序为：$0\rightarrow1.05\sigma_{con}\sim1.1\sigma_{con}$，持荷 $2\sim5\text{min}\rightarrow0\rightarrow\sigma_{con}$。

表 7-24 预应力损失 σ_{l4} 的计算

预应力钢筋的应力松弛	σ_{l4}	预应力钢丝、钢绞线 普通松弛：$0.4\psi\left(\dfrac{\sigma_{con}}{f_{ptk}}-0.5\right)\sigma_{con}$ 此处，一次张拉 $\psi=1.0$ 超张拉 $\psi=0.9$ 低松弛：当 $\sigma_{con}\leqslant0.7f_{ptk}$ 时 $0.125\left(\dfrac{\sigma_{con}}{f_{ptk}}-0.5\right)\sigma_{con}$ 当 $0.7f_{ptk}<\sigma_{con}\leqslant0.8f_{ptk}$ 时 $0.2\left(\dfrac{\sigma_{con}}{f_{ptk}}-0.575\right)\sigma_{con}$ 热处理钢筋 一次张拉 $0.05\sigma_{con}$ 超张拉 $0.035\sigma_{con}$

注 1. 当取表中超张拉的预应力损失值时，张拉程序应符合国家标准《混凝土结构工程施工质量验收规范》GB 50204—2015 的要求。

2. 预应力钢丝、钢绞线 $\dfrac{\sigma_{con}}{f_{ptk}}\leqslant0.5$ 时，预应力钢筋的应力松弛可取为零。

5. 混凝土收缩、徐变引起的预应力损失 σ_{l5}

混凝土在空气中结硬时会发生体积收缩，在预压应力作用下，还会发生徐变，它们使构件缩短，造成预应力损失，记作 σ_{l5}。当构件中配有非预应力钢筋时，将使该项损失减小。一般情况下，混凝土受拉区和受压区预应力钢筋由于混凝土收缩徐变引起的应力损失 σ_{l5}、σ'_{l5} 可按下式计算：

先张法构件

$$\sigma_{l5}=\frac{45+280\dfrac{\sigma_{pc}}{f'_{cu}}}{1+15\rho}\quad(7\text{-}118)$$

$$\sigma'_{l5}=\frac{45+280\dfrac{\sigma'_{pc}}{f'_{cu}}}{1+15\rho'}\quad(7\text{-}119)$$

后张法构件

$$\sigma_{l5}=\frac{35+280\dfrac{\sigma_{pc}}{f'_{cu}}}{1+15\rho}\quad(7\text{-}120)$$

$$\sigma'_{l5} = \frac{35 + 280 \dfrac{\sigma'_{pc}}{f'_{cu}}}{1 + 15\rho'} \tag{7-121}$$

式中：σ_{pc}、σ'_{pc} 为在受拉区、受压区预应力钢筋合力作用点处的混凝土的法向应力，此时，预应力损失值仅按考虑混凝土预压前（第一批）的损失，其非预应力钢筋中的应力 σ_{l5}、σ'_{l5} 值应取为零；σ_{pc}、σ'_{pc} 值不得大于 $0.5 f'_{cu}$；当 σ'_{pc} 为拉应力时，式（7-119）、式（7-120）中的 σ'_{pc} 应取为零。计算混凝土法向应力 σ_{pc}、σ'_{pc} 时，可根据构件制作情况考虑自重的影响（对梁式构件一般可取 0.4 跨度处的自重应力）。f'_{cu} 为施加预应力时混凝土的立方体抗压强度。ρ、ρ' 为受拉区、受压区各自预应力钢筋和非预应力钢筋的配筋率。对先张法构件：$\rho = \dfrac{A_p + A_s}{A_0}$，$\rho' = \dfrac{A'_p + A'_s}{A_0}$；对后张法构件：$\rho = \dfrac{A_p + A_s}{A_n}$，$\rho' = \dfrac{A'_p + A'_s}{A_n}$；对于对称配置预应力钢筋和非预应力钢筋的构件，配筋率 ρ、ρ' 应按钢筋总截面面积的一半计算。A_p、A_s 为受拉区预应力钢筋和非预应力钢筋截面面积。A'_p、A'_s 为受压区预应力钢筋和非预应力钢筋截面面积。A_0 为先张法构件换算截面面积。A_n 为后张法构件净截面面积。

当构件处于年平均相对湿度低于 40% 的环境下时，σ_{l5}、σ'_{l5} 值应增加 30%。

当能预先确定构件承受外荷载的时间时，可考虑时间对混凝土收缩和徐变损失值的影响，此时，将 σ_{l5}、σ'_{l5} 乘以不大于 1 的系数 β。β 按下式计算

$$\beta = \frac{4j}{120 + 3j} \tag{7-122}$$

式中：j 为结构构件从加预应力时起至承受外荷载的天数。

减少此项预应力损失的措施有：

（1）采用高标号水泥，减少水泥用量，减少水灰比，采用干硬性混凝土；

（2）采用级配好的骨料，加强振捣，提高混凝土的密实性；

（3）加强养护，以减少混凝土的收缩。

（二）预应力损失值组合

上述几项预应力损失，有的发生于先张法构件，有的发生于后张法构件，有的先张法、后张法构件均会发生，按不同的张拉方法分批发生。为了方便分析和计算，《混凝土结构设计规范》将这些损失，按先张法、后张法构件分别分为两批：发生在混凝土预压前损失的称为第一批损失，用 $\sigma_{l\text{I}}$ 表示；发生在混凝土预压后的损失称为第二批损失，用 $\sigma_{l\text{II}}$ 表示。《混凝土结构设计规范》规定预应力损失值宜按表 7-25 进行组合。

表 7-25 预应力损失值的组合

预应力损失值的组合	先张法构件	后张法构件
混凝土预压前（第一批）的损失	$\sigma_{l1} + \sigma_{l3} + \sigma_{l4}$	$\sigma_{l1} + \sigma_{l2}$
混凝土预压后（第二批）的损失	σ_{l5}	$\sigma_{l4} + \sigma_{l5}$

注 先张法构件由于钢筋应力松弛引起的损失值 σ_{l4} 在第一批和第二批损失中所占的比例，如需区分，可根据实际情况确定。

当计算求得的预应力总损失 σ_l 小于下列数值时，应按下列数值取用：

先张法构件：100N/mm^2；

后张法构件：80N/mm²。

五、预应力混凝土构件的构造要求

预应力混凝土构件，除满足强度、变形、裂缝（或抗裂度）要求外，尚需符合构造要求。

（一）先张法构件

预应力钢筋（包括热处理钢筋、钢丝、钢绞线）之间的净距，应根据浇筑混凝土、施加预应力和钢筋锚固等要求确定。预应力钢筋之间的净距不应小于其公称直径或等效直径的 1.5 倍，且应符合下列规定：对热处理钢筋及钢丝，不应小于 15mm；对三股钢绞线，不应小于 20mm；对七股钢绞线，不应小于 25mm。

对先张法预应力混凝土构件，预应力钢筋端部周围的混凝土应采取下列加强措施：

1）对单根配置的预应力钢筋，其端部宜设置长度不小于 150 mm 且不少于 4 圈的螺旋筋，见图 7-74（a）；当有可靠经验时，亦可利用支座垫板上的插筋代替螺旋筋，但插筋数量不应少于 4 根，其长度不应小于 120mm，见图 7-74（b）；

2）对分散布置的多根预应力钢筋，在构件端部 10d（d 为预应力钢筋的公称直径）范围内应设置 3～5 片预应力钢筋垂直的钢筋网，见图 7-74（c）；

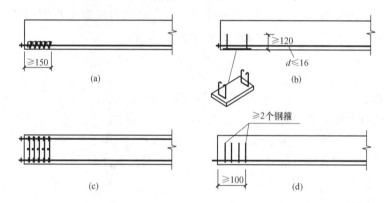

图 7-74 构件端部配筋构造要求

3）对采用预应力钢丝配筋的薄板，在板端 100mm 内应适当加密横向钢筋，见图 7-74（d）。

（二）后张法构件

（1）后张法预应力钢筋所用锚具的形式和质量应符合国家现行有关标准规定。

（2）后张法预应力钢丝束、钢绞线束的预留孔道应符合下列规定：

1）对预制构件，孔道之间水平净间距不宜小于 50mm，孔道至构件边缘的净距不宜小于 30mm，且不宜小于孔道直径的一半；

2）在框架梁中，预留孔道在竖直方向的净间距不应小于孔道外径，水平净间距不应小于 1.5 倍孔道外径，从孔壁算起的混凝土保护层厚度，梁底不宜小于 50mm，梁侧不宜小于 40mm；

3）预留孔道的内径应比预应力钢丝束或钢绞线束外径及需穿过孔道的连接器外径大 10～50mm；

4）在构件两端及跨中应设置灌浆孔或排气孔，其孔距不宜大于 12m；

5）凡制作时需要预先起拱的构件，预留孔道宜随构件同时起拱。

（3）对后张法预应力混凝土构件的端部锚固区，应按下列规定配置间接钢筋：

1）应按规范规定进行局部受压承载力计算，并配置间接钢筋，其体积配筋率不应小于 0.5%；

2）局部受压间接钢筋配置区以外，在构件端部长度 l 不小于 $3e$（e 为截面重心线上部或下部预应力钢筋的合力点至邻近边缘的距离）但不大于 $1.2h$（h 为构件截面端部高度），高度为 $2e$ 的附加配筋区范围内，应均匀配置附加箍筋或网片，其体积配筋率不应小于 0.5%，见图 7 - 75；

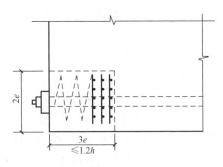

图 7 - 75　端部间接配筋区

3）宜将一部分预应力钢筋在构件端部靠近支座处弯起，弯起的预应力钢筋宜沿构件端部均匀布置，如预应力钢筋在构件端部不能均匀布置而需集中布置在截面下部或集中布置在上部和下部时，应在构件端部 $0.2h$（h 为构件端部截面高度）范围内设置附加竖向焊接钢筋网、封闭式箍筋或其他形式的构造钢筋。其中，附加竖向钢筋的截面面积符合下列规定：

当 $e \leqslant 0.1h$ 时

$$A_{sv} \geqslant 0.3 \frac{N_p}{f_y} \tag{7 - 123}$$

当 $0.1h < e \leqslant 0.2h$ 时

$$A_{sv} \geqslant 0.15 \frac{N_p}{f_y} \tag{7 - 124}$$

当 $e > 0.2h$ 时，可根据实际情况适当配置构造钢筋。

式中：N_p 为作用在构件端部截面重心线上部或下部预应力钢筋的合力，此时，仅考虑混凝土预压前的损失，并乘以预应力分项系数 1.2；e 为截面重心线上部或下部预应力钢筋的合力点至邻近边缘的距离；f_y 为竖向附加钢筋强度设计值。

当端部截面上部和下部均有预应力钢筋时，附加竖向钢筋的总截面面积应按上部和下部的预应力合力分别计算的数值叠加后采用。

后张法预应力混凝土构件中，曲线预应力钢丝束、钢绞线束的曲率半径不宜小于 4m；对折线配筋的构件，在预应力钢筋弯折处的曲率半径可适当减小。

在后张法预应力混凝土构件的预拉区和预压区中，应设置纵向非预应力钢筋，在预应力钢筋弯折处内侧设置钢筋网片或加密箍筋。

对外露金属锚具，应采取可靠的防锈措施。

 思 考 题

7 - 1　什么是混凝土弹性模量和变形模量？

7 - 2　什么是混凝土收缩和徐变？它们对工程有何危害？怎样减小它们的数值？

7 - 3　在钢筋混凝土结构计算中，对于有屈服点的钢筋为什么取其屈服强度作为强度

限值？

7-4 简述钢筋和混凝土两种材料能共同工作的原因。

7-5 矩形截面受弯构件增加受拉钢筋面积是否一定能增加承载力？

7-6 受压构件为什么宜采用高强混凝土，而不宜采用高强钢筋？

7-7 预应力混凝土能不能提高构件的承载力？为什么？

习 题

7-1 某钢筋混凝土梁，承受均布线荷载设计值 40kN/m，截面尺寸为 $b \times h = 250mm \times 500mm$，计算跨度 $l_0 = 6m$，混凝土采用 C25，钢筋采用 HRB335 级，构件安全等级二级，试用基本公式法和表格公式法计算所需纵向受拉钢筋面积，并选出钢筋直径及根数。

7-2 某悬臂雨篷板厚 100mm，根部承受每米 3.25kN·m 的弯矩，若采用混凝土 C25，钢筋 HPB300 级，构件安全等级二级，试计算该雨篷板所需受力钢筋面积，并分析其布置位置。

7-3 一矩形截面梁，截面尺寸为 $b \times h = 250mm \times 550mm$，已知在受拉区配置有 5Φ20 的受力钢筋，混凝土为 C25，钢筋为 HRB335 级，构件安全等级二级，试计算该梁所能承担的最大弯矩。

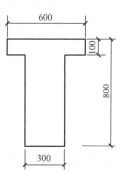

图 7-76 题 7-6 图

7-4 某梁的截面尺寸为 $b \times h = 250mm \times 550mm$，在该梁上承担的最大弯矩设计值为 360kN·m，混凝土采用 C25，钢筋采用 HRB335 级，构件安全等级二级，试设计此梁的正截面。

7-5 一现浇钢筋混凝土肋梁楼盖，板厚 100mm，次梁肋宽 $b = 200mm$，次梁高 450mm，计算跨度 5m，次梁梁肋净距 2.2m，该梁承担的最大弯矩设计值为 110kN·m，混凝土采用 C25，钢筋采用 HRB335，构件安全等级二级，试设计此梁的正截面。

7-6 已知某梁的截面尺寸如图 7-76 所示。截面承担的最大弯矩设计值为 560kN·m，混凝土采用 C25，钢筋采用 HRB335 级，构件安全等级二级，试设计此梁的正截面。

7-7 已知某矩形截面梁，承受均布荷载设计值 36kN/m（已包括梁自重），其截面尺寸、跨度、正截面配筋如图 7-77 所示。混凝土采用 C25，纵向受力钢筋 HRB335 级，箍筋采用 HPB300 级，构件安全等级二级，试设计此梁的斜截面。

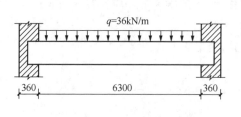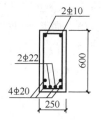

图 7-77 题 7-7 图

7-8 已知某矩形截面受压构件，承受轴向力设计值 $N = 2000kN$，考虑 $P-\delta$ 效应修正

后的弯矩设计值 $M=460$ kN·m，构件计算长度 $l_0=4.8$ m，构件截面尺寸 $b\times h=600$ mm $\times$ 600mm，混凝土采用 C25，纵向钢筋采用 HRB335 级，构件安全等级二级，若采用对称配筋，试设计该构件的所需纵向钢筋面积。

附　　表

附表7-1　　混凝土强度标准值　　　　N/mm²

强度种类	混凝土强度等级													
	C15	C20	C25	C30	C35	C40	C45	C50	C55	C60	C65	C70	C75	C80
f_{ck}	10.0	13.4	16.7	20.1	23.4	26.8	29.6	32.4	35.5	38.5	41.5	44.5	47.4	50.2
f_{tk}	1.27	1.54	1.78	2.01	2.20	2.39	2.51	2.64	2.74	2.85	2.93	2.99	3.05	3.11

附表7-2　　混凝土强度设计值　　　　N/mm²

强度种类	混凝土强度等级													
	C15	C20	C25	C30	C35	C40	C45	C50	C55	C60	C65	C70	C75	C80
f_c	7.2	9.6	11.9	14.3	16.7	19.1	21.1	23.1	25.3	27.5	29.7	31.8	33.8	35.9
f_t	0.91	1.10	1.27	1.43	1.57	1.71	1.80	1.89	1.96	2.04	2.09	2.14	2.18	2.22

注　1. 计算现浇钢筋混凝土轴心受压及偏心受压构件时，如截面的长边或直径小于300mm，则表中混凝土的强度设计值应乘以系数0.8；当构件质量（如混凝土成型、截面和轴线尺寸等）确有保证时，可不受此限制。
　　2. 离心混凝土的强度设计值应按专门标准取用。

附表7-3　　混凝土弹性模量　　　　×10⁴N/mm²

混凝土强度等级	C15	C20	C25	C30	C35	C40	C45	C50	C55	C60	C65	C70	C75	C80
E_c	2.20	2.55	2.80	3.00	3.15	3.25	3.35	3.45	3.55	3.60	3.65	3.70	3.75	3.80

附表7-4　　普通钢筋强度标准值

牌　号	符　号	公称直径 d（mm）	屈服强度标准值 f_{yk}	极限强度标准值 f_{stk}
HPB300	Φ	6～14	300	420
HRB335	Φ	6～14	335	455
HRB400 HRBF400 RRB400	Φ ΦF ΦR	6～50	400	540
HRB500 HRBF500	Φ ΦF	6～50	500	630

附表 7 - 5 普通钢筋强度设计值 N/mm²

牌 号	抗拉强度设计值 f_y	抗压强度设计值 f'_y
HPB300	270	270
HRB335	300	300
HRB400、HRBF400、RRB400	360	360
HRB500、HRBF500	435	435

附表 7 - 6 预应力钢筋强度标准值 N/mm²

种 类		符 号	公称直径 d (mm)	屈服强度标准值 f_{pyk}	极限强度标准值 f_{ptk}
中强度预应力钢丝	光面	Φ^{PM}	5、7、9	620	800
	螺旋肋	Φ^{HM}		780	970
				980	1270
预应力螺纹钢筋	螺纹	Φ^T	18、25、32、40、50	785	980
				930	1080
				1080	1230
消除应力钢丝	光面	Φ^P	5	—	1570
				—	1860
			7	—	1570
	螺旋肋	Φ^H	9	—	1470
				—	1570
钢绞线	1×3 (三股)	Φ^S	8.6、10.8、12.9	—	1570
				—	1860
				—	1960
	1×7 (七股)		9.5、12.7、15.2、17.8	—	1720
				—	1860
				—	1960
			21.6	—	1860

附表 7 - 7 预应力钢筋强度设计值 N/mm²

种 类	极限强度标准值 f_{ptk}	抗拉强度设计值 f_{py}	抗压强度设计值 f'_{py}
中强度预应力钢丝	800	510	410
	970	650	
	1270	810	
消除应力钢丝	1470	1040	410
	1570	1110	
	1860	1320	

续表

种 类	极限强度标准值 f_{ptk}	抗拉强度设计值 f_{py}	抗压强度设计值 f'_{py}
钢绞线	1570	1110	390
	1720	1220	
	1860	1320	
	1960	1390	
预应力螺纹钢筋	980	650	410
	1080	770	
	1230	900	

附表 7-8 **钢 筋 弹 性 模 量** $\times 10^5 \text{N/mm}^2$

牌号或种类	弹性模量 E_s
HPB300 钢筋	2.10
HRB335、HRB400、HRB500 钢筋 BRBF400、HRBF500 钢筋 RRB400 钢筋 预应力螺纹钢筋	2.00
消除应力钢丝、中强度预应力钢丝	2.05
钢绞线	1.95

附表 7-9 **钢筋混凝土矩形和 T 形截面受弯构件强度计算表**

ξ	γ_s	α_s	ξ	γ_s	α_s
0.01	0.995	0.010	0.14	0.930	0.130
0.02	0.990	0.020	0.15	0.925	0.139
0.03	0.985	0.030	0.16	0.920	0.147
0.04	0.980	0.039	0.17	0.915	0.155
0.05	0.975	0.048	0.18	0.910	0.164
0.06	0.970	0.058	0.19	0.905	0.172
0.07	0.965	0.067	0.20	0.900	0.180
0.08	0.960	0.077	0.21	0.895	0.188
0.09	0.955	0.085	0.22	0.890	0.196
0.10	0.950	0.095	0.23	0.885	0.203
0.11	0.945	0.104	0.24	0.880	0.211
0.12	0.940	0.113	0.25	0.875	0.219
0.13	0.935	0.121	0.26	0.870	0.226

续表

ξ	γ_s	α_s	ξ	γ_s	α_s
0.27	0.865	0.234	0.46	0.770	0.354
0.28	0.860	0.241	0.47	0.765	0.359
0.29	0.855	0.248	0.48	0.760	0.365
0.30	0.850	0.255	0.482	0.759	0.366
0.31	0.845	0.262	0.49	0.755	0.370
0.32	0.840	0.269	0.50	0.750	0.375
0.33	0.835	0.275	0.51	0.745	0.380
0.34	0.830	0.282	0.518	0.741	0.384
0.35	0.825	0.289	0.52	0.740	0.385
0.36	0.820	0.295	0.53	0.735	0.390
0.37	0.815	0.301	0.54	0.730	0.394
0.38	0.810	0.309	0.55	0.725	0.400
0.39	0.805	0.314	0.56	0.720	0.403
0.40	0.800	0.320	0.57	0.715	0.408
0.41	0.795	0.326	0.576	0.712	0.410
0.42	0.790	0.332	0.58	0.710	0.412
0.43	0.785	0.337	0.59	0.705	0.416
0.44	0.780	0.343	0.60	0.700	0.420
0.45	0.775	0.349			

注 1. 本表数值适用于混凝土强度等级不超过 C50 的受弯构件。

2. 表中 $\xi>0.482$ 的数值不适用于 HRB500 级的钢筋；$\xi>0.518$ 的数值不适用于 HRB400 级的钢筋；$\xi>0.55$ 的数值不适用于 HRB335 级钢筋；$\xi>0.576$ 的数值不适用于 HPB300 级钢筋。

附表 7-10   **钢筋的计算截面面积及公称质量表**

直径 d (mm)	不同根数钢筋的计算截面面积（mm²）									单根钢筋公称质量 (kg/m)
	1	2	3	4	5	6	7	8	9	
3	7.1	14.1	21.2	28.8	35.3	42.4	49.5	56.5	63.6	0.555
4	12.6	25.1	37.7	50.2	62.8	75.4	87.9	100.5	113	0.099
5	19.6	39	59	79	98	118	138	157	177	0.154
6	28.3	57	85	113	142	170	198	226	255	0.222
6.5	33.2	66	100	133	166	199	232	265	299	0.260
8	50.3	101	151	201	252	302	352	402	453	0.395
8.2	52.8	106	158	211	264	317	370	423	475	0.432
10	78.5	157	236	314	393	471	550	628	707	0.617
12	113.1	226	339	452	565	678	791	904	1017	0.888
14	153.9	308	461	615	769	923	1077	1230	1385	1.21

续表

直径 d (mm)	不同根数钢筋的计算截面面积（mm²）									单根钢筋公称质量（kg/m）
	1	2	3	4	5	6	7	8	9	
16	201.1	402	603	804	1005	1206	1407	1608	1809	1.58
18	254.5	509	763	1017	1272	1526	1780	2036	2290	2.00
20	314.2	628	941	1256	1570	1884	2200	2513	2827	2.47
22	380.1	760	1140	1520	1900	2281	2661	3041	3421	2.98
25	490.9	982	1473	1964	2454	2945	3436	3927	4418	3.85
28	615.3	1232	1847	2463	3079	3695	4310	4926	5542	4.83
32	804.3	1609	2413	3217	4021	4826	5630	6434	7238	6.31
36	1017.9	2036	3054	4072	5089	6107	7125	8143	9161	7.99
40	1256.1	2513	3770	5027	6283	7540	8796	10053	11310	9.87

注 表中直径 $d=8.2$mm 的计算截面面积公式及公称质量仅适用于有纵肋的热处理钢筋。

附表 7-11　　　　　　　　　　每米板宽内的钢筋截面面积表

钢筋间距 (mm)	当钢筋直径（mm）为下列数值时的钢筋截面面积（mm²）													
	3	4	5	6	6/8	8	8/10	10	10/12	12	12/14	14	14/16	16
70	101	179	281	404	561	719	920	1121	1369	1616	1908	2199	2536	2872
75	94.3	167	262	377	524	671	859	1047	1277	1508	1780	2053	2367	2681
80	88.4	157	245	354	491	629	805	981	1198	1414	1669	1924	2218	2513
85	83.2	148	231	333	462	592	758	924	1127	1331	1571	1311	2088	2365
90	78.5	140	218	314	437	559	716	872	1064	1257	1484	1710	1972	2234
95	74.5	132	207	298	414	529	678	826	1008	1190	1405	1620	1868	2116
100	70.6	126	196	283	393	503	644	785	958	1131	1335	1539	1775	2011
110	64.2	114	178	257	357	457	585	714	871	1028	1214	1399	1614	1828
120	58.9	105	163	236	327	419	537	654	798	942	1112	1283	1480	1676
125	56.5	100	157	226	314	402	515	628	766	905	1068	1232	1420	1608
130	54.4	96.6	151	218	302	387	495	604	737	870	1027	1184	1366	1547
140	50.5	89.7	140	202	281	359	460	561	684	808	954	1100	1268	1436
150	47.1	83.8	131	189	262	335	429	523	639	754	890	1026	1183	1340
160	44.1	78.5	123	177	246	314	403	491	599	707	834	962	1110	1257
170	41.5	73.9	115	166	231	296	379	462	564	665	786	906	1044	1183
180	39.2	69.8	109	157	218	279	358	436	532	628	742	855	985	1117
190	37.2	66.1	103	149	207	265	339	413	504	595	702	810	934	1058
200	35.3	62.8	98.2	141	196	251	322	395	479	565	668	770	888	1005

注 表中钢筋直径中的 6/8，8/10，…等是指两种直径的钢筋间隔放置。

附表 7 - 12　　　　钢筋混凝土结构构件中纵向受力钢筋的最小配筋百分率　　　　　　　%

受　力　类　型			最小配筋百分率
受压构件	全部纵向钢筋	强度等级 500MPa	0.50
		强度等级 400MPa	0.55
		强度等级 300MPa、335MPa	0.60
	一侧纵向钢筋		0.20
受弯构件、偏心受拉、轴心受拉构件一侧的受拉钢筋			0.2 和 $45f_t/f_y$ 中的较大值

注　1. 受压构件全部纵向钢筋最小配筋百分率，当采用 C60 以上强度等级的混凝土时，应按表中规定增加 0.10。

　　2. 板类受弯构件（不包括悬臂板）的受拉钢筋，当采用强度等级 400MPa、500MPa 的钢筋时，其最小配筋百分率应允许采用 0.15 和 $45f_t/f_y$ 中的较大值。

　　3. 偏心受拉构件中的受压钢筋，应按受压构件一侧纵向钢筋考虑。

　　4. 受压构件的全部纵向钢筋和一侧纵向钢筋的配筋率及轴心受拉构件和小偏心受拉构件一侧受拉钢筋的配筋率均应按构件的全截面面积计算。

　　5. 受弯构件、大偏心受拉构件一侧受拉钢筋的配筋率应按全截面面积扣除受压翼缘面积 $(b'_f-b)h'_f$ 后的截面面积计算。

　　6. 当钢筋沿构件截面周边布置时，"一侧纵向钢筋"是指沿受力方向两个对边中一边布置的纵向钢筋。

附表 7 - 13　　　　单筋矩形截面适筋梁的最大配筋率 ρ_{max}　　　　　　　%

钢筋级别	混凝土强度等级							
	C15	C20	C25	C30	C35	C40	C45	C50
HPB235	2.105	2.806	3.479	—	—	—	—	—
HRB335	—	1.760	2.182	2.622	—	—	—	—
HRB400、RRB400	—	—	1.712	2.431	2.366	2.706	—	—

附表 7 - 14　　　　结构构件的裂缝控制等级及最大裂缝宽度限值

环境类别	钢筋混凝土结构		预应力混凝土结构	
	裂缝控制等级	w_{lim}	裂缝控制等级	w_{lim}
一	三级	0.3 (0.4)	三级	0.20
二 a		0.20		0.10
二 b			二级	—
三 a、三 b			一级	—

注　1. 对处于年平均相对湿度小于 60% 地区一类环境下的受弯构件，其最大裂缝宽度限值可采用括号内的数值。

　　2. 在一类环境下，对钢筋混凝土屋架、托架及需作疲劳验算的吊车梁，其最大裂缝宽度限值应取为 0.20mm；对钢筋混凝土屋面梁和托梁，其最大裂缝宽度限值应取为 0.30mm。

　　3. 在一类环境下，对预应力混凝土屋架、托梁及双向板体系，应按二级裂缝控制等级进行验算；对一类环境下的预应力混凝土屋面梁、托梁、单向板，应按表中二 a 级环境的要求进行验算；在一类和二 a 类环境下需作疲劳验算的预应力混凝土吊车梁，应按裂缝控制等级不低于二级的构件进行验算。

　　4. 表中规定的预应力混凝土构件的裂缝控制等级和最大裂缝宽度限值仅适用于正截面的验算；预应力混凝土构件的斜截面裂缝控制验算应符合《混凝土结构设计规范》第 7 章的有关规定。

　　5. 对于烟囱、筒仓和处于液体压力下的结构，其裂缝控制要求应符合专门标准的有关规定。

　　6. 对于处于四、五类环境下的结构构件，其裂缝控制要求应符合专门标准的有关规定。

　　7. 表中的最大裂缝宽度限值为用于验算荷载作用引起的最大裂缝宽度。

第八章　钢筋混凝土梁板结构

梁板结构是指由梁及平板组成的受力体系，是土木工程中常见的结构形式，它除了在建筑的楼盖或屋盖中得到广泛应用外，还被用于桥梁的桥面结构，水池的顶盖、池壁、底板，挡土墙，筏式基础等，因此，其设计原理具有普遍的意义。本章着重讲述建筑结构中的楼（屋）盖设计，并对几种常见的楼梯计算和构造作简单介绍。

第一节　现浇整体式单向板肋梁楼盖

一、楼盖类型

混凝土梁板结构按其施工方法可分为现浇整体式、装配式和装配整体式三种形式。

现浇整体式混凝土楼盖是指在现场整体浇筑的楼盖。其优点是：整体刚度好、抗震性强、灵活性大又防水防漏，能满足各种平面形状、设备和管道、各类荷载及施工条件等特殊要求。缺点是：耗费模板多、施工工期长，且混凝土施工受季节影响较大。按楼板受力和支承条件的不同，又将现浇整体式混凝土楼盖分为单向板肋形楼盖、双向板肋形楼盖、无梁楼盖、井式楼盖、密肋楼盖、扁梁楼盖等，见图8-1。

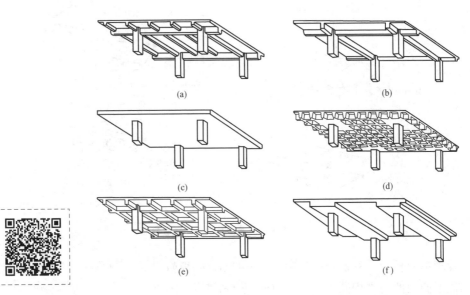

(a)　　　　　　　　　　　　　　　　(b)

(c)　　　　　　　　　　　　　　　　(d)

(e)　　　　　　　　　　　　　　　　(f)

工程实例－现浇式楼盖　　　　　　　　图8-1　常用的楼盖形式

装配式混凝土楼盖是指梁、板先在工厂或施工现场预制，然后吊装就位拼装成整体。由于采用了预制构件，装配式混凝土楼盖便于工业化生产，在多层民用建筑和多层工业厂房中得到广泛应用。但是，这种楼盖由于整体性、抗震性、防水性较差，不便于开设孔洞，故对高层建筑及有抗震设防要求的建筑以及使用上要求防水和开设孔洞的楼面，

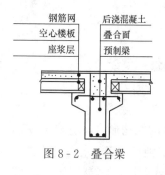

图 8-2　叠合梁

均不宜采用。

装配整体式混凝土楼盖由预制板（梁）上现浇一叠合层而成为一个整体，如图 8-2 所示。这种楼盖兼有整体现浇式和预制装配式楼盖的优点，既有比装配式楼盖好的整体性，又较整体现浇式节省模板和支撑。但这种楼盖要进行混凝土二次浇灌，有时还需增加焊接工作量，故对施工进度和造价都带来一些不利影响。它仅适用于荷载较大的多层工业厂房、高层民用建筑及有抗震设防要求的建筑。

二、受力体系与计算简图

（一）单向板与双向板

肋梁楼盖中板被梁分割成许多区格，每一区格板的四边一般均有梁或墙支承，板上的荷载主要通过板的受弯作用传到四边支承的构件上，如图 8-3 所示。根据试验结果，对于四边支承的板，当长边与短边之比 $l_2/l_1 \geqslant 3$ 时，板主要沿短边方向受力及传递荷载，沿长边方向的受力及传递的荷载小到工程上可忽略不计，工程上称这种板为单向板；当 $l_2/l_1 \leqslant 2$ 时，板两个方向的受力及传递的荷载均不可忽略，工程上称这种板为双向板；当 $2 < l_2/l_1 < 3$ 时，宜按双向板计算；当按沿短边方向受力的单向板计算时，应沿长边方向布置足够数量的构造钢筋；对于沿两对边支承的板应按单向板计算。

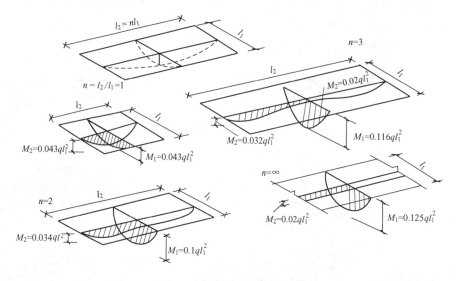

图 8-3　板的变形及弯矩分布

计算单向板时，可取一单位宽度（$b=1$m）的板带作为典型单元进行配筋计算，计算方法与矩形截面的扁梁相同，所以，单向板又称为梁式板。

在单向板肋梁形楼盖中，荷载的传递路线是：板→次梁→主梁→柱或墙，也就是说，板的支座为次梁，次梁的支座为主梁，主梁的支座为柱或墙。由于板、次梁和主梁整体浇筑在一起，因此楼盖中的板和梁往往形成多跨连续结构，在计算上和构造上与单跨简支板、梁均有较大区别，这是现浇楼盖在设计和施工中必须注意的一个重要特点。

单向板肋梁楼盖的设计步骤一般是：

1）选择结构布置方案；

2）确定结构计算简图并进行荷载计算；

3）板、次梁、主梁分别进行内力计算；

4）板、次梁、主梁分别进行截面配筋计算；

5）根据计算和构造的要求绘制楼盖结构施工图。

（二）楼盖的结构布置

设计单向板肋梁楼盖时，首先应当确定梁板结构的布置。为得到一种合理的结构布置，一般可按下列原则进行：

1. 应满足房屋的正常使用要求

当房屋的宽度不大时（小于5～7m），梁可以只沿一个方向布置，见图8-4（a）；当房屋的平面尺寸较大时（例如工厂、仓库等），梁则应布置在两个方向上，并设一、两排或更多的支柱，此时主梁可平行于纵向外墙，见图8-4（b），或垂直于纵向外墙设置，见图8-4（c）。前者对室内采光较为有利，后者则适合需要开设较大窗孔的建筑。

2. 应考虑结构受力是否合理

布置梁板结构时，应尽量避免将集中荷载直接支承于板上，如板上有隔墙、机器设备等集中荷载作用时，宜在板下设置梁来支承，见图8-4（e），也应尽量避免将梁的支座搁在门窗洞口上，否则门窗过梁就要加强。

3. 考虑节约材料、降低造价的要求

由图8-4可以看到，板的跨度就是次梁的间距，当次梁的间距减小时，次梁的根数就增多，但板跨减小，可使板厚减薄。反之，当次梁的间距增大时，次梁的根数就减少，但板跨增大，又使板厚增加，两者在材料消耗方面是互相密切联系的一对矛盾。但根据实践表明，由于楼盖中板的混凝土用量占整个楼盖混凝土用量的比例较大，因此一般板厚愈薄，材料总消耗愈少，造价也愈经济。但板太薄会使挠度过大，且施工难以保证质量，所以板的厚度一般不应小于表8-1的规定。

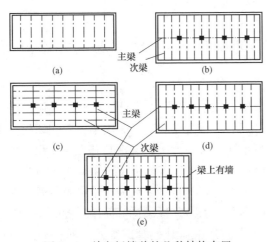

图8-4　单向板楼盖的几种结构布置

表8-1　现浇钢筋混凝土板的最小厚度　　mm

板 的 类 别		最小厚度
单向板	屋面板	60
	民用建筑楼板	60
	工业建筑楼板	70
	行车道下的楼板	80
双向板		80
密肋板	面板	50
	肋高	250
悬臂板	板的悬臂长度小于或等于500mm	60
	板的悬臂长度为1200mm	100
无梁楼板		150
现浇空心楼盖		200

设计时，板的厚度和跨度可根据荷载的大小参考表8-2来选择，且钢筋混凝土单向板跨厚比不大于30，板的合理跨度，一般在1.7～2.7m之间。

表 8-2　　　　　　　　　　整体梁或板（单向板）厚度参考表　　　　　　　　　mm

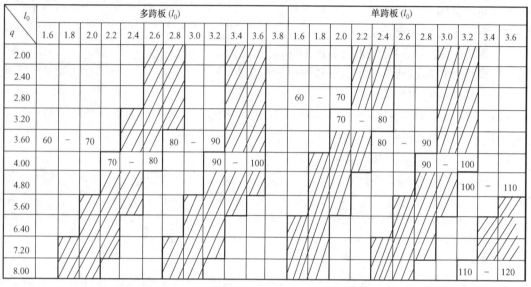

l_0 / q	多跨板 (l_0)												单跨板 (l_0)										
	1.6	1.8	2.0	2.2	2.4	2.6	2.8	3.0	3.2	3.4	3.6	3.8	1.6	1.8	2.0	2.2	2.4	2.6	2.8	3.0	3.2	3.4	3.6
2.00																							
2.40																							
2.80													60	–	70								
3.20															70	–	80						
3.60	60	–	70				80	–	90								80	–	90				
4.00				70	–	80		90	–	100										90	–	100	
4.80																					100	–	110
5.60																							
6.40																							
7.20																							
8.00																					110	–	120

注　1. 本表选自《简明建筑结构设计手册》。

　　2. 表中 l_0 为板的计算跨度（m），q 为荷载标准值（kN/m^2），不包括板自重。

此外，由实践可知，当梁的跨度增大时，楼盖的造价随着提高；但当梁的跨度过小时，又使柱和柱基的数量增多，也会提高房屋的造价，同时柱子愈多，房屋的使用面积愈小。因此，主、次梁的跨度也有一个比较经济合理的范围：次梁为 4～6m，主梁为 5～8m（当荷载较小时，宜用较大值；当荷载较大时，宜用较小值）。

根据以上原则，即可对楼盖进行结构布置。一般来说，板梁布置得愈简单整齐，就愈能符合适用、经济、美观的要求。为此，如无特殊要求，应把整个柱网布置成正方形或长方形的，板梁应尽量布置成等跨度的，以便使板的厚度和梁的截面尺寸都能统一，这样既便于计算也有利于施工。

（三）单向板楼盖的计算简图

楼盖结构布置完毕以后，即可确定结构的计算简图，以便对板、次梁、主梁分别进行计算。

1. 荷载计算

当楼面承受均布荷载时，对于板，通常取宽度为 1m 的板带作为计算单元，板所承受的荷载即为板带自重（包括面层及粉刷等）及板带上的均布活荷载。对于次梁，取相邻板跨中线所分割出来的面积作为它的受荷面积，次梁所承受的荷载为次梁自重及其受荷面积上板传来的荷载。对于主梁，则承受主梁自重及由次梁传来的集中荷载，但由于主梁自重与次梁传来的荷载相比往往较小，故为了简化计算，一般可将主梁均布自重化为若干集中荷载，加入次梁传来的集中荷载合并计算。荷载计算单元见图 8-5（a），板梁计算简图见图 8-5（b）。

当楼面承受集中（或局部）荷载时，可将楼面的集中荷载换算成等效均布荷载进行计算，换算方法可参阅《荷载规范》附录 C。

2. 支座

在单向板肋形楼盖中，板、梁的支座通常有两种构造形式，一种是直接搁置在砖墙、砖柱上；一种是与梁、柱整体连接。前者由于不是整体连接，支座对板、梁的嵌固作用不大，故在计算中可将其视为铰支座。后者由于支座对板、梁的转动有一定的约束作用，见图 8-6，但为了简化计算，也把它当作铰支座，由此而引起的误差，可在荷载计算时加以调整。调整的具体方法是采取增加恒荷载，减少活荷载的方式处理

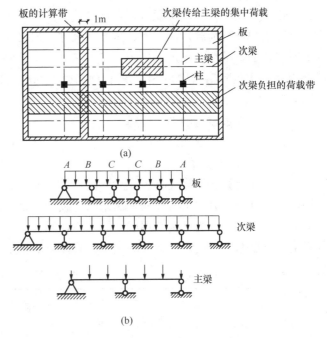

图 8-5　单向板楼盖板、梁的计算简图
(a) 荷载计算单元；(b) 板、梁的计算简图

对于板　$g' = g + \dfrac{q}{2}$

$q' = \dfrac{q}{2}$

对于次梁 $g' = g + \dfrac{q}{4}$

$q' = \dfrac{3q}{4}$

对于主梁 $g' = g$

$q' = q$

式中：g、q 为实际的恒荷载、活荷载；g'、q' 为调整后的折算恒荷载、活荷载。

这是因为：当恒荷载满布时比活荷载隔跨布置时所引起板、梁在支座处的转动要小。采取上述调整措施，意味着可减少板、梁在支座处的转动，以此来反映由于忽略支座对板、梁的约束作用而引起的误差。

需要指出，在楼盖中，如果主梁的支座为截面较大的钢筋混凝土柱，当主梁与柱的线刚度比小于 4 时，以及柱的两边主梁跨度相差较大（大于 10%）时，由于柱对梁的转动有较大约束和影响，故不能再按铰支座考虑，而应将梁、柱视作框架来计算。

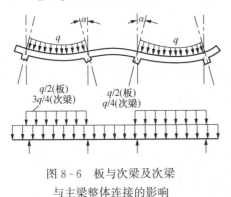

图 8-6　板与次梁及次梁
与主梁整体连接的影响

3. 跨数与跨度

当连续梁的某跨受到荷载作用时，它的相邻各跨也会受到影响，并产生变形和内力，但这种影响是距该跨愈远愈小，当超过两跨以上时，影响已很小。正因为如此，对于多跨连续板、梁（跨度相等或相差不超过 10%），若跨数超过五跨时，可按五跨来计算。此时，除连续板、梁两边的第一、二跨外，其余的中间跨度和中间支座的内力值均按五跨连续板、梁的中间跨度和中间支座采用。例如在图 8-5 中，板实际为六跨，但计算时可只按五跨考虑。如果跨数未超过五跨，则计算时就按实际跨数考虑。

连续板、梁各跨的计算跨度，与支座的构造形式、构件的截面尺寸以及内力计算方法有关，通常可按表 8-3 采用。

由上可知，在确定楼盖板、梁计算简图的过程中，需要事先假定构件截面尺寸才能确定计算跨度和进行荷载计算。板、梁截面尺寸一般可参考下列数值进行假定：板厚可按结构布置时对板的要求给予选定，见表 8-1、表 8-2，次梁的截面高度 h 为 $(1/18\sim1/12)\,l_0$（此处 l_0 为次梁的计算跨度）；主梁的截面高度 h 约为 $(1/15\sim1/10)\,l_0$（此处 l_0 为主梁的计算跨度）；梁宽 b 约为 $(1/3\sim1/2)\,h$。

三、单向板楼盖的内力计算

钢筋混凝土连续板、梁的内力计算方法有两种：弹性计算法和塑性计算法。

（一）弹性计算法

按弹性计算法计算连续板、梁的内力，也就是假定结构为弹性匀质材料，按结构力学原理进行计算，一般常用力矩分配法来求连续板、梁的内力。为计算方便，对于等跨的荷载规则的连续板、梁，均已制有现成计算表格，见本章附表 8-1。在实际应用上，利用这种计算表格即可迅速求得连续板、梁的内力，具体方法如下。

表 8-3 梁、板的计算跨度

按弹性理论计算	单跨	两端搁置	$l_0=l_n+a$ 且 $l_0\leqslant l_n+h$ （板） $l_0\leqslant1.05l_n$ （梁）
		一端搁置、一端与支承构件整浇	$l_0=l_n+a/2$ 且 $l_0\leqslant l_n+h/2$ （板） $l_0\leqslant1.025l_n$ （梁）
		两端与支承构件整浇	$l_0=l_n$
	多跨	边跨	$l_0=l_n+a/2+b/2$ 且 $l_0\leqslant l_n+h/2+b/2$ （板） $l_0\leqslant1.025l_n+b/2$ （梁）
		中间跨	$l_0=l_c$ 且 $l_0\leqslant1.1l_n$ （板） $l_0\leqslant1.05l_n$ （梁）
按塑性理论计算		两端搁置	$l_0=l_n+a$ 且 $l_0\leqslant l_n+h$ （板） $l_0\leqslant1.05l_n$ （梁）
		一端搁置、一端与支承构件整浇	$l_0=l_n+a/2$ 且 $l_0\leqslant l_n+h/2$ （板） $l_0\leqslant1.025l_n$ （梁）
		两端与支承构件整浇	$l_0=l_n$

注　l_0—板、梁的计算跨度；l_c—支座中心线间距离；l_n—板、梁的净跨；h—板厚；a—板、梁端支承长度；b—中间支座宽度。

1. 活荷载的最不利位置

作用于梁或板上的荷载有恒荷载与活荷载，恒荷载是保持不变的，而活荷载在各跨的分布则是随机的。对于简支梁，当恒、活荷载都作用时，产生内力（M 与 V）为最大，亦即为最不利；对于连续梁，则不一定是这样。为了确定连续梁、板各指定截面的最不利内力，需考虑活荷载的最不利位置。

兹以一五跨连续梁为例。当活荷载布置在不同跨间时梁的弯矩图及剪力图如图8-7所示。当求1、3、5跨跨中最大正弯矩时，活荷载应布置在1、3、5跨；当求2、4跨跨中最大正弯矩或1、3、5跨跨中最小弯矩时，活荷载应布置在2、4跨；当求B支座最大负弯矩及B支座最大剪力时，活荷载布置在1、2、4跨，如图8-8所示。

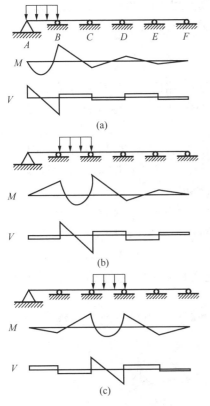

图8-7　活荷载不利位置

活荷载的最不利位置的布置方法，具体可归纳为以下几点：

1）当求连续梁各跨的跨中最大正弯矩时，应在该跨布置活荷载，然后向左、右两边隔跨布置活荷载。

2）当求连续梁各中间支座的最大（绝对值）负弯矩时，应在该支座的左、右两跨布置活荷载，然后隔跨布置活荷载。

3）当求连续梁各支座截面（左侧或右侧）的最大剪力时，应在该支座的左、右两跨布置活荷载，然后隔跨布置活荷载。

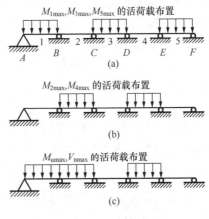

图8-8　活荷载的布置

2. 应用表格计算内力

活荷载的最不利位置确定后，对等跨度（或跨度差小于或等于10％）的连续梁，即可直接应用表格（见本章附表8-1）查得在恒荷载和各种活荷载作用下梁的内力系数，并按下列公式求出梁有关截面的弯矩M和剪力V：

当均布荷载作用时

$$M = K_1 g l_0^2 + K_2 q l_0^2 \tag{8-1}$$

$$V = K_3 g l_n + K_4 q l_n \tag{8-2}$$

当集中荷载作用时

$$M = K_1 G l_0 + K_2 Q l_0 \tag{8-3}$$

$$V = K_3 G + K_4 Q \tag{8-4}$$

式中：g、q为单位长度上的均布恒荷载及活荷载；G、Q为集中恒荷载及活荷载；$K_1 \sim K_4$为内力系数，由本章附表8-1中相应栏内查得；l_0为梁的计算跨度，按表8-3规定采用；

当跨度不等时（不超过 10%），计算支座弯矩，l_0 应取该支座左、右两跨跨度平均值；而计算跨中弯矩时，l_0 仍用该跨的跨度；l_n 为梁的净跨度。

3. 内力包络图

对连续梁来说，活荷载作用位置不同，画出的弯矩图或剪力图也不相同。所谓弯矩（或剪力）包络图，就是在恒荷载弯矩（或剪力）图上叠加以各种不利活荷载位置作用下得出的弯矩（或剪力）图的外包线所围成的图形，也称叠合图形。

绘制弯矩和剪力包络图的目的，在于能合理地确定钢筋弯起和切断的位置，有时也可以检查构件截面强度是否可靠，材料用量是否节省。下面分别叙述弯矩和剪力包络图的绘制方法。

（1）弯矩包络图。

1）荷载作用位置。绘制连续梁第一跨（即边跨）的弯矩包络图时，恒荷载应满布各跨，而活荷载作用位置应考虑三种情况：①使该跨跨中产生 M_{max}；②使该跨跨中产生 M_{min}；③使支座 B 产生最大（绝对值）负弯矩。

绘制连续梁所有中间跨的弯矩包络图时，恒荷载应满布各跨，而活荷载作用位置应考虑四种情况：①使该跨跨中产生 M_{max}；②使该跨跨中产生 M_{min}；③使该跨左支座产生最大（绝对值）负弯矩；④使该跨右支座产生最大（绝对值）负弯矩。

2）根据上述荷载作用情况，应用本章附表 8-1，可分别求出各个支座的弯矩值。

3）将求得的各支座弯矩，按比例绘于各支座上，并将同一荷载作用情况下各跨两端的支座弯矩连成虚线，再以此线为基线，在其上根据荷载情况分别按简支梁作出弯矩图形。

4）分别作出各跨在不同荷载情况下的弯矩图形后，连接最外围的包络线，即为所求的弯矩包络图。

以五跨连续梁为例，当各跨作用有两个对称的集中荷载时（荷载距支座 $l_0/3$），其弯矩包络图的一般形式如图 8-9 所示。

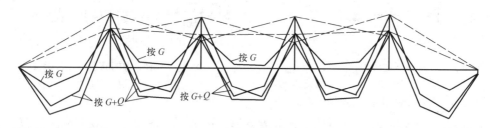

图 8-9 五跨连续梁的弯矩包络图

（2）剪力包络图。

1）确定荷载作用位置：绘制连续梁各跨剪力包络图时，每跨只需考虑两种荷载作用情况，即分别使该跨两端支座剪力为最大。

2）根据上述荷载作用情况，应用本章附表 8-1，可分别求出各个支座的剪力值。

3）将求得的各支座剪力，按比例绘于各支座上，再根据各跨荷载情况分别按简支梁绘制剪力图。

4）当各跨的两个剪力图形分别作出后，连接其外围的包络线即为所求的剪力包络图。

仍以上述五跨连续梁为例，其剪力包络图的一般形式如图 8-10 所示。

由上可知，绘制弯矩和剪力包络图的工作量是比较大的，故在楼盖设计中，除主梁和不等跨的次梁（跨度差大于 20%）有时需根据包络图来确定钢筋弯起和截断位置外，对于连续板和等跨次梁一般不必绘制包络图，而直接按照连续板、梁的构造要求来确定钢筋弯起和截断位置。

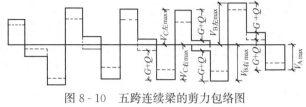

图 8-10　五跨连续梁的剪力包络图

（二）塑性计算法

1. 塑性计算法的基本概念

混凝土是一种弹塑性材料，其变形由弹性变形和塑性变形两部分组成，钢筋在到达屈服强度后会产生很大的塑性变形。在钢筋混凝土受弯构件正截面的承载力计算中采用的是塑性理论，正确地反映了这两种材料的实际性能。但是按弹性计算法确定连续梁由荷载所产生的内力时，却并未考虑材料的塑性性能，而是假定钢筋混凝土为匀质弹性材料以及结构的刚度不随荷载大小而改变，显然，与截面的承载力计算理论不相协调。

同时，由前述的弹性计算法可知，连续梁各截面的最大内力是按照最不利荷载作用下来确定的，而在实际上各种最不利荷载并不可能同时发生，因此，各截面若均按最大内力进行配筋就不能充分发挥材料的作用，而存在着某种程度的浪费。

塑性计算法则是从实际受力情况出发，考虑塑性变形内力重分布来计算连续梁的内力，这样不仅可消除其内力计算和截面计算之间的矛盾，而且还可获得一定的技术经济效果。

兹以图 8-11 所示的两跨连续梁为例，说明塑性变形内力重分布的概念。该梁承受着均布恒荷载 g 及均布活荷载 q，根据三种最不利荷载组合，可画出它的弯矩包络图。若按弹性体系计算，支座截面将按 $M_{Bmax}=-32kN·m$ 配筋，跨中截面将按 $M_{1max}=22.08kN·m$ 配筋。为了节约材料，挖掘潜力，现将支座截面的配筋减少些，例如减少后按支座弯矩 $M_B=24.96kN·m$（约为 $0.78M_{Bmax}$）来配筋，跨中截面则仍按 M_{1max} 来配筋，这样调整内力，是否会影响连续梁的承载能力，分析如下：

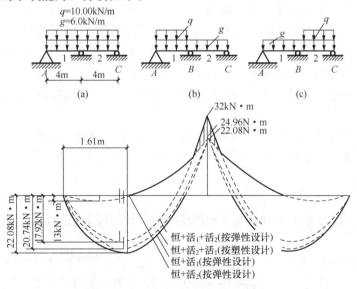

图 8-11　两跨连续梁的弯矩图（考虑塑性内力重分布）

（1）当荷载布置为"恒＋活₁"时，跨中和支座产生的弯矩分别为22.08kN·m和22.08kN·m。由于跨中钢筋未减少，而支座钢筋又是按弯矩为24.96kN·m配置的，大于22.08kN·m，所以此时连续梁的承载能力是安全可靠的。

（2）当荷载布置为"恒＋活₁＋活₂"时，跨中和支座产生的弯矩分别为17.92kN·m和32kN·m。由于跨中是按M_{1max}＝22.08kN·m配筋的，大于17.92kN·m，因此有足够的承载能力。但在支座处，由于配筋减少了，只能承担弯矩24.96kN·m，而不是32kN·m，因此当荷载逐渐增加到B支座的弯矩为24.96kN·m时，B支座截面的钢筋首先就要到达屈服强度，并产生较大塑性变形，这时钢筋拉应力维持在屈服强度不变，而钢筋的拉应变急剧增长，裂缝迅速开展，整个截面将产生塑性转动，这种塑性转动所集中的区域通常称之为塑性铰。塑性铰与普通的理想铰不同，前者能承受一定的弯矩，并能沿弯矩作用方向作一定限度的转动；后者不能承受弯矩，但能自由转动。塑性铰出现后，支座B所能承受的弯矩维持在24.96kN·m不变，由于截面并未破坏，整个连续梁尚能继续增加荷载，而梁犹如简支梁一样地工作，增加的荷载可由跨中截面来负担，于是跨中弯矩将随荷载而逐渐增加，这就引起了结构内力重分布，当荷载增至最大值16.0kN/m（恒荷载g＝6.0kN/m，活荷载q＝10.0kN/m）时，跨中弯矩达到20.74kN·m，见图8-12，此值仍小于跨中钢筋所能负担的弯矩22.08kN·m，所以此时连续梁的承载能力仍是安全可靠的。

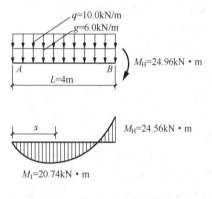

图8-12 梁内跨中弯矩的
计算简图

通过以上分析可知，在连续梁中，如果跨中弯矩和配筋不减少（即仍按弹性体系计算），而适当地减少支座弯矩和配筋（即按塑性计算法将支座弯矩予以调整降低），并不会降低连续梁的承载能力，且结构也是安全可靠的。

塑性计算法求连续梁、板的内力，就是在弹性计算法的基础上，考虑了截面出现塑性铰，发生塑性转动，使整个连续梁引起内力重分布，将某些截面弯矩（一般为支座弯矩）予以调整降低的一种方法，通常也称为弯矩调幅法（考虑塑性内力重分布的计算方法较多，目前普遍采用的是弯矩调幅法）。采用这种方法，只有在超静定结构中是可能的，因为超静定结构在某些截面（例如，连续梁的支座截面）出现塑性铰以后，整个结构仍有可能保持几何不变；在静定结构中是不可能的，因为静定结构任一截面出现塑性铰后，整个结构即将成为几何可变体系。

采用塑性计算法能正确反映材料的实际性能，既节省材料，又保证结构安全可靠，同时，由于减少了支座配筋量，使支座配筋的拥挤状况有所改善，便于施工，所以这是一种较先进的设计方法。

2. 塑性计算法（弯矩调幅法）要点

（1）弯矩调幅法的原则。在调整弯矩时应根据需要和可能进行全面考虑，通常应遵循下列三点原则：

1）力求节约钢材，便于施工。在调整中，为能节约较多的钢材，以使支座配筋简单，应尽可能多地减少支座弯矩，一般常使它等于或接近于跨中弯矩。这样，由支座两边跨度中弯起的钢筋基本上能满足支座配筋的需要，使钢筋构造简单，施工也方便。

2）满足刚度和裂缝宽度的要求。在调整中，要注意支座弯矩的减少也不能太多，否则，支座截面会产生过宽的裂缝、降低梁的刚度并影响正常使用。根据实践经验，连续梁支座弯矩的调整幅度在一般情况下不宜超过 25%；连续板的负弯矩调幅幅度不宜大于 20%；对于 $q/g \leqslant 1/3$ 的连续板、梁中，为了避免在使用荷载下可能出现塑性铰，弯矩调整幅度则不得超过 15%。

在上例中，调整后的支座弯矩为 $M_B = 24.96 \text{kN·m}$，约为 $0.78M_{B\max}$，即 $0.78 \times 32 = 24.96 \text{kN·m}$，未超过 25%，故符合要求。

3）确保结构安全可靠。由于连续梁出现塑性铰后，是按简支梁工作的，因此每跨调整后的两个支座弯矩的平均值加上跨中弯矩的绝对值之和应不小于相应的简支梁跨中弯矩，即

$$\frac{M'_A + M'_B}{2} + M'_{\text{中}} \geqslant M_0 \tag{8-5}$$

式中：M'_A、M'_B 为连续梁某跨两端调整后的支座弯矩；$M'_{\text{中}}$ 为连续梁相应跨调整后的跨中弯矩，见图 8-13（a）；M_0 为在相应的荷载作用下，按简支梁计算时的跨中弯矩，若荷载为均布荷载时，则 $M_0 = \frac{1}{8}q \times l_0^2$，见图 8-13（b）。

此外，调整后的所有支座和跨中塑性铰上的弯矩 M 的绝对值，对承受均布荷载的梁均应满足

$$M \geqslant \frac{1}{24}(g+q)l_0^2 \tag{8-6}$$

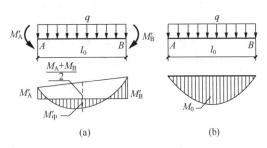

图 8-13　连续梁某跨弯矩图与
简支梁弯矩图的关系

为切实保证构件受剪承载力（按弹性方法和塑性方法得到剪力值的较大者配置受剪钢筋）以及结点构造的可靠性，特别是在预期出现塑性铰的部位，采用密置箍筋或其他约束混凝土的措施。这样，不但有利于提高构件的抗剪承载力，而且还能改变混凝土的变形性能，增大塑性铰的转动能力。

（2）等跨连续板、梁的内力值。根据上述原则，经过内力调整，并考虑到计算的方便，可得出在均布荷载作用下等跨连续板和次梁按塑性计算的内力简化公式如下：

1）弯矩

$$M = \alpha(g+q)l_0^2 \tag{8-7}$$

式中：α 为弯矩系数，见表 8-4；g、q 为均布恒荷载和活荷载；l_0 为计算跨度，见表 8-3。如板、次梁的支座为整体连接时，取净跨 l_n；如端支座为砖墙时，板的端跨取等于净跨加板厚之半，次梁的端跨取等于净跨加支座宽度之半或加 $0.025l_n$（取较小值）。

表 8-4　　　　　　　　　　　连续梁及连续单向板弯矩计算系数 α

截面位置 支承情况		边跨		第二跨		中间跨	
		端支座	边跨中	第二支座	第二跨中	中间支座	中间跨中
梁板搁置墙上		0	1/11	二跨连接 −1/10 三跨以上连续 −1/11	1/16	−1/14	1/16
整浇刚性 连接	板	−1/16	1/14				
	梁	−1/24					
梁与柱刚性连接		−1/16	1/14				

对于跨度相差不超过 10% 的不等跨的连续板和次梁也可应用上述方法计算。但在计算支座弯矩时，应取相邻两跨的较大跨度计算；在计算跨中弯矩时，则应取该跨的计算跨度。

2) 剪力。板内剪力相对地往往较小，在一般情况下都能满足 $V \leqslant 0.7\beta_h f_t bh_0$ 的条件，故不需要进行剪力计算。次梁内的剪力可按下式计算

$$V = \beta(g+q)l_n \tag{8-8}$$

式中：β 为剪力系数，见表 8-5；l_n 为净跨度。

表 8-5 连续梁的剪力计算系数 β

截面位置 支承情况	边跨		第 二 跨		中 间 跨	
	内侧	外侧	内侧	外侧	外侧	内侧
搁置墙上	0.45	0.60	0.55		0.55	0.55
刚性整接	0.50	0.55			0.55	0.55

(3) 塑性计算法的适用条件和适用范围。

1) 适用条件。按照塑性计算法计算内力时，是考虑了支座截面能出现塑性铰，并具有一定塑性转动能力的前提下进行的。为此，在截面配筋计算时，就应控制塑性铰截面的配筋率，不能太大。否则，该截面处的塑性性能就不能充分发挥，也不可能形成塑性铰，而会出现脆性破坏，即钢筋尚未达到流限时受压区混凝土就已先被压碎。为防止出现这种情况，《混凝土结构设计规范》规定：塑性铰截面中混凝土受压区高度不大于 $0.35h_0$ 且不宜小于 $0.1h_0$（h_0 为截面有效高度），即

$$x \leqslant 0.35h_0 \tag{8-9}$$

或

$$\rho = \frac{A_s}{bh_0} \leqslant 0.35 \frac{\alpha_1 f_c}{f_y}$$

或

$$M \leqslant 0.289\alpha_1 f_c bh_0^2 \tag{8-10}$$

式中：M 为出现塑性铰的截面按塑性计算法求得的弯矩值。

由上可知，塑性铰截面的最大配筋率比普通截面的最大配筋率控制较为严格。如调整后的支座弯矩仍较大，不能满足式（8-9）的要求，此时可将截面加大，或将该支座截面设计成双筋截面。当采用双筋截面时，可利用直伸支座的跨中纵向受力钢筋当作受压钢筋使用，不过要保证该筋伸入支座的锚固长度不应小于 $0.7l_a$。

此外，为了充分发挥材料的塑性性能，满足内力重分布的需要，《混凝土结构设计规范》指出，在按塑性内力重分布计算结构构件承载力时，材料宜采用塑性性能较好的 HPB300 级、HRB335 级和 HRB400 级钢筋。

2) 适用范围。塑性计算法由于是按构件能出现塑性铰的情况而建立起来的一种计算方法，采用此法设计出来的构件，在使用阶段的裂缝和挠度一般较大。因此，不是在任何情况下都采用塑性计算法。通常在下列情况下应按弹性理论计算方法进行设计：①直接承受动荷载作用的构件；②裂缝控制等级为一级或二级的构件；③采用无明显屈服台阶钢材配筋的构件。

楼盖中的连续板和次梁，无特殊要求，一般常采用塑性计算。但主梁是楼盖中的重要构件，为了使其具有较大的承载力储备，一般不考虑塑性内力重分布，而仍按弹性计算法计算。

四、单向板的截面计算与构造

连续板、梁的内力求得以后，即可进行截面承载力计算。在一般情况下，如果连续板、梁截面尺寸满足表 7-8 的要求，则可不进行变形和裂缝的计算，而仅须进行承载力计算即可。

（一）单向板的截面配筋计算

连续板的截面承载力计算方法与简支梁基本相同，只不过跨中截面和各支座截面须分别进行计算，板内纵向受力钢筋的数量就是根据各跨中、各支座截面处的最大正、负弯矩分别计算而得。当板的跨数超过五跨时，全部中间跨度均按第三跨的钢筋布置，全部中间支座均按第三支座的钢筋布置。如跨数未超过五跨，则按实际数考虑。

在现浇楼盖中，有的板四周与梁整体连接。由于这种板在破坏前，在正、负弯矩作用下，会在支座上部和跨中下部产生裂缝，使板形成了一个具有一定矢高的拱，而板四周梁则成为具有抵抗横向位移能力的拱支座如图 8-14 所示。此时，板在竖向荷载作用下，一部分荷载将通过拱的作用以压力的形式传至周边，与拱支座（梁）所产生的推力相平衡，从而可折减板中各计算截面的弯矩。为了考虑这种有利因素，一般规定，对于四周与梁整体连接的板的中间跨的跨中截面及中间支座截面，弯矩折减系数为 0.8，其他情况均不予折减。

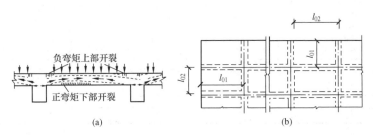

图 8-14　连续梁的配筋计算

（二）单向板的构造要求

1. 受力钢筋的配置方法

板内受力钢筋的数量按上述方法求得后，配置时应考虑构造简单、施工方便。由于连续板各跨、各支座截面所需钢筋的数量不可能都相等，因此在配筋时，往往采取各截面的钢筋间距相同而钢筋直径不相同的方法。

工程案例 - 板的配筋

受力钢筋的直径，在板内通常采用 $\phi6$、$\phi8$、$\phi10$ 以及 $\phi12$。同时在整个板内，选用不同直径的钢筋，不宜超过两种，相互差别不小于 2mm，以便识别。

受力钢筋的间距：一般不小于 70mm；当板厚 $h \leqslant 150$mm 时，不应大于 200mm；$h > 150$mm 时，不应大于 $1.5h$，且不应大于 250mm。由板中伸入支座的下部钢筋，其间距不应大于 400mm，其截面面积不应小于跨中受力钢筋截面面积的 1/3。

板中受力钢筋的布置方式常用的有弯起式和分离式两种，如图 8-15 所示。所谓弯起式，就是将跨中一部分受力钢筋（一般为 1/2～1/3）在支座前弯起（弯起角度一般采用 30°，当板厚 $h > 120$mm 时，可采用 45°），作为承担支座负弯矩之用，如不足可另加钢筋；所谓分离式，就是支座处所需承担负弯矩的钢筋，不是从跨中弯起，而是另外单独配置。采用弯起式，钢筋较省，但施工不如分离式简便。分离式配筋由于上、下钢筋之间无联系，整体性较差，故在承受动力荷载的板中不应采用。

连续板内受力钢筋的弯起和截断位置，一般可不必由弯矩包络图和材料图形来确定，而直接按图 8-15 所示弯起点或截断点位置确定即可。但当板相邻跨度差超过 20%，或各跨荷载相差太大时，则仍应按弯矩包络图和材料图来确定。图中 a 取值为：当板上均布活荷载 q 与均布恒荷载 g 的比值 $q/g \leqslant 3$ 时，$a = l_n/4$；当 $q/g > 3$ 时，$a = l_n/3$，l_n 为板的净跨长。

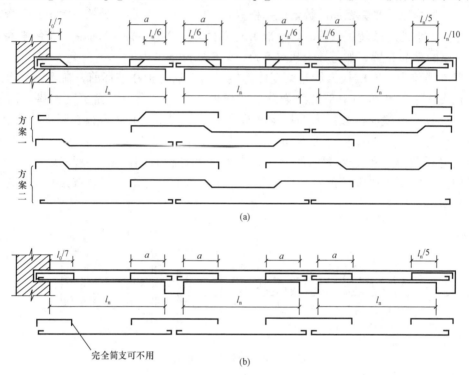

图 8-15　连续板中受力钢筋的布置方式
(a) 弯起式；(b) 分离式

2. 构造钢筋的配置

板中除布置受力钢筋外，尚需配置分布钢筋。单向板内单位长度上分布钢筋的截面面积，不应小于单位长度上受力钢筋截面面积的 15%，且其间距不宜大于 250mm，直径不宜小于 6mm。分布钢筋应垂直布于受力钢筋的内侧，在受力钢筋的弯折处也应加置。

对于嵌固在承重砖墙内的现浇板，为了避免沿墙边板面产生裂缝，在板的上部应配置间距不宜大于 200mm，直径不宜小于 8mm 的构造钢筋（包括弯起钢筋在内），其伸出墙边的长度不应小于 $l_0/7$，见图 8-16（l_0 为单向板的短边计算跨度）。同时，对于两边均嵌固在墙内的板角部分，为了防止出现垂直于板的对角线的板面裂缝，因此，板上部离板角点 $l_0/4$ 范围内也应双向配置上述构造钢筋，其伸出墙边的长度不应小于 $l_0/4$。

此外，沿受力方向配置的上述板面构造钢筋（包括弯起钢筋）的截面面积不宜小于跨中受力钢筋截面面积的 1/3。沿非受力方向配置的上述板面构造钢筋，可根据实践经验适当减少。

在单向板楼盖中，板内受力钢筋是垂直次梁、平行主梁配置的，因此板与次梁连接较好，板与主梁连接较差。事实上，板与主梁连接处也会存在一定数量的负弯矩（因为板上有部分荷载会直接传递到主梁上），为了避免此处产生过大的裂缝，在主梁上部的板内，应配置垂直于主梁的构造钢筋。其间距不大于 200mm，其直径不宜小于 8mm，且单位长度内的总截面面积不应小于板中单位长度内受力钢筋截面面积的 1/3，伸入板中的长度从主梁肋边算起，每边不应小于板计算跨度 l_0 的 1/4，如图 8-17 所示。

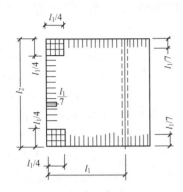

图 8-16　板嵌固在承重墙内时板边构造钢筋配筋图

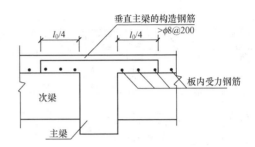

图 8-17　板与主梁连接的构造钢筋

有的楼板根据使用要求需要开设孔洞，其构造可按下列方法处理：

（1）当 b（或 d）≤300mm 时（b 为方形孔洞垂直于板跨方向的宽度，d 为圆形空洞的直径），可不设附加钢筋，板内受力钢筋也不必切断，可绕过孔洞边放置，见图 8-18（a）。

（2）当 300mm≤b（或 d）≤1000mm 时，应沿周边加设附加钢筋，其截面面积不小于被孔洞切断的受力筋总面积，且每侧≥2ϕ10，并布置在与被切断的主筋同一水平面上，见图 8-18（b）。

（3）当 b（或 d）>1000mm 或孔洞周边有较大集中荷载时，应在洞边设肋梁，见图 8-18（c）。对于圆形孔洞：板中还须配置图 8-18（c）所示的上部和下部钢筋以及图 8-18（d）、（e）所示的洞口附加环筋和放射向钢筋。

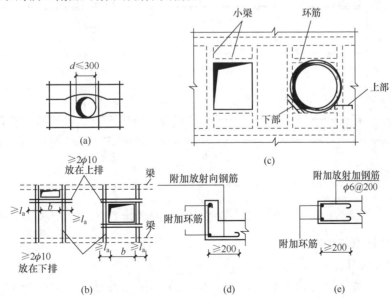

图 8-18　板上开洞的配筋方式

五、次梁的计算与构造

（一）次梁的计算

（1）按正截面抗弯承载力确定纵向受拉钢筋时，通常跨中按 T 形截面计算，其翼缘宽度 b'_f 按表 7-13 采用；支座因翼缘位于受拉区，按矩形截面计算。

（2）按斜截面抗剪承载力确定抗剪腹筋。当荷载、跨度较小时，一般只利用箍筋抗剪；当荷载、跨度较大时，可在支座附近设置弯起钢筋，以减少箍筋用量。

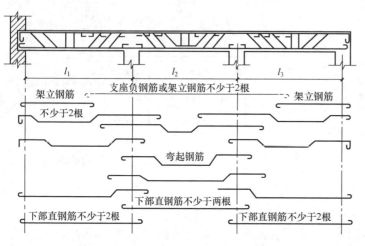

图 8-19　次梁的钢筋组成及布置

（3）截面尺寸满足前述高跨比（1/18～1/12）和宽高比（1/3～1/2）的要求时，一般不必作使用阶段的挠度和裂缝宽度验算。

（二）次梁的构造要求

（1）次梁的钢筋组成及其布置可参考图8-19。次梁伸入墙内的长度一般应不小于 240mm。

（2）当次梁相邻跨度相差不超过 20%，且均布活荷载与均布恒荷载设计值之比 $q/g \leqslant 3$ 时，其纵向受力钢筋的弯起和切断可按图 8-20 进行。否则应按弯矩包络图确定。

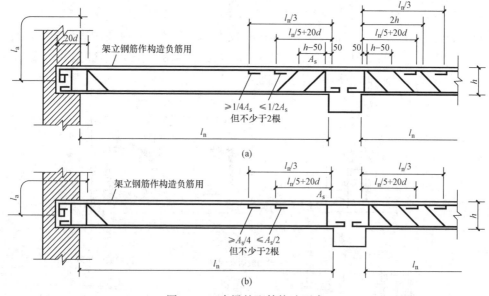

图 8-20　次梁的配筋构造要求

六、主梁的计算与构造

（一）主梁的计算

（1）正截面抗弯计算与次梁相同，通常跨中按 T 形截面计算，支座按矩形截面计算。

当跨中出现负弯矩时，跨中也应按矩形截面计算。

（2）由于支座处板、次梁和主梁的钢筋重叠交错，且主梁负筋位于次梁和板的负筋之下，见图 8-21，故截面有效高度在支座处有所减小。此时主梁截面的有效高度应取：

当主梁受力钢筋为一排时　$h_0 = h - (60 \sim 70)\text{mm}$；

当主梁受力钢筋为二排时　$h_0 = h - (80 \sim 90)\text{mm}$。

（3）由于主梁一般按弹性法计算内力，计算跨度是取支座中心线之间的距离，计算所得的支座弯矩其位置是在支座中心处，但此处因与柱支座整体连接，梁的截面高度显著增大，故并不危险。最危险的支座截面应在支座边缘处，见图 8-22。因此，支座截面配筋的计算，应取支座边缘的弯矩 M'_b，而不是支座中心处的 M_b。M'_b 值可近似地按下式计算

$$M'_b = M_b - V_0 \times \frac{b}{2} \qquad (8-11)$$

式中：M'_b 为支座边缘处的弯矩；M_b 为支座中心处的弯矩；V_0 为视该跨为简支梁时的支座剪力；b 为支座宽度。

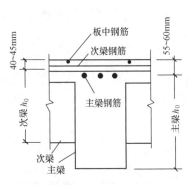

图 8-21　主梁支座处受力
钢筋的布置情形

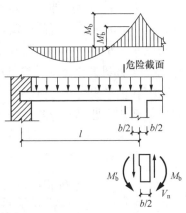

图 8-22　支座中心与支柱边缘的弯矩

（4）主梁主要承受集中荷载，剪力图呈矩形。如果在斜截面抗剪计算中，要利用弯起钢筋抵抗部分剪力，则应考虑跨中有足够的钢筋可供弯起。若跨中钢筋可供弯起的根数不多，则应在支座设置专门抗剪的鸭筋，见图 8-23。

（5）截面尺寸满足前述高跨比 $1/14 \sim 1/8$ 和宽高比 $1/3 \sim 1/2$ 的要求时，一般不必作使用阶段挠度和裂缝宽度验算。

（二）主梁的构造要求

（1）主梁钢筋的组成及布置可参考图 8-23。主梁伸入墙内的长度一般应不小于 370mm。

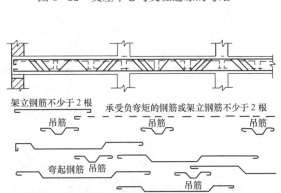

图 8-23　主梁配筋构造要求

（2）主梁纵向受力钢筋的弯起和截断，应使其抗弯承载力图覆盖弯矩包络图，并应满足有关构造要求。例如：对于主梁需要弯起钢筋抗剪的区段，弯起钢筋的弯终点离支座边缘的

距离一般应不大于 50mm；通过前一道弯起钢筋的弯起点和后一道弯起钢筋的弯终点的垂直截面之间的距离应不大于箍筋最大间距 S_{max}；通过最后一道弯起钢筋弯起点的垂直截面到集中力作用点的距离也不应大于 S_{max}。若该处下部钢筋抗拉强度已被充分利用，则还要求弯起钢筋下部弯点离开该钢筋强度充分利用点的距离不小于 $h_0/2$，h_0 为主梁截面有效高度。若集中力作用点处的纵筋强度尚未充分利用，则该段距离允许小于 $h_0/2$，但要验算该处斜截面的抗弯承载力。

（3）不管是主梁还是次梁，其下部纵向受力钢筋伸入支座的锚固长度，应按下述原则选取。

连续梁下部纵向受力钢筋伸入边支座内的锚固长度 l_{as} 与简支梁的规定相同：当 $V \leqslant 0.7 f_t bh_0$ 时，$l_{as} \geqslant 5d$；当 $V > 0.7 f_t bh_0$ 时，$l_{as} \geqslant 0.35 l_a$。纵向受拉钢筋不宜在受拉区截断，通常均应伸至梁端，如伸至梁端尚不满足上述锚固长度的要求，则应用专门的锚固措施。例如，在钢筋上加焊横向锚固钢筋、锚固钢板，或将钢筋端部焊接在梁端的预埋件上等。

连续梁下部纵向受力钢筋伸入中间支座的锚固长度，当计算中不利用其强度时，其伸入长度与简支梁当 $V > 0.7 f_t bh_0$ 时的规定相同；当计算中充分利用钢筋的受拉强度时，其伸入支座的锚固长度不应小于 l_a；当计算中充分利用钢筋的受压强度时，其锚固长度不应小于 $0.7 l_a$。连续梁的上部纵向钢筋应贯穿其中间支座或中间节点范围。

（4）在次梁和主梁相交处，由于主梁承受由次梁传来的集中荷载，其腹部可能出现斜裂缝，并引起局部破坏，见图 8-24（a）。因此，《混凝土结构设计规范》规定应在集中荷载附近 $s = 2h_1 + 3b$ 的长度范围内设置附加横向钢筋（吊筋、箍筋），以便将全部集中荷载传至梁的上部，见图 8-24（b）与图 8-24（c）。

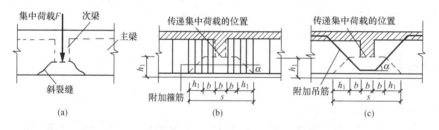

图 8-24 主梁腹部局部破坏情形及附加横向钢筋布置

工程实例-主次梁相交处的附加钢筋

第一道附加箍筋离次梁边 50mm。如集中力全部由附加箍筋承受，则所需附加截面的总面积为

$$A_{sv} = \frac{F}{f_{yv}} \qquad (8-12)$$

当选定附加箍筋的直径和肢数后，由上式 A_{sv} 即不难算出 s 范围内附加箍筋的根数。

如集中力 F 全部由吊筋承受，其总截面面积

$$A_{sb} \geqslant \frac{F}{2 f_{yv} \sin\alpha} \qquad (8-13)$$

当吊筋的直径选定后，即可求得吊筋的根数。

如集中力 F 同时由附加吊筋和附加箍筋承受时，应满足下列条件

$$F \leqslant 2 f_y A_{sb} \sin\alpha + mn A_{sv1} f_{yv} \qquad (8-14)$$

式中：A_{sb}为承受集中荷载所需的附加吊筋的总截面面积；A_{sv1}为附加箍筋单肢的截面面积；n为同一截面内附加箍筋的肢数；m为在s范围内附加箍筋的根数；F为作用在梁的下部或梁截面高度范围内的集中荷载设计值；f_y为吊筋的抗拉强度设计值；f_{yv}为附加箍筋的抗拉强度设计值；α为附加吊筋弯起部分与梁轴线间的夹角，一般取$45°$；如梁高$h>800\text{mm}$，取$60°$。

七、单向板肋形楼盖设计例题

【例 8 - 1】 设计资料：某建筑楼盖采用现浇钢筋混凝土肋形楼盖，其结构平面布置见图8 - 25。

(1) 楼面构造层做法：20mm 厚水泥砂浆面层，15mm 厚混合砂浆粉底。

(2) 可变荷载：根据实际使用情况，标准值确定为 6.0kN/m^2。

(3) 永久荷载分项系数为 1.3，可变荷载分项系数为 1.5。

(4) 材料选用：混凝土采用 C20（$f_c=9.6\text{N/mm}^2$）；钢筋，梁中受力主筋采用 HRB335 级钢筋（$f_y=300\text{N/mm}^2$），其余采用 HPB300 级钢筋（$f_{yv}=270\text{N/mm}^2$）。

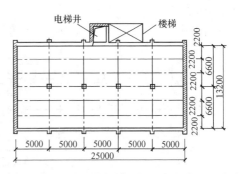

图 8 - 25　楼盖结构平面布置

试设计此楼盖的板、次梁、主梁。

解　(1) 板、梁的截面尺寸的确定。板按考虑塑性内力重分布方法计算。

考虑刚度要求，板厚

$$h \geqslant 1/30 \times 2200 = 73(\text{mm})$$

考虑工业房屋楼盖最小板厚为 70mm，板厚确定为 80mm。

次梁截面高度根据一般要求

$$h = (1/12 \sim 1/18)l_0 = (1/12 \sim 1/18) \times 5000$$
$$= 417 \sim 278(\text{mm})$$

考虑本例楼面活荷载较大，取

$$b \times h = 200\text{mm} \times 400\text{mm}$$

主梁截面高度根据一般要求

$$h = (1/8 \sim 1/14)l_0 = (1/8 \sim 1/14) \times 6600$$
$$= 825 \sim 471(\text{mm})$$

取 $b \times h = 250\text{mm} \times 600\text{mm}$

板的尺寸及支承情况如图 8 - 26 所示。

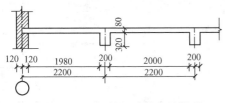

图 8 - 26　板的尺寸及支承情况

(2) 板的设计。

1) 荷载计算

永久荷载标准值：

20mm 厚水泥砂浆面层　　$0.02 \times 20 = 0.4$（kN/m^2）

80mm 厚钢筋混凝土板　　$0.08 \times 25 = 2.0$（kN/m^2）

15mm 厚混合砂浆粉底	$0.015 \times 17 = 0.255$（kN/m^2）
恒荷载标准值	$g_k = 2.655$（kN/m^2）
恒荷载设计值	$g = 1.3 \times 2.655 = 3.452$（kN/m^2）
可变荷载设计值	$q = 1.5 \times 6.0 = 9$（kN/m^2）
合计	12.452kN/m^2
即每米板宽	$g + q = 12.452$kN/m^2

2）内力计算

计算跨度：

边跨　　$l_1 = l_n + h/2 = 2.2 - 0.2/2 - 0.12 + 0.08/2 = 2.02$（m）

中间跨　　　　$l_2 = l_3 = l_n = 2.2 - 0.2 = 2.0$（m）

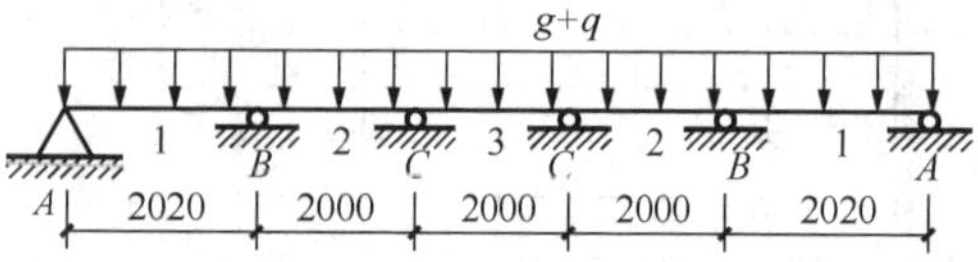

式中：l_n 为净跨度，见图 8-26。

跨度差　$[(2.02 - 2)/2.0] \times 100\% = 1.0\% < 10\%$

故允许采用等跨连续板的内力系数计算。

板的计算简图如图 8-27 所示。

各截面的弯矩计算见表 8-6。

图 8-27　板的计算简图

表 8-6　　　　　　　　　　　　连续板各截面弯矩的计算

截　　面	边　跨　中	支　座 B	中　间　跨　中	中　间　支　座
弯矩系数 α	$\dfrac{1}{11}$	$-\dfrac{1}{11}$	$\dfrac{1}{16}$	$-\dfrac{1}{14}$
$M = \alpha (g+q) l_0^2$（kN·m）	$\dfrac{1}{11} \times 12.452 \times 2.02^2$ $= 4.62$	$-\dfrac{1}{11} \times 12.452 \times 2.02^2$ $= -4.62$	$\dfrac{1}{16} \times 12.452 \times 2.0^2$ $= 3.11$	$-\dfrac{1}{14} \times 12.452 \times 2.0^2$ $= -3.56$

3）截面承载力计算。$b = 1000$mm，$h = 80$mm，$h_0 = 80 - 25 = 55$（mm），各截面的配筋计算见表 8-7。

表 8-7　　　　　　　　　　　　　　板 的 配 筋 计 算

截　　面		1	B	2		C	
				Ⅰ—Ⅰ板带	Ⅱ—Ⅱ板带	Ⅰ—Ⅰ板带	Ⅱ—Ⅱ板带
弯矩 M（N·mm）		4.62×10^6	-4.62×10^6	3.11×10^6	$0.8 \times 3.11 \times 10^6$	-3.56×10^6	$-0.8 \times 3.56 \times 10^6$
$\alpha_s = \dfrac{M}{a_1 f_c b h_0^2}$		0.159	0.159	0.107	0.086	0.123	0.098
$\xi = 1 - \sqrt{1 - 2\alpha_s}$		0.174	0.174	0.113	0.09	0.132	0.103
$A_s = \dfrac{\xi b h_0 a_1 f_c}{f_y}$（mm^2）		340	340	221	176	258	201
选用钢筋（mm^2）	Ⅰ—Ⅰ板带	$\phi8@110$ $A_s = 457$	$\phi8@110$ $A_s = 457$	$\phi8@110$ $A_s = 457$		$\phi8@110$ $A_s = 457$	
	Ⅱ—Ⅱ板带	$\phi8@130$ $A_s = 387$	$\phi8@130$ $A_s = 387$		$\phi8@130$ $A_s = 387$		$\phi8@130$ $A_s = 387$

注　1. Ⅰ—Ⅰ板带指板的边带，Ⅱ—Ⅱ板带指板的中带。

　　2. Ⅱ—Ⅱ板带的中间跨及中间支座，由于板四周与梁整体连接，因此该处弯矩可减少 20%（即乘以 0.8）。

4）板的配筋图见图 8-28，在板的配筋图中，除按计算配置受力钢筋外，尚应设置下列

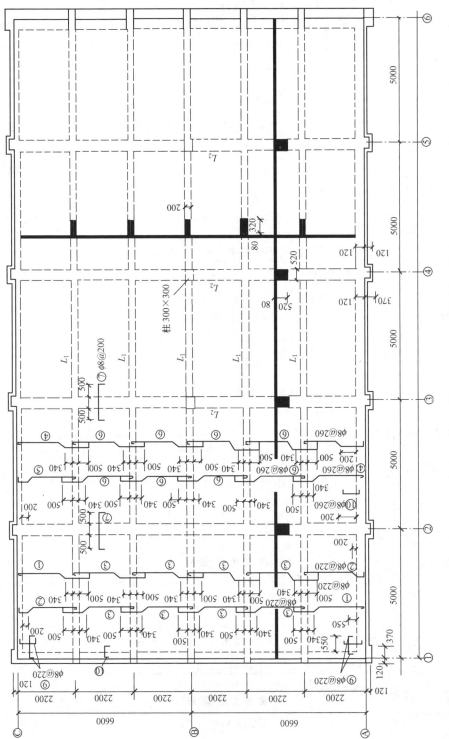

图 8-28　屋盖结构平面布置图及板的配筋图

构造钢筋：①分布钢筋：按规定选用 $\phi 8@250$；②板边构造钢筋：按规定选用 $\phi 8@200$，设置在板四周边的上部；③板角构造钢筋：按规定选用 $\phi 8@200$，双向配置在板四角的上部。

（3）次梁的设计。次梁按塑性内力重分布方法计算。次梁有关尺寸及支承情况见图8-29。

1）荷载计算。

恒荷载设计值

由板传来	$3.452 \times 2.2 = 7.59$（kN/m）
梁自重	$1.3 \times 0.2 \times (0.4-0.08) \times 25 = 2.08$（kN/m）
梁侧摸灰	$1.3 \times 0.015 \times (0.4-0.08) \times 2 \times 17 = 0.212$（kN/m）
	$g = 9.706$（kN/m）

可变荷载设计值，由板传来　　　　　　　$q = 1.5 \times 6.0 \times 2.2 = 19.8$（kN/m）

合计　　　　　　　　　　　　　　　　$g+q = 29.51$ kN/m

2）内力计算。计算跨度：

边跨　　　　　$l_{01} = l_{n1} + a/2 = (5.0 - 0.25/2 - 0.12) + 0.24/2$

　　　　　　　　$= 4.88$（m）

　　　　　　　$l_{01} = 1.025 l_{n1} = 1.025 \times 4.755 = 4.87$（m）

取二者中较小值　　　　　$l_1 = 4.87$ m

中间跨　　　　　$l_{02} = l_{03} = l_{n2} = 5.0 - 0.25 = 4.75$（m）

跨度差　　　$\dfrac{4.87 - 4.75}{4.75} \times 100\% = 2.53\% < 10\%$

故允许采用等跨连续次梁的内力系数计算。计算简图如图8-30所示。

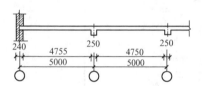

图8-29　次梁设计的尺寸及支承情况

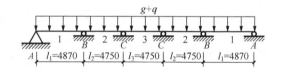

图8-30　次梁的计算简图

次梁内力计算见表8-8、表8-9。

表8-8　　　　　　　　　　　次　梁　弯　矩　计　算　表

截面	边跨中	B支座	中间跨中	中间支座
弯矩系数 α	$\dfrac{1}{11}$	$-\dfrac{1}{11}$	$\dfrac{1}{16}$	$-\dfrac{1}{14}$
$M = \alpha(g+q)l_0^2$ （kN·m）	$\dfrac{1}{11} \times 29.51 \times 4.87^2$ $= 63.63$	$-\dfrac{1}{11} \times 29.51 \times 4.87^2$ $= -63.63$	$\dfrac{1}{16} \times 29.51 \times 4.75^2$ $= 41.61$	$-\dfrac{1}{14} \times 29.51 \times 4.75^2$ $= -47.56$

表8-9　　　　　　　　　　　次　梁　剪　力　计　算　表

截面	边支座	B支座（左）	B支座（右）	中间支座
剪力系数 β	0.45	0.6	0.55	0.55
$V = \beta(g+q)l_n$ （kN）	$0.45 \times 29.51 \times 4.75$ $= 63.08$	$0.6 \times 29.51 \times 4.75$ $= 84.1$	$0.55 \times 29.51 \times 4.75$ $= 77.09$	77.09

3）截面承载力计算。次梁跨中按 T 形截面计算，其翼缘宽度为：

边跨
$$l_0/3 = \frac{1}{3} \times 4870 = 1623 \text{(mm)}$$

$$b + s_n = 200 + 2000 = 2200 \text{(mm)}$$

取
$$b'_f = 1623 \text{mm}$$

中间梁
$$b'_f = \frac{1}{3} \times 4750 = 1583 \text{(mm)}$$

梁高
$$h = 400 \text{mm}, h_0 = 400 - 45 = 355 \text{(mm)}$$

翼缘厚
$$h'_f = 80 \text{mm}$$

判别 T 形截面类型

$$\alpha_1 f_c b'_f\, h'_f \left(h_0 - \frac{h'_f}{2}\right) = 1.0 \times 9.6 \times 1583 \times 80 \times \left(355 - \frac{80}{2}\right)$$

$$= 383 (\text{kN·m}) > 56.68 \text{kN·m}（边跨中）$$

$$37.07 \text{kN·m}（中间跨中）$$

故各跨中截面属于第一类 T 形截面。

支座截面按矩形截面计算，第一内支座按布置两排纵向钢筋考虑，取 $h_0 = 400 - 60 = 340$mm 考虑，其他中间支座按布置一排纵向钢筋考虑，$h_0 = 355$mm。

次梁正截面及斜截面承载力计算分别见表 8-10 及表 8-11。

表 8-10　　　　　　　　　　　次梁正截面承载力计算

截　　面	1	B	2，3	C
弯矩 M（N·mm）	63.63×10^6	-63.63×10^6	41.61×10^6	-47.56×10^6
$\alpha_1 f_c b h_0^2$ 或 $\alpha_1 f_c b'_f h_0^2$	$1623 \times 355^2 \times 1.0 \times 9.6$ $\approx 19.64 \times 10^8$	$200 \times 340^2 \times 1.0 \times 9.6$ $\approx 2.22 \times 10^8$	$1583 \times 355^2 \times 1.0 \times 9.6$ $\approx 19.15 \times 10^8$	$200 \times 355^2 \times 1.0 \times 9.6$ $\approx 2.42 \times 10^8$
$\alpha_s = \dfrac{M}{\alpha_1 f_c b h_0^2}$	0.0324	0.2866	0.0217	0.1965
$\xi = 1 - \sqrt{1 - 2\alpha_s}$	0.033	0.3467<0.35	0.0219	0.221<0.35
$A_s = \xi b h_0 \dfrac{\alpha_1 f_c}{f_y}$ （mm²）	608	754	394	502
选用钢筋	4 Φ 14	5 Φ 14	3 Φ 14	4 Φ 14
实配钢筋截面面积(mm²)	$A_s = 615$	$A_s = 769$	$A_s = 461$	$A_s = 615$

表 8-11　　　　　　　　　　　次梁斜截面承载力计算

截　　面	边　支　座	B 支座（左）	B 支座（右）	中间支座
V（kN）	63.08	84.1	77.09	77.09
$0.25\beta_c f_c b h_0$（kN）（$\beta_c = 1.0$）	170.4>V	163.2>V	163.2>V	170.4>V
$V_c = 0.7 f_t b h_0$（kN）（$f_t = 1.1 \text{N/mm}^2$）	54.7<V	52.4<V	52.4<V	54.7<V
选用箍筋	2φ6	2φ6	2φ6	2φ6

续表

截　　　面	边 支 座	B 支座（左）	B 支座（右）	中间支座
$A_{sv}=nA_{sv1}$（mm^2）	56.6	56.6	56.6	56.6
$s=\dfrac{f_{yv}A_{sv}h_0}{V-0.7f_tbh_0}$（mm）	647	164	210	242
实配箍筋间距 s（mm）	160	160	200	200
$V_{cs}=V_c+f_{yv}\dfrac{A_{sv}}{s}h_0$（N）	88607>V	84874>V	78379>V	81826>V

次梁配筋详图如图 8-31 所示。

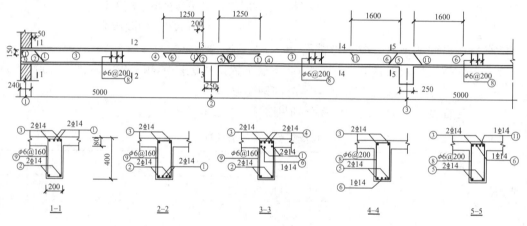

图 8-31　次梁配筋详图

（4）主梁计算，主梁按弹性理论计算。

1）荷载计算

恒荷载设计值

由次梁传来的集中荷载　　　　　　　　　$9.706×（5.00-0.25）=46.1$（kN）

主梁自重（折算为集中荷载）　　　　　　$1.3×0.25×0.6×2.2×25=10.7$（kN）

梁侧抹灰（折算为集中荷载）

$$1.3×0.015×（0.6-0.08）×2.2×2×17=0.76（kN）$$

$$G=57.56kN$$

活荷载设计值　　　　　　　　　　　$P=1.5×6.0×2.2×5=99$（kN）

合计　　　　　　　　　　　　　　　$G+Q=156.56kN$

2）内力计算。计算跨度

$$l_0=（6.6-0.12-0.3/2）+0.3/2+0.37/2=6.67(m)$$

$$l_0=1.025×（6.6-0.12-0.3/2）+0.3/2=6.64(m)$$

取上述二者中的较小者 $l_0=6.64m$

上式中 0.37m 为主梁搁置于墙上的支承长度。

主梁的计算简图见图 8-32。

在各种不同的分布荷载作用下的内力计算可采用等跨连续梁的内力系数进行，跨中和支座截面最大弯矩及剪力按下式计算

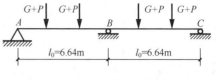

图 8-32　主梁的计算简图

$$M = K_1 G l_0 + K_2 Q l_0$$

$$V = K_3 G + K_4 Q$$

式中的系数 K 可由等截面等跨连续梁在常用荷载作用下的内力系数表查得（见本章附表 8-1），具体计算结果以及最不利内力组合见表 8-12 及表 8-13。

表 8-12　　　　　主 梁 弯 矩 计 算 表　　　　　kN·m

序　号	荷载简图及弯矩图	跨中弯矩 $\dfrac{K}{M_1}$	支座弯矩 $\dfrac{K}{M_B}$
①	G G　G G	$\dfrac{0.222}{85}$	$\dfrac{-0.333}{-127}$
②	Q Q　Q Q	$\dfrac{0.222}{146}$	$\dfrac{-0.333}{-219}$
③	Q Q　　l　l	$\dfrac{0.278}{183}$	$\dfrac{-0.167}{-110}$
最不利内力组合	①+②	231	-346
	①+③	268	-237

表 8-13　　　　　主 梁 剪 力 计 算 表　　　　　kN

序　号	荷载简图及弯矩图	边支座 $\dfrac{K}{V_A}$	中间支座 $\dfrac{K}{V_B}$
①	G G　G G	$\dfrac{0.667}{38.39}$	$\dfrac{\mp 1.333}{\mp 76.73}$
②	Q Q　Q Q	$\dfrac{0.667}{66.03}$	$\dfrac{\mp 1.333}{\mp 131.97}$
③	Q Q　l_0　l_0	$\dfrac{0.833}{87.42}$	$\dfrac{\mp 1.167}{\mp 115.5}$
最不利内力组合	①+②	104.42	∓ 208.7
	①+③	125.81	∓ 192.2

3）截面承载力计算。主梁跨中截面按 T 形截面计算，其翼缘计算宽度为

$$b'_f = \frac{l_0}{3} = \frac{6640}{3} = 2213(\text{mm}) < b + s_n = 5000\text{mm}$$

取 $b'_f = 2213\text{mm}$，并

$$h_0 = 555\text{mm}$$

判别 T 形截面类型

$$\alpha_1 f_c b'_f \, h'_f \left(h_0 - \frac{h'_f}{2}\right) = 1.0 \times 9.6 \times 2213 \times 80 \times \left(555 - \frac{80}{2}\right)$$

$$= 875.3 \times 10^6 (\text{N} \cdot \text{mm}) = 875.3(\text{kN} \cdot \text{m}) > M_1 = 268\text{kN} \cdot \text{m}$$

故属于第一类 T 形截面。

支座截面按矩形截面计算，取 $h_0 = 600 - 90 = 510$（mm），因支座弯矩较大，考虑布置两排钢筋，并布置在次梁主筋下面。

主梁正截面及斜截面承载力计算见表 8-14 及表 8-15。

表 8-14　主梁正截面承载力计算

截　面	跨　中	支　座
$M(\text{kN} \cdot \text{m})$	268	−346
$V_0 \dfrac{b}{2}(\text{kN} \cdot \text{m})$		$156.56 \times \dfrac{0.3}{2} = 23.48$
$M - V_0 \dfrac{b}{2}(\text{kN} \cdot \text{m})$		322.52
$\alpha_s = \dfrac{M}{\alpha_1 f_c b'_f h_0^2}$（或 $\alpha_s = \dfrac{M}{\alpha_1 f_c b h_0^2}$）	0.0410	0.5166 > 0.400 设置受压钢筋
$\varepsilon = 1 - \sqrt{1 - 2\alpha_s}$	0.0419	
$A'_s = \dfrac{M - \alpha_s \alpha_1 f_c b h_0^2}{f_y (h_0 - \alpha'_s)}(\text{mm}^2)$		169
$A_s = \xi_b \dfrac{\alpha_1 f_c b h_0}{f_y} + \dfrac{f'_y A'_s}{f_y}(\text{mm}^2)$		2413
$A_s = \xi \alpha_1 f_c b'_f h_0 / f_y(\text{mm})$	1646.8	
选配钢筋	2 Φ 25 + 2 Φ 22	2 Φ 25 7 Φ 22
实配钢筋截面面积	$A_s = 1742$	$A'_s = 982$，$A_s = 2661$

表 8-15　主梁斜截面承载力计算

截　　面	边支座	支座 B
$V(\text{kN})$	125.81	208.7
$0.25 \beta_c f_c b h_0(\text{kN})$	333 > V	306 > V
$V_c = 0.7 f_t b h_0(\text{kN})$	107 < V	98 < V
选用箍筋	2ϕ6	2ϕ6
$A_{sv} = n A_{sv1}(\text{mm}^2)$	56.6	56.6
$s = \dfrac{f_{yv} A_{sv} h_0}{V - V_c}(\text{mm})$	451	70
实配箍筋间距 $s(\text{mm})$	200	70
$V_{cs} = V_c + f_{yv} \dfrac{A_{sv}}{s} h_0(\text{N})$	149408 > V	209340 > V

4）附加钢筋配置。主梁承受集中荷载（由次梁传来）

$$G + Q = 57.56 + 99 = 156.56(\text{kN})$$

设次梁两侧各加 3ϕ6 附加箍筋，则在

$$s = 2h_1 + 3b = 2 \times (555 - 400) + 3 \times 200 = 910(\text{mm})$$

范围内共设有 6 个 ϕ6 双肢箍，其截面面积 $A_{sv} = 6 \times 28.3 \times 2 = 340$（mm²）

附加箍筋可以承受集中荷载为

$$F_1 = A_{sv} f_{yv} = 340 \times 270 = 91800(\text{N}) = 91.8(\text{kN}) < G + Q = 156.56\text{kN}$$

因此，尚需设置附加吊筋，每边需吊筋截面面积为

$$A_{sv} = \frac{G+P-F_1}{2f_y\sin45°} = \frac{156\ 560-91\ 800}{2\times300\times0.707} = 153(\text{mm}^2)$$

在距梁端的第一个集中荷载下，附加吊筋选用 $1\Phi16$（$A_s=201\text{mm}^2>153\text{mm}^2$）即可满足要求。

在距梁端的第二个集中荷载下，附加吊筋选用 $2\Phi20$（$A_s=628\text{mm}^2>153+280=433$（$\text{mm}^2$）也满足要求。

主梁配筋详图如图 8-33 所示。

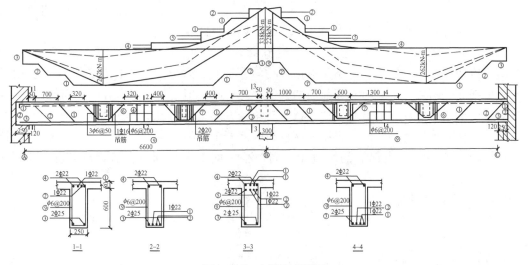

图 8-33　主梁配筋详图

纵向受力钢筋的弯起和切断位置，应根据弯矩和剪力包络图及材料图来确定，这些图的绘制方法前已述及，现直接绘于主梁配筋图上。

在主梁配筋图中，除按计算配置纵向受力钢筋与横向钢筋外，尚应设置下列构造钢筋：①架力钢筋：选用 $2\Phi12$；②板与主梁连接的构造钢筋：按规定选用 $\phi8@200$，与梁肋垂直布置于梁顶部。

第二节　现浇整体式双向板肋梁楼盖

如前所述，四边支承板、三边支承板或相邻两边支承的板当长短边之比 $l_2/l_1\leqslant2$ 时，将沿两个方向发生弯曲并产生内力，故称为双向板。双向板常用于工业建筑楼盖、公共建筑门厅部分以及横隔墙较多的民用房屋。当民用房屋的横隔墙间距较小时，可将板直接支承于四周的砖墙上，以减少楼盖的结构高度。根据实践经验，当楼面荷载较大、建筑平面接近正方形（跨度小于 5m）时，一般采用双向板楼盖比单向板楼盖较为经济。

一、双向板的内力计算

（一）双向板的试验研究

四边简支的方板，在均布荷载作用下的试验结果表明，当荷载增加时，第一批裂缝出现

在板底中间部分，随后沿着对角线的方向向四角扩展。当荷载增加到板接近破坏时，板面的四角附近也出现垂直于对角线方向而大体上成圆形的裂缝。这种裂缝的出现，促使板对角线方向裂缝进一步发展，最后跨中钢筋达到屈服，整个板即告破坏，见图 8-34（a）和图 8-34（b）。

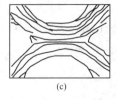

(a)   (b)   (c)

图 8-34 双向板的裂缝示意图

对于四边简支的矩形板，在均布荷载作用下，第一批裂缝出现在板底中间平行于长边的方向。当荷载继续增加时，这些裂缝逐渐延长，并沿 45°角向四角扩展，在板面的四角也开始破坏，最后使得整个板发生破坏，见图 8-34（c）。

不论是简支的正方形板或矩形板，当受到荷载作用时，板的四角均有翘起的趋势。此外，板传给四边支座的压力，并不是沿边长均匀分布的，而是各边的中部较大，两端较小。

板中钢筋的布置方向，对破坏荷载的数值并无影响。但平行于四边方向配筋的板，在第一批裂缝出现前所能承担的荷载，比平行于对角线方向配筋的板要大一些。

此外，在其他条件相同时，采用强度较高的混凝土较为优越。当含钢率相同时，采用较细的钢筋较为有利。而当钢筋的用量相同时，板中间部分排列较密者比均匀排列者更适宜些。

（二）双向板的计算方法

双向板的内力计算有两种方法：一种是弹性计算法；另一种是塑性计算法。

1. 弹性计算法

弹性计算法是按弹性薄板理论为依据而进行计算的一种方法，由于这种方法内力分析比较复杂，为了便于计算，根据不同的支承条件，已制成各种相应的计算用表，见本章附表 8-2，可供查用。

（1）单跨双向板的计算。单跨双向板按其四边支承情况的不同，可形成不同的计算简图，在附表中，列出了常见的七种情况的板在均布荷载作用下的弯矩系数：①四边简支；②一边固定、三边简支；③两对边固定、两对边简支；④两邻边固定、两邻边简支；⑤三边固定、一边简支；⑥四边固定；⑦三边固定、一边自由。根据这些不同的计算简图，可在本章附表 8-2 中直接查得弯矩系数，表中系数是取混凝土泊松比为 1/6 得出的。双向板的跨中弯矩或支座弯矩可按下式计算

$$M = 表中弯矩系数 \times (g+q)l_0^2 \qquad (8-15)$$

式中：M 为跨中或支座单位板宽内的弯矩；g、q 为板上恒荷载及活荷；l_0 为取 l_x 和 l_y（m）中的较小者，见本章附表 8-2 中插图。

（2）多跨连续双向板的实用计算法。计算多跨连续双向板的最大弯矩，应和多跨连续单向板一样，需要考虑活荷载的不利位置。其内力的精确计算相当复杂，为了简化计算，当两个方向各为等跨或在同一方向区格的跨度相差不超过 20% 的不等跨时，可采用下列的实用计算方法。

1）求跨中最大弯矩。当求连续区格各跨跨中最大弯矩时，其活荷载的最不利布置如图 8-35 所示，即当某区格及其前后左右每隔一区格布置活荷载（棋盘格式布置）时，则可使该区格跨中弯矩为最大。为了求此弯矩，可将活荷载 q 与恒荷载 g 分为 $g+q/2$ 与 $\pm q/2$ 两

部分，分别作用于相应区格，其作用效应是相同的。

当双向板各区格均作用有 $g+q/2$ 时，图 8-35（c），由于板的各内支座上转动变形很小，可近似地认为转角为零。故内支座可近似地看作嵌固边，因而所有中间区格板均可按四边固定的单跨双向板来计算其跨中弯矩。如边支座为简支，则边区格为三边固定、一边简支的支承情况；而角区格为两邻边固定、两邻边简支的情况。

当双向板各区格作用有 $\pm q/2$ 时，见图 8-35（d），板在中间支座处转角方向一致，大小相等接近于简支板的转角，即内支座处为板带的反弯点，弯矩为零，因而所有内区格均可按四边简支的单跨双向板来计算其跨中弯矩。

最后，将以上两种结果叠加，即可得多跨连续双向板的最大跨中弯矩。

2）求支座最大弯矩。为了简化起见，支座弯矩的活荷载不利位置与单向板相似，应在该支座两侧区格内布置活荷载，然后再隔跨布置。但考虑到隔跨活荷载的影响很小，可近似地假定活荷载布满所有区格时所求得的支座弯矩，即为支座最大弯矩。这样，对各区格即可按四边固定的单跨双向板计算其支座弯矩。至于边区格则按该板周边实际支承情况来计算其支座弯矩。

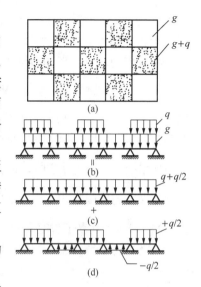

图 8-35　多跨连续双向板的活荷载最不利布置

2. 塑性计算法—极限平衡法

（1）基本假定。塑性计算方法是考虑了材料的塑性变形并产生内力重分布的一种计算方法。双向板塑性计算方法的种类较多，工程中常用的是极限平衡法。按极限平衡方法计算内力，不仅符合板的实际工作情况，而且可节约钢筋 $20\% \sim 25\%$。

极限平衡法是塑性理论中的一种上限解法，该法分析的破坏荷载大于或等于真实的破坏荷载。因此，这种方法是以事先根据试验结果定出的破坏图形为前提的。试验结果表明，四边均为嵌固的矩形板，若跨中、支座钢筋均匀布置，在破坏时，支座处出现由负弯矩引起的四条破坏线。在板的中间，除平行长边的板中出现破坏线外，四角沿 45°线方向也分别出现破坏线，见图 8-36（a）。图中虚线表示负弯矩引起的破坏线，粗实线表示由正弯矩引起的破坏线。与这些破坏线相交的受拉钢筋均可达到屈服强度，破坏时受压区混凝土可达轴心抗压强度设计值，因而能承受一定的极限弯矩。由于钢筋的屈服和混凝土的塑性变形，可使破坏线具有足够的转动能力，因此，这种破坏线常称为塑性铰线。为方便计算，假定结构进入极限状态时，被塑性铰线分割的各板块为绝对刚体，在塑性铰线上作用一定的极限弯矩，每个板块满足各自的平衡条件，见图 8-36（b）。只要两个方向

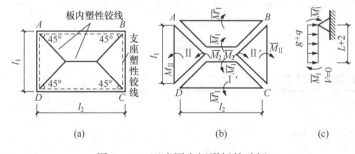

图 8-36　四边固定矩形板的破坏图形及塑性铰线上的极限弯矩

的配筋合理，则所有通过塑性铰线上的钢筋均能达到屈服。这样，利用静力平衡条件，即可求得极限荷载或极限弯矩。

（2）内力计算。双向板计算的基本公式

$$2\overline{M_1} + 2\overline{M_2} + \overline{M_I} + \overline{M_{II}} + \overline{M'_I} + \overline{M'_{II}} \geqslant \frac{(g+q)l_1^2}{12}(3l_2 - l_1) \qquad (8\text{-}16)$$

式中：g、q 为作用在板上的恒荷载，活荷载的设计值；l_1、l_2 为板的短、长方向的计算跨度。对于中间区格，取板的净跨；对于边区格，当其边支座为板与梁整体连接时，亦取板的净跨；当边区格的边支座为简支时，取板的净跨加板厚的一半；$\overline{M_1}$、$\overline{M_2}$ 为垂直于板跨 l_1、l_2 的截面全部宽度上的极限弯矩；$\overline{M_I}$、$\overline{M'_I}$ 为垂直于跨度 l_1 的板块 I、I′ 支座截面全部宽度上的极限弯矩；$\overline{M_{II}}$、$\overline{M'_{II}}$ 为垂直于跨度 l_2 的板块 II、II′ 支座截面全部宽度上的极限弯矩。

上述截面极限弯矩值可分别用下式表示

$$\left.\begin{aligned}
M_1 &= \overline{A_{s1}}\, f_y \gamma_s h_{01} \\
\overline{M_2} &= \overline{A_{s2}}\, f_y \gamma_s h_{02} \\
\overline{M_I} &= \overline{A_{sI}}\, f_y \gamma_s h_{0I} \\
\overline{M'_I} &= = \overline{A'_{sI}}\, f_y \gamma_s h_{0I} \\
\overline{M_{II}} &= \overline{A_{sII}}\, f_y \gamma_s h_{0II} \\
\overline{M'_{II}} &= = \overline{A'_{sII}}\, f_y \gamma_s h_{0II}
\end{aligned}\right\} \qquad (8\text{-}17)$$

式中：$\overline{A_{s1}}$，$\overline{A_{s2}}$，$\cdots$，$\overline{A'_{sII}}$ 为相应的跨度或支座全部宽度上通过塑性铰线的受拉钢筋截面面积，若在塑性铰线前已弯起或切断的钢筋不包括在内；f_y 为受拉钢筋的强度设计值；γ_s 为内力臂系数，一般取 $0.9h_0$；h_{01}、h_{02} 为沿 l_1、l_2 方向跨中截面的有效高度；h_{0I}、h_{0II} 为沿 l_1、l_2 方向支座截面的有效高度。

计算双向板各向跨中和支座截面所需钢筋时，可将式（8-17）代入基本公式（8-16）解算之，但解算过程遇到未知数太多，因此，需事先假定各向钢筋用量的比值，以及支座与跨中钢筋用量的比值。

根据两向跨度 $\dfrac{l_2}{l_1}$ 比值对弯矩的影响，以及构造和经济方面的要求，在跨中单位长度内钢筋截面面积比 $\dfrac{A_{s2}}{A_{s1}}$，可按表 8-16 选用；对于支座和跨中单位长度板内钢筋截面面积比 $\dfrac{A_{sI}}{A_{s1}}$、$\dfrac{A'_{sI}}{A_{s1}}$、$\dfrac{A_{sII}}{A_{s2}}$、$\dfrac{A'_{sII}}{A_{s2}}$——一般取 1~2.5；对于中间区格，一般宜选用 2.5 的比值。

表 8-16　　　　　　　　　　　　根据 l_2/l_1 决定的 A_{s2}/A_{s1} 比值

$\dfrac{l_2}{l_1}$	1.0	1.1	1.2	1.3	1.4	1.5	1.6	1.7	1.8	1.9	2.0
$\dfrac{A_{s2}}{A_{s1}}$	1.0~0.8	0.9~0.7	0.8~0.6	0.7~0.5	0.6~0.4	0.5~0.35	0.5~0.3	0.45~0.25	0.4~0.2	0.35~0.2	0.3~0.15

　　钢筋截面面积的比值按上表确定后，对于楼板的任意区格（一般可先从中间区格开始计算）可用某个钢筋截面面积（例如 A_{s1}）来表示所有跨内及支座弯矩，并将这些弯矩代入式（8-16），求出该项钢筋截面面积（即 A_{s1}），再按钢筋截面面积相互间的比值，即可求得其他各项的钢筋截面面积。

　　中间区格计算完毕，然后按类似方法计算其他相邻区格。此时，与中间区格相连的支座弯矩已属已知。

　　应当注意，式（8-16）用于四周边支座均属固定的双向板。若板的周边有简支情况，则该支座的极限弯矩为零，当四支座均属简支，则其支座极限弯矩皆为零，如此，则式（8-16）改为

$$2(\overline{M_1} + \overline{M_2}) \geqslant \frac{(g+q)l_1^2}{12}(3l_2 - l_1)$$

或

$$\overline{M_1} + \overline{M_2} \geqslant \frac{(g+q)l_1^2}{24}(3l_2 - l_1)$$

二、双向板截面配筋计算

　　（1）双向板若短跨方向跨中截面的有效高度为 h_{01}，则长跨方向截面的有效高度 $h_{02} = h_{01} - d$，d 为板中钢筋直径。若双向直径不等时，可取其平均值。

　　（2）当双向板内力按考虑材料塑性的极限平衡法计算时，宜采用 HPB235、HRB335 级钢筋，配筋率除不小于《混凝土结构设计规范》规定的 ρ_{min} 外，还不应大于 $0.35 f_c / f_y$。

　　（3）试验表明，不管用哪种方法计算，双向板实际的承载力往往大于设计计算的值，这主要是计算简图与实际受力情况不符的结果。双向板在荷载作用下，由于跨中下部和支座上部裂缝的不断出现和开展，见图 8-37，同时由于支座梁的约束作用，在板的平面内逐渐产生相当大的水平推力。如承受集中力 P 的方板，见图 8-37，板四边的推力 $H = Pl_x / 4a_f$，式中：$a_f = 2h/3$；h 为板厚。这种推力使板的跨中弯矩减小，从而提高了板的承载能力，在截面配筋计算中，与单向板一样，也应考虑这种有利影响。对于四边与梁整体连接的板，其计算弯矩可根据下列情况减少：①中间跨跨中截面及中间支座，减少 20%；②边跨跨中截面及楼板边缘算起的第二支座上：当 $l_{cd}/l_0 < 1.5$ 时，减少 20%；当 $1.5 \leqslant l_{cd}/l_0 \leqslant 2$ 时，减少 10%（式中：l_0 为垂直于楼板边缘方向的计算跨度；l_{cd} 为沿楼板边缘方向的计算跨度）。③楼板的角区格不应减少。

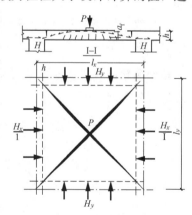

图 8-37　钢筋混凝土双向板推力效应

三、双向板的构造

（一）板厚

　　双向板的厚度建议不小于 80mm，通常很少大于 160mm，为了使板有足够的刚度，还要求板厚满足下式要求

$$h > \frac{l_0}{40}$$

式中：l_0 为板的短向计算跨度。

（二）钢筋的配筋

双向板中钢筋配置的主要特点就是受力钢筋应沿板的两个方向布置，并且沿短向的受力钢筋应放在沿长向受力钢筋的外面。

按弹性理论分析时，由于板的跨中弯矩比板的周边弯矩为大，因此，当 $l_1 \geqslant 2500\text{mm}$

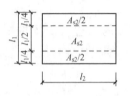

图 8-38 双向板的钢筋分带布置示意图

时，配筋采取分带布置的方法，将板的两个方向都分为三带，边带宽度均为 $l_1/4$，其余则为中间带。在中间带各按计算配筋，而边带内的配筋各为相应中间带的一半，且每米宽度内不少于三根。支座负钢筋按计算配置，边带中不减少。当 $l_1 < 2500\text{mm}$ 时，则不分板带，全部按计算配筋，见图 8-38。

按塑性理论计算时，为了施工方便，跨中及支座钢筋一般采用均匀配置而不分带。对于简支的双向板，考虑到支座实际上有部分嵌固作用，可将跨中钢筋弯起 $1/2 \sim 1/3$（上弯点距支座边为 $l/10$）；对于两端完全嵌固的双向板以及连续的双向板，可将跨中钢筋在距支座 $l_1/4$ 处弯起 $1/2 \sim 1/3$，以抵抗支座的负弯矩，不足时可再增设直钢筋，见图 8-39。

布置双向板中的钢筋时，选择钢筋直径与间距应做全面考虑，既满足计算的要求，也应使板的两个方向上其跨中及支座上的钢筋间距有规律地配合，以方便施工。

当双向板两个方向上的跨中受力钢筋均在距支座的 $l_1/4$ 处弯起一半时，则其中将有一部分钢筋并不

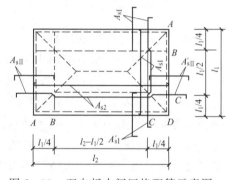

图 8-39 双向板中间区格配筋示意图

与跨中的塑性铰线相交，见图 8-39，因此计算跨中全部宽度上的钢筋截面 $\overline{A_{s1}}$、$\overline{A_{s2}}$ 时应扣除这部分钢筋，即

$$\overline{A_{s1}} = A_{s1}\left(l_2 - 2 \times \frac{l_1}{4}\right) + 2 \times \frac{A_{s1}}{2} \times \frac{l_1}{4} = A_{s1}\left(l_2 - \frac{l_1}{4}\right)$$

$$\overline{A_{s2}} = A_{s2}\left(l_1 - 2 \times \frac{l_1}{4}\right) + 2 \times \frac{A_{s2}}{2} \times \frac{l_1}{4} = A_{s2}\left(l_1 - \frac{l_1}{4}\right) = \frac{3}{4}A_{s2}l_1$$

$$\overline{A_{sI}} = A_{sI}\,l_2$$

$$\overline{A_{sII}} = A_{sII}\,l_1$$

$$\overline{A'_{sI}} = A'_{sI}\,l_2$$

$$\overline{A'_{sII}} = A'_{sII}\,l_1$$

式中：A_{s1}、A_{s2} 为垂直于 l_1、l_2 方向跨中每米板宽内的受力钢筋截面面积；A_{sI}、A'_{sI}、A_{sII}、A'_{sII} 为垂直于 l_1、l_2 方向支座每米板宽内的受力钢筋截面面积。

四、双向板支承梁的计算特点

（一）荷载

当双向板承受均布荷载作用时，传给支承梁的荷载一般可按下述近似方法处理，即从每

一区格的四角分别作45°线与平行于长边的中线相交,将整个板块分成四块面积,作用在每块面积上的荷载即为分配给相邻梁上的荷载。因此,传给短梁上的荷载形式是三角形,传给长跨梁上的荷载形式是梯形,见图8-40。

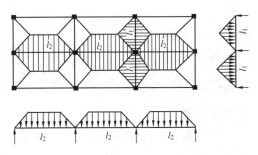

图8-40 双向板楼盖中梁所承受的荷载

（二）内力

梁的荷载确定后,则梁的内力（弯矩和剪力）不难求得。当梁为单跨简支时,可按实际荷载直接计算梁的内力。当梁为连续的,并且跨度相等或相差不超过10%时,可将梁上的三角形或梯形荷载根据固端弯矩相等的条件折算成等效均布荷载,然后利用本章附表8-1查得弯矩系数,从而算出支座的弯矩值,此时仍应考虑连续梁上活荷载的最不利位置。

应该注意,用本章附表8-1求出各支座的内力后,当求跨中内力时仍应按实际荷载（三角形或梯形）计算而得。

五、双向板肋形楼盖设计例题

【例8-2】 某工业厂房楼盖为双向板肋形楼盖,结构平面布置如图8-41所示,楼板选120mm厚,加上面层、粉刷等自重,恒荷载设计值 $g=4.5\text{kN/m}^2$,楼面活荷载的设计值 $q=7\text{kN/m}^2$,混凝土强度等级 C20（$f_c=9.6\text{N/mm}^2$）,钢筋采用 HPB235 级钢筋（$f_y=210\text{N/mm}^2$）,要求用塑性理论（极限平衡法）计算 A 区格的弯矩,并进行截面设计。

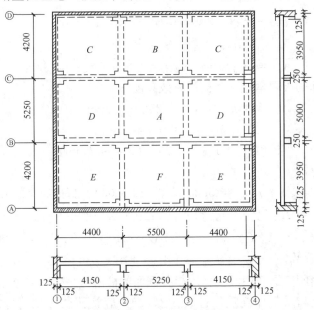

图8-41 双向板肋形楼盖结构平面布置图

解 （1）板的计算跨度与板厚。由于梁宽均为250mm,故板在两个方向的计算跨度分别为

$$l_1 = 5.25 - 0.25 = 5.00(\text{m})$$

$$l_2 = 5.50 - 0.25 = 5.25(\text{m})$$

$$l_2/l_1 = 5.25/5.00 = 1.05 < 2$$

按双向板计算。

板厚

$$h = 120\text{mm} > \frac{l_1}{50} = \frac{5000}{50} = 100(\text{mm})$$

满足刚度要求。

（2）确定单位板宽内钢筋间的比值，并计算各截面的钢筋总面积。由于

$$\frac{l_2}{l_1} = 1.05$$

由表 8-16，取

$$A_{s2}/A_{s1} = 0.9$$

对于中间区格板，取

$$\frac{A_{sⅠ}}{A_{s1}} = \frac{A'_{sⅠ}}{A_{s1}} = 2.0$$

$$\frac{A_{sⅡ}}{A_{s2}} = \frac{A'_{sⅡ}}{A_{s2}} = 2.0$$

则

$$A_{s2} = 0.9A_{s1} \quad A_{sⅠ} = A'_{sⅠ} = 2A_{s1} \quad A_{sⅡ} = A'_{sⅡ} = 2A_{s2} = 2 \times 0.9A_{s1} = 1.8A_{s1}$$

采用分离式配筋，跨中及支座各截面的受力钢筋总面积为

$$\overline{A_{s1}} = A_{s1}l_2 = 5.25A_{s1}$$

$$\overline{A_{s2}} = A_{s2}l_1 = 0.9A_{s1}l_1 = 4.5A_{s1}$$

$$\overline{A_{sⅠ}} = A_{sⅠ}l_2 = 2A_{s1}l_2 = 10.5A_{s1}$$

$$\overline{A_{sⅡ}} = A_{sⅡ}l_1 = 2A_{s2}l_1 = 2 \times 0.9A_{s1}l_1 = 9A_{s1}$$

（3）计算各截面的极限弯矩。截面的有效高度

$$h_{01} = 120 - 25 = 95(\text{mm})$$

$$h_{02} = h_{01} - d = 85\text{mm}$$

$$h_{0Ⅰ} = h_{0Ⅱ} = 120 - 25 = 95(\text{mm})$$

各截面的极限弯矩

$$\overline{M_1} = \overline{A_{s1}}f_y\gamma_s h_{01} = 5.25A_{s1} \times 210 \times 0.9 \times 95 = 94\ 264A_{s1}$$

$$\overline{M_2} = \overline{A_{s2}}f_y\gamma_s h_{02} = 4.5A_{s1} \times 210 \times 0.9 \times 85 = 72\ 293A_{s1}$$

$$\overline{M_Ⅰ} = \overline{M'_Ⅰ} = \overline{A_{sⅠ}}f_y\gamma_s h_{0Ⅰ} = 10.5A_{s1} \times 210 \times 0.9 \times 95 = 188\ 528A_{s1}$$

$$\overline{M_Ⅱ} = \overline{M'_Ⅱ} = \overline{A_{sⅡ}}f_y\gamma_s h_{0Ⅱ} = 9A_{s1} \times 210 \times 0.9 \times 95 = 161595A_{s1}$$

（4）确定各截面所需钢筋用量。将求得各截面的极限弯矩代入基本公式（8-16），并考虑中间区格板，四周与梁整体浇筑，且 $l_2/l_1 < 1.5$，应将荷载产生的弯矩减少20%，于是可得

$$2(\overline{M_1} + \overline{M_2} + \overline{M_Ⅰ} + \overline{M_Ⅱ}) \geqslant 0.8 \times \frac{(g+q)l_1^2}{12}(3l_2 - l_1)$$

即

$$2A_{s1}(94\ 264+72\ 293+188\ 528+161\ 595)$$

$$=0.8\times\frac{(4.5+7)\times5^2}{12}(3\times5.25-5)\times10^6$$

$A_{s1}=199\text{mm}^2$ 　　　　　　　　配筋 $\phi6@140$（202mm^2）

$A_{s2}=0.9\times199=179$（mm^2）　　　　配筋 $\phi6@140$（202mm^2）

$A_{s\text{I}}=A'_{s\text{I}}=2\times199=398$（$\text{mm}^2$）　　配筋 $\phi8/10@150$（429mm^2）

$A_{s\text{II}}=A'_{s\text{II}}=2\times A_{s2}=2\times179=358$（$\text{mm}^2$）　配筋 $\phi8/10@150$（429mm^2）

第三节　楼　　梯

楼梯是多高层房屋的重要垂直交通工具之一，也是房屋的重要组成部分。按平面布置不同，分为直跑、双跑、三跑、螺旋楼梯等；按材料不同分为木楼梯、钢楼梯、钢筋混凝土楼梯等。钢筋混凝土楼梯由于经济耐用、防火性能好，在一般的工业民用建筑中，得到了广泛的应用。

钢筋混凝土楼梯按施工方式的不同分为现浇整体式楼梯和预制装配式楼梯；按楼梯段结构形式的不同常见的有板式楼梯和梁式楼梯。

一、预制楼梯

（一）小型板式楼梯

该种楼梯由预制踏步平板及平板间立砌的砖踢脚板组成，见图 8-42（a）。

1. 连接构造

在砌砖墙时，将预制的钢筋混凝土踏步平板的两端砌在墙内形成台阶，平板砌入墙内的长度一般为 $100\sim120\text{mm}$，在台阶空隙内立砌砖块而成。踏步高度一般为 180mm。

2. 荷载及受力特点

钢筋混凝土踏步平板承受的荷载包括：平板自重、板面层自重、板面活荷载；计算简图可取为简支结构，承受上述均布荷载，见图 8-42（b）。

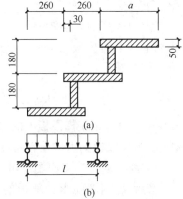

图 8-42　小型板式楼梯

3. 特点及适用范围

不需要大型吊装设备，施工方便，造价低，但由于平板较薄（刚度不大），配筋较少，故适用于跨度不超过 1500mm 的宿舍、办公楼等建筑。

（二）整体预制楼梯

1. 分类及组成

整体预制楼梯分为板式和梁式两种。

整体板式楼梯的组成包括：梯段板、踏步板、平台板、平台梁。

整体梁式楼梯的组成包括：梯段板、梯段斜梁、平台梁及休息平台板等部分。

2. 特点

整体预制楼梯施工程序少，只要有一定的吊装能力，施工很方便，工期短。

二、现浇楼梯

现浇楼梯分为板式和梁式两种。现浇楼梯整体性好，在多、高层建筑中应用广泛。

(一) 现浇板式楼梯

1. 组成

板式楼梯的组成见图 8-43,由梯段板、平台梁、平台板组成。

2. 特点

板式楼梯构造简单,支模方便,板底平整,外形轻巧、美观,当梯段板水平投影跨度在3m 以内时,采用板式楼梯较经济;当梯段跨度超过 3m 时,梯段板较厚,不经济,不宜采用板式楼梯。板式楼梯主要适用于住宅、宿舍、办公楼、学校等建筑。

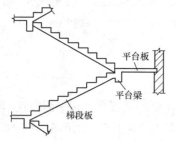

图 8-43 现浇板式楼梯的组成

3. 计算

(1) 梯段板。梯段板的计算简图可取 1m 宽的梯段板,并视为以平台梁为支座的简支板,其跨度为梯段板的水平投影长度。

梯段板承受的荷载包括以下几部分:踏步板上面层自重、踏步板自重、斜板自重等恒荷载以及作用在踏步板上的活荷载,计算时将上述荷载化为沿水平方向的均布线荷载设计值,作用在计算简图中,见图8-44。

内力计算时,虽然计算简图为两端简支,考虑两端平台梁对梯段板有一定的约束作用,其跨中弯矩可相对减小,取为

$$M = \frac{1}{10}ql^2 \qquad (8-18)$$

式中:q 为作用在梯段板上的沿水平方向的均布线荷载;l 为梯段板的水平投影跨度。

配筋计算时,支座配筋可取与跨中相同。

为满足刚度要求,斜板的厚度 h 一般可取 (1/25~1/30) l,配筋方式分为分离式和弯起式两种。分离式配筋施工方便,但跨中与支座钢筋连接不好,整体性略差,弯起式配筋施工稍麻烦,但跨中与支座的钢筋连接好,整体性好。为考虑支座连接处的整体性,防止混凝土开裂,在支座处配置的钢筋其伸出支座的长度为 $l_n/4$,其中 l_n 为梯段板水平投影方向的净跨度。梯段板中除受力钢筋外,还应在其内侧放置垂直于受力钢筋的分布钢筋,一般要求每个踏步下不少于 1 根 $\phi 6$,见图 8-45。

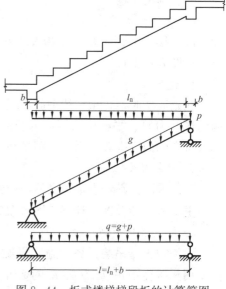

图 8-44 板式楼梯梯段板的计算简图

(2) 平台板。平台板一般多为单向板,也有的为双向板。支座均可视为简支座。

平台板上承受的荷载有:平台板上、下面层自重、结构层自重以及作用在平台板上的活荷载。

当板两端均与梁整体连接时,跨中弯矩可取 $M = \frac{1}{10}ql^2$,当板的一端与梁整体连接,一端搁置在砖墙上或两端均搁置在砖墙上时,跨中弯矩可取 $M = \frac{1}{8}ql^2$,其中 l 为平台板的计算

跨度。

平台板的配筋一般采用分离式，与现浇单向板或双向板类似。

（3）平台梁。平台梁一般为简支于两侧砖墙或梁上的简支构件。

平台梁承受 1/2 梯段板跨度和 1/2 平台板跨度范围内传来的荷载及平台梁自重形成的均布荷载。

弯矩和剪力可按简支梁计算。

配筋计算时，截面可按倒 L 形截面计算。

（二）现浇梁式楼梯

1. 组成

梁式楼梯由踏步板、平台板、平台梁、梯段板和斜梁组成。

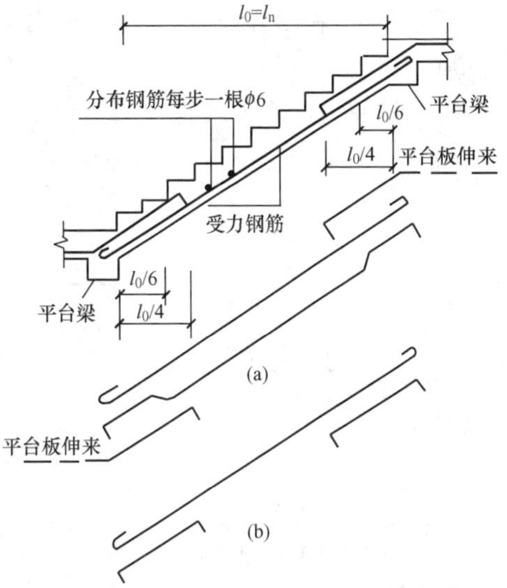

2. 特点

梁式楼梯的踏步板支承在斜梁上，斜梁支承

图 8 - 45　板式楼梯段板的配筋方式
（a）弯起式；（b）分离式

在平台梁上。故梁式楼梯承载力较大，适用于水平投影跨度大于 3m 的楼梯。其底面不平整，施工麻烦，建筑效果略差。

3. 计算

（1）踏步板。踏步板由三角形的踏步及斜板构成。斜板厚度 δ 一般为 30～40mm。整个踏步板可视为两端支承在斜梁上的简支板，跨度为梯段的宽度。

踏步板上的荷载包括踏步板上、下面层、踏步板结构层、斜板自重以及踏步板上的活荷载，计算时可以一个踏步宽为计算单元，荷载等效成均布荷载，以设计值作用在计算简图上。

内力计算时按简支构件考虑。

配筋计算时，踏步板的有效高度可近似取踏步板的平均高度，即 $h_0 = \dfrac{c}{2} + \dfrac{\delta}{\cos\alpha}$，式中：$c$ 为踏步的最大高度；α 为梯段的倾斜角度，见图 8 - 46。受力钢筋的数量除按计算确定外，还应满足每个踏步下不少于 $2\phi6$；考虑斜梁对踏步板的约束作用，在踏步板的两端还应配置负弯矩钢筋，整个梯段沿斜向布置不少于 $\phi6@250$ 的分布钢筋。踏步板配筋见图 8 - 47。

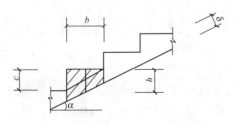

图 8 - 46　踏步板截面有效高度取值

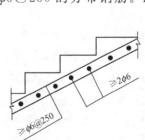

图 8 - 47　踏步板配筋

（2）斜梁。梁式楼梯的斜梁类似于板式楼梯的梯段板。简支在两侧的平台梁上，跨度为斜梁的水平投影长度，见图 8-48。其上承担 1/2 踏步板跨度范围的均布荷载和斜梁自重。

弯矩和剪力计算公式为

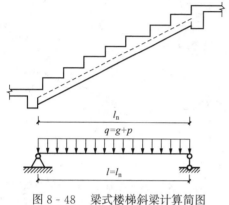

图 8-48　梁式楼梯斜梁计算简图

$$M = \frac{1}{8}ql^2 \qquad (8-19)$$

$$V = \frac{1}{2}ql_n\cos\alpha \qquad (8-20)$$

式中：l、l_n 为斜梁的计算跨度、净跨度。

梁的剪力必须化成与梁轴垂直方向的力。

在截面配筋计算时，当斜梁设置在踏步板之下时，可考虑踏步板与斜梁共同工作，按倒 L 形截面计算，当为了外形美观，将斜梁置于踏步板之上时，仍按矩形截面计算。其正截面和斜截面的计算与构造同简支梁，其配筋示意图见图 8-49。

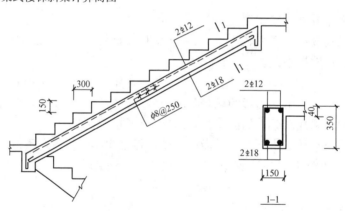

图 8-49　斜梁配筋示意图

（3）平台板。梁式楼梯的平台板与板式楼梯的平台板计算、构造相同。

（4）平台梁。梁式楼梯中的平台梁与板式楼梯中平台梁简图、内力计算、配筋计算均相同。只有荷载不同。梁式楼梯的平台梁承受 1/2 平台板宽度范围的传来的荷载、平台梁自重及斜梁传来的集中力，其受力、计算简图如图 8-50 所示。

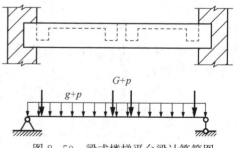

图 8-50　梁式楼梯平台梁计算简图

尚应注意，平台梁的底面应位于斜梁底面之下或与斜梁底面平齐，以保证斜梁的主筋在支座处能伸入平台梁中进行锚固。同时，由于平台梁承受了斜梁传来的集中力，因此，在该集中力的位置上，尚应设置构造钢筋，以防止集中力在此处产生裂缝。

【例 8-3】 试设计结构布置如图 8-51 所示的板式楼梯。已知：活荷载标准值 p_k =

$2.5kN/m^2$，混凝土强度等级 C25，钢筋 HPB300，$f_y = 270N/mm^2$，平台梁为 200mm $\times$ 300mm。

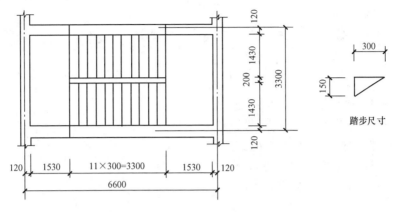

图 8-51 楼梯平面图

解 （1）梯段板的计算。

1）确定斜板厚度 h。斜板厚度可取为

$$h = l/30 = 3500 \times 1/30 = 117(mm) \approx 120(mm)$$

2）荷载计算（取 1m 宽板带）。楼梯斜板的倾角

$$\alpha = \tan^{-1} \frac{150}{300} = 26°34'$$

$$\cos\alpha = 0.894$$

恒荷载：

踏步重 $\qquad \frac{1}{2} \times 0.3 \times 0.15 \times \frac{1.0}{0.30} \times 25 = 1.88(kN/m)$

斜板重 $\qquad 0.12 \times \frac{1.0}{0.894} \times 25 = 3.36(kN/m)$

20 厚找平层 $\qquad \frac{0.3 + 0.15}{0.3} \times 1.0 \times 0.02 \times 20 = 0.6(kN/m)$

20 厚板底抹灰 $\qquad 0.02 \times \frac{1.0}{0.894} \times 17 = 0.38(kN/m)$

恒荷载标准值 $\qquad g_k = 6.22kN/m$

恒荷载设计值 $\qquad g = 6.22 \times 1.3 = 8.09(kN/m)$

总荷载 $\quad q = 1.3g_k + 1.5p_k = 1.3 \times 6.22 + 1.5 \times 3.5 = 13.34kN/m$

取 $\qquad q = 13.34kN/m$

3）内力计算。跨中弯矩

$$M = \frac{1}{10}ql^2 = \frac{1}{10} \times 13.34 \times 3.5^2$$

$$= 16.34(kN \cdot m)$$

4）配筋计算

$$h_0 = h - \alpha_s = 120 - 25 = 95(mm)$$

$$\alpha_s = \frac{M}{\alpha_1 f_c b h_0^2} = \frac{16.34 \times 10^6}{1.0 \times 11.9 \times 1000 \times 95^2} = 0.152$$

查表得
$$\xi = 0.166$$

$$A_s = \frac{\alpha_1 f_c b h_0 \xi}{f_y}$$

$$= \frac{1.0 \times 11.9 \times 1000 \times 95 \times 0.166}{270} = 695 (mm^2)$$

选筋：$\phi12@160$（$A_s = 707mm^2$）；

分布筋：每个踏步下 $1\phi6$ 或 $\phi6@250$；

支座配筋与跨中相同，为 $\phi12@160$。

（2）平台板计算（平台板厚 70mm）。

1）荷载计算（取 1m 宽板带）。

恒荷载：

平台板自重 $0.07 \times 1.0 \times 25 = 1.75 (kN/m)$

20 厚找平层 $0.02 \times 1.0 \times 20 = 0.4 (kN/m)$

20 厚板底抹灰 $0.02 \times 1.0 \times 17 = 0.34 (kN/m)$

恒荷载标准值 $g_k = 2.49 kN/m$

活荷载标准值 $p_k = 2.5 \times 1.0 = 2.5 (kN/m)$

总荷载 $q = 1.3 g_k + 1.5 p_k = 1.3 \times 2.49 + 1.5 \times 2.5 = 6.99 kN/m$

取 $q = 6.99 kN/m$

2）内力计算。

计算跨度 $l = l_n + \frac{h}{2} = (1.53 - 0.2) + \frac{0.07}{2} = 1.46 (mm)$

跨中弯矩

$$M = \frac{1}{8} q l^2 = \frac{1}{8} \times 6.99 \times 1.46^2$$

$$= 1.86 (kN \cdot m)$$

3）配筋计算

$$h_0 = h - a_s = 70 - 25 = 45 (mm)$$

$$\alpha_s = \frac{M}{\alpha_1 f_c b h_0^2} = \frac{1.86 \times 10^6}{1.0 \times 11.9 \times 1000 \times 45^2} = 0.077$$

查表得
$$\xi = 0.08$$

$$A_s = \frac{\alpha_1 f_c b h_0 \xi}{f_y}$$

$$= \frac{1.0 \times 11.9 \times 1000 \times 45 \times 0.08}{270} = 158 (mm^2)$$

选筋：$\phi6@150$（$A_s = 189mm^2$）

分布筋：$\phi6@250$

（3）平台梁计算（$b \times h = 200mm \times 300mm$）。

1）荷载计算（线荷载设计值）。

梯段板传来 $$13.34 \times \frac{3.3}{2} = 22(\text{kN/m})$$

平台板传来 $$6.99 \times \frac{1.53}{2} = 5.35(\text{kN/m})$$

平台梁自重 $$1.2 \times 0.2 \times (0.3-0.07) \times 25 = 1.38(\text{kN/m})$$

总荷载 $$q = 28.73\text{kN/m}$$

2）内力计算。

计算跨度 $$l = l_n + a = (3.3 - 2 \times 0.12) + 0.24 = 3.3(\text{m})$$

$$l = 1.05 l_n = 1.05 \times (3.3 - 2 \times 0.12) = 3.21(\text{m})$$

取 $l = 3.21\text{m}$

跨中弯矩 $$M = \frac{1}{8} q l^2 = \frac{1}{8} \times 28.73 \times 3.21^2 = 37(\text{kN·m})$$

支座剪力

$$V = \frac{1}{2} q l_n = \frac{1}{2} \times 28.73 \times (3.3 - 2 \times 0.12)$$

$$= 43.96(\text{kN})$$

3）配筋计算。正截面计算（截面按矩形）

$$\alpha_s = \frac{M}{\alpha_1 f_c b h_0^2} = \frac{37 \times 10^6}{1.0 \times 11.9 \times 200 \times 255^2} = 0.239$$

查表得 $$\xi = 0.277$$

$$A_s = \frac{\alpha_1 f_c b h_0 \xi}{f_y}$$

$$= \frac{1.0 \times 11.9 \times 200 \times 255 \times 0.277}{270} = 623(\text{mm}^2)$$

选筋：$3\Phi18$（$A_s = 763\text{mm}^2$）

架立筋：$2\Phi12$

箍筋：截面验算

$$0.25\beta_c f_c b h_0 = 0.25 \times 1.0 \times 11.9 \times 200 \times 255$$

$$= 151725(\text{N}) = 151.7(\text{kN}) > 43.96\text{kN}$$

所以，截面尺寸满足。

验算是否按计算配箍筋

$$0.7 f_t b h_0 = 0.7 \times 1.27 \times 200 \times 255$$

$$= 45339(\text{N}) = 45.3(\text{kN}) > 43.96\text{kN}$$

所以，按构造配置箍筋。

箍筋选用：$\phi6@150$

配箍率验算

$$\rho_{sv,\min} = 0.24 \frac{f_t}{f_{yv}} = 0.24 \times \frac{1.27}{210} \times 100\% = 0.145\%$$

$$\rho_{sv} = \frac{nA_{sv1}}{bs} = \frac{2 \times 28.3}{200 \times 150} \times 100\% = 0.189\% > \rho_{sv,\min}$$

楼梯配筋见图 8-52。

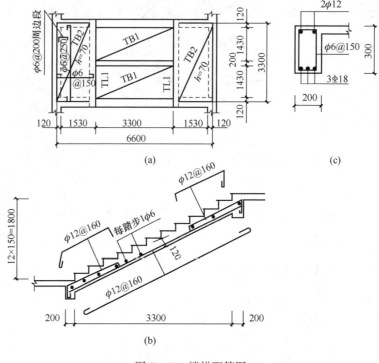

图 8-52 楼梯配筋图

8-1 混凝土楼盖结构有哪几种类型？并说明它们各自的受力特点和适用范围。

8-2 混凝土梁板结构设计的一般步骤是什么？

8-3 肋梁楼盖结构计算简图如何确定？梁、板的计算跨度如何确定？

8-4 求连续梁各跨跨中最大正弯矩、支座截面最大负弯矩、支座边截面最大剪力时，活荷载应如何布置？

8-5 何谓弯矩调幅？考虑塑性内力重分布计算钢筋混凝土连续梁的内力时，为什么要控制弯矩调幅？

8-6 为什么在计算主梁的支座截面配筋时，应取支座边缘处的弯矩？为什么在主次梁相交处，在主梁中需设置吊筋或附加箍筋？

8-1 两跨连续梁如图 8-53 所示，梁上作用恒荷载设计值 $G=40\mathrm{kN}$，活荷载设计值 $Q=80\mathrm{kN}$，试按弹性理论计算并画出此梁的弯矩包络图和剪力包络图。

8-2 某现浇屋盖为单向板肋梁楼盖，其板为两跨连续板，搁置于 240mm 厚的砖墙上，连续板左跨净跨为 3m，右跨净跨为 4m，板顶及板底粉刷共重 $0.75\mathrm{kN/m^2}$，分项系数 1.3，板上活荷载为 $3\mathrm{kN/m^2}$，分项系数 1.5，试设计此板。

8-3　如图 8-54 所示为自双向板肋形楼盖中取出的某区格板，AB 边长为简支支座，其他三边为连续支座，$l_y=5\text{m}$，$l_x=4\text{m}$，板厚 $h=100\text{mm}$，采用 I 级钢筋配筋，混凝土 C20 级，楼面均布荷载标准值 $g_k=6\text{kN/m}^2$；$q_k=3\text{kN/m}^2$。试按极限平衡法计算此区格的配筋。

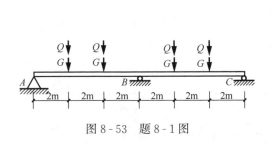

图 8-53　题 8-1 图

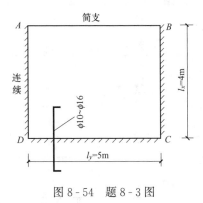

图 8-54　题 8-3 图

附表 8-1　均布荷载和集中荷载作用下等跨连续梁的内力系数

均布荷载

$$M=K_1 g l_0^2 + K_2 q l_0^2 \qquad V=K_3 g l_n + K_4 q l_n$$

集中荷载

$$M=K_1 G l_0 + K_2 Q l_0 \qquad V=K_3 G + K_4 Q$$

式中：g、q 为单位长度上的均布恒荷载、活荷载；G、Q 为集中恒荷载、活荷载；K_1、K_2、K_3、K_4 为内力系数，由表中相应栏内查得。

附表 8-1 (a)　　　　　　　　　两　跨　梁

荷　载　图	跨内最大弯矩		支座弯矩	剪　　力		
	M_1	M_2	M_B	V_A	V_{Bl} V_{Br}	V_C
	0.070	0.0703	−0.125	0.375	−0.625 0.625	−0.375
	0.096	—	−0.063	0.437	−0.563 0.063	0.063
	0.048	0.048	−0.078	0.172	−0.328 0.328	−0.172
	0.064	—	−0.039	0.211	−0.289 0.039	0.039
	0.156	0.156	−0.188	0.312	−0.688 0.688	−0.312

荷　载　图	跨内最大弯矩		支座弯矩	剪　　力		
	M_1	M_2	M_B	V_A	V_{Bl} V_{Br}	V_C
	0.203	—	−0.094	0.406	−0.594 0.094	0.094
	0.222	0.222	−0.333	0.667	−1.333 1.333	−0.667
	0.278	—	−0.167	0.833	−1.167 0.167	0.167

附表 8 - 1 （b）　　　　　　　　三　跨　梁

荷　载　图	跨内最大弯矩		支座弯矩		剪　　力			
	M_1	M_2	M_B	M_C	V_A	V_{Bl} V_{Br}	V_{Cl} V_{Cr}	V_D
	0.080	0.025	−0.100	−0.100	0.400	−0.600 0.500	−0.500 0.600	−0.400
	0.101	—	−0.050	−0.050	0.450	−0.550 0	0 0.550	−0.450
	—	0.075	−0.050	−0.050	0.050	−0.050 0.500	−0.500 0.050	0.050
	0.073	0.054	−0.117	−0.033	0.383	−0.617 0.583	−0.417 0.033	0.033
	0.094	—	−0.067	0.017	0.433	−0.567 0.083	0.083 −0.017	−0.017
	0.054	0.021	−0.063	−0.063	0.183	−0.313 0.250	−0.250 0.313	−0.188
	0.068	—	−0.031	−0.031	0.219	−0.281 0	0 0.281	−0.219
	—	0.052	−0.031	−0.031	0.031	−0.031 0.250	−0.250 0.051	0.031

续表

荷 载 图	跨内最大弯矩		支座弯矩		剪　力			
	M_1	M_2	M_B	M_C	V_A	V_{Bl} V_{Br}	V_{Cl} V_{Cr}	V_D
	0.050	0.038	−0.073	−0.021	0.177	−0.323 0.302	−0.198 0.021	0.021
	0.063	—	−0.042	0.010	0.208	−0.292 0.052	0.052 −0.010	−0.010
	0.175	0.100	−0.150	−0.150	0.350	−0.650 0.500	−0.500 0.650	−0.350
	0.213	—	−0.075	−0.075	0.425	−0.575 0	0 0.575	−0.425
	—	0.175	−0.075	−0.075	−0.075	−0.075 0.500	−0.500 0.075	0.075
	0.162	0.137	−0.175	−0.050	0.325	−0.675 0.625	−0.375 0.050	0.050
	0.200	—	−0.100	0.025	0.400	−0.600 0.125	0.125 −0.025	−0.025
	0.244	0.067	−0.267	−0.267	0.733	−1.267 1.000	−1.000 1.267	−0.733
	0.289	—	−0.133	−0.133	0.866	−1.134 0	0 1.134	−0.866
	—	0.200	−0.133	−0.133	−0.133	−0.133 1.000	−1.000 0.133	0.133
	0.229	0.170	−0.311	−0.089	0.689	−1.311 1.222	−0.778 0.089	0.089
	0.274	—	0.178	0.044	0.822	−1.178 0.222	0.222 −0.044	−0.044

附表 8 - 1 (c)　　四　跨　梁

荷载图	跨内最大弯矩				支座弯矩			剪　力				
	M_1	M_2	M_3	M_4	M_B	M_C	M_D	V_A	V_{Bl} / V_{Br}	V_{Cl} / V_{Cr}	V_{Dl} / V_{Dr}	V_E
	0.077	0.036	0.036	0.077	−0.107	−0.071	−0.107	0.393	−0.607 / 0.536	−0.464 / 0.464	−0.536 / 0.607	−0.393
	0.100	—	0.081	—	−0.054	−0.036	−0.054	0.446	−0.554 / 0.018	0.018 / 0.482	−0.518 / 0.054	0.054
	0.072	0.061	—	0.098	−0.121	−0.018	−0.058	0.380	−0.620 / 0.603	−0.397 / −0.040	−0.040 / −0.558	−0.442
	—	0.056	0.056	—	−0.036	−0.107	−0.036	−0.036	−0.036 / 0.429	−0.571 / 0.571	−0.429 / 0.036	0.036
	0.094	—	—	—	−0.067	0.018	−0.004	0.433	−0.567 / 0.085	0.085 / −0.022	0.022 / 0.004	0.004
	—	0.071	—	—	−0.049	−0.054	0.013	−0.049	−0.049 / 0.496	−0.504 / 0.067	0.067 / 0.013	−0.013
	0.062	0.028	0.028	0.052	−0.067	−0.045	−0.067	0.183	−0.317 / 0.272	−0.228 / 0.228	−0.272 / 0.317	−0.183
	0.067	—	0.055	—	−0.084	−0.022	−0.034	0.217	−0.234 / 0.011	0.011 / 0.239	−0.261 / 0.034	0.034

续表

荷载图	跨内最大弯矩 M_1	M_2	M_3	M_4	支座弯矩 M_B	M_C	M_D	剪力 V_A	V_{Bl} / V_{Br}	V_{Cl} / V_{Cr}	V_{Dl} / V_{Dr}	V_E
	0.200	—	—	—	−0.100	−0.027	−0.007	0.400	−0.600 / 0.127	0.127 / −0.033	−0.033 / 0.007	0.007
	—	0.173	—	—	−0.074	−0.080	0.020	−0.074	−0.074 / 0.493	−0.507 / 0.100	0.100 / −0.020	−0.020
	0.238	0.111	0.111	0.238	−0.286	−0.191	−0.286	0.714	1.286 / 1.095	−0.905 / 0.905	−1.095 / 1.286	−0.714
	0.286	—	0.222	—	−0.143	−0.095	−0.143	0.857	−1.143 / 0.048	0.048 / 0.952	−1.048 / 0.143	0.143
	0.226	0.194	0.175	0.282	−0.321	−0.048	−0.155	0.679	−1.321 / 1.274	−0.726 / −0.107	−0.107 / 1.155	−0.845
	—	0.175	—	—	−0.095	−0.286	−0.095	−0.095	0.095 / 0.810	−1.190 / 1.190	−0.810 / 0.095	0.095
	0.274	—	—	—	−0.178	0.048	−0.012	0.822	−1.178 / 0.226	0.226 / −0.060	−0.060 / 0.012	0.012

续表

荷载图	跨内最大弯矩 M₁	M₂	M₃	M₄	支座弯矩 M_B	M_C	M_D	剪力 V_A	V_Bl / V_Br	V_Cl / V_Cr	V_Dl / V_Dr	V_E
(QQ)	—	0.198	—	—	−0.131	−0.143	0.036	−0.131	−0.131 / 0.988	−1.012 / 0.178	0.178 / −0.036	−0.036
(b)	0.049	0.042	—	0.066	−0.075	−0.011	−0.036	0.175	−0.325 / 0.314	−0.186 / −0.025	−0.025 / 0.286	−0.214
(b)	—	0.040	0.040	—	−0.022	−0.067	−0.022	−0.022	−0.022 / 0.205	−0.295 / 0.295	−0.205 / 0.022	0.022
(b)	0.088	—	—	—	−0.042	0.011	−0.003	0.208	−0.292 / 0.053	0.063 / −0.014	−0.014 / 0.003	0.003
(b)	—	0.051	—	—	−0.031	−0.034	0.008	−0.031	−0.031 / 0.247	−0.253 / 0.042	0.042 / −0.008	−0.008
(GGGG)	0.169	0.116	0.116	0.169	−0.161	−0.107	−0.161	0.339	−0.661 / 0.554	−0.446 / 0.446	−0.554 / 0.661	−0.330
(QQ)	0.210	—	0.183	—	−0.080	−0.054	−0.080	0.420	−0.580 / 0.027	0.027 / 0.473	−0.527 / 0.080	0.080

续表

荷载图	跨内最大弯矩				支座弯矩			剪力				
	M_1	M_2	M_3	M_4	M_B	M_C	M_D	V_A	V_{BI} / V_{Br}	V_{CI} / V_{Cr}	V_{DI} / V_{Dr}	V_E
	0.159	0.146	—	0.206	−0.181	−0.027	−0.087	0.319	−0.681 / 0.654	−0.346 / −0.060	−0.060 / 0.587	−0.413
	—	0.142	0.142	—	−0.054	−0.161	−0.054	0.054	−0.054 / 0.393	−0.607 / 0.607	−0.393 / 0.054	0.054

附表 8 - 1 (d)　　　　五　跨　梁

荷载图	跨内最大弯矩			支座弯矩				剪力					
	M_1	M_2	M_3	M_B	M_C	M_D	M_E	V_A	V_{BI} / V_{Br}	V_{CI} / V_{Cr}	V_{DI} / V_{Dr}	V_{EI} / V_{Er}	V_F
	0.078	0.033	0.046	−0.105	−0.079	−0.079	−0.105	0.394	−0.606 / 0.526	−0.474 / 0.500	−0.500 / 0.474	−0.526 / 0.606	−0.394
	0.100	—	0.085	−0.053	−0.040	−0.040	−0.053	0.447	−0.553 / 0.013	0.013 / 0.500	−0.500 / −0.013	−0.013 / 0.553	−0.447
	—	0.079	—	−0.053	−0.040	−0.040	−0.053	−0.053	−0.053 / 0.513	−0.487 / 0	0 / 0.487	−0.513 / 0.053	0.053

续表

荷载图	跨内最大弯矩			支座弯矩				剪　力					
	M_1	M_2	M_3	M_B	M_C	M_D	M_E	V_A	V_{Bl} V_{Br}	V_{Cl} V_{Cr}	V_{Dl} V_{Dr}	V_{El} V_{Er}	V_F
	0.073	②0.059 / 0.078	—	-0.119	-0.022	-0.044	-0.051	0.380	-0.620 / 0.598	-0.402 / -0.023	-0.023 / 0.493	-0.507 / 0.052	0.052
	①0.098	0.055	0.064	-0.035	-0.111	-0.020	-0.057	0.035	0.035 / 0.424	0.576 / 0.591	-0.409 / -0.037	-0.037 / 0.557	-0.443
	0.094	—	—	-0.067	0.018	-0.005	0.001	0.433	0.567 / 0.085	0.086 / 0.023	0.023 / 0.006	0.006 / -0.001	0.001
	—	0.074	—	-0.049	-0.054	0.014	-0.004	0.015	-0.049 / 0.496	-0.505 / 0.068	0.068 / -0.018	-0.018 / 0.004	0.004
	—	—	0.072	0.013	0.053	0.053	0.013	0.013	0.013 / -0.066	-0.066 / 0.500	-0.500 / 0.066	0.066 / -0.013	0.013
	0.053	0.026	0.034	-0.066	-0.049	0.049	-0.066	0.184	-0.316 / 0.266	-0.234 / 0.250	-0.250 / 0.234	-0.266 / 0.316	0.184
	0.067	—	0.059	-0.033	-0.025	-0.025	0.033	0.217	0.283 / 0.008	0.008 / 0.250	-0.250 / -0.006	-0.008 / 0.283	0.217

续表

荷载图	跨内最大弯矩			支座弯矩				剪力					
	M_1	M_2	M_3	M_B	M_C	M_D	M_E	V_A	V_{Bl} / V_{Br}	V_{Cl} / V_{Cr}	V_{Dl} / V_{Dr}	V_{El} / V_{Er}	V_F
（荷载图）	—	0.055	—	−0.033	−0.025	−0.025	−0.033	0.033	−0.033 / 0.258	−0.242 / 0	0 / 0.242	−0.258 / 0.033	0.033
（荷载图）	0.049	②0.041 / 0.053	—	−0.075	−0.014	−0.028	−0.032	0.175	0.325 / 0.311	−0.189 / −0.014	−0.014 / 0.246	−0.255 / 0.032	0.032
（荷载图）	①— / 0.066	0.039	0.044	−0.022	−0.070	−0.013	−0.036	−0.022	−0.022 / 0.202	−0.298 / 0.307	−0.198 / −0.028	−0.023 / 0.286	−0.214
（荷载图）	0.063	—	—	−0.042	0.011	−0.003	0.001	0.208	−0.292 / 0.053	0.053 / −0.014	−0.014 / 0.004	0.004 / −0.001	−0.001
（荷载图）	—	0.051	0.050	−0.031	−0.034	0.009	−0.002	−0.031	−0.031 / 0.247	−0.253 / 0.043	0.049 / −0.011	−0.011 / 0.002	0.002
（荷载图）	—	—	—	0.008	−0.033	−0.033	0.008	0.008	0.008 / −0.041	−0.041 / 0.250	−0.250 / 0.041	0.041 / −0.008	−0.008
（荷载图 G G G G G）	0.171	0.112	0.132	−0.158	−0.118	−0.118	−0.158	0.342	−0.658 / 0.540	−0.460 / 0.500	−0.500 / 0.460	−0.540 / 0.658	−0.342
（荷载图 Q Q Q）	0.211	—	0.191	−0.079	−0.059	−0.059	−0.079	0.421	−0.579 / 0.020	0.020 / 0.500	−0.500 / −0.020	−0.020 / 0.579	−0.421

续表

荷载图	M_1	M_2	M_3	M_B	M_C	M_D	M_E	V_A	V_{Bl} / V_{Br}	V_{Cl} / V_{Cr}	V_{Dl} / V_{Dr}	V_{El} / V_{Er}	V_F
	—	0.181	—	−0.079	−0.059	−0.059	−0.079	−0.079	−0.079 / 0.520	−0.480 / 0	0 / 0.480	−0.520 / 0.079	0.079
	0.160	② 0.144 / 0.178	—	−0.179	−0.032	−0.066	−0.077	0.321	−0.679 / 0.647	−0.353 / −0.034	−0.034 / 0.489	−0.511 / 0.077	0.077
	① — / 0.207	0.140	0.151	−0.052	−0.167	−0.031	−0.086	−0.052	−0.052 / 0.385	−0.615 / 0.637	−0.363 / −0.056	−0.056 / 0.586	−0.414
	0.200	—	—	−0.100	0.027	−0.007	0.002	0.400	−0.600 / 0.127	0.127 / −0.031	−0.034 / 0.009	0.009 / −0.002	−0.002
	—	0.173	—	−0.073	−0.081	0.022	−0.005	−0.073	−0.073 / 0.493	−0.507 / 0.102	0.102 / −0.027	−0.027 / 0.005	0.005
	—	—	0.171	0.020	−0.079	−0.079	0.020	0.020	0.020 / −0.099	−0.099 / 0.500	−0.500 / 0.099	0.099 / −0.020	−0.020
	0.240	0.100	0.122	−0.281	−0.211	0.211	−0.281	0.719	−1.281 / 1.070	−0.930 / 1.000	−1.000 / 0.930	1.070 / 1.281	−0.719
	0.287	—	0.228	−0.140	−0.105	−0.105	−0.140	0.860	−1.140 / 0.035	0.035 / 1.000	1.000 / −0.035	−0.035 / 1.140	−0.860

续表

荷载图	跨内最大弯矩			支座弯矩				剪力					
	M_1	M_2	M_3	M_B	M_C	M_D	M_E	V_A	V_{Bl} / V_{Br}	V_{Cl} / V_{Cr}	V_{Dl} / V_{Dr}	V_{El} / V_{Er}	V_F
	—	0.216		−0.140	−0.105	−0.105	−0.140	−0.140	−0.140 / 1.035	−0.965 / 0	0.000 / 0.965	−1.035 / 0.140	0.140
	0.227	②0.189 / 0.209	—	−0.319	−0.057	−0.118	−0.137	0.681	−1.319 / 1.262	−0.738 / −0.061	−0.061 / 0.981	−1.019 / 0.137	0.137
	①— / 0.282	0.172	0.198	−0.093	−0.297	−0.054	−0.153	−0.093	−0.093 / 0.796	−1.204 / 1.243	−0.757 / −0.099	−0.099 / 1.153	−0.847
	0.274	—	—	−0.179	0.048	−0.013	0.003	0.821	−1.179 / 0.227	0.227 / −0.061	−0.061 / 0.016	0.016 / −0.003	−0.003
	—	0.198	—	−0.131	−0.144	0.038	−0.010	−0.131	−0.131 / 0.987	−1.031 / 0.182	0.182 / −0.048	−0.048 / 0.010	0.010
	—	—	0.193	0.035	−0.140	−0.140	0.035	0.035	0.035 / −0.175	−0.175 / 1.000	−1.000 / 0.175	0.175 / −0.035	−0.035

注 ①分子及分母分别为 M_1 及 M_5 的弯矩系数;②分子及分母分别为 M_2 及 M_4 的弯矩系数。

附表 8-2 按弹性理论计算矩形双向板在均布荷载作用下的弯矩系数表

一、符号说明

M_x、$M_{x,\max}$——分别为平行于 l_x 方向板中心点弯矩和板跨内的最大弯矩；

M_y、$M_{y,\max}$——分别为平行于 l_y 方向板中心点弯矩和板跨内的最大弯矩；

M_x^0——固定边中点沿 l_x 方向的弯矩；

M_y^0——固定边中点沿 l_y 方向的弯矩；

M_{0x}——平行于 l_x 方向自由边的中点弯矩；

M_{0x}^0——平行于 l_x 方向自由边上固定端的支座弯矩。

| 代表固定边 | 代表简支边 | 代表自由边 |

二、计算公式

$$弯矩＝表中系数×ql_x^2$$

式中：q 为作用在双向板上的均布荷载；l_x 为板跨，见表中插图所示。

表中弯矩系数均为单位板宽的弯矩系数。表中系数为泊松比 $\nu=1/6$ 时求得的，适用于钢筋混凝土板。表中系数是根据 1975 年版《建筑结构静力计算手册》中 $\nu=0$ 的弯矩系数表，通过换算公式 $M_x^{(\nu)}=M_x^{(0)}+\nu M_y^{(0)}$ 及 $M_y^{(\nu)}=M_y^{(0)}+\nu M_x^{(0)}$ 得出的。表中 $M_{x,\max}$ 及 $M_{y,\max}$ 也按上列换算公式求得，但由于板内两个方向的跨内最大弯矩一般并不在一点，因此，由上式求得的 $M_{x,\max}$ 及 $M_{y,\max}$ 仅为比实际弯矩偏大的近似值。

边界条件	(1) 四边简支		(2) 三边简支、一边固定				
l_x/l_y	M_x	M_y	M_x	$M_{x,\max}$	M_y	$M_{y,\max}$	M_y^0
0.50	0.099 4	0.033 5	0.091 4	0.093 0	0.035 2	0.039 7	−0.121 5
0.55	0.092 7	0.035 9	0.083 2	0.084 6	0.037 1	0.040 5	−0.119 3
0.60	0.086 0	0.037 9	0.075 2	0.076 5	0.038 6	0.040 9	−0.116
0.65	0.079 5	0.039 6	0.067 6	0.068 8	0.039 6	0.041 2	−0.113 3
0.70	0.073 2	0.041 0	0.060 4	0.061 6	0.040 0	0.041 7	−0.109 6
0.75	0.067 3	0.042 0	0.053 8	0.051 9	0.040 0	0.041 7	0.105 6
0.80	0.061 7	0.042 8	0.047 8	0.049 0	0.039 7	0.041 5	0.101 4
0.85	0.056 4	0.043 2	0.042 5	0.043 6	0.039 1	0.041 0	−0.097 0

边界条件	（1）四边简支		（2）三边简支、一边固定				

l_x/l_y	M_x	M_y	M_x	$M_{x,max}$	M_y	$M_{y,max}$	M_y^0
0.90	0.051 6	0.043 4	0.037 7	0.038 8	0.038 2	0.402	−0.092 6
0.95	0.047 1	0.043 2	0.033 4	0.034 5	0.037 1	0.039 3	−0.088 2
1.00	0.042 9	0.042 9	0.029 6	0.030 6	0.036 0	0.038 8	−0.083 9

边界条件	（2）三边简支、一边固定					（3）两对边简支、两对边固定		

l_x/l_y	M_x	$M_{x,max}$	M_y	$M_{y,max}$	M_x^0	M_x	M_y	M_y^0
0.50	0.059 3	0.065 7	0.015 7	0.017 1	−0.121 2	0.083 7	0.036 7	−0.119 1
0.55	0.057 7	0.063 3	0.017 5	0.019 0	−0.118 7	0.074 3	0.038 3	0.115 6
0.60	0.055 6	0.060 8	0.019 4	0.020 9	−0.115 8	0.065 3	0.039 3	−0.111 4
0.65	0.053 4	0.058 1	0.021 2	0.022 6	−0.112 4	0.056 9	0.039 4	−0.106 6
0.70	0.051 0	0.055 5	0.022 9	0.024 2	−1.108 7	0.049 4	0.039 2	−0.103 1
0.75	0.048 5	0.052 5	0.024 4	0.025 7	−0.104 8	0.042 8	0.038 3	0.095 9
0.80	0.045 9	0.049 5	0.025 8	0.027 0	−0.100 7	0.036 9	0.037 2	−0.090 4
0.85	0.043 4	0.046 6	0.027 1	0.028 3	−0.096 5	0.031 8	0.035 8	−0.085 0
0.90	0.040 9	0.043 8	0.028 1	0.029 3	−0.092 2	0.027 5	0.034 3	−0.076 7
0.95	0.038 4	0.040 9	0.029 0	0.030 1	−0.088 0	0.023 8	0.032 8	−0.074 6
1.00	0.036 0	0.038 8	0.029 6	0.030 6	−0.083 9	0.020 6	0.031 1	−0.069 8

边界条件	（3）两对边简支、两对边固定			（4）两邻边简支、两邻边固定					

l_x/l_y	M_x	M_y	M_x^0	M_x	$M_{x,max}$	M_y	$M_{y,max}$	M_x^0	M^0
0.50	0.041 9	0.008 6	−0.084 3	0.057 2	0.058 4	0.017 2	0.022 9	−0.117 9	−0.078 6
0.55	0.041 5	0.009 6	−0.084 0	0.054 6	0.055 6	0.0192	0.024 1	−0.114 0	−0.078 5
0.60	0.040 9	0.010 9	−0.083 4	0.051 8	0.052 6	0.021 2	0.025 2	−0.109 5	−0.078 2

续表

| 边界条件 | (3) 两对边简支、两对边固定 | | | (4) 两邻边简支、两邻边固定 | | | | | |

l_x/l_y	M_x	M_y	M_x^0	M_x	$M_{x,max}$	M_y	$M_{y,max}$	M_x^0	M^0
0.65	0.040 2	0.012 2	−0.082 6	0.048 6	0.049 6	0.022 8	0.026 1	−0.104 5	−0.077 7
0.70	0.039 1	0.013 5	−0.081 4	0.045 5	0.046 5	0.024 3	0.026 7	−0.099 2	−0.077 0
0.75	0.038 1	0.014 9	−0.079 9	0.042 2	0.043 0	0.025 4	0.027 2	−0.093 8	−0.076 0
0.80	0.036 8	0.016 2	−0.078 2	0.039 0	0.039 7	0.026 3	0.027 8	−0.088 3	−0.074 8
0.85	0.035 5	0.017 4	−0.076 3	0.035 8	0.036 6	0.026 9	0.028 4	−0.082 9	−0.073 3
0.90	0.034 1	0.018 6	−0.074 3	0.032 8	0.033 7	0.027 3	0.028 8	−0.077 6	−0.071 6
0.95	0.032 6	0.019 6	−0.072 1	0.029 9	0.030 0	0.027 3	0.028 9	−0.072 6	−0.069 8
1.00	0.031 1	0.020 6	−0.069 8	0.027 3	0.028 1	0.027 3	0.028 9	−0.067 7	−0.067 7

| 边界条件 | (5) 一边简支、三边固定 | | | | | | | | |

l_x/l_y	M_x	$M_{x,max}$	M_y	$M_{y,max}$	M_x^0	M_y^0	M_x	$M_{x,max}$	M_y
0.50	0.041 3	0.042 4	0.009 6	0.015 7	−0.083 6	−0.056 9	0.055 1	0.060 5	0.018 8
0.55	0.040 5	0.041 5	0.010 8	0.016 0	−0.082 7	−0.057 0	0.051 7	0.056 3	0.021 0
0.60	0.039 4	0.040 4	0.012 3	0.016 9	−0.081 4	−0.057 1	0.048 0	0.052 0	0.022 9
0.65	0.038 1	0.039 0	0.013 7	0.017 8	−0.079 6	−0.057 2	0.044 1	0.047 6	0.024 4
0.70	0.036 6	0.037 5	0.015 1	0.018 6	−0.077 4	−0.057 2	0.040 2	0.043 3	0.025 6
0.75	0.034 9	0.035 8	0.016 4	0.019 3	−0.075 0	−0.057 2	0.036 4	0.039 0	0.026 3
0.80	0.033 1	0.033 9	0.017 6	0.019 9	−0.072 2	−0.057 0	0.032 7	0.034 8	0.026 7
0.85	0.031 2	0.031 9	0.018 6	0.020 4	−0.069 3	−0.056 7	0.029 3	0.031 2	0.026 8
0.90	0.029 5	0.030 0	0.020 1	0.020 9	−0.066 3	−0.056 3	0.026 1	0.027 7	0.026 5
0.95	0.027 4	0.028 1	0.020 4	0.021 4	−0.063 1	−0.055 8	0.023 2	0.024 6	0.026 1
1.00	0.025 5	0.026 1	0.020 6	0.021 9	−0.060 0	−0.050 0	0.020 6	0.021 9	0.025 5

| 边界条件 | (5) 一边简支、三边固定 | | | (6) 四边固定 | | | |

l_x/l_y	$M_{y,max}$	M_y^0	M_x^0	M_x	M_y	M_x^0	M_y^0
0.50	0.020 1	−0.078 4	−0.114 6	0.040 6	0.010 5	−0.082 9	−0.057 0

续表

| 边界条件 | （5）一边简支、三边固定 | | | （6）四边固定 | | | |

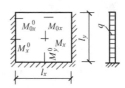

l_x/l_y	$M_{y,\max}$	M_x^0	M_y^0	M_x	M_y	M_x^0	M_y^0
0.55	0.022 3	−0.078 0	−0.109 3	0.039 4	0.012 0	−0.081 4	−0.057 1
0.60	0.024 2	−0.077 3	−0.103 3	0.038 0	0.013 7	−0.079 3	−0.057 1
0.65	0.025 6	−0.076 2	−0.097 0	0.036 1	0.015 2	−0.076 6	−0.057 1
0.70	0.026 7	−0.074 8	−0.090 3	0.034 0	0.016 7	−0.073 5	−0.056 9
0.75	0.027 3	−0.072 9	−0.083 7	0.031 8	0.017 9	−0.070 1	−0.056 5
0.80	0.026 7	−0.070 7	−0.077 2	0.029 5	0.018 9	−0.066 4	0.055 9
0.85	0.027 7	−0.068 3	−0.071 1	0.027 2	0.019 7	−0.062 6	−0.055 1
0.90	0.027 3	−0.065 6	−0.065 3	0.024 9	0.020 2	−0.058 8	−0.054 1
0.95	0.026 9	−0.062 9	−0.059 9	0.022 7	0.020 5	−0.055 0	−0.052 8
1.00	0.026 1	−0.060 0	−0.055 0	0.020 5	0.020 5	−0.051 3	−0.051 3

| 边界条件 | （7）三边固定、一边自由 |

l_x/l_y	M_x	M_y	M_x^0	M_y^0	M_{0x}	M_{0x}^0
0.30	0.001 8	−0.003 9	−0.013 5	−0.034 4	0.006 8	−0.034 5
0.35	0.003 9	−0.002 6	−0.017 9	−0.040 6	0.011 2	−0.043 2
0.40	0.006 3	0.000 8	−0.022 7	−0.045 4	0.016 0	−0.050 6
0.45	0.009 0	0.001 4	−0.027 5	−0.048 9	0.020 7	−0.056 4
0.50	0.016 6	0.003 4	−0.032 2	−0.051 3	0.025 0	−0.060 7
0.55	0.014 2	0.005 4	−0.036 8	−0.053 0	0.028 8	−0.063 5
0.60	0.016 6	0.007 2	−0.041 2	0.054 1	0.032 0	−0.065 2
0.65	0.018 8	0.008 7	−0.045 3	−0.054 8	0.034 7	−0.066 1
0.70	0.020 9	0.010 0	−0.049 0	0.055 3	0.036 8	−0.066 3
0.75	0.022 8	0.011 1	−0.052 6	0.055 7	0.038 5	−0.066 1
0.80	0.024 6	0.011 9	−0.055 8	−0.056 0	0.039 9	−0.065 6
0.85	0.026 2	0.012 5	−0.558	−0.056 2	0.040 9	−0.0651
0.90	0.027 7	0.012 9	−0.061 5	−0.056 3	0.041 7	−0.064 4
0.95	0.029 1	0.013 2	−0.063 9	−0.056 4	0.042 2	−0.063 8
1.00	0.030 4	0.013 3	−0.066 2	−0.056 5	0.042 7	−0.063 2

| 边界条件 | （7）三边固定、一边自由 | | | | | |

l_x/l_y	M_x	M_y	M_x^0	M_y^0	M_{0x}	M_{0x}^0
1.10	0.032 7	0.013 3	−0.070 1	−0.056 6	0.043 1	−0.062 3
1.20	0.034 5	0.013 0	−0.073 2	−0.056 7	0.043 3	−0.061 7
1.30	0.036 8	0.012 5	−0.075 8	−0.056 8	0.043 4	−0.061 4
1.40	0.038 0	0.011 9	−0.077 8	−0.056 8	0.043 3	−0.061 4
1.50	0.039 0	0.011 3	0.079 4	0.056 9	0.043 3	0.061 6
1.75	0.040 5	0.009 9	−0.081 9	−0.056 9	0.043 1	−0.062 5
2.00	0.041 3	0.008 7	−0.083 2	−0.056 9	0.043 1	−0.063 7

第九章 钢 结 构

工程实例 - 钢
结构应用

本章介绍建筑用钢材的影响因素、种类；钢结构基本受力构件的计算及构造；构件基本连接的构造与强度计算；钢屋盖的组成及设计要点等内容。

第一节 钢 结 构 的 材 料

钢材的种类很多，建筑结构用钢材需具有较高强度，较好的塑性、韧性，足够的变形能力，以及适应冷热加工和焊接的性能。对于承重结构，我国《钢结构设计标准》（GB 50017—2017）（以下简称《钢结构标准》）推荐采用 Q235、Q345、Q390、Q420、Q460 和 Q345GJ 钢。

一、钢结构材料的基本力学性能指标

1. 屈服强度和抗拉极限强度

钢材试件拉伸的应力—应变图是确定钢材强度指标和钢结构设计方法的依据，如图 3-17 所示 Q235 钢的 $\sigma - \varepsilon$ 曲线。屈服强度 f_y 作为强度标准，抗拉强度 f_u 作为强度储备。

2. 伸长率（又称延伸率）

延伸率 δ，见式（3-10），衡量钢材破坏前产生塑性变形的能力。材料在破坏前具有很大的塑性变形对房屋安全很有利。

3. 冷弯性能

冷弯性能是衡量钢材在常温下冷加工弯曲时产生塑性变形的能力，及判别钢材内部缺陷和可焊性的综合指标。

4. 冲击韧性

冲击韧性衡量钢材断裂时吸收机械能量的能力，是强度与塑性的综合指标。

《钢结构标准》具体规定：承重结构的钢材应具有屈服强度、抗拉强度、断后伸长率和硫、磷含量的合格保证；焊接承重结构以及重要的非焊接承重结构的钢材尚应具有冷弯试验的合格保证；对直接承受动力荷载或需验算疲劳的构件所用钢材尚应具有冲击韧性的合格保证。

二、影响钢材性能的因素

钢材性能指标是在一定标准条件下得到的，钢材性能受不同因素的影响。

1. 化学成分

钢材化学成分有铁（Fe），占 99% 左右，此外是碳（C）、硅（Si）、锰（Mn）、硫（S）、磷（P）、氧（O）、氮（N）、钒（V）等。普通碳素钢中碳是除铁之外最主要的元素，它直接影响着钢材的强度、塑性和可焊性等；硫、磷、氧、氮是有害物质，将严重降低钢材的塑性、韧性、低温冲击韧性、冷弯性能和可焊性。建筑用普通低碳素钢中碳不应超过 0.22%，在此范围内含碳量高则强度高，但塑性和韧性降低。对于焊接结构，为了有良好的可焊性，含碳量不宜大于0.2%。普通低合金钢是在普通低碳钢的基础上添加少量的锰、硅、钒等合金元素。锰、硅可在浇注中脱氧，合金元素可提高强度、耐腐性、耐磨性或低温冲击韧性，且对塑性无大影响。

2. 冶金与轧制过程

钢材的化学成分及力学性能在冶金过程中设计控制，但不可避免有化学成分分布不均、非金属夹杂、气泡、裂纹等缺陷。冶金过程本身有炉种、脱氧程度等的差异。如顶吹氧气转炉质量就较侧吹的好，建筑钢材的冶炼以顶吹氧气转炉为主。冶炼将要结束时要脱氧，按脱氧方法不同分为沸腾钢、镇静钢、半镇静钢、特殊镇静钢。镇静钢含有害物质少，组织致密，均匀性好，冶金缺陷少。轧制型材的过程能使金属晶粒变细，也能使其中部分缺陷弥合，如气泡、裂缝等。因此，相对来说，辊轧成薄的型材要比厚的型材强度高，钢材的力学性能是按轧制厚度分类规定的。

3. 应力集中

在截面形状改变处，如孔眼、切口、加粗等，会出现应力集中现象。由于应力的急剧改变且不均匀，伸长缩短互相约束可能形成双向应力甚至三向应力，从而引起钢材变脆，受到动荷载时容易形成裂纹。截面变化越急剧，应力集中就越严重。设计中若仅承受静荷载，并符合规定的要求，可不考虑应力集中问题；但对于有尖锐凹角、缺口或裂缝的截面，以及在动力荷载作用和低温下工作的结构，则应考虑应力集中问题。

4. 钢材的硬化

（1）冷作硬化。钢结构是不考虑利用此种方法提高强度的，因为它容易引起裂缝。

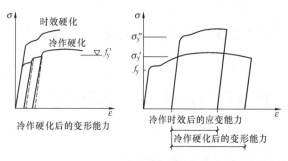

图9-1 硬化后的变形能力

（2）时效硬化。钢材中的氮和碳，随时间的增长从固体中析出，形成渗碳体和氮化物的混杂物，散布在晶粒的滑移面上，起着阻碍滑移的强化作用，从而使钢材的强度提高，塑性韧性降低，脆性增大。这种现象称为时效硬化，也称老化。如图9-1所示。

（3）冷作时效。钢材经冷加工硬化后又经时效而硬化变脆的现象，称为冷作时效。

5. 温度的影响

在正常温度范围内，总的趋势是随着温度的升高，钢材的强度降低，塑性增大。在250℃左右时，钢材的抗拉强度略有提高，而塑性降低，因而钢材呈脆性，这种现象称为蓝脆现象。在250~350℃时，钢材会产生徐变现象。600℃时钢材的强度很低不能承担荷载。《钢结构标准》规定在超过100℃时应进行结构温度作用验算并应根据不同情况采取防护措施。

在负温范围内，随着温度降低，钢材的脆性倾向逐渐增加，钢材的冲击韧性下降。当冬季计算温度等于或低于－20℃时，不同钢种，特别是受动力荷载的结构，要有负温冲击韧性的保证。

6. 钢材疲劳

在动力荷载、连续反复荷载或循环荷载作用下的构件及其连接，当应力变化的循环次数过多时，虽然应力还低于极限强度（抗拉强度），甚至还低于屈服强度，也会发生破坏，这种现象称为钢材的疲劳现象或疲劳破坏。疲劳破坏是脆性破坏，是一种突然发生的断裂。

三、结构钢材的种类与选用

1. 品种和牌号

结构用钢材主要为普通碳素结构钢、低合金结构钢和桥梁用低合金钢。

（1）碳素结构钢。根据 GB/T 700—2006 的规定，碳素结构钢的牌号表示方法是由代表屈服强度的字母、屈服强度的数值、质量等级符号、脱氧方法符号四个部分按顺序组成。所采用的符号分别用下列字母表示：

Q——钢材屈服强度。

A、B、C、D——钢材质量等级。其中：A 级钢只保证抗拉强度、屈服强度、伸长率，必要时可附加冷弯试验的要求，化学成分对碳可不作交货条件。B、C、D 级钢均保证抗拉强度、屈服强度、伸长率、冷弯和冲击韧性（分别为 +20℃，0℃，−20℃）等力学性能，化学成分对碳、硫、磷的极限含量有严格要求。

F——沸腾钢。

Z——镇静钢。

TZ——特殊镇静钢。

在牌号组成表示方法中，"Z" 和 "TZ" 符号予以省略。根据上述表示方法，Q235 - B·F 表示屈服点为 235N/mm²，质量等级为 B 级的沸腾钢，Q235 - A 表示屈服点为 235N/mm²，质量等级为 A 级的镇静钢。

（2）低合金钢。低合金钢的牌号采用与碳素结构钢牌号相同的表示方法。质量等级分为 A、B、C、D、E 共 5 个等级，从 A 到 E 逐级提高，E 级需保证 −40℃ 的冲击韧性。低合金高强度钢均为镇静钢，故级别字母后不再加注脱氧方法，如 Q345 - B，Q390 - C 等。

2. 钢材的选用

钢材选用的基本原则是：保证结构安全可靠，同时要经济合理，降低造价。一般考虑的因素是：结构的类型及重要性；荷载特征（静力荷载或动力荷载）；连接方法；所处环境条件（温度、腐蚀等）；钢材的性能、经济价格、供应情况等。

对于一般工业与民用建筑，承重结构中宜采用 Q235 钢、Q345 钢、Q390 钢、Q420、Q460 钢。在主要的焊接结构中不能使用 Q235 - A 级钢（因为碳含量可不作交货条件），对重级工作制吊车梁、冬季工作温度等于或低于 −20℃ 的吊车梁等非焊接结构不宜采用沸腾钢。

选材时应根据《钢结构标准》规定、钢结构设计手册建议以及具体情况综合考虑。

3. 钢材的规格

钢结构所用钢材主要有热轧成型的钢板和型钢，冷弯成型的薄壁型钢，也采用圆钢或无缝钢管。

（1）钢板。钢板分厚钢板、薄钢板和扁钢。

厚钢板：厚度为 4.5~60mm，宽度为 600~3000mm，长度为 4~12m；

薄钢板：厚度为 0.35～4mm，宽度为 500～1500mm，长度为 0.5～4m；

扁钢：厚度为 4～60mm，宽度为 12～200mm，长度为 3～9m。

钢板规格以符号"一"和厚度×宽度×长度（单位为 mm）表示。如：－20×600×2000，表示厚 20mm，宽 600mm，长 2000mm 的钢板，薄钢板是冷弯薄壁型钢的原料。

实腹式梁、柱的腹板和翼缘、桁架的结点板主要用厚钢板制作。

（2）热轧型钢。常用的热轧型钢有角钢、工字钢、槽钢、H 形钢和钢管等，截面形式如图 9-2 所示。

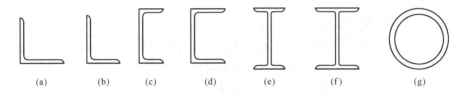

图 9-2　热轧型钢截面形式

(a) 等边角钢；(b) 不等边角钢；(c)、(d) 槽钢；(e) 工字钢；(f) H 形钢；(g) 钢管

角钢分等边角钢和不等边角钢。等边角钢用符号"L"和肢宽×肢厚（单位为 mm）表示，如 L125×10 为肢宽 125mm，肢厚 10mm 的等边角钢。不等边角钢用符号"L"和长肢宽×短肢宽×肢厚（单位为 mm）表示，如 L125×80×10 为长肢宽 125mm，短肢宽 80mm，肢厚 10mm 的不等边角钢。角钢可作为独立构件。

普通工字钢以截面高度（单位为 cm）进行编号，以符号"I"表示。20～28 号工字钢又分 a、b 二项，32～63 号工字钢分 a、b、c 三项，分别表示腹板较薄、中等和较厚。如 I22a 表示高度为 220mm，腹板较薄的工字钢。

普通槽钢也以截面高度（单位为 cm）来编号，用符号"["表示。14～22 号分 a、b 二项，25 号以上分 a、b、c 三项，分别表示腹板较薄、中等和较厚。如，[22a 表示腹板高度为 220mm，腹板较薄的槽钢。

圆钢规格以直径的毫米数表示。如 $\phi18$ 表示直径为 18mm 的圆钢。

圆管以符号 ϕ 后加外径×厚度（单位为 mm）表示。如 $\phi400×6$ 表示外径 400mm，厚 6mm 的圆管。

（3）冷弯型钢和压型钢板。冷弯型钢是用厚度为 1.5～6mm 薄钢板经冷轧（弯）或模压而成，故也称冷弯薄壁型钢。常用截面形式如图 9-3 所示。

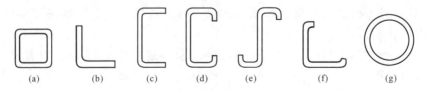

图 9-3　冷弯薄壁型钢

(a) 方钢管；(b) 等肢角钢；(c) 槽钢；(d) 卷边槽钢；

(e) 卷边 Z 型钢；(f) 卷边等边角钢；(g) 焊接薄壁圆钢

压型钢板是用 0.4～2mm 厚的钢板、镀锌钢板、彩色涂层钢板（表面覆盖有彩色油漆）经冷轧（压）成的各种类型的波形板。如图 9-4 所示。

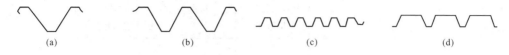

图 9-4 压型钢板部分板型

(a) S型；(b) W型；(c) V型；(d) U型

第二节 钢结构的基本构件

钢结构的基本构件按受力性质分主要有轴心受力构件、受弯构件、拉（压）弯构件等。本节只介绍轴心受力构件和受弯构件的计算及构造要求。

一、轴心受力构件

（一）截面形式

轴心受力构件又分为轴心受拉构件和轴心受压构件，广泛应用于桁架、网架和塔架等由杆件组成的结构中。轴心受拉构件一般均按强度控制设计，轴心受压构件常按稳定控制设计。常用的截面形式有型钢截面和组合截面两大类，如图 9-5 所示。

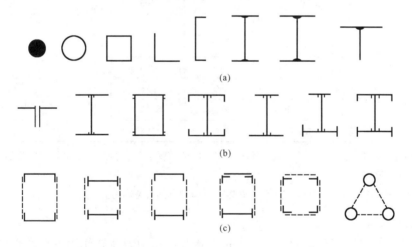

图 9-5 轴心受力杆件和拉弯、压弯杆件的截面形式

(a) 型钢截面；(b) 实腹式组合截面；(c) 格构式组合截面

（二）轴心受拉构件截面强度计算

轴心受拉构件的截面强度计算公式为（采用高强度螺栓摩擦型连接除外）

$$\sigma = \frac{N}{A_n} \leqslant f \tag{9-1}$$

式中：N 为轴心拉力设计值；A_n 为构件净截面面积，当构件多个截面有孔时，取最不利的截面；f 为钢材的抗拉强度设计值，按表 9-1 采用。

表9-1 钢材的设计用强度指标 N/mm²

钢材牌号		钢材厚度或直径（mm）	强度设计值			屈服强度 f_y	抗拉强度 f_u
			抗拉、抗压、抗弯 f	抗剪 f_v	端面承压（刨平顶紧）f_{ce}		
碳素结构钢	Q235	≤16	215	125	320	235	370
		>16，≤40	205	120		225	
		>40，≤100	200	115		215	
低合金高强度结构钢	Q345	≤16	305	175	400	345	470
		>16，≤40	295	170		335	
		>40，≤63	290	165		325	
		>63，≤80	280	160		315	
		>80，≤100	270	155		305	
	Q390	≤16	345	200	415	390	490
		>16，≤40	330	190		370	
		>40，≤63	310	180		350	
		>63，≤100	295	170		330	
	Q420	≤16	375	215	440	420	520
		>16，≤40	355	205		400	
		>40，≤63	320	185		380	
		>63，≤100	305	175		360	
	Q460	≤16	410	235	470	460	550
		>16，≤40	390	225		440	
		>40，≤63	355	205		420	
		>63，≤100	340	195		400	

注 1. 表中直径指实芯棒材直径，厚度是指计算点的钢材或钢管壁厚度，对轴心受拉和轴心受压构件是指截面中较厚板件的厚度。

2. 冷弯型材和冷弯钢管，其强度设计值应按现行有关国家标准的规定采用。

（三）刚度条件

当轴心受力构件刚度不足时，易产生过大挠度，在动力荷载作用下易产生振动。因此，设计时应对轴心受力构件的长细比进行控制，以保证足够的刚度。对于轴心受压构件，长细比控制更为重要，受压构件因刚度不足，一旦发生弯曲变形后，因变形增加的附件弯矩影响远比受拉构件严重，长细比过大，会使稳定承载力降低太多。轴心受力构件的容许长细比[λ]是按构件受力性质、构件类别和荷载性质确定的。

轴心受力构件的刚度是以限制其长细比保证的，即

$$\lambda_{max} = (l_0/i)_{max} \leqslant [\lambda] \tag{9-2}$$

式中：λ_{max} 为构件最不利方向的最大长细比；l_0 为构件计算长度，按《钢结构标准》划分的各类构件取值；i 为截面回转半径，各种截面回转半径的近似值见附表9-1；[λ]为容许长细比。按表9-2、表9-3取用。

表 9 - 2　　　　　　　　　　　　　受拉构件容许长细比

项次	构 件 名 称	承受静力荷载或间接承受动力荷载的结构		直接承受荷载动力的结构
		无吊车和有轻、中级工作制吊车的厂房	有重级工作制吊车的厂房	
1	桁架的杆件	350	250	250
2	吊车梁或吊车桁架以下的柱间支撑	300	200	
3	支撑（第2项和张紧的圆钢除外）	400	350	

注　1. 承受静力荷载的结构中，可仅计算受拉构件在竖向平面内的长细比。

　　2. 在直接或间接承受动力荷载的结构中，计算单角钢受拉构件长细比时，应采用角钢的最小回转半径，在计算单角钢交叉受拉构件平面外的长细比时，应采用与角钢肢边平行轴的回转半径。

　　3. 中、重级工作制吊车桁架下弦杆的长细比不宜超过 200。

　　4. 在设有夹钳吊车或刚性料耙吊车的厂房中，支撑（表中第 2 项除外）的长细比不宜超过 300。

　　5. 受拉构件在永久荷载与风荷载组合作用下受压时，其长细比不宜超过 250。

表 9 - 3　　　　　　　　　　　　　受压构件容许长细比

项　次	构 件 名 称	容许长细比
1	轴心受压柱、桁架和天窗架中的压杆	150
	柱的缀条、吊车梁或吊车桁架以下的柱间支撑	
2	支撑（吊车梁或吊车桁架以下的柱间支撑除外）	200
	用以减少受压构件长度的杆件	

注　桁架（包括空间桁架）的受压腹杆，当其内力等于或小于承载能力的 50% 时，容许长细比可取 200。

　　式（9 - 2）对轴心受压构件也适用。受拉和受压构件的刚度是以保证其长细比 λ 来实现的，当构件的长细比太大时，会产生以下不利影响：在运输或安装过程中产生弯曲或过大的变形；在使用期间因其自重而明显下挠，在动力荷载作用下发生较大的振动；使构件的极限承载力显著降低。

　　（四）轴心受压构件的稳定计算

　　轴心受压构件截面形式可分实腹式和格构式两类。实腹式常用型钢截面见图 9 - 5（a）、由型钢或钢板焊接成的组合截面见图 9 - 5（b）。格构式是由型钢或钢板组合截面作分肢，并由缀件将其连成整体见图 9 - 5（c），格构式构件有双肢、三肢、四肢之分。

　　实腹式受压构件主要分析它的整体稳定性和板件的局部稳定性。格构式主要分析整体稳定和分肢稳定。

　　1. 实腹式轴心受压构件

　　（1）整体稳定计算。轴心压杆整体的稳定采用 φ 系数法进行稳定计算，即

$$\frac{N}{\varphi A} \leqslant f \qquad (9 - 3)$$

工程实例 - 柱失稳

式中：N 为轴心压力设计值；A 为构件的毛截面面积；f 为钢材的抗压强度设计值，按表 9 - 1 采用；φ 为轴心受压构件的稳定系数。

　　稳定系数 φ 值体现了如下几方面对受压构件承载力的影响：不同截面形式和尺寸；不同

加工条件产生的残余应力分布；压杆轴线的初始弯曲；杆端约束条件等。

φ 值的确定方法是：首先根据表 9-4（a）、表 9-4（b）确定截面分类，然后根据截面种类、钢材屈服强度和构件的长细比 λ，按附录Ⅱ查出。

λ 的具体计算应遵循《钢结构标准》的有关规定。截面为双对称或极对称的构件，计算方法同第三章。

表 9-4（a）　　　　　　　轴心受压构件的截面分类（板厚 $t<40\text{mm}$）

截 面 形 式		对 x 轴	对 y 轴
轧制		a 类	a 类
轧制	$b/h\leqslant0.8$	a* 类	b* 类
	$b/h>0.8$	a 类	b 类
焊接、翼缘为焰切边	焊接		
轧制	轧制等边角钢		
轧制，焊接（板件宽厚比>20）	轧制或焊接	b 类	b 类
焊接	轧制截面和翼缘为焰切边的焊接截面		
格构式	焊接，板件边缘焰切		

续表

截　面　形　式	对 x 轴	对 y 轴
焊接，翼缘为轧制或剪切边	b 类	c 类
焊接，板件边缘轧制或剪切	c 类	c 类
焊接，板件宽厚比≤20	c 类	c 类

表9-4（b）　　　　　　　　轴心受压构件的截面分类（板厚 $t \geqslant 40\text{mm}$）

截　面　形　式		对 x 轴	对 y 轴
轧制工字形或 H 形截面	$t < 80\text{mm}$	b 类	c 类
	$t \geqslant 80\text{mm}$	c 类	d 类
焊接工字形截面	翼缘为焰切边	b 类	b 类
	翼缘为轧制或剪切边	c 类	d 类
焊接箱形截面	板件宽厚比>20	b 类	b 类
	板件宽厚比≤20	c 类	c 类

【例9-1】　确定图9-6所示截面轴心受压柱的整体稳定承载力。$l_{0x} = 6\text{m}$，$l_{0y} = 3\text{m}$，钢材为 Q345 钢，截面为焊接，翼缘为剪切边。

　　解　（1）截面的几何特性

$$A = 2 \times 240 \times 10 + 200 \times 6 = 6000(\text{mm}^2)$$

$$I_x = 2 \times \left(\frac{240 \times 10^3}{12} + 240 \times 10 \times 105^2 \right) + \frac{6 \times 200^3}{12}$$

$$= 56.96 \times 10^6 (\text{mm}^4)$$

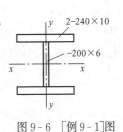

图9-6　[例9-1]图

$$I_y = 2 \times 10 \times 240^3/12 = 23.04 \times 10^6 (\text{mm}^2)(忽略了腹板对 y 轴的惯性矩)$$

$$i_x = \sqrt{I_x/A} = \sqrt{56.96 \times 10^6/6000} = 97.43 (\text{mm})$$

$$i_y = \sqrt{I_y/A} = \sqrt{23.04 \times 10^6/6000} = 61.97 (\text{mm})$$

$$\lambda_x = \frac{l_{ox}}{i_x} = \frac{6000}{97.43} = 61.58$$

$$\lambda_y = \frac{l_{oy}}{i_y} = \frac{3000}{61.97} = 48.4$$

(2) 承载能力确定。由表 9 - 4（a）可知，该截面对 x 轴属 b 类截面，对 y 轴属 c 类截面。

由 $\lambda_x = 61.58$，查附录Ⅱ中表Ⅱ－2 得 $\varphi_x = 0.720$

由 $\lambda_y = 48.4$，查附录Ⅱ中表Ⅱ－3 得 $\varphi_y = 0.715$

则　　$N = \varphi_y A f = 0.715 \times 6000 \times 310 = 1330 (\text{kN})$

图 9 - 7　轴心受压构件的局部失稳

（2）局部稳定计算。由板件组成的实腹式受压构件，在构件受压时板件本身达到失去维持平衡稳定的平衡状态，出现翘曲或鼓曲的现象称为丧失局部稳定。如图 9 - 7 所示。局部失稳不等于构件的整体失稳，但板件的翘曲或鼓曲部分偏离了原来位置而退出工作，使截面不对称、截面面积减小，从而降低了构件承载能力。若鼓曲继续发展，将会导致构件提前整体失稳。型钢的截面因翼缘和腹板尺寸都是经过选择的，不会引起局部失稳。

为了保证板件的局部稳定，就要限制板件的宽厚比（高厚比），根据板件的临界应力和构件的临界应力相等的原则来确定板件的宽厚比。如工字形截面（图 9 - 8）及 H 形截面板件宽厚比限值如下：

翼缘板自由外伸宽度 b 与其厚度 t 的宽厚比

$$b/t \leqslant (10 + 0.1\lambda)\sqrt{\frac{235}{f_y}} \tag{9 - 4}$$

腹板的高厚比

$$h_0/t_w \leqslant (25 + 0.5\lambda)\sqrt{\frac{235}{f_y}} \tag{9 - 5}$$

式中：λ 为构件两个方向长细比的较大者，当 $\lambda < 30$ 时取 $\lambda = 30$，$\lambda > 100$ 时取 $\lambda = 100$。

（3）截面设计。设计原则：

1）等稳定性。使构件在两个方向的承载力相同，以充分发挥其承载力。尽可能使 $\varphi_x \approx \varphi_y$ 或 $\lambda_x \approx \lambda_y$。

2）宽肢薄壁。在满足板件宽厚比限值的条件下使截面分布尽量远离形心轴，以增大截面的惯性矩和回转半径，提高杆件的整体稳定承载力和刚度，达到用料合理。

3）制造省工。

4）连接简便。

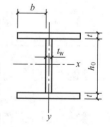

图 9 - 8　板件尺寸

现通过下面例题介绍实腹式轴心受压构件的设计方法。

【例 9 - 2】　试设计某工作平台的支柱，该柱为两端铰接，长 3m，承受轴心压力 $N =$

1500kN。按下列两种情况进行设计：（1）用型钢工字钢；（2）用焊接工字形截面，翼缘为剪切边，材料为 Q235。

解 （1）型钢截面。

1）初选截面。设 $\lambda = 80$（根据设计经验，长细比一般取 60～100 之间，荷载小于 1500kN，计算长度为 5～6m 时，可假定 $\lambda = 80 \sim 100$；荷载在 1500～3500kN 时，可假定 $\lambda = 60 \sim 80$。所假定的 λ 值不得超过 150）。由表 9 - 4（a）可知对 x 轴属 a 类，对 y 轴属 b 类，查附录 Ⅱ 中表 Ⅱ-1、Ⅱ-2 得

$$\varphi_x = 0.783 \qquad \varphi_y = 0.688$$
$$\varphi_{\min} = \min(\varphi_x, \varphi_y) = 0.688$$

截面需要的面积

$$A_T = \frac{N}{\varphi_{\min} \cdot f} = \frac{1500 \times 10^3}{0.688 \times 215} = 101.4 (\text{cm}^2)$$

$$i_{xT} = \frac{l_{0x}}{\lambda} = \frac{300}{80} = 3.75 (\text{cm})$$

$$i_{yT} = \frac{l_{0y}}{\lambda} = \frac{300}{80} = 3.75 (\text{cm})$$

由附录 Ⅰ 选 I50a

$$A = 119 \text{cm}^2, \quad i_x = 19.7 \text{cm}, \quad i_y = 3.07 \text{cm}$$

2）验算截面。强度，因截面无削弱，可不验算。

刚度

$$\lambda_x = \frac{l_{0x}}{i_x} = \frac{300}{19.7} = 15.2 < [\lambda] = 150$$

满足要求

$$\lambda_y = \frac{l_{0y}}{i_y} = \frac{300}{3.07} = 97.7 < [\lambda] = 150$$

满足要求

整体稳定，由 λ_x、λ_y 查附录 Ⅱ 中表 Ⅱ-1、Ⅱ-2 得

$$\varphi_x = 0.989, \varphi_y = 0.568$$
$$\varphi_{\min} = 0.568$$
$$\frac{N}{\varphi A} = \frac{1500 \times 10^3}{0.568 \times 119.3 \times 10^2} = 221 (\text{N/mm}^2) > 215 \text{N/mm}^2$$

但

$$\frac{221 - 215}{215} \times 100\% = 2.8\% < 5\%$$

满足强度要求。

（2）焊接工字形截面。

1）初选截面。设 $\lambda = 80$，由表 9 - 4（a）可知，对 x 轴属 b 类截面，对 y 轴属 c 类截面。查附录 Ⅱ 中表 Ⅱ-2 及表 Ⅱ-3 得

$$\varphi_x = 0.688, \varphi_y = 0.578$$
$$\varphi_{\min} = 0.578$$

截面所需面积

$$A_T = \frac{N}{\varphi_{\min} \cdot f} = \frac{1500 \times 10^3}{0.578 \times 215} = 120.7 (\text{cm}^3)$$

$$i_{xT} = \frac{l_{0x}}{\lambda} = \frac{300}{80} = 3.75 (\text{cm})$$

$$i_{yT} = \frac{l_{0y}}{\lambda} = \frac{300}{80} = 3.75 (\text{cm})$$

$$h_T = \frac{i_{xT}}{\alpha_1} = \frac{3.75}{0.43} = 8.72 (\text{cm})$$

$$b_T = \frac{i_{yT}}{\alpha_2} = \frac{3.75}{0.24} = 15.6 (\text{cm})$$

式中：α_1、α_2 由截面高度近似等于翼缘宽度，根据近似的回转半径与轮廓尺寸的关系 $i_x = 0.43h$，$i_y = 0.24b$ 得到，常见截面见附表 9-1。

先选取 $b = h = 16\text{cm}$，按此尺寸粗算翼缘和腹板的平均厚度 $t = \frac{120.7}{3 \times 16} = 2.5\text{cm}$。这远比按局部稳定宽厚比限制所需要的大，不符合宽肢薄壁的经济原则，这表明所设 λ 偏大，需重新假定，重选截面。

设 $\lambda = 60$ 查附录 Ⅱ 中表 Ⅱ-2 及表 Ⅱ-3 得

$$\varphi_x = 0.807, \varphi_y = 0.709$$

$$\varphi_{\min} = 0.709$$

$$A_T = \frac{N}{\varphi_y \cdot f} = \frac{1500 \times 10^3}{0.709 \times 215} = 98.4 (\text{cm}^2)$$

$$i_{xT} = \frac{l_{0x}}{\lambda} = \frac{300}{60} = 5 (\text{cm})$$

$$i_{yT} = \frac{l_{0y}}{\lambda} = \frac{300}{60} = 5 (\text{cm})$$

$$h_T = \frac{i_{xT}}{\alpha_1} = \frac{5}{0.43} = 11.6 (\text{cm})$$

$$b_T = \frac{i_{yT}}{\alpha_2} = \frac{5}{0.24} = 20.8 (\text{cm})$$

选截面尺寸为

翼缘 2-260×12，面积 62.4cm²

腹板 1-220×10，面积 22.0cm²

截面面积 $A = 62.4 + 22 = 84.4\text{cm}^2$

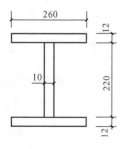

图 9-9　[例 9-2]图

截面如图 9-9 所示。

2）验算截面

截面几何特性

$$I_x = \frac{1}{12} \times 1.0 \times 22^3 + 2 \times 26 \times 1.2 \times 11.6^2$$

$$= 9383.9 (\text{cm}^4)$$

$$I_y = \frac{1}{12} \times 1.2 \times 26^3 \times 2 = 3515.2 (\text{cm}^4)$$

$$i_x = \sqrt{\frac{I_x}{A}} = \sqrt{\frac{9383.9}{84.4}} = 10.5(\text{cm})$$

$$i_y = \sqrt{\frac{I_y}{A}} = \sqrt{\frac{3515.2}{84.4}} = 6.5(\text{cm})$$

a. 强度。因截面无削弱，可不验算

b. 刚度 $\lambda_x = \dfrac{l_{0x}}{i_x} = \dfrac{300}{10.5} = 28.6 < [\lambda] = 150$（满足要求）

$\lambda_y = \dfrac{l_{0y}}{i_y} = \dfrac{300}{6.5} = 46 < [\lambda] = 150$（满足要求）

c. 整体稳定。由附录Ⅱ中表Ⅱ-2及Ⅱ-3得：$\varphi_x = 0.974, \varphi_y = 0.801, \varphi_{\min} = 0.801$

$$\frac{N}{\varphi_{\min} \cdot A} = \frac{1500 \times 10^3}{0.801 \times 84.4 \times 10^2} = 222(\text{N/mm}^2) < f = 215\text{N/mm}^2$$

但
$$\frac{222 - 215}{215} \times 100\% = 3.2\% < 5\%$$

满足要求。

d. 局部稳定

$$\lambda = \max(\lambda_x, \lambda_y) = 46$$

$$b/t = \frac{125}{12} = 10.4 < (10 + 0.1\lambda)\sqrt{\frac{235}{f_y}}$$

$$= (10 + 0.1 \times 46) \times \sqrt{\frac{235}{235}} = 14.6$$

满足要求。

$$h_0/t_w = \frac{220}{10} = 22 < (25 + 0.5\lambda)\sqrt{\frac{235}{f_y}}$$

$$= (25 + 0.5 \times 46) \times \sqrt{\frac{235}{235}} = 48$$

满足要求。

2. 格构式轴心受压构件

格构式构件由肢件和缀合柱肢的缀材组成，常用的格构式柱截面形式如图9-5（c）所示，肢件常用的为槽钢、工字钢、角钢、钢管等。缀材分缀条和缀板两种，缀板常采用扁钢，也可采用型钢作横杆，缀条有斜缀条和横（水平）缀条，常采用单角钢。荷载较小时可采用缀板组合，荷载较大（缀材截面剪力较大）时或两肢相距较宽时，宜采用缀条组合。

格构式压杆使截面的材料面积尽量远离中性轴，可以增大惯性矩，提高截面抗弯刚度，节约材料用量；容易实现等稳的设计原则，即使截面对两个方向的惯性矩接近相等。格构式构件的计算包括：①整体稳定计算。②取两缀条或缀板间的长细比λ对单肢进行分肢稳定验算。③缀条和缀板的计算。详细内容请参阅其他钢结构教材的有关章节。

二、受弯构件

受弯构件常称为梁式构件，主要用以承受横向荷载。钢梁在工业与民用建筑中常见到的有平台梁、楼盖梁、墙架梁、吊车梁以及檩条等。一般可分为型钢梁和组合梁。型钢梁加工简单、制造方便、成本较低，因而广泛用作小型钢梁。当跨度较大时，由于工厂轧制条件的限制，型钢梁的尺寸有限，不能满足构件承载能力和刚度的要求，则必须采用组合钢梁。钢梁的截面形式如图 9-10 所示。

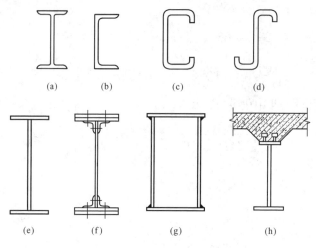

图 9-10 钢梁的截面形式

受弯构件的计算包括强度、刚度、整体稳定性和局部稳定性四个方面。型钢不必考虑局部稳定问题；组合梁还有截面沿长度改变、翼缘焊接、梁的拼接等问题。

1. 强度计算

梁在弯矩作用下，横截面上的正应力经由弹性阶段：此时正应力为直线分布，梁最外边的正应力没达到屈服应力值；弹塑性阶段：梁边缘部分出现塑性，应力达到屈服应力值，而中性轴附近材料仍处于弹性；塑性阶段：梁全截面进入塑性，应力均等于屈服应力值，形成塑性铰。一般结构设计按弹性阶段计算。为节约钢材，《钢结构标准》规定，对承受静力荷载或间接承受动力荷载的受弯构件，应适当考虑截面中的塑性发展，在强度计算公式中增加一个塑性发展系数 γ。

梁的抗弯强度计算

单向受弯时

$$\sigma_{\max} = \frac{M_x}{\gamma_x W_{nx}} \leqslant f \qquad (9-6)$$

双向受弯时

$$\sigma_{\max} = \frac{M_x}{\gamma_x W_{nx}} + \frac{M_y}{\gamma_y W_{ny}} \leqslant f \qquad (9-7)$$

式中：M_x、M_y 为绕截面 x-x、y-y 轴的弯矩设计值（对工字形截面，x 轴为强轴，y 轴为弱轴）；W_{nx}、W_{ny} 为对 x-x、y-y 轴的净截面模量；γ_x、γ_y 为截面塑性发展系数，由表 9-5 选用；f 为钢材抗弯强度设计值。

表 9 - 5　　　　　　　　　　　　截面塑性发展系数 γ_x、γ_y

项 次	截 面 形 式	γ_x	γ_y
1			1.2
2		1.05	1.05
3		$\gamma_{x1}=1.05$ $\gamma_{x2}=1.2$	1.2
4			1.05
5		1.2	1.2
6		1.15	1.15
7		1.0	1.05
8			1.0

注　当压弯构件受压翼缘的自由外伸宽度与其厚度之比大于 $13\sqrt{235/f_y}$ 而不超过 $15\sqrt{235/f_y}$ 应取 $\gamma_x=1.0$。

在强度设计中，凡直接承受动力荷载的受弯构件不考虑塑性发展，即取 $\gamma_x = \gamma_y = 1.0$。

最大剪应力验算

$$\tau_{\max} = \frac{VS}{It_w} \leqslant f_v \qquad (9\text{-}8)$$

式中：V 为计算截面沿腹板平面作用的剪力；S 为计算截面一半毛截面对中性轴的面积矩；I 为计算截面毛截面的惯性矩；t_w 为腹板厚度；f_v 为钢材的抗剪强度设计值。

型钢梁腹板较厚，一般均能满足抗剪强度要求，如最大剪力处截面无削弱可不必进行抗剪验算。

2. 刚度验算

验算公式

$$\nu \leqslant [\nu] \qquad (9\text{-}9)$$

式中：ν 为由荷载标准值产生的梁的最大挠度；$[\nu]$ 为《钢结构标准》规定的受弯构件容许挠度，见表 9-6。

表 9-6   受弯构件挠度容许值

项 次	构 件 类 别	挠度容许值	
		$[\nu_T]$	$[\nu_Q]$
1	吊车梁和吊车桁架（按自重和起重量最大的一台吊车计算挠度） (1) 手动吊车和单梁起重机（含悬挂起重机） (2) 轻级工作制桥式起重机 (3) 中级工作制桥式起重机 (4) 重级工作制桥式起重机	$l/500$ $l/750$ $l/900$ $l/1000$	—
2	手动或电动葫芦的轨道梁	$l/400$	—
3	有重轨（重量等于或大于 38kg/m）轨道的工作平台梁 有轻轨（重量等于或小于 24kg/m）轨道的工作平台梁	$l/600$ $l/400$	—
4	楼（屋）盖梁或桁架、工作平台梁（第 3 项除外）和平台板 (1) 主梁或桁架（包括设有悬挂起重设备的梁和桁架） (2) 抹灰顶棚的次梁 (3) 除 (1)、(2) 款外的其他梁（包括楼梯梁） (4) 屋盖檩条 　　支承无积灰的瓦楞铁和石棉瓦屋面者 　　支承压型金属板、有积灰的瓦楞铁和石棉瓦等屋面者 　　支承其他屋面材料者 (5) 平台板	$l/400$ $l/250$ $l/250$ $l/150$ $l/200$ $l/200$ $l/150$	$l/500$ $l/350$ $l/300$ — — — —

续表

项 次	构 件 类 别	挠度容许值	
		$[\nu_T]$	$[\nu_Q]$
5	墙架构件（风荷载不考虑阵风系数） （1）支柱 （2）抗风桁架（作为连续支柱的支承时） （3）砌体墙的横梁（水平方向） （4）支承压型金属板的横梁（水平方向） （5）带有玻璃窗的横梁（竖直和水平方向）	— — — — $l/200$	$l/400$ $l/1000$ $l/300$ $l/100$ $l/200$

注 1. l 为受弯构件的跨度，对悬臂梁和伸臂梁为悬伸长度的 2 倍。

2. $[\nu_T]$ 为永久和可变荷载标准值产生的挠度的容许值；$[\nu_Q]$ 为可变荷载标准值产生的挠度的容许值。

3. 整体稳定计算

有些梁在荷载作用下，虽然其截面的正应力还低于钢材的强度，但其变形会突然偏离原来的弯曲变形平面，同时发生侧向弯曲和扭转（如图 9-11 所示），这种现象称为梁的整体失稳。梁整体失稳的主要原因是侧向刚度及抗扭刚度太小、侧向支承的间距太大等。

《钢结构标准》规定，符合下列情况的梁，可不计算整体稳定，由强度条件控制。

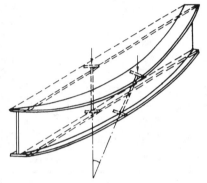

图 9-11　梁整体失稳现象

1）有铺板（各种钢筋混凝土板和钢板）密铺在梁的受压翼缘上并与其牢固连接，能阻止受压翼缘侧向位移时。

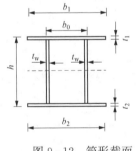

图 9-12　箱形截面

2）不符合上述情况的箱形截面简支梁，其截面尺寸如图 9-12 所示，应满足 $h/b_0 \leqslant 6$，$l_1/b_0 \leqslant 9$（$235/f_y$），l_1 为受压翼缘侧向支承点间的距离（梁的支座处视为有侧向支承）。

如不符合上述条件，则应按以下公式进行整体稳定验算。

在最大刚度主平面内受弯时

$$\frac{M_x}{\varphi_b W_x} \leqslant f \qquad (9-10)$$

两个主平面受弯的 H 形钢截面或工字形截面构件

$$\frac{M_x}{\varphi_b W_x} + \frac{M_y}{\gamma_y W_y} \leqslant f \qquad (9-11)$$

式中：M_x、M_y 为绕截面 x-x、y-y 轴的最大弯矩设计值；W_x、W_y 为按受压最大纤维确定的对 x 轴的稳定计算截面模量和对 y 轴的毛截面模量；γ_y 为截面塑性发展系数，由表 9-5 选用；f 为钢材抗弯强度设计值；φ_b 为受弯构件绕强轴的整体稳定系数，φ_b 值的计算详见《钢结构标准》附录 C。对于轧制普通工字钢简支梁的 φ_b 可查表 9-7。

上述整体稳定系数 φ_b 是按弹性理论推导的，故只适用于弹性阶段失稳的梁，而大量中等跨度的梁常在弹塑性阶段失稳。当 $\varphi_b > 0.6$ 时，用 φ_b' 代替 φ_b。φ_b' 可按表 9-8 选用。

表 9 - 7　　　　　　　　　　　　轧制普通工字钢简支梁的 φ_b

项次	荷载情况			工字钢型号	自由长度 l_1（m）								
					2	3	4	5	6	7	8	9	10
1	跨中无侧向支承点的梁	集中荷载作用于	上翼缘	10～20	2.00	1.30	0.99	0.80	0.68	0.58	0.53	0.48	0.43
				22～32	2.40	1.48	1.09	0.86	0.72	0.62	0.54	0.49	0.45
				36～63	2.80	1.60	1.07	0.83	0.68	0.56	0.50	0.45	0.40
2			下翼缘	10～20	3.10	1.95	1.34	1.01	0.82	0.69	0.63	0.57	0.52
				22～40	5.50	2.80	1.84	1.37	1.07	0.86	0.73	0.64	0.56
				45～63	7.30	3.60	2.30	1.62	1.20	0.96	0.80	0.69	0.60
3		均布荷载作用于	上翼缘	10～20	1.70	1.12	0.84	0.68	0.57	0.50	0.45	0.41	0.37
				22～40	2.10	1.30	0.93	0.73	0.60	0.51	0.45	0.40	0.36
				45～63	2.60	1.45	0.97	0.73	0.59	0.50	0.44	0.38	0.35
4			下翼缘	10～20	2.50	1.55	1.08	0.83	0.68	0.56	0.52	0.47	0.42
				22～40	4.00	2.20	1.45	1.10	0.85	0.70	0.60	0.52	0.46
				45～63	5.60	2.80	1.80	1.25	0.95	0.78	0.65	0.55	0.49
5	跨中有侧向支承点的梁（不论荷载作用点在截面高度上的位置）			10～20	2.20	1.39	1.01	0.79	0.66	0.57	0.52	0.47	0.42
				22～40	3.00	1.80	1.24	0.96	0.76	0.65	0.56	0.49	0.43
				45～63	4.00	2.20	1.38	1.01	0.80	0.66	0.56	0.49	0.43

注　1. 表中集中荷载是指一个或少数几个集中荷载位于跨中央附近的情况，对其他情况的集中荷载，应按均布荷载作用时取值。

　　2. 表中的 φ_b 适用于 Q235（3 号钢），对其他钢号，表中数值应乘以 $235/f_y$。

表 9 - 8　　　　　　　　　　　　整体稳定系数 φ'_b

φ_b	0.60	0.65	0.70	0.75	0.80	0.85	0.90	0.95	1.00
φ'_b	0.60	0.627	0.653	0.676	0.697	0.715	0.732	0.748	0.762
φ_b	1.05	1.10	1.15	1.20	1.25	1.30	1.35	1.40	1.45
φ'_b	0.775	0.788	0.799	0.809	0.819	0.828	0.837	0.845	0.852
φ_b	1.50	1.60	1.80	2.00	2.25	2.50	3.00	3.50	≥4.00
φ'_b	0.859	0.872	0.894	0.913	0.931	0.946	0.970	0.987	1.000

4. 局部稳定

受弯构件由板件组成时，例如焊接组合钢板工字形钢梁，如果受压翼缘的宽度与厚度之比太大，或腹板的高度与厚度之比太大，则在受力过程中它们会出现波状的局部屈曲，如图 9 - 13 所示，此种现象称为局部失稳。梁的翼缘或腹板出现局部失稳，削弱了截面的强度和刚度，虽然不致使梁立即破坏，但在发展时，可能引起梁迅速丧失承载能力。为避免局部失稳，应从以下几方面加以保证。

（1）翼缘宽厚比限值。如图 9 - 14 所示翼缘自由外伸宽度 b_1 与其厚度 t 之比的限值为

$$b_1/t \leqslant 15 \sqrt{235/f_y} \tag{9 - 12}$$

如果考虑截面部分发展塑性时，为保证局部稳定，翼缘宽厚比限值应满足下列要求

$$b_1/t \leqslant 13 \sqrt{235/f_y} \tag{9 - 13}$$

（2）腹板根据高厚比采用纵、横加劲肋加强。

对于直接承受动力荷载的吊车梁及其类似构件，按下列规定配置加劲肋，并计算各板段的稳定性。

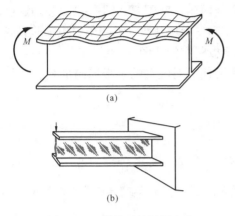

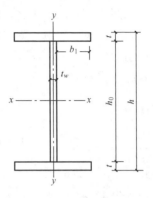

图 9-13　梁截面的局部失稳　　　　　　　　图 9-14　工字形截面尺寸

1）当 $h_0/t_w \leqslant 80\sqrt{235/f_y}$ 时，对有局部压应力（$\sigma_c \neq 0$）的梁，如主梁支承次梁，次梁传给主梁的压应力，宜按构造配置横向加劲肋，其间距不得小于 $0.5h_0$，也不得大于 $2h_0$。但对局部无压应力的梁，可不配置加劲肋。

2）当 $80\sqrt{\dfrac{235}{f_y}} < \dfrac{h_0}{t_w} \leqslant 170\sqrt{\dfrac{235}{f_y}}$ 时，应配置横向加劲肋。先在满足构造要求范围内布置加劲肋，再验算各区格板是否满足稳定条件。若不满足（不足或太富裕），再调整加劲肋间距，重新计算。

3）当 $\dfrac{h_0}{t_w} > 170\sqrt{\dfrac{235}{f_y}}$ 时，应配置横向加劲肋和在受压区配置纵向加劲肋，必要时尚应在受压区配置短加劲肋，加劲肋间距应按计算确定。纵向加劲肋至腹板计算受压边缘的距离应在 $h_c/2.5 \sim h_c/2.0$ 范围内，h_c 为腹板受压区高度。

加劲肋形式如图 9-15 所示。

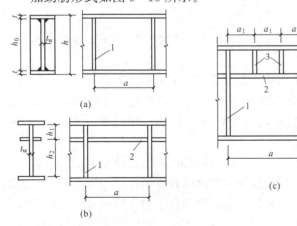

图 9-15　加劲肋的布置　　　　　　　　　　　　工程实例-工字形焊接钢梁
1—横向加劲肋；2—纵向加劲肋；3—短加劲肋

h_0/t_w 均不宜超过 250。

4）梁的支座处和上翼缘受有较大固定集中荷载处，宜设置支撑加劲肋。应在腹板两侧成对设置，并应进行整体稳定和端面承压计算。在制作中注意刨平，与下翼缘顶紧。

5）加劲肋的截面选择与构造。加劲肋宜在腹板两侧成对配置［图 9-16（a）］，也可单侧配置，如图 9-16（b）所示，但重级工作制吊车和支承加劲肋（承受固定集中荷载或支座反力的横向加劲肋）必须两侧配置。加劲肋有用钢板制作的［图 9-16（a）、（b）］，也有用型钢制作的，如图 9-16（c）、（d）所示。在腹板两侧成对配置的钢板横向加劲肋，其截面尺寸应满足下式要求

外伸宽度 $\qquad b_s \geqslant \dfrac{h_0}{30} + 40\text{mm}$ $\qquad$ (9-14)

厚度 $\qquad$ 承压加劲肋，$t_s \geqslant \dfrac{b_s}{15}$；不受力加劲肋，$t_w \geqslant \dfrac{b_s}{19}$ $\qquad$ (9-15)

在腹板一侧配置的钢板横向加劲肋，其外伸宽度应大于按式（9-14）算得的 1.2 倍，厚度则不应小于式（9-15）的规定。

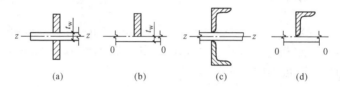

图 9-16　加劲肋的截面

在同时用横向加劲肋和纵向加劲肋加强的腹板中，横向加劲肋截面尺寸除应满足上述规定外，其断截面对腹板水平轴 $z-z$（与腹板横截面垂直的轴）的惯性矩 I_z 尚应满足下式要求

$$I_z \geqslant 3h_0 t_w^3 \qquad (9-16)$$

纵向加劲肋对腹板竖直轴的截面惯性矩应满足下列公式要求

当 $a/h_0 \leqslant 0.85$ 时 $\qquad I_y \geqslant 1.5 h_0 t_w^3$ $\qquad$ (9-17)

当 $a/h_0 > 0.85$ 时 $\qquad I_y \geqslant \left(2.5 - 0.45\dfrac{a}{h_0}\right)\left(\dfrac{a}{h_0}\right)^2 h_0 t_w^3$ $\qquad$ (9-18)

当加劲肋为单侧配置时，上列各式中的 I_x、I_y 应以与加劲肋相连的腹板边缘为轴线进行计算，如图 9-10（b）、（d）所示。

用型钢做成的加劲肋，其截面惯性矩不得小于相应钢板作加劲肋的惯性矩。

在同时用横向加劲肋和纵向加劲肋加强的腹板中，横向加劲肋还作为纵向加劲肋的支承，故应保持横向加劲肋连续，而应在相交处切断纵向加劲肋。如图 9-15（b）、（c）所示。

为了避免焊缝交叉，减少焊接应力，横向加劲肋内端角应切去宽约 $b_s/3$ 但不大于 40mm，高约 $b_s/2$ 但不大于 60mm 的斜角，以便于翼缘焊缝通过。同样，在纵向与横向肋相交处亦应将纵向肋内角两端切去相应的斜角，使横向肋焊缝通过。对直接承受动力荷载的梁（如吊车梁），中间横向加劲肋下端不应与受拉翼缘焊接（若焊接，将降低受拉翼缘的疲劳强度），一般在距受拉翼缘 50～100mm 处断开。

承受静力荷载和间接动力荷载的组合梁，宜考虑腹板屈曲后强度，则不仅在支承处和固

定集中荷载处设置支承加劲肋，或者有中间横向加劲肋，其高厚比可以达到 250 也不必设置纵向加劲肋。应按《钢结构标准》第 6.4 节的规定计算其抗弯和抗剪承载力。配置加劲肋加强的腹板，其局部稳定，应按《钢结构标准》6.3.3、6.3.4 相应公式计算。

5. 型钢梁设计例题

【例 9 - 3】 试设计简支工字形型钢梁。梁的跨度为 6m，荷载设计值为 20kN/m（不包括自重）。钢材采用 Q235，容许挠度 $l/200$。

解 （1）初选截面。不考虑自重

$$M_x = \frac{1}{8}ql^2 = \frac{1}{8} \times 20 \times 6^2 = 90(\text{kN·m})$$

$$W_x = \frac{M_x}{\gamma_x f} = \frac{90 \times 10^6}{1.05 \times 215} = 398\ 671(\text{mm}^3) = 398.67(\text{cm}^3)$$

查附录Ⅰ，选 I28a（a 类钢号较 b 类钢号截面大，腹板薄，截面舒展，一般多采用 a 类钢号）

$$W_x = 508\text{cm}^3, \quad I_x = 7114\text{cm}^4, \quad I_x/S_x = 24.6\text{cm}, \quad q_0 = 43.4 \times 9.8 = 425.3(\text{N/m})$$

（2）验算。截面没有削弱，抗弯强度不必验算。

1）整体稳定

$$M_x = 90 + 1.2 \times \frac{1}{8} \times 0.425 \times 6^2 = 92.2(\text{kN·m})$$

由表 9 - 7 查得 $\varphi_b = 0.60$

$$\frac{M_x}{\varphi_b W_x} = \frac{92.2 \times 10^6}{0.60 \times 508 \times 10^3} = 302(\text{N/mm}^2) > 215\text{N/mm}^2$$

按整体稳定重新选择型号。

由表 9 - 8 可知当选用 22～40 之间的工字钢时，$\varphi_b = 0.60$

则

$$W_x = \frac{M_x}{\varphi_b f} = \frac{90 \times 10^6}{0.6 \times 215} = 697.7(\text{cm}^3)$$

选 I36a　$W_x = 875\text{cm}^3$　$I_x/S_x = 30.7\text{cm}$　$I_x = 15\ 760\text{cm}^4$　$q_0 = 59.9 \times 9.8 = 587\text{N/m}$

2）抗剪强度

$$V = \frac{1}{2} \times 20 \times 6 + \frac{1}{2} \times 0.587 \times 6 \times 1.2 = 62.1(\text{kN})$$

$$\tau = \frac{VS_x}{I_x t_w} = \frac{62.1 \times 10^3}{307 \times 10} = 20.2(\text{N/mm}^2) < f_v$$

$$= 125\text{N/mm}^2（满足要求）$$

3）刚度。刚度校核采用荷载标准值，此处荷载分项系数取平均值 1.3。

$$q_k = \frac{20}{1.3} + 0.587 = 15.97(\text{kN/m})$$

$$v_{max} = \frac{5ql^4}{384EI} = \frac{5 \times 15.7 \times 6^4 \times 10^{12}}{384 \times 206 \times 10^3 \times 15760 \times 10^4} = 8.16(\text{mm})$$

$$< \frac{l}{200} = \frac{6000}{200} = 30\text{mm}（满足要求）$$

第三节 钢 结 构 的 连 接

钢结构的基本构件是由钢板、型钢通过必要的连接组成的,基本构件再通过一定的安装连接形成整体结构。钢结构的连接方法可分为焊接连接、螺栓连接和铆钉连接三种。钢结构的连接应符合安全可靠、传力明确、构造简单、制造方便和节约钢材的原则。

一、焊接

工程实例 - 节点连接

焊接是将被连接的构件需要连接处的钢材加以融化,加入热融的焊条或焊丝作为填充金属一起化成焊池,经冷却结晶后形成焊缝把构件连接起来。

(一)焊接方法及焊缝形式

1. 焊接方法

焊接方法很多,房屋钢结构主要采用电弧焊,以焊条为一极接于电机上,以焊件为另一极接地,使焊接处形成 $6000\sim7000℃$ 的高温电弧。电弧焊分手工电弧焊、埋弧焊(自动或半自动埋弧焊)以及气体保护焊等。手工电弧焊设备简单,焊接的质量与焊工的熟练程度有关。焊条要与被焊钢材配套。Q235 钢焊件采用 $E43\times\times$($E4300-E4328$)型焊条,Q345 钢焊件采用 $E50\times\times$($E5000-E5048$)型焊条,Q390 和 Q420 钢焊件采用 $E55\times\times$($E5500-E5518$)型焊条。其中 E 表示焊条,后面的两位数字表示焊缝熔敷金属的抗拉强度,最后两位$\times\times$是数字,表示适用焊缝位置、焊条药皮类型及电源种类。焊条药皮的作用是在焊接时形成溶渣和气体覆盖溶池,防止空气中的氧、氮等有害气体与融化的液体金属接触。自动焊和半自动焊采用不涂药皮的焊丝通过机器对埋在焊剂下的焊缝进行焊接。自动焊和半自动焊也应采用与焊件相应的焊丝和焊剂。

焊接的优点是不削弱截面,连接结点的重量轻,构造简单,施工操作方便,不透气,不透水。缺点是可能产生残余应力和残余变形,使薄的构件翘曲,厚的构件形成焊接应力区段,以致产生脆性断裂;熔合区形成热影响区,可能产生裂纹;连接件通过焊缝形成整体,刚度大,局部裂缝可能通过焊缝扩展;焊接操作或钢材本身也可能使焊缝产生裂纹、夹渣、气泡、咬肉、未焊合、未焊透等缺点,使焊缝变脆、产生应力集中,降低抗脆断能力等。防止措施是在保证足够强度的条件下,尽量减少焊缝数量、厚度和密集程度,并尽可能将焊缝对称布置,采用合理的施工工艺。

2. 焊接分类

按施焊方位分平焊(俯焊)、立焊(垂直焊)、横焊(水平焊)和仰焊,如图 9-17 所示。平焊施焊方便,质量易于保证,应尽量采用。仰焊条件最差,焊缝质量不易保证,故应从设计构造上尽量避免。按被焊构件相对位置分对接、搭接、T 形连接、角接,如图 9-18 所示。按焊缝截面形式分对接焊缝和角焊缝,如图 9-19 所示,角焊缝中平行受力方向的为侧面角焊缝,垂直受力方向的为正面角焊缝。焊缝的受力分析、计算方法和构造,主要按焊缝的截面形式决定。

3. 焊缝符号及标注方法

焊缝一般应按《焊缝符号表示法》(GB/T 324—2008)和《建筑结构制图标准》(GB/T 50105—2010)的规定符号在结构施工图中标注。表 9-9 摘录部分代号标注。焊

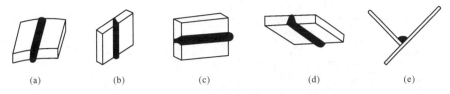

图 9-17 焊缝的施焊位置

(a) 平焊；(b) 立焊；(c) 横焊；(d) 仰焊；(e) 船形焊

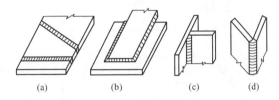

图 9-18 焊接连接形式

(a) 对接；(b) 搭接；(c) T 形连接；(d) 角连接

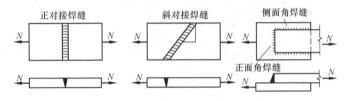

图 9-19 对接焊缝及角焊缝

缝符号主要由基本符号、辅助符号、引出线和焊缝尺寸符号组成。基本符号表示焊缝的横剖面形状，如∥表示Ⅰ形焊缝。辅助符号表示对焊缝的辅助要求，如⌐表示三面焊缝，小旗表示在现场焊接的焊缝。引出线由引线（箭头线）和基准线（实线和虚线）组成，指引线应指向有关焊缝处，基准线一般与主标题栏平行，焊缝符号标注在基准线上。单面焊缝的标注：当箭头指向在焊缝所在的一面时，应将图形符号和尺寸标注在基准线的上方；当箭头指向在焊缝所在的另一面时，应将图形符号和尺寸标注在基准线的下方。双面焊缝的标注：应在基准线的上下方都标注符号和尺寸；当两面尺寸相同时，只需在基准线的上方标注尺寸。

表 9-9 焊 缝 代 号

	对 接 焊 缝			角 焊 缝	
	Ⅰ形坡口	V 形坡口	T 形连接	单 面	双 面
焊缝型式					

续表

对　接　焊　缝			角　焊　缝	
I形坡口	V形坡口	T形连接	单　面	双　面
标注方法				

对　接　焊　缝			角　焊　缝	
塞焊缝	三面围焊	安装焊缝	相同焊缝	围焊缝
焊缝型式				
标注方法				

（二）对接焊缝的构造和计算

1. 对接焊缝的构造

对接焊缝又称坡口焊缝，做成坡口易于使对接的焊缝焊透，坡口的形式和尺寸应结合焊件的厚度和施焊条件确定，如图 9 - 20 所示。一般当焊件厚度很小（手工焊厚度 $t \leqslant 6mm$，自动焊 $t \leqslant 12mm$）时，可不开坡口，即采用 I 形，如图 9 - 20（a）所示。

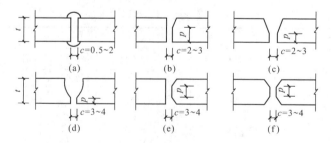

图 9 - 20　对接焊缝坡口形式

（a）直边缘；（b）单边 V 形缝；（c）V 形缝；（d）U 形缝；（e）K 形缝；（f）X 形缝

在对接焊缝的拼接处，当焊缝的宽度不同或厚度相差 4mm 以上时，应分别在宽度或厚度方向从一侧或两侧做成坡度值不宜大于 1：2.5 的斜角，如图 9-21 所示，以使截面平缓过渡，减小应力集中。

在对接焊缝的起、落弧处，常出现弧坑等缺陷，为了避免这些缺陷，应在焊缝的两端配置引入和引出焊缝的引弧板，如图 9-22 所示，其材料和形式与焊件的相同，长度为：埋弧焊大于 50mm，手工焊大于 20mm，并应在焊接完毕后用气割切除，修磨平整。对于无法采用引弧板的焊缝，则应在计算中将每条焊缝的长度减去 $2t$（t 为焊件的较小厚度）。

2. 对接焊缝的计算

对接焊缝可视为构件截面的延续组成部分，焊接中的应力分布情况基本与原有构件相同，

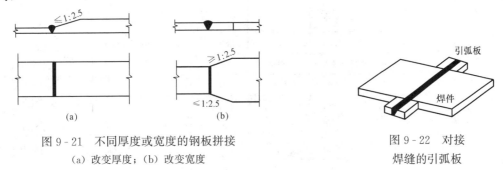

图 9-21 不同厚度或宽度的钢板拼接
(a) 改变厚度；(b) 改变宽度

图 9-22 对接焊缝的引弧板

所以计算时可利用第三章中各种受力状态下构件的强度计算公式。对接焊缝的质量分为一、二、三级，全熔透对接焊缝或对接与角接组合焊缝应进行强度计算。

（1）受垂直于焊缝的轴心力作用的计算。验算公式为

$$\sigma = \frac{N}{l_w h_c} \leqslant f_t^w \text{ 或 } f_c^w \tag{9-19}$$

式中：N 为轴心拉力或轴心压力；l_w 为焊缝长度；不用引弧板施焊时，为焊缝的实际长度减去 $2t$；h_c 为对接焊缝的计算厚度，在对接接头中为连接件的较小厚度；在 T 形接头中为腹板的厚度；f_t^w、f_c^w 为对接焊缝的抗拉、抗压强度设计值，见表 9-10。

表 9-10		焊 缝 的 强 度 设 计 值					N/mm²
焊接方法和焊条型号	构件钢材		对接焊缝强度设计值			角焊缝强度设计值	对接焊缝抗拉强度 f_u^w	角焊缝抗拉、抗压和抗剪强度 f_u^f
	牌号	厚度或直径 (mm)	抗压 f_c^w	焊缝质量为下列等级时，抗拉 f_t^w		抗剪 f_v^w	抗拉、抗压和抗剪 f_f^w		
				一级、二级	三级				
自 动 焊、半自动焊和 E43 型焊条手工焊	Q235	≤16	215	215	185	125	160	415	240
		>16，≤40	205	205	175	120			
		>40，≤100	200	200	170	115			

续表

焊接方法和焊条型号	构件钢材		对接焊缝强度设计值				角焊缝强度设计值	对接焊缝抗拉强度 f_u^w	角焊缝抗拉、抗压和抗剪强度 f_u^f
	牌号	厚度或直径 (mm)	抗压 f_c^w	焊缝质量为下列等级时，抗拉 f_t^w		抗剪 f_v^w	抗拉、抗压和抗剪 f_f^w		
				一级、二级	三级				
自动焊、半自动焊和 E50、E55 型焊条手工焊	Q345	≤16	305	305	260	175	200	480（E50） 540（E55）	280（E50） 315（E55）
		>16，≤40	295	295	250	170			
		>40，≤63	290	290	245	165			
		>63，≤80	280	280	240	160			
		>80，≤100	270	270	230	155			
	Q390	≤16	345	345	295	200	200（E50） 220（E55）		
		>16，≤40	330	330	280	190			
		>40，≤63	310	310	265	180			
		>63，≤100	295	295	250	170			
自动焊、半自动焊和 E55、E60 型焊条手工焊	Q420	≤16	375	375	320	215	220（E55） 240（E60）	540（E55） 590（E60）	315（E55） 340（E60）
		>16，≤40	355	355	300	205			
		>40，≤63	320	320	270	185			
		>63，≤100	305	305	260	175			
自动焊、半自动焊和 E55、E60 型焊条手工焊	Q460	≤16	410	410	350	235	220（E55） 240（E60）	540（E55） 590（E60）	315（E55） 340（E60）
		>16，≤40	390	390	330	225			
		>40，≤63	355	355	300	205			
		>63，≤100	340	340	290	195			
自动焊、半自动焊和 E50、E55 型焊条手工焊	Q345GJ	>16，≤35	310	310	265	180	200	480（E50） 540（E55）	280（E50） 315（E55）
		>35，≤50	290	290	245	170			
		>50，≤100	285	285	240	165			

注 表中厚度是指计算点的钢材厚度，对轴心受拉和轴心受压构件是指截面中较厚板件的厚度。

如果经验算正焊缝的强度不足，可改用斜缝对焊。《钢结构标准》规定：焊缝与力的夹角 θ 符合 $\tan\theta \leqslant 1.5$（$\theta \leqslant 56℃$）时其强度可不计算。

（2）承受弯矩和剪力共同作用的计算。焊透的对接焊缝中正应力和剪应力按式（9-20）和式（9-21）分别计算。在同时有较大正应力和剪应力处，如工字梁腹板的对接焊缝端部应验算其折算应力，此时应取梁翼缘和腹板交接处腹板边缘的正应力和剪应力。

正应力

$$\sigma = \frac{M}{W_w} \leqslant f_t^w \tag{9-20}$$

剪应力

$$\tau = \frac{VS_w}{I_w t_w} \leqslant f_v^w \tag{9-21}$$

折算应力

$$\sqrt{\sigma_1^2 + 3\tau_1^2} \leqslant 1.1 f_t^w \tag{9-22}$$

式中：W_w 为焊缝截面的截面模量；I_w 为焊缝截面对其中性轴的惯性矩；S_w 为焊缝截面在计算剪应力处以上部分对中性轴的面积矩；f_v^w 为对接焊缝的抗剪强度设计值；σ_1、τ_1 为验算点处的焊缝正应力与剪应力。

系数 1.1 是考虑到最大剪应力只在焊缝局部出现，因而将设计强度提高的系数。

（三）直角焊缝的构造与计算

1. 直角焊缝的构造

角焊缝按其长度方向和外力方向的关系分为侧面角焊缝，正（端）面角焊缝和斜向角焊缝。当焊缝长度方向和外力方向平行时为侧面角焊缝；当焊缝长度方向和外力垂直时为正（端）面角焊缝，如图 9-23 所示。

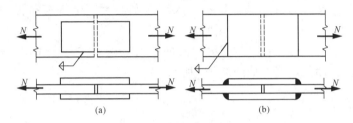

图 9-23　角焊缝的形式

(a) 侧面角焊缝；(b) 正面角焊缝

（1）最小焊角尺寸。为保证最小承载力，并防止因焊件较厚且焊角过小而引起冷却过快产生的裂纹，角焊缝的最小焊角尺寸 h_{fmin} 应满足下式要求，如图 9-24（a）所示

$$h_{fmin} \geqslant 1.5\sqrt{t_{max}} \qquad (9-23)$$

式中：t_{max} 为较厚焊件的厚度，mm。

在利用式（9-23）计算结果时，可偏安全地将小数点以后均进为 1mm；自动焊可减少 1mm；T 形接头的单面角焊缝应增加 1mm；当焊件厚度等于或小于 4mm 时，还应与焊件厚度相同。

（2）搭接焊缝最大焊角尺寸。为使焊件不致烧穿，以及因热影响而产生翘曲、变形和较大的焊接应力，角焊缝的最大焊角尺寸 h_{fmax} 应符合下式要求

$$h_{fmax} \leqslant 1.2t_{min} \qquad (9-24)$$

式中：t_{min} 为较薄焊件的厚度。

对边缘角焊缝，为防止发生"咬边"现象，h_{fmax} 尚应满足下列要求：当板件厚度 $t_1 \leqslant 6mm$ 时，$h_{fmax} \leqslant t_1$；当 $t_1 > 6mm$ 时，$h_{fmax} \leqslant t_1 - （1\sim2）$ mm。

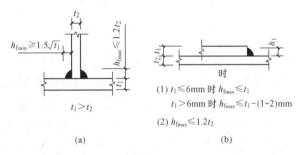

图 9-24　角焊缝的最大、最小焊角尺寸

（3）角焊缝计算长度的限制。侧面角焊缝或正面角焊缝的计算长度不得小于 $8h_f$ 和 40mm，以免起落弧的弧坑太近，并产生应力集中。由于侧面角焊缝沿长度方向的剪应力分布不均匀，两端大中间小，当侧焊缝长度过长时就有可能使两端先出现裂缝，而焊缝中间还未充分发挥其承载能力。因此，侧面角焊缝的计算长度不宜大于 $60h_f$。当大于上述数值时其

超过部分在计算中不予考虑。若内力沿侧面角焊缝全长分布时，计算长度不受此限制。

（4）其他构造要求。

1）当构件的端部仅有两侧角焊缝连接时，每条侧面角焊缝的长度不得小于两侧面角焊缝之间的距离；同时两侧面角焊缝之间的距离不宜大于 16t（当 $t>12$mm）或 190mm（当 $\leqslant$ 12mm），t 为较薄焊件的厚度。

2）当角焊缝的端部在构件转角处作长度为 2h_f 的绕角焊时，转角处必须连续施焊。

3）在搭接连接中，搭接长度不得小于焊件较小厚度的 5 倍，并不得小于 25mm。

2. 直角焊缝的计算

直角焊缝计算时的破坏面一般取位于 45°的喉截面，图 9-25 中的 AD 截面。这一截面又称为有效截面，不计入溶深和凸度，则焊缝截面的有效高度 $h_e=$ 0.7h_f，h_f 为焊角尺寸。

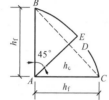

图 9-25　角焊缝截面

（1）在通过焊缝形心的拉力、压力或剪力作用下焊缝的计算。正面角焊缝，如图 9-26 所示

$$\sigma_f = \frac{N}{h_e l_w} \leqslant \beta_f f_f^w \qquad (9-25)$$

侧面角焊缝，如图 9-27 所示

$$\tau_f = \frac{N}{h_e l_w} \leqslant f_f^w \qquad (9-26)$$

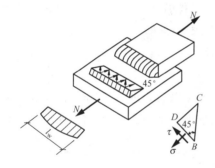

图 9-26　正面角焊缝应力分布

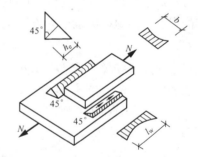

图 9-27　侧面角焊缝应力分布

式中：σ_f 为按焊缝有效截面计算，垂直于焊缝长度方向的正应力；τ_f 为按焊缝有效截面计算，沿焊缝长度方向的剪应力；h_e 为角焊缝有效高度，对直角焊缝等于 0.7h_f，h_f 为最小焊角尺寸；l_w 为角焊缝的计算长度，对有引弧板的焊缝取焊缝的实际长度，对没有引弧板的焊缝取其实际长度减去 2$h_f$mm；f_f^w 为角焊缝的强度设计值；β_f 为系数，对承受静力荷载和间接承受动力荷载的结构 $\beta_f=1.22$，直接承受动力荷载的结构 $\beta_f=1.0$。

（2）角钢连接承受轴力的角焊缝计算。屋架中常用两角钢焊于连接板上组成 T 形截面，如图 9-28 所示。可用两侧焊缝连接，如图 9-28（a）所示，也可用三面围焊连接，如图 9-28（b）所示，或采用 L 形焊，如图 9-28（c）所示。

两面侧焊时，设 N_1、N_2 分别为角钢肢背和肢尖焊缝承担的内力，由平衡条件得

$$N_1 = e_2 N/(e_1 + e_2) = K_1 \cdot N \qquad (9-27)$$

$$N_2 = e_1 N/(e_1 + e_2) = K_2 \cdot N \qquad (9-28)$$

式中：K_1、K_2 为角钢焊缝内力分配系数，可按表 9-11 选用。

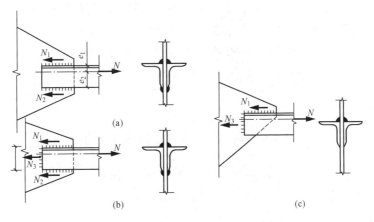

图 9-28　角钢角焊缝上受力分配

(a) 两面侧焊；(b) 三面围焊；(c) L形焊

表 9-11　　　　　　　　　　　　　角钢焊缝内力分配系数

角　钢	连　接　形　式		肢背分配系数 K_1	肢尖分配系数 K_2
等肢			0.70	0.30
不等肢	短肢 相连		0.75	0.25
不等肢	长肢 相连		0.65	0.35

　　三面围焊时，先选定正面角焊缝的焊角尺寸 h_{f3}，并计算出它所能承担的内力

$$N_3 = 2 \times 0.7 h_{f3} b \beta_f f_f^w \tag{9-29}$$

再通过平衡条件，可解得

$$N_1 = K_1 N - N_3/2 \tag{9-30}$$

$$N_2 = K_2 N - N_3/2 \tag{9-31}$$

式中：b 为角钢连接肢肢宽；其他同前。

　　按上述方法求得 N_1、N_2 后，按式（9-26）计算侧面角焊缝。

　　L形围焊时，同上求得 N_3 后，可得

$$N_1 = N - N_3 \tag{9-32}$$

【例 9-4】　两钢板截面为 $12mm \times 240mm$，采用双盖板对接。承受轴心力设计值 600kN

（静荷载）。钢材 Q235，手工焊，焊条 E43××型。试计算需要的角焊缝尺寸。

解 根据等强度原则，盖板钢材 Q235，取 2−180×8。其截面面积为

$$A=2\times180\times8=2880（mm^2）=240\times12=2880（mm^2）$$

设 $h_f=6mm$，由 $h_{fmax}=t-（1\sim2）=8-（1\sim2）=6\sim7（mm）$

$$h_{fmin}=1.5\sqrt{t_{max}}=1.5\sqrt{12}=5.2（mm）$$

满足 $$h_{fmin}<h_f<h_{fmax}$$

当采用两面侧焊时，盖板一侧所需的一条侧焊缝的计算长度为

$$l_w=\frac{N}{4\times0.7h_f\cdot f_f^w}=\frac{600\times10^3}{4\times0.7\times6\times160}=223（mm）$$

则盖板总长 $L=（223+2\times6）\times2+10=480（mm）$

取 480mm，如图 9-29（a）所示。

当采用三面围焊时，正面角焊缝承受的内力为

$$N'=2\times0.7h_f\cdot b\cdot\beta_f\cdot f_f^w$$

$$=2\times0.7\times6\times180\times1.22\times160=295.1（kN）$$

接头一侧所需的角焊缝的计算长度为

$$l_w'=\frac{N-N'}{4\times0.7h_f\cdot f_f^w}=\frac{（600-295.1）\times10^3}{4\times0.7\times6\times160}=114（mm）$$

盖板总长 $L=（114+6）\times2+10=250（mm）$

取 250mm，如图 9-29（b）所示。

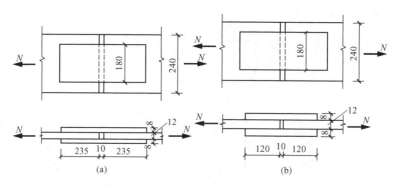

图 9-29 ［例 9-4］图

【例 9-5】 试设计角钢与结点板连接的角焊缝。轴心力设计值 $N=800kN$（静力荷载），角钢为 2L100×10，结点板厚 12mm，钢材为 Q235，手工焊，焊条 E43××型。如图 9-30 所示。

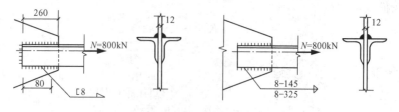

图 9-30 ［例 9-5］图

解 （1）确定角焊缝尺寸

$$h_{fmax} = t - (1 \sim 2) = 10 - (1 \sim 2) = 8 \sim 9(mm) \qquad (角钢肢尖)$$

$$h_{fmax} = 1.2 t_{min} = 1.2 \times 10 = 12(mm) \qquad (角钢肢背)$$

$$h_{fmin} = 1.5 \sqrt{t_{max}} = 1.5 \sqrt{12} = 5.2(mm)$$

取 $h_f = 8mm$。

（2）采用三面围焊。正面角焊缝能承受的内力为

$$N_3 = 2 \times 0.7 h_f \cdot b \cdot \beta_f \cdot f_f^w = 2 \times 0.7 \times 8 \times 100 \times 1.22 \times 160$$
$$= 218.6(kN)$$

肢背和肢尖焊缝分担的内力为

$$N_1 = K_1 N - \frac{N_3}{2} = 0.7 \times 800 - \frac{218.6}{2} = 450.7(kN)$$

$$N_2 = K_2 N - \frac{N_3}{2} = 0.3 \times 800 - \frac{218.6}{2} = 130.7(kN)$$

肢背和肢尖焊缝需要的焊缝实际长度为

$$L_1 = \frac{N_1}{2 \times 0.7 h_f \times f_f^w} + 8 = \frac{450.7 \times 10^3}{2 \times 0.7 \times 8 \times 160} + 8 = 259.5(mm)$$

取 260mm。

$$L_2 = \frac{N_2}{2 \times 0.7 h_f \times f_f^w} + 8 = \frac{130.7 \times 10^3}{2 \times 0.7 \times 8 \times 160} + 8 = 80.9(mm)$$

取 85mm。

（3）两面侧焊。肢背和肢尖焊缝分担的内力为

$$N_1 = K_1 N = 0.7 \times 800 = 560(kN)$$
$$N_2 = K_2 N = 0.3 \times 800 = 240(kN)$$

肢背和肢尖焊缝需要的实际长度为

$$L_1 = \frac{N_1}{2 \times 0.7 h_f \times f_f^w} + 16$$
$$= \frac{560 \times 10^3}{2 \times 0.7 \times 8 \times 160} + 16 = 328.5(mm)$$

取 330mm。

$$L_2 = \frac{N_2}{2 \times 0.7 h_f \times f_f^w} + 16 = \frac{240 \times 10^3}{2 \times 0.7 \times 8 \times 160} + 16 = 149.9(mm)$$

取 150mm。

（3）弯矩作用时的角焊缝计算。如图 9-31 所示，在弯矩 M 单独作用的角焊缝连接中，角焊缝有效截面上的应力如同弯曲正应力，呈三角形分布，属正面角焊缝受力性质。其强度计算公式为

$$\sigma_f = M / W_w \leqslant \beta_f f_f^w \qquad (9-33)$$

式中：W_w 为角焊缝有效截面的抗弯截面模量。

（4）弯矩、剪力、轴力共同作用时角焊缝计算。如图 9-32 所示的以角焊缝连接于柱翼缘上的牛腿，作用力 P 不直接通过焊缝长度的轴线，或垂直于焊缝，故认为它除

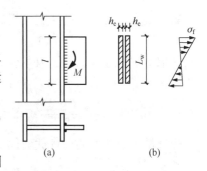

图 9-31 弯矩作用时的
角焊缝应力

使焊缝有效截面产生剪应力外，还使有效截面上产生弯曲正应力和焊件轴向力产生的正应力。当焊件承受弯矩、剪力及轴力共同作用时，由轴力产生的正应力与弯曲正应力相叠加，其计算公式为

$$\sqrt{\left(\frac{\sigma_{\mathrm{f}}^{\mathrm{M}}+\sigma_{\mathrm{f}}^{\mathrm{N}}}{\beta_{\mathrm{f}}}\right)^2+(\tau_{\mathrm{f}}^{\mathrm{V}})^2}\leqslant f_{\mathrm{f}}^{\mathrm{w}} \tag{9-34}$$

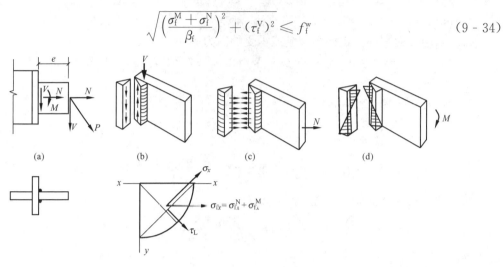

图 9-32　承受弯矩、剪力及轴力的牛腿中的连接焊缝

【例 9-6】　设有牛腿与钢柱采用角焊缝连接。已知静力荷载设计值 $F=450\mathrm{kN}$，如图 9-33 所示。钢材为 Q235，手工焊，焊条采用 E43×× 型。试验算此角焊缝。

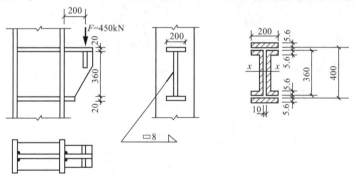

图 9-33　[例 9-6] 图

解　假定剪力全部由牛腿腹板焊缝承受。腹板上竖向焊缝有效截面面积为

$$A_{\mathrm{w}}=0.7\times0.8\times36\times2=40.32(\mathrm{cm}^2)$$

全部焊缝有效截面对 x 轴的惯性矩为

$$I_{\mathrm{w}}=2\times0.7\times0.8\times20\times20.28^2+4\times0.7\times0.8\times(9.5-0.56)\times17.72^2$$
$$+\frac{0.7\times0.8\times36^3}{12}\times2=19855(\mathrm{cm}^4)$$

焊缝最外边缘处的抗弯截面模量为

$$W_{\mathrm{w}}=\frac{19\,855}{20.56}=965.7(\mathrm{cm}^3)$$

在弯矩 $M=450\times0.2=90\mathrm{N\cdot m}$ 作用下角焊缝最大应力为

$$\sigma_A^M = \frac{M}{W_w} = \frac{90 \times 10^6}{965.7 \times 10^3} = 93.2 (\text{N/mm}^2)$$

$$< \beta_f f_1^w = 1.22 \times 160 = 195.2 (\text{N/mm}^2)$$

满足要求。

读者可自行验算腹板与翼缘连接处正应力、剪应力共同作用下的强度。

二、螺栓连接

螺栓连接分普通螺栓连接和高强螺栓连接两种。

（一）普通螺栓连接

1. 传力方式与构造

普通螺栓连接按螺栓受力情况可分为受剪螺栓、受拉螺栓和拉剪螺栓连接三种。受剪螺栓连接是靠螺栓杆受剪和孔壁挤压传力，受拉螺栓连接是靠沿杆轴线方向受拉传力，拉剪螺栓连接则兼有上述两种传力方式。

普通螺栓分 A、B、C 三级，A、B 级为精制螺栓，C 级为粗制螺栓。C 级螺栓材料性能等级为 4.6 级或 4.8 级，小数点前的数字表示螺栓成品的抗拉强度不小于 400N/mm^2，小数点及小数点后的数字表示屈服点与最低抗拉强度的比值为 0.6 或 0.8。A、B 级螺栓材料性能等级为 8.8 级，其抗拉强度不小于 800N/mm^2，屈服点与最低抗拉强度的比值为 0.8。A、B 级螺栓在车床上切削加工而成，要求螺孔比螺杆直径只大 0.3～0.5mm，孔壁要求较高，属 I 类孔，在建筑中应用较少。C 级螺栓只用圆钢热压而成，螺孔直径可比螺杆大 1.5～3.0mm，孔壁一次冲成即可，属 Ⅱ 类孔，施工简便，但紧密程度差。C 级螺栓用于受拉力的安装连接，在不承受动力荷载的次要结构中也可用于受剪连接。

螺栓排列有并列和错列两种，排列方法如图 9-34 所示。为了避免螺栓过密或端距过小，使板件受拉时与螺栓接触的构件出现应力集中的相互影响，或使板件削弱过多，以及端部被剪断等，《钢结构标准》规定了螺栓排列间距、边距和端距的最小距离。同时还规定了最大距离，以避免板件受压时，接触不紧密，易被潮气侵蚀，甚至发生凸曲现象。具体规定见表9-12。

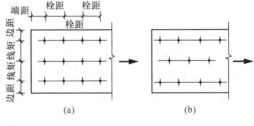

图 9-34 螺栓的排列方法
（a）并排；（b）错列

表 9-12			螺栓中的最大、最小容许距离		
名 称	位 置 和 方 向			最大容许距离 （取两者的最大值）	最小容许距离
中心间距	任意方向	外 排		$8d_0$ 或 $12t$	$3d_0$
		中间排	构件受压力	$12d_0$ 或 $18t$	
			构件受拉力	$16d_0$ 或 $24t$	
中心至构件 边缘距离	顺内力方向			$4d_0$ 或 $8t$	$2d_0$
	垂直内力 方向	切割边			$1.5d_0$
		轧制边	高强度螺栓		
			其他螺栓或铆钉		$1.2d_0$

注 1. d_0 为螺栓或铆钉的孔径，t 为外层较薄板件的厚度。

2. 钢板边缘与刚性构件（如角钢、槽钢等）相连的螺栓或铆钉的最大间距，可按中间排的数值采用。

2. 受剪螺栓的计算

受剪螺栓可能发生五种破坏形式，如图 9-35 所示。①栓杆剪断；②孔壁挤压破坏；③钢板拉断；④端部钢板剪断；⑤栓杆受弯破坏。后两种破坏只要满足构造要求就可以避免，前三种需要通过计算加以保证。

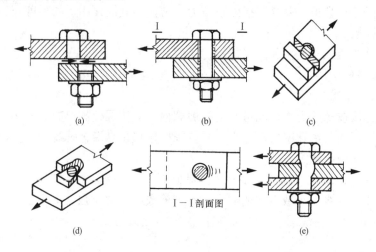

图 9-35 普通螺栓连接的破坏情况

（1）单个螺栓承载力设计值。受剪承载力设计值

$$N_v^b = n_v \frac{\pi d^2}{4} f_v^b \tag{9-35}$$

承压承载力设计值

$$N_c^b = d \sum t \cdot f_c^b \tag{9-36}$$

式中：n_v 为螺栓受剪面数，见图 9-36，单剪 $n_v=1$，双剪 $n_v=2$，四剪 $n_v=4$；d 为螺栓杆直径；$\sum t$ 为在同一受力方向的承压构件的较小总厚度；f_v^b、f_c^b 为螺栓抗剪，承压强度设计值，按表 9-13 选用。

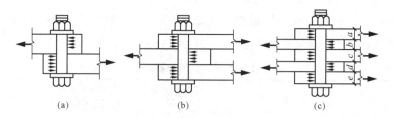

图 9-36 抗剪螺栓连接

（a）单剪；（b）双剪；（c）四剪

按式（9-35）、式（9-36）算出的较小者 N_{min}^b 计算所需螺栓的个数。

（2）轴向力作用下螺栓群的计算

当外力作用线通过螺栓群中心时所需螺栓数目为

$$n \geqslant \frac{N}{N_{min}^b} \tag{9-37}$$

| 表 9-13 | | 螺栓连接的强度指标 | | | | | | | | | | N/mm² |

螺栓的性能等级、锚栓和构件钢材的牌号		强度设计值										高强度螺栓的抗拉强度 f_u^b
		普通螺栓						锚栓	承压型连接或网架用高强度螺栓			
		C级螺栓			A级、B级螺栓							
		抗拉 f_t^b	抗剪 f_v^b	承压 f_c^b	抗拉 f_t^b	抗剪 f_v^b	承压 f_c^b	抗拉 f_t^a	抗拉 f_t^b	抗剪 f_v^b	承压 f_c^b	
普通螺栓	4.6级、4.8级	170	140	—	—	—	—	—	—	—	—	—
	5.6级	—	—	—	210	190	—	—	—	—	—	—
	8.8级	—	—	—	400	320	—	—	—	—	—	—
锚栓	Q235	—	—	—	—	—	—	140	—	—	—	—
	Q345	—	—	—	—	—	—	180	—	—	—	—
	Q390	—	—	—	—	—	—	185	—	—	—	—
承压型连接高强度螺栓	8.8级	—	—	—	—	—	—	—	400	250	—	830
	10.9级	—	—	—	—	—	—	—	500	310	—	1040
螺栓球节点用高强度螺栓	9.8级	—	—	—	—	—	—	—	385	—	—	
	10.9级	—	—	—	—	—	—	—	430	—	—	
构件钢材牌号	Q235	—	—	305	—	—	405	—	—	—	470	
	Q345	—	—	385	—	—	510	—	—	—	590	
	Q390	—	—	400	—	—	530	—	—	—	615	
	Q420	—	—	425	—	—	560	—	—	—	655	
	Q460	—	—	450	—	—	595	—	—	—	695	
	Q345GJ	—	—	400	—	—	530	—	—	—	615	

注　1. A级螺栓用于 $d\leqslant24$mm 和 $l\leqslant10d$ 或 $l\leqslant150$mm（按较小值）的螺栓；B级螺栓用于 $d>24$mm 和 $l>10d$ 或 $l>150$mm（按较小值）的螺栓。d 为公称直径，l 为螺栓公称长度。

　　2. A、B级螺栓孔的精度和孔壁表面粗糙度，C级螺栓孔的允许偏差和孔壁表面粗糙度，均应符合现行国家标准《钢结构工程施工质量验收标准》（GB 50205—2020）的要求。

　　3. 用于螺栓球节点网架的高强度螺栓，M12～M36 为 10.9级，M39～M64 为 9.8级。

另外，由于螺栓孔削弱，还要进行连接件或连接板净面积的强度验算

$$\sigma = \frac{N}{A_n} \leqslant f \tag{9-38}$$

式中：f 为钢板的抗拉（抗压）强度设计值；A_n 为构件或连接板的最不利截面净面积。

A_n 的确定一般有如下几种情况：当螺栓为并列布置时，如图 9-37（a）所示，构件的最不利截面为Ⅰ-Ⅰ截面，因其内力最大为 N；连接板最不利截面为Ⅲ-Ⅲ截面，因此处内力为最大值 N。

构件 Ⅰ-Ⅰ 截面　　　　　　$A_n = (b - n_1 d_0)t$ 　　　　　　(9-39)

连接板 Ⅲ-Ⅲ 截面　　　　　$A_n = 2(b - n_3 d_0)t_1$ 　　　　　(9-40)

当螺栓为错列布置时，如图 9 - 37（b）所示，构件可能沿 Ⅰ-Ⅰ 截面破坏，还可能沿 Ⅱ-Ⅱ 截面破坏，因为此截面虽然线路长，但螺孔也较多。

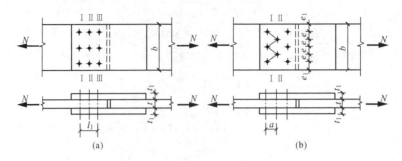

图 9 - 37   螺栓连接可能破坏截面

Ⅱ-Ⅱ 截面 $$A_{\mathrm{n}} = \left[2e_1 + (n_2 - 1) \sqrt{a^2 + e^2} - n_2 d_0 \right] t \qquad (9 - 41)$$

式中：n_1、n_3 为截面 Ⅰ-Ⅰ、Ⅲ-Ⅲ 上的螺孔数；n_2 为折线截面 Ⅱ-Ⅱ 上的螺孔数；d_0 为螺孔直径；t、t_1、d 为构件、连接板的厚度及宽度。

【例 9 - 7】   两截面为 $12\mathrm{mm} \times 350\mathrm{mm}$ 的钢板，采用双盖板和普通 C 级螺栓连接，拼接盖板厚 8mm，钢材 Q235 钢，螺栓 $d = 20\mathrm{mm}$，孔径 $d_0 = 21.5\mathrm{mm}$，构件受轴向拉力作用，设计值 $N = 650\mathrm{kN}$。试设计此连接。

解 （1）确定螺栓个数。一个螺栓的抗剪承载力设计值

$$N_{\mathrm{v}}^{\mathrm{b}} = n_{\mathrm{v}} \frac{\pi d^2}{4} f_{\mathrm{v}}^{\mathrm{b}} = 2 \times \frac{\pi \times 20^2}{4} \times 140 = 87920(\mathrm{N}) \approx 87.9(\mathrm{kN})$$

一个螺栓的挤压承载力设计值

$$N_{\mathrm{c}}^{\mathrm{b}} = d \sum t \cdot f_{\mathrm{c}}^{\mathrm{c}} = 20 \times 12 \times 305 = 73200(\mathrm{N}) = 73.2(\mathrm{kN})$$

$$N_{\mathrm{min}}^{\mathrm{b}} = 73.2\mathrm{kN}$$

板件一侧所需螺栓个数

$$n = N / N_{\mathrm{min}}^{\mathrm{b}} = 650 / 73.2 = 8.8$$

取 9 个，采用三排并排排列，满足最小容许距离的要求。

（2）构件最不利截面强度验算

$$A_{\mathrm{n}} = 12 \times (350 - 3 \times 21.5) = 3426(\mathrm{mm}^2)$$

$$\sigma = \frac{N}{A_{\mathrm{n}}} = \frac{650000}{3426} = 189.7(\mathrm{N/mm}^2) < 215\mathrm{N/mm}^2$$

满足要求。

3. 受拉螺栓的计算

（1）单个受拉螺栓的承载力设计值。受拉螺栓的破坏面多在被螺纹削弱的截面处，即

$$N_{\mathrm{t}}^{\mathrm{b}} = A_{\mathrm{e}} \cdot f_{\mathrm{t}}^{\mathrm{b}} = \frac{\pi d_{\mathrm{e}}^2}{4} \cdot f_{\mathrm{t}}^{\mathrm{b}} \qquad (9 - 42)$$

式中：A_{e}、d_{e} 为螺栓螺纹处的有效面积、有效直径；$f_{\mathrm{t}}^{\mathrm{b}}$ 为螺栓的抗拉强度设计值，按表 9-14 查取。

（2）螺栓群受轴向力 N 作用时的受拉计算。假设每个螺栓所受的拉力相等，则所需螺栓的个数为

$$n = \frac{N}{N_t^b} \tag{9-43}$$

（二）高强螺栓连接

高强螺栓是由高强度的钢材制成，并经过热处理。高强螺栓利用拧紧螺帽后在螺栓中产生高的预拉力，以夹紧连接件，由与连接件接触面的摩擦力来阻止构件滑移。高强螺栓按受力特征可分为摩擦型高强螺栓（只依靠摩擦阻力传力，并以剪力不超过接触面摩擦力作为设计准则）、承压型高强螺栓（允许接触面滑移，以连接达到破坏的极限承载力作为设计准则）。摩擦型连接的剪切变形小，弹性性能好，施工较简单，可拆卸，耐疲劳，特别适用于承受动力荷载的结构。承压型连接的承载力高于摩擦型，连接紧凑，但剪切变形大，故不能用于承受动力荷载的结构中。

高强螺栓常有配套的螺母垫圈，并需保证材质的强度要求。我国高强螺栓级别分 8.8 级及 10.9 级，级别标志中，小数点前数字是螺栓最低抗拉强度的 1/100，即螺栓抗拉强度应分别不低于 $800N/mm^2$ 和 $1000N/mm^2$，小数点及小数点后数字是屈服强度与抗拉强度的比值。按施加预应力的控制方法不同，高强螺栓有两种类型：高强度大六角头螺栓见图 9-38（a）；扭剪高强螺栓见图 9-38（b）。前者直径为 12、16、20、24、27、30mm，常用的有 20、22、24mm；后者直径为 16、20、22、24mm，常用直径为 20、22mm。高强螺栓孔应采用钻成孔。摩擦高强螺栓孔径比螺栓公称直径 d 大 1.5～2.0mm，承压型高强螺栓孔径比螺栓公称直径 d 大 1.0～1.5mm。施工图中一般均应注明高强螺栓连接范围内接触面的处理方法。

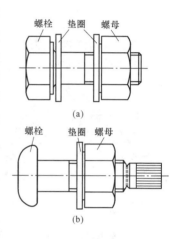

图 9-38 高强摩擦螺栓
（a）大六角头螺栓；（b）扭剪型摩擦螺栓

高强螺栓必须按设计要求拧紧，以保证螺杆内达到需要的预拉力值，否则被连接件受荷载后产生滑移，将与普通螺栓无异。

高强螺栓的设计首先要决定一个螺栓的预拉力值和被连接板件的摩擦面抗滑移系数，《钢结构标准》中按不同等级和处理方法规定了具体数值，然后根据受力特征（摩擦型、承压型）计算承载力设计值，最后根据连接处的受力情况，计算螺栓群的强度。

螺栓及其孔眼图例见表 9-14。

表 9-14　　　　　　　　　　螺 栓 及 孔 图 例

序 号	名 称	图 例		说 明
1	永久螺栓			1. 细"+"线表示定位线 2. 必须标注螺栓孔的直径
2	安装螺栓			
3	高强度螺栓			

续表

序　号	名　　称	图　例	说　明
4	圆形螺栓孔	● ■	1. 细"+"线表示定位线
5	长圆形螺栓孔	● ■	2. 必须标注螺栓孔的直径

第四节　钢　屋　盖

一、屋盖结构的组成

钢屋盖包括屋架、屋盖支撑系统、檩条、屋面板，有时还有托架和天窗架等。根据屋面材料和屋面结构布置的不同，可分为有檩体系屋盖和无檩体系屋盖两类，如图 9-39 所示。采用较轻和小块的屋面材料时，如压型钢板、石棉水泥波形瓦等多用有檩体系屋盖，屋面荷载通过檩条传给屋架，整体刚度较差，常见于中小型厂房。采用钢筋混凝土等大型屋面板时，多用无檩体系屋架，屋面荷载直接传给屋架，整个屋架刚度较大。托架用于支撑在纵向柱距大于 6m 的柱间设置的屋架，属于屋盖系统的支撑结构。天窗架支撑并固定于屋架的上弦结点，用于设置天窗。

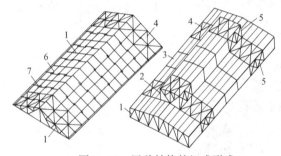

图 9-39　屋盖结构的组成形式

1—屋架；2—天窗架；3—大型屋面板；4—上弦横向水平支撑；5—垂直支撑；6—檩条；7—拉条

　　整个屋盖结构的形式、屋架的布置、采用有檩体系还是无檩体系，屋面材料的决定等，需根据建筑要求、跨度大小、柱网布置、当地材料供应情况、经济条件等决定。

二、屋盖支撑系统

屋盖支撑系统包括：上、下弦横向水平支撑；下弦纵向水平支撑；垂直支撑；系杆等。

（一）屋盖支撑的作用

支撑在柱顶或墙上的单榀屋架，在屋架平面内具有较大的强度和刚度，在垂直于屋架平面方向的强度和刚度较差。若未设置足够的支撑，在荷载作用下，可能整个屋架沿垂直屋架方向失稳，如图 9-40（a）所示。因此，必须设置屋架支撑系统。支撑的作用是：

（1）保证屋盖结构的空间几何不变性和稳定性。如图 9-39、图 9-40（b）所示，屋架支撑系统与和它们相连的屋架组成空间几何不变性和整体刚度好的稳定空间桁架结构体系，然后再用上、下弦平面内系杆将其余的屋架和它相连，保证了整个屋盖结构的稳定性。

（2）作为屋架弦杆的侧向支撑点。屋架支撑和系杆可作为屋架弦杆的侧向支撑点，使其在屋架平面外的计算长度大为缩短，从而上弦压杆的侧向稳定性能提高，下弦拉杆的侧向刚度增加。

（3）支撑和传递水平荷载。支撑体系可有效地承受和传递风荷载、悬挂吊车的刹车荷载

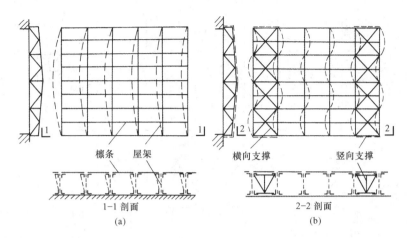

图 9 - 40 屋架上弦侧向失稳情况

(a) 无支撑时；(b) 有支撑时

及地震作用等。

(4) 保证屋盖结构的安装质量和施工安全。

（二）屋盖支撑系统的布置

屋盖支撑系统应根据厂房跨度和长度、伸缩缝的设置、屋架的结构形式、对车间刚度的要求及是否做抗震设计等情况进行布置。

1. 上弦横向水平支撑

无论是有檩和无檩屋盖体系均应设置上弦横向水平支撑。上弦横向水平支撑一般设置在房屋或温度区段两端的第一柱间的两屋架上弦，沿跨度全长布置，其净距不宜大于 60m，否则应在房屋中间增设。当第一柱间距离小于标准柱距时，宜在第二柱间设置，以和中部上弦横向水平支撑尺寸相同，减少构件种类。屋架有天窗时，也宜设置在第二柱间，以和天窗支撑系统配合。但第一开间须在支撑结点处用刚性系杆（即能承受拉力，也能承受压力的杆）与端部屋架连接，如图 9 - 41 (a) 所示。

2. 下弦横向水平支撑

下弦横向水平支撑应在屋架下弦平面沿跨度全长布置，并与上弦横向水平支撑在同一柱间，以形成空间稳定体系，如图 9 - 41 (b) 所示。当屋架跨度较小（$L \leqslant 18m$）且没有悬挂吊车，厂房内也没有较大振动设备时，可不设下弦横向水平支撑。

3. 纵向水平支撑

当房屋内设有托架，或有较大吨位的重级、中级工作制吊车，或有大型振动设备，以及房屋较高、跨度较大，空间刚度要求较高时设置纵向水平支撑。纵向水平支撑应设置在屋架下弦（三角形屋架也可设在上弦）端节间，如图 9 - 41 (b) 所示。

4. 垂直支撑

垂直支撑是屋盖形成稳定的几何不变空间体系的不可缺少的部分，屋盖系统中均应设置垂直支撑。凡有横向支撑的柱间，都要沿房屋的纵向设置垂直支撑。梯形屋架在跨度 $L \leqslant 30m$，三角形屋架在跨度 $\leqslant 24m$ 时，仅在跨度中间位置设置一道，如图 9 - 42 (a)、(b) 虚线所示。当跨度大于上述数值时，宜在跨度 1/3 附近或天窗架侧柱处设置两道，如图 9 - 42 (c)、(d) 所示。梯形屋架不分跨度大小，其两端还应各设置一道。

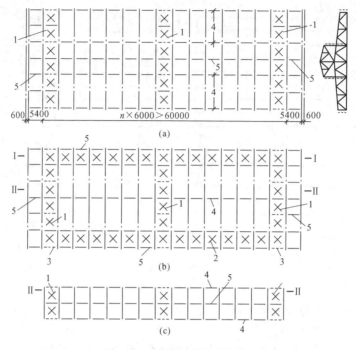

图 9 - 41　屋盖支撑布置示例

（a）屋架上弦平面；（b）屋架下弦平面；（c）天窗上弦平面

1—横向水平支撑；2—纵向水平支撑；3—垂直支撑；

4—柔性系杆；5—刚性系杆

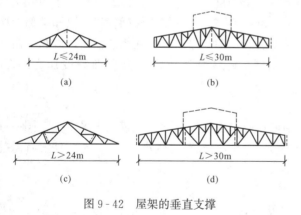

图 9 - 42　屋架的垂直支撑

5. 系杆

系杆分柔性系杆（常用单角钢组成，只能承受拉力）和刚性系杆（常用双角钢组成，既能承受拉力又能承受压力）。一般应设置在屋架和天窗架两端，以及横向水平支撑的结点处，沿房屋纵向通长布置，见图9 - 41。

三、普通钢屋架

普通钢屋架所有杆件都采用普通角钢制成，可用于18～36m跨度。按外形分为梯形［图 9 - 43（a）］、三角形［图 9 - 43（b）］和平行弦形［图 9 - 43（c）］。钢屋架具有耗钢量小、自重轻、平面内刚度大和容易按需要制成各种不同外形的特点。

（一）屋架的选形原则

屋架选形时主要考虑以下几条原则。

1. 使用要求

根据屋面材料的排水需要来考虑上弦的坡度。当采用短尺压型钢板、波形石棉瓦等屋面材料时，其排水坡度要求较陡，应采用三角形屋架。当采用大型屋面板油毡防水材料或长尺压型钢板时，其排水坡度可较平缓，应采用梯形屋架。另外，还应考虑建筑上净空要求，以及有无天窗、天棚和悬挂吊车等方面的要求。

2. 受力合理

屋架的外形应尽量与弯矩图相同，以使弦杆内力均匀，充分利用各部分材料。腹杆布置应使长腹杆受拉，短腹杆受压。同时应尽可能使荷载作用在结点上。

3. 便于施工

杆件、结点数量和品种宜少，尺寸力求统一，构造应简单，以便制造。结点夹角宜在 $30°\sim60°$ 之间，结点过小，将使结点构造困难。

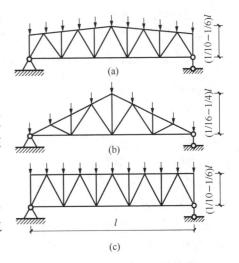

图 9-43 屋架形式

（二）各型屋架的特性和适用范围

三角形屋架适用于坡度较陡的有檩屋盖结构。根据屋面材料的排水要求，屋面坡度一般为 $1/2\sim1/3$。三角形屋架端部只能与柱、墙铰接，故房屋横向刚度较低。且其外形与弯矩图的差别较大，因而弦杆的内力很不均匀。三角形屋架的上、下弦交角一般较小，使支座结点构造复杂。三角形屋架一般只宜用于中小跨度（$L=18\sim24\mathrm{m}$）的轻屋面结构。

1. 梯形屋架

梯形屋架适用于屋面坡度平缓的无檩梯形屋盖和采用长尺压型钢板的有檩体系屋盖。由于梯形屋架的外形与均布荷载引起的弯矩图比较接近，因而弦杆内力比较均匀。梯形屋架与柱连接可做成刚接，也可做成铰接。

2. 平行弦屋架

平行弦屋架的上、下弦杆平行，且可做成不同坡度。与柱连接可做成刚接或铰接。平行弦屋架多用于单坡屋盖和双坡屋盖，或用作托架，支撑体系。

屋架设计包括受力分析，杆件截面选取，结点设计等，最后应画出施工详图。

附表 9-1		各种截面回转半径的近似值					
截面	工字形	槽形(左)	槽形(右)	箱形 $b=h$	T形	T形	T形
$i_x=\alpha_1 h$	$0.43h$	$0.38h$	$0.38h$	$0.40h$	$0.30h$	$0.28h$	$0.32h$
$i_y=\alpha_2 b$	$0.24b$	$0.44b$	$0.60b$	$0.40b$	$0.215b$	$0.24b$	$0.20b$

 思 考 题

9-1 影响钢材性能的因素有哪些？

9-2 直角角焊缝中假定的受力面在什么部位？它可能承受什么力？

9-3 加劲肋的作用是什么？它能否提高构件的强度？

9-4 屋盖支撑系统的作用是什么？如何布置？

习　题

9-1 试设计一工字形型钢梁，该梁的跨度为 4m，两端简支，承受均布荷载，荷载设计值为 24kN/m，采用 Q235 钢。

9-2 设计一工字形型钢轴心受压柱，该柱两端铰接，柱高 3m，压力设计值 $N=$ 800kN，采用 Q235 钢。

9-3 试设计角钢与连接板的角焊缝连接，如图 9-44 所示。轴力设计值 $N=800$kN（静力荷载），角钢为 2L125×80×10，长肢相连，连接板厚 $t=12$mm，采用 Q235 钢，手工焊，焊条 E43×× 型。

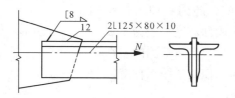

图 9-44 题 9-3 图

9-4 图 9-45 所示为用 C 级普通螺栓连接的钢板拼接，采用 Q235 钢，$d_0=21.5$mm。试计算该连接能承受的最大轴心力设计值 N。

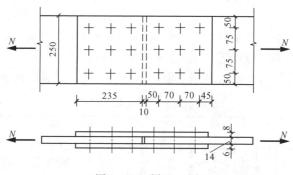

图 9-45 题 9-4 图

第十章　地　基　与　基　础

本章主要介绍与地基基础设计有关的土的工程性质；常用基础种类：浅基础、桩基础设计的基本内容等。

我们知道房屋有楼盖（屋顶）、墙身、柱子和基础。房屋的基础埋置在地面以下一定深度的土层上，实际上它是房屋墙身和柱子的延伸部分。房屋基础承担房屋屋顶、楼面、墙和柱子传来的重力荷载，以及风荷载和地震荷载作用，并且起着承上启下的作用。基础坐落在土层上，土层承受由基础传来的荷载，该土层我们就称它为地基，如图 10 - 1 所示。

作为地基的土层无论是土或岩石，均是自然界的产物。由于自然环境和条件的复杂性，决定了天然地层在成分、性质、分布和构造上的多样性。除一般的土类和构造形态之外，还有许多特殊的土类和不良地质现象。在建筑物设计之前，必须进行工程地质勘测和评估，充分了解地层的成因和构造，分析岩土的工程特性，提供设计计算参数。这是搞好地基基础工程设计与施工的前提。

基础是房屋不可缺少的重要组成部分，和上部结构相同，基础应有足够的强度、刚度和耐久。基础虽然有很多种形式，但可概括分为两大类，即浅基础和深基础。深、浅基础没有一

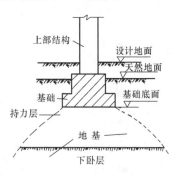

图 10 - 1　地基与基础示意

个明确的分界线，一般将埋置深度不大，只需开挖基坑及排水等普通施工程序建造的基础称为浅基础；反之，浅层土质不良，埋置深度较大，需借助于特殊的施工方法建造的基础称为深基础。

第一节　土　的　工　程　性　质

一、土的组成与基本物理性能指标

（一）土的组成

土的物质成分包括有作为土骨架的固体颗粒（土粒），孔隙中的水及其溶解物质以及气体。因此，土是由颗粒（固相）、水（液相）和气体（气相）所组成的三相体系。土中颗粒的大小、成分及三相组成之间的比例关系，反映出土的不同性质，如干湿、轻重、松密及软硬等。

（二）土的基本物理性能指标

土是由固体颗粒、水和气体三部分组成的，这三部分之间的不同比例关系，反映着土处于不同的状态。这对于评定土的物理和力学性质有很重要的意义。因此，为了研究土的物理力学性质，首先要确定土的三相组成部分之间的相互比例关系。

为了便于说明和计算，把本来交错分布的固体颗粒、水和气体分别集中起来，绘成一简图，称为三相简图，见图 10 - 2。

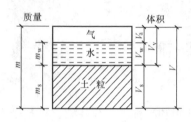

图 10-2　土的三相组成示意图

V_a—土中气体体积；V_w—土中水体积；V_v—土中孔隙体积，$V_v=V_a+V_w$；V_s—土中颗粒体积；V—土的总体积，$V=V_a+V_w+V_s$；m_a—土中气体的质量，$m_a\approx0$；m_w—土中水质量；m_s—土中颗粒质量；m—土的总质量，$m=m_w+m_s$

1. 土的密度 ρ 和重度 γ

土在天然状态下（即保持原来结构及含水量不变），单位体积的质量称为土的密度，即

$$\rho = \frac{m}{V} \quad (\text{t/m}^3) \tag{10-1}$$

单位体积土所受到的重力称为重力密度，简称重度，即

$$\gamma = \frac{mg}{V} = \rho g \quad (\text{kN/m}^3) \tag{10-2}$$

式中：g 为重力加速度，可近似取 $g=10\text{m/s}^2$。

土的密度常见值为 $1.6\sim2.0\text{t/m}^3$，其测定方法一般采用"环刀法"测定。

2. 土粒相对密度 d_s（土粒比重）

土粒质量与同体积 4℃时水的质量之比，称为土粒相对密度，即

$$d_s = \frac{m_s}{V_s \rho_w} \tag{10-3}$$

式中：ρ_w 为水在 4℃时的密度，$\rho_w=1\text{t/m}^3$。

土粒相对密度取决于土的矿物成分和有机质含量，一般土的 d_s 常在 $2.65\sim2.75$ 之间，土中含有大量有机质时，土粒相对密度显著减小。同一种类的土，其值变化幅度很小，其测定方法一般在实验室内用"比重瓶法"测定。

3. 土的含水量 w

土中水的质量与土粒质量之比，称为土的含水量，以百分数表示，即

$$w = \frac{m_w}{m_s} \times 100\% \tag{10-4}$$

含水量 w 是标志土的湿度的一个重要物理指标。含水量越大土越湿，其工程性质就越差。土的含水量变化幅度是很大的，砂土大致在 $0\%\sim40\%$ 之间变化，黏性土在 $20\%\sim100\%$ 之间变化，其测定方法一般在实验室内用"烘干法"测定。

4. 土的干密度 ρ_d 和干重度 γ_d

单位体积土颗粒的质量称为土的干密度，即

$$\rho_d = \frac{m_s}{V} \quad (\text{t/m}^3) \tag{10-5}$$

单位体积上颗粒所受到的重力，称为土的干重度，即

$$\gamma_d = \rho_d g \quad (\text{kN/m}^3) \tag{10-6}$$

在工程上常把干密度作为填方工程中土体压实质量的控制标准。

5. 土的孔隙比 e 和孔隙率 n

土中孔隙体积与土粒体积之比称为孔隙比。即

$$e = \frac{V_v}{V_s} \tag{10-7}$$

土中孔隙体积与土的总体积之比称为土的孔隙率，以百分率表示，即

$$n = \frac{V_v}{V} \times 100\% \tag{10-8}$$

土的孔隙比和孔隙率是反映土体密实程度的物理性质指标，在一般情况下，e 和 n 愈大，土愈疏松；反之，土愈密实。

6. 土的饱和度 S_r

土中水的体积与孔隙体积之比，称为土的饱和度，即

$$S_r = \frac{V_w}{V_v} \times 100\% \tag{10-9}$$

土的饱和度是反映水填充土孔隙的程度，即反映土潮湿程度的物理性质指标。如 $S_r = 1$ 时，说明土孔隙全部充满水，土是饱和的；当 $S_r = 0$ 时，土是完全干的；当 $S_r \leqslant 50\%$ 时，土为稍潮湿的；当 $50\% < S_r \leqslant 80\%$ 时，土为很潮湿的；当 $S_r > 80\%$ 时，土为饱和的。

7. 饱和土密度 ρ_{sat}、饱和土重度 γ_{sat} 及浮重度 γ'

土孔隙中充满水时，单位体积上的质量称为饱和密度，即

$$\rho_{sat} = \frac{m_s + V_v \rho_w}{V} \quad (t/m^3) \tag{10-10}$$

单位体积饱和土所受到的重力称为饱和土重度，即

$$\gamma_{sat} = \rho_{sat} g \quad (kN/m^3) \tag{10-11}$$

地下水位以下，土受到浮力作用，单位体积土中，土粒所受的重力扣除浮力后的重度称为浮重度，又称为有效重度，即

$$\gamma' = \frac{m_s g - V_s \rho_w g}{V} = \gamma_{sat} - \rho_w g$$
$$= \gamma_{sat} - \gamma_w \quad (kN/m^3) \tag{10-12}$$

式中：γ_w 为水的重度，一般取 $10kN/m^3$。

上述土的三相比例指标中，密度 ρ、土粒相对密度 d_s 和含水量 w 可通过土工实验测定，称为基本指标，在测定这三个基本指标后，可以导出其余各个指标，其各个指标的换算公式见表10-1。

表 10-1　　　　　　　　土的三相比例指标换算公式

名　称	符　号	三相比例表达式	常用换算公式	单　位
土粒比重	d_s	$d_s = \dfrac{m_s}{V_s \rho_{w1}}$	$d_s = \dfrac{S_r e}{w}$	
含水量	w	$w = \dfrac{m_w}{m_s} \times 100\%$	$w = \dfrac{S_r e}{d_s}$ $w = \dfrac{\rho}{\rho_d} - 1$	
密度	ρ	$\rho = \dfrac{m}{V}$	$\rho = \rho_d (1+w)$ $\rho = \dfrac{d_s (1+w)}{1+e} \rho_w$	g/cm^3
干密度	ρ_d	$\rho_d = \dfrac{m_s}{V}$	$\rho_d = \dfrac{\rho}{1+w}$ $\rho_d = \dfrac{d_s}{1+e} \rho_w$	g/cm^3
饱和密度	ρ_{sat}	$\rho_{sat} = \dfrac{m_w + V_v \rho_w}{V}$	$\rho_{sat} = \dfrac{d_s + e}{1+e} \rho_w$	g/cm^3

名 称	符 号	三相比例表达式	常用换算公式	单 位
重度	γ	$\gamma=\dfrac{m}{V}\cdot g=\rho\cdot g$	$\gamma=\dfrac{d_s(1+w)}{1+e}\gamma_w$	kN/m^3
干重度	γ_d	$\gamma_d=\dfrac{m_s}{V}\cdot g=\rho_d\cdot g$	$\gamma_d=\dfrac{d_s}{1+e}\gamma_w$	kN/m^3
饱和重度	γ_{sat}	$\gamma_{sat}=\dfrac{m_s+V_v\rho_w}{V}\cdot g=\rho_{sat}\cdot g$	$\gamma_{sat}=\dfrac{d_s+e}{1+e}\gamma_w$	kN/m^3
有效重度	γ'	$\gamma'=\dfrac{m_s-V_s\rho_w}{V}\cdot g=\rho'\cdot g$	$\gamma'=\dfrac{d_s-1}{1+e}\gamma_w$	kN/m^3
孔隙比	e	$e=\dfrac{V_v}{V_s}$	$e=\dfrac{d_s\rho_w}{\rho_d}-1$ $e=\dfrac{d_s(1+w)\rho_w}{\rho}-1$	
孔隙率	n	$n=\dfrac{V_v}{V}\times100\%$	$n=\dfrac{e}{1+e}$ $n=1-\dfrac{\rho_d}{d_s\rho_w}$	
饱和度	S_r	$S_r=\dfrac{V_w}{V_v}\times100\%$	$S_r=\dfrac{wd_s}{e}$ $S_r=\dfrac{w\rho_d}{n\rho_w}$	

【例 10 - 1】   某原状土样经试验测得的体积为 $100cm^3$，湿土质量为 185g，干土质量为 155g，土粒相对密度为 2.7，试求该土样的密度、重度、干密度、干重度、含水量、孔隙比、饱和土重度及浮重度。

解   (1) $\rho=\dfrac{m}{V}=\dfrac{185}{100}=1.85\,(g/cm^3)=1.85(t/m^3)$

(2) $\gamma=\rho g=1.85\times10=18.5\,(kN/m^3)$

(3) $w=\dfrac{m_w}{m_s}\times100\%=\dfrac{185-155}{155}\times100\%=19.35\%$

(4) $\rho_d=\dfrac{m_s}{V}=\dfrac{155}{100}=1.55\,(g/m^3)=1.55(t/m^3)$

(5) $\gamma_d=\rho_d g=1.55\times10=15.5\,(kN/m^3)$

(6) $e=\dfrac{d_s(1+w)\rho_w}{\rho}-1=\dfrac{2.7(1+0.1935)\times1}{1.85}-1=0.74$

(7) $\gamma_{sat}=\dfrac{d_s+e}{1+e}\gamma_w=\dfrac{2.7+0.74}{1+0.74}\times10=19.77\,(kN/m^3)$

(8) $\gamma'=\gamma_{sat}-\gamma_w=19.77-10=9.77(kN/m^3)$

8. 塑限、液限、塑性指数和液性指数等指标

对于黏性土另还有塑限、液限、塑性指数和液性指数等指标。

所谓塑限（w_p）是指土由固体状态变到塑性状态时的分界含水量，一般用搓条法来测定。

所谓液限（w_L）是指土由塑性状态变到流动状态时的分界含水量，一般用锥式液限仪来测定。

液限与塑限的差值，我们称之为塑性指数（I_p），即 $I_p = w_L - w_p$。塑性指数反映了土颗粒表面积的大小和黏性矿物亲水性综合影响，它是进行黏性土分类的重要指标。塑性指数愈大，土处于可塑状态的含水量范围也愈大，换句话说，塑性指数的大小与土中结合水的可能含量有关，亦即与土的颗粒组成、土粒的矿物成分以及土中水的离子成分和浓度等因素有关。从土的颗粒来说，土粒越细，且细粒（黏粒）的含量越高，则其结合水含量越高，I_p也随之增大。黏土矿物（尤其是蒙脱石）含量越高，I_p也就越大。如水膜中富含 Na、K 等一价离子，结合水膜的厚度越大，I_p就越大，由于塑性指数在一定程度上综合反映了影响黏性土特征的各种重要因素。因此，工程上常按 I_p 对黏性土进行分类。

土中的含水量是随周围条件的变化而变化。对于同一种土，由于含水量的不同它可以分别处于固体状态、塑性状态和流动状态。液性指数是判别黏性土软硬程度（或稀稠程度）的一个指标，其值按下式计算

$$I_L = \frac{w - w_p}{I_p} \tag{10-13}$$

9. 土的压缩系数和压缩模量

$$a = \frac{e_1 - e_2}{p_2 - p_1} \tag{10-14}$$

$$E_s = \frac{1 + e_1}{a} \tag{10-15}$$

式中：a 为压缩系数，MPa^{-1}；E_s 为压缩模量，MPa；p_1、p_2 为固结压力，kPa；e_1、e_2 为对应 p_1、p_2 时的孔隙比，土的固结压力与孔隙比关系见图 10-3。

地基土的压缩性可按 p_1 为 100kPa，p_2 为 200kPa 时相对应的压缩系数值 a_{1-2} 划分为低、中、高压缩性，并应按以下规定进行评价：

(1) 当 $a_{1-2} < 0.1 MPa^{-1}$ 时，为低压缩性土；

(2) 当 $0.1 MPa^{-1} \leqslant a_{1-2} < 0.5 MPa^{-1}$ 时，为中压缩性土；

(3) 当 $a_{1-2} \geqslant 0.5 MPa^{-1}$ 时，为高压缩性土。

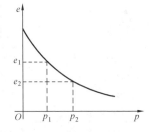

图 10-3 土的压缩曲线

通过上面介绍，我们对一般土最基本的物理力学指标，诸如天然土的轻重（γ），孔隙比（e）的大小，压缩系数（a）的压缩程度，压缩模量（E_s）大小等，有一个初步了解，对地基土的好坏可以作出简单评价；饱和度（S_r）的多少，能判断地基土的潮湿程度，可确定基础设计选用什么材料；塑性指数（I_p）和液性指数（I_L）的范围，能判定黏性土的属性和坚硬程度。但仅仅了解上面一些地基土的物理指标，还很不全面，尚需通过各种指标的综合分析，定出各类土的类别，才有确定地基的承载能力，这是基础设计的主要内容，必要的依据。下面介绍地基土的分类和土的工程特性。

二、岩土的分类

岩土的分类方法很多，不同领域由于研究问题的出发点不同而采用不同的分类方法。在建筑工程中，土是作为地基以承受建筑物的荷载的，因此着眼于土的工程性质（特别是强度与变形特性）及其与地质成因的关系来进行分类，作为建筑物地基的（岩）土可分为岩石、

碎石土、砂土、粉土、黏性土和特殊土等。

（1）岩石应为颗粒间牢固连接，呈整体或具有节理裂隙的岩体。作为建筑物地基，除应确定岩石的地质名称外，尚应按 2）～3）条划分其坚硬程度和完整程度。

（2）岩石的坚硬程度应根据岩块饱和单轴抗压强度 f_{rk} 按表 10-2 分为坚硬岩、较硬岩、较软岩、软岩和极软岩。当缺乏饱和单轴抗压强度资料或不能进行该项试验时，可在现场通过观察定性划分，划分标准可按《建筑地基基础设计规范》附录 A.0.1 执行。岩石的风化程度可分为未风化、微风化、中风化、强风化和全风化。

表 10-2   岩石坚硬程度的划分

坚硬程度类别	坚硬岩	较硬岩	较软岩	软 岩	极软岩
饱和单轴抗压强度标准值 f_{rk}（MPa）	$f_{rk}>60$	$60 \geqslant f_{rk}>30$	$30 \geqslant f_{rk}>15$	$15 \geqslant f_{rk}>5$	$f_{rk} \leqslant 5$

（3）岩体完整程度应按表 10-3 划分为完整、较完整、较破碎、破碎和极破碎。当缺乏试验数据时可按《建筑地基基础设计规范》附录 A.0.2 执行。

表 10-3   岩 体 完 整 程 度 划 分

完整程度等级	完整	较完整	较破碎	破碎	极破碎
完整性指数	>0.75	0.75～0.55	0.55～0.35	0.35～0.15	<0.15

注 完整性指数为岩体纵波波速与岩块纵波波速之比的平方。选定岩体、岩块测定波速时应有代表性。

（4）碎石土为粒径大于 2mm 的颗粒含量超过全重 50% 的土。碎石土可按表 10-4 分为漂石、块石、卵石、碎石、圆砾和角砾。

表 10-4   碎 石 土 的 分 类

土的名称	颗 粒 形 状	粒 组 含 量
漂石 块石	圆形及亚圆形为主 棱角形为主	粒径大于 200mm 的颗粒含量超过全重 50%
卵石 碎石	圆形及亚圆形为主 棱角形为主	粒径大于 20mm 的颗粒含量超过全重 50%
圆砾 角砾	圆形及亚圆形为主 棱角形为主	粒径大于 2mm 的颗粒含量超过全重 50%

注 分类时应根据粒组含量栏从上到下以最先符合者确定。

（5）碎石土的密实度，可按表 10-5 分为松散、稍密、中密、密实。

表 10-5   碎 石 土 的 密 实 度

重型圆锥动力触探锤击数 $N_{63.5}$	密 实 度	重型圆锥动力触探锤击数 $N_{63.5}$	密 实 度
$N_{63.5} \leqslant 5$	松散	$10 < N_{63.5} \leqslant 20$	中密
$5 < N_{63.5} \leqslant 10$	稍密	$N_{63.5} > 20$	密实

注 1. 本表适用于平均粒径小于等于 50mm 且最大粒径不超过 100mm 的卵石、碎石、圆砾、角砾。对于平均粒径大于 50mm 或最大粒径大于 100mm 的碎石土，可按《建筑地基基础设计规范》附录 B 鉴别其密实度。

    2. 表内 $N_{63.5}$ 为经综合修正后的平均值。

（6）砂土为粒径大于 2mm 的颗粒含量不超过全重 50%、粒径大于 0.075mm 的颗粒超过全重 50% 的土。砂土可按表 10-6 分为砾砂、粗砂、中砂、细砂和粉砂。

表 10-6　　　　　　　　　　砂 土 的 分 类

土的名称	粒 组 含 量	土的名称	粒 组 含 量
砾砂	粒径大于 2mm 的颗粒含量占全重 25%～50%	细砂	粒径大于 0.075mm 的颗粒含量超过全重 85%
粗砂	粒径大于 0.5mm 的颗粒含量超过全重 50%	粉砂	粒径大于 0.075mm 的颗粒含量超过全重 50%
中砂	粒径大于 0.25mm 的颗粒含量超过全重 50%		

注　分类时应根据粒组含量栏从上到下以最先符合者确定。

（7）砂土的密实度，可按表 10-7 分为松散、稍密、中密、密实。

表 10-7　　　　　　　　　　砂 土 的 密 实 度

标准贯入试验锤击数 N	密 实 度	标准贯入试验锤击数 N	密 实 度
$N \leqslant 10$	松散	$15 < N \leqslant 30$	中密
$10 < N \leqslant 15$	稍密	$N > 30$	密实

（8）黏性土为塑性指数 I_p 大于 10 的土，可按表 10-8 分为黏土、粉质黏土。

表 10-8　　　　　　　　　　黏 土 的 分 类

塑性指数 I_p	土的名称	塑性指数 I_p	土的名称
$I_p > 17$	黏 土	$10 < I_p \leqslant 17$	粉质黏土

注　塑性指数由相应于 76g 圆锥体沉入土样中深度为 10mm 时测定的液限计算而得。

（9）黏性土的状态，可按表 10-9 分为坚硬、硬塑、可塑、软塑、流塑。

表 10-9　　　　　　　　　　黏 性 土 的 状 态

液性指数	状 态	液性指数	状 态
$I_L \leqslant 0$	坚硬	$0.75 < I_L \leqslant 1$	软塑
$0 < I_L \leqslant 0.25$	硬塑	$I_L > 1$	流塑
$0.25 < I_L \leqslant 0.75$	可塑		

注　当用静力触探探头阻力或标准贯入试验锤击数判定黏性土的状态时，可根据当地经验确定。

（10）粉土为介于砂土与黏性土之间，塑性指数 $I_p \leqslant 10$ 且粒径大于 0.075mm 的颗粒含量不超过全重 50% 的土。

（11）淤泥为在静水或缓慢的流水环境中沉积，并经生物化学作用形成，其天然含水量大于液限，天然孔隙比大于或等于 1.5 的黏性土。当天然含水量大于液限而天然孔隙比小于 1.5 但大于或等于 1.0 的黏性土或粉土为淤泥质土。

（12）红黏土为碳酸盐岩系的岩石经红土化作用形成的高塑性黏土。其液限一般大于

50。红黏土经再搬运后仍保留其基本特征，其液限大于 45 的土为次生红黏土。

（13）人工填土根据其组成和成因，可分为素填土、压实填土、杂填土、冲填土。素填土为由碎石土、砂土、粉土、黏性土等组成的填土。经过压实或夯实的素填土为压实填土。杂填土为含有建筑垃圾、工业废料、生活垃圾等杂物的填土。冲填土为由水力冲填泥沙形成的填土。

（14）膨胀土为土中黏粒成分主要由亲水性矿物组成，同时具有显著的吸水膨胀和失水收缩特性，其自由膨胀率大于或等于 40％的黏性土。

（15）湿陷性土为浸水后产生附加沉降，其湿陷系数大于或等于 0.015 的土。

三、工程特性指标

（1）土的工程特性指标应包括强度指标、压缩性指标以及静力触探探头阻力，标准贯入试验锤击数、载荷试验承载力等其他特性指标。

（2）地基土工程特性指标的代表值应分别为标准值、平均值及特征值。抗剪强度指标应取标准值，压缩性指标应取平均值，载荷试验承载力应取特征值。

（3）载荷试验包括浅层平板载荷试验和深层平板载荷试验。浅层平板载荷试验适用于浅层地基，深层平板载荷试验适用于深层地基。

（4）土的抗剪强度指标，可采用原状土室内剪切试验、无侧限抗压强度试验、现场剪切试验、十字板剪切试验等方法测定。当采用室内剪切试验确定时，应选择三轴压缩试验中的不固结不排水试验。经过预压固结的地基可采用固结不排水试验。每层土的试验数量不得少于六组。室内试验抗剪强度指标 c_k、φ_k，可按《建筑地基基础设计规范》附录 E 确定。在验算坡体的稳定性时，对于已有剪切破裂面或其他软弱结构面的抗剪强度，应进行野外大型剪切试验。

（5）土的压缩性指标可采用原状土室内压缩试验、原位浅层或深层平板载荷试验、旁压试验确定。

当采用室内压缩试验确定压缩模量时，试验所施加的最大压力应超过土自重压力与预计的附加压力之和，试验成果用 $e \sim p$ 曲线表示。当考虑土的应力历史进行沉降计算时，应进行高压固结试验，确定先期固结压力、压缩指数，试验成果用 $e \sim \lg p$ 曲线表示。为确定回弹指数，应在估计的先期固结压力之后进行一次卸荷，再继续加荷至预定的最后一级压力。

地基土的压缩性可按 p_1 为 100kPa，p_2 为 200kPa 时相对应的压缩系数值 a_{1-2} 划分为低、中、高压缩性。

当考虑深基坑开挖卸荷和再加荷时，应进行回弹再压缩试验，其压力的施加应与实际的加卸荷状况一致。

四、土中应力

建筑物的建造使地基土中应力状态发生变化，从而引起地基变形，出现基础沉降。土中应力按其产生的原因分为自重应力和附加应力两种。由土自重引起的应力称为自重应力；由建筑物荷载作用在土中引起的应力称为附加应力。

（一）土中自重应力

计算土中自重应力时，假定地基是半无限直线变形体，因而在任意竖直面和水平面上均无剪应力存在。如地基为均质土，天然重度为 γ，则天然地面下任意深度 z（m）处 M 点（图 10-4）的竖向应力 σ_{cz} 为

$$\sigma_{cz} = \frac{\gamma z \, \mathrm{d}A}{\mathrm{d}A} = \gamma z \quad (\mathrm{kPa}) \qquad (10\text{-}16)$$

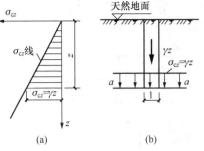

图 10-4 匀质土中竖向自重应力
(a) 沿深度的分布；(b) 任意水平面上的分布

由上式可见，竖向自重应力 σ_{cz} 与深度 z 成正比，而在任意水平面上为均匀分布。

地基中除了存在作用于水平面上的竖向自重应力外，还存在作用于竖直面上水平侧向自重应力 σ_{cx} 和 σ_{cy}，根据弹性理论，可得

$$\sigma_{cx} = \sigma_{cy} = k_0 \sigma_{cz} \qquad (10\text{-}17)$$

$$\tau_{xy} = \tau_{yz} = \tau_{zr} = 0 \qquad (10\text{-}18)$$

式中：k_0 为土的侧压力系数。

在一般情况下，地基是由不同重度的土层所组成，见图 10-5，深度 z 处土的竖向自重应力 σ_{cz} 可按下式计算

$$\sigma_{cz} = \gamma_1 h_1 + \gamma_2 h_2 + \cdots + \gamma_n h_n = \sum_{i=1}^{n} \gamma_i h_i \qquad (10\text{-}19)$$

式中：n 为从天然地面算起到深度 z 处的土层数；γ_i 为第 i 层土的重度，对地下水位以下的土层，取浮重度 γ'；h_i 为第 i 层土的厚度，m。

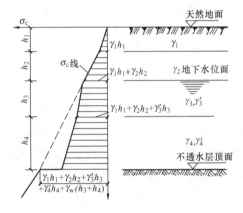

图 10-5 成层土的自重应力曲线

地基土的性质有关。

1. 中心受压基础

作用在基底上的荷载合力通过基底形心时，基底压力可假设为均匀分布，见图 10-6，其值按下式计算

按式（10-19）计算出各土层分界处的自重应力后，用一定比例绘出各分界点处的应力值，然后用直线连接，见图 10-5，所得折线称为土的自重应力曲线。

（二）基底压力的简化计算

基底压力是建筑物荷载通过基础传给地基的单位面积上的压力，是设计基础与计算地基中附加应力的依据。

实验表明，基底压力分布很复杂，它不仅与基础的刚度、平面形状、尺寸大小和埋置深度有关，而且还与作用在基础上的荷载大小与分布、

$$p = \frac{F + G}{A} \quad (\mathrm{kPa}) \qquad (10\text{-}20)$$

$$G = \gamma_G A \overline{d}$$

式中：p 为基底平均压力，kPa；F 为作用在基础上的竖向荷载，kN；G 为基础及其台阶上回填土重，kN；A 为基底面积，m^2，对矩形基础 $A = l \cdot b$，l 和 b 分别为矩形基底的长度和宽度；对荷载沿长度方向呈均匀分布的条形基础，沿长度方向取 1m 为计算单元，此时式（10-20）中 A 改为 b（m），而 F 和 G 则为每延米的相应值 kN/m；γ_G 为基础及回填土的平均重度，一般取 $20\mathrm{kN/m^3}$，但在地下水位

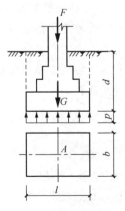

图 10-6 按简化法
计算中心受压基底反力

以下部分应取浮重度;$\bar{d}$ 为基础平均埋深，m。

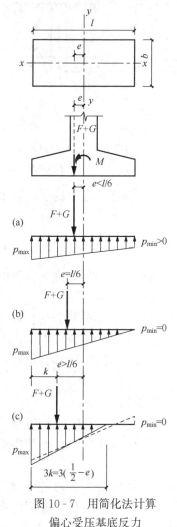

图 10 - 7 用简化法计算
偏心受压基底反力

2. 偏心受压基础

对于单向偏心荷载下的矩形基础，设计时通常将基底长边方向定在偏心方向，见图10 - 7，此时，基底边缘压力可按材料力学偏心受压公式计算

$$p_{\substack{\max \\ \min}} = \frac{F+G}{A} \pm \frac{M}{W} \qquad (10 - 21)$$

$$M = (F+G)e$$

式中：$p_{\substack{\max \\ \min}}$ 为基底最大、最小边缘压力，kPa；M 为作用于矩形基础底面的力矩，kN·m；W 为基础底面的抵抗矩，$W = \frac{bl^2}{6}$，m^3；e 为偏心矩。

将弯矩和抵抗矩代入式（10 - 21）得

$$p_{\substack{\max \\ \min}} = \frac{F+G}{bl}\left(1 \pm \frac{6e}{l}\right) \qquad (10 - 22)$$

由式（10 - 22）可见：

当 $e < \frac{l}{6}$ 时，基底压力呈梯形分布，见图 10 - 7（a）；

当 $e = \frac{l}{6}$ 时，基底压力呈三角形分布，见图 10 - 7（b）；

当 $e > \frac{l}{6}$ 时，按式（10 - 22）得，$p_{\min} < 0$，见图 10 - 7（c）中虚线所示。由于基底与地基之间不能承受拉力，此时基底与地基局部脱开，而使基底压力重新分布。根据偏心荷载与地基反力的平衡条件，荷载合力 $F+G$ 应通过三角形反力分布图的形心，则得基础边缘的最大压力 $p_{\max}$ 为

$$p_{\max} = \frac{2(F+G)}{3kb} \qquad (10 - 23)$$

式中：k 为单向偏心荷载作用点至最大受压边缘的距离，m。

3. 基底附加压力

一般的天然土层在自重应力作用下变形早已完成，因此，只有新增加于基底上的压力才能增加应力和变形。一般基础都埋于地面以下一定深度处。建筑物建成后，作用于基底上的平均压力减去基底处原先存在于土中的自重应力才是新增加的压力，即基底附加压力，可按下式计算

$$p_0 = p - \sigma_{cd} = p - \gamma_0 d \qquad (10 - 24)$$

$$\gamma_0 = (\gamma_1 h_1 + \gamma_2 h_2 + \cdots) / (h_1 + h_2 + \cdots) \text{ kN/m}^3$$

$$d = h_1 + h_2 + \cdots$$

式中：p_0 为基底下平均附加压力，kPa；σ_{cd} 为基底处土的自重应力，kPa；γ_0 为基底标高以上土的加权平均重度，kN/m^3，其中地下水位以下取浮重；d 为从天然地面起算的基础埋深，m。

第二节 基础的类型及适用范围

一、按材料分类

基础按其使用的材料可分为砖基础、三合土基础、灰土基础、混凝土基础、毛石基础、毛石混凝土基础和钢筋混凝土基础。

基础材料的选择决定着基础的强度、耐久性和经济效果，应该考虑就地取材，充分利用地方材料的原则，并满足技术经济的要求。

（一）砖基础

砖基础具有一定的抗压强度，但抗拉强度和抗剪强度较低，抗冻性较差。按照《砌体结构设计规范》（GB 50003—2011）的规定，地面以下或防潮层以下的砖砌体，所有材料的最低强度等级应符合表 10 - 10 的要求。砖基础，见图 10 - 8，具有取材容易，价格便宜、施工简便的特点。因此广泛应用于六层及六层以下的民用建筑中。

工程实例 - 各类基础示例

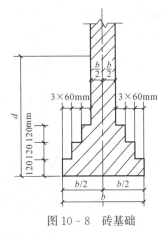

图 10 - 8 砖基础

表 10 - 10   地面以下或防潮层以下的砌体、潮湿房间墙所有材料的最低强度等级

基土的潮湿程度	烧结黏土砖	混凝土普通砖、蒸压普通砖	混凝土砌块	石 材	水泥砂浆
稍潮湿的	MU15	MU20	MU7.5	MU30	M5
很潮湿的	MU20	MU20	MU10	MU30	M7.5
含水饱和的	MU20	MU25	MU15	MU40	M10

注　1. 在冻胀地区，地面以下或防潮层以下的砌体，不宜采用多孔砖。如采用时，其孔洞应采用水泥砂浆强度灌实。当采用混凝土砌块砌体时，其孔洞应采用其强度等级不低于 C20 的混凝土灌实。

　　2. 对安全等级为一级或设计使用年限大于 50 年的房屋，表中材料强度等级应至少提高一级。

（二）三合土基础

三合土是用石灰、砂和骨料（碎石、碎砖、矿渣）按体积比为 1：2：4 或 1：3：6 配成，经加入适量水拌和后，均匀铺入基槽，每层虚铺 220mm，夯至 150mm，夯至设计标高后再在其上砌砖大放脚。三合土的强度与骨料有关，矿渣最好，因其有水硬性，碎砖次之，碎石不易夯打结实，质量较差。一般用于地下水位较低，四层及四层以下的民用建筑中。

（三）灰土基础

灰土是用石灰和土料混合而成，石灰经消化 1～2 天后，用 5～10mm 筛子筛后使用。土料以粉质黏土为宜，若用黏土则应采取相应措施，使其达到松散程度，石灰和土料按其体积比为 3：7 或 2：8，经加入适量水拌匀，然后铺入基槽内，每层虚铺 220～250mm，夯至 150mm 为一步，一般可铺 2～3 步。夯实后其最小干土密度：粉土为 1.55t/m³，粉质黏土为 1.50t/m³，黏土为 1.45t/m³。灰土基础适用于地下水较低、五层和五层以下的民用建筑及小型砖墙承重的单层工业厂房。

（四）毛石基础

毛石基础采用强度较高而未风化的毛石砌筑。石材及砌筑砂浆的最低强度等级应符合表10-10的要求。为了保证锁结力，每一阶梯宜用二排或三排以上的毛石，见图10-9，每一台阶外伸宽不宜大于200mm。由于毛石尺寸较大，毛石基础的宽度及台阶高度不得小于400mm。

（五）混凝土和毛石混凝土基础

混凝土基础的强度、耐久性和抗冻性都较好。当荷载较大时，常用混凝土基础。混凝土基础水泥用量较大，造价比砖、毛石基础高，为了节约水泥可在混凝土中掺入少于基础体积30%的毛石，做成毛石混凝土基础，见图10-10。

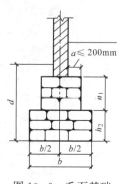

图10-9 毛石基础

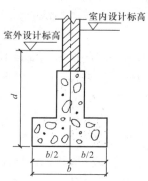

图10-10 毛石混凝土基础

（六）钢筋混凝土基础

钢筋混凝土基础强度大，且具有良好的抗弯性能，在相同基础宽度下，钢筋混凝土基础的高度远比砖石和混凝土基础小，钢筋混凝土基础的造价比其他基础要高，目前多用于上部结构的荷载较大或地基软弱时的建筑物中。

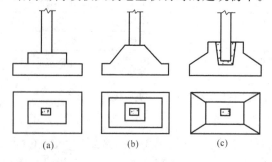

图10-11 柱下单独基础

（a）阶梯形基础；（b）锥形基础；（c）杯形基础

二、按构造分类

（一）单独基础

1. 柱下单独基础

单独基础是柱基础的主要类型。它所用材料依柱的材料和荷载大小而定，如柱子是钢柱或钢筋混凝土柱，基础材料常用混凝土或钢筋混凝土，但在荷载不大时，也可用砖、石材料，并用混凝土墩与柱子相连接。

现浇柱下钢筋混凝土基础的截面可做成阶梯形或锥形见图10-11（a），（b），预制柱下的基础一般做成杯形基础，见图10-11（c）。

2. 墙下单独基础

当建筑物传给基础的荷载不大，但基础需要深埋或需要跨越某些障碍时，可采用墙下单独基础。这时在基础顶面应架设钢筋混凝土过梁，过梁跨度一般为4～5m，见图10-12。

（二）条形基础

1. 墙下条形基础

条形基础是墙基础的主要类型。它常用砖石建造，当基础上的荷载较大而地基承载力较低，需加大基础的宽度，但又不宜增加基础的高度和埋置深度时，可考虑采用墙下钢筋混凝土条形基础。墙下钢筋混凝土条形基础一般做成无肋板式，如图 10-13（a）所示，但当基础延伸方向上建筑物与地基的压缩性不均匀时，为了增加基础的整体性和抗弯能力，可采用带肋的墙下钢筋混凝土条形基础，见图 10-13（b）。

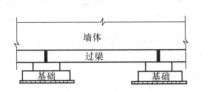

图 10-12 墙下单独基础

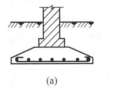

图 10-13 墙下钢筋混凝土条形基础
(a) 无肋式；(b) 有肋式

2. 柱下钢筋混凝土条形基础

当地基软弱而荷载较大，若采用柱下单独基础，基底面积必然很大而互相接近，为增加基础的整体性并方便施工，可将同一排的柱基础连通做成钢筋混凝土条形基础，见图 10-14。

（三）柱下十字形基础

当基础上的荷载较大，而地基软弱且在两个方向上土性不均匀，为了增强基础的整体刚度，减少不均匀沉降，可在柱网纵横两方向设置钢筋混凝土条形基础形成十字形基础，见图 10-15。

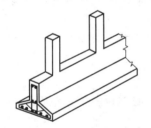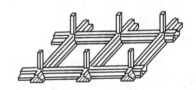

图 10-14 柱下钢筋混凝土条形基础　　　图 10-15 柱下十字形基础

（四）片筏基础

如地基很软弱而荷载又很大，或建筑物设有地下室时，可采用由钢筋混凝土做成整块的片筏基础，见图 10-16，片筏基础按构造形式可分为平板式和梁板式两种。平板式是在地基上做一块钢筋混凝土底板，柱子直接支承在底板上，见图 10-16（a）。梁板式按梁板的位置不同又可分为两种，图 10-16（b）是将梁放在底板的下方，图 10-16（c）是在底板上做梁，柱子支承在梁上。

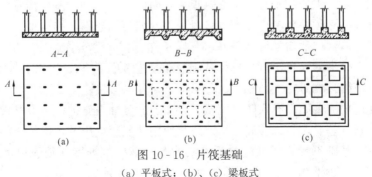

图 10-16 片筏基础
(a) 平板式；(b)、(c) 梁板式

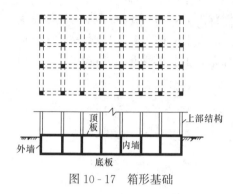

图 10 - 17　箱形基础

（五）箱形基础

为了使基础具有更大的刚度，大大减少建筑物的弯曲变形，可将基础做成由顶板、底板及若干墙体组成的箱形基础，见图 10 - 17。它是片筏基础的进一步发展。基础顶板和底板之间的空间可以作为地下室，它的主要特点是刚度巨大，而且挖去很多土，减少了基础底面的附加压力，因而适用于地基软弱土层较厚、荷载较大和建筑面积不太大的一些重要建筑物。目前高层建筑中多采用箱形基础。

第三节　浅 基 础 设 计

地基基础设计是整个建筑结构设计的一个重要组成部分，它对建筑物的安全和正常使用有着密切的关系。基础按其埋置深度和施工方法的不同可分为浅基础和深基础两大类。一般在天然地基（未经加固的天然土层）上修筑浅基础，其施工简单，且较为经济；而人工地基（经加固的地基）上的浅基础及深基础，往往造价较高，施工也比较复杂。因此，在保证建筑物的安全和正常使用的条件下，应优先选用天然地基上浅基础方案。天然地基上浅基础设计的内容与步骤一般为：

1）选择基础的类型、材料，并进行平面布置；

2）选择基础的埋置深度；

3）确定地基的承载力；

4）根据地基承载力、作用于基础上的荷载，计算确定基础的底面尺寸，必要时进行地基软下卧层强度验算；

5）必要时进行地基变形和稳定性验算；

6）基础结构计算及构造设计；

7）绘制基础施工图。

一、选择基础的类型

根据建筑结构形式及地质条件，参照第二节内容选择基础的类型。

二、基础埋置深度的选择

基础的埋置深度是指室外设计地面至基础底面的距离。基础埋置深度的大小对建筑物的安全和正常使用，施工工期和工程造价影响很大，因此，合理确定基础埋置深度是一个十分重要的问题，设计时必须综合考虑建筑物自身条件（如使用条件、结构型式、荷载大小和性质等）以及所处环境（如地质、水文条件、气候条件、相邻建筑物的影响等），确定一个技术上可靠，经济上合理的埋置深度。选择基础埋深时应考虑以下几个方面的因素：

（一）建筑物的用途

建筑物在使用功能上如需有人防、储藏、存车、服务性设施的地下室和设备层，或需有地下管道和设备基础等要求，则应满足从建筑物使用功能上提出的埋深要求将基础局部或整体加深。为了保护基础不受人类和生物活动的影响，基础宜埋置在地表以下，除岩石地基外，基础埋深为不宜小于 0.5m，且基础顶面低于室外设计地面 0.1m。

（二）基础上的荷载大小和性质的影响

荷载大小不同，对地基土的要求也不同。同一土层对于荷载小的基础，可能是很好的持力层；而对荷载大的基础来说，则可能不适宜作为持力层。承受较大水平荷载的基础，应有足够的埋置深度以保证有足够的稳定性，如在抗震设防区，除岩石地基外，天然地基上的箱形和筏形基础其埋置深度不宜小于建筑物高度的 1/15；桩基或桩筏基础的埋置深度不宜小于建筑物高度的 1/18～1/20。位于岩石地基的高层建筑，其基础埋深应满足抗滑要求。某些承受上拔力的基础，如输电塔基础，也往往要求较大的埋置深度以保证必需的抗拔阻力。

（三）工程地质和水文地质条件

不同的建筑场地，土质固然不同，就是同一地点因深度不同土质也会有变化。因此，基础的埋置深度与场地的工程地质与水文地质条件有密切关系。当上层土较好时，一般宜选上层土作为持力层。当下层土的承载力大于上层土时，如取下层土作为持力层，则所需基底面积较小而埋深较大；若取上层土作为持力层则情况正相反，应经过方案比较后，再确定基础放在哪层土上。此外，还应考虑地基土在水平方向是否均匀，必要时，同一建筑物的基础可以分段采取不同的埋置深度，以调整基础的不均匀沉降。

在遇到地下水时，一般应尽量浅埋，将基础放在地下水位以上，避免施工排水的麻烦。如必须将基础埋在地下水位以下时，则应采取施工排水措施，保护地基土不受扰动，对地下室还应采取防渗措施。当地下水有侵蚀性时，应采取防止基础不受侵蚀的措施。

（四）相邻建筑物基础埋深的影响

如拟建房屋的邻近有其他建筑物时，为保证相邻原有房屋在施工期间的安全和正常使用，一般宜使所设计的基础浅于或等于相邻原有建筑物基础。当必须深于原有建筑物基础时，则应使两基础间保持一定净距，根据荷载大小和土质情况，一般为 1～2 倍两相邻基底标高差，见图 10 - 18，否则，须采取相应的施工措施，如分段施工、设临时的基坑支撑、打板桩、修建地下连续墙等，以保证原有建筑物的安全。

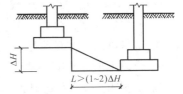

图 10 - 18　相邻基础的埋深

（五）季节性冻土的影响

季节性冻土是指一年内冻结与解冻交替出现的土层，在全国分布很广。

当土层温度降至摄氏零度时，土中的自由水首先结冰，随着土层温度继续下降，结合水的外层也开始冻结，因而结合水膜变薄，附近未冻结区土粒较厚的水膜便会迁移至水膜较薄的冻结区，并参与冻结。同时由于土中孔隙变细，毛细水也会不断上升，使冰晶体增大，形成冻胀，如果冻胀产生的上抬力大于作用在基底的竖向力，会引起建筑物开裂，甚至破坏。当土层解冻时，土中的冰晶体融化，使土软化，含水量增大，土的强度降低，将产生附加沉降称为融陷。地基土的这种冻胀与融陷现象往往对其上的建筑物造成不良影响。

季节性冻土的冻胀性与融陷性是相互关联的，故常以冻胀性加以概括。土的冻胀性大小与土粒大小、含水量和地下水位高低有密切关系。《建筑地基基础设计规范》根据土的名称、含水量大小、地下水位高低和平均冻胀率将地基土分为：不冻胀、弱冻胀、冻胀、强冻胀和

特强冻胀土。对于埋置于不冻胀土中的基础，其埋深可不考虑冻深的影响；对于埋置于冻胀土中的基础，其最小埋深可按下式计算

$$d_{min} = z_d - h_{max} = z_0 \cdot \psi_{zs} \cdot \psi_{zw} \cdot \psi_{ze} - h_{max} \tag{10-25}$$

式中：z_d 为设计冻深。若当地有多年实测资料时，也可：$z_d = h' - \Delta z$，h' 和 Δz 分别为实测冻土层厚度和地表冻胀量；z_0 为标准冻深。系采用在地表平坦、裸露、城市之外的空旷场地中不少于 10 年实测最大冻深的平均值。当无实测资料时，可按《建筑地基基础设计规范》中所附的季节性冻土标准冻深图采用；ψ_{zs} 为土的类别对冻深的影响系数。对于黏性土取 1.00，细砂、粉砂、粉土取 1.20，中、粗、砾砂取 1.30，碎石土取 1.40；ψ_{zw} 为土的冻胀性对冻深的影响系数。对于不冻胀取 1.00，弱冻胀取 0.95，冻胀取 0.90，强冻胀取 0.85，特强冻胀取 0.80；ψ_{ze} 为环境对冻深的影响系数。对于村、镇、旷野取 1.00，城市近郊取 0.95，城市市区取 0.90；h_{max} 为基础底面下允许残留冻土层的最大厚度，按《建筑地基基础设计规范》附录 G.0.2 查取。

三、地基承载力的确定

地基承载力系指在保证地基强度和稳定的条件下，建筑物不产生过大沉降和不均匀沉降的地基承受荷载的能力。地基承载力的确定在地基基础设计中是一个非常重要而又十分复杂的问题，它不仅与土的物理力学性质有关，而且还与基础型式、底宽、埋深、建筑类型、结构特点和施工速度等因素有关。

在基础设计中，当基础的宽度大于 3m 或埋深大于 0.5m 时，从荷载试验或其他原位测试、经验值等方法确定的地基承载力特征值，尚应按下式修正。

修正后的地基承载力特征值可按下式确定

$$f_a = f_{ak} + \eta_b \gamma (b-3) + \eta_d \gamma_m (d-0.5) \tag{10-26}$$

式中：f_a 为修正后的地基承载力特征值，kPa。f_{ak} 为地基承载力特征值，kPa。可由载荷试验或其他原位测试、公式计算、并结合工程实践经验等方法综合确定。η_b、η_d 为基础宽度和埋深的地基承载力修正系数，按基底下土的类别查表10-11确定。γ 为基底以下土的重度，地下水位以下取浮重度，kN/m^3。b 为基础底面宽度，m。当基宽小于 3m 按 3m 取值，大于 6m 按 6m 取值。γ_m 为基础底面以上土的加权平均重度，kN/m^3。地下水位以下取浮重度。d 为基础埋置深度，m。一般自室外地面起算，在填方整平地区，可从填土地面标高起算，但填土在上部结构施工完成时，应从天然地面起算。对于地下室如采用箱形基础或筏基时，基础埋置深度自室外地面标高起算，当采用独立基础或条形基础时，应从室内地面标高起算。

表 10-11 承 载 力 修 正 系 数

土 的 类 别		η_b	η_d
淤泥和淤泥质土		0	1.0
人工填土 e 或 I_L 大于等于 0.85 的黏性土		0	1.0
红黏土	含水比 $\alpha_w > 0.8$	0	1.2
	含水比 $\alpha_w \leq 0.8$	0.15	1.4

土 的 类 别		η_b	η_d
大面积压实填土	压实系数大于 0.95、黏粒含量 $\rho_c \geqslant 10\%$ 的粉土	0	1.5
	最大干密度大于 2.1t/m³ 的级配砂石	0	2.0
粉土	黏粒含量 $\rho_c \geqslant 10\%$ 的粉土	0.3	1.5
	黏粒含量 $\rho_c < 10\%$ 的粉土	0.5	2.0
e 及 I_L 均小于 0.85 的黏性土		0.3	1.6
粉砂、细砂（不包括很湿与饱和时的稍密状态）		2.0	3.0
中砂、粗砂、砾砂和碎石土		3.0	4.4

注 1. 强风化和全风化的岩石，可参照所风化成的相应土类取值，其他状态下的岩石不修正。

　　2. 地基承载力特征值按《建筑地基基础设计规范》附录 D 深层平板载荷试验确定时，η_d 取 0。

四、浅基础设计

（一）地基基础设计的一般要求

（1）根据地基复杂程度、建筑物规模和功能特征以及由于地基问题可能造成建筑物破坏或影响正常使用的程度，将地基基础设计分为三个设计等级，设计时应根据具体情况，按表 10-12 选用。

（2）根据建筑物地基基础设计等级及长期荷载作用下地基变形对上部结构的影响程度，地基基础设计应符合下列规定：

1）所有建筑物的地基计算均应满足承载力计算的有关规定；

2）设计等级为甲级、乙级的建筑物，均应按地基变形设计；

3）表 10-13 所列范围内设计等级为丙级的建筑物可不作变形验算，如有下列情况之一时，仍应作变形验算：①地基承载力特征值小于 130kPa，且体型复杂的建筑；②在基础上

表 10-12　　　　　　　　　　　　地 基 基 础 设 计 等 级

设 计 等 级	建 筑 和 地 基 类 型
甲 级	重要的工业与民用建筑物 30 层以上的高层建筑 体型复杂，层数相差超过 10 层的高低层连成一体建筑物 大面积的多层地下建筑物（如地下车库、商场、运动场等） 对地基变形有特殊要求的建筑物 复杂地质条件下的坡上建筑物（包括高边坡） 对原有工程影响较大的新建建筑物 场地和地基条件复杂的一般建筑物 位于复杂地质条件及软土地区的二层及二层以上地下室的基坑工程
乙 级	除甲级、丙级以外的工业与民用建筑物
丙 级	场地和地基条件简单、荷载分布均匀的七层及七层以下民用建筑及一般工业建筑物，次要的轻型建筑物

表 10 - 13　　　　　　　　　可不作地基变形计算设计等级为丙级的建筑物范围

地基主要受力层情况			60≤f_{ak} <80	80≤f_{ak} <100	100≤f_{ak} <130	130≤f_{ak} <160	160≤f_{ak} <200	200≤f_{ak} <300
地基主要受力层情况	地基承载力特征值 f_{ak}（kPa）		60≤f_{ak} <80	80≤f_{ak} <100	100≤f_{ak} <130	130≤f_{ak} <160	160≤f_{ak} <200	200≤f_{ak} <300
	各土层坡度（%）		≤5	≤5	≤10	≤10	≤10	≤10
建筑类型	砌体承重结构、框架结构（层数）		≤5	≤5	≤5	≤6	≤6	≤7
	单层排架结构（6m柱距）	单跨 吊车额定起重量（t）	5～10	10～15	15～20	20～30	30～50	50～100
		单跨 厂房跨度（m）	≤12	≤18	≤24	≤30	≤30	≤30
		多跨 吊车额定起重量（t）	3～5	5～10	10～15	15～20	20～30	30～75
		多跨 厂房跨度（m）	≤12	≤18	≤24	≤30	≤30	≤30
	烟囱	高度（m）	≤30	≤40	≤50	≤75		≤100
	水塔	高度（m）	≤15	≤20	≤30	≤30		≤30
		容积（m³）	≤50	50～100	100～200	200～300	300～500	500～1000

注　1. 地基主要受力层系指条形基础底面下深度为 3b（b 为基础底面宽度），独立基础下为 1.5b，且厚度均不小于 5m 的范围（二层以下一般的民用建筑除外）。

　　2. 地基主要受力层中如有承载力特征值小于 130kPa 的土层时，表中砌体承重结构的设计，应符合《地基规范》第七章的有关要求。

　　3. 表中砌体承重结构和框架结构均指民用建筑，对于工业建筑可按厂房高度、荷载情况折合成与其相当的民用建筑层数。

　　4. 表中吊车额定起重量、烟囱高度和水塔容积的数值系指最大值。

及其附近有地面堆载或相邻基础荷载差异较大，可能引起地基产生过大的不均匀沉降时；③软弱地基上的建筑物存在偏心荷载时；④邻建筑距离过近，可能发生倾斜时；⑤地基内有厚度较大或厚薄不均的填土，自重固结未完成时。

　　4）对经常受水平荷载作用的高层建筑、高耸结构和挡土墙等，以及建造在斜坡上或边坡附近的建筑物和构筑物，尚应验算其稳定性。

　　5）基坑工程应进行稳定性验算。

　　6）当地下水埋藏较浅，建筑地下室或地下构筑物存在上浮问题时，尚应进行抗浮验算。

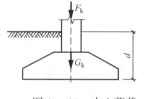

图 10 - 19　中心荷载
作用下的基础

（二）基础底面尺寸的确定

　　在选择基础类型和埋置深度后，就可以根据修正后的地基承载力特征值计算基础底面尺寸。

　　1. 中心荷载作用下的基础

　　在中心荷载作用下，基底压力假定为均匀分布，见图 10 - 19，其大小为

$$p_k = \frac{F_k + G_k}{A} \qquad (10 - 27)$$

式中：p_k 为相应于荷载效应标准组合时，基础底面处的平均压力值，kPa；F_k 为相应于荷载效应标准组合时，上部结构传至基础顶面的竖向力值，kN；G_k 为基础自重和基础上的土重，kN；A 为基础底面面积。

基础设计中首先应保证地基不发生强度破坏，即

$$p_k \leqslant f_a \tag{10-28}$$

由式（10-27）、式（10-28）及 $G_k = \gamma_G A \overline{\alpha}$ 可得

$$A \geqslant \frac{F_k}{f_a - \gamma_G \overline{d}} \tag{10-29}$$

式中：$\overline{d}$ 为基础的平均埋深。

对单独基础，底面积 $A=lb$，通常在中心荷载作用下采用方形基础 $A=b^2$，如采用矩形基础，可假定 $b \leqslant 3m$，$l = \dfrac{A}{b}$，且 $\dfrac{l}{b} < 2$。

对于条形基础沿基础长度方向取 1m 为计算单元，则

$$b \geqslant \frac{F_k}{f_a - \gamma_G \overline{d}} \tag{10-30}$$

式中：F_k 为沿长度 1m 方向上部结构传至基础顶面的荷载值，kN/m。

2. 偏心荷载作用下的基础

在偏心荷载作用下，基底压力分布一般假定为直线分布，见图 10-20，基底边缘最大、最小压力为

$$p_{kmin}^{kmax} = \frac{F_k + G_k}{A} \pm \frac{M_k}{W} \tag{10-31}$$

为了防止地基发生强度破坏，在偏心荷载作用下要求

$$\left.\begin{array}{c} p_k \leqslant f_a \\ p_{kmax} \leqslant 1.2 f_a \end{array}\right\} \tag{10-32}$$

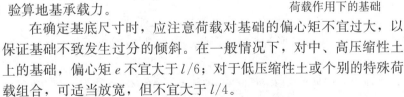

可联立方程求出基础的长度和宽度，但计算过程过于烦琐，一般可通过试算法确定基底尺寸，即：

（1）先按中心荷载公式（10-29）计算基底面积 A'；

（2）根据偏心荷载大小，将基底面积增加 $10\% \sim 40\%$，即 $A = (1.1 \sim 1.4) A'$；对矩形基础可按 A 初步选择基础底面长度 l 和宽度 b，一般 $l/b \leqslant 3$；

（3）按式（10-32）验算地基承载力。

图 10-20 单向偏心荷载作用下的基础

在确定基底尺寸时，应注意荷载对基础的偏心矩不宜过大，以保证基础不致发生过分的倾斜。在一般情况下，对中、高压缩性土上的基础，偏心矩 e 不宜大于 $l/6$；对于低压缩性土或个别的特殊荷载组合，可适当放宽，但不宜大于 $l/4$。

（三）软弱下卧层的承载力验算

在确定基底尺寸中只考虑到基底压力不超过持力层土的承载力。如果地基变形计算深度范围内有软弱下卧层（压缩性高、承载力低的土层）时，见图 10-21，尚应验算软弱下卧层的承载力，以防止下卧层发生强度破坏，要求作用在下卧层顶面的全部压力不超过下

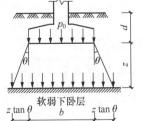

图 10-21 验算软弱下卧层计算简图

卧层土的承载力，即

$$p_z + p_{cz} \leqslant f_{az} \tag{10-33}$$

式中：p_z 为相应于荷载效应标准组合时，软弱下卧层顶面处的附加压力值，kPa；p_{cz} 为软弱下卧层顶面处土的自重压力值，kPa；f_{az} 为软弱下卧层顶面处经深度修正后的地基承载力特征值，kPa。

关于附加应力的计算，《建筑地基基础设计规范》通过研究并参照双层地基中附加应力的理论解答提出了以下简化方法：当持力层与下卧层土的压缩模量比值 $E_{s1}/E_{s2} \geqslant 3$ 时，附加应力可按压力扩散角的概念计算，假定基底附加压力 p_0 往下传递时按某一角度 θ 向下扩散，并均匀分布在软弱下卧层的顶面上。根据扩散前后各面积上的总压力相等的条件，可得：

条形基础

$$p_z = \frac{b(p_k - p_c)}{b + 2z\tan\theta} \tag{10-34}$$

矩形基础

$$p_z = \frac{lb(p_k - p_c)}{(b + 2z\tan\theta)(l + 2z\tan\theta)} \tag{10-35}$$

式中：b 为矩形基础或条形基础底边的宽度；l 为矩形基础底边的长度；p_c 为基础底面处土的自重压力值；z 为基础底面至软弱下卧层顶面的距离，m；θ 为地基压力扩散线与垂直线的夹角，可按表 10-14 采用。

表 10-14　　地基压力扩散角 θ

E_{s1}/E_{s2}	z/b	
	0.25	0.50
3	6°	23°
5	10°	25°
10	20°	30°

注　1. E_{s1} 为上层土压缩模量；E_{s2} 为下层土压缩模量。
　　2. 当 $z < 0.25b$ 时，一般取 $\theta = 0°$，必要时，由试验确定；$z > 0.5b$ 时 θ 值不变。

当基础受偏心荷载作用时，p_k 可取平均基底压力；如果下卧层承载力验算不符合公式（10-33）要求，应考虑增大基础底面积或减小基础埋深。

（四）地基变形验算

对于表 10-13 所列范围内的建筑物，按地基承载力计算已满足地基变形要求，不必进行沉降计算。但对于甲、乙级建筑物及表 10-13 所列范围外的建筑物，在基础底面尺寸初步决定后，尚应进行地基变形验算。如果变形条件不能满足时，则需调整基础底面尺寸或采取其他措施。

地基变形验算的要求是：建筑物的地基变形计算特征值不应大于相应的地基变形容许值。即

$$\Delta \leqslant [\Delta] \tag{10-36}$$

式中：Δ 为地基变形计算特征值；$[\Delta]$ 为地基变形容许值；见《地基基础设计规范》表 5.3.4。

地基变形按特征不同可分为沉降量、沉降差、倾斜、局部倾斜，见图 10-22。

（1）沉降量。指基础中心点的沉降量。

（2）沉降差。指相邻两单独基础沉降量之差。

（3）倾斜。指单独基础倾斜方向两端点的沉降差与其距离之比值。

（4）局部倾斜。指砌体承重结构沿纵向 6～10m 之内基础两点的沉降差与其距离之比值。

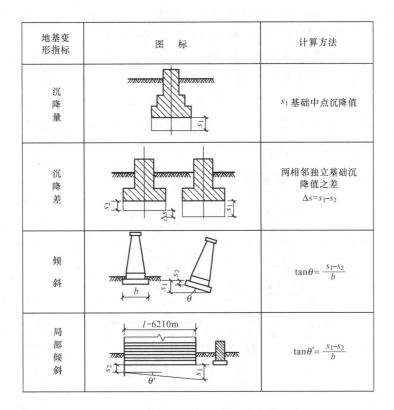

地基变形指标	图　标	计算方法
沉降量		s_1 基础中点沉降值
沉降差		两相邻独立基础沉降值之差 $\Delta s = s_1 - s_2$
倾斜		$\tan\theta = \dfrac{s_1 - s_2}{b}$
局部倾斜		$\tan\theta' = \dfrac{s_1 - s_2}{b}$

图 10 - 22　基础沉降分类

　　对于砌体承重结构应用局部倾斜控制，对于框架结构和单层排架结构应由相邻柱基的沉降差控制；对于多层或高层建筑和高耸构筑物应用倾斜控制。对于建筑在软弱地区上的建筑物，应先验算沉降量，然后再进行相关的变形验算。

　　地基变形容许值的确定是一项十分复杂的工作，涉及的因素很多，除了要考虑使用要求外，还与建筑物的结构型式不均匀沉降对结构的影响以及结构的可靠度等问题有关。《建筑地基基础设计规范》表 5.3.4 是《建筑地基基础设计规范》对各类建筑物沉降观测资料的综合分析、对某些结构附加内力的计算，以及参考一些国外资料提出的。对于该表未包括的其他建筑物的地基变形容许值，可根据上部结构对地基变形的适应能力和使用要求来确定。

　　（五）基础剖面尺寸的确定

　　按上述方法确定的基底面积，只能保证地基的承载力和变形满足要求。按照设计原则的规定，尚应对基础进行强度计算。基础类型不同，其计算方法亦不同，这里仅介绍刚性基础的计算。

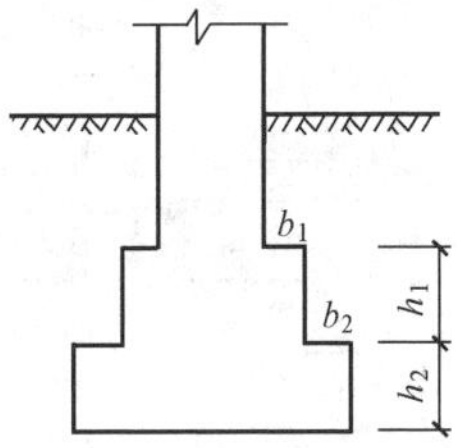

　　刚性基础是指用抗压性能好而抗拉、抗剪性能较差的材料建造的基础，如砖、毛石、灰土、三合土和混凝土等基础。对于这类基础必须控制其内部的拉应力和剪应力，从理论上可知，刚性基础的最大拉应力和剪应力必定发生在其变截面处，其值与基础台阶的宽高比（外伸部分的宽度与其对应高度之比）有关，见图 10 - 23，也与基础反力大小有关。而基础的抗拉、抗剪强度取决于材料强度等

图 10 - 23　刚性基础的宽高比

级，因此，刚性基础的结构设计可通过规定材料强度或质量、限制台阶宽高比和控制建筑物层数来满足结构的强度条件，而无需进行内力分析和截面强度计算。

刚性基础的台阶宽高比要求一般可表达为

$$\frac{b_i}{h_i} \leqslant \left[\frac{b_i}{h_i}\right] \tag{10-37}$$

式中：b_i 为刚性基础任一台阶的宽度；h_i 为相应 b_i 的台阶高度；$\left[\dfrac{b_i}{h_i}\right]$ 为刚性基础的台阶宽高比的允许值，可按表 10-15 选用。

表 10-15　　　　　　　　　刚性基础的台阶宽高比的允许值

基础名称	质　量　要　求	台阶宽高比的允许值		
		$p_k \leqslant 100$	$100 < p_k \leqslant 200$	$200 < p_k \leqslant 300$
混凝土基础	C15 混凝土	1 : 1.00	1 : 1.00	1 : 1.00
毛石混握土基础	C15 混凝土	1 : 1.00	1 : 1.25	1 : 1.50
砖基础	砖不低于 MU10 砂浆不低于 M5	1 : 1.50	1 : 1.50	1 : 1.50
毛石基础	砂浆不低于 M5	1 : 1.25	1 : 1.50	—
灰土基础	体积比为 3:7 或 2:8 的灰土其最小干土密度： 粉土　1.55t/m³ 粉质黏土　1.50t/m³ 黏土　1.45t/m³	1 : 1.25	1 : 1.50	—
三合土基础	体积比为 1:2:4～1:3:6（石灰：砂:骨料），每层约虚铺 220mm，夯至 150mm	1 : 1.50	1 : 2.00	—

注　1. p_k 为荷载效应标准组合时基础底面处的平均压力值，kPa。

　　2. 阶梯形毛石基础的每阶伸出宽度，不宜大于 200mm。

　　3. 当基础由不同材料叠台组成时，应对接触部分作抗压验算。

　　4. 基础底面处的平均压力超过 300kPa 的混凝土基础，尚应进行抗剪验算。

如果刚性基础由两种材料叠合组成，上层采用砖砌体，下层采用混凝土，而下层混凝土的高度在 300mm 以上，且符合表 10-15 台阶宽高比要求，这样，这层混凝土就可作为基础的一部分，而不以垫层对待，这层混凝土的宽度和高度应计入基础底宽和埋深之内。

【例 10-2】 某黏性土重度 $\gamma_m = 18kN/m^3$，孔隙比 $e = 0.7$，液性指数 $I_L = 0.78$，地基承载力特征值 $f_{ak} = 230kPa$，现修建一外柱基础，柱截面为 300mm×400mm，作用在 −0.700 标高（基础顶面）处的相应于荷载效应标准组合上部结构传来的轴心荷载为 800kN，弯矩值为 100kN·m，水平荷载为 13kN，柱永久荷载效应起控制作用。因此，荷载效应基本组合值近似取基本组合值的 1.35 倍。基础埋置深度（自室外地面起算）为 1.0m，室内外高差 0.3m，见图 10-24，试计算基础底面尺寸。

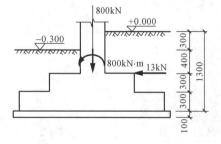

图 10-24　[例 10-2] 图

解　（1）修正后的地基承载力特征值。查表 10 - 11 得：$\eta_b = 0.3$，$\eta_d = 1.6$，假设 $b <$ 3m，故只对基础埋深修正

$$f_a = f_{ak} + \eta_d \gamma_m (d - 0.5)$$
$$= 230 + 1.6 \times 18 \times (1.0 - 0.5)$$
$$= 244.4 (\text{kPa})$$

（2）先按轴心受压估算基础底面积

$$\overline{d} = 1.0 + \frac{0.3}{2} = 1.15 (\text{m})$$

$$A' \geqslant \frac{F_k}{f_a - \gamma_G \overline{d}} = \frac{800}{244.4 - 20 \times 1.15} = 3.61 (\text{m}^2)$$

（3）将基础底面增大 10%，即

取　　　　　　　　　　$A = 1.1 A' = 1.1 \times 3.61 = 3.97 (\text{m}^2)$

取矩形基础长短边之比　　　　　　　$l/b = 1.5$

故　　　　　　　　　　　$b = \sqrt{\dfrac{A}{1.5}} = 1.63 \text{m}$

取　　　　　　　　　　　　$b = 1.7 \text{m}$

$$l = 1.5b = 2.55 \text{m}$$

取　　　　　　　　　　　　$l = 2.6 \text{m}$

（4）验算基础底面尺寸取值是否合适

$$G_k = \gamma_G A \overline{d} = 20 \times 1.7 \times 2.6 \times 1.15 = 101.66 (\text{kN})$$
$$F_k + G_k = 800 + 101.66 = 901.66 (\text{kN})$$
$$M_k = 100 + 13 \times 0.6 = 107.8 (\text{kN} \cdot \text{m})$$

$$e = \frac{M_k}{F_k + G_k} = \frac{107.8}{901.66} = 0.12 < \frac{l}{6} = \frac{2.6}{6} = 0.43 \text{m}$$

$$p_{kmin}^{kmax} = \frac{F_k + G_k}{A} \left(1 \pm \frac{6e}{l} \right) = \frac{901.66}{1.7 \times 2.6} \times \left(1 \pm \frac{6 \times 0.12}{2.6} \right)$$

$$= \begin{cases} 260.51 (\text{kPa}) \\ 147.49 (\text{kPa}) \end{cases} < 1.2 f_a = 1.2 \times 244.4 = 293.28 (\text{kPa})$$

故基础底面尺寸取 $b = 1.7 \text{m}$，$l = 2.6 \text{m}$ 符合设计要求。

第四节　桩　基　础　设　计

一、桩的类型

在建筑工程中，当地基浅层土质不良，无法满足建筑物对地基变形和强度方面的要求时，可选择深层较为坚实的土层或岩层作为持力层，即用深基础来传递荷载。深基础主要类型有桩基础、沉井和地下连续墙等。桩基础由于具有承载力高、沉降速率低、沉降量小而且均匀，能承受竖向荷载、水平荷载、上拔力及由机器产生的振动或动力作用等特点，所以广泛应用于工业与民用建筑、桥梁、港口、机器基础等工程中。

在下列情况下，可考虑使用桩基础：

1）不允许地基有过大沉降和不均匀沉降的高层建筑物或其他重要的建筑物。

2）重型工业厂房和荷载较大的建筑物，如仓库、料仓等。

3）设备基础。一种是用于精密设备基础，在安装和使用过程中对地基沉降及沉降速率有严格要求；另一种是用于动力设备基础，对振幅有一定要求。

4）用桩基作为地震区结构抗震措施。如在可液化地基中采用桩基穿越可液化土层并伸入下部密实稳定土层，消除或减轻液化对建筑物的危害。

（一）按荷载的传递方式分类

1. 端承型桩

端承型桩可分为端承桩和摩擦端承桩，桩侧阻力很小时，称为端承桩。

2. 摩擦型桩

摩擦型桩可分为摩擦桩和端承摩擦桩，桩端阻力很小时，称为摩擦桩。

（二）按施工方法分类

1. 预制桩

预制桩是在工厂或工地预先将桩制作好，就位后用打入、振入、静压等方式置于土中；常用的预制桩有钢筋混凝土桩、木桩和钢桩。

预制桩的沉桩方法有锤击法、振动法、射水法及压桩法等，各种方法的使用应根据桩穿过的土层的特点来选择。

（1）锤击法。锤击法是软土地区沉桩最常用的一种方法。利用桩锤的冲击能量克服土对桩的阻力而使桩沉到预定深度。其主要设备有桩架、桩锤、动力设备等，常用的桩锤有落锤、单动汽锤、双动汽锤和柴油锤；锤重可根据土质、桩重和桩的类型选用。

（2）振动法。振动法主要设备是振动器，由内装偏心块旋转时产生垂直振动力，使桩沉入土中。振动法一般用于沉、拔钢桩，特别在砂土中效率最高，对黏性土地基，则需用大功率振动器。

（3）射水法。射水桩是锤击法或振动法的一种辅助方法，利用依附于桩侧或桩端的射水管喷出高压水流，冲松桩尖附近的土层，以减小桩下沉时的阻力，于是桩便在振动或锤击下沉入土中。此法一般适用于砂土地基，或在锤击法遇砂卵石层打不穿时，可辅以射水法穿过，当桩尖沉到距设计标高约 1.0～1.5m 时，应停止射水，再用锤击将桩沉到设计标高。

（4）压桩法。压桩是利用静压作用把桩压入土中。此法一般适用于均质的软土地基，在砂土及其他坚硬土层中，由于压桩阻力过大而不宜采用，压桩法可以减少打桩对地基土和邻近建筑物的振动影响，最适宜在人口稠密区使用。

沉桩深度需以最后贯入度和桩尖设计标高两方面控制。最后贯入度是指桩沉至某标高时，每次锤击的沉入量，通常以最后每阵的平均贯入量表示。锤击法可用 10 次锤击为一阵，最后贯入度可根据试桩或地区经验确定，某些地区采用 10～30mm 为控制标准，振动沉桩以 1min 一阵，要求最后二阵平均贯入度为 10～50mm/min。

2. 灌注桩

灌注桩是在施工现场桩位上预先成孔，然后在桩孔内设置钢筋笼，再灌注混凝土而成的桩。优点是用钢量小，造价低。以下介绍在工程中常用的几种灌注桩。

（1）沉管灌注桩。沉管灌注桩利用锤击、静压或振动方法将带有预制桩尖或活瓣管尖的钢管沉入土中成孔，然后向钢管中放置钢筋笼，灌混凝土，接着边振动边拔出钢管。

其施工程序如图 10-25 所示。沉管桩的桩径一般为
300~600mm，桩长因受桩梁高度限制一般不超过
25m。这种桩的施工设备简单，打桩进度快，用钢
量少，造价较低，因此得到广泛应用。但这种桩不
仅存在和预制桩一样的噪声、振动和挤土等方面的
环境问题，而且存在着缩颈、断桩、夹泥、混凝土
离析和强度偏低等多种质量问题。引起这些质量问
题的原因是多方面的。沉管挤土引起的孔隙水压力
增长是一个重要原因；管内的混凝土量有限，混凝
土桩所产生的侧压力不足以抵消桩周土的缩孔压
力；邻桩沉管时的挤土作用引起地面抬升产生的拉
力更是导致断桩的直接原因。为了避免上述质量事

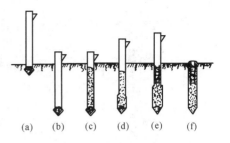

图 10-25 沉管灌注桩的施工程序示意图
(a) 打桩机就位；(b) 沉管；(c) 浇灌
混凝土；(d) 边拔管、边振动；
(e) 安放钢筋笼，继续浇灌
混凝土；(f) 成型

故的产生，除在设计中取较大桩距外，在施工中还可对沉管桩进行"复打"，以消除缩颈
和扩大桩径。所谓"复打"就是在第一次灌注混凝土时不吊入钢筋笼，而在浇毕后重新
在原位置桩尖处再次沉管、浇灌注混凝土，并吊入钢筋笼成桩。

（2）钻孔灌注桩。钻孔灌注桩是用钻机成孔，成孔之后，清除孔底虚土，安放钢筋
笼，最后浇灌混凝土。若在成孔后，换上特种钻头还能扩孔，形成扩大桩端，扩底直
径不宜大于 3 倍桩身直径。钻孔桩适用于几乎任何一种复杂地层，尤其是可以穿透地
基中的坚硬夹层把桩端置于坚实可靠的岩土层上。钻孔灌注桩在桩径选择上比较灵活，
小的 0.6m 左右，大的达 2m 以上，又由于具有较强的穿透能力，故桩长不受限制。如
果又遇上比较复杂的工程地质条件，对高层、超高层建筑物采用钻孔嵌岩桩往往是一
种较好的选择。

钻孔灌注桩的主要问题是坍孔和沉渣，如泥浆的成分和施工工艺控制得当，不易发生坍
孔。桩孔的排渣常用的有两种方式。一种是由钻杆进浆、孔口回浆，借助回浆的流速将渣带
出孔外，这种方法称为正循环排渣。由于流速很低，正循环无法彻底消除沉渣。另一种是由
孔口进浆，通过钻杆或其他孔道高速出浆排渣，这种方式称为反循环。实践证明：反循环可
以彻底排渣，因而使单桩承载力有大幅度提高。

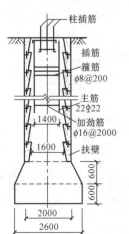

图 10-26 人工挖孔桩示例

（3）人工挖孔灌注桩。对于大直径灌注桩常采用人工挖
孔，人工挖孔桩的内径一般不小于 0.8m。每挖约 1m 深，制
作一节混凝土护壁，护壁内的环向钢筋按需要设置，上下节
护壁间用插筋连接，见图 10-26，在达到预定深度后，再进
行扩孔、清底。最后在护壁内安装钢筋笼和灌注混凝土。挖
孔桩的优点是：可直接观察地层情况，孔底易清除干净，设
备简单，无噪声、振动或泥泞等污染，无挤土作用，场地内
各桩可同时施工。

（4）爆扩桩。爆扩桩是在现场用钻机成孔，成孔后，装炸
药，接着浇第一次混凝土，等候 30 分钟，在孔底爆破，结果使
桩尖形成一个扩大的混凝土球体，见图 10-27，最后浇筑二次混
凝土。一般黏性土中爆扩桩成型较好，在软土和碎石土中则难以

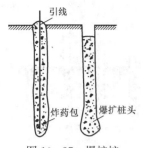

图 10-27　爆扩桩

成型。

（三）按承台与地面的相对位置分类

1. 低承台桩基

低承台桩基是指承台底面低于地面。广泛应用于工业与民用建筑工程中。

2. 高承台桩基

高承台桩基是指承台底面高于地面（或水面）。广泛应用于桥梁和港口工程中。其中常采用部分斜桩以承受水平力。

二、单桩承载力特征值的确定

（一）单桩竖向承载力特征值的确定

单桩竖向承载力是指桩在竖向外荷载作用下，不丧失稳定，不产生过大变形时所承受的最大荷载。

桩基在荷载作用下主要出现两种破坏形式，一种是桩身破坏，另一种是地基破坏。当桩端支承在很硬的土层或岩层上时，桩有可能像一根细长柱发生纵向弯曲破坏。当桩支承在坚实土层或中等强度土层上时，地基可能发生整体剪切破坏或冲剪破坏（即桩贯入土中），可见，单桩竖向承载力特征值应根据桩身结构承载力和土对桩的支承力两方面确定。

1. 按材料强度确定单桩承载力

桩身混凝土强度应满足桩的承载力设计要求。计算中应按桩的类型和成桩工艺的不同将混凝土的轴心抗压强度设计值乘以工作条件系数 ψ_c，桩身强度应符合下式要求：

桩轴心受压时　　　　　　　　　　　$Q \leqslant A_p f_c \psi_c$　　　　　　　　　　　(10-38)

式中：f_c 为混凝土轴心抗压强度设计值，按现行《混凝土结构设计规范》取值；Q 为相应于荷载效应基本组合时的单桩竖向力设计值；A_p 为桩身横截面积；ψ_c 为工作条件系数，预制桩取 0.85，灌注桩取 $0.6 \sim 0.9$（水下灌注桩或长桩时用低值）。

2. 按土对桩的支承力确定单桩承载力

《建筑地基基础设计规范》规定：单桩竖向承载力特征值的确定应符合下列规定：

（1）单桩竖向承载力特征值应通过单桩竖向静载荷试验确定。在同一条件下的试桩数量，不宜少于总桩数的 1%，且不应少于 3 根。单桩的静载荷试验，应按《建筑地基基础设计规范》附录 Q 进行。

当桩端持力层为密实砂卵石或其他承载力类似的土层时，对单桩承载力很设计高的大直径端承型桩，可采用深层平板载荷试验确定桩端土的承载力特征值，试验方法应按《建筑地基基础设计规范》附录 D。

（2）基础设计等级为丙级的建筑物，可采用静力触探及标贯试验参数确定 R_a 值。

（3）初步设计时单桩竖向承载力特征值可按下式估算

$$R_a = q_{pa} A_p + \mu_p \sum q_{sia} l_i \qquad (10-39)$$

式中：R_a 为单桩竖向承载力特征值；q_{pa}、q_{sia} 为桩端阻力、桩侧阻力特征值，由当地静载荷试验结果统计分析算得；A_p 为桩底端横截面积；μ_p 为桩身周边长度；l_i 为第 i 层岩土的厚度。

当桩端嵌入完整及较完整的硬质岩中时，可按下式估算单桩竖向承载力特征值

$$R_a = q_{pa} A_p \qquad (10-40)$$

式中：q_{pa} 为桩端岩石承载力特征值。

（4）嵌岩灌注桩桩端以下三倍桩径范围内应无软弱夹层、断裂破碎带和洞穴分布；并应在桩底应力扩散范围内无岩体临空面。桩端端岩石承载力特征值，当桩端无沉渣时，应根据岩石饱和单轴抗压强度标准值按《建筑地基基础设计规范》5.2.6 条确定，或按《建筑地基基础设计规范》附录 H 用岩基载荷试验确定。

（二）单桩水平承载力特征值的确定

（1）单桩水平承载力特征值取决于桩的材料强度、截面刚度、入土深度、土质条件、桩顶水平位移允许值和桩顶嵌固情况等因素，应通过现场水平载荷试验确定。必要时可进行带承台桩的载荷试验，试验宜采用慢速维持荷载法。

（2）当作用于桩基上的外力主要为水平力时，应根据使用要求对桩顶变位的限制，对桩基的水平承载力进行验算。当外力作用面的桩距较大时，桩基的水平承载力可视为各单桩的水平承载力的总和。当承台侧面的土未经扰动或回填密实时，应计算土抗力的作用。当水平推力较大时，宜设置斜桩。

（3）当桩基承受拔力时，应对桩基进行抗拔验算及桩身抗裂验算。

三、桩基础的设计

（一）桩基础的设计步骤

（1）选择桩型与几何尺寸，初步选择承台底面的标高；

（2）确定单桩承载力；

（3）确定桩数及其在平面上的布置；

（4）桩基中各单桩受力验算；必要时进行群桩地基的承载力和沉降验算；

（5）单桩的设计；

（6）承台的设计；

（7）绘制桩基础施工图。

（二）选择桩型、桩长及承台底面标高

桩型的选择主要应考虑上部结构荷载大小及性质、工程地质条件、施工条件、经济等因素，决定采用预制桩还是灌注桩。

确定桩长的关键在于选择桩端持力层，因为桩端持力层对桩的承载力和沉降有重要的影响。坚实土层和岩层最适宜作为桩端持力层，在施工条件容许的深度内没有坚实土层存在时，可选择中等强度的土层，如中密以上的砂层或 $e<0.7$，$I_L<0.75$ 的中等压缩性的黏性土。

桩端进入持力层的深度，一般根据工程地质条件确定。对黏性土和粉土不宜小于 2～3 倍桩径；对砂土不宜小于 1.5 倍桩径；对碎石土不宜小于 1 倍桩径，桩端以下坚实土层的厚度，一般不宜小于 5 倍桩径，以保证可靠的支承力和地基的稳定性。《建筑地基基础设计规范》规定：嵌岩灌注桩嵌入中等风化或微风化岩体的最小深度不宜小于 0.5m，同时要求桩端以下 3 倍桩径范围内无软弱夹层、断裂带、洞隙分布。

承台底面标高的选择，应考虑上部建筑物的使用要求，承台的预估高度以及季节性冻土的影响等诸因素。

（三）确定桩数及布桩

1. 确定桩数

根据单桩承载力和上部结构荷载，即可确定出桩数。

轴心竖向力作用下 $\qquad\qquad n \geqslant \dfrac{F_\mathrm{k} + G_\mathrm{k}}{R_\mathrm{a}}$ （10 - 41）

偏心竖向力作用下，桩基中各桩受力不等，故桩数应适当增加，按下式计算

$$n \geqslant \mu \dfrac{F_\mathrm{k} + G_\mathrm{k}}{R_\mathrm{a}}$$ （10 - 42）

式中：μ 为系数，一般取 $\mu = 1.1 \sim 1.2$；R_a 为单桩竖向承载力特征值；n 为桩基中的桩数。

2. 桩的间距

桩的间距是指桩之间的中心距离。如桩距太小，对打入桩将影响桩的质量，对预制桩有可能因挤土作用而倾斜，对沉管灌注桩则因挤土作用造成断桩或其他事故，对摩擦桩将妨碍摩擦力的充分发挥，所以桩距不能太小。同样桩距也不能太大，虽然增大桩距有利于单桩承载力的正常发挥，便于施工和保证施工质量，但却增大承台面积和配筋，从而增加承台费用。基桩的最小中心距应符合表 10 - 16 的规定，当施工中采取减小挤土效应的可靠措施时，可根据当地经验适当减小。

表 10 - 16　　　　　　　　　　　桩 的 最 小 中 心 距

土类与成桩工艺		排数不小于 3 排且桩数 不少于 9 根的摩擦型桩桩基	其他情况
非挤土灌注桩		$3.0d$	$3.0d$
部分挤土桩		$3.5d$	$3.0d$
挤土桩	非饱和土	$4.0d$	$3.5d$
	饱和黏性土	$4.5d$	$4.0d$
钻、挖孔扩底桩		$2D$ 或 $D + 2.0\mathrm{m}$（当 $D > 2\mathrm{m}$）	$1.5D$ 或 $D + 1.5\mathrm{m}$（当 $D > 2\mathrm{m}$）
沉管夯扩、 钻孔挤扩桩	非饱和土	$2.2D$ 且 $4.0d$	$2.0D$ 且 $3.5d$
	饱和黏性土	$2.5D$ 且 $4.5d$	$2.2D$ 且 $4.0d$

注　1. d—圆桩直径或方桩边长，D—扩大端设计直径。

　　2. 当纵横向桩距不相等时，其最小中心距应满足"其他情况"一栏的规定。

　　3. 当为端承型桩时，非挤土灌注桩的"其他情况"一栏可减小至 $2.5d$。

3. 布桩

承台中桩的平面布置形式对桩的受力有很大影响，应力求使各桩受力接近，以充分发挥单桩承载力。对偏心受压桩基，宜将桩布置在承台外围，以增大桩基抵抗弯矩的能力。在有门洞的墙下，应将桩布置在门洞的两侧。

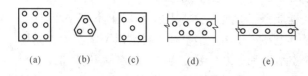

图 10 - 28　桩位布置图

(a) 方形或矩形；(b) 三角形；(c) 梅花形；
(d) 墙下双排桩；(e) 墙下单排桩

根据桩的多少，可将桩布置成方形、三角形、梅花形；在条形基础下的桩可采用单排或双排布置，见图 10 - 28。

（四）桩基中各桩受力的验算

单桩承载力计算应符合下列表达式：

（1）轴心竖向力作用下

$$Q_k \leqslant R_a \tag{10 - 43}$$

偏心荷载作用下除满足上式条件，尚应满足下式要求

$$Q_{ik,\max} \leqslant 1.2R_a \tag{10 - 44}$$

（2）水平荷载作用下

$$H_{ik} \leqslant R_{Ha} \tag{10 - 45}$$

式中：R_{Ha} 为单桩水平承载力特征值；Q_k 为相应于荷载效应标准组合轴心竖向力作用下任一单桩的竖向力；Q_{ik} 为相应于荷载效应标准组合偏心竖向力作用下第 i 根桩的竖向力；H_{ik} 为相应于荷载效应标准组合时，作用于任一单桩的水平力。

（五）群桩地基承载力和沉降验算

对桩数 $n \geqslant 9$ 根的摩擦型桩或对沉降有特殊要求的桩基应进行地基承载力或沉降验算，可按《建筑桩基技术规范》（JGJ 98—2008）群桩承载力的确定有关内容进行。

（六）单桩的设计

预制桩的混凝土强度等级宜大于或等于 C30，采用静压法沉桩时，可适当降低，但不宜小于 C20；预应力混凝土桩的混凝土强度等级宜大于或等于 C40。预制桩的主筋（纵向）应按计算确定并根据断面的大小及形状选用 4～8 根直径为 14～25mm 的钢筋。最小配筋率 $\rho_{\min}$ 宜大于或等于 0.8%，一般可为 1% 左右，静压法沉桩时宜大于或等于 0.6%。箍筋直径可取 6～8mm，间距小于或等于 200mm，在桩顶和桩尖处应适当加密，如图 10 - 29 所示。用打入法沉桩时，直接受到锤击的桩顶应设置 3 层 $\phi6@40～70mm$ 的钢筋网，层距 50mm。桩尖所有主筋应焊接在一根圆钢上，或在桩尖处用钢板加强。主筋的混凝土保护层应大于或等于 30mm，桩上需埋设吊环，位置由计算确定。桩的混凝土强度必须达设计强度的 100% 才可起吊和搬运。

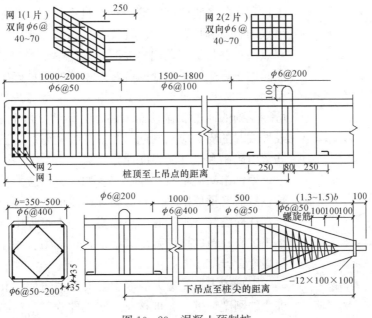

图 10 - 29 混凝土预制桩

灌注桩桩身混凝土强度等级不得小于 C25，水下浇灌时应大于或等于 C20，混凝土预制

桩尖应大于或等于 C30。当桩顶轴向压力和水平力满足《建筑桩基技术规范》受力条件时，可按构造要求配置桩顶与承台的连接钢筋笼。对一级建筑桩基，主筋为 6~10 根 ϕ12~14，$\rho_{min} \geqslant 0.2\%$，锚入承台 $35d_g$（主筋直径），伸入桩身长度大于或等于 10d，且不小于承台下软弱土层层底深度；对二级建筑桩基，可配置 4~8 根 ϕ10~12 的主筋，锚入承台 $30d_g$，且伸入桩身长度大于或等于 5d，对于沉管灌注桩，配筋长度不应小于承台软弱土层层底厚度；三级建筑桩基可不配构造钢筋。

一般截面配筋率可取 0.20%~0.65%（小桩径取高值，大桩径取低值），对受水平荷载特别大的桩、抗拔桩和嵌岩端承桩应根据计算确定。主筋的长度一般可取 4.0/α（α 为桩的水平变形系数），当为抗拔桩、端承桩或承受负摩阻力和位于坡地岸边的基桩应通长配置。承受水平荷载的桩，主筋宜大于或等于 8ϕ12，抗压和抗拔桩应大于或等于 6ϕ10，且沿桩身周边均匀布置，其净距不应小于 60mm，并尽量减少钢筋接头。箍筋宜采用 ϕ6~8@200~300mm 的螺旋箍筋，受水平荷载较大和抗震的桩基，桩顶 3~5d 内箍筋应适当加密；当钢筋笼长度超过 4m 时，每隔 2m 左右应设一道 ϕ12~18 的焊接加劲箍筋。主筋的混凝土保护层厚度应大于或等于 35mm，水下浇灌混凝土时应大于或等于 50mm。

桩身截面强度可查阅相应灌注桩的计算方法求出桩身最大弯矩及其相应位置，再根据《混凝土结构设计规范》要求，确定出桩身截面所需的主筋面积，但尚需满足各类桩的最小配筋率。对于受长期或经常出现的水平荷载或上拔力的建筑物，还应验算桩身的裂缝宽度，其最大裂缝宽度不得超过 0.2mm，对处于腐蚀介质中的桩基则不得出现裂缝；对于处于含有酸、氯等介质环境中的桩基，还应根据介质腐蚀性的强弱采取专门的防护措施，以保证桩基的耐久性。

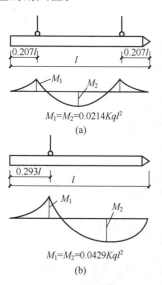

图 10-30 预制桩的
吊点位置和弯矩图
(a)双点起吊时；(b) 单点起吊时

预制桩除了满足上述计算之外，还应考虑运输、起吊和锤击过程中的各种强度验算。桩在自重作用下产生的弯曲应力与吊点的数量和位置有关。桩长在 20m 以下者，起吊时一般采用双点吊；在打桩架龙门立时，采用单点吊。吊点位置应按吊点间的正弯矩和吊点处的负弯矩相等的条件确定，如图 10-30 所示。式中 q 为桩单位长度的重力。K 为考虑在吊运过程中桩可能受到的冲击和振动而取的动力系数，可取 1.3。桩在运输或堆放时的支点应放在起吊吊点处。通常，普通混凝土桩的配筋常由起吊和吊立的强度计算控制。

用锤击法沉桩时，冲击产生的应力以应力波的形式传到桩端，然后又反射回来。在周期性拉压应力作用下，桩身上端常出现环向裂缝。设计时，一般要求锤击过程中产生的压应力应小于桩身材料的抗压强度设计值；拉应力应小于桩身材料的抗拉强度设计值。

影响锤击拉压应力的因素主要有锤击能量和频率、锤垫及桩垫的刚度、桩长、桩材及土质条件等。当锤击能量小、频率低，采用软而厚的锤垫和桩垫，在不厚的软黏土或无密实砂夹层的黏性土中沉桩，以及桩长较小（小于 12m）时，锤击拉压应力比较小，一般可不考虑。设计时常根据实测资料确定锤击拉压应力值。当无实测资料时，可按《建筑桩基规范》建议的经验公式及表格取值。预应力混凝土桩的配筋常取决于锤击拉应力。

（七）承台的设计

1. 承台的构造要求

（1）承台尺寸和混凝土强度。

承台最小宽度在 500mm 以上，边桩外边缘至承台边距离在 1 桩径（或边长）以上，且不小于 150mm，对墙下条形承台则不小于 75mm。

条形或独立承台厚在 300mm 以上；在墙或基础梁下布桩的箱、筏形承台厚在 250mm 以上，且板厚与计算区段最小跨度之比在 1/20 以上。

承台最小埋置深度 600mm，且应满足冻胀等要求。在满足要求的前提下，承台宜尽量浅埋，并在地下水位以上。

承台混凝土强度在 C15 以上，采用 II 级钢筋时混凝土强度在 C20 以上。底面钢筋的混凝土保护层厚在 70mm 以上。设素混凝土垫层时，保护层厚可适当减小；垫层厚在 100mm 以上，强度等级 C7.5。

（2）承台构造配筋要求。

承台梁纵向主筋直径 $\phi 12$，架立筋 $\phi 10$，箍筋 $\phi 6$。矩形承台板双向均匀配筋 $\phi 10$，间距 100～200mm。三桩承台按三向板带均匀配筋，且最内的 3 根钢筋围成的三角形应在柱截面范围内。

筏形承台按 $\phi 10 \sim \phi 12$，间距 110～200mm 配筋。当仅考虑局部弯曲作用按倒楼盖法计算内力时，考虑到整体弯矩的影响，纵横两方向的支座钢筋应有 1/3～1/2 且配筋率不小于 0.15%，贯通全跨布置；跨中按计算配筋率全部连通。

对箱形承台顶、底板，当仅按局部弯曲作用计算内力及配筋时，纵横两方向支座钢筋应有 1/3～1/2 且配筋率分别不小于 0.10% 和 0.15%，贯通全跨配置，跨中钢筋按实际配筋率全部连通。

（3）桩与承台的连接。

桩顶嵌入承台的长度，对大直径桩 100mm，对中等直径桩 50mm。

桩顶主筋伸入承台内锚固长度为 35 倍主筋直径，对抗拔桩基础为 40 倍主筋直径。对预应力混凝土桩可采用钢筋与桩头钢板焊接连接，钢桩则采用在桩头焊锅型板或钢筋与承台连接。

（4）承台之间的连接。

柱下单桩在桩顶两个互相垂直方向上设连系梁，当桩柱截面面积之比较大（一般大于 2），且柱底剪力和弯矩较小时可不设连系梁。两桩基承台，在其短向设置连系梁，当短向的柱底剪力和弯矩较小时可不设连系梁。有抗震要求和柱下独立桩基础承台，纵横方向设置连系梁。连续梁顶面与承台顶位于同一标高。连系梁宽不应小于 250mm，高取承台中心距的 1/15～1/10。联系梁内上下纵向钢筋直径不应小于 12mm 且不应少于 2 根并按受拉要求锚入承台。

2. 承台厚度的确定

承台厚度一般由冲切及抗剪条件确定。首先按冲切计算确定厚度，然后按剪切复核。

其计算详见《建筑地基基础设计规范》及相关书籍。

3. 承台的配筋计算

柱下桩基承台常设计成板式承台，当承台的配筋率较高时，发生冲切破坏；当承台的配筋率较低时，发生受弯破坏。实际工程中一般承台的配筋率往往比较低，所以承台多为受弯破坏。

其计算详见《建筑地基基础设计规范》及相关书籍。

思　考　题

10-1　天然地基浅基础有哪些类型？各有什么特点？各适用于什么条件？

10-2　确定基础埋深时应考虑哪些因素？

10-3　试述桩基础的适用场合及设计原则。

习　　题

10-1　某原状土样，经试验测得其体积为 $120cm^3$，湿土质量为 198g，干土质量为 158g，土粒的相对密度为 2.70，试求该土样的密度、重度、干密度、干重度、含水量、孔隙比、饱和土重度及浮重度。

10-2　有一轴心受压钢筋混凝土柱下单独基础，埋深为 2.0m，上部结构传至基础顶面的竖向力 $F_k = 786kN$，柱截面尺寸为 $400mm \times 400mm$，修正后的地基承载力特征值 $f_a = 220kN/m^2$，土及基础的平均重度 $\gamma = 20kN/m^3$；基础采用 C20 混凝土。试确定基础底面尺寸。

10-3　有一偏心受压钢筋混凝土柱下单独基础，埋深为 2.1m，基础顶面承受的轴向竖向力 $F_k = 980kN$，基础顶面的弯矩值 $M_k = 120kN \cdot m$，柱截面尺寸为 $600mm \times 600mm$，修正后的地基承载力特征值 $f_a = 220kN/m^2$，土及基础的平均重度 $\gamma = 20kN/m^3$；基础采用 C20 混凝土。试确定基础底面尺寸。

第十一章 高层建筑结构

本章介绍高层建筑结构的特点、结构类型、结构体系；结构总体布置的一般原则以及荷载等。通过本章学习，对高层建筑结构有初步认识。

第一节 高层建筑结构的特点及结构类型

一、高层建筑的特点

《高层建筑混凝土结构技术规程》（JGJ 3—2010）规定十层及十层以上或房屋高度大于 28m 的住宅建筑，以及高度大于 24m 的其他高层民用建筑混凝土结构称为高层建筑，房屋高度指自室外地面至主要屋面的高度。根据使用功能的不同，高层建筑有旅馆、办公楼、住宅、教学楼、医院及多功能综合建筑等。

工程实例-高层建筑实例

多层和高层建筑结构都要抵抗竖向和水平作用。在高度较低的建筑结构中，一般是竖向荷载控制着结构设计。随着建筑高度的增大，水平荷载效应逐渐增大，在高层建筑结构中水平荷载一般起着决定性作用。如图 11-1 所示，在荷载作用下，结构荷载效应的最大值（轴力 N、弯矩 M 和水平位移 Δ）分别为

$$\left.\begin{aligned}
N &= WH = f(H) \\
M &= \frac{1}{2}qH^2 = f(H^2) \\
\Delta &= \frac{qH^4}{8EI} = f(H^4)
\end{aligned}\right\} \quad (11-1)$$

式中：W 为建筑每米高度上的竖向荷载；q 为水平均布荷载；H 为建筑高度；EI 为建筑总体抗弯刚度。

由式（11-1）可见，随着建筑高度的增加，位移增大最快。因此，在高层建筑结构设计时，不仅要求结构具有足够的强度，而且还要求有足够的刚度，以使结构在水平荷载作用下产生的总侧移值及各层间的相对侧移值控制在容许范围内，保证建筑结构的正常使用功能和安全性。

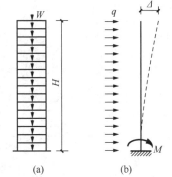

图 11-1 荷载作用和侧移
(a) 重力荷载；(b) 水平荷载

在地震区，高层建筑结构应具有足够的延性，以保证在地震作用下，结构进入弹塑性阶段后，仍具有抵抗地震作用的足够的变形能力，不致倒塌。

综上所述，在高层建筑结构设计中，抗侧力的设计是关键。设计中，既要使结构具有足够强度、刚度要求和良好的抗震性能，还要尽可能提高材料利用率，降低造价。

二、高层建筑结构类型

高层建筑采用的结构可分为钢筋混凝土结构、钢结构、钢—钢混凝土组合结构和混合结构等类型。

我们在第六章中对前几种结构类型做过介绍，现简单介绍钢—钢混凝土组合结构和混合结构。组合结构是将型钢放在构件内部，外部由混凝土做成（称为钢骨混凝土或劲性混凝土），或在钢管内填充混凝土，做成外包钢构件（称为钢管混凝土）。混合结构则是部分抗侧力结构用钢结构，另一部分用钢筋混凝土结构，在大多数情况下用钢筋混凝土做剪力墙或筒体，用钢材或型钢混凝土做框架梁、柱。这种结构可以利用两种材料的各自的优点，达到良好的经济技术效果，在我国得到广泛应用。

第二节　结构体系及结构总体布置的一般原则

一、结构体系

结构体系指结构抵抗外部作用的结构构件组成方式。目前在高层建筑中常用的结构体系有框架、剪力墙、框架—剪力墙、筒体及它们的各种组合和板柱—剪力墙等。

（一）框架结构体系

框架结构是由梁、柱通过节点连接而成的框架承受水平和竖向作用的结构体系，如图11-2所示。墙体只起维护和隔断作用。框架结构具有建筑平面布置灵活，能获得较大空间，建筑立面处理容易变化，结构自重轻，在一定高度范围内造价低等优点。缺点是：结构侧向刚度较小，结构顶点位移和层间相对位移较大，在地震作用下，非结构构件（如填充墙、建筑装饰、管道设备等）破坏严重。因此，采用框架结构时，应控制建筑物的层数和高度，以避免为了满足框架刚度和强度的要求，而使梁、柱截面尺寸过大，造成技术经济的不合理设计。

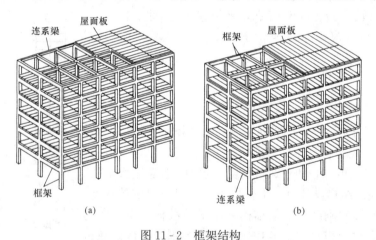

图 11-2　框架结构

(a) 横向承重框架体系；(b) 纵向承重框架体系

我国《高层建筑混凝土结构技术规程》《高层民用建筑钢结构技术规程》（JGJ 99—2015）给出了各类钢筋混凝土结构体系、钢结构体系房屋适用的最大高度，现举例列于表11-1中。

根据不同需要，框架结构体系可以有三种不同的布置方案：

（1）横向主框架承重。它的主要承重结构是由横向主梁和柱组成，用纵向连系梁将横向框架连接成整体，如图11-2（a）所示。横向主框架承受大部分竖向荷载和横向水平作用，纵向框架仅受少部分竖向荷载和纵向水平作用。因此，常采用较大截面的横梁来增加框架的横向刚度和抗力，而纵向连系梁的截面高度相对较小。在实际结构中，此布置方案常采用。

表 11 - 1 <center>**高层建筑的最大适用高度（非抗震设计）**</center> m

结构类型	结构体系	高度	结构类型	结构体系		高度
钢结构	框架	110	钢筋混凝土结构（A级高度）	框架		70
	框架—中心支撑	240		框架—剪力墙		150
	框架—偏心支撑 框架—屈曲约束支撑 框架—延性墙板	260		剪力墙	全部落地剪力墙	150
					部分框支剪力墙	130
	筒体（框筒，筒中筒）	360		筒体	框架—核心筒	160
	桁架筒，束筒				筒中筒	200
	巨型框架			板柱—剪力墙		110

（2）纵向主框架承重。纵向的梁和柱组成的纵向框架为主要承重结构，横向布置次梁，如图 11 - 2（b）所示。由于大部分竖向荷载由纵向框架承受，横向框架仅承受少部分竖向结构自重和横向水平作用，因此，横向连系梁可采用较小的截面尺寸，这样可使楼层净高有效地被利用，以设置较多的架空管道，故适用于某些工业厂房。这种布置方案因横向刚度较差，在民用建筑中一般较少采用。

（3）纵横向框架混合承重。纵、横向框架均为主要承重框架，即纵、横向框架共同承担竖向荷载与水平作用。当柱网平面尺寸接近正方形时，或采用大柱网时，或楼面有较大活荷载时，常采用这种方案。

钢筋混凝土框架结构按施工方法可分为现浇框架、预制框架和装配整体式框架。现浇框架的优点是结构整体性和抗震性能好，节省钢材；缺点是现场工作量大，模板消耗多，施工周期长。预制框架的优点是构件可以在工厂预制，质量容易保证，现场施工的工作量少，较现浇框架节省模板并能缩短工期；缺点是增加了框架的结点连接，用钢量大，整体性较差。装配整体式框架的梁板柱可在工厂预制，在施工现场将构件吊装就位，再用现浇混凝土使框架连接成整体，因而这种框架兼备了前两种框架的优点。

（二）剪力墙结构体系

剪力墙结构体系是利用建筑物墙体承受竖向及水平作用，并作为建筑物的维护及房间分隔构件的一种结构体系，见图 11 - 3。

剪力墙在抗震结构中也称抗震墙。它在自身平面内的刚度大，强度高，整体性较好，在水平荷载及地震作用下侧向变形较小，抗震性能较强。因此，适用于建造较高的高层建筑。剪力墙结构的局限性在于剪力墙间距不能太大，平面布置不灵活，难以满足公共建筑的使用要求；结构的自重也较大。所以多用于住宅、公寓、旅馆、办公楼等建筑，目前我国 10～30 层的高层住宅多采用这种结构体系。为满足旅馆布置门厅、餐厅、会议室等大面积公共房间，以及住宅底部布置商场和公共设施的要求，可将剪力墙结构底部

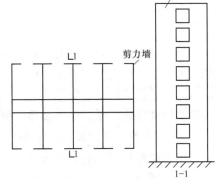

图 11 - 3 剪力墙结构房屋

一层或几层的部分剪力墙取消，代之以框架，形成底部大空间剪力墙结构和底部大空间、大底盘剪力墙结构。当把底层做成框架柱时，称为框支剪力墙结构。这种结构体系，由于底层柱的刚度小，上部剪力墙的刚度大，形成上下刚度突变，在地震作用下底层柱会产生很大的内力和变形，致使结构破坏严重。因此，在地震区不允许完全使用这种框支剪力墙结构，而需设有部分落地剪力墙。

（三）框架—剪力墙结构体系

在框架结构的适当位置增加少量剪力墙，作为抵抗水平作用的主要构件，以加强房屋的

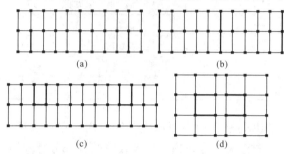

（a）　　　　　　　　　　（b）

（c）　　　　　　　　　　（d）

图 11-4　框架—剪力墙结构体系的平面布置

水平刚度和强度，这种结构体系称为框架—剪力墙结构体系，如图 11-4 所示。框架和剪力墙通过楼盖连系，共同工作。其中剪力墙承担大部分水平作用，框架主要承受竖向荷载和较小的一部分水平作用。框架—剪力墙结构发挥了框架结构平面布置灵活，剪力墙结构抗侧力强的特点，框架受力性能得到改善，在我国被广泛采用。

（四）筒体结构体系

筒体结构是空间受力体系，筒体为筒状的、封闭截面的薄壁悬臂构件，常见形式如图 11-5 所示。

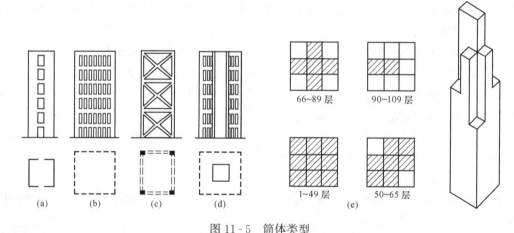

66~89 层　　90~109 层

1~49 层　　50~65 层

图 11-5　筒体类型

（a）实腹筒；（b）框筒；（c）桁架筒；（d）筒中筒；（e）筒束

筒体结构是框架—剪力墙和剪力墙结构的综合和发展，它将抗侧力构件集中到房屋的内部和外围形成空间封闭筒体，使整个结构体系既具有极大的抗侧力刚度，又能获得较大的空间，建筑平面设计具有良好的灵活性。因此，该种体系结构广泛应用于多功能、多用途、层数较多的高层建筑中，如办公楼、商店及其他综合性服务建筑。

（五）板柱—剪力墙结构体系

由无梁楼板与柱组成的板柱框架和剪力墙共同承受竖向和水平作用的结构体系称为板柱—剪力墙结构体系。此结构体系主要由剪力墙承受侧向力，柱承受竖向荷载的大部分。其适用高度宜低于一般框架结构。

除了上述几种主要结构体系之外，近年来还出现了一些其他结构体系，如悬挂结构体系和巨型框架结构体系，见图 11-6 及图 11-7。

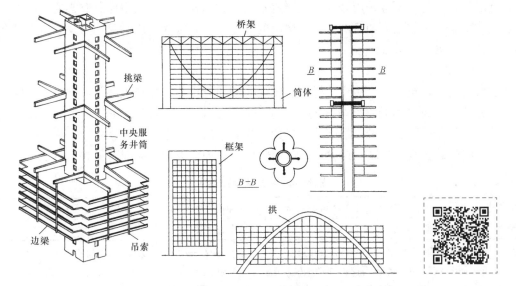

图 11-6 悬挂结构体系

工程实例-上海中心大厦

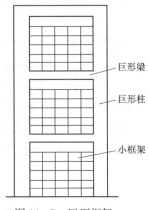

悬挂结构体系是以筒体、刚架、桁架和拱等作主要承重结构，全部楼盖均以钢丝束或预应力混凝土吊杆悬挂在上述主要承重结构上（一般每段吊杆悬挂10层左右）。这种结构充分利用高强材料的抗拉强度，集中使用主要承重结构，具有自重轻、有效面积比高、节省材料等优点。

巨型框架结构体系是将房屋每隔几层或十几层为一段划分为若干段，每段设一巨大的传力梁（梁高一般为 1～2 层楼高）与巨大的房屋角柱形成主承重框架或支撑在筒体上。巨型框架承受主要的水平和竖向作用，其余楼层由小框架组成，它不能抵抗侧向力，主要承受各楼层竖向荷载，并将其传到巨型梁上。这样，房屋中的绝大多数柱只有几层或十几层高，因而柱的截面尺寸多数较小，建筑布置也更加灵活、合理，结构上也可做到受压材料集中使用。

图 11-7 巨型框架

上述结构体系的运用要根据房屋性质、高度和所承受的外部作用，特别是水平作用的大小等因素来选择。每种结构体系的适用高度是不同的，勉强地将一种结构体系应用于其他高度，将是不经济的。具体采用哪一种结构体系应根据建筑物所在地的实际情况综合考虑确定。

二、结构总体布置的一般原则

（一）结构平面布置

在高层建筑的一个独立结构单元内，宜使结构平面形状简单、规则，刚度及承载力分布均匀。不应采用严重不规则的平面布置。平面宜简单、规则、对称、减少偏心。平面不规则布置见第十二章图 12-3。

（二）结构竖向布置

高层建筑的竖向体形宜规则、均匀、避免有过大的外挑和内收。结构的侧向刚度宜下大上小，逐渐均匀变化，不应采用竖向布置严重不规则的结构。为了使房屋具有必要的抗侧移刚度、整体稳定、承载能力和经济合理，房屋的高宽比不宜太大，应满足一定要求。上述各方面具体规定详见有关规程。

（三）缝的设置

在多层与高层建筑中，为防止结构因温度变化和混凝土收缩而产生裂缝，常隔一定距离用伸缩缝分开；在高层和低层部分之间，由于沉降不同，可由沉降缝分开；在抗震设防地区，建筑物各部分层数、质量、刚度差异过大，或有错层时，也用防震缝分开。

高层房屋的总长度宜控制在最大伸缩缝间距以内，伸缩缝的最大间距见表 11 - 2。

表 11 - 2　　　　　　　　　　　　伸 缩 缝 的 最 大 间 距

结构体系	施工方法	最大间距（m）	结构体系	施工方法	最大间距（m）
框架结构	现浇	55	剪力墙结构	现浇	45

注　1. 框架—剪力墙的伸缩缝间距可根据结构的具体布置情况取表中框架结构和剪力墙结构之间的数值。

　　2. 当屋面无保温或隔热措施、混凝土的收缩较大或室内结构因施工外露时间较长时，伸缩缝间距应适当减小。

　　3. 位于气候干燥地区、夏季炎热且暴雨频繁地区的结构，伸缩缝的间距宜适当减小。

当房屋长度超过以上规定时，可设伸缩缝将房屋划分为两段或若干段。高层建筑设置伸缩缝往往给建筑结构和建筑构造带来困难，所以对长度超过容许值不多的房屋常不设缝，而是通过温度与收缩应力计算，适当增加结构配筋的办法来加强，并可通过建筑、结构或施工的办法来减小结构中的温度与收缩应力。目前工程设计中也多倾向于不设抗震缝。

（四）基础设计一般原则

高层房屋的基础应力求类型、埋深一致，且基础本身刚度宜尽可能大些。箱形基础及筏形基础是高层建筑结构常用的形式。当采用桩基时，应尽可能采用单根、单排大直径桩或扩底墩，使上部结构的荷载直接由柱或墙传至桩顶；基础底板因受力较小可以做得较薄，如果采用多根或多排小直径桩，基础底板就会因受到较大弯矩和剪力而需增大厚度。

第三节　高层建筑结构的荷载

高层建筑结构竖向荷载包括结构自重、楼面使用活荷载、雪荷载和施工荷载，一般不考虑竖向地震作用；水平作用包括风荷载和水平地震作用。

一、竖向荷载

竖向荷载中的施工荷载可按实际情况确定，对屋面板、雨篷、挑檐等构件设计可考虑在最不利位置布置集中荷载；对地下室顶板布置不小于 $4kN/m^2$ 的施工活荷载。楼面使用活荷载和雪荷载，可按《荷载规范》的规定取值，但应注意高层房屋使用活荷载的折减问题。如在设计住宅、宿舍、旅馆、办公楼等的墙、柱和基础时，楼面使用荷载应按表 11 - 3 折减。这是因为在房屋使用过程中活荷载同时在各楼层满布的可能性很小。其他民用房屋结构构件的活荷载折减可参阅《荷载规范》第 5.1.2 条的有关规定。雪荷载的计算可参考《荷载规范》。

表 11 - 3　　　　　　　　　　　　　　活荷载按楼层的折减系数

墙、柱、基础计算截面以上的楼层	1	2～3	4～5	6～8	9～20	＞20
计算截面以上各楼层活荷载总和的折减系数	1.0 (0.9)	0.85	0.70	0.65	0.60	0.55

　　注　当楼面梁的从属面积超过 25m² 时，应采用括号内的系数。

二、风荷载

　　高层建筑的侧向作用除了地震作用以外，主要是风荷载，在荷载组合时往往起控制作用。

　　风受到地面上各种建筑物的阻碍和影响，风速会改变，并在建筑物的表面形成压力和吸力，即风荷载。风力在整个建筑物表面的分布情况随房屋尺寸的大小、体形和表面情况的不同而异，并随风速、风向和气流的不断变化而不停地改变着。在实际工程设计中，通常将风荷载看成等效静力荷载。

　　（一）风荷载标准值及基本风压

　　垂直于建筑物表面的风荷载标准值按下式计算

$$\omega_k = \beta_z \mu_s \mu_z \omega_0 \tag{11 - 2}$$

式中：ω_k 为风荷载标准值，kN/m^2；ω_0 为基本风压，kN/m^2；μ_s 为风荷载体形系数；μ_z 为风压高度变化系数；β_z 为 z 高度处的风振系数。

　　以下分别介绍各参数。

　　1. 基本风压 ω_0

　　基本风压 ω_0 系以当地具有代表性的空旷平坦地面上离地 10m 高统计所得的 50 年一遇 10min 平均最大风速 v_0（m/s）为标准，按 $\omega_0 = v_0^2/1600$ 确定的风压值。可由《荷载规范》附表 E.5 查取，但不得小于 0.3kN/m²。

　　一般高层建筑的基本风压按上述规定取值，对于特别重要或对风荷载比较敏感的高层建筑，其基本风压应按 100 年重现期的风压值选取。

　　2. 风荷载体形系数 μ_s

　　风荷载体形系数 μ_s 不但与建筑物的平面外形、高宽比、风向与受风墙面所成角度有关，而且还与建筑物的立面处理、周围建筑物的密集程度及其高低等有关。当风流经建筑物时，对建筑物的不同部位会产生不同的效果，即产生压力和吸力。空气流动所产生的涡流，对建筑物的局部则会产生较大的压力或吸力。图 11 - 8 为某建筑物实测结果示意图，由此可得出大致规律：

　　（1）整个迎风面上均受压，其值中部最大，向两侧逐渐减小。在一定高度范围内风压沿高度方向变化很小，近似为矩形分布。

　　（2）整个背风面上均受吸力，两侧大，中部较小，其平均值约为迎风面平均值的 75% 左右。在一定高度范围内风压沿高度方向变化很小，近似为矩形分布。

　　（3）整个侧面，在正向风力作用下，全部受吸力，约为迎风面风压的 80% 左右。

　　风荷载体形系数 μ_s 的具体取值，可按《荷载规范》及有关资料查取。

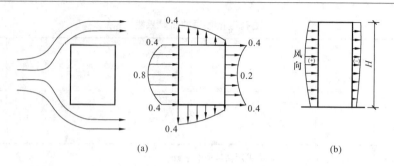

图 11-8　风压分布

（a）空气流动对建筑物平面的作用及风压分布；（b）立面风压分布

3. 风压高度变化系数 μ_z

风压沿高度的变化通过风压高度变化系数 μ_z 体现，应按地面粗糙类别按《荷载规范》中表 8.2.1 取值。

4. 风振系数 β_z

风对建筑物的作用是不规则的，通常把风作用的平均值看成稳定风压（即平均风压），实际风压是在平均风压上下波动的，平均风压使建筑物产生一定侧移，而波动风压使建筑物在平均侧移附近振动。对于高度较大、刚度较小的高层建筑，波动风压会产生不可忽略的动力效应，使振幅加大，设计中必须考虑。目前采用加大风载的办法来考虑这一动力效应，即在风压值上乘以风振系数 β_z。具体计算见《荷载规范》8.4。

（二）总风荷载和局部风荷载

1. 总风荷载

在建筑结构设计时，应使用总风荷载计算在风荷载作用下结构的内力和位移。总风荷载是建筑物各个表面承受的风力的合力，也是沿建筑高度变化的线荷载。通常按两个互相垂直的方向分别计算总风荷载。如果建筑物具有 n 个表面，则可得总风荷载的计算公式为

$$\omega_z = \beta_z \mu_z \sum_{i=1}^{n} \mu_{si} B_i \cos\alpha_i \omega_0 \tag{11-3}$$

式中：n 为建筑物外围表面积总数（每一个平面作为一个表面积）；$B_1 \sim B_n$ 为各表面宽度；$\mu_{s1} \sim \mu_{sn}$ 为各表面的风载体形系数；$\alpha_1 \sim \alpha_n$ 为各表面法线与风作用方向的夹角。

由上式可知，当建筑物某个表面与风作用方向垂直时，有 $\alpha_i = 0°$，即 $\cos\alpha_i = 1$，这个表面的风压全部计入总荷载；当建筑物某个表面与风作用方向平行时，有 $\alpha_i = 90°$，即 $\cos\alpha_i = 0$，这个表面的风压不计入总荷载；其他情况都应计入该表面上风力在作用方向的投影值。各表面风荷载的合力作用点，即为总风荷载的作用点。

2. 局部风荷载

验算围护结构及其连接件的强度时，可采用局部风荷载体形系数。详见《荷载规范》8.3.3 规定。

由于地震作用涉及的内容较多，在第十二章加以介绍，同学们也可参阅有关建筑抗震设计的书籍。

思 考 题

11-1　荷载效应（轴力、弯矩和侧移）的最大值与建筑结构高度有何关系？随着建筑高度的增加，控制结构设计的因素怎样变化？

11-2　高层建筑中常采用哪些结构体系？试述每一种结构体系的受力特点和适用的最大高度。

11-3　高层建筑结构的平面和竖向布置应注意哪些问题？

第十二章　建筑抗震设计

本章主要介绍地震的基本知识，在进行建筑设计时，根据《建筑抗震设计规范》（GB 50011—2010）（以下简称《抗震规范》）需考虑的抗震设计总则和基本要求，以及常见结构抗震设计的一般规定。

工程实例 - 汶川大地震

我国是世界上多地震国家之一，东濒环太平洋地震带，西经欧亚地震带，地处世界上两个较活跃的地震带之间。地震，给人们带来巨大的经济损失和人员伤亡。在近代大地震中，中国是全世界一次地震中死亡人数最多的国家，发生在 1976 年 9 月 28 日的唐山大地震，死亡 24.2 万人，伤 16 万人。如此巨大的损失主要是由于建筑物抵抗地震的能力不足造成的，因此在建筑设计中，充分注重建筑抗震设计是十分必要的。对结构设计中的抗震设计要求可参见有关书籍。

第一节　地震的基本知识

地震是一种自然灾害，按照其成因可划分为构造地震、火山地震、陷落地震和诱发地震。在建筑设计中所指地震一般是构造地震。构造地震的成因是由于地幔的运动在地壳中的岩层积存了大量的变形能，当岩层的抵抗能力达到破坏极限时会突然断裂和错动，从而引起地面振动。岩层发生断裂和错动的位置称为震源，震源在地面上的投影点称为震中，震中附近破坏最严重的区域称为极震区。地面上的某个建到震中的距离称为震中距，该建筑到震源的距离称为震源距，震中到震源的距离是震源深度，见图 12 - 1。按照震源深度可将地震划分为：震源深度在小于 60km 的地震为浅源地震；震源深度大于 300km 的地震为深源地震；震源深度在两者之间的地震为中源地震。深源地震在地下较长距离的传播中，大部分地震能量消耗殆尽，反射到地面上的影响很小，对建筑物的影响也很小。而浅源地震对地面上的建筑影响最大，如 1976 年的唐山大地震的震源深度大约是 11km，震中位于唐山市，整个城市及附近地区的破坏极其严重。我国的地震大部分发生在大陆地区，这些地震大多数是震源深度在 20～30km 的浅源地震。

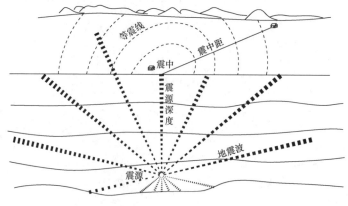

图 12 - 1　常用地震术语示意图

　　岩层发生断裂和错动后，以弹性波的形式从震源向周围传播并释放能量，这种波称为地震波。地震波在地球内部以纵波和横波的形式传播，纵波的波速快，使得建筑物产生上下振动，横波的波速慢，使得建筑物产生水平振动。纵波和横波在地球体内传播，因此，又称其为体波。体波到达地面的边界面上，反射、折射多次形成在地面传播的面波，面波的振动复杂，振幅较大，对建筑物的影响也较大。

　　描述地震的大小用震级表示，目前国际通用的地震震级标准是里氏震级，它是由两位来自美国加州理工学院的地震学家里克特（Charles Francis Richter）和古登堡（Beno Gutenberg）于 1935 年提出的一种震级标度。它的原始定义是：在距离震中 100km 处的观测点，用"伍德—安德森扭力式"地震仪记录到的最大水平位移为 1μm 的地震作为 0 级地震，如果距震中 100km 处的"伍德—安德森扭力式"地震仪测得的最大水平位移为 1mm（$10^3 \mu m$），则震级为里氏 3 级。若用 M 表示震级，用 A 表示水平位移（地动振幅），则

$$M = \lg A$$

　　震级与地震释放的能量具有一定的关系，当地震的震级提高一级时，地面的振幅增加 10 倍，而地震能量要增加 32 倍。

　　据统计，5 级以上的地震就会对建筑物引起不同程度的破坏，称为破坏性地震；7～8 级的地震称为大地震或强烈地震；8 级以上的地震称为特大地震。目前世界上已测得的最大震级为 1960 年发生在智利的里氏 8.9 级大地震，2004 年引发印度洋海啸的地震，由美国一地震监测机构测得其震级为里氏 9.0 级，1976 年的唐山大地震为 7.8 级。据历史记载，我国除个别省份外，均发生过 6 级以上的地震。2007 年下半年，全世界共发生 30 次 6 级以上地震，其中，7.8 级以上地震 5 次。由于强震的重演周期较长，一般在百年甚至数百年，因此，人们对建筑抗震的重要性认识不足。而我国 50 万以上人口的城市有 80% 位于地震区，一些重要的城市如北京、天津等还位于高烈度地震区。所以，做好建筑抗震设计工作具有重要意义。

　　一次地震只有一个震级，它反映了该次地震释放能量的大小，但一次地震对地面和建筑物所产生的影响及破坏程度却是有差别的，这种差别我们用地震烈度来加以区分，我国的地震烈度按影响和破坏程度，由轻到重划分为 12 个烈度，中国地震烈度表见表 12-1，也有一

表 12-1　　　　　　　　　　　　中国地震烈度表

烈度	在地面上人的感觉	房屋震害程度		其他震害现象	水平向地面运动	
		震害现象	平均震害指数		峰值加速度（m/s²）	峰值速度（m/s）
I	无感					
II	室内个别静止中人有感觉					
III	室内少数静止中人有感觉	门、窗轻微作响		悬挂物微动		
IV	室内多数人、室外少数人有感觉，少数人梦中惊醒	门、窗作响		悬挂物明显摆动，器皿作响		

续表

烈度	在地面上人的感觉	房屋震害程度		其他震害现象	水平向地面运动	
		震害现象	平均震害指数		峰值加速度（m/s²）	峰值速度（m/s）
V	室内普遍、室外多数人有感觉，多数人梦中惊醒	门窗、屋顶、屋架颤动作响，灰土掉落，抹灰出现微细裂缝，有檐瓦掉落，个别屋顶烟囱掉砖		不稳定器物摇动或翻倒	0.31（0.22～0.44）	0.03（0.02～0.04）
VI	多数人站立不稳，少数人惊逃户外	损坏—墙体出现裂缝，檐瓦掉落，少数屋顶烟囱裂缝、掉落	0～0.10	河岸和松软土出现裂缝，饱和砂层出现喷砂冒水；有的独立砖烟囱轻度裂缝	0.63（0.45～0.89）	0.06（0.05～0.09）
VII	大多数人惊逃户外，骑自行车的人有感觉，行驶中的汽车驾乘人员有感觉	轻度破坏—局部破坏，开裂，小修或不需要修理可继续使用	0.11～0.30	河岸出现坍方；饱和砂层常见喷砂冒水，松软土地上地裂缝较多；大多数独立砖烟囱中等破坏	1.25（0.90～1.77）	0.13（0.10～0.18）
VIII	多数人摇晃颠簸，行走困难	中等破坏—结构破坏，需要恢复才能使用	0.31～0.50	干硬土上亦出现裂缝；大多数独立砖烟囱严重破坏；树梢折断；房屋破坏导致人畜伤亡	2.50（1.78～3.53）	0.25（0.19～0.35）
IX	行动的人摔倒	严重破坏—结构严重破坏，局部倒塌，修复困难	0.51～0.70	干硬土上出现裂缝；基岩可能出现裂缝、错动；滑坡塌方常见；独立砖烟囱倒塌	5.00（3.54～7.07）	0.50（0.36～0.71）
X	骑自行车的人会摔倒，处不稳状态的人会摔离原地，有抛起感	大多数倒塌	0.71～0.90	山崩和地震断裂出现；基岩上拱桥破坏；大多数独立砖烟囱从根部破坏或倒毁	10.00（7.08～4.14）	1.00（0.72～1.41）
XI		普遍倒塌	0.91～1.00	地震断裂延续很长；大量山崩滑坡		
XII				地面剧烈变化，山河改观		

注　表中的数量词：“个别”为 10% 以下；“少数”为 10%～50%；“多数”为 50%～70%；“大多数”为 70%～90%；“普遍”为 90% 以上。

些国家划分为 8 个烈度或 10 个烈度。一次地震由于距震中的远近、地质土的软硬不同而有多个烈度，一般说来，距震中越远，烈度就越小。以 1976 年的唐山大地震为例，震级为 7.8 级，震中位于唐山市，极震区烈度达到 11 度，地震破坏极其严重，震后一片废墟；震中以外有 10 度区，9 度区，影响到天津为 8 度，影响到北京为 6 度。所以，震级与烈度是不同的两个概念，虽然两者是有联系的，通常说某建筑物能抗 7 度地震，不能简单理解为能抗 7 级地震。

　　地震中由于地动使得建筑物运动而产生的惯性力称为地震作用。抗震计算中通常将建筑物简化为悬臂柱，各个楼层简化为质点，每个质点上作用有地震作用。在建筑物的层高、质点的质量较均匀时，水平地震作用呈倒三角形分布，即距地面越远的质点，其上的地震作用越大，如图 12-2 所示。引起建筑物破坏的主要原因是水平地震作用，个别跨度、悬挑长度较大的建筑，会由于竖向地震作用而引起破坏。

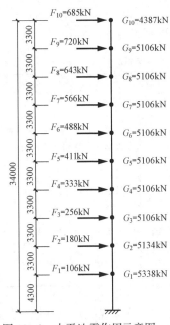

图 12-2　水平地震作用示意图

第二节　抗震设计总则和基本要求

　　进行抗震设计时，需要事先明确本地区抗震设防烈度。《抗震规范》对抗震设防烈度定义为："按国家规定的权限批准作为一个地区抗震设防依据的地震烈度。"以《抗震规范》为依据进行设计的建筑，达到的抗震设防目标是："当遭受低于本地区抗震设防烈度的多遇地震影响时，一般不受损坏或不需要修理可继续使用；当遭受相当于本地区抗震设防烈度的地震影响时，可能损坏，经一般修理或不需要修理仍可继续使用；当遭受高于本地区抗震设防烈度预估的罕遇地震影响时，不致倒塌或发生危及生命的严重破坏。"即："小震不坏；中震可修；大震不倒。"

　　对应抗震设防烈度，《抗震规范》规定了我国必须进行建筑抗震设计的地区：抗震设防烈度为 6 度及以上地区的建筑，必须进行抗震设计；抗震设防烈度大于 9 度地区的建筑和行业有特殊要求的工业建筑，其抗震设计应按有关规定执行。我国主要城镇抗震设防烈度见《抗震规范》附录 A，对已编制抗震设防区划（一种小范围更科学的划分）的城市，可按批准的抗震设防烈度进行抗震设防。

　　明确本地区抗震设防烈度之后，还需要明确所设计建筑的抗震设防分类。建筑根据使用功能的重要性分为特殊设防类、重点设防类、标准设防类、适度设防类，即甲、乙、丙、丁四类。特殊设防类：指使用上有特殊设施，涉及国家公共安全的重大建筑工程和地震时可能发生严重次生灾害等特别重大灾害后果，需要进行特殊设防的建筑；重点设防类：指地震时使用功能不能中断或需尽快恢复的生命线相关建筑，以及地震时可能导致大量人员伤亡等重大灾害后果，需要提高设防标准的建筑；标准设防类：指大量的除特殊设防、重点设防、适度设防三类以外按标准要求进行设防的建筑；适度设防类：指使用上人员稀少且震损不致产生次生灾害，允许在一定条件下适度降低要求的建筑。

根据抗震设防类别，《抗震规范》给出了其相应的抗震设防标准，下面以表格的形式阐述有关内容，见表 12-2。

表 12-2 各抗震设防类别建筑的抗震设防标准对比表

类别	地震作用取值	安排抗震措施		其 他
		设防烈度	与本地区设防烈度的差别	
甲	高于本地区设防烈度按批准的地震安全性评价结果确定	6~8	提高 1 度	
		9	比 9 度设防更高的要求	
乙	按本地区设防烈度要求	6~8	提高 1 度	较小的乙类建筑，采用较好的结构类型时，可按本地区设防烈度的要求采取抗震措施
		9	比 9 度设防更高的要求	
丙	按本地区设防烈度要求	按本地区设防烈度要求		
丁	按本地区设防烈度要求	7~9	适当降低	
		6	不应降低	

《抗震规范》根据地质、地形和地貌划分了对建筑抗震有利、一般、不利和危险的四种地段，见表 12-3。选择建筑场地时，宜选择有利地段，避开不利地段，当无法避开不利地段时，应加强抗震措施。在危险地段上，不应建造甲、乙、丙类建筑。

表 12-3 有利、一般、不利和危险地段的划分

地 段 类 别	地质、地形、地貌
有利地段	稳定基岩，坚硬土，开阔、平坦、密实、均匀的中硬土等
一般地段	不属于有利、不利和危险的地段
不利地段	软弱土，液化土，条状突出的山嘴，高耸孤立的山丘，陡坡、陡坎，河岸和边坡的边缘，平面分布上成因、岩性、状态明显不均匀的土层（如故河道、疏松的断层破碎带、暗埋的塘浜沟谷和半填半挖地基），高含水量的可塑黄土，地表存在结构性裂缝等
危险地段	地震时可能发生滑坡、崩塌、地陷、地裂、泥石流等及发震断裂带上可能发生地表位错的部位

在相同的地段中，由于土质的不同，会直接影响建筑物上的地震作用（地震力），因此，需进行场地类别的划分。两个完全相同的建筑物，因建造在两个不同类别的场地上，其地震作用甚至可以有两倍的差别。描述场地的类别是以场地土的剪切波速（土的坚硬程度）以及场地土的覆盖厚度为准，对于丁类建筑或层数不超过 10 层且高度不超过 30m 的丙类建筑，可根据岩土名称和性状确定土的类型，即土的坚硬程度，见表 12-4。

表 12-4 土的类型划分和剪切波速范围

土 的 类 型	岩 土 名 称 和 性 状	土层剪切波速范围（m/s）
岩石	坚硬、较硬且完整的岩石	$v_s > 800$
坚硬土或软质岩石	破碎和较破碎的岩石或软和较软的岩石，密实的碎石土	$800 \geq v_s > 500$
中硬土	中密、稍密的碎石土，密实、中密的砾、粗、中砂，$f_{ak} > 150\text{kPa}$ 的黏性土和粉土，坚硬黄土	$500 \geq v_s > 250$

土的类型	岩土名称和性状	土层剪切波速范围（m/s）
中软土	稍密的砾、粗、中砂，除松散外的细、粉砂，$f_{ak} \leq 150$kPa 的黏性土和粉土，$f_{ak} > 130$kPa 的填土，可塑新黄土	$250 \geq v_s > 150$
软弱土	淤泥和淤泥质土，松散的砂，新近沉积的黏性土和粉土，$f_{ak} \leq 130$kPa 的填土，流塑黄土	$v_s \leq 150$

注 f_{ak} 为由载荷试验等方法得到的地基承载力特征值（kPa）；v_s 为岩土剪切波速。

根据土的坚硬程度和场地土覆盖厚度两者的综合考虑，将场地分为四类，见表 12-5。

表 12-5 **各类建筑场地的覆盖层厚度** m

岩石的剪切波速或土的等效剪切波速（m/s）	场地类别				
	I_0	I_1	II	III	IV
$v_s > 800$	0				
$800 \geq v_s > 500$		0			
$500 \geq v_{se} > 250$		<5	≥5		
$250 \geq v_{se} > 150$		<3	3~50	>50	
$v_{se} \leq 150$		<3	3~15	15~80	>80

注 表中 v_s 是岩石的剪切波速。

开始进行具体的建筑设计时还要明确，建筑设计应符合抗震概念设计的要求，不宜采用不规则的建筑平面和建筑立面形式，不应采用严重不规则的设计方案。建筑抗震概念设计的含义是：根据地震灾害和工程经验等所形成的基本设计原则和设计思想，进行建筑和结构总体布置并确定细部构造的过程。《抗震规范》将不规则分为平面不规则和立面不规则，平面不规则含扭转不规则、凸凹不规则和楼板局部不连续三个类型；竖向不规则含侧向刚度不规则、竖向抗侧力构件不连续和楼层承载力突变三个类型，具体规定见《抗震规范》表 3.4.3-1 和表 3.4.3-2。表中对建筑物的不规则判别分为两类：第一类是从建筑外部或内部尺寸及建筑结构布局上可以直接判定的，为了使其规定形象化，图 12-3~图 12-5给出各种不规则的图解说明。这一类不规则是在建筑与结构初步设计方案中就基本

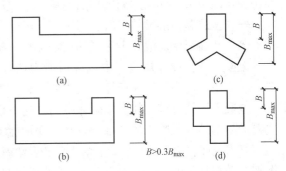

图 12-3 平面凸凹角不规则示例

可以确定的。第二类不规则的判定将要贯穿到整个设计全过程，主要由结构设计师完成，例如对于钢筋混凝土结构要等到各构件全部配筋后方可算出。

考虑建筑的抗震设计时，设计人员应区别开建筑的不规则、特别不规则和严重不规则。《抗震规范》条文说明中提示："不规则"指的是超过该规范表 3.4.3-1 和表 3.4.3-2 两表中一项及以上的不规则指标；"特别不规则"，指的是多项均超过表 3.4.3-1 和表 3.4.3-2 两表中不规则指标或某一项超过规定指标较多，具有较明显的抗震薄弱部位，将会引起不良后果者；"严重不规则"，指的是体形复杂，多项不规则指标超过规定的上限或某一项大大超过规定值，具有严重的抗震薄弱环节，将会导致地震破坏的严重后果者，建筑设计中不应采用严重不规则的设计方案。

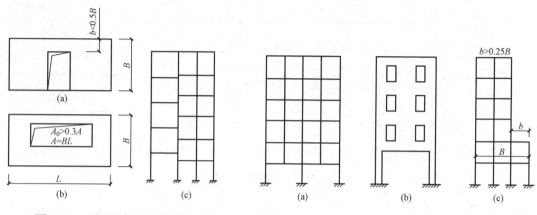

图 12 - 4　平面局部不连续示例　　　　　图 12 - 5　竖向抗侧力构件不连续
（大开洞及较大错层）　　　　　　　及侧向刚度不规则示例

对于不规则的建筑结构，需按规定进行水平地震作用计算和内力调整，并应对薄弱部位采取有效的抗震构造措施。体形复杂、平立面特别不规则的建筑结构，可按实际需要在适当部位设置防震缝，以形成多个较规则的抗侧力结构单元。

第三节　常见结构抗震设计的一般规定

建筑设计师进行房屋的建筑设计时，应根据房屋的使用功能要求等，选定建筑结构的形式。常见的建筑结构形式有：多层和高层钢筋混凝土房屋，多层砌体房屋和底部框架、内框架房屋，以及多层和高层钢结构房屋等。

一、多层和高层钢筋混凝土房屋

多层和高层钢筋混凝土房屋的结构类型按抗震要求主要有框架、框架—抗震墙（抗震墙在《混凝土结构设计规范》中也称为剪力墙）、抗震墙（包括部分框支抗震墙）、筒体（框架—核心筒、筒中筒）和板柱—抗震墙五种。

混凝土结构抗震性能优于砌体结构。这不仅是由于混凝土结构的强度高于砌体结构，更主要的是钢筋与混凝土的结合有较高的变形能力，因此在抗倒塌方面更优于砌体结构。

震害统计表明，钢筋混凝土结构在 7 度地震时的基本完好率为 90%；8 度时基本完好加轻微破坏占 60%；9 度时基本完好加轻微破坏占 35%。在不超过 20 层的钢筋混凝土结构中，地震时其表现是：抗震墙结构好于框架—抗震墙结构，而框架—抗震墙结构又好于框架结构。

在不同的设防烈度地区，不同结构类型现浇钢筋混凝土多高层房屋的适用最大高度也是不同的，《抗震规范》给出了确切的规定，见表 12 - 6。

表 12 - 6　　　　　　　　　　现浇钢筋混凝土房屋适用的最大高度　　　　　　　　　　　m

结　构　类　型	烈　　　度				
	6	7	8 (0.2g)	8 (0.3g)	9
框架	60	50	40	35	24
框架—抗震墙	130	120	100	80	50

续表

结构类型		烈度				
		6	7	8 (0.2g)	8 (0.3g)	9
抗震墙		140	120	100	80	60
部分框支抗震墙		120	100	80	50	不应采用
筒体	框架—核心筒	150	130	100	90	70
	筒中筒	180	150	120	100	80
板柱—抗震墙		80	70	55	40	不应采用

房屋的高度是指室外地面到主要屋面板板顶的高度（不包括局部突出屋顶部分）。超过表 12-6 中规定高度的房屋，应进行专门研究和论证，采取有效的加强措施。对于平面和竖向均不规则的结构或建造于 IV 类场地的结构，适用的最大高度应适当降低，降低范围在 20% 左右。

高层钢筋混凝土房屋宜避免采用不规则建筑结构方案，不设防震缝。当需要设置防震缝时，应符合下述防震缝最小宽度的要求。

（1）框架结构房屋的防震缝宽度：当高度不超过 15m 时可采用 100mm；超过 15m 时，6、7、8 度和 9 度相应每增加高度 5、4、3 和 2m，宜加宽 20mm。

（2）框架—抗震墙结构房屋的防震缝宽度可采用框架结构房屋规定的防震缝宽度的 70%，抗震墙结构房屋的防震缝宽度可采用框架结构房屋规定的防震缝宽度的 50%；且均不小于 100mm。

（3）防震缝两侧结构类型不同时，宜按需要较宽防震缝的结构类型和较低房屋高度确定缝宽。

唐山大地震中天津某框架—抗震墙结构，伸缩缝不满足防震缝的要求，地震中缝两侧发生碰撞破坏，且其趋势上重下轻。这种结构在 7 度区如高度为 40m 高，按《抗震规范》规定，其防震缝宽度应为

$$B = \left(100 + \frac{40-15}{4} \times 20\right) \times 0.7 = 158\text{mm}$$

如此大的防震缝，对于后续的建筑设计会产生很大的影响。所以，在设计方案阶段须事先考虑周全。

二、多层砌体房屋和底部框架、内框架房屋

有关多层砌体房屋和底部框架、内框架房屋的具体抗震要求、规范表格和构造措施见第十三章内容。此处主要从建筑设计方面，强调其抗震设计要求。

多层砌体房屋和底部框架、内框架房屋的承重部分主要是由普通黏土砖、黏土多孔砖、混凝土小型空心砌块等形成的砌体。砌体结构由于它的脆性性质以及由多种构件砌筑装配而成，不能提供地震不倒的变形能力，不能保证其整体性。因而，其震害比钢筋混凝土结构要严重得多。灾害统计表明，多层砖房在 6 度时就有损坏，8 度时 40% 有倒塌，9 度时 80% 发生破坏和倒塌，10 度时 100% 发生破坏和倒塌。

但是，由于价格、材料的供应等原因，多层砌体房屋和底部框架、内框架房屋大多应用在住宅、办公楼、商场、学校、医院等人员集中的地方，而这些房屋目前在我国又是数量最

多、使用范围最广的建筑。所以，重视该类建筑的抗震设计，意义非常重大。

砌体房屋层数和高度的限值一直是十分敏感且深受人们关注的问题。基于砌体材料的脆性性质和灾害经验，限制其层数和高度是主要的抗震措施。《抗震规范》中表 7.1.2 对房屋的层数和总高度限值作出强制性要求。

为了保证房屋的稳定性（防止建造细高的房屋，产生严重的弯曲变形），在《抗震规范》表 7.1.4 中还给出了多层砌体房屋总高度与总宽度的最大比值。

例如，某 7 度区建造住宅楼，选用普通砖砌体承重，内墙为 240mm，外墙为 370mm，试确定该建筑满足抗震设计的最大高度和相应的最小宽度。根据《抗震规范》表 7.1.2 和表 7.1.4 可知，其最大高度为 21m（7 层）；相应最小宽度为 21/2.5＝8.4m。

为了保证楼板不致过长而使整体刚度不足，《抗震规范》规定，即使在抗震验算满足的情况下，仍需控制抗震横墙的间距。《抗震规范》表 7.1.5 规定了抗震横墙的最大间距，这对于建筑师考虑房间平面布局是十分重要的。抗震横墙布置沿平面应对齐，沿竖向应对齐。在住宅设计中，单元分隔横墙即是合适的抗震横墙。

进行建筑的细部设计时，根据抗震要求，《抗震规范》表 7.1.6 对砌体墙段的局部尺寸限值作了要求。局部尺寸不足时，应采取局部加强措施弥补，如设置混凝土柱、配筋砌体等。

因楼梯间墙体缺少各层楼板的侧向支撑，有时还因为楼梯踏步削弱楼梯间的墙体，尤其是楼梯间的顶层，墙体有一层半的高度，震害加重。因此，在建筑布置时楼梯间尽量不设在尽端，或对尽端开间采取特殊措施。

在承重墙体内设置烟道、风道、垃圾道、消防水箱、配电箱等洞口，以及在后装修、暖气分户线路改造时，由于留洞、凿墙而减薄了墙体的厚度，或者凿掉部分墙体，造成墙体的刚度变化和应力集中，一旦遇到地震则更是不堪一击，甚至在自重荷载作用下也极易发生破坏。因此，需特别注意不能削弱承重墙体且应在墙体中加配筋、设置预制管道构件等加强措施。

底部框架—抗震墙房屋上部抗震墙的中心线宜与底部框架梁、抗震墙的轴线相重合。过渡层的底板应采用现浇钢筋混凝土板，板厚不应小于 120mm，并应少开洞、开小洞，洞口大于 800mm 时，洞口的周边应设置边梁。托墙梁的截面宽度不应小于 300mm，梁的截面高度不应小于跨度的 1/10。底部设置的钢筋混凝土抗震墙厚度不宜小于 160mm，且不应小于墙板净高的 1/20。若采用普通砖抗震墙时，墙厚不应小于 240mm。

三、多层和高层钢结构房屋

由于我国钢铁工业的发展及对不同类型钢结构体系抗震性能有了深入的研究，在近 20 年来，我国钢结构在民用建筑中的应用越来越广泛。钢结构具有强度高、自重轻、延性好等优点，合理地采用其结构类型可使建筑师在建筑设计中更充分地发挥。

钢结构房屋宜避免不规则建筑结构方案，不设防震缝。当建筑特别不规则，需要设置防震缝时，缝宽应不小于相应钢筋混凝土结构房屋的 1.5 倍。

钢结构民用房屋（多层钢结构厂房的抗震设计见《抗震规范》附录 G）各结构类型适用的最大高度应符合表 12-7 中的规定。对于平面和竖向均不规则或建造于 Ⅳ 类场地的钢结构，适用的最大高度应适当降低。

表 12 - 7　　　　　　　　　钢结构房屋适用的最大高度　　　　　　　　　　m

结　构　类　型	6、7度 (0.10g)	7度 (0.15g)	8度		9度 (0.40g)
			0.20g	0.30g	
框　架	110	90	90	70	50
框架—中心支撑	220	200	180	150	120
框架—偏心支撑（延性墙板）	240	220	200	180	160
筒体（框筒，筒中筒，桁架筒，束筒）和巨型框架	300	280	260	240	180

钢结构民用房屋适用的最大高宽比不宜超过表 12 - 8 的高度。美国纽约世界贸易中心双塔地处美国东部，地震烈度小，所以其高宽比稍大，为 6.6。

表 12 - 8　　　　　　　　钢结构民用房屋适用的最大高宽比

烈　　　度	6、7	8	9
最大高宽比	6.5	6.0	5.5

注　塔形建筑的底部有大底盘时，高宽比可按大底盘以上计算。

多层钢结构房屋根据工程情况可设置或不设置地下室。超过 12 层的钢结构应设置地下室。其基础的埋置深度，当采用天然地基时不宜小于房屋总高度的 1/15；当采用桩基时，桩承台埋深不宜小于房屋总高度的 1/20。

为了保证钢结构的楼盖有很好的平面整体刚度以分散水平地震作用，较好的防火和隔音效果，宜采用压型钢板现浇混凝土组合楼板。该形式的楼板还具有施工速度快、楼盖结构层厚度低等特点。

思 考 题

12 - 1　建筑设计主要考虑的是什么地震的设防？

12 - 2　按震源深度分，有哪三种地震？

12 - 3　简述震级与烈度的区别。

12 - 4　水平地震作用沿建筑物高度是怎样分布的？

12 - 5　抗震设防的目标是什么？

12 - 6　建筑物抗震设防类别是怎样划分的？

12 - 7　《抗震规范》根据地质、地形和地貌划分了哪几种地段？

12 - 8　如何确定土的类型（即土的坚硬程度）？

12 - 9　怎样划分场地类别？

12 - 10　建筑抗震概念设计的含义是什么？

12 - 11　高层钢筋混凝土房屋的防震缝宽度是如何确定的？

12 - 12　钢结构房屋的防震缝宽度是如何确定的？

第十三章 砌 体 结 构

本章主要讨论砌体材料和砌体强度；房屋的刚度及静力计算方案；无筋砌体构件的承载力验算；砌体结构一般构造要求以及砌体结构的抗震设计。

工程实例－砌体结构实例

砌体结构是指由块体和砂浆砌筑而成的墙、柱作为建筑物的主要受力构件的结构，是砖砌体、砌块砌体和石砌体结构的统称。砌体结构被广泛地应用于层数不多的房屋上，如住宅、学校、医院、办公楼等建筑。目前的砌体结构，一般是由钢筋混凝土楼（屋）盖和砌体承重墙组成的混合结构。

第一节 砌体材料和砌体强度

一、砌体材料

1. 块材

目前我国常用的块材可分为以下几类：砖、砌块、石材。

（1）砖。砌体结构常用的砖有烧结普通砖（简称为普通砖或黏土砖）、黏土空心砖（简称空心砖）和非烧结硅酸盐砖（简称硅酸盐砖）等。

1）烧结普通砖是以砂质黏土为原料，经配料调制、制坯、干燥、焙烧而成。按制作工艺，分为机砖和手工砖。按颜色，分为青砖和红砖。青砖比红砖坚实、耐碱、耐久。这种砖的现行标准尺寸为 240mm×115mm×53mm。根据抗压和抗折强度把其分为 MU30、MU25、MU20、MU15 和 MU10 五个强度等级，MU 表示块材，后面的数字表示抗压强度平均值为多少兆帕（MPa）。

烧结普通砖具有良好的保温隔热性能和耐久性能，强度也能满足使用要求，砌筑较为方便，在砖混结构中，常用来砌筑承重墙、柱及条型基础。

2）黏土空心砖，在我国即指孔洞率大于等于 15% 的砖。黏土空心砖有竖孔空心和水平孔空心砖两种。图 13-1 所示为竖孔空心砖的一种型号。此类空心砖由于孔垂直受压面，强度较高，通常用于砌筑承重墙，又称承重空心砖，其强度等级的划分与实心砖相同，它是根据用规定的试验方法得到的破坏压力折算到受压毛面积上的抗压强度来确定的。

图 13-2 所示为水平孔空心砖，孔大而少，自重较轻，因孔洞平行于受压面，故其强度较低，一般多用于非承重墙。

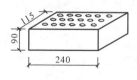

图 13-1 KP1 空心砖规格

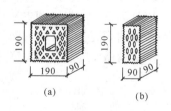

(a)　(b)

图 13-2 KM1 空心砖规格

黏土空心砖具有自重小，保温隔热性能好，砖厚度较大，从而抗弯、抗剪能力较强等优点。

3）非烧结硅酸盐砖是由硅酸盐材料压制成型并经高压釜蒸养而成。分为蒸压灰砂砖、粉煤灰砖、矿渣砖、炉渣砖、碳化砖等，标准尺寸均为 240mm×115mm×53mm。强度等级分为 MU25、MU20、MU15 三级。

与烧结砖相比，硅酸盐砖的耐久性较差，不宜用于处在高温环境下的砌体。

（2）砌块。砌块是一种尺寸比烧结普通砖大，又比条板小的新型墙体材料，目前，我国采用的有粉煤灰、硅酸盐砌块、普通混凝土空心砌块、加气混凝土砌块等。一般称高度为 180～350mm 的块体为小型砌块，称高度为 360～900mm 的块体为中型砌块，高度大于 900mm 的块体为大型砌块。

砌块的强度等级是根据单个砌块的破坏荷载按毛截面折算的抗压强度来确定的。强度等级分为 MU20、MU15、MU10、MU7.5 和 MU5 五级。

小型砌块尺寸较小、自重较轻、型号多、使用灵活、便于手工操作，目前我国应用很广泛。中型、大型砌块尺寸较大、自重较重、适用于机械起吊和安装，可提高施工速度、减轻劳动强度，但其型号不多，使用不够灵活，在我国很少采用。

（3）石材。石材主要来源于重质岩石和轻质岩石。料石根据石材的加工程度可分为细料石、半细料石、粗料石和料毛石。石材的强度等级分为 MU100、MU80、MU60、MU50、MU40、MU30 和 MU20 七级。

石材抗压强度高、抗冻性强、导热系数大，但整体性差（尤其乱毛石），适宜于砌基础、挡土墙和围墙，不适用于砌房屋墙体。

2. 砂浆

砂浆在砌体中的作用是把块材粘成整体并使块材间应力均匀分布，用砂浆填满块材之间的缝隙，还能减小砌体的透气性，从而提高砌体隔热性能和抗冻性。

砂浆按其组成可分以下三类：

（1）水泥砂浆。即指不加任何塑性掺和料的纯水泥砂浆。这种砂浆强度高，耐久性好，但和易性较差，灰缝不宜铺匀，砌筑质量难以保证，在一般砌体中较少采用。

（2）混合砂浆。即指在水泥砂浆中加一些塑性掺和料形成的砂浆。如水泥石灰砂浆、水泥黏土砂浆等。这种砂浆具有一定的强度和耐久性，且保水性、和易性较好，便于施工，砌筑质量容易保证，是一般砌体中常用的砂浆。与水泥砂浆相比，当强度等级相同时，混合砂浆砌筑的砌体其强度要高于水泥砂浆砌筑的砌体的强度。因此，砌体规范规定，当用水泥砂浆砌筑时，各类砌体的强度应按混合砂浆砌筑的砌体强度乘以小于1的调整系数。

（3）非水泥砂浆。即指不含水泥的砂浆，如石灰砂浆、黏土砂浆等。这种砂浆强度不高，耐久性也差，故只能用在受力不大的砌体或简易建筑、临时性建筑的砌体中。

砂浆的强度等级共有 M15、M10、M7.5、M5 和 M2.5 五级。

二、砌体强度

砌体强度是砌体的计算指标，分为抗压强度、轴心抗拉强度、弯曲抗拉强度和抗剪强度。

1. 砌体抗压强度设计值

砌体抗压强度设计值为砌体受压构件承载力计算时用到的强度指标。该值按龄期为 28

天，以毛截面计算，并考虑一定的可靠度所确定的砌体抗压强度。施工质量为 B 级时，各类砌体抗压强度设计值，根据块材和砂浆的强度等级分别按表 13-1～表 13-6 规定采用。

表 13-1　　　　　　　烧结普通砖和烧结多孔砖砌体的抗压强度设计值　　　　　　　MPa

砖强度等级	砂浆强度等级					砂浆强度
	M15	M10	M7.5	M5	M2.5	0
MU30	3.94	3.27	2.93	2.59	2.26	1.15
MU25	3.60	2.98	2.68	2.37	2.06	1.05
MU20	3.22	2.67	2.39	2.12	1.84	0.94
MU15	2.79	2.31	2.07	1.83	1.60	0.82
MU10	—	1.89	1.69	1.50	1.30	0.67

注　当烧结多孔砖的孔洞率大于 30% 时，表中数值应乘以 0.9。

表 13-2　　　　　　　蒸压灰砂砖和蒸压粉煤灰砖砌体的抗压强度设计值　　　　　　　MPa

砖强度等级	砂浆强度等级				砂浆强度
	M15	M10	M7.5	M5	0
MU25	3.60	2.98	2.68	2.37	1.05
MU20	3.22	2.67	2.39	2.12	0.94
MU15	2.79	2.31	2.07	1.83	0.82

注　当采用专用砂浆砌筑时，其抗压强度设计值按表中数值采用。

表 13-3　　　　　　　单排孔混凝土和轻集料混凝土砌块砌体的抗压强度设计值　　　　　　　MPa

砌块强度等级	砂浆强度等级					砂浆强度
	Mb20	Mb15	Mb10	Mb7.5	Mb5	0
MU20	6.30	5.68	4.95	4.44	3.94	2.33
MU15	—	4.61	4.02	3.61	3.20	1.89
MU10	—	—	2.79	2.50	2.22	1.31
MU7.5	—	—	—	1.93	1.71	1.01
MU5	—	—	—	—	1.19	0.70

注　1. 对独立柱或厚度为双排组砌的砌块砌体，应按表中数值乘以 0.7。

　　　2. 截面墙体、柱，应按表中数值乘以 0.85。

表 13-4　　　　　　　双排或多排孔轻集料混凝土砌块砌体的抗压强度设计值　　　　　　　MPa

砌块强度等级	砂浆强度等级			砂浆强度
	Mb10	Mb7.5	Mb5	0
MU10	3.08	2.76	2.45	1.44
MU7.5	—	2.13	1.88	1.12
MU5	—	—	1.31	0.78
MU3.5	—	—	0.95	0.56

注　1. 表中的砌块为火山渣、浮石和陶粒轻骨料混凝土砌块。

　　　2. 对厚度方向为双排组砌的轻骨料混凝土砌块砌体的抗压强度设计值，应按表中数值乘以 0.8。

表 13-5　　　　　　　　　　毛料石砌体的抗压强度设计值　　　　　　　　MPa

毛料石 强度等级	砂浆强度等级			砂浆强度
	M7.5	M5	M2.5	0
MU100	5.42	4.80	4.18	2.13
MU80	4.85	4.29	3.73	1.91
MU60	4.20	3.71	3.23	1.65
MU50	3.83	3.39	2.95	1.51
MU40	3.43	3.04	2.64	1.35
MU30	2.97	2.63	2.29	1.17
MU20	2.42	2.15	1.87	0.95

注　对下列各类料石砌体,应按表中数值分别乘以相应系数:
　　细料石砌体　　　1.4
　　粗料石砌体　　　1.2
　　干砌勾缝石砌体　0.8。

表 13-6　　　　　　　　　　毛石砌体的抗压强度设计值　　　　　　　　MPa

毛石 强度等级	砂浆强度等级			砂浆强度
	M7.5	M5	M2.5	0
MU100	1.27	1.12	0.98	0.34
MU80	1.13	1.00	0.87	0.30
MU60	0.98	0.87	0.76	0.26
MU50	0.90	0.80	0.69	0.23
MU40	0.80	0.71	0.62	0.21
MU30	0.69	0.61	0.53	0.18
MU20	0.56	0.51	0.44	0.15

　　2. 砌体的抗拉、抗弯及抗剪强度

　　砌体结构除承受压力之外,还可能承受轴心拉力、弯矩和剪力。比如圆水池、圆筒仓,在水或松散材料对池壁的压力作用下,壁中产生轴心拉力;挡土墙在土压力作用下而产生弯矩;砖砌过梁则受弯、剪的共同作用。砌体结构的抗拉、抗弯、抗剪强度低下。其破坏主要发生在砌块与砂浆的黏结面上,当砂浆强度等级比较低时,可能沿灰缝形成通缝破坏;当砖的强度等级较低时,可能连砖带灰缝一起拉断而破坏,这时,砌体的强度取决于砖的强度,与砂浆强度无关。

　　下列情况的各类砌体,其砌体强度设计值应乘以调整系数 γ_a:

　　(1) 对无筋砌体构件,其截面面积小于 $0.3 m^2$ 时, γ_a 为其截面面积加 0.7。对配筋砌体构件，当其中砌体截面面积小于 $0.2m^2$ 时，γ_a 为其截面面积加 0.8。构件截面面积以 m^2 计。

（2）当砌体用强度等级小于 M5.0 的水泥砂浆砌筑时，对表 13-1～表 13-6 中的数值，γ_a 为 0.9。

（3）当验算施工中房屋的构件时，γ_a 为 1.1。

注：配筋砌体不允许采用 C 级。

第二节 砌体结构的优点和结构布置

一、砌体结构的优点

砌体结构之所以广泛应用于多层房屋上，是因为它具有几个主要优点：

（1）可以就地取材。主要承重结构是砖石砌体，这些材料在任何地区都很容易得到，而且还可以利用工业废料，因而造价低。

（2）混合结构的刚度大。多层房屋的纵横墙体布置容易达到刚性方案的构造要求。

（3）具有很好的耐久性。砖石为非燃材料，具有较好的耐火性；同时还具有较好的化学稳定性，在天然条件下不易腐蚀。

（4）保温、隔热和隔音的性能较好。

（5）施工技术简单，易于掌握。

混合结构也有它一定的缺点。由于砌体强度低，自重大，所以房屋层数和应用范围受到一定限制；砌筑工程繁重，劳动量大，生产效率低；目前砖砌体大多数仍用黏土烧制，势必占用耕地，浪费能源。

随着科学技术的发展，新材料不断涌现，墙体材料的改革也正在进行，但在目前阶段，砌体结构在我国大部分地区的多层建筑中仍占主导地位。

二、混合结构房屋的结构布置

1. 承重方案

（1）横墙承重方案：开间小，整体性好，空间刚度大，多用于住宅，见图 13-3（a）。

（2）纵墙承重方案：开间大，房间布置灵活，刚度差。多用于办公楼、教学楼等，见图 13-3（b）。

（3）纵横墙混合承重方案：结构布置比较灵活，用于功能较多的建筑，见图 13-3（c）。

（4）内框架承重方案：空间大，刚度差，一般用于公共建筑，见图 13-3（d）。

2. 楼盖布置

砌体结构房屋一般选择钢筋混凝土楼（屋）盖。可用现浇楼盖，也可选用装配式楼盖。现浇楼盖的整体性、耐久性和抗震性均好，且灵活性大，能适应不同的平面形式。装配式楼盖施工进度快，造价低，质量稳定，有利于建筑工业化。浴室、卫生间的楼盖宜采用现浇楼盖。

楼盖结构的平面布置与建筑平面和墙体布置有密切的关系，所以在进行建筑平面设计和确定墙体布置时，就应联想到楼盖的平面布置。从结构经济合理方面考虑，应使楼盖有较小的跨度。一般对于住宅、幼儿园、旅馆、学校、医院等开间或进深尺寸较小的建筑可选用装配式楼盖、现浇单向板肋梁楼盖、双向板肋梁楼盖等。

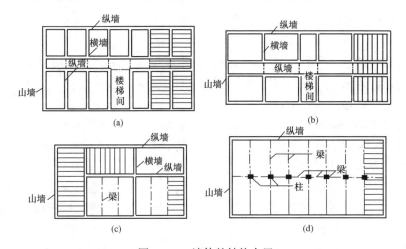

图 13 - 3 墙体的结构布置

(a) 横墙承重；(b) 纵墙承重；(c) 纵横墙混合承重；(d) 内框架承重

第三节 房屋的刚度及静力计算方案

一、房屋的刚度

混合结构的房屋由屋盖、楼盖、纵墙、横墙和基础组成，它们互相连接，形成整体，共同承担荷载，其传力途径是由楼（屋）盖传到梁（柱、墙）再传到纵横墙，传到基础，最后传到地基。房屋的纵墙、横墙和楼（屋）盖形成一个空间结构，其抗变形能力即为刚度。

在水平荷载作用下，房屋的楼（屋）盖、纵、横墙都要发生变形。由于纵墙的刚度和楼（屋）盖的纵方向弯曲刚度都很大，所以砌体结构纵向的变形很小。在横向，横墙对纵墙和楼（屋）盖起着支撑作用，对作用于纵墙上的水平荷载和楼（屋）盖上的水平荷载（风荷载和地震作用），大部分是通过横墙传给基础的。所以在水平荷载作用下，横墙要产生水平位移 Δ_1，见图 13 - 4（b），楼（屋）盖犹如以横墙为支点的水平梁一样，也将产生水平挠度 f 见图 13 - 4（a），则楼（屋）盖在横向的水平总位移为 Δ，$\Delta = \Delta_1 + f$，见图 13 - 4（c）。由此可见，房屋的水平位移与横墙的刚度、横墙的间距以及楼（屋）盖的刚度有关。而房屋的水平位移反映着房屋的空间刚度大小。

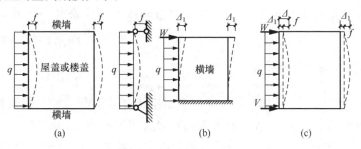

图 13 - 4 房屋的水平变位

（a）屋盖（楼盖）水平变位；（b）横墙水平变位；（c）两横墙中的水平变位

二、混合结构房屋的静力计算方案与计算简图

1. 混合结构房屋的静力计算方案

混合结构房屋的墙、柱受力情况，与房屋的空间刚度有关，根据房屋水平位移的大小，混合结构房屋的计算按三种静力方案进行计算。

（1）刚性方案：横墙间距小，楼屋盖刚度大时，房屋的水平总位移 $\Delta \approx 0$，则为刚性方案房屋。一般多层混合结构的住宅、宿舍、办公楼等均为刚性方案房屋。

（2）弹性方案：对于横墙间距较大的单层厂房、食堂、仓库等，房屋的水位位移 Δ 较大，不能忽略，则为弹性方案房屋。

（3）刚弹性方案：对于水平荷载作用下，其水平位移不太大但又不能忽略时，其空间刚度介于弹性方案与刚性方案房屋之间，可视为刚弹性方案。计算时，可简化为弹性方案，（弹性方案的计算方法可参见其他教材）。

混合结构房屋墙、柱的内力计算与房屋的静力计算方案有很大的关系，房屋的空间刚度不同，其静力计算方案也不同。而房屋的空间刚度取决于横墙的刚度和间距，同时也与屋盖、楼盖的水平刚度有关。房屋的静力计算方案按表 13 - 7 确定。

表 13 - 7　　　　　　　房 屋 静 力 计 算 方 案

	屋盖或楼盖类别	刚性方案	刚弹性方案	弹性方案
1	整体式、装配整体式和装配式无檩体系钢筋混凝土屋盖或钢筋混凝土楼盖	$s<32$	$32 \leqslant s \leqslant 72$	$s>72$
2	装配式有檩体系钢筋混凝土屋盖、轻钢屋盖和有密铺望板的木屋盖或木楼盖	$s<20$	$20 \leqslant s \leqslant 48$	$s>48$
3	瓦材屋面的木屋盖和轻钢屋盖	$s<16$	$16 \leqslant s \leqslant 36$	$s>36$

注　1. 表中 s 为房屋横墙间距，其长度单位为 m。

　　2. 当屋盖、楼盖类别不同或横墙间距不同时，可按上柔下刚的多层房屋计算。

　　3. 对无山墙或伸缩缝处无横墙的房屋，应按弹性方案考虑。

为保证横墙具有足够的刚度，刚性和刚弹性方案房屋的横墙应符合下列要求：

1）横墙中开有洞口时，洞口的水平截面面积不应超过横墙截面面积的 50%。

2）横墙的厚度不宜小于 180mm。

3）单层房屋的横墙长度不宜小于其高度，多层房屋的横墙长度不宜小于 $H/2$（H 为横墙总高度）。

当横墙不能同时符合上述要求时，应对横墙的刚度进行验算，如其最大水平位移值 $u_{max} \leqslant H/4000$ 时，仍可视作刚性或刚弹性方案房屋的横墙。

2. 刚性方案房屋的计算简图

（1）单层刚性方案房屋：墙、柱可视作上端为不动铰支承，下端为固定端支承，见图 13 - 5（a）。荷载有屋盖传来的压力，墙体自重，作用在墙体高度范围内的风压（吸）力。

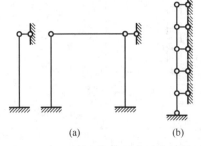

(a) 　　(b)

图 13 - 5　刚性方案房屋的计算简图

（2）多层刚性方案房屋的承重纵墙：各层楼盖可看

作承重纵墙的水平不动铰支承点，纵墙楼盖处均为铰接，底层墙体与基础连接也简化为不动铰支承，在水平荷载作用下的墙、柱可视作竖向连续梁。当仅有竖向荷载作用时，荷载有本层梁端或板端传来的支座反力以及上面各层楼板和墙体传来的压力，考虑到每层梁或楼板嵌入墙体，削弱了墙体的整体连续性，不能传递较大的弯矩，为简化计算，在竖向荷载作用时，视墙体在楼盖处为铰接。即将多层房屋的墙体化成若干个单层的两端铰接的竖向简支梁。见图 13-5（b）。

（3）多层刚性方案房屋的承重横墙：与承重纵墙相同。一般取 1m 宽作为计算单元。

（4）山墙：与刚性方案的承重纵墙相同。

（5）当刚性方案房屋的外墙符合下列要求时，静力计算方案可不考虑风荷载的影响。

1）洞口水平截面面积不超过全截面面积的 2/3；

2）层高和总高不超过表 13-8 的规定；

3）屋面自重不小于 0.8kN/m^2。

表 13-8　　　　　　　　　外墙不考虑风荷载影响时的最大高度

基本风压值 (kN/m^2)	层高 (m)	总高 (m)	基本风压值 (kN/m^2)	层高 (m)	总高 (m)
0.4	4.0	28	0.6	4.0	18
0.5	4.0	24	0.7	3.5	18

第四节　墙、柱高厚比验算

一、墙、柱的高厚比验算

为了保证墙、柱本身具有足够的稳定性，提高房屋的空间刚度和整体工作性能，墙、柱的高厚比不能太大，应按下式验算

$$\beta = \frac{H_0}{h} \leqslant \mu_1 \mu_2 [\beta] \tag{13-1}$$

式中：H_0 为墙、柱的计算高度，按表 13-9 采用。h 为墙厚或矩形柱与 H_0 相对应的边长。μ_1 为自承重墙允许高厚比的修正系数。对于厚度小于或等于 240mm 的非承重墙：①$h=240\text{mm}$，$\mu_1=1.2$；②$h=90\text{mm}$，$\mu_1=1.5$；③$240>h>90$，μ_1 按插入法取值；④如上端为自由端的墙体，除按上述规定外，$[\beta]$ 值尚可提高 30%；⑤对厚度小于 90mm 的墙，当双面用不低于 M10 的水泥砂浆抹面，包括抹面层的墙厚不小于 90mm 时，可按墙厚等于 90mm 验算高厚比。μ_2 为有门窗洞口墙允许高厚比的修正系数。$[\beta]$ 为墙、柱的允许高厚比，查表 13-10 可得。

其中 μ_2 可按下式确定

$$\mu_2 = 1 - 0.4 \frac{b_s}{s} \tag{13-2}$$

式中：s 为相邻窗间墙或壁柱之间的距离，见图 13-6；b_s 为在 s 范围内门窗洞口宽度，见图 13-6。

当按上式算得的 μ_2 值小于 0.7 时，应采用 0.7。当洞口高度等于或小于墙高的 1/5 时，可取 $\mu_2=1.0$。

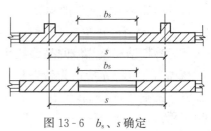

图 13-6　b_s、s 确定

表 13 - 9　　　　　　　　　　　　　　受压构件的计算高度 H_0

房　屋　类　别			柱		带壁柱墙或周边拉结的墙		
			排架方向	垂直排架方向	$s>2H$	$2H \geqslant s>H$	$s \leqslant H$
有吊车的单层房屋	变截面柱上段	弹性方案	$2.5H_u$	$1.25H_u$	$2.5H_u$		
		刚性、刚弹性方案	$2.0H_u$	$1.25H_u$	$2.0H_u$		
	变截面柱下段		$1.0H_l$	$0.8H_l$	$1.0H_l$		
无吊车的单层和多层房屋	单跨	弹性方案	$1.5H$	$1.0H$	$1.5H$		
		刚弹性方案	$1.2H$	$1.0H$	$1.2H$		
	多跨	弹性方案	$1.25H$	$1.0H$	$1.25H$		
		刚弹性方案	$1.10H$	$1.0H$	$1.1H$		
	刚性方案		$1.0H$	$1.0H$	$1.0H$	$0.4s+0.2H$	$0.6s$

注　1. 表中 H_u 为变截面柱的上段高度，H_l 为变截面柱的下段高度。

　　2. 对于上端为自由端的构件，$H_0=2H$。

　　3. 独立砖柱，当无柱间支撑时，柱在垂直排架方向的 H_0 应按表中数值乘以 1.25 后采用。

　　4. s 为房屋横墙间距。

　　5. 自承重墙的计算高度应根据周边支撑或拉接条件确定。

表 13 - 10　　墙、柱的允许高厚比 $[\beta]$ 值

砂浆强度等级	墙	柱
M2.5	22	15
M5.0	24	16
≥M7.5	26	17

注　1. 毛石墙、柱允许高厚比应按表中数值降低 20%。

　　2. 组合砖砌体构件的允许高厚比，可按表中数值提高 20%，但不得大于 28。

　　3. 验算施工阶段砂浆尚未硬化的新砌砌体高厚比时，允许高厚比对墙取 14，对柱取 11。

表 13 - 9 中的构件高度 H 应按下列规定采用：

1）在房屋底层，为楼板顶面到构件下端支点的距离。下端支点的位置，可取在基础顶面。当埋置较深且有刚性地坪时，可取室外地面下 500mm 处。

2）在房屋其他层次，为楼板或其他水平支点间的距离。

3）对于无壁柱的山墙，可取层高加山墙尖高度的 1/2；对于带壁柱的山墙可取壁柱处的山墙高度。

二、带壁柱墙的高厚比验算

为了满足构造要求和稳定性的要求，墙上往往加设构造柱或壁柱。带构造柱或壁柱的墙可能整片墙失稳，也可能沿构造柱或壁柱间的墙失去稳定，见图 13 - 7。所以带构造柱和带壁柱的墙体高厚比验算应包括整片墙的验算和壁柱间墙的验算。

1. 整片墙的验算

（1）带壁柱整片墙的高厚比仍可按式（13 - 1）验算。此时截面为 T 形，h 应改为带壁柱墙截面的折算厚度 h_T，$h_T = 3.5i$。在确定截面回转半径 i 时，截面的翼缘宽度 b_f 按下列规定采用：

1）多层房屋，当有门窗洞口时，其翼缘宽度可取窗间墙

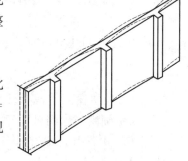

图 13 - 7　壁柱墙局部失稳

宽度；当无门窗洞口时，每侧翼墙宽度可取壁柱高度的 1/3。

2）单层房屋，可取壁柱宽加 2/3 墙高，但不大于窗间墙宽度和相邻壁柱间的距离。

3）计算带壁柱墙的条形基础时，可取相邻壁柱间的距离。

当确定带壁柱墙的计算高度 H_0 时，s 应取相邻横墙间的距离。

（2）当构造柱截面宽度不小于墙厚时，可按式（13-1）验算带构造柱墙的高厚比。此时公式中 h 取墙厚；当确定墙的计算高度 H_0 时，s 应取相邻横墙间的距离；墙的允许高厚比 $[\beta]$ 可乘以提高系数 μ_c，即

$$\mu_c = 1 + \gamma \frac{b_c}{l} \qquad (13-3)$$

式中：γ 为系数。对细料石、半细料石砌体，$\gamma=0$；对混凝土砌块、粗料石、毛料石及毛石砌体，$\gamma=1.0$；其他砌体，$\gamma=1.5$；b_c 为构造柱沿墙长方向的宽度；l 为构造柱间距。当 $b_c/l > 0.25$ 时取 $b_c/l = 0.25$，当 $b_c/l < 0.05$ 时取 $b_c/l = 0$。

注：考虑构造柱有利作用的高厚比，验算不适用于施工阶段。

2. 壁柱间墙的高厚比验算

壁柱间墙或构造柱间墙的高厚比按式（13-1）验算，此时 s 应取相邻壁柱间或相邻构造柱间的距离。设有钢筋混凝土圈梁的带壁柱间墙或构造柱墙，当 $b/s \geqslant 1/30$ 时，圈梁可视作壁柱间墙或构造柱间墙的不动铰支点（b 为圈梁宽度）。如不允许增加圈梁的宽度，可按墙体平面外等刚度原则增加圈梁的高度，以满足壁柱间墙或构造柱间墙不动铰支点的要求。因此，设有钢筋混凝土圈梁的带壁柱间墙或构造柱墙，按刚性方案房屋考虑，且将圈梁间的距离当作墙高计算 H_0。

【例 13-1】 验算图 13-8 所示的多层教学楼底层各类墙的高厚比。已知：外纵墙厚 370mm，为承重墙；内纵墙及横墙厚 240mm，也为承重墙。底层墙高 4.4m（至基础顶面）；隔墙厚 120mm，墙高 3.4m，砂浆强度等级均采用 M5，楼盖为钢筋混凝土装配式楼盖。

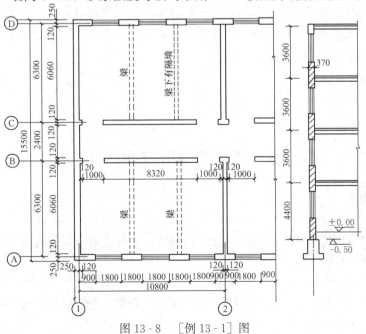

图 13-8 ［例 13-1］图

解 （1）确定房屋静力计算方案。房屋最大横墙间距 $s=10.8\text{m}$，钢筋混凝土楼盖，由表 13-7 可判断为刚性方案。

（2）外纵墙高厚比验算。由 $s=10.8\text{m}>2H=2\times4.4=8.8\text{m}$，查表 13-9，得 $H_0=1.0H=4.4\text{m}$；M5 砂浆，查表 13-10，得 $[\beta]=24$

$$\mu_2=1-0.4\frac{b_s}{s}=1-0.4\times\frac{1.8}{3.6}=0.8$$

外纵墙为承重墙，取 $\mu_1=1.0$，则

$$\beta=\frac{H_0}{h}=\frac{4400}{370}=11.9<\mu_1\mu_2[\beta]=1.0\times0.8\times24=19.2$$

满足要求。

（3）内纵墙高厚比验算

$$\mu_2=1-0.4\frac{b_s}{s}=1-0.4\times\frac{2\times1}{10.8}=0.93$$

$$\mu_1=1.0$$

$$\beta=\frac{H_0}{h}=\frac{4400}{240}=18.3<\mu_1\mu_2[\beta]=1.0\times0.93\times24=22.3$$

满足要求。

（4）内横墙高厚比验算。由 $4.4\text{m}=H<s=6.3\text{m}<2H=8.8\text{m}$，查表 13-9，得 $H_0=0.4S+0.2H=0.4\times6.3+0.2\times4.4=3.4\text{m}$

$$\mu_1=1.0$$

无洞口

$$\mu_2=1.0$$

则

$$\beta=\frac{H_0}{h}=\frac{3400}{240}=14.2<\mu_1\mu_2[\beta]=1.0\times1.0\times24=24$$

满足要求。

（5）隔墙高厚比验算。砌筑隔墙时，一般将隔墙上端作斜放立砖顶住梁底，因此，隔墙可取顶端为不动铰支座，并按两侧与纵墙无拉结考虑，故取 $H_0=1.0H=3.4\text{m}$；非承重墙，$h=120\text{mm}$，得 $\mu_1=1.44$。

则

$$\beta=\frac{H_0}{h}=\frac{3400}{120}=28.3<\mu_1\mu_2[\beta]=1.44\times1.0\times24=34.6$$

满足要求。

第五节 无筋砌体构件的承载力验算

一、受压构件

1. 受压构件的应力状态

无筋受压砌体构件按其形状和尺寸分为柱和墙；按荷载的作用位置可分为轴心受压构件和偏心受压构件，见图 13-9。

从图 13-9 中可以看出，短构件在轴心压力作用下，直至破坏前，截面上的应力都是均匀分布的。当压力的作用线与构件轴线不重合时，即为偏心受压构件。偏心受压构件截面上压力分布是不均匀的，靠近压力 N 的一侧压应力大，远离压力 N 的一侧压应力小，随着偏

心距的增大，上述应力特征愈显著，甚至远离 N 端出现拉应力，将砌体拉裂。由此可见，同等条件下，轴心受压构件比偏心受压构件的承载力大。

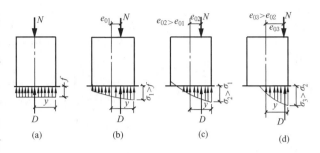

图 13 - 9 轴心受压与偏心受压砌体

2. 受压构件承载力计算计算公式

$$N \leqslant \varphi f A \qquad (13 - 4)$$

式中：N 为轴向力设计值；A 为截面面积，对各类砌体均按毛面积计算；对带壁柱墙，其翼缘宽度按第二节规定采用；f 为砌体抗压强度设计值，查表 13 - 1～表 13 - 6 可得；φ 为高厚比 β 和轴向力的偏心矩 e 对受压构件承载力的影响系数，查附表 13 - 1 可得；规范要求轴向力的偏心距 e 按内力计算值计算，并不应超过 $0.6y$。y 为截面重心到轴向力所在偏心方向截面边缘的距离。

查表求 φ 时，构件高厚比 β 应按下列公式确定：

对矩形截面

$$\beta = \gamma_\beta \frac{H_0}{h} \qquad (13 - 5)$$

对 T 形截面

$$\beta = \gamma_\beta \frac{H_0}{h_T} \qquad (13 - 6)$$

式中：γ_β 为不同砌体材料的高厚比修正系数，按表 13 - 11 采用；H_0 为受压构件的计算高度，按表 13 - 9 采用；h 为矩形截面轴向力偏心方向的边长，当轴心受压时为截面较小边长；h_T 为 T 形截面的折算厚度，可近似按 $3.5i$ 计算；i 为截面回转半径。

表 13 - 11   **高 厚 比 修 正 系 数 γ_β**

砌体材料类别	γ_β
烧结普通砖、烧结多孔砖	1.0
混凝土及轻骨料混凝土砌块	1.1
蒸压灰砂砖、蒸压粉煤灰砖、细料石、半细料石	1.2
粗料石、毛石	1.5

注 对灌孔混凝土砌块，γ_β 取 1.0。

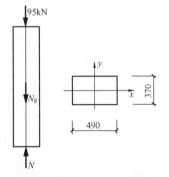

图 13 - 10 ［例 13 - 2］图

铰接

【例 13 - 2】 轴心受压砖柱如图 13 - 10 所示，截面尺寸 370mm×490mm。采用砖 MU10、混合砂浆 M2.5 砌筑，柱高 4m，其上下端视为铰接，在柱顶上作用轴向压力，轴向压力设计值 $N=95$kN，试计算（1）柱的承载力是否满足要求；（2）若改用 M2.5 水泥砂浆砌筑时，该轴能承受多大轴力。

解 （1）柱的自重设计值

$$N_G = 1.2 \times 0.37 \times 0.49 \times 4 \times 19 = 16.53 \text{(kN)}$$

$$N = 95 + 16.55 = 111.53 \text{(kN)}$$

$$H_0 = H = 4\text{m}$$

$$\beta = \frac{H_0}{h} = \frac{4}{0.37} = 10.8$$

$e/h = 0$ 查附表 13 - 1 $\varphi = 0.807$

查表 13-1
$$f = 1.3 \text{MPa}$$
$$A = 0.37 \times 0.49 = 0.181 (\text{m}^2) < 0.3 \text{m}^2$$

当 $A \leqslant 0.3\text{m}^2$ 时

$$\gamma_a = 0.7 + A = 0.7 + 0.181 = 0.881$$
$$\varphi f A = 0.807 \times 1.3 \times 0.881 \times 0.181 \times 10^3$$
$$= 167.3 (\text{kN}) > N = 111.53 \text{kN}$$

强度满足。

（2）若改为水泥砂浆砌筑时，砌体强度设计值应乘以 0.9 的系数
$$f = 1.3 \times 0.9 \times 0.881 = 1.03 (\text{MPa})$$
$$N = \varphi f A = 0.807 \times 1.03 \times 0.181 \times 10^3 = 150.4 (\text{kN})$$

即改水泥砂浆，承载力降低 10%。

【例 13-3】 一偏心受压柱如图 13-11 所示，截面为 370mm×620mm，柱的计算高度为 5m，承受轴向压力设计值（包括自重）$N = 125 \text{kN}$，偏心弯矩设计值 $M = 15 \text{kN·m}$，采用砖 MU10、M5 混合砂浆砌筑，试验算柱承载力。

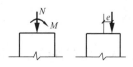

图 13-11 ［例 13-3］图

查附表 13-1 $\varphi = 0.5$

解
$$e = \frac{M}{N} = \frac{15}{125} = 0.12 (\text{m}) = 120 (\text{mm}) < 0.6 \times 310 = 186 \text{mm}$$

（1）验算弯矩平面内
$$\beta = \frac{H_0}{h} = \frac{5}{0.62} = 8.06$$
$$\frac{e}{h} = \frac{120}{620} = 0.194$$

$$A = 0.62 \times 0.37 = 0.229 (\text{m}^2) < 0.3 \text{mm}^2$$
$$\gamma_a = 0.7 + 0.229 = 0.929$$
$$f = 1.5 \text{MPa}$$
$$\varphi f A = 0.5 \times 1.5 \times 0.929 \times 0.229 \times 10^3 = 160 (\text{kN}) > N = 125 \text{kN}$$

（2）垂直弯矩方向

轴心受压
$$\frac{e}{h} = 0$$
$$\beta = \frac{5}{0.37} = 13.51$$

查附表 13-1 $\varphi = 0.782$
$$\varphi f A = 0.78 \times 1.5 \times 0.929 \times 0.229 \times 10^3 = 250 (\text{kN}) > N = 125 \text{kN}$$

强度满足。

二、局部受压构件

当压力只作用在砌体部分面积上时，称为局部受压。在混合结构房屋中，经常遇到砌体局部受压的情况，例如：柱支承在砌体基础上，梁支承在砖墙上等，见图 13-12。此时，柱与基础，梁与墙相接的面积只是基础、墙体截面的一部分，柱和梁的压力将通过这部分面积最终传给整个基础与墙截面，但在基础、墙顶，由于受压面积较小，若压力较大，砌体强度

较低，则会发生局部受压破坏。因此，对受压构件，除验算全截面抗压承载力之外，对局部受压部分，还应验算局部受压承载力。

1. 局部受压的破坏形态

（1）$\dfrac{A}{A_l}$ 不太大时，竖向裂缝及斜裂缝，见图 13-13 （a）；

（2）$\dfrac{A}{A_l}$ 较大时，劈裂破坏，一条主要竖向裂缝，见图 13-13 （b）；

（3）当块材强度较低时，局部受压被压碎的破坏，见图 13-13 （c）。

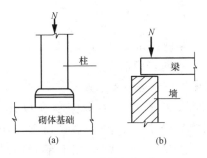

图 13-12 砌体局部受压

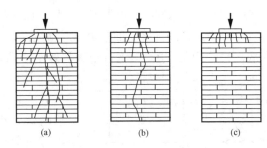

图 13-13 局部受压时砌体的破坏形态

（a）竖向裂缝发展破坏；（b）劈裂破坏；（c）局部接触破坏

2. 局部均匀受压时的承载力

$$N_l = \gamma f A_l \tag{13-7}$$

式中：N_l 为局部受压面积上的轴向力设计值；γ 为砌体局部抗压强度提高系数；f 为砌体抗压强度设计值，局部受压面积小于 0.3m^2，可不考虑强度调整系数 γ_a 的影响；A_l 为局部受压面积。

3. 砌体局部抗压强度提高系数 γ

砌体局部受压时，周围砌体对局部受压砌体的横向变形有约束作用，使局部受压下的砌体处于三向受压应力状态，这种"套箍作用"提高了砌体局部抗压强度。而"套箍作用"的大小取决于 A_0/A_l 比值的大小。一般说来，在一定范围内，A_0/A_l 比值越大，"套箍作用"越大，强度提高越多。但 A_0/A_l 超过一定范围，"套箍作用"将不会再增加。同时"套箍作用"与局部受压面在砌体构件截面上的位置也有关系。砌体局部抗压强度提高系数 γ 应符合下列规定

$$\gamma = 1 + 0.35\sqrt{\dfrac{A_0}{A_l} - 1} \tag{13-8}$$

式中：A_0 为影响砌体局部抗压强度的计算面积。

由式（13-8）计算所得的 γ 值，尚应符合下列规定：

（1）在图 13-14 （a）的情况下，$\gamma \leqslant 2.5$；

（2）在图 13-14 （b）的情况下，$\gamma \leqslant 2.0$；

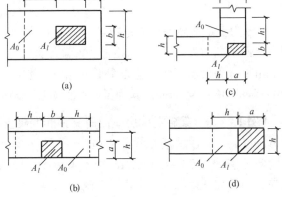

图 13-14 影响局部抗压强度的面积 A_0

（3）在图 13 - 14（c）的情况下，$\gamma \leqslant 1.5$；

（4）在图 13 - 14（d）的情况下，$\gamma \leqslant 1.25$；

（5）对于多孔砖砌体和按规定灌孔的砌块砌体在满足 1)、2)、3) 条的情况下，尚应符合 $\gamma \leqslant 1.5$；未灌孔的混凝土砌块砌体，$\gamma = 1.0$。

4. 影响砌体局部抗压强度的计算面积可按下列规定采用

（1）在图 13 - 14（a）的情况下，$A_0 = (a+c+h)h$；

（2）在图 13 - 14（b）的情况下，$A_0 = (b+2h)h$；

（3）在图 13 - 14（c）的情况下，$A_0 = (a+h)h + (b+h_1-h)h_1$；

（4）在图 13 - 14（d）的情况下，$A_0 = (a+h)h$。

式中：a、b 为矩形局部受压面积 A_l 的边长；h、h_1 为墙厚或柱的较小边长，墙厚；c 为矩形局部受压面积的外边缘至构件边缘的较小距离，当大于 h 时，应取 h。

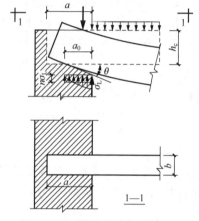

图 13 - 15　梁的有效支承长度

5. 局部非均匀受压——梁端支承处砌体的局部受压

（1）梁端的有效支承长度。梁端支承在砌体上，梁端的压力将使砌体局部受压。由于梁在荷载作用下发生弯曲变形，梁端发生转动，则梁端下部砌体局部受压的应力和应变不是均匀分布的，梁端的支承长度将由 a 减少到 a_0。砌体受压后梁端与砌体的实际支承长度 a_0，称为梁端的有效支承长度，见图 13 - 15。a_0 可按下式计算

$$a_0 = 10\sqrt{\frac{h_c}{f}} \qquad (13 - 9)$$

式中：h_c 为梁的截面高度，mm；f 为砌体的抗压强度设计值，MPa。当 a_0 大于 a 时，应取 $a = a_0$。

（2）梁端支承处砌体的局部受压承载力。梁端支承处砌体的局部受压承载力应按下列公式计算

$$\psi N_0 + N_l \leqslant \eta \gamma f A_l \qquad (13 - 10)$$

$$\psi = 1.5 - 0.5 \frac{A_0}{A_l} \qquad (13 - 11)$$

$$N_0 = \sigma_0 A_l \qquad (13 - 12)$$

$$A_l = a_0 b \qquad (13 - 13)$$

式中：ψ 为上部荷载的折减系数，当 A_0/A_l 大于等于 3 时，应取 ψ 等于 0；N_0 为局部受压面积内上部轴向力设计值，N；N_l 为梁端支承压力设计值，N；σ_0 为上部平均压应力设计值，N/mm²；η 为梁端底面压应力图形的完整系数，可取 0.7，对于过梁和墙梁可取 1.0；a_0 为梁端有效支承长度，mm；b 为梁的截面宽度，mm。

【例 13 - 4】　某砖混楼房屋面简支钢筋混凝土大梁，截面尺寸 $b \times h_c = 200\text{mm} \times 500\text{mm}$，计算跨度 $l = 6\text{m}$，垂直支承在 240mm 厚的外墙上，梁端设计支座压力 $N_l = 50\text{kN}$，梁在墙上的实际搭接长度 $a = 240\text{mm}$，砖墙采用 MU10 等级的烧结普通砖和 M2.5 等级的混合砂浆砌筑（如图13-16所示），验算梁下砌体的局部抗压强度。

解　（1）计算 A_0。按图 13 - 14（b）有

$$A_0 = (b+2h)h = (2 \times 240 + 200) \times$$
$$240 = 163200 (\mathrm{mm^2})$$

（2）计算有效支承长度 a_0

$$f = 1.3\mathrm{MPa}$$

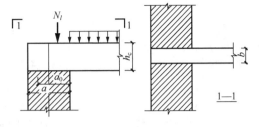

图 13-16　梁端压力 N_l 不大的情形

$$a_0 = 10\sqrt{\frac{h_c}{f}} = 10\sqrt{\frac{500}{1.3}} = 196.12(\mathrm{mm}) < a$$

取 $a_0 = 196.12\mathrm{mm}$

（3）计算局部受压面积 A_l

$$A_l = a_0 b = 196.12 \times 200 = 39224(\mathrm{mm^2})$$

（4）计算局部抗压强度提高系数 γ

$$\gamma = 1 + 0.35\sqrt{\frac{A_0}{A_l} - 1} = 1 + 0.35\sqrt{\frac{163200}{39224} - 1} = 1.714 < 2.0$$

取 $\gamma = 1.714$

因为无上部荷载，所以 $N_0 = 0$

验算强度

$$\eta\gamma A_l f = 0.7 \times 1.714 \times 39224 \times 1.3 = 61179\mathrm{N} = 61.179(\mathrm{kN}) > 50\mathrm{kN}$$

强度满足要求。

第六节　刚性方案房屋墙、柱的计算

一、承重纵墙计算

1. 计算简图

N_l 为本层楼盖传来的荷载，考虑偏心的影响，到墙内边的距离应取梁的有效支承长度 a_0 的 0.4 倍，见图 13-17；N_u 为上面各层楼盖、屋盖及墙体自重传来的荷载，作用于上一层的墙、柱截面形心处，见图 13-18；N_G 为本层墙体自重，作用于计算高度内墙体的轴线上。

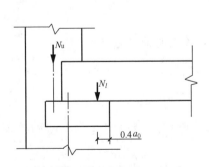

图 13-17　梁端支承压力位置

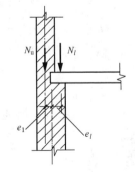

图 13-18　荷载的作用位置

2. 最不利截面的位置及内力计算

对每层墙体一般有下列几个截面比较危险，见图 13-19：

（1）Ⅰ-Ⅰ截面：弯矩最大

$$M_\mathrm{I} = N_l e_l - N_u e_1$$

$$e_l = \frac{h}{2} - 0.4a_0$$

上下墙厚度相同时　$e_1 = 0$

偏心距　　　　　　　　　　　　$e = M_I / (N_l + N_u)$

$$N = N_l + N_u$$

面积取Ⅱ-Ⅱ截面窗间墙的面积。（用Ⅰ-Ⅰ截面的内力对Ⅱ-Ⅱ截面进行验算）

（2）Ⅳ-Ⅳ：截面弯矩为零，但轴力最大

$$N = N_l + N_u + N_G$$

当窗口较高，层高较大时，亦不应忽略对Ⅲ-Ⅲ截面进行强度验算。

3. 截面承载力计算

按前面所述方法验算。

二、承重横墙计算

1. 计算简图

取 1m 宽的墙体作为计算单元。承受的荷载有计算截面以上各层传来的荷载 N_u，本层两边楼板传来的垂直荷载 $N_{l,l}$、$N_{l,r}$，实际计算中各层均可按轴心受压构件计算，见图 13-20。

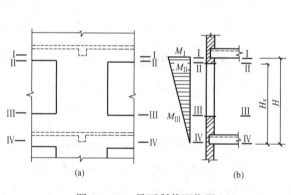

图 13-19　最不利截面位置

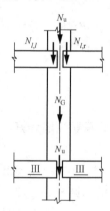

图 13-20　横墙荷载

2. 最不利截面的位置及内力计算

每一层根部Ⅲ-Ⅲ截面处为最不利荷载位置，该处的轴力为

$$N = N_u + N_{l,l} + N_{l,r} + N_G$$

3. 截面承载力计算

拓展阅读-配
筋砌体

按前面所述方法验算。

当横墙上设有门窗洞口时，则应取洞口中心线之间的墙体作为计算单元。

当有楼面大梁支承于横墙时，应取大梁间距作为计算单元。

承重内纵墙的计算方法，基本上和承重横墙一样。

三、设计例题

【例 13-5】　某四层办公楼，采用混合结构，如图 13-21 所示。大梁截面 $b \times h = 200\text{mm} \times 500\text{mm}$，伸入墙内 240mm，梁间距 3600mm；外墙窗口尺寸为 1500mm×

1800mm；砖墙厚 240mm，采用 MU10 砖、M5 混合砂浆砌筑（$f=1.50MPa$）；采用装配式钢筋混凝土（屋）楼盖，其屋面恒荷载标准值为（包括板重）4.54kN/m²，雪荷载标准值为 0.35kN/m²；楼面恒荷载为（包括板重）2.99kN/m²，活荷载标准值为 2.0kN/m²。试对该房屋墙体进行验算。

解 （一）荷载计算

屋面恒荷载标准值（包括板重）	4.54 kN/m²
屋面活荷载标准值（不上人屋面）	0.5 kN/m²
楼面恒荷载（包括板重）	2.99 kN/m²
活荷载标准值	2.0 kN/m²
大梁自重标准值	$1.1\times0.2\times0.5\times25=2.75$ kN/m
240mm 墙体双面粉刷	5.24 kN/m²
木框玻璃窗	0.30 kN/m²

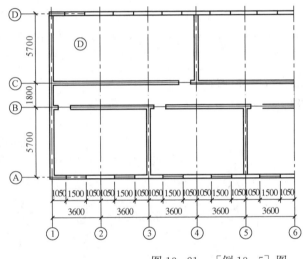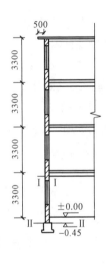

图 13-21　[例 13-5] 图

（二）静力计算方案高厚比

（1）墙体材料 MU10 砖、M5 砂浆砌筑，$f=1.50MPa$，$[\beta]=24$。

（2）房屋静力计算方案。最大横墙间距 $S=10.8m<32m$，按刚性方案计算。

（3）墙体高厚比验算。只验算底层 D 轴线外墙即可。

$$H=3300+450+500=4250（mm）（应取到板底）$$

$$S=10.8m>2H=8.5m$$

则 $H_0=H=4.25m$

$$\mu_1=1$$

$$\mu_2=1-0.4\times1.5/3.6=0.833$$

$$\beta=4.25/0.24=17.7<1\times0.833\times24=20$$

满足要求。

（三）墙体承载力验算

计算单元取底层 D 轴线相邻两窗之间的墙体，验算底层的Ⅰ-Ⅰ截面和Ⅱ-Ⅱ截面。

（1）活荷载折减，折减系数为 0.85。

（2）计算单元上的荷载。

1）屋面传来的荷载（考虑 500mm 挑檐）受荷范围 $3.6 \times (5.7/2 + 0.5) = 12.06 (\text{mm}^2)$

恒荷载标准值 $4.54 \times 12.06 + 2.75 \times 5.7/2 = 62.59 (\text{kN})$

活荷载标准值 $0.5 \times 12.06 = 6.03 (\text{kN})$

2）各楼面传来的荷载，受荷范围 $3.6 \times 5.7/2 = 10.26 (\text{mm}^2)$

恒荷载标准值 $2.99 \times 10.26 + 2.75 \times 5.7/2 = 38.51 (\text{kN})$

活荷载标准值 $2.0 \times 10.26 \times 0.85 = 17.44 (\text{kN})$

3）二层以上每层墙体自重及窗重标准值

$$5.24 \times (3.6 \times 3.3 - 1.5 \times 1.8) + 0.3 \times 1.5 \times 1.8 = 48.91 (\text{kN})$$

楼面至大梁底的一段墙

$$3.6 \times (0.5 + 0.15) \times 5.24 = 12.26 (\text{kN})$$

（3） Ⅰ-Ⅰ 截面验算。

1）内力设计值

$N_u = 1.2 \times (62.59 + 2 \times 38.51 + 3 \times 48.91 + 12.26) + 1.4 \times (6.03 + 2 \times 17.44)$

$= 415.59 (\text{kN})$

$N_l = 1.2 \times 38.51 + 1.4 \times 17.44 = 70.63 (\text{kN})$

$N = 415.59 + 70.63 = 486.22 (\text{kN})$

2）受压承载力验算

$$a_0 = 10 \sqrt{\frac{h_c}{f}} = 10 \sqrt{\frac{500}{1.5}} = 183 (\text{mm}) < a = 240 \text{mm}$$

$$0.4 a_0 = 0.4 \times 183 = 73 (\text{mm})$$

$$e = \frac{M}{N} = \frac{70.63 \times (120 - 73)}{486.22} = 6.83 (\text{mm})$$

$$e/h = 6.83/240 = 0.028$$

$$\beta = 4.25/0.24 = 17.7$$

查表得 $\varphi = 0.62$

$$A = 0.24 \times 2.1 = 0.504 (\text{m}^2) > 0.3 \text{m}^2$$

$$N = 486.22 \text{kN} > \varphi A f = 0.62 \times 0.504 \times 1.5 \times 10^3 = 468.7 (\text{kN})$$

故强度不满足要求，应增大外墙尺寸或提高砂浆强度等级（MU10）。

（4）Ⅱ-Ⅱ 截面验算

1）内力。底层窗及其以下墙体自重直接传至窗下基础

$$N = 486.22 + (4.25 - 0.65) \times 2.1 \times 5.24 \times 1.2 = 533.76 (\text{kN})$$

2）受压承载力验算

$$e/h = 0, \beta = 4.25/0.24 = 17.7$$

查表得 $\varphi = 0.675$

$$A = 0.24 \times 2.1 = 0.504 (\text{m}^2) > 0.3 \text{m}^2$$

$$\varphi A f = 0.675 \times 0.504 \times 1.5 \times 10^3$$

$$= 510 (\text{kN}) < N = 533.76 \text{kN}$$

故强度也不满足要求。

四、局部抗压强度计算

请读者自己计算局部抗压强度。

第七节 砌体结构的构造要求

一、一般构造要求

1. 砌块和砂浆的强度等级

（1）一幢建筑物所用的砖，其强度等级应一致。每层墙体所用的砂浆的强度等级应相同。

（2）五层及五层以上房屋的墙，以及受振动或层高大于 6m 的墙、柱所用材料的最低强度等级：①砖采用 MU10；②砌块采用 MU7.5；③石材采用 MU30；④砂浆采用 M5。

（3）地面以下或防潮层以下的砌体，潮湿房间的墙，所用材料的最低强度等级应符合表 13-12 的要求。

表 13-12 地面以下或防潮层以下的砌体，潮湿房间的墙，所用材料的最低强度等级

潮湿程度	烧结普遍砖	混凝土普通砖、蒸压普通砖	混凝土砌块	石 材	水泥砂浆
稍潮湿的	MU15	MU20	MU7.5	MU30	M5
很潮湿的	MU20	MU20	MU10	MU30	M7.5
含水饱和的	MU20	MU25	MU15	MU40	M10

注 1. 在冻胀地区，地面以下或防潮层以下的砌体，不宜采用多孔砖，如采用时，其孔洞应用不低于 M10 的水泥砂浆预先灌实。当采用混凝土空心砌块时，其孔洞应采用强度等级不低于 Cb20 的混凝土预先灌实。

2. 对安全等级为一级或设计使用年限大于 50 年的房屋，表中材料强度等级应至少提高一级。

（4）室内地面以下，室外散水坡顶面以上的砌体内，应铺设防潮层。勒脚部位应采用水泥砂浆粉刷。

（5）混凝土砌块墙体的下列部位，如未设圈梁或混凝土垫块，应采用不低于 Cb20 灌孔混凝土将孔洞灌实：

1）搁栅、檩条和钢筋混凝土楼板的支承面下，高度不应小于 200mm 的砌体。

2）屋架、梁等构件的支承面下，高度不小于 600mm，长度不应小于 600mm 的砌体。

3）挑梁的支承面下，距墙中心线每边不应小于 300mm，高度不应小于 600mm 的砌体。

2. 墙体的连接和尺寸

（1）填充墙隔墙应分别采取措施与周边构件可靠连接。

（2）山墙处的壁柱宜砌至山墙顶部，屋面构件应与山墙可靠拉结。

（3）砌块砌体应分皮错缝搭砌，上下皮搭砌长度不得小于 90mm。当搭砌长度不满足上述要求时，应在水平灰缝内设置不少于 2φ4 的焊接钢筋网片（横向钢筋的间距不宜大于 200mm，网片每端均应超过该垂直缝，其长度不得小于 300mm）。

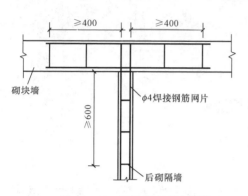

图 13 - 22 砌块墙与后砌隔墙
交接处钢筋网片

（4）砌块墙与后砌隔墙交接处，应沿墙高每隔400mm在水平灰缝内设置不少于 $2\phi4$、横向间距不大于200mm的焊接钢筋网片，见图 13 - 22。

（5）混凝土砌块房屋，宜将纵横墙交接处、距墙中心线每边不小于300mm范围内的孔洞，采用不低于Cb20灌孔混凝土灌实，灌实高度应为墙身全高。

（6）承重的独立砖柱截面尺寸不应小于240mm× 370mm。毛石墙的厚度，不宜小于350mm。毛料石柱截面较小边长，不宜小于400mm。当有振动荷载时，墙、柱不宜采用毛石砌筑。

（7）在砌体中留槽洞及埋设管道时，应遵守下列规定：

1）不应在截面长边小于500mm的承重墙体、独立柱内埋设管线。

2）不宜在墙体中穿行暗线或预留、开凿沟槽，无法避免时，应采取必要的措施或按削弱后的截面验算墙体的承载力。对受力较小或未灌孔的砌块砌体，允许在墙体的竖向孔洞中设置管线。

3．墙体和屋盖、楼盖的连接

（1）跨度大于 6m 的屋架和跨度大于下列数值的梁，应在支承处砌体上设置混凝土或钢筋混凝土垫块；当墙中设有圈梁时，垫块与圈梁宜浇成整体。

1）对砖砌体为 4.8m。

2）对砌块和料石砌体为 4.2m。

3）对毛石砌体为 3.9m。

（2）当梁跨度大于或等于下列数值时，其支承处宜加设壁柱，或采取其他加强措施：

1）对 240mm 厚的砖墙为 6m，对 180mm 厚的砖墙为 4.8m。

2）对砌块、料石墙为 4.8m。

（3）预制钢筋混凝土板的支承长度，在墙上不宜小于 100mm；在钢筋混凝土圈梁上不宜小于 80mm；当利用板端伸出钢筋拉结和混凝土灌缝时，其支承长度可为 40mm，但板端缝宽不小于 80mm，灌缝混凝土不宜低于 C20。

（4）支承在墙、柱上的吊车梁、屋架及跨度大于或等于下列数值的预制梁的端部，应采用锚固件与墙、柱上的垫块锚固。

1）对砖砌体为 9m。

2）对砌块和料石砌体为 7.2m。

二、砌体结构构件的抗震设计

1．一般规定

（1）多层房屋的层数和高度应符合下列要求。

1）一般情况下，房屋的层数和总高度不应超过表 13 - 13 的规定。

工程实例 - 震害
及易产生的破坏形式

表 13 - 13　　　　　　　　　　　房屋的层数和总高度限值

房屋类别		最小厚度 (mm)	烈　　　度										
			6		7				8				9
			0.05g		0.10g		0.15g		0.2g		0.3g		0.4g
			高度	层数	高度	层数	高度	层数	高度	层数	高度	层数	高度	层数
多层砌体	普通砖	240	21	7	21	7	21	7	18	6	15	5	12	4
	多孔砖	240	21	7	21	7	18	7	18	6	15	5	9	3
	多孔砖	190	21	7	18	6	15	6	15	5	12	4	—	—
	混凝土砌块	190	21	7	21	7	18	6	18	6	15	5	9	3
底部框架—抗震墙砌体房屋	普通砖 多孔砖	240	22	7	22	7	19	6	16	5	—	—	—	—
	多孔砖	190	22	7	19	6	16	6	13	4	—	—	—	—
	混凝土砌块	190	22	7	22	7	19	6	16	5	—	—	—	—

注　1. 房屋的总高度指室外地面到主要屋面板板顶或檐口的高度，半地下室从地下室室内地面算起，全地下室和嵌
　　　固条件好的半地下室应允许从室外地面算起；对带阁楼的坡屋面应算到山尖墙的 1/2 高度处。

　　2. 室内外高差大于 0.6m 时，房屋总高度应允许比表中数据适当增加，但不应多于 1m。

　　3. 乙类的多层砌体房屋仍按本地区设防烈度查表，其层数应减少一层且总高度应降低 3m；不应采用底部框架—
　　　抗震墙砌体房屋。

2) 对医院、教学楼等及横墙较少（同一楼层内开间大于 4.2m 的房间占该层总面积的 40% 以上，其中，开间不大于 4.2m 的房间占该层总面积不到 20% 且开间大于 4.8m 的房间占该层总面积 50% 以上为横墙很少）的多层砌体房屋，总高度应比表 13 - 13 的规定降低 3m，层数相应减少一层；各层横墙很少的多层砌体房屋，还应再减少一层。

3) 抗震设防烈度为 6、7 度时，横墙较少的丙类多层砌体房屋，当按现行国家标准《建筑抗震设计规范》规定采取加强措施，并满足抗震承载力要求时，其高度和层数应允许仍按表 13 - 13 中的规定采用。

4) 采用蒸压灰砂普通砖和蒸压粉煤灰普通砖的砌体房屋，当砌体的抗剪强度仅达到普通黏土砖砌体的 70% 时，房屋的层数应比普通砖房屋减少一层，总高度应减少 3m；当砌体的抗剪强度达到普通黏土砖砌体的取值时，房屋层数和总高度的要求同普通砖房屋。

（2）普通砖、多孔砖和小砌块砌体承重房屋的层高，不应超过 3.6m；底部框架—抗震墙房屋的底部，不应超过 4.5m；当底层采用约束砌体抗震时，底层的层高不应超过 4.2m。

（3）多层砌体房屋的总高度和总宽度的最大比值，宜符合表 13 - 14 的要求。

表 13 - 14　　　　　　　　　　　房 屋 最 大 高 宽 比

烈　　　度	6	7	8	9
最大高宽比	2.5	2.5	2.0	1.5

注　1. 单面走廊房屋的总宽度不包括走廊宽度。

　　2. 建筑平面接近正方形时，其高宽比宜适当减小。

（4）房屋抗震横墙间距，不应超过表 13 - 15 的要求。

表 13 - 15　房屋抗震横墙最大间距　m

房屋类别		烈度			
		6	7	8	9
多层砌体	现浇或装配整体式钢筋混凝土楼、屋盖	18	18	15	11
	装配式钢筋混凝土楼、屋盖	15	15	11	7
	木楼、屋盖	11	11	7	4
底部框架—抗震墙	上部各层	同多层砌体结构			—
	底层或底部两层	21	18	15	—
多排柱内框架		25	21	18	—

注　1. 多层砌体房屋的顶层，最大横墙间距应允许适当放宽。

　　2. 表中木楼、屋盖的规定，不适用于小砌块砌体房屋。

（5）房屋中砌体墙段的局部尺寸限值，宜符合表 13 - 16 的要求。

表 13 - 16　房屋的局部尺寸限值　m

部位	6 度	7 度	8 度	9 度
承重窗间墙最小宽度	1.0	1.0	1.2	1.5
承重外墙尽端至门窗洞口边的最小距离	1.0	1.0	1.2	1.5
非承重外墙尽端至门窗洞口边的最小距离	1.0	1.0	1.0	1.0
内墙阳角至门窗洞口边的最小距离	1.0	1.0	1.5	2.0
无锚固女儿墙（非出入口）的最大高度	0.5	0.5	0.5	0.0

注　1. 局部尺寸不足时应采取局部加强措施弥补。

　　2. 出入口处的女儿墙应有锚固。

　　3. 多层多排内框架房屋的纵向窗间墙宽度，不应小于 1.5m。

（6）多层砌体房屋的结构体系，应符合下列要求。

1）应优先采用横墙承重或纵横墙共同承重的结构体系，不应采用砌体墙和混凝土墙混合承重的结构体系。

2）纵横墙的布置宜均匀对称，沿平面内宜对齐，沿竖向应上下连续，且纵横向墙体的数量不宜相差过大。

3）房屋有下列情况之一时宜设防震缝，缝两侧均应设置墙体，缝宽应根据烈度和房屋高度确定，可采用 70～100mm。① 房屋立面高差在 6m 以上；② 房屋有错层，且楼板高差大于层高的 1/4；③ 各部分结构刚度、质量截然不同。

4）楼梯间不宜设置在房屋的尽端和转角处。

5）不应在房屋转角处设置转角窗。

6）横墙较少、跨度较大的房屋，宜采用现浇钢筋混凝土楼、屋盖。

（7）地震区的混凝土砌块、石砌体结构构件的材料，应符合下列规定。

1）混凝土砌块砌筑砂浆的强度等级不应低于 Mb7.5；配筋砌块砌体剪力墙中砌筑砂浆的强度等级不应低于 Mb10。

2）普通砖和多孔砖的强度等级不应低于 MU10，其砌筑砂浆强度等级不应低于 M5；蒸压灰砂普通砖，蒸压粉煤灰砖及混凝土砖的强度等级不应低于 MU15，其砂浆强度等级不应低于 Ms5（Mb5）。

2. 多层砖房抗震构造措施

（1）多层普通砖、多孔砖房，应按下列要求设置现浇钢筋混凝土构造柱。

1）构造柱设置部位，一般情况下应符合表 13 - 17 的要求。

2）外廊式和单面走廊式的多层房屋，应根据房屋增加一层后的层数，按表 13 - 17 的要求设置构造柱，且单面走廊两侧的纵墙均应按外墙处理。

3）教学楼、医院等横墙较少的房屋，应根据房屋增加一层后的层数，按表 13 - 17 的要求设置构造柱，当教学楼、医院等横墙较少的房屋为外廊式或单面走廊式时，应按 2）要求设置构造柱，但 6 度不超过四层、7 度不超过三层和 8 度不超过二层时，应按增加二层后的层数对待。

表 13 - 17　　　　　　　　　　　多层砖砌体房屋构造柱设置要求

房 屋 层 数				设 置 部 位	
6 度	7 度	8 度	9 度		
≤五	≤四	≤三		楼、电梯间四角，楼梯斜梯段上下端对应的墙体处；外墙四角和对应转角错层部位横墙与外纵墙交接处　大房间内外墙交接处　较大洞口两侧	隔12m或单元横墙与外纵墙交接处；楼梯间对应的另一侧内横墙与外纵墙交接处
六	五	四	二		隔开间横墙（轴线）与外墙交接处，山墙与内纵墙交接处
七	六、七	五、六	三、四		内墙（轴线）与外墙交接处，内墙的局部较小墙垛处；内纵墙与横墙（轴线）交接处

注　1. 较大洞口，内墙指不小于 2.1m 的洞口；外墙在内墙交接处已设置构造柱时允许适当放宽，但洞侧墙体应加强。

　　2. 超出此表范围，不应低于表中相应烈度的最高要求且宜适当提高。

（2）多层普通砖、多孔砖房屋的构造柱应符合下列要求。

1）构造柱最小截面可采用 240mm×180mm（墙厚 190mm 时为 180mm×190mm），纵向钢筋宜采用 4ϕ12，箍筋直径可采用 6mm，间距不宜大于 250mm，且在柱上下端宜适当加密；当 6、7 度时超过六层、8 度时超过五层和 9 度时，构造柱纵向钢筋宜采用 4ϕ14，箍筋间距不应大于 200mm；房屋四角的构造柱可适当加大截面及配筋。

2）构造柱与墙连接处应砌马牙槎，并应沿墙高每隔 500mm 设 2ϕ6 拉结钢筋和 ϕ4 分布短筋平面内点焊组成的拉结网片或 ϕ4 点焊钢筋网片，每边伸入墙内不宜小于 1m（见图 13 - 23），6、7 度时，底部 1～3 楼层，8 度时底部 1/2 楼层，9 度时全部楼层，上述拉结钢筋网片应沿墙体水平通长设置。

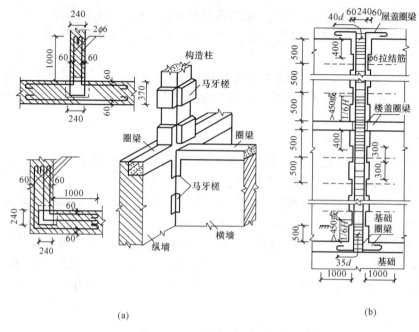

(a)   (b)

图 13-23 构造柱示意图

3）构造柱与圈梁连接处，构造柱的纵筋应穿过圈梁，保证构造柱纵筋上下贯通。

4）构造柱可不单独设置基础，但应伸入室外地面下 500mm，或与埋深小于 500mm 的基础圈梁相连。

5）房屋高度和层数接近表 13-13 的限值时，纵、横墙内构造柱间距尚应符合下列要求：① 横墙内的构造柱间距不宜大于层高的二倍；下部 1/3 楼层的构造柱间距适当减小；② 当外纵墙开间大于 3.9m 时，应另设加强措施。内纵墙的构造柱间距不宜大于 4.2m。

（3）多层普通砖、多孔砖房屋的现浇钢筋混凝土圈梁设置应符合下列要求。

1）装配式钢筋混凝土楼、屋盖或木楼、屋盖的砖房，横墙承重时应按表 13-18 的要求设置圈梁；纵墙承重时每层均应设置圈梁，且抗震横墙上的圈梁间距应比表内要求适当加密。

表 13-18　　　　　　　　　　　砖砌体房屋现浇钢筋混凝土圈梁设置要求

墙　类	烈　　　　　　　　度		
	6、7	8	9
外墙和内纵墙	屋盖处及每层楼盖处	屋盖处及每层楼盖处	屋盖处及每层楼盖处
内横墙	同上；屋盖处间距不应大于 4.5m；楼盖处间距不应大于 7.2m；构造柱对应部位	同上；各层所有横墙，且间距不应大于 4.5m；构造柱对应部位	同上；各层所有横墙

2）现浇或装配整体式钢筋混凝土楼、屋盖与墙体有可靠连接的房屋，应允许不另设圈梁，但楼板沿墙体周边应加强配筋并应与相应的构造柱钢筋可靠连接。

（4）多层普通砖、多孔砖房屋的现浇钢筋混凝土圈梁构造应符合下列要求。

1）圈梁应闭合，遇有洞口圈梁应上下搭接。圈梁宜与预制板设在同一标高处或紧靠板底，见图 13-24。

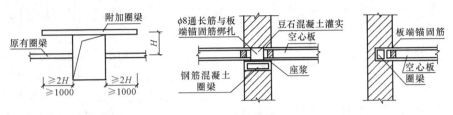

图 13-24 圈梁位置

2）圈梁在表 13-18 要求的间距内无横墙时，应利用梁或板缝中配筋代替圈梁。

3）圈梁的截面高度不应小于 120mm，配筋应符合表 13-19 的要求；当地基为软弱黏土、液化土、新近填土或严重不均匀土时，基础圈梁截面高度不应小于 180mm，配筋不应少于 4ϕ12。

表 13-19　　　　　　　　　　　　　　砖 房 圈 梁 配 筋 要 求

配　　筋	烈　　　　　度		
	6、7	8	9
最小纵筋	4ϕ10	4ϕ12	4ϕ14
最大箍筋间距（mm）	250	200	150

（5）多层普通砖、多孔砖房屋的楼、屋盖应符合下列要求。

1）现浇钢筋混凝土楼板或屋面板伸进纵、横墙内的长度，均不应小于 120mm。

2）装配式钢筋混凝土楼板或屋面板，当圈梁未设在板的同一标高时，板端伸进外墙的长度不应小于 120mm，伸进内墙的长度不应小于 100mm，或采用硬架支模连接，在梁上不应小于 80mm，或采用硬架支模连接。

3）当板的跨度大于 4.8m 并与外墙平行时，靠外墙的预制板侧边应与墙或圈梁拉结。

4）房屋端部大房间的楼盖，8 度时房屋的屋盖和 9 度时房屋的楼、屋盖，当圈梁设在板底时，钢筋混凝土预制板应相互拉结，并应与梁、墙或圈梁拉结。

（6）楼、屋盖的钢筋混凝土梁或屋架应与墙、柱（包括构造柱）或圈梁可靠连接，不得采用独立砖柱。跨度不小于 6m 大梁的支承构件应采用组合砌体等加强措施，并满足承载力要求。

（7）6、7 度时长度大于 7.2m 的大房间，及 8 度和 9 度时，外墙转角及内外墙交接处，应沿墙高每隔 500mm 配置 2ϕ6 拉结钢筋和 ϕ4 分布短筋平面内点焊组成的拉结网片或 ϕ4 点焊网片，并每边伸入墙内不宜小于 1m，见图 13-25。

（8）楼梯间应符合下列要求。

1）顶层楼梯间横墙和外墙应沿墙高每隔 500mm 设 2ϕ6 通长钢筋和 ϕ4 分布短钢筋平面内点焊组成的拉结网片或 ϕ4 点焊网片；7～9 度时其他各层楼梯间墙体应在休息平台或楼层

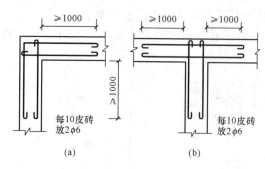

图 13 - 25　外墙转角及内外墙交接处的拉结钢筋

（a）外墙转角处配筋；（b）内外墙交接处配筋

半高处设置 60mm 厚的纵向钢筋不应小于 2φ10 钢筋混凝土带或配筋砖带，配筋砖带不少于 3 皮，每皮的配筋不少于 2φ6，其砂浆强度等级不应低于 M7.5，且不低于同层墙体的砂浆强度等级。

2）楼梯间及门厅内墙阳角处的大梁支承长度不应小于 500mm，并应与圈梁连接。

3）装配式楼梯段应与平台板的梁可靠连接，8、9 度时，不应采用装配式楼梯段；不应采用墙中悬挑式踏步或踏步竖肋插入墙体的楼梯，不应采用无筋砖砌栏板。

4）突出屋顶的楼、电梯间，构造柱应伸到顶部，并与顶部圈梁连接，内外墙交接处应沿墙高每隔 500mm 设 2φ6 拉结钢筋和 φ4 分布短筋平面内点焊组成的拉结网片或 φ4 点焊网片。

（9）坡屋顶房屋的屋架应与顶层圈梁可靠连接，檩条或屋面板应与墙及屋架可靠连接，房屋出入口处的檐口瓦应与屋面构件锚固，采用硬山搁檩时，顶层内纵墙顶宜增砌支承山墙的踏步式墙垛，并设置构造柱。

（10）门窗洞处不应采用无筋砖过梁；过梁支承长度，6～8 度时不应小于 240mm，9 度时不应小于 360mm。

（11）预制阳台 6、7 度时，应与圈梁和楼板的现浇带可靠连接，见图 13 - 26。

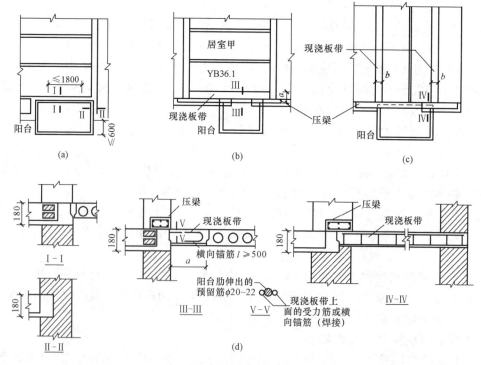

图 13 - 26　阳台锚固

（12）后砌的非承重砌体隔墙应沿墙高每隔 500mm 配置 $2\phi6$ 拉结钢筋与承重墙或柱拉结，并每边伸入墙内不应小于 500m；8 度和 9 度时，长度大于 5m 的后砌隔墙，墙顶尚应与楼板或梁拉结。

（13）同一结构单元的基础（或桩承台），宜采用同一类型的基础，底面宜埋置在同一标高上，否则应增设基础圈梁并应按 1：2 的台阶逐步放坡。

（14）丙类的多层砖砌体房屋，横墙较少的多层普通砖、多孔砖住宅楼的总高度和层数接近或达到表 13-13 规定限值，应采取下列加强措施。

1）房屋的最大开间尺寸不宜大于 6.6m。

2）同一结构单元内横墙错位数量不宜超过横墙总数的 1/3，且连续错位不宜多于两道；错位的墙体交接处应增设构造柱，且楼、屋面板应采用现浇钢筋混凝土板。

3）横墙和内纵墙上洞口的宽度不宜大于 1.5m；外纵墙上洞口的宽度不宜大于 2.1m 或开间尺寸的一半；且内外墙上洞口位置不应影响内外纵墙与横墙的整体连接。

4）所有纵横墙均应在楼、屋盖标高处设置加强的现浇钢筋混凝土圈梁；圈梁的截面高度不宜小于 150mm，上下纵筋各不应少于 $3\phi10$，箍筋不小于 $\phi6$，间距不大于 300mm。

5）所有纵横墙交接处及横墙的中部，均应增设满足下列要求的构造柱：在纵横墙内的柱距不宜大于 3.0m，最小截面尺寸不宜小于 240mm×240mm（墙厚 190mm 时为 240mm×190mm）配筋宜符合表 13-20 的要求。

6）同一结构单元的楼、屋面板应设置在同一标高处。

7）房屋底层和顶层的窗台标高处，宜设置沿纵横墙通长的水平现浇钢筋混凝土带；其截面高度不小于 60mm，宽度不小于墙厚，纵向钢筋不少于 $2\phi10$，横向分布筋不少于 $\phi6$ 且其间距不大于 200mm。

表 13-20　　　　　　　　　增设构造柱的纵筋和箍筋设置要求

位　置	纵　向　钢　筋			箍　　筋		
	最大配筋率（%）	最小配筋率（%）	最小直径（mm）	加密区范围（mm）	加密区范围（mm）	最小直径（mm）
角柱	1.8	0.8	14	全高	100	6
边柱			14	上端 700 下端 500		
中柱	1.4	0.6	12			

三、防止或减轻墙体开裂的主要措施

1. 开裂部位

经常发生在房屋的高度、重量、刚度有较大变化处；地质条件剧变处；基础底面或埋深变化处；房屋平面形状复杂的转角处；整体式屋盖或装配式屋盖房屋顶层的墙体，见图 13-27；其中尤以纵墙的两端和楼梯间为甚。

2. 开裂原因

开裂原因有两种：一是由于温度变化引起的，钢筋混凝土线膨胀系数 $\alpha=1.0\times10^{-5}$，

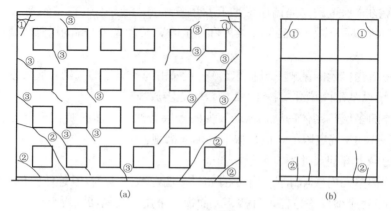

图 13-27　裂缝位置

砖墙线膨胀系数 $\alpha = 0.5 \times 10^{-5}$；二是由于地基不均匀沉降引起的。

　　3. 防止墙体开裂的主要措施

　　(1) 为了防止或减轻房屋在正常使用条件下，由温差和砌体干缩引起的墙体竖向裂缝，应在墙体中设置伸缩缝。伸缩缝应设在因温度和收缩变形可能引起应力集中、砌体产生裂缝可能性最大的地方。伸缩缝的间距可按表 13-21 采用。

　　(2) 为了防止或减轻房屋顶层墙体的裂缝，可根据情况采取下列措施。

表 13-21　　　　　　　　　　砌体房屋伸缩缝的最大间距　　　　　　　　　　　　　　m

屋 盖 或 楼 盖 类 别		间　距
整体式或装配整体式 钢筋混凝土结构	有保温层或隔热层的屋盖、楼盖	50
	无保温层或隔热层的屋盖	40
装配式无檩体系 钢筋混凝土结构	有保温层或隔热层的屋盖、楼盖	60
	无保温层或隔热层的屋盖	50
装配式有檩体系 钢筋混凝土结构	有保温层或隔热层的屋盖	75
	无保温层或隔热层的屋盖	60
瓦材屋盖、木屋盖后楼盖、轻钢屋盖		100

　　注　1. 对烧结普通砖、多孔砖、配筋砌块砌体房屋取表中的数值；对石砌体、蒸压灰砂砖、蒸压粉煤灰砖、混凝土砌块（和混凝土多孔砖、混凝土普通砖）房屋取表中数值乘以 0.8 的系数。当有实践经验并采取有效措施时，可不遵守本表规定。

　　　　2. 在钢筋混凝土屋面上挂瓦的屋盖应按钢筋混凝土屋盖采用。

　　　　3. 层高大于 5m 的烧结普通砖、多孔砖、配筋砌块砌体结构单层房屋，其伸缩缝间距可按表中数值乘以 1.3。

　　　　4. 温差较大且变化频繁地区和严寒地区不采暖的房屋及构筑物墙体的伸缩缝的最大间距，应按表中的数值予以适当减小。

　　　　5. 墙体的伸缩缝应与结构的其他变形缝相重合，缝宽度应满足各种变形缝的变形要求；在进行立面处理时，必须保证缝隙的变形作用。

1）屋面应设置保温层、隔热层。

2）屋面保温（隔热）层或屋面刚性面层及砂浆找平层应设置分隔缝，分隔缝间距不宜大于 6m，并与女儿墙隔开，其缝宽不小于 30mm。

3）采用装配式有檩体系钢筋混凝土屋盖和瓦材屋盖。

4）顶层屋面板下设置现浇钢筋混凝土圈梁，并沿内外墙拉通，房屋两端圈梁下的墙体内宜适当设置水平钢筋。

5）顶层墙体有门窗洞口时，在过梁上的水平灰缝内设置 2～3 道焊接钢筋网片或 $2\phi6$ 钢筋，并应伸入过梁两端墙内不小于 600mm。

6）顶层及女儿墙砂浆强度等级不低于 M7.5（Mb7.5、Ms7.5）。

7）女儿墙应设置构造柱，构造柱间距不宜大于 4m，构造柱应伸至女儿墙顶并与现浇钢筋混凝土压顶整浇在一起。

8）对顶层墙体施加竖向预应力。

（3）为防止或减轻房屋底层墙体裂缝，可根据情况采取下列措施。

1）增大基础圈梁的刚度。

2）在底层的窗台下墙体灰缝内设置 3 道焊接钢筋网片或 $2\phi6$ 钢筋，并伸入两边窗间墙内不小于 600mm。

（4）在各层门、窗过梁上方的水平灰缝内及窗台下第一和第二道水平灰缝内设置焊接钢筋网片或 $2\phi6$ 钢筋；焊接钢筋网片或钢筋应伸入两边窗间墙内不小于 600mm。

当墙长大于 5m 时，宜在每层墙高度中部设置 2～3 道焊接钢筋网片或 $3\phi6$ 的通长水平钢筋，竖向间距宜为 500mm。

（5）为防止或减轻混凝土砌块房屋顶层两端和底层第一、第二开间门窗洞处的裂缝，可采取下列措施。

1）在门窗洞口两边的墙体的水平灰缝中，设置长度不小于 900mm、竖向间距为 400mm 的 $2\phi4$ 焊接钢筋网片。

2）在顶层和底层设置通长钢筋混凝土窗台梁，窗台梁的高度宜为块高的模数，纵筋不少于 $4\phi10$、箍筋 $\phi6@200$，Cb20 混凝土。

3）在混凝土砌块房屋门窗洞口两侧不少于一个孔洞中设置不小于 $1\phi12$ 钢筋，钢筋应在楼层圈梁或基础锚固，并采用不低于 Cb20 灌孔混凝土灌实。

（6）当房屋刚度较大时，可在窗台下或窗台角处墙体内设置竖向控制缝，在墙体高度或厚度突然变化处也宜设置竖向控制缝，或采取其他可靠的防裂措施。竖向控制缝的构造和嵌缝材料应能满足墙体平面外传力和防护的要求。

竖向控制缝宽度不宜小于 25mm，缝内填以压缩性能好的填充材料，且外部用密封材料密封，并采用不吸水、闭孔发泡聚乙烯实心圆棒（背衬）作为密封膏的隔离物。

（7）填充墙砌体与梁、柱或混凝土墙体结合的界面处（包括内、外墙），宜在粉刷前设置钢丝网片，网片宽度可取 400mm，并沿界面缝两侧各延伸 200mm，或采取其他有效的防裂、盖缝措施。

（8）夹心复合墙的外叶墙宜在建筑墙体适当部位设置控制缝，其间距宜为 6～8mm。

附表 13 - 1 砌体受压构件的影响系数 φ

影响系数 φ（砂浆强度等级≥M5）

β	$\dfrac{e}{h}$ 或 $\dfrac{e}{h_T}$						
	0	0.025	0.05	0.075	0.1	0.125	0.15
≤3	1	0.99	0.97	0.94	0.89	0.84	0.79
4	0.98	0.95	0.90	0.85	0.80	0.74	0.69
6	0.95	0.91	0.86	0.81	0.75	0.69	0.64
8	0.91	0.86	0.81	0.76	0.70	0.64	0.59
10	0.87	0.82	0.76	0.71	0.65	0.60	0.55
12	0.82	0.77	0.71	0.66	0.60	0.55	0.51
14	0.77	0.72	0.66	0.61	0.56	0.51	0.47
16	0.72	0.67	0.61	0.56	0.52	0.47	0.44
18	0.67	0.62	0.57	0.52	0.48	0.44	0.40
20	0.62	0.57	0.53	0.48	0.44	0.40	0.37
22	0.58	0.53	0.49	0.45	0.41	0.38	0.35
24	0.54	0.49	0.45	0.41	0.38	0.35	0.32
26	0.50	0.46	0.42	0.38	0.35	0.33	0.30
28	0.46	0.42	0.39	0.36	0.33	0.30	0.28
30	0.42	0.39	0.36	0.33	0.31	0.28	0.26

β	$\dfrac{e}{h}$ 或 $\dfrac{e}{h_T}$					
	0.175	0.2	0.225	0.25	0.275	0.3
≤3	0.73	0.68	0.62	0.57	0.52	0.48
4	0.64	0.58	0.53	0.49	0.45	0.41
6	0.59	0.54	0.49	0.45	0.42	0.38
8	0.54	0.50	0.46	0.42	0.39	0.36
10	0.50	0.46	0.42	0.39	0.36	0.33
12	0.47	0.43	0.39	0.36	0.33	0.31
14	0.43	0.40	0.36	0.34	0.31	0.29
16	0.40	0.37	0.34	0.31	0.29	0.27
18	0.37	0.34	0.31	0.29	0.27	0.25
20	0.34	0.32	0.29	0.27	0.25	0.23
22	0.32	0.30	0.27	0.25	0.24	0.22
24	0.30	0.28	0.26	0.24	0.22	0.21
26	0.28	0.26	0.24	0.22	0.21	0.19
28	0.26	0.24	0.22	0.21	0.19	0.18
30	0.24	0.22	0.21	0.20	0.18	0.17

影响系数 φ（砂浆强度等级 M2.5）

β	$\dfrac{e}{h}$ 或 $\dfrac{e}{h_\mathrm{T}}$						
	0	0.025	0.05	0.075	0.1	0.125	0.15
≤3	1	0.99	0.97	0.94	0.89	0.84	0.79
4	0.97	0.94	0.89	0.84	0.78	0.73	0.67
6	0.73	0.89	0.84	0.78	0.73	0.67	0.62
8	0.89	0.84	0.78	0.72	0.67	0.62	0.57
10	0.83	0.78	0.72	0.67	0.61	0.56	0.52
12	0.78	0.72	0.67	0.61	0.56	0.52	0.47
14	0.72	0.66	0.61	0.56	0.51	0.47	0.43
16	0.66	0.61	0.56	0.51	0.47	0.43	0.40
18	0.61	0.56	0.51	0.47	0.43	0.40	0.36
20	0.56	0.51	0.47	0.43	0.39	0.36	0.33
22	0.51	0.47	0.43	0.39	0.36	0.33	0.31
24	0.46	0.43	0.39	0.36	0.33	0.31	0.28
26	0.42	0.39	0.36	0.32	0.31	0.28	0.26
28	0.39	0.36	0.33	0.30	0.28	0.26	0.24
30	0.36	0.33	0.30	0.28	0.26	0.24	0.22

β	$\dfrac{e}{h}$ 或 $\dfrac{e}{h_\mathrm{T}}$					
	0.175	0.2	0.225	0.25	0.275	0.3
≤3	0.73	0.68	0.62	0.57	0.52	0.48
4	0.62	0.57	0.52	0.48	0.44	0.40
6	0.57	0.52	0.48	0.44	0.40	0.37
8	0.52	0.48	0.44	0.40	0.37	0.34
10	0.47	0.43	0.40	0.37	0.34	0.31
12	0.43	0.40	0.37	0.34	0.31	0.29
14	0.40	0.36	0.34	0.31	0.29	0.27
16	0.36	0.34	0.31	0.29	0.26	0.25
18	0.33	0.31	0.29	0.26	0.24	0.23
20	0.31	0.28	0.26	0.24	0.23	0.21
22	0.28	0.26	0.24	0.22	0.21	0.20
24	0.26	0.24	0.23	0.21	0.20	0.18
26	0.24	0.22	0.21	0.20	0.18	0.17
28	0.22	0.21	0.20	0.18	0.17	0.16
30	0.21	0.20	0.18	0.17	0.16	0.15

影响系数 φ（砂浆强度 0）

β	$\dfrac{e}{h}$ 或 $\dfrac{e}{h_T}$						
	0	0.025	0.05	0.075	0.1	0.125	0.15
≤3	1	0.99	0.97	0.94	0.89	0.84	0.79
4	0.87	0.82	0.77	0.71	0.66	0.60	0.55
6	0.76	0.70	0.65	0.59	0.54	0.50	0.46
8	0.63	0.58	0.54	0.49	0.45	0.41	0.38
10	0.53	0.48	0.44	0.41	0.37	0.34	0.32
12	0.44	0.40	0.37	0.34	0.31	0.29	0.27
14	0.36	0.33	0.31	0.28	0.26	0.24	0.23
16	0.30	0.28	0.26	0.24	0.22	0.21	0.19
18	0.26	0.24	0.22	0.21	0.19	0.18	0.17
20	0.22	0.20	0.19	0.18	0.17	0.16	0.15
22	0.19	0.18	0.16	0.15	0.14	0.14	0.13
24	0.16	0.15	0.14	0.13	0.13	0.12	0.11
26	0.14	0.13	0.13	0.12	0.11	0.11	0.10
28	0.12	0.12	0.11	0.11	0.10	0.10	0.09
30	0.11	0.10	0.10	0.09	0.09	0.09	0.08

β	$\dfrac{e}{h}$ 或 $\dfrac{e}{h_T}$					
	0.175	0.2	0.225	0.25	0.275	0.3
≤3	0.73	0.68	0.62	0.57	0.52	0.48
4	0.51	0.46	0.43	0.39	0.36	0.33
6	0.42	0.39	0.36	0.33	0.30	0.28
8	0.35	0.32	0.30	0.28	0.25	0.24
10	0.29	0.27	0.25	0.23	0.22	0.20
12	0.25	0.23	0.21	0.20	0.19	0.17
14	0.21	0.20	0.18	0.17	0.16	0.15
16	0.18	0.17	0.16	0.15	0.14	0.13
18	0.16	0.15	0.14	0.13	0.12	0.12
20	0.14	0.13	0.12	0.12	0.11	0.10
22	0.12	0.12	0.11	0.10	0.10	0.09
24	0.11	0.10	0.10	0.09	0.09	0.08
26	0.10	0.09	0.09	0.08	0.08	0.07
28	0.09	0.08	0.08	0.08	0.07	0.07
30	0.08	0.07	0.07	0.07	0.07	0.06

思 考 题

13-1 烧结普通砖、非烧结硅酸盐砖、石材、砂浆各有哪几种强度等级?

13-2 砂浆有何功用? 砂浆分哪几种?

习 题

13-1 某刚性方案多层砖混住宅楼房,其底层承重横墙(无洞口)采用 MU10 等级的烧结普通砖及 M5 等级的水泥砂浆砌筑,墙厚 $h=370\text{mm}$,一层楼面到基础顶面的距离 $H=3.9\text{m}$;相邻横墙之间的距离 $s=6.0\text{m}$,验算该横墙的高厚比。

13-2 某刚性方案砖混结构办公楼房,首层有一个三开间的会议室,开间尺寸 3600mm,每一开间有一宽度 1500mm 的窗户,承重外墙厚 370mm,首层墙至基础顶面的高度为 3.8m,砂浆强度等级 M5,验算此外墙的高厚比。

13-3 某砖柱截面尺寸为 490mm×490mm,柱计算高度 $H_0=4.5\text{m}$,采用烧结普通砖 MU10,混合砂浆 M5,柱底截面作用的轴向压力设计值 $N=188\text{kN}$,弯矩设计值 $M=7.5\text{kN·m}$,试验算该柱承载力是否满足要求?

13-4 钢筋混凝土大梁,截面尺寸 $b \times h_c=200\text{mm} \times 600\text{mm}$,支承在 240mm 厚的砖墙上,实际支承长度 $a=240\text{mm}$。砖墙用 MU10 等级的烧结普通砖和 M2.5 等级的混合砂浆砌筑,大梁的设计支座反力 $N_l=78.8\text{kN}$,作用在局部受压面积上的上部砌体传来的设计压力 $N_0=31.4\text{kN}$。试验算梁端下砌体的局部抗压强度。

附录Ⅰ　热轧普通型钢规格

附表Ⅰ-1　　　　　热轧普通工字钢（GB/T 706—2016）

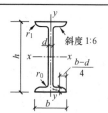

				符号说明		
h—高度				r₁—翼缘端圆弧半径		
b—翼缘宽				I—惯性矩		
d—腹板厚				W—抵抗矩		
t—平均翼缘厚				i—回转半径		
r₀—内圆弧半径				S—半截面的面积矩		

型号	尺　寸（mm）						截面面积（cm²）	理论重量 10N/m（kg/m）	参　考　数　值						
									x—x				y—y		
	h	b	d	t	r₀	r₁			I_x (cm⁴)	W_x (cm³)	i_x (cm)	$I_x:S_x$	I_y (cm⁴)	W_y (cm³)	i_y (cm)
10	100	68	4.5	7.6	6.5	3.3	14.3	11.2	245	49.0	4.14	8.59	33.0	9.72	1.52
12.6	126	74	5	8.4	7	3.5	18.1	14.2	488	77.5	5.20	10.85	46.9	12.68	1.61
14	140	80	5.5	9.1	7.5	3.8	21.5	16.9	712	102	5.76	12.0	64.4	16.1	1.73
16	160	88	6.0	9.9	8.0	4.0	26.1	20.5	1130	141	6.58	13.8	93.1	21.2	1.89
18	180	94	6.5	10.7	8.5	4.3	30.6	24.1	1660	185	7.36	15.4	122	26.0	2.00
20a	200	100	7.0	11.4	9.0	4.5	35.5	27.9	2370	237	8.15	17.2	158	31.5	2.12
20b	200	102	9.0	11.4	9.0	4.5	39.5	31.1	2500	250	7.96	16.9	169	33.1	2.06
22a	220	110	7.5	12.3	9.5	4.8	42.0	33.0	3400	309	8.99	18.9	225	40.9	2.31
22b	220	112	9.5	12.3	9.5	4.8	46.4	36.4	3570	325	8.78	18.7	239	42.7	2.27
25a	250	116	8	13	10	5	48.5	38.1	5024	402	10.18	21.6	280	48.3	2.40
25b	250	118	10.2	13	10	5	53.5	42.0	5284	423	9.94	21.3	309	52.4	2.40
28a	280	122	8.5	13.7	10.5	5.3	55.5	43.4	7114	508	11.32	24.6	345	56.6	2.50
28b	280	124	10.5	13.7	10.5	5.3	61.1	47.9	7480	534	11.08	24.2	379	61.2	2.50
32a	320	130	9.5	15	11.5	5.8	67.1	52.7	11 076	692	12.84	27.5	460	70.8	2.62
32b	320	132	11.5	15	11.5	5.8	73.5	57.7	11 621	726	12.58	27.1	502	76	2.61
32c	320	134	13.5	15	11.5	5.8	80.0	62.8	12 168	760	12.34	26.8	544	81.2	2.61
36a	360	136	10.0	15.8	12.0	6.0	76.3	59.9	15 760	875	14.4	30.7	552	81.2	2.69
36b	360	138	12.0	15.8	12.0	6.0	83.5	65.6	16 530	919	14.1	30.3	582	84.3	2.64
36c	360	140	14.0	15.8	12.0	6.0	90.7	71.2	17 310	962	13.8	29.9	612	87.4	2.60
40a	400	142	10.5	16.5	12.5	6.3	86.1	67.0	21 720	1090	15.9	34.1	660	93.2	2.77
40b	400	144	12.5	16.5	12.5	6.3	94.1	73.8	22 780	1140	15.6	33.6	692	96.2	2.71
40c	400	146	14.5	16.5	12.5	6.3	102	80.1	23 850	1190	15.2	33.2	727	99.6	2.65
45a	450	150	11.5	18.0	13.5	6.8	102	80.4	32 240	1430	17.7	38.6	855	114	2.89
45b	450	152	13.5	18.0	13.5	6.8	111	87.4	33 760	1500	17.4	38.0	894	118	2.84
45c	450	154	15.5	18.0	13.5	6.8	120	94.5	35 280	1570	17.1	37.6	938	122	2.79
50a	500	158	12.0	20.0	14.0	7.0	119	93.6	46 470	1860	19.7	42.8	1120	142	3.07
50b	500	160	14.0	20.0	14.0	7.0	129	101	48 560	1940	19.4	42.4	1170	146	3.01
50c	500	162	16.0	20.0	14.0	7.0	139	109	50 640	2080	19.0	41.8	1220	151	2.96
56a	560	166	12.5	21	14.5	7.3	135.3	106.2	65 586	2342	22.02	47.7	1370	165.1	3.18
56b	560	168	14.5	21	14.5	7.3	146.5	115.0	68 513	2447	21.63	47.2	1487	174.3	3.16
56c	560	170	16.5	21	14.5	7.3	157.9	123.9	71 439	2551	21.27	46.7	1558	183.3	3.16
63a	630	176	13.0	22	15	7.5	154.9	121.6	93 916	2981	24.62	54.2	1701	193.2	3.31
63b	630	178	15.0	22	15	7.5	167.5	131.5	98 084	3164	24.20	53.5	1812	203.6	3.29
63c	630	180	17.0	22	15	7.5	180.1	141.0	102 251	3298	23.82	52.9	1925	213.9	3.27

注　工字钢长度：10～18号，长5～19m；20～63号，长6～19m。

附表Ⅰ-2　　　　　　　　　　**热轧普通槽钢（GB/T 706—2016）**

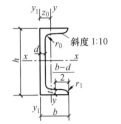

h—高度	r_1—翼缘端圆弧半径
b—翼缘宽	I—惯性矩
d—腹板厚	W—抵抗矩
t—平均翼缘厚	i—回转半径
r_0—内圆弧半径	z_0—y轴与y_1轴间距离

型号	\多col 尺　寸（mm）						截面面积（cm²）	理论重量 10N/m（kg/m）	\多col 参　考　数　值							
									\多col $x-x$			\多col $y-y$			y_1-y_1	z_0（cm）
	h	b	d	t	r_0	r_1			W_x（cm³）	I_x（cm⁴）	i_x（cm）	W_y（cm³）	I_y（cm⁴）	i_y（cm）	I_{y1}（cm⁴）	
5	50	37	4.5	7.0	7.0	3.50	6.93	5.44	10.4	26.0	1.94	3.55	8.3	1.10	20.9	1.35
6.3	63	40	4.8	7.5	7.5	3.75	8.44	6.63	16.1	50.8	2.45	4.50	11.9	1.19	28.4	1.36
8	80	43	5.0	8.0	8.0	4.0	10.24	8.04	25.3	101.3	3.15	5.79	16.6	1.27	37.4	1.43
10	100	48	5.3	8.5	8.5	4.25	12.74	10.00	39.7	198.3	3.95	7.80	25.6	1.41	54.9	1.52
12.6	126	53	5.5	9.0	9.0	4.5	15.69	12.37	62.1	391.5	4.95	10.24	38.0	1.57	77.1	1.59
14a	140	58	6.0	9.5	9.5	4.75	18.51	14.53	80.5	563.7	5.52	13.01	53.2	1.70	107.1	1.71
14b	140	60	8.0	9.5	9.5	4.75	21.31	16.73	87.1	609.4	5.35	14.12	61.1	1.69	120.6	1.67
16a	160	63	6.5	10.0	10.0	5.0	21.95	17.23	108.3	866.2	6.28	16.30	73.3	1.83	144.1	1.80
16b	160	65	8.5	10.0	10.0	5.0	25.15	19.74	116.8	934.5	6.10	17.55	83.4	1.82	160.8	1.75
18a	180	68	7.0	10.5	10.5	5.25	25.69	20.17	141.4	1273	7.04	20.03	98.6	1.96	189.7	1.88
18b	180	70	9.0	10.5	10.5	5.25	29.29	22.99	152.2	1370	6.84	21.52	111.0	1.95	210.1	1.84
20a	200	73	7.0	11.0	11.0	5.5	28.83	22.63	178.0	1780	7.86	24.20	128.0	2.11	244.0	2.01
20b	200	75	9.0	11.0	11.0	5.5	32.83	25.77	191.4	1914	7.64	25.88	143.6	2.09	268.4	1.95
22a	220	77	7.0	11.5	11.5	5.75	31.84	24.99	217.6	2394	8.67	28.17	157.8	2.23	298.2	2.10
22b	220	79	9.0	11.5	11.5	5.75	36.24	28.45	233.8	2571	8.42	30.05	176.4	2.21	326.3	2.03
25a	250	78	7	12	12	6	34.91	27.47	269.6	3370	9.82	30.61	175.5	2.24	322.3	2.07
25b	250	80	9	12	12	6	39.91	31.39	282.4	3530	9.41	32.66	196.4	2.22	353.2	1.98
25c	250	82	11	12	12	6	44.91	35.32	295.2	3690	9.07	35.93	218.4	2.21	384.1	1.92
28a	280	82	7.5	12.5	12.5	6.25	40.02	31.42	340.3	4765	10.91	35.72	218.0	2.33	387.6	2.10
28b	280	84	9.5	12.5	12.5	6.25	45.62	35.81	366.5	5130	10.60	37.93	242.1	2.30	427.6	2.02
28c	280	86	11.5	12.5	12.5	6.25	51.22	40.21	392.6	5496	10.35	40.30	267.6	2.29	462.6	1.95
32a	320	88	8	14	14	7	48.70	38.22	474.9	7598	12.49	46.47	304.8	2.50	552.3	2.24
32b	320	90	10	14	14	7	55.10	43.25	509.0	8144	12.15	49.16	336.2	2.47	592.9	2.16
32c	320	92	12	14	14	7	61.50	48.28	543.1	8690	11.88	52.64	374.2	2.47	643.3	2.09
36a	360	96	9.0	16.0	16.0	8.0	60.89	47.80	659.7	11 874	13.97	63.54	455.0	2.73	818.4	2.44
36b	360	98	11.0	16.0	16.0	8.0	68.09	53.45	702.9	12 652	13.63	66.85	496.7	2.70	880.4	2.37
36c	360	100	13.0	16.0	16.0	8.0	75.29	59.10	746.1	13 429	13.36	70.02	536.4	2.67	947.9	2.34
40a	400	100	10.5	18.0	18.0	9.0	75.05	58.91	878.9	17 578	15.30	78.83	592.0	2.81	1068	2.49
40b	400	102	12.5	18.0	18.0	9.0	83.05	65.19	932.2	18 645	14.98	82.52	640.0	2.78	1136	2.44
40c	400	104	14.5	18.0	18.0	9.0	91.05	71.47	985.6	19 711	14.71	86.19	687.8	2.75	1221	2.42

注　槽钢长度：5～8号，长5～12m；10～18号，长5～19m；20～40号，长6～19m。

附表 Ⅰ - 3   **热轧等边角钢（GB/T 706—2016）**

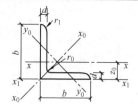

b—边宽 I—惯性矩
d—边厚 W—抵抗矩
r_0—内圆弧半径 i—回转半径
r_1—边端圆弧半径 z_0—重心距离

角钢号数	尺寸（mm）			截面面积（cm²）	理论重量 10N/m（kg/m）	参 考 数 值										
	b	d	r_0			$x-x$			x_0-x_0			y_0-y_0			x_1-x_1	z_0（cm）
						I_x（cm⁴）	i_x（cm）	W_x（cm³）	I_{x_0}（cm⁴）	i_{x_0}（cm）	W_{x_0}（cm³）	I_{y_0}（cm⁴）	i_{y_0}（cm）	W_{y_0}（cm³）	I_{x_1}（cm⁴）	
2	20	3	3.5	1.13	0.889	0.40	0.59	0.29	0.53	0.75	0.45	0.17	0.39	0.20	0.81	0.60
		4		1.46	1.145	0.50	0.58	0.36	0.78	0.73	0.55	0.22	0.38	0.24	1.09	0.64
2.5	25	3		1.43	1.124	0.82	0.76	0.46	1.29	0.95	0.73	0.34	0.49	0.33	1.57	0.73
		4		1.86	1.459	1.03	0.74	0.59	1.62	0.93	0.92	0.43	0.48	0.40	2.11	0.76
3.0	30	3		1.75	1.373	1.46	0.91	0.68	2.31	1.15	1.09	0.61	0.59	0.51	2.71	0.85
		4		2.28	1.786	1.84	0.90	0.87	2.92	1.13	1.37	0.77	0.58	0.62	3.63	0.89
3.6	36	3	4.5	2.11	1.656	2.58	1.11	0.99	4.09	1.39	1.61	1.07	0.71	0.76	4.68	1.00
		4		2.76	2.163	3.29	1.09	1.28	5.22	1.38	2.05	1.37	0.70	0.93	6.25	1.04
		5		3.38	2.654	3.95	1.08	1.56	6.24	1.36	2.45	1.65	0.70	1.09	7.84	1.07
4.0	40	3		2.36	1.852	3.59	1.23	1.23	5.69	1.55	2.01	1.49	0.79	0.96	6.41	1.09
		4		3.09	2.422	4.60	1.22	1.60	7.29	1.54	2.58	1.91	0.79	1.19	8.56	1.13
		5		3.79	2.976	5.53	1.21	1.96	8.76	1.52	3.10	2.30	0.78	1.39	10.74	1.17
4.5	45	3	5	2.66	2.088	5.17	1.40	1.58	8.20	1.76	2.58	2.14	0.90	1.24	9.12	1.22
		4		3.49	2.736	6.65	1.38	2.05	10.56	1.74	3.32	2.75	0.89	1.54	12.18	1.26
		5		4.29	3.369	8.04	1.37	2.51	12.74	1.72	4.00	3.33	0.88	1.81	15.25	1.30
		6		5.08	3.985	9.33	1.36	2.95	14.76	1.70	4.64	3.89	0.88	2.06	18.36	1.33
5	50	3	5.5	2.97	2.332	7.18	1.55	1.96	11.37	1.96	3.22	2.98	1.00	1.57	12.50	1.34
		4		3.90	3.059	9.26	1.54	2.56	14.70	1.94	4.16	3.82	0.99	1.96	16.69	1.38
		5		4.80	3.770	11.21	1.53	3.13	17.79	1.82	5.03	4.64	0.98	2.31	20.90	1.42
		6		5.69	4.465	13.05	1.52	3.68	20.68	1.91	5.85	5.42	0.98	2.63	25.14	1.46
5.6	56	3	6	3.34	2.624	10.19	1.75	2.48	16.14	2.20	4.08	4.24	1.13	2.02	17.56	1.48
		4		4.39	3.446	13.18	1.73	3.24	20.92	2.18	5.28	5.46	1.11	2.52	23.43	1.53
		5		5.42	4.251	16.02	1.72	3.97	25.42	2.17	6.42	6.61	1.10	2.98	29.33	1.57
		6		8.37	6.568	23.63	1.68	6.03	37.37	2.11	9.44	9.89	1.09	4.16	47.24	1.68
6.3	63	4	7	4.98	3.907	19.03	1.96	4.13	30.17	2.46	6.78	7.89	1.26	3.29	33.35	1.70
		5		6.14	4.822	23.17	1.94	5.08	36.77	2.45	8.25	9.57	1.25	3.90	41.73	1.74
		6		7.29	5.721	27.12	1.93	6.00	43.03	2.43	9.66	11.20	1.24	4.46	50.14	1.78
		8		9.52	7.469	34.46	1.90	7.75	54.56	2.40	12.25	14.33	1.23	5.47	67.11	1.85
		10		11.66	9.151	41.08	1.88	9.39	64.85	2.36	14.56	17.33	1.22	6.36	84.31	1.93
7	70	4	8	5.57	4.372	26.39	2.18	5.14	41.80	2.74	8.44	10.99	1.40	4.17	45.74	1.86
		5		6.88	5.397	32.21	2.16	6.32	51.08	2.73	10.32	13.34	1.39	4.95	57.21	1.91
		6		8.16	6.406	37.77	2.15	7.48	59.93	2.71	12.11	15.61	1.38	5.67	68.73	1.95
		7		9.42	7.398	43.09	2.14	8.59	68.35	2.69	13.81	17.82	1.38	6.34	80.29	1.99
		8		10.67	8.373	48.17	2.12	9.68	76.37	2.68	15.43	19.98	1.37	6.98	91.92	2.03
7.5	75	5	9	7.37	5.818	39.97	2.33	7.32	63.30	2.92	1.94	16.63	1.50	5.77	70.56	2.04
		6		8.80	6.905	46.95	2.31	8.64	74.38	2.90	14.02	19.51	1.49	6.67	84.55	2.07
		7		10.16	7.976	53.57	2.30	9.93	84.96	2.89	16.02	22.18	1.48	7.44	98.71	2.11
		8		11.50	9.030	59.96	2.28	11.20	95.07	2.88	17.93	24.86	1.47	8.19	112.97	2.15
		10		14.13	11.089	71.98	2.26	13.64	113.92	2.84	21.48	30.05	1.46	9.56	141.71	2.22

续表

角钢号数	尺寸（mm）			截面面积（cm²）	理论重量10N/m（kg/m）	参　考　数　值										
						$x-x$			x_0-x_0			y_0-y_0			x_1-x_1	z_0（cm）
	b	d	r_0			I_x（cm⁴）	i_x（cm）	W_x（cm³）	I_{x_0}（cm⁴）	i_{x_0}（cm）	W_{y_0}（cm³）	I_{y_0}（cm⁴）	i_{y_0}（cm）	W_{y_0}（cm³）	I_{x_1}（cm⁴）	
8	80	5	9	7.91	6.211	48.8	2.48	8.34	77.33	3.13	13.67	20.25	1.60	6.66	85.36	2.15
		6		9.40	7.376	57.4	2.47	9.87	90.98	3.11	16.08	23.72	1.59	7.65	102.50	2.19
		7		10.86	8.525	65.58	2.46	11.37	104.07	3.10	18.40	27.09	1.58	8.58	119.70	2.23
		8		12.30	9.658	73.5	2.44	12.83	116.60	3.08	20.61	30.39	1.57	9.46	136.97	2.27
		10		15.13	11.874	88.4	2.42	15.64	140.09	3.04	24.76	36.77	1.56	11.08	171.74	2.35
9	90	6	10	10.64	8.350	82.8	2.79	12.61	131.26	3.51	20.63	34.28	1.80	9.95	145.87	2.44
		7		12.30	9.656	94.8	2.78	14.54	150.46	3.50	23.64	39.18	1.78	11.19	170.30	2.48
		8		13.94	10.946	106.5	2.76	16.42	168.97	3.48	26.55	43.97	1.78	12.35	194.80	2.52
		10		17.17	13.476	128.6	2.74	20.07	203.90	3.45	32.04	53.26	1.76	14.52	244.07	2.59
		12		20.31	15.940	149.2	2.71	23.57	236.21	3.41	37.12	62.22	1.75	16.49	293.76	2.67
10	100	6	12	11.93	9.366	115.0	3.10	15.68	181.98	3.90	25.74	47.92	2.00	12.69	200.07	2.67
		7		13.80	10.830	131.9	3.09	18.10	208.97	3.89	29.55	54.74	1.99	14.26	233.54	2.71
		8		15.64	12.276	148.2	3.08	20.47	235.07	3.88	33.24	61.41	1.98	15.75	267.09	2.76
		10		19.26	15.120	179.5	3.05	25.06	284.68	3.84	40.26	74.35	1.96	18.54	334.48	2.84
		12		22.80	17.898	208.9	3.03	29.48	330.95	3.81	46.80	86.84	1.95	21.08	402.34	2.91
		14		26.26	20.611	236.5	3.00	33.73	347.06	3.77	52.90	99.00	1.94	23.44	470.75	2.99
		16		29.63	23.257	262.5	2.98	37.82	414.16	3.74	58.57	100.89	1.94	25.63	539.80	3.06
11	110	7		15.20	11.928	177.2	3.41	22.05	280.94	4.30	36.12	73.38	2.20	17.51	310.64	2.96
		8		17.24	13.532	199.5	3.40	24.95	316.49	4.28	40.69	82.42	2.19	19.39	355.20	3.01
		10		21.26	16.690	242.2	3.38	30.60	384.39	4.25	49.42	99.98	2.17	22.91	444.65	3.09
		12		25.20	19.782	282.6	3.35	36.05	448.17	4.22	57.62	116.93	2.15	26.15	534.60	3.16
		14		29.06	22.809	320.7	3.32	41.31	508.01	4.18	65.31	133.40	2.14	29.14	625.16	3.24
12.5	125	8		19.75	15.504	297.0	3.88	32.52	470.89	4.88	53.28	123.16	2.50	25.86	521.01	3.37
		10		24.37	19.133	361.7	3.85	39.97	573.89	4.85	64.93	149.46	2.48	30.62	651.93	3.45
		12		28.91	22.696	423.2	3.83	41.17	671.44	4.82	75.96	174.88	2.46	35.03	783.42	3.53
		14	14	33.37	26.193	481.7	3.80	54.16	763.73	4.78	86.41	199.57	2.45	39.13	915.61	3.61
14	140	10		27.37	21.488	541.7	4.34	50.58	817.3	5.46	82.56	212.0	2.78	39.20	915.1	3.82
		12		32.51	25.522	603.7	4.31	59.80	958.8	5.43	96.85	248.6	2.76	45.02	1099	3.90
		14		37.57	29.490	688.8	4.28	68.75	1094	5.40	110.47	284.1	2.75	50.45	1284	3.98
		16		42.54	33.393	770.2	4.26	77.46	1222	5.36	123.42	318.7	2.74	55.55	1470	4.06
16	160	10		31.50	24.729	779.5	4.98	66.70	1237	6.27	109.36	321.8	3.20	52.76	1365	4.31
		12		37.44	29.391	916.6	4.95	78.98	1456	6.24	128.67	377.5	3.18	60.74	1640	4.39
		14		43.30	33.987	1048.4	4.92	90.95	1665	6.20	147.17	431.7	3.16	68.24	1915	4.47
		16	16	49.07	38.518	1175.1	4.89	102.63	1866	6.17	164.89	484.6	3.14	75.31	2191	4.55
18	180	12		42.24	33.159	1321	5.59	100.82	2100	7.05	165.00	542.6	3.58	78.41	2333	4.89
		14		48.90	38.383	1514	5.56	116.25	2407	7.02	189.14	621.5	3.56	88.38	2723	4.97
		16		55.47	43.542	1701	5.54	131.13	2703	6.98	212.40	698.6	3.55	97.83	3115	5.05
		18		61.96	48.634	1875	5.50	145.64	2988	6.94	234.78	762.0	3.51	105.14	3502	5.13
20	200	14	18	54.64	42.894	2104	6.20	144.70	3343	7.82	236.40	863.8	3.98	111.82	3734	5.46
		16		62.01	48.680	2366	6.18	163.65	3761	7.79	265.93	971.4	3.96	123.96	4270	5.54
		18		69.30	54.401	2621	6.15	182.22	4165	7.75	294.48	1077	3.94	135.52	4808	5.62
		20		76.51	60.056	2867	6.12	200.42	4555	7.72	322.06	1180	3.93	146.55	5348	5.69
		24		90.66	71.168	3338	6.07	236.17	5295	7.64	374.41	1382	3.90	166.55	6457	5.87

热轧等边角钢长度表

角钢号数	长度（m）	角钢号数	长度（m）
2～4	3～9	9～14	4～19
4.5～8	4～12	16～20	6～19

热轧不等边角钢长度表

角钢号数	长度（m）	角钢号数	长度（m）
2.5/1.6～5.6/3.6	3～9	10/6.3～14/9	4～19
6.3/4～9/5.6	4～12	16/10～20/12.5	6～19

附表 I - 4

热轧不等边角钢（GB/T706—2016）

B—长边宽度　　W—抵抗矩
b—短边宽度　　I—惯性矩
d—边厚　　　　i—回转半径
r₀—内圆弧半径　x_0、y_0—重心距离

角钢号数	尺寸（mm）				截面面积（cm²）	理论重量 10N/m（kg/m）	参考数值													
							$x-x$			$y-y$			x_1-x_1		y_1-y_1		$u-u$			
	B	b	d	r_0			I_x（cm⁴）	i_x（cm）	W_x（cm³）	I_y（cm⁴）	i_y（cm）	W_y（cm³）	I_{x1}（cm⁴）	y_0（cm）	I_{y1}（cm⁴）	x_0（cm）	I_u（cm⁴）	i_u（cm）	W_u（cm³）	$\tan\alpha$
2.5/1.6	25	16	3	3.5	1.16	0.912	0.70	0.78	0.43	0.22	0.44	0.19	1.56	0.86	0.43	0.42	0.14	0.34	0.16	0.392
			4		1.50	1.176	0.88	0.77	0.55	0.27	0.43	0.24	2.09	0.90	0.59	0.46	0.17	0.34	0.20	0.381
3.2/2	32	20	3	4	1.49	1.171	1.53	1.01	0.72	0.46	0.55	0.30	3.27	1.08	0.82	0.49	0.28	0.43	0.25	0.382
			4		1.94	1.522	1.93	1.00	0.93	0.57	0.54	0.39	4.37	1.12	1.12	0.53	0.35	0.42	0.32	0.374
4/2.5	40	25	3	4	1.89	1.484	3.08	1.28	1.15	0.93	0.70	0.49	6.39	1.32	1.59	0.59	0.56	0.54	0.40	0.386
			4		2.47	1.936	3.93	1.26	1.49	1.18	0.69	0.63	8.53	1.37	2.14	0.63	0.71	0.54	0.52	0.381
4.5/2.8	45	28	3	5	2.15	1.687	4.45	1.44	1.47	1.34	0.79	0.62	9.10	1.47	2.23	0.64	0.80	0.61	0.51	0.383
			4		2.81	2.203	5.69	1.42	1.91	1.70	0.78	0.80	12.13	1.51	3.00	0.68	1.02	0.60	0.66	0.380
5/3.2	50	32	3	5.5	2.43	1.908	6.24	1.60	1.84	2.02	0.91	0.82	12.49	1.60	3.31	0.73	1.20	0.70	0.68	0.404
			4		3.18	2.494	8.02	1.59	2.39	2.58	0.90	1.06	16.65	1.65	4.45	0.77	1.53	0.69	0.87	0.402
5.6/3.6	56	36	3	6	2.74	2.153	8.88	1.80	2.32	2.92	1.03	1.05	17.54	1.78	4.70	0.80	1.73	0.79	0.87	0.408
			4		3.59	2.818	11.45	1.79	3.03	3.76	1.02	1.37	23.39	1.82	6.33	0.85	2.23	0.79	1.13	0.408
			5		4.42	3.466	13.86	1.77	3.71	4.49	1.01	1.65	29.25	1.87	7.94	0.88	2.67	0.78	1.36	0.404
6.3/4	63	40	4	7	4.06	3.185	16.5	2.02	3.87	5.23	1.14	1.70	33.30	2.04	8.63	0.92	3.12	0.88	1.40	0.398
			5		5.00	3.920	20.0	2.00	4.74	6.31	1.12	2.71	41.63	2.08	10.86	0.95	3.76	0.87	1.71	0.395
			6		5.91	4.638	23.4	1.96	5.59	7.29	1.11	2.43	49.92	2.12	13.12	0.99	4.34	0.86	1.99	0.393
			7		6.80	5.339	26.5	1.98	6.40	8.24	1.10	2.78	58.07	2.15	15.47	1.03	4.97	0.86	2.29	0.389

续表

角钢号数	尺寸 (mm)				截面面积 (cm²)	理论重量 10N/m (kg/m)	参考数值															
	B	b	d	r₀			x—x			y—y			x₁—x₁		y₁—y₁		u—u			
							I_x (cm⁴)	i_x (cm)	W_x (cm³)	I_y (cm⁴)	i_y (cm)	W_y (cm³)	I_{x1} (cm⁴)	y_0 (cm)	I_{y1} (cm⁴)	x_0 (cm)	I_u (cm⁴)	i_u (cm)	W_u (cm³)	$\tan\alpha$
7/4.5	70	45	4	7.5	4.547	3.570	23.2	2.26	4.86	7.55	1.29	2.17	45.92	2.24	12.26	1.02	4.40	0.98	1.77	0.410
			5		5.609	4.403	28.0	2.23	5.92	9.13	1.28	2.65	57.10	2.28	15.39	1.06	5.40	0.98	2.19	0.407
			6		6.647	5.218	32.5	2.21	6.95	10.62	1.26	3.12	68.35	2.32	18.58	1.09	6.35	0.98	2.59	0.404
			7		7.657	6.011	37.2	2.20	8.03	12.01	1.25	3.57	79.99	2.36	21.84	1.13	7.16	0.97	2.94	0.402
(7.5/5)	75	50	5	8	6.125	4.808	34.9	2.39	6.83	12.61	1.44	3.30	70.00	2.40	21.04	1.17	7.41	1.10	2.74	0.435
			6		7.260	5.699	41.1	2.38	8.12	14.70	1.42	3.88	84.30	2.44	25.37	1.21	8.54	1.08	3.19	0.435
			8		9.467	7.431	52.4	2.35	10.52	18.53	1.40	4.99	112.50	2.52	34.23	1.29	10.87	1.07	4.10	0.429
			10		11.590	9.098	62.7	2.33	12.79	21.96	1.38	6.04	140.80	2.50	43.43	1.36	13.10	1.06	4.99	0.423
8/5	80	50	5	8	6.375	5.005	42.0	2.56	7.78	12.82	1.42	3.32	85.21	2.60	21.06	1.14	7.66	1.10	2.74	0.388
			6		7.560	5.935	49.5	2.56	9.25	14.95	1.41	3.91	102.53	2.65	25.41	1.18	8.85	1.08	3.20	0.387
			7		8.724	6.848	56.2	2.54	10.58	16.96	1.39	4.48	119.33	2.69	29.82	1.21	10.18	1.08	3.70	0.384
			8		9.867	7.745	62.8	2.52	11.92	18.85	1.38	5.03	136.41	2.73	34.32	1.25	11.38	1.07	4.16	0.381
9/5.6	90	56	5	9	7.212	5.661	60.5	2.90	9.92	18.32	1.59	4.21	121.32	2.91	29.53	1.25	10.98	1.23	3.49	0.385
			6		8.557	6.717	71.0	2.88	11.74	21.42	1.58	4.96	145.59	2.95	35.58	1.29	12.90	1.23	4.13	0.384
			7		9.880	7.756	81.0	2.86	13.49	24.36	1.57	5.70	169.66	3.00	41.71	1.33	14.67	1.22	4.72	0.382
			8		11.183	8.779	91.0	2.85	15.27	27.15	1.56	6.41	194.17	3.04	47.93	1.36	16.34	1.21	5.29	0.380
10/6.3	100	63	6	10	9.617	7.550	99.1	3.21	14.64	30.94	1.79	6.35	199.71	3.24	50.50	1.43	18.42	1.38	5.25	0.394
			7		11.111	8.722	113.5	3.20	16.88	35.26	1.78	7.29	233.00	3.28	59.14	1.47	21.00	1.38	6.02	0.393
			8		12.584	9.878	127.4	3.18	19.08	39.39	1.77	8.21	266.32	3.32	67.88	1.50	23.50	1.37	6.78	0.391
			10		15.467	12.142	153.8	3.15	23.32	47.12	1.74	9.98	333.06	3.40	85.73	1.58	28.33	1.35	8.24	0.387
10/8	100	80	6	10	10.637	8.350	107.0	3.17	15.19	61.24	2.40	10.16	199.83	2.95	102.68	1.97	31.65	1.72	8.37	0.627
			7		12.301	9.656	122.7	3.16	17.52	70.08	2.39	11.71	233.20	3.00	119.98	2.01	36.17	1.72	9.60	0.626
			8		13.94	10.946	138	3.14	19.81	78.6	2.37	13.21	266.6	3.04	137.4	2.05	40.6	1.71	10.80	0.625
			10		17.17	13.476	167	3.12	24.24	94.7	2.35	16.12	333.6	3.02	172.5	2.13	49.1	1.69	13.12	0.622

续表

角钢号数	尺寸 (mm) B	b	d	r₀	截面面积 (cm²)	理论重量 10N/m (kg/m)	x—x Iₓ (cm⁴)	iₓ (cm)	Wₓ (cm³)	y—y I_y (cm⁴)	i_y (cm)	W_y (cm³)	x₁—x₁ I_{x1} (cm⁴)	y₀ (cm)	y₁—y₁ I_{y1} (cm⁴)	x₀ (cm)	u—u I_u (cm⁴)	i_u (cm)	W_u (cm³)	tanα
11/7	110	70	6	10	10.64	8.350	133	3.54	17.85	42.9	2.01	7.90	265.8	3.53	69.1	1.57	25.4	1.54	6.53	0.403
			7		12.30	9.656	153	3.53	20.60	49.0	2.00	9.09	310.1	3.57	80.8	1.61	29.0	1.53	7.50	0.402
			8		13.94	10.946	172	3.51	23.30	54.9	1.98	10.25	354.4	3.62	92.7	1.65	32.5	1.53	8.45	0.401
			10		17.17	13.476	208	3.48	28.54	65.9	1.96	12.48	443.1	3.70	116.8	1.72	39.2	1.51	10.29	0.397
12.5/8	125	80	7	11	14.10	11.066	228	4.02	26.86	74.4	2.30	12.01	455.0	4.01	120.3	1.80	43.8	1.76	9.92	0.408
			8		16.00	12.551	258	4.01	30.41	83.5	2.28	13.56	520.0	4.06	137.9	1.84	49.1	1.75	11.18	0.407
			10		19.71	15.474	312	3.98	37.33	100.7	2.26	16.56	650.1	4.14	173.4	1.92	59.5	1.74	13.64	0.404
			12		23.35	18.330	364	3.95	44.01	116.7	2.24	19.43	780.4	4.22	209.7	2.00	69.4	1.72	16.01	0.400
14/9	140	90	8	12	18.04	14.160	366	4.50	38.48	120.7	2.59	17.34	730.5	4.50	195.8	2.04	70.8	1.98	14.31	0.411
			10		22.26	17.475	446	4.47	47.31	146.0	2.56	21.22	913.2	4.58	245.9	2.12	85.8	1.96	17.48	0.409
			12		26.40	20.724	522	4.44	55.87	169.8	2.54	24.95	1096	4.66	296.9	2.19	100.2	1.95	30.54	0.406
			14		30.46	23.908	594	4.42	64.18	192.1	2.51	28.54	1279	4.74	348.8	2.27	114.1	1.94	23.52	0.403
16/10	160	100	10	13	25.32	19.872	669	5.14	62.13	205.0	2.85	26.56	1363	5.24	336.6	2.28	121.7	2.19	21.92	0.390
			12		30.05	23.592	785	5.11	73.49	239.1	2.82	31.28	1636	5.32	405.9	2.36	142.3	2.17	25.79	0.388
			14		34.71	27.247	896	5.08	84.56	271.2	2.80	35.83	1909	5.40	476.4	2.43	162.2	2.16	29.56	0.385
			16		39.28	30.835	1003	5.05	95.33	301.6	2.77	40.24	2182	5.48	548.2	2.51	182.6	2.16	33.44	0.382
18/11	180	110	10	14	28.37	22.273	956	5.80	78.96	278.1	3.13	32.49	1940	5.89	447.2	2.44	166.5	2.42	26.88	0.376
			12		33.71	26.464	1125	5.78	93.53	325.0	3.10	38.32	2328	5.98	538.9	2.52	194.9	2.40	31.66	0.374
			14		38.97	30.589	1287	5.75	107.76	369.6	3.08	43.97	2717	6.06	632.0	2.59	222.3	2.39	36.32	0.372
			16		44.14	34.649	1443	5.72	121.64	411.9	3.06	49.44	3105	6.14	726.5	2.67	248.9	2.38	40.87	0.369
20/12.5	200	125	12	14	37.91	29.761	1571	6.42	116.73	438.2	3.57	49.99	3194	6.54	787.7	2.83	285.8	2.74	41.23	0.392
			14		43.87	34.436	1801	6.41	134.65	550.8	3.54	57.44	3726	6.62	922.5	2.91	326.6	2.73	47.34	0.390
			16		49.74	39.045	2033	6.38	152.18	615.4	3.52	64.69	4259	6.70	1059.0	2.99	366.2	2.71	53.32	0.388
			18		55.53	43.588	2238	6.35	169.33	677.2	3.49	71.74	4792	6.78	1197.1	3.06	404.8	2.70	59.18	0.385

附录Ⅱ 轴心受压构件的稳定系数

附表Ⅱ-1				a类截面轴心受压构件的稳定系数 φ						
$\lambda\sqrt{\dfrac{f_y}{235}}$	0	1	2	3	4	5	6	7	8	9
0	1.000	1.000	1.000	1.000	0.999	0.999	0.998	0.998	0.997	0.996
10	0.995	0.994	0.993	0.992	0.991	0.989	0.988	0.986	0.985	0.983
20	0.981	0.979	0.977	0.976	0.974	0.972	0.970	0.968	0.966	0.964
30	0.963	0.961	0.959	0.957	0.955	0.952	0.950	0.948	0.946	0.944
40	0.941	0.939	0.937	0.934	0.932	0.929	0.927	0.924	0.921	0.919
50	0.916	0.913	0.910	0.907	0.904	0.900	0.897	0.894	0.890	0.886
60	0.883	0.879	0.875	0.871	0.867	0.863	0.858	0.854	0.849	0.844
70	0.839	0.834	0.829	0.824	0.818	0.813	0.807	0.801	0.795	0.789
80	0.783	0.776	0.770	0.763	0.757	0.750	0.743	0.736	0.728	0.721
90	0.714	0.706	0.699	0.691	0.684	0.676	0.668	0.661	0.653	0.645
100	0.638	0.630	0.622	0.615	0.607	0.600	0.592	0.585	0.577	0.570
110	0.563	0.555	0.548	0.541	0.534	0.527	0.520	0.514	0.507	0.500
120	0.494	0.488	0.481	0.475	0.469	0.463	0.457	0.451	0.445	0.440
130	0.434	0.429	0.423	0.418	0.412	0.407	0.402	0.397	0.392	0.387
140	0.383	0.378	0.373	0.369	0.364	0.360	0.356	0.351	0.347	0.343
150	0.339	0.335	0.331	0.327	0.323	0.320	0.316	0.312	0.309	0.305
160	0.302	0.298	0.295	0.292	0.289	0.285	0.282	0.279	0.276	0.273
170	0.270	0.267	0.264	0.262	0.259	0.256	0.253	0.251	0.248	0.246
180	0.243	0.241	0.238	0.236	0.233	0.231	0.229	0.226	0.224	0.222
190	0.220	0.218	0.215	0.213	0.211	0.209	0.207	0.205	0.203	0.201
200	0.199	0.198	0.196	0.194	0.192	0.190	0.189	0.187	0.185	0.183
210	0.182	0.180	0.179	0.177	0.175	0.174	0.172	0.171	0.169	0.168
220	0.166	0.165	0.164	0.162	0.161	0.159	0.158	0.157	0.155	0.154
230	0.153	0.152	0.150	0.149	0.148	0.147	0.146	0.144	0.143	0.142
240	0.141	0.140	0.139	0.138	0.136	0.135	0.134	0.133	0.132	0.131

注 1. 附表Ⅱ-1至附表Ⅱ-4中的 φ 值系按下列公式算得：

当 $\lambda_n = \dfrac{\lambda}{\pi}\sqrt{f_y/E} \leqslant 0.215$ 时：

$$\varphi = 1 - \alpha_1\lambda_n^2$$

当 $\lambda_n > 0.215$ 时：

$$\varphi = \frac{1}{2\lambda_n^2}\left[(\alpha_2 + \alpha_3\lambda_n + \lambda_n^2) - \sqrt{(\alpha_2 + \alpha_3\lambda_n + \lambda_n^2)^2 - 4\lambda_n^2}\right]$$

式中 α_1、α_2、α_3——系数，根据《钢结构设计标准》（GB 50017—2017）表 7.2.1 的截面分类，按附表Ⅱ-5采用。

2. 当构件的 $\lambda\sqrt{f_y/235}$ 值超出附表Ⅱ-1至附表Ⅱ-4的范围时，则 φ 值按注1所列的公式计算。

附表Ⅱ-2				b类截面轴心受压构件的稳定系数 φ						
$\lambda\sqrt{\dfrac{f_y}{235}}$	0	1	2	3	4	5	6	7	8	9
0	1.000	1.000	1.000	0.999	0.999	0.998	0.997	0.996	0.995	0.994
10	0.992	0.991	0.989	0.987	0.985	0.983	0.981	0.978	0.976	0.973
20	0.970	0.967	0.963	0.960	0.957	0.953	0.950	0.946	0.943	0.939
30	0.936	0.932	0.929	0.925	0.922	0.918	0.914	0.910	0.906	0.903

$\lambda\sqrt{\dfrac{f_y}{235}}$	0	1	2	3	4	5	6	7	8	9
40	0.899	0.895	0.891	0.887	0.882	0.878	0.874	0.870	0.865	0.861
50	0.856	0.852	0.847	0.842	0.838	0.833	0.828	0.823	0.818	0.813
60	0.807	0.802	0.797	0.791	0.786	0.780	0.774	0.769	0.763	0.757
70	0.751	0.745	0.739	0.732	0.726	0.720	0.714	0.707	0.701	0.694
80	0.688	0.681	0.675	0.668	0.661	0.655	0.648	0.641	0.635	0.628
90	0.621	0.614	0.608	0.601	0.594	0.588	0.581	0.575	0.568	0.561
100	0.555	0.549	0.542	0.536	0.529	0.523	0.517	0.511	0.505	0.499
110	0.493	0.487	0.481	0.475	0.470	0.464	0.458	0.453	0.447	0.442
120	0.437	0.432	0.426	0.421	0.416	0.411	0.406	0.402	0.397	0.392
130	0.387	0.383	0.378	0.374	0.370	0.365	0.361	0.357	0.353	0.349
140	0.345	0.341	0.337	0.333	0.329	0.326	0.322	0.318	0.315	0.311
150	0.308	0.304	0.301	0.298	0.295	0.291	0.288	0.285	0.282	0.279
160	0.276	0.273	0.270	0.267	0.265	0.262	0.259	0.256	0.254	0.251
170	0.249	0.246	0.244	0.241	0.239	0.236	0.234	0.232	0.229	0.227
180	0.225	0.223	0.220	0.218	0.216	0.214	0.212	0.210	0.208	0.206
190	0.204	0.202	0.200	0.198	0.197	0.195	0.193	0.191	0.190	0.188
200	0.186	0.184	0.183	0.181	0.180	0.178	0.176	0.175	0.173	0.172
210	0.170	0.169	0.167	0.166	0.165	0.163	0.162	0.160	0.159	0.158
220	0.156	0.155	0.154	0.153	0.151	0.150	0.149	0.148	0.146	0.145
230	0.144	0.143	0.142	0.141	0.140	0.138	0.137	0.136	0.135	0.134
240	0.133	0.132	0.131	0.130	0.129	0.128	0.127	0.126	0.125	0.124
250	0.123	—	—	—	—	—	—	—	—	—

附表Ⅱ-3　　　　　　　　c 类截面轴心受压构件的稳定系数 φ

$\lambda\sqrt{\dfrac{f_y}{235}}$	0	1	2	3	4	5	6	7	8	9
0	1.000	1.000	1.000	0.999	0.999	0.998	0.997	0.996	0.995	0.993
10	0.992	0.990	0.988	0.986	0.983	0.981	0.978	0.976	0.973	0.970
20	0.966	0.959	0.953	0.947	0.940	0.934	0.928	0.921	0.915	0.909
30	0.902	0.896	0.890	0.884	0.877	0.871	0.865	0.858	0.852	0.846
40	0.839	0.833	0.826	0.820	0.814	0.807	0.801	0.794	0.788	0.781
50	0.775	0.768	0.762	0.755	0.748	0.742	0.735	0.729	0.722	0.715
60	0.709	0.702	0.695	0.689	0.682	0.676	0.669	0.662	0.656	0.649
70	0.643	0.636	0.629	0.623	0.616	0.610	0.604	0.597	0.591	0.584
80	0.578	0.572	0.566	0.559	0.553	0.547	0.541	0.535	0.529	0.523
90	0.517	0.511	0.505	0.500	0.494	0.488	0.483	0.477	0.472	0.467
100	0.463	0.458	0.454	0.449	0.445	0.441	0.436	0.432	0.428	0.423
110	0.419	0.415	0.411	0.407	0.403	0.399	0.395	0.391	0.387	0.383
120	0.379	0.375	0.371	0.367	0.364	0.360	0.356	0.353	0.349	0.346
130	0.342	0.339	0.335	0.332	0.328	0.325	0.322	0.319	0.315	0.312
140	0.309	0.306	0.303	0.300	0.297	0.294	0.291	0.288	0.285	0.282
150	0.280	0.277	0.274	0.271	0.269	0.266	0.264	0.261	0.258	0.256
160	0.254	0.251	0.249	0.246	0.244	0.242	0.239	0.237	0.235	0.233
170	0.230	0.228	0.226	0.224	0.222	0.220	0.218	0.216	0.214	0.212

续表

$\lambda\sqrt{\dfrac{f_y}{235}}$	0	1	2	3	4	5	6	7	8	9
180	0.210	0.208	0.206	0.205	0.203	0.201	0.199	0.197	0.196	0.194
190	0.192	0.190	0.189	0.187	0.186	0.184	0.182	0.181	0.179	0.178
200	0.176	0.175	0.173	0.172	0.170	0.169	0.168	0.166	0.165	0.163
210	0.162	0.161	0.159	0.158	0.157	0.156	0.154	0.153	0.152	0.151
220	0.150	0.148	0.147	0.146	0.145	0.144	0.143	0.142	0.140	0.139
230	0.138	0.137	0.136	0.135	0.134	0.133	0.132	0.131	0.130	0.129
240	0.128	0.127	0.126	0.125	0.124	0.124	0.123	0.122	0.121	0.120
250	0.119	—	—	—	—	—	—	—	—	—

附表Ⅱ-4　　　　　　　　　　d 类截面轴心受压构件的稳定系数 φ

$\lambda\sqrt{\dfrac{f_y}{235}}$	0	1	2	3	4	5	6	7	8	9
0	1.000	1.000	0.999	0.999	0.998	0.996	0.994	0.992	0.990	0.987
10	0.984	0.981	0.978	0.974	0.969	0.965	0.960	0.955	0.949	0.944
20	0.937	0.927	0.918	0.909	0.900	0.891	0.883	0.874	0.865	0.857
30	0.848	0.840	0.831	0.823	0.815	0.807	0.799	0.790	0.782	0.774
40	0.766	0.759	0.751	0.743	0.735	0.728	0.720	0.712	0.705	0.697
50	0.690	0.683	0.675	0.668	0.661	0.654	0.646	0.639	0.632	0.625
60	0.618	0.612	0.605	0.598	0.591	0.585	0.578	0.572	0.565	0.559
70	0.552	0.546	0.540	0.534	0.528	0.522	0.516	0.510	0.504	0.498
80	0.493	0.487	0.481	0.476	0.470	0.465	0.460	0.454	0.449	0.444
90	0.439	0.434	0.429	0.424	0.419	0.414	0.410	0.405	0.401	0.397
100	0.394	0.390	0.387	0.383	0.380	0.376	0.373	0.370	0.366	0.363
110	0.359	0.356	0.353	0.350	0.346	0.343	0.340	0.337	0.334	0.331
120	0.328	0.325	0.322	0.319	0.316	0.313	0.310	0.307	0.304	0.301
130	0.299	0.296	0.293	0.290	0.288	0.285	0.282	0.280	0.277	0.275
140	0.272	0.270	0.267	0.265	0.262	0.260	0.258	0.255	0.253	0.251
150	0.248	0.246	0.244	0.242	0.240	0.237	0.235	0.233	0.231	0.229
160	0.227	0.225	0.223	0.221	0.219	0.217	0.215	0.213	0.212	0.210
170	0.208	0.206	0.204	0.203	0.201	0.199	0.197	0.196	0.194	0.192
180	0.191	0.189	0.188	0.186	0.184	0.183	0.181	0.180	0.178	0.177
190	0.176	0.174	0.173	0.171	0.170	0.168	0.167	0.166	0.164	0.163
200	0.162	—	—	—	—	—	—	—	—	—

附表Ⅱ-5　　　　　　　　　　系数 α_1、α_2、α_3

截 面 类 别		α_1	α_2	α_3
a 类		0.41	0.986	0.152
b 类		0.65	0.965	0.300
c 类	$\lambda_n \leqslant 1.05$	0.73	0.906	0.595
	$\lambda_n > 1.05$		1.216	0.302
d 类	$\lambda_n \leqslant 1.05$	1.35	0.868	0.915
	$\lambda_n > 1.05$		1.375	0.432

参 考 文 献

［1］卢存恕 . 建筑力学［M］. 长春：吉林大学出版社，1996.

［2］李廉锟 . 结构力学［M］. 6 版 . 北京：高等教育出版社，2017.

［3］郭继武 . 建筑结构［M］. 2 版 . 北京：中国建筑工业出版社，2019.

［4］林宗凡 . 建筑结构原理及设计［M］. 3 版 . 北京：高等教育出版社，2017.

［5］张誉 . 混凝土结构基本原理［M］. 2 版 . 北京：中国建筑工业出版社，2012.

［6］魏明钟 . 钢结构［M］. 2 版 . 武汉：武汉理工大学出版社，2002.